演 習
相対性理論・重力理論

Problem Book in Relativity and Gravitation

Alan P. Lightman
William H. Press
Richard H. Price
Saul A. Teukolsky 著

真貝寿明・鳥居　隆 訳

森北出版

●本書のサポート情報を当社Webサイトに掲載する場合があります．下記のURLにアクセスし，サポートの案内をご覧ください．

https://www.morikita.co.jp/support/

●本書の内容に関するご質問は，森北出版 出版部「(書名を明記)」係宛に書面にて，もしくは下記のe-mailアドレスまでお願いします．なお，電話でのご質問には応じかねますので，あらかじめご了承ください．

editor@morikita.co.jp

●本書により得られた情報の使用から生じるいかなる損害についても，当社および本書の著者は責任を負わないものとします．

序　　　文
Preface

本書は，特殊相対性理論，一般相対性理論，重力，相対論的宇宙物理学，そして宇宙論の分野から，約 500 の問題と解答から構成されている．問題の選定は単純な前提に基づいている．すなわち，この分野の最も重要な内容は，厳密で公理的な発展や，内在する審美的なものではなく，計算可能な結果や予言，あるいは実際の宇宙にある現象に対するモデルにある，ということだ．そして，どの問題も物理的な用語で広く理解できるようなものを目指し，特別な表記方法を必要としないように努めた．読者の興味をかき立てられることを願っている（しかし，そんなことは「いったいどうやったら示すことができるだろう…？」）．本書では，「式 (17.4.38) を示せ」というような純粋にテクニカルな問題はなるべく避けたことを，察してもらえるだろう．解答では，計算するよい方法や，ほかの分野への応用，さらなる考察に無駄な労力を使わなくて済むような方法や，トリックを読者に伝えることも試みた．しかし，簡単な問題に対して，強力ではあるが混乱を招くかもしれない手法を導入して，落とし穴にはまる事態も同時に避けている．このようなバランスを保つには，多くの裁量の余地が残る．だから，自分の解答が本書の解答よりも短く済んだ（あるいは長くかかった）としても，驚くべきことではない．

本書のはじめの 5 章は，特殊相対性理論だけを扱っていて，この部分は現代物理学，古典物理学あるいは電磁気学を専攻する，上級の学部生あるいは大学院生を念頭においている．ここの問題は，E. F. Taylor と J. A. Wheeler 著の *Spacetime Physics* (Freeman, 1963) レベルの簡単な問題からスタートして，徐々に難しくなっていくように配置している．しかし，どの章も易しい問題と難しい問題を含んでいる．

本書の残りの部分は，一般相対性理論あるいは宇宙物理学を専攻する学生を念頭においている．これらの章では，計量幾何学，アインシュタインによる重力理論（やその他の重力理論）の方程式，重力がほかの物理現象の中で引き起こす影響，重力に関するさまざまな実験や，宇宙物理的な状況における応用などを取り扱っている．最後の章はやや形式的なトピックを扱っているので，直接的な応用はそれほどないかもしれない．

それぞれの章は簡単な説明（まえがき）で始まっているが，多くは使われる記号や表記法を定義する内容である．これらは完全ではなく，その章に登場する内容をすべてカバーするものでもない．本書と違う記法で学んだ学生に対する注意書きのようなものである．本書では，読者がすでに以下に挙げるような教科書の 1 つ以上を精読していることを仮定している（そしてよく引用する）．

- C. W. Misner, K. S. Thorne, and J. A. Wheeler, *Gravitation* (Freeman, 1973)†1［本書では，MTW として引用する］
- S. Weinberg, *Gravitation and Cosmology* (Wiley, 1972)［本書では，Weinberg として引用する］
- R. Adler, M. Bazin, and M. Schiffer, *Introduction to General Relativity*, 2nd ed. (McGraw-Hill, 1975)

また，次にあげる教科書や専門書も参考にした．

- J. L. Anderson, *Principles of Relativity Physics* (Academic Press, 1967)
- V. V. Batygin and I. N. Toptygin, *Problems in Electrodynamics* (Academic Press-Infosearch, 1964)
- S. W. Hawking and G. F. R. Ellis, *The Large Scale Structure of Space-Time* (Cambridge University Press, 1973)
- L. D. Landau and E. M. Lifshitz, *The Classical Theory of Fields*, 3rd ed. (Addison-Wesley, 1971)†2
- P. J. E. Peebles, *Physical Cosmology* (Princeton University Press, 1971)
- H. P. Robertson and T. W. Noonan, *Relativity and Cosmology* (Saunders, 1968)
- R. U. Sexl and H. K. Urbantke, *Gravitation and Kosmologie* (Wiener Berichte über Gravitationstheorie, 1973)

本書では，必要に応じて主要な文献を引用している．

我々は，オリジナルな問題を提供してくれた同僚たち，Douglas Eardley, Charles W. Misner, Don Page, Bernard F. Schutz，それに我々の友人かつ教師である Kip S. Thorne に感謝したい．

問題や解答を改良するのに貢献してくれた C. R. Alcock, B. C. Barrois, J. Conwell, H. B. French, K. S. Jancaitis, C. Jayaprakash, S. J. Kovacs と W. A. Russell にも感謝の意を表したい．本書の多くのイラストは，Steve Wilson によるも

---

†1 訳者注：『重力理論 Gravitation—古典力学から相対性理論まで，時空の幾何学から宇宙の構造へ』若野省己（翻訳），（丸善出版，2011）．

†2 訳者注：『場の古典論—電気力学，特殊および一般相対性理論（ランダウ=リフシッツ理論物理学教程）』恒藤敏彦・広重徹（翻訳），（東京図書，1978）．

のだ．所属していたカリフォルニア工科大学物理学科の支援にも感謝する．もちろん，我々はこの種の本に必ず見つけられるミスなどに責任を負う．我々は問題や解答に概念的なミスがないかどうかは十分に検討したが，熱心な読者が見つけるであろう単純な誤植などがあることを先に陳謝しておく．間違いの指摘を歓迎する．

A. P. Lightman
W. H. Press
R. H. Price
S. A. Teukolsky

パサデナにて，1974 年 5 月

訳者まえがき

本書は，いまから 45 年前に出版された *Problem Book in Relativity and Gravitation* の邦訳である．一般相対性理論，重力理論の演習書としては，いまだに類書はなく，きわめてユニークな書である．原著が世に出た 1970 年代のはじめは，一般相対性理論の面白さが認識され，ブラックホール研究が大きく進展した時期でもあり，同時に，いまでも標準的に読み続けられている，ランダウ－リフシッツの『場古典』，ミスナー－ソーン－ホイーラーのいわゆる『電話帳』，ワインバーグの『宇宙論』，ホーキング－エリスの『大域的構造』などの出版も相次いだころである．その中で，『演習書』という形式で一般相対性理論の分野をカバーした本書は，実践的な計算方法のノウハウも含まれていることから，現在でも根幹部分の内容は古びていない．2017 年には新装版として米国で再販されたが，表紙のデザインが変更されただけで中身は変わっていないことが，大学院生や研究者を中心に根強いファンを獲得している事実を物語っている．

著者はいずれも一般相対性理論の研究者として名前を残す方々である．プレス (1948–) とテューコルスキー (1947–) は，回転するブラックホール解の安定性を示す方程式の導出で名前を残しているほかに，数値計算法の指南書 *Numerical Recipe* シリーズの著者としても知られている．ライトマン (1948–) は降着円盤構造の提案者の 1 人であり，『アインシュタインの夢』ほか一般書も多く出版している．プライス (1943–) はブラックホール時空の一様化の定理で広く知られていて，現在は米国物理教育学会誌 (American J. Physics) の編集長である．内容的にはハードな相対性理論の書に分類されるであろう本書だが，執筆当時には著者らは皆 20 代後半から 30 代前半だった．

翻訳は，研究上の同僚でもある真貝と鳥居が，それぞれの担当章の翻訳を相互にチェックする形で進めた．原著では問題のページと解答のページが分離していたが，それを問題の直後に解答が連続する形式に変更し，さらに巻末には，最近の一般相対性理論研究の進展について短いレビューを追加することにした．また，問題には短いタイトルも追加した．これらの変更は，真貝と知己のある著者のプレス氏から快諾を得ている．訳語を現在の研究者が用いる標準的なものにしたり，言葉を補ったり，原著のミスなどを気がつく範囲で修正したりしているが，すべての数式を LaTeX でタイプしなおす作業も行ったため，新たにタイプミスが発生している可能性も否めない．原著者が序文で述べているように，ミスを発見されたらご指摘をお願いしたい（このレベルの本では，ミスがあるほうが学生の勉強になるという弁明もできるかもしれないが…）.

日々の業務に追われながらの翻訳で，期間は 1 年以上を要してしまった．この間忍耐強くお待ちいただき，さらに細かいところまで丁寧に編集された森北出版の藤原祐介さんと大野裕司さんに感謝いたします．

真貝寿明
鳥居　隆

2019 年 8 月　大阪工業大学のそれぞれ異なるキャンパスにて

目　　次

Contents

第 1 章　特殊相対論的運動学 …… 1
第 2 章　特殊相対論的動力学 …… 31
第 3 章　特殊相対論的座標変換，不変量，テンソル …… 47
第 4 章　電 磁 気 学 …… 71
第 5 章　物質と放射 …… 87
第 6 章　計　　量 …… 119
第 7 章　共変微分と測地線 …… 130
第 8 章　微分幾何学：より深い概念 …… 154
第 9 章　曲　　率 …… 179
第10章　キリングベクトルと対称性 …… 214
第11章　角 運 動 量 …… 227
第12章　重 力 一 般 …… 245
第13章　重力場の方程式と線形理論 …… 264
第14章　曲がった時空での物理 …… 288
第15章　シュヴァルツシルト時空 …… 308
第16章　球対称時空と相対論的星の構造 …… 337
第17章　ブラックホール …… 371

第18章　重　力　波 ………… 397

第19章　宇　宙　論 ………… 426

第20章　相対性理論の実験的検証 ………… 469

第21章　そ　の　他 ………… 482

付　録　最近の一般相対性理論研究の進展 ………… 502
A.1　ブラックホール研究の進展 ………… 503
A.2　宇宙論研究の進展 ………… 516
A.3　重力波研究の進展 ………… 526
A.4　重力理論の検証の進展 ………… 537
A.5　拡張重力理論の進展 ………… 548

索　引 ………… 558

本書での表記法

Notation

本書は，世間にある数々の本と表記法をできるだけ一致させている．決して1冊を通じて一貫した表記法にしているわけではないが，多くの場合，本文の記載から明らかに理解していただけるものと考える．以下は，「普通の意味で」よく使われる記号や慣例の一覧である．

$\alpha, \beta, \mu, \nu, \ldots$	ギリシャ文字の添え字は $0, 1, 2, 3$ を動き，時空の座標や成分などを表す．
$i, j, k, \ldots$	ラテン文字の添え字は $1, 2, 3$ を動き，3次元空間の座標や成分などを表す．
$\boldsymbol{e}_\alpha, \boldsymbol{e}_j, \ldots$	基底ベクトル
$\boldsymbol{A}$	（太字で書かれた文字は）時空のベクトル，テンソル，あるいは微分形式
$\mathbb{A}$	（白抜きで書かれた文字は）3次元ベクトル
$A^\mu, B^\alpha{}_\beta, \ldots$	ベクトル成分，テンソル成分
$(A^0,\ A^1,\ A^2,\ A^3)$	成分表示されたベクトル
$(A^0, \mathbb{A})$	時間成分と空間成分で表されたベクトル
$\hat{}$	カレット記号 ($\hat{}$) がついたものは単位ベクトル，あるいは正規直交基底素での成分を表す．
$d/d\lambda$	ベクトルを表す記号としてときどき使われる（第7章のまえがきを参照）．
$\boldsymbol{A}(f)$	関数に作用するベクトル ($= A^\alpha f_{,\alpha}$)
$\tilde{\boldsymbol{\omega}}$	1-形式
$\otimes$	外積，テンソル積など．$\boldsymbol{A} \otimes \boldsymbol{B}$ は成分 $A^\mu B^\nu$ をもつ．
$\wedge$	ウェッジ積（第8章のまえがきを参照）
∇	共変微分演算子（第7章のまえがきを参照）．通常の物理で使われるように，$\mathbb{\nabla} \times$ は回転，$\mathbb{\nabla}^2$ はラプラス演算子としても用いる．
$\nabla_{\boldsymbol{A}}$	方向微分（第7章のまえがきを参照）
$D/d\lambda$	曲線に沿った共変微分（第7章のまえがきを参照）

d	1-形式 $\widetilde{df}$ を作るときなどに使われる勾配演算子（第 8 章のまえがきを参照）
$\mathcal{L}_{\boldsymbol{A}}$	リー微分（問題 8.13）
${\Gamma^{\alpha}}_{\beta\gamma}$	クリストッフェル記号（第 7 章のまえがきを参照）
$\Box$	ダランベール演算子．特殊相対性理論では，$\Box \equiv \nabla^2 - \partial^2/\partial t^2$
,	偏微分
;	共変微分（第 7 章のまえがきを参照）
$R_{\alpha\beta\gamma\delta}$	リーマン曲率テンソル（第 9 章のまえがきを参照）
$R_{\alpha\beta}$	リッチ曲率テンソル ($\equiv {R^{\gamma}}_{\alpha\gamma\beta}$)
R	スカラー曲率 ($\equiv {R^{\alpha}}_{\alpha}$)，またはロバートソン－ウォーカー計量のスケール因子
$G_{\alpha\beta}$	アインシュタインテンソル（問題 9.16）
$C_{\alpha\beta\gamma\delta}$	ワイルテンソル（共形テンソル，第 9 章のまえがきを参照）
K_{ij}	外的曲率テンソル（第 9 章のまえがきを参照）
τ	固有時間
c	光速（本書では通常 $c = 1$ として記述を省略する）
G	万有引力定数（本書では通常 $G = 1$ として記述を省略する）
$\boldsymbol{u}$	4 元速度
$\boldsymbol{a}$	4 元加速度 ($\equiv d\boldsymbol{u}/d\tau$)
$\boldsymbol{p}$ あるいは $\boldsymbol{P}$	4 元運動量
p あるいは P	圧力
$T^{\mu\nu}$	エネルギー運動量テンソル（第 5 章のまえがきを参照）
$F^{\mu\nu}$	電磁テンソル（第 4 章のまえがきを参照）
J^{μ}	4 元電流密度ベクトル（第 4 章のまえがきを参照）
$J^{\mu\nu}$	角運動量テンソル（問題 11.1, 11.2）
$\eta_{\mu\nu}$	ミンコフスキー計量（第 1 章のまえがきを参照）
$h_{\mu\nu}$	計量の摂動，線形計量（第 13 章のまえがきを参照）
C.M.	質量中心系，質量中心 (center of mass)
ν, ω	単位時間あたりの角振動数，単位時間あたりの回転角（ラジアン）すなわち角速度
γ	ローレンツ因子 ($\equiv 1/\sqrt{1 - v^2/c^2}$)，あるいは光子を表す記号
${\Lambda^{\alpha}}_{\beta}$	ローレンツ変換行列
det	行列式
Tr	トレース

$\langle\ \rangle$	平均（たとえば，$\langle E \rangle$ は平均エネルギー）
$\langle\ ,\ \rangle$	ベクトルと 1-形式のスカラー積（たとえば $\langle \tilde{\boldsymbol{\omega}}, \boldsymbol{A} \rangle$，第 8 章のまえがきを参照）
$[\ \ ]$	反対称化記号（問題 3.17），あるいは交換子（第 8 章のまえがきを参照）．
$[\ \ ]_\pm$	不連続性（問題 21.9）
$(\ \ )$	対称化記号（問題 3.17）
$\varepsilon^{\alpha\beta\gamma\delta}$	完全反対称テンソル（問題 3.20）
$*$	双対（デュアル）の記号（問題 3.25）
Re	実数部分
Ω	立体角（たとえば $\int d\Omega$），角速度
$P^{\alpha\beta}$	射影テンソル（問題 5.18, 6.6）
θ	体膨張率（expansion，問題 5.18）
$\sigma_{\alpha\beta}$	ずりテンソル（shear，問題 5.18）
$\omega_{\alpha\beta}$	回転 2-形式（rotation，問題 5.18）
$\mathcal{I}\!\!\!-_{jk}$	換算四重極モーメントテンソル（第 18 章のまえがきを参照）
H_0	ハッブル定数
q_0	減速パラメータ
$M_\odot, R_\odot, \ldots$	太陽質量，太陽半径，…
z	赤方偏移パラメータ（問題 8.28，第 19 章のまえがきを参照）
$\mathcal{O}$	大きさのオーダー
$\propto$	比例（例 $r^3 \propto t^2$）あるいは平行なベクトル（例 $\boldsymbol{A} \propto \boldsymbol{B}$）

第 1 章

特殊相対論的運動学

Special-Relativistic Kinematics

時空における観測者の軌跡を，その観測者の**世界線** (worldline) という．観測者自身のもつ時計で測った時間をその観測者の**固有時間** (proper time) τ とよび，

$$-d\tau^2 \equiv ds^2 = -dt^2 + dx^2 + dy^2 + dz^2$$

の式で与えられる．ここで，t, x, y, z は観測者の軌跡に沿った（ミンコフスキー）座標である．本書では，とくに断らない限り，光速 c を 1 とする単位系をとることにする[†1]．

4 元速度 (4-velocity) $\boldsymbol{u}$ は成分を $(dt/d\tau, dx/d\tau, dy/d\tau, dz/d\tau)$ とするベクトルであり，**4 元加速度** (4-acceleration) $\boldsymbol{a} \equiv d\boldsymbol{u}/d\tau$ は成分を $\left(d^2t/d\tau^2, d^2x/d\tau^2, d^2y/d\tau^2, d^2z/d\tau^2\right)$ とするベクトルである．それぞれ世界線上で定義される．これらや，その他の 4 元ベクトルの**（反変）成分** (contravariant component) を $u^\alpha, a^\beta, A^\gamma, B^\delta$ のように上付きの添え字をつけて表す．ギリシャ文字 $\alpha, \beta, \gamma, \ldots$ の添え字は 4 次元時空の成分 $t, x, y, z \equiv 0, 1, 2, 3$ を表し，ラテン文字 $i, j, k, \ldots$ の添え字は 3 次元空間の成分 $x, y, z \equiv 1, 2, 3$ を表すものとする．

本書では，アインシュタインによる縮約記法を用いる．これは，同じ文字の添え字が上下にあるときには，その添え字の動く範囲で和をとるというものである．たとえば，

$$\boldsymbol{V} = V^\mu \boldsymbol{e}_\mu$$

は，基底ベクトル $\boldsymbol{e}_0 \equiv (1, 0, 0, 0)$, $\boldsymbol{e}_1 \equiv (0, 1, 0, 0)$ などと，反変成分 V^μ を乗じて和をとったベクトルを表す[†2]．

2 つの 4 元ベクトルの**内積**は，ミンコフスキー座標では

$$\boldsymbol{A} \cdot \boldsymbol{B} = -A^0B^0 + A^1B^1 + A^2B^2 + A^3B^3$$

---

†1 訳者注：たとえば上記の式では，右辺第 1 項は，$-c^2dt^2$ と書くべきところを $-dt^2$ と表記している．

†2 訳者注：$V^\mu \boldsymbol{e}_\mu$ は $\displaystyle\sum_{\mu=0}^{3} V^\mu \boldsymbol{e}_\mu$ を省略した記法である．$V^i \mathbb{e}_i$ であれば $\displaystyle\sum_{i=1}^{3} V^i \mathbb{e}_i$ となる．

となる．これを $\boldsymbol{A}\cdot\boldsymbol{B}=A_\mu B^\mu$ として表す．下付きの添え字をもつ A_μ は $\boldsymbol{A}$ の**共変成分** (covariant component) とよばれ，$A_\mu=\eta_{\mu\nu}A^\nu$ あるいは $A^\mu=\eta^{\mu\nu}A_\nu$ で定義される．ここで，$\eta_{\mu\nu}$ は，

$$\eta_{\mu\nu}\equiv\begin{bmatrix}-1&0&0&0\\0&1&0&0\\0&0&1&0\\0&0&0&1\end{bmatrix}\equiv\eta^{\mu\nu}$$

である．ベクトル $\boldsymbol{v}$ は，その内積 $\boldsymbol{v}\cdot\boldsymbol{v}$ の値が正か負かゼロかによって，それぞれ**空間的** (spacelike)，**時間的** (timelike)，**ヌル（光的）** (null, light-like) とよばれる．4 元速度は常に時間的ベクトルである．

2 つのローレンツ系があり，相対的に 3 元速度 $\mathbb{v}$ だけ異なるとき，あるいは空間的な回転の分だけ異なるとき，またはそれらを組み合わせた違いがある場合を考える．一方の系の座標を t,x,y,z，他方の系の座標を t',x',y',z' とする．プライム記号 ($'$) のついた座標系でのベクトル成分を $A^{\mu'},B_{\nu'}$ などとして同様に表し，基底ベクトルを $\boldsymbol{e}_{\mu'}$ とする．2 つのローレンツ系の基底ベクトルとベクトルの成分は，それぞれ次式の関係にある．

$$\boldsymbol{e}_{\mu'}=\Lambda_{\mu'}{}^{\alpha}\boldsymbol{e}_\alpha,\quad V_{\mu'}=\Lambda_{\mu'}{}^{\alpha}V_\alpha,\quad V^{\mu'}=\Lambda^{\mu'}{}_{\alpha}V^\alpha\quad(\Lambda^{\mu'}{}_{\alpha}\text{は }\Lambda_{\mu'}{}^{\alpha}\text{の逆行列})$$

ここで，Λ はローレンツ変換行列である．とくに興味がもたれるのは，2 つの系の間で回転がなく速度の違いだけをもつ**ブースト** (boost) 変換である．x 方向に速度 v で動く[†1]，プライムつきの座標系に対しては，

$$\Lambda^{\mu'}{}_{\nu}=\begin{bmatrix}\gamma&-\gamma v&0&0\\-\gamma v&\gamma&0&0\\0&0&1&0\\0&0&0&1\end{bmatrix},\qquad\gamma=\frac{1}{\sqrt{1-v^2}}$$

となる．2 つの系間の速度差を，$\theta=\tanh^{-1}v$（**高速率パラメータ** (rapidity parameter)[†2]）としてパラメータ化することもある．

静止質量 m の粒子が 4 元速度 $\boldsymbol{u}$ で運動しているとき，その **4 元運動量** (4-momentum) は $\boldsymbol{p}=m\boldsymbol{u}$ である．質量がゼロの光子の場合，4 元運動量は，任意の座標系で，$p^0\equiv$

†1 訳者注：「本書での表記法」にあるように，4 元ベクトルは太字 $\boldsymbol{A}$，3 元ベクトルは白抜きの文字 $\mathbb{A}$ で表す．しかし，ここでの速度のように，ベクトルの方向が 1 次元に限られている場合には，3 元ベクトルを細字 (v) で表記する．このとき，ベクトルの向きはその正負で表し，ベクトルの大きさ（速さ）は $|v|$ と表記する．

†2 訳者注：速度パラメータ，ラピディティともよばれる．

（光子のエネルギー），$p^i \equiv \mathbb{p} =$（光子の 3 元運動量）として定義される．

問題 1.1　4 元速度・3 元速度

4 元速度 $\boldsymbol{u}$ が，3 元速度 $\mathbb{v}$ を成分として含むとき，以下のものを表せ．

(a) u^0 を $|\mathbb{v}|$ を用いて．

(b) u^j $(j = 1, 2, 3)$ を $\mathbb{v}$ を用いて．

(c) u^0 を u^j を用いて．

(d) $d/d\tau$ を d/dt と $\mathbb{v}$ を用いて．

(e) v^j を u^j を用いて．

(f) $|\mathbb{v}|$ を u^0 を用いて．

［解］　$\gamma = 1/\sqrt{1 - |\mathbb{v}|^2} = u^0 = dt/d\tau$ として，$\boldsymbol{u} = (\gamma, \gamma\mathbb{v})$ となる．これより，

(a) $u^0 = \dfrac{1}{\sqrt{1 - |\mathbb{v}|^2}}$

(b) $u^j = \dfrac{v^j}{\sqrt{1 - |\mathbb{v}|^2}}$

(c) $\boldsymbol{u}$ は 4 元速度なので，$\boldsymbol{u} \cdot \boldsymbol{u} = -1$．これより，

$$u^0 = \sqrt{1 + (u^1)^2 + (u^2)^2 + (u^3)^2} \equiv \sqrt{1 + u^j u_j}$$

(d) $\dfrac{d}{d\tau} = \dfrac{dt}{d\tau}\dfrac{d}{dt} = \dfrac{1}{\sqrt{1 - |\mathbb{v}|^2}}\dfrac{d}{dt}$

(e) $v^j = \dfrac{u^j}{u^0} = \dfrac{u^j}{\sqrt{1 + u^i u_i}}$

(f) (a) より，$|\mathbb{v}| = \sqrt{1 - (u^0)^{-2}}$

問題 1.2　ローレンツ変換の順序

x 方向に速度 v_x でブーストされ，続いて y 方向に速度 v_y でブーストされた場合のローレンツ変換を表す行列を求めよ．このブーストが逆の順だったときには，変換が異なることも示せ．

［解］　$\gamma_x = 1/\sqrt{1 - v_x^2}$ などとして，実際に計算すると，

$$\begin{bmatrix} \gamma_y & 0 & \gamma_y v_y & 0 \\ 0 & 1 & 0 & 0 \\ \gamma_y v_y & 0 & \gamma_y & 0 \\ 0 & 0 & 0 & 1 \end{bmatrix} \begin{bmatrix} \gamma_x & \gamma_x v_x & 0 & 0 \\ \gamma_x v_x & \gamma_x & 0 & 0 \\ 0 & 0 & 1 & 0 \\ 0 & 0 & 0 & 1 \end{bmatrix} = \begin{bmatrix} \gamma_x\gamma_y & \gamma_x\gamma_y v_x & \gamma_y v_y & 0 \\ \gamma_x v_x & \gamma_x & 0 & 0 \\ \gamma_x\gamma_y v_y & \gamma_x\gamma_y v_x v_y & \gamma_y & 0 \\ 0 & 0 & 0 & 1 \end{bmatrix}$$

となる．逆順の場合は，

$$\begin{bmatrix} \gamma_x & \gamma_x v_x & 0 & 0 \\ \gamma_x v_x & \gamma_x & 0 & 0 \\ 0 & 0 & 1 & 0 \\ 0 & 0 & 0 & 1 \end{bmatrix} \begin{bmatrix} \gamma_y & 0 & \gamma_y v_y & 0 \\ 0 & 1 & 0 & 0 \\ \gamma_y v_y & 0 & \gamma_y & 0 \\ 0 & 0 & 0 & 1 \end{bmatrix} = \begin{bmatrix} \gamma_x\gamma_y & \gamma_x v_x & \gamma_x\gamma_y v_y & 0 \\ \gamma_x\gamma_y v_x & \gamma_x & \gamma_x\gamma_y v_x v_y & 0 \\ \gamma_y v_y & 0 & \gamma_y & 0 \\ 0 & 0 & 0 & 1 \end{bmatrix}$$

となって，積が異なる．

問題 1.3　相対速度の大きさ

2 つの系が 3 元速度 $\mathbb{v}_1$ と $\mathbb{v}_2$ で移動しているとする．それらの相対速度の大きさ $v = |\mathbb{v}|$ が次式で与えられることを示せ．

$$v^2 = \frac{(\mathbb{v}_1 - \mathbb{v}_2)^2 - (\mathbb{v}_1 \times \mathbb{v}_2)^2}{(1 - \mathbb{v}_1 \cdot \mathbb{v}_2)^2}$$

[解]　2 つの系の 4 元速度を $\boldsymbol{u}_1$ と $\boldsymbol{u}_2$ とする．系 1 では，$\boldsymbol{u}_1 = (1, \mathbb{0})$, $\boldsymbol{u}_2 = (\gamma, \gamma\mathbb{v})$ となる．ただし，$\gamma = 1/\sqrt{1-v^2}$ である．$\gamma = -\boldsymbol{u}_1 \cdot \boldsymbol{u}_2$ であるから，$\boldsymbol{u}_1 = (\gamma_1, \gamma_1\mathbb{v}_1)$, $\boldsymbol{u}_2 = (\gamma_2, \gamma_2\mathbb{v}_2)$ となる一般的な系でこのスカラー量を導けばよい．

$$\gamma = -\boldsymbol{u}_1 \cdot \boldsymbol{u}_2 = \gamma_1\gamma_2(1 - \mathbb{v}_1 \cdot \mathbb{v}_2) = \frac{1}{\sqrt{1-v^2}}$$

$$1 - v^2 = \frac{1}{(\gamma_1\gamma_2)^2(1 - \mathbb{v}_1 \cdot \mathbb{v}_2)^2}$$

$$v^2 = \frac{(1 - \mathbb{v}_1 \cdot \mathbb{v}_2)^2 - (1 - |\mathbb{v}_1|^2)(1 - |\mathbb{v}_2|^2)}{(1 - \mathbb{v}_1 \cdot \mathbb{v}_2)^2} = \frac{|\mathbb{v}_1 - \mathbb{v}_2|^2 - |\mathbb{v}_1 \times \mathbb{v}_2|^2}{(1 - \mathbb{v}_1 \cdot \mathbb{v}_2)^2}$$

（同じ結論は，ローレンツ変換の式を用いて退屈で長い計算からも導くことができる．）

問題 1.4　台車の上の台車

長いテーブルの上に速度 $v\,(>0)$ で動く台車がある．その台車の上を小さな台車が同じ方向に 1 つ目の台車に対して相対速度 v で動いている．3 台目の台車も同様に 2 台目の台車の上を進行方向に相対速度 v で動いている．こうして，n 台の台車が続く．テーブルに静止した座標系から見たとき，n 番目の台車の速度 v_n を求めよ．$n \to \infty$ のとき，v_n はどう表されるか．

[解]　1 次元問題なので，高速率パラメータ $\theta \equiv \tanh^{-1} v$ の加法が線形であることを使える．そうすると，$\tanh^{-1} v_n = \theta_n = n\theta = n \tanh^{-1} v$ となるので，

$$v_n = \tanh\left(n \tanh^{-1} v\right)$$

$$= \tanh \log \left(\frac{1+v}{1-v} \right)^{n/2} \qquad \text{（これは簡単に導ける！）}$$

$$= \frac{1 - \left[(1-v)/(1+v) \right]^n}{1 + \left[(1-v)/(1+v) \right]^n}$$

となる．$n \to \infty$ とすると，$\left[(1-v)/(1+v) \right]^n \to 0$ より，$v_n \to 1$（光速）となる．

問題 1.5　弾丸の見かけの長さ

静止系から見て長さ b の弾丸が速度 v で飛ぶ様子を，遠方からカメラで撮影した．弾丸の向こう側には，弾丸の進行方向に沿って，長いものさしがカメラに対して静止して置いてある．弾丸の進行方向とカメラの向きの角度を α とする．写真に写る弾丸の「見かけの長さ」（すなわち，どれだけ背後のものさしが隠されるか）を求めよ．

[解]　普通の b/γ という解答は，実験室座標系で「同時に測定した」場合を想定している．しかし，実際には弾丸の最前部と最後尾から来る光子は異なる時刻に放出されている．そして「同時に検出」されていることから，図の光子 2 は，b' を弾丸の見かけの長さとして，光子 1 より $b' \cos \alpha$ だけ長い時間飛んできている．ローレンツ変換から

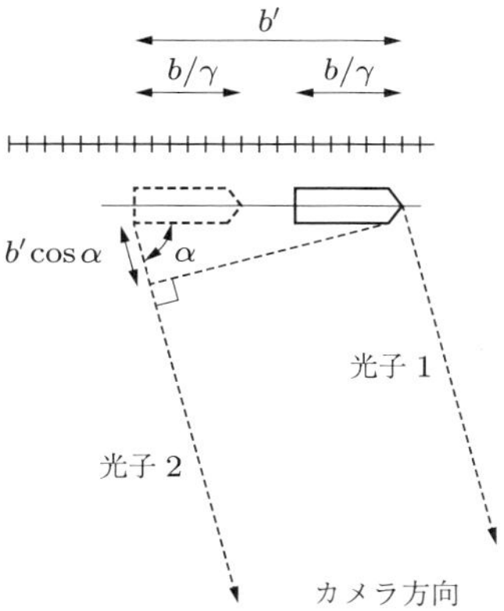

$$\begin{aligned} b = \Delta x &= \gamma(\Delta x' - v \Delta t') \\ &= \gamma(b' - v b' \cos \alpha) \end{aligned}$$

となるので，

$$b' = \frac{b}{\gamma(1 - v \cos \alpha)}$$

を得る．

問題 1.6　タキオン

光よりも大きい速度をもつ仮想的な粒子をタキオンという．静止系で一定速度 $u > 1$ の粒子を打ち出すタキオン発射装置があるとする．距離 L だけ離れたところで静止している観測者にタキオンのメッセージが送信されると，メッセージの返信が届くまでに経過する時間はどれだけか．また，観測者が速度 v で遠ざかっ

ているとき，距離 L の瞬間に観測者がメッセージを受けたとすると，送信してからその返信が届くまでに経過する時間はどれだけか（$u > (1+\sqrt{1-v^2})/v$ のとき，信号が送信される前に返信が届いてしまうことを示せ）．メッセージは瞬時に送り返されるとする．

［解］　2 人の観測者が同じローレンツ系で静止していたとすれば，（距離）＝（速度）×（時間）が成立し，往復に要する時間は $t_{\text{round trip}} = 2L/u$ である．しかし，一方が動いていると様子は異なる．動いている観測者の座標を

$$t' = \gamma(t - vx), \qquad x' = \gamma(x - vt)$$

として，タキオンは，この動いている座標系から静止している観測者へ，速度

$$\frac{dx'}{dt'} = -u$$

で送り返されるとする．$dt' = \gamma(dt - vdx)$, $dx' = \gamma(dx - vdt)$ であるから，静止系における速度について解くと，

$$-\frac{dx}{dt} = \frac{u - v}{1 - uv}$$

となる．静止系で経過時間を加えていくと，$t_{\text{total}} = t_{\text{out}} + t_{\text{back}} = L/u + L(1-uv)/(u-v) = L\,[1/u + (1-uv)/(u-v)]$ となる．これより，簡単に，

$$u > \frac{1+\sqrt{1-v^2}}{v} \quad \text{ならば} \quad t_{\text{total}} < 0$$

となることがわかる．時空図を添えておく．

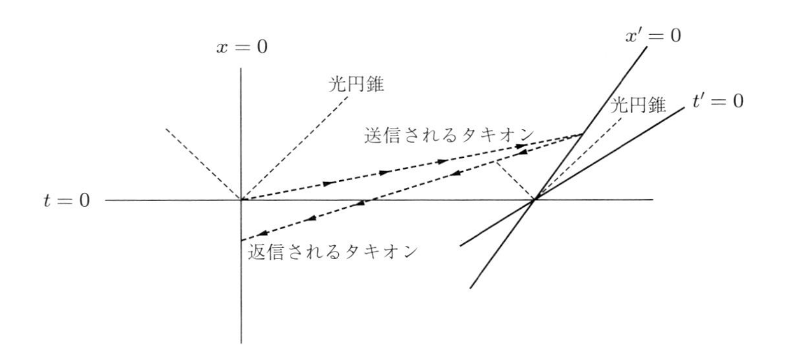

問題 1.7　見かけの角度 (1)

座標系 S に対して，座標系 S′ が速度 $\mathbb{v}$ で移動している．1 本の棒があり，S′ 系で見ると，S′ 系の進行方向と角度 θ' をなして静止している．S 系で見た場合，棒と進行方向がなす角度 θ はいくらか†.

［解］　回転の効果は，進行方向である x 軸方向に縮んで見えることに由来し，y 方向には無関係である．$\cot\theta = \Delta x/\Delta y$ であり，相対運動のために，$\Delta x = \Delta x'\sqrt{1-v^2}$, $\Delta y = \Delta y'$ となる．したがって，

$$\cot\theta = \sqrt{1-v^2}\cot\theta'$$

である．

問題 1.8　見かけの角度 (2)

座標系 S に対して，座標系 S′ は速度 $\mathbb{v}$ で移動している．S′ 系で，弾丸が進行方向に対して角度 θ'，速度 $\mathbb{v}'$ で打ち出された．S 系で観測すると角度 θ はいくらか．また，弾丸が光子であればどうか．

［解］　長さが縮むだけではなく，時間も遅れることになる．座標系 S では，弾丸の速度は

$$\mathbb{v} = \left(\frac{\Delta x}{\Delta t}, \frac{\Delta y}{\Delta t}, 0\right)$$

である．$\Delta x, \Delta t$ の変換公式より

$$v_x = \frac{\Delta x}{\Delta t} = \frac{v'_{x'} + v}{1 + vv'_{x'}}$$

となる．一方，$\Delta y = \Delta y'$ であるから

$$v_y = \frac{\Delta y}{\Delta t} = \frac{\Delta y'\sqrt{1-v^2}}{\Delta t' + v\Delta x'} = v'_{y'}\frac{\sqrt{1-v^2}}{1+vv'_{x'}}$$

である．したがって進行方向には，

$$\tan\theta = \frac{v_y}{v_x} = \frac{v'_{y'}\sqrt{1-v^2}}{v'_{x'}+v} = \tan\theta'\frac{\sqrt{1-v^2}}{1+v/v'_{x'}}$$

となる．この方向の変化は係数 $\sqrt{1-v^2}$ を除き，ガリレイ変換の結果と同じである．

† 訳者注：S 系，S′ 系それぞれの x 軸，x' 軸を S′ 系の移動方向にとる．S 系では $\mathbb{v} = (v, 0, 0)$ である．また，棒は x-y 面（x'-y' 面）にあるとする．

これは x 軸方向の運動の「収束」(funneling) を表している.

光子の場合，$v_x^2 + v_y^2 = 1$，$v_x = \cos\theta$ であるから，

$$\cos\theta = \frac{\cos\theta' + v}{1 + v\cos\theta'}, \qquad \tan\theta = \tan\theta' \frac{\sqrt{1-v^2}}{1 + v\sec\theta'}$$

となる.

問題 1.9　見かけの角度分布

遠方の星に対して静止している観測者から見て，星が等方的に分布しているとする．つまり，どのような立体角 $d\Omega$ をとっても，観測者は，観測できるすべての星 N 個のうち，$dN = N(d\Omega/4\pi)$ の数の星を見るものとする.

さて，もう 1 人の観測者（その系を S' とする）が，相対論的な速さ v で，$\boldsymbol{e}_x$ 方向に動いている．この観測者から見ると星の分布はどのようになるか．とくに，この観測者の立体角 $d\Omega'$ に対して，見ることができる星の数を $P(\theta', \phi')d\Omega'$ として分布関数 $P(\theta', \phi')$ を定義するとき，その関数形を求めよ．また，

$$\int_{\text{sphere}} P(\theta', \phi')\, d\Omega' = N$$

であり，$v \to 0$ のとき $P(\theta', \phi') \to N/4\pi$ となることを確かめよ．S' 系で観測される星の「集積点」はどこか.

[解]　星から観測者へ放たれた光子の運動方向を $\overline{\theta}$ とすると，星は $\theta = \pi - \overline{\theta}$ の角度に観測される．光子の運動方向の変換公式は前問で得られているので，

$$\cos\theta = \frac{\cos\theta' - v}{1 - v\cos\theta'}$$

である．立体角 $d\Omega$ に観測される星の数は

$$\begin{aligned} dN &= N\frac{d\Omega}{4\pi} = \frac{N}{4\pi} 2\pi\, d(\cos\theta) \\ &= \frac{1}{2} N \frac{d(\cos\theta)}{d(\cos\theta')}\, d(\cos\theta') = \frac{1}{2} N \frac{1-v^2}{(1 - v\cos\theta')^2}\, d(\cos\theta') \end{aligned}$$

となる．ここで，$dN = 2\pi P(\theta', \phi')\, d(\cos\theta')$ であるから，S' における星の分布関数は，

$$P(\theta', \phi') = \frac{N}{4\pi} \frac{1-v^2}{(1 - v\cos\theta')^2}$$

で与えられる（確認：$v \to 0$ のとき，$P(\theta', \phi') \to N/4\pi = P(\theta, \phi)$ となる）．また，

$$\int_{\text{sphere}} P(\theta', \phi')\, d\Omega' = \frac{N}{4\pi}(1 - v^2) \int_{-1}^{+1} \frac{2\pi}{(1 - v\cos\theta')^2} d(\cos\theta') = N$$

が確かめられる．同様に，半数の星が $\theta' = 0$ と $\theta'_{1/2} = \cos^{-1} v < \pi/2$ の範囲にあることが簡単に確かめられる．したがって，星は前方に集積する．$v \approx 1$ に対しては，$\theta'_{1/2} \approx \sqrt{2(1-v)}$ となって，前方の 1 点に集中していくことになる．

問題 1.10　時間的な単位ベクトル

$\boldsymbol{A} = \sqrt{3}\boldsymbol{e}_t + \sqrt{2}\boldsymbol{e}_x$ が，特殊相対性理論における時間的な単位ベクトルであることを示せ．また，$\boldsymbol{A}$ と $\boldsymbol{e}_t$ のなす角度は実数ではないことを示せ．

[解]　$\boldsymbol{A}$ の大きさは $\sqrt{|\boldsymbol{A}\cdot\boldsymbol{A}|}$ である．

$$\begin{aligned}\boldsymbol{A}\cdot\boldsymbol{A} &= (\sqrt{3}\boldsymbol{e}_t + \sqrt{2}\boldsymbol{e}_x)\cdot(\sqrt{3}\boldsymbol{e}_t + \sqrt{2}\boldsymbol{e}_x) = 3\boldsymbol{e}_t\cdot\boldsymbol{e}_t + 2\boldsymbol{e}_x\cdot\boldsymbol{e}_x + 2\sqrt{6}\boldsymbol{e}_t\cdot\boldsymbol{e}_x \\ &= -3 + 2 + 0 = -1\end{aligned}$$

また，$\boldsymbol{A}$ と $\boldsymbol{e}_t$ のなす角を θ とすると，

$$\cos\theta = \frac{\boldsymbol{A}\cdot\boldsymbol{e}_t}{\sqrt{|\boldsymbol{A}\cdot\boldsymbol{A}|}\sqrt{|\boldsymbol{e}_t\cdot\boldsymbol{e}_t|}} = -\sqrt{3}$$

となるので，θ は実数ではない．

問題 1.11　時間の遅れのパラドックス

2 つのリングが，同じ点を中心にして逆方向に，同じ大きさの角速度 ω で回転している．アダムが一方のリングに乗り，イブが他方に乗っているとする．同じ瞬間に両者はすれ違い，そのとき彼らの時計は一致していた．すれ違う瞬間にイブがアダムの時計を見ると，自分の時計よりゆっくりと進んでいることがわかったので，次に会う瞬間にはイブは自分の時計が進んでいると考えた．しかし，アダムも同じように考えた．実際はどうなるか．この結果をアダムの（あるいはイブの）観測と矛盾なく説明できるだろうか．

[解]　対称性から考えて，アダムとイブが次に会うとき，2 人の時刻は同じはずである．このことを簡単に確かめるには，静止した慣性系にいる観測者が測る固有時間間隔を考えればよい．円筒座標系を用いると

$$-d\tau^2 = -dt^2 + dr^2 + r^2 d\phi^2 + dz^2 \tag{1}$$

となる．アダムとともに移動する共動座標系では，$\phi_{\mathrm{A}} = \omega t$ であり，r と z は一定である．同様に，イブとともに移動する座標系では，$\phi_{\mathrm{E}} = -\omega t$ であり，r と z は一定である．こうして，

$$d\tau_{\mathrm{A}}^2 = d\tau_{\mathrm{E}}^2 = dt^2(1 - r^2\omega^2) \tag{2}$$

となり，アダムとイブの固有時間間隔は等しくなる．

第2の方法として，アダムのいる非慣性系で考えてみよう．アダムは，彼の世界線に直交する超曲面（時間一定面）を延長することによって，同時刻を定義する．そして超曲面間の距離が彼にとっての等しい固有時間間隔になる．ある1点で，彼の超曲面がイブの世界線と交差したとしよう．イブの固有時間 τ_{E} が読み取られ，アダムは τ_{A} を τ_{E} の関数として計算する．この考えを進めて，アダムとイブの世界線を結び，アダムの4元速度と直交する4元ベクトル $\boldsymbol{w}$ を定義する．

$$\text{アダムの世界線：}\begin{cases} t = \gamma\tau_{\mathrm{A}} \\ x = \sin\omega t = \sin\omega\gamma\tau_{\mathrm{A}} \\ y = \cos\omega t = \cos\omega\gamma\tau_{\mathrm{A}} \\ z = 0 \end{cases} \tag{3}$$

$$\text{イブの世界線：}\begin{cases} t = \gamma\tau_{\mathrm{E}} \\ x = -\sin\omega t = -\sin\omega\gamma\tau_{\mathrm{E}} \\ y = \cos\omega t = \cos\omega\gamma\tau_{\mathrm{E}} \\ z = 0 \end{cases} \tag{4}$$

である．ただし，リングの半径を1としている．これらの関係式から，

$$\begin{aligned} \boldsymbol{w} &\equiv \boldsymbol{x}_{\mathrm{A}} - \boldsymbol{x}_{\mathrm{E}} \\ &= \bigl(\gamma(\tau_{\mathrm{A}} - \tau_{\mathrm{E}}),\ \sin\omega\gamma\tau_{\mathrm{A}} + \sin\omega\gamma\tau_{\mathrm{E}},\ \cos\omega\gamma\tau_{\mathrm{A}} - \cos\omega\gamma\tau_{\mathrm{E}},\ 0\bigr) \\ \boldsymbol{u}_{\mathrm{A}} &= \bigl(\gamma,\ \omega\gamma\cos\omega\gamma\tau_{\mathrm{A}},\ -\omega\gamma\sin\omega\gamma\tau_{\mathrm{A}},\ 0\bigr) \end{aligned}$$

となり，$\boldsymbol{w}\cdot\boldsymbol{u}_{\mathrm{A}} = 0$ を要求すると，

$$\tau_{\mathrm{A}} - \tau_{\mathrm{E}} = \frac{\omega}{\gamma}\sin\omega\gamma(\tau_{\mathrm{A}} + \tau_{\mathrm{E}}) \tag{5}$$

となる．式(5)は，$\tau_{\mathrm{A}}(\tau_{\mathrm{E}})$ の形に陽には表せないが，

$$\sin 2\omega\gamma\tau_{\mathrm{A}} = \sin 2\omega t = 0 \tag{6}$$

のとき，すなわち，アダムとイブの世界線が交わるときには常に $\tau_{\mathrm{A}} = \tau_{\mathrm{E}}$ となることがわかる．

問題 1.12　複素平面の回転角

虚数座標 $w = it$ を定義する．x_i-w 平面 $(i = 1, 2, 3)$ における純虚数の角度 θ

の回転が，t, x, y, z 座標での純粋なローレンツブーストに相当することを示せ．また，角度 θ とブーストの速度 v との関係を示せ．

[解]　ローレンツ変換より

$$t' = \gamma(t - vx), \qquad x' = \gamma(x - vt)$$

である．虚数座標 $w \equiv it$, $w' \equiv it'$ を定義すると，

$$w' = \gamma(w - ivx), \qquad x' = \gamma(x + ivw)$$

となる．この式は，回転を表す式

$$w' = (\cos\theta)w - (\sin\theta)x$$
$$x' = (\sin\theta)w + (\cos\theta)x$$

のように表せる．また

$$\sin\theta = iv\gamma, \qquad \cos\theta = \gamma$$
$$\sin^2\theta + \cos^2\theta = \gamma(1 - v^2) = 1$$

とおくと，

$$\theta = \sin^{-1}(iv\gamma) = \tan^{-1}(iv) = +i\tanh^{-1}v$$

が得られる[†]．

問題 1.13　ヌル曲線，ヌル測地線

r, θ, ϕ を λ の任意の関数とするとき，曲線

$$x = \int r\cos\theta\cos\phi\, d\lambda$$
$$y = \int r\cos\theta\sin\phi\, d\lambda$$
$$z = \int r\sin\theta\, d\lambda$$
$$t = \int r\, d\lambda$$

† 訳者注：$t \to w = it$ としてミンコフスキー空間からユークリッド空間に移ることを**ウィック回転**(Wick rotation) という．このユークリッド空間ではブーストは純虚数の「回転」に相当することがわかる．この回転角は高速率パラメータに虚数単位をつけたものになっている．

は，特殊相対性理論でのヌル曲線になることを示せ．また，この曲線がヌル測地線となるための条件は何か．

[解]　曲線に沿って計算すると，

$$dx^2 + dy^2 + dz^2 - dt^2 = (r^2 \cos^2\theta \cos^2\phi + r^2 \cos^2\theta \sin^2\phi + r^2 \sin^2\theta - r^2)d\lambda^2$$
$$= r^2 d\lambda^2(\cos^2\theta + \sin^2\theta - 1) = 0$$

となるので，この曲線はヌルである．

この曲線が測地線（すなわち直線）であるためには，$dz/dt =$（定数）となる必要があり，$dz/dt = \sin\theta$ であるから，θ が一定でなければならない．同様に，dx/dt, dy/dt の式より，ϕ も定数でなければならない．これらが測地線であるための条件であり，関数 $r(\lambda)$ についての制限はない．しかし，λ が**アフィンパラメータ** (affine parameter) であること（たとえば時間的曲線の固有時間に相当）を要求すると，$dt/d\lambda$ が定数になるので，r も一定となる．

問題 1.14　4 元加速度 (1)

観測者の 4 元加速度 $a^\alpha = du^\alpha/d\tau$ の成分のうち，独立なものは 3 個だけであることを示せ．また，観測者の系でニュートン的な（非相対論的）加速度計が示す通常の加速度と，これらの成分との関係を示せ．

[解]　4 元速度は $u^\alpha u_\alpha = -1$ と規格化されているので，

$$0 = \frac{d}{d\tau}(u^\alpha u_\alpha) = 2\frac{du^\alpha}{d\tau}u_\alpha = 2a^\alpha u_\alpha$$

となる．これは，加速度 a^α の 4 成分についての 1 つの拘束条件になっている．観測者の瞬間的な共動座標系 $u_\alpha = (-1, \mathbb{0})$ においては，この拘束条件は $a^0 = 0$ となり，$a^j\ (j = 1, 2, 3)$ は任意となる．

ニュートン的な加速度計は，次のようにモデル化できる．すなわち，観測者は自身の共動座標系において粒子を静かに放し，短い時間 $d\tau$ に粒子が相対的にどのような速度 $d\mathbb{v}$ を得るかを測定して，加速度を $\mathbb{a}_{\mathrm{Newtonian}} = d\mathbb{v}/d\tau$ として計算する．もちろん，瞬間的な（粒子の）共動慣性系では粒子は静止しているように振る舞い†，観測者は粒子に対して相対的に $du^j = a^j d\tau$ だけ加速する．いま，$u^j = v^j/\sqrt{1-v^2}$ であれば，

† 訳者注：粒子を放す瞬間までは，粒子は（観測者の）共動座標系で見ても慣性系である，という意味．

$$du^j = \frac{1}{\sqrt{1-v^2}}dv^j + v^j d\left(\frac{1}{\sqrt{1-v^2}}\right)$$

である．しかし，座標系が瞬間的に共動しているので，$v=0$ であり，$du^j = dv^j$ となる．したがって，

$$a^j_{\text{Newtonian}} = \frac{dv^j}{d\tau} = \frac{du^j}{d\tau} = a^j$$

となる．つまり，共動座標系における 4 元加速度の成分のうち，3 つの独立な成分はニュートン的な加速度の成分にほかならない．

問題 1.15 4 元加速度 (2)

観測者の系で測定される加速度の大きさを，共変的な形で記述せよ[†1]．

[解] $\boldsymbol{a}\cdot\boldsymbol{u}=0$ であるから，観測者の局所静止系において

$$\boldsymbol{a} = (0, a^{\hat{j}})$$

となる．ここで，$a^{\hat{j}}$ は，局所的に測定された加速度の第 j 成分である．これより，加速度の大きさ a の 2 乗は，

$$a^2 \equiv a^{\hat{j}} a_{\hat{j}} = (0, a^{\hat{j}})\cdot(0, a_{\hat{j}}) = \boldsymbol{a}\cdot\boldsymbol{a}$$

となる．

問題 1.16 加速度のブースト

慣性系 $\mathcal{O}$ において，3 元速度 $\mathbb{u}$，3 元加速度 $\mathbb{a}$ で運動する粒子がある．別の慣性系 $\mathcal{O}'$ は，$\mathcal{O}$ に対して 3 元速度 $\mathbb{v}$ で動いている．$\mathcal{O}'$ で観測される粒子の加速度について，$\mathbb{v}$ に平行および垂直な成分が

$$\mathbb{a}'_{\parallel} = \frac{(1-|\mathbb{v}|^2)^{3/2}}{(1-\mathbb{v}\cdot\mathbb{u})^3}\mathbb{a}_{\parallel}, \qquad \mathbb{a}'_{\perp} = \frac{1-|\mathbb{v}|^2}{(1-\mathbb{v}\cdot\mathbb{u})^3}[\mathbb{a}_{\perp} - \mathbb{v}\times(\mathbb{a}\times\mathbb{u})]$$

となることを示せ．

[解] 問題 1.8 の結果から，3 元速度の変換は[†2]

---

†1 訳者注：**共変的** (covariant) とは，座標系によらない表現になっていること．座標変換に対して不変であることは，**不変的** (invariant) という．

†2 訳者注：$v = |\mathbb{v}|$, $u_{\parallel} = |\mathbb{u}_{\parallel}|$ などとしている．はじめに，$\mathbb{v}\cdot\mathbb{u} = vu_{\parallel}$ などと書けることに気づこう．

$$\mathbb{u}'_{\parallel} = \frac{1}{1 - vu_{\parallel}}(\mathbb{u}_{\parallel} - \mathbb{v}), \qquad \mathbb{u}'_{\perp} = \frac{1}{\gamma(1 - vu_{\parallel})}\mathbb{u}_{\perp}$$

となり，時間座標の変換は

$$t' = \gamma(t - \mathbb{v} \cdot \mathbb{x})$$

である．これらの微分をとると，

$$d\mathbb{u}'_{\parallel} = \frac{v\,du_{\parallel}}{(1 - v\,u_{\parallel})^2}(\mathbb{u}_{\parallel} - \mathbb{v}) + \frac{1}{1 - vu_{\parallel}}d\mathbb{u}_{\parallel} = \frac{d\mathbb{u}_{\parallel}}{\gamma^2(1 - vu_{\parallel})^2}$$

$$d\mathbb{u}'_{\perp} = \frac{1}{\gamma(1 - vu_{\parallel})}d\mathbb{u}_{\perp} + \frac{v\,du_{\parallel}}{\gamma(1 - vu_{\parallel})^2}\mathbb{u}_{\perp} = \frac{(1 - vu_{\parallel})d\mathbb{u}_{\perp} + v\,du_{\parallel}\,\mathbb{u}_{\perp}}{\gamma(1 - vu_{\parallel})^2}$$

$$dt' = \gamma(dt - \mathbb{v} \cdot d\mathbb{x}) = \gamma\,dt\,(1 - \mathbb{v} \cdot \mathbb{u}) = \gamma\,dt\,(1 - vu_{\parallel})$$

となる．これらより，

$$\mathbb{a}'_{\parallel} \equiv \frac{d\mathbb{u}'_{\parallel}}{dt'} = \frac{1}{\gamma^3(1 - vu_{\parallel})^3}\mathbb{a}_{\parallel} = \frac{1}{\gamma^3(1 - \mathbb{v} \cdot \mathbb{u})^3}\mathbb{a}_{\parallel}$$

$$\begin{aligned}
\mathbb{a}'_{\perp} \equiv \frac{d\mathbb{u}'_{\perp}}{dt'} &= \frac{1}{\gamma^2(1 - vu_{\parallel})^3}\left[(1 - vu_{\parallel})\mathbb{a}_{\perp} + va_{\parallel}\mathbb{u}_{\perp}\right] \\
&= \frac{1}{\gamma^2(1 - vu_{\parallel})^3}\left[\mathbb{a}_{\perp} - v(u_{\parallel}\mathbb{a}_{\perp} - a_{\parallel}\mathbb{u}_{\perp})\right] \\
&= \frac{1}{\gamma^2(1 - \mathbb{v} \cdot \mathbb{u}_{\parallel})^3}\left[\mathbb{a}_{\perp} - \mathbb{v} \times (\mathbb{a} \times \mathbb{u})\right]
\end{aligned}$$

と求められる．最後の等号のところは，

$$\mathbb{a} \times \mathbb{u} = (\mathbb{a}_{\perp} + \mathbb{a}_{\parallel}) \times (\mathbb{u}_{\perp} + \mathbb{u}_{\parallel}) = \mathbb{a}_{\perp} \times \mathbb{u}_{\parallel} + \mathbb{a}_{\parallel} \times \mathbb{u}_{\perp}$$

とベクトル三重積の公式を用いた．

問題 1.17　加速度運動と時計

x 方向に大きさ g で一様に加速している観測者がいる．以下の手順で，観測者の座標系 $(\bar{t}, \bar{x}, \bar{y}, \bar{z})$ を求める．

(i) 観測者の位置座標を $\bar{x} = \bar{y} = \bar{z} = 0$，$\bar{t}$ を観測者の固有時間とする．

(ii) 観測者の同時刻平面を，瞬間的な共動慣性系での同時刻平面と同期させる．

(iii) ほかの位置にいる観測者を，その同時刻平面の観測者に対して静止しているように動かして，「座標に静止している観測者」（$\bar{x}$, $\bar{y}$, $\bar{z}$ の座標値が一定の観測者）とする．時刻 $t = 0$ において，すべての空間点を瞬間的な共動慣性系と同じになるように $t = 0$, x, y, z とラベル付けする．

t, x, y, z と $\bar{t}, \bar{x}, \bar{y}, \bar{z}$ の間の座標変換を与え，座標に固定された時計は同期し続けられないことを示せ†.

[解]　加速度の向きが x 方向なので，明らかに $y = \bar{y}$, $z = \bar{z}$ となる．世界線

$$t = A \sinh g\bar{t} + B, \qquad x = A \cosh g\bar{t} + C$$

は，加速度が一定の世界線を表している（これは簡単に導ける．問題 2.13 も参照せよ）．もし，A, B, C が $\bar{x}$ のみの関数であれば，上記の式は，$\bar{x}$ に依存しない 4 元速度

$$\boldsymbol{u} = \cosh g\bar{t}\, \boldsymbol{e}_t + \sinh g\bar{t}\, \boldsymbol{e}_x$$

を表し，これは，$\bar{t}$ が一定となる面上で平行な世界線の集合となる．もし，さらに B と C が定数であれば，$\boldsymbol{u}$ は $d\bar{t} = 0$ の超曲面に垂直になる（つまり，$\bar{t}$ が一定となる超曲面は瞬間的な共動慣性系での同時刻超曲面でもある）．残る作業は，$A(\bar{x}), B, C$ を正しく決めることである．結果として，

$$t = (g^{-1} + \bar{x}) \sinh g\bar{t}, \qquad x = (g^{-1} + \bar{x}) \cosh g\bar{t} - g^{-1}$$

となる．

座標に静止している観測者の固有時間要素は，

$$d\tau = \sqrt{dt^2 - dx^2} = (1 + g\bar{x}) d\bar{t}$$

となる．この時間は t 以外にも依存するため，時計は同期されえない（時計は 1 つの超曲面上でのみ一致できる）．

問題 1.18　鏡による光の反射 (1)

鏡が鏡面に対して垂直に速度 v で移動している．鏡面の法線方向に対して角度 θ で入射した光はどの角度に反射するか求めよ．また，その光に生じるエネルギーの変化はいくらか．

[解]　一般性を失わずに，鏡が x-y 面にあり，光子が y-z 面を動くとする．以下では反射の前と後の状態を in, out と添え字を付けて表すことにする．実験室系での光子に対して

$$\boldsymbol{p}_{\rm in} = (E, 0, E \sin\theta, E \cos\theta)$$

† 訳者注：このような座標をリンドラー座標という．

であり，これを鏡の系にローレンツ変換すると

$$\boldsymbol{p}'_{\rm in} = \bigl(\gamma E(1+v\cos\theta),\, 0,\, E\sin\theta,\, \gamma E(v+\cos\theta)\bigr)$$

となる．反射後は

$$\boldsymbol{p}'_{\rm out} = \bigl(\gamma E(1+v\cos\theta),\, 0,\, E\sin\theta,\, -\gamma E(v+\cos\theta)\bigr)$$

であり，これを実験室系に戻すと，

$$\begin{aligned}\boldsymbol{p}_{\rm out} = \bigl(&\gamma^2 E[(1+v\cos\theta)+v(v+\cos\theta)],\, 0,\, E\sin\theta,\\ &\gamma^2 E[-v(1+v\cos\theta)-(v+\cos\theta)]\bigr)\end{aligned}$$

となる．これより，

$$\begin{aligned}\cos\theta\bigr|_{\rm out} &= \left|\frac{p^z_{\rm out}}{p^t_{\rm out}}\right| = +\frac{(1+v^2)\cos\theta+2v}{1+2v\cos\theta+v^2}\\ E_{\rm out} = p^0_{\rm out} &= \left(\frac{1+2v\cos\theta+v^2}{1-v^2}\right)E_{\rm in}\end{aligned}$$

が得られる．

問題 1.19　鏡による光の反射 (2)

鏡が鏡面と平行に移動している．光の入射角と反射角が等しいことを示せ．

[解]　光子のエネルギーと運動量をそれぞれ $E, \mathbb{P}$ とする．鏡の系（$'$ をつける）では，$E'_{\rm in} = E'_{\rm out}$，$P'_{x\,\rm in} = P'_{x\,\rm out}$，$P'_{y\,\rm in} = -P'_{y\,\rm out}$ となる．実験室系で $\theta_{\rm in} = \theta_{\rm out}$ となることを示す．$P'_y = P_y$ であることを用いると，

$$\frac{\tan\theta_{\rm in}}{\tan\theta_{\rm out}} = \frac{(P_x/P_y)_{\rm in}}{(P_x/(-P_y))_{\rm out}} = \frac{P_{x\,\rm in}}{P_{x\,\rm out}}\frac{P'_{y\,\rm in}}{-P'_{y\,\rm out}} = \frac{P_{x\,\rm in}}{P_{x\,\rm out}}$$

である．P_x をローレンツ変換すると，

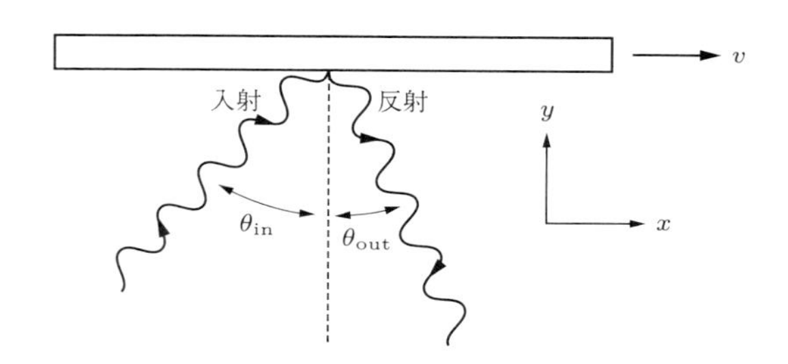

$$\frac{\tan\theta_{\text{in}}}{\tan\theta_{\text{out}}} = \frac{\gamma(P'_x + \beta E')_{\text{in}}}{\gamma(P'_x + \beta E')_{\text{out}}} = 1$$

となる．これより，入射角と反射角は，実験室系でも鏡の系でも等しい．

問題 1.20　4 元運動量

静止質量が m で 4 元運動量が $\boldsymbol{p}$ の粒子を 4 元速度 $\boldsymbol{u}$ の観測者が測定する．次を示せ．

(a) 観測者が測定するエネルギーは，$E = -\boldsymbol{p}\cdot\boldsymbol{u}$ である．

(b) 観測者が測定する静止質量は，$m^2 = -\boldsymbol{p}\cdot\boldsymbol{p}$ である．

(c) 観測者が測定する運動量は，大きさが $|\mathbb{p}| = \sqrt{(\boldsymbol{p}\cdot\boldsymbol{u})^2 + \boldsymbol{p}\cdot\boldsymbol{p}}$ である．

(d) 観測者が測定する通常の速度 $\mathbb{v}$ の大きさは，$|\mathbb{v}| = \sqrt{1 + \boldsymbol{p}\cdot\boldsymbol{p}/(\boldsymbol{p}\cdot\boldsymbol{u})^2}$ である．

(e) 観測者のローレンツ系における 4 元速度は，$\boldsymbol{v} = -\boldsymbol{u} - \boldsymbol{p}/(\boldsymbol{p}\cdot\boldsymbol{u})$ である．$\boldsymbol{v}$ の各成分は，$v^0 = 0$, $v^j = (dx^j/dt)_{\text{particle}} =$（通常の速度）である．

観測者の静止系において，

$$u^0 = 1, \qquad u^j = \mathbb{0}, \qquad p^0 = -p_0 = E, \qquad p^j = p_j = \mathbb{p}$$

となるので，この簡単な系で計算してから，系によらない形に書き直す．

(a) $E = -p_0 u^0 = -\boldsymbol{p}\cdot\boldsymbol{u}$

(b) $m^2 = E^2 - |\mathbb{p}|^2 = -p_0 p^0 - p_j p^j = -\boldsymbol{p}\cdot\boldsymbol{p}$

(c) $|\mathbb{p}| = \sqrt{E^2 - m^2} = \sqrt{(\boldsymbol{p}\cdot\boldsymbol{u})^2 + \boldsymbol{p}\cdot\boldsymbol{p}}$

(d) $|\mathbb{v}| = \dfrac{|\mathbb{p}|}{E} = \sqrt{\dfrac{E^2 - m^2}{E^2}} = \sqrt{1 + \dfrac{\boldsymbol{p}\cdot\boldsymbol{p}}{(\boldsymbol{p}\cdot\boldsymbol{u})^2}}$

(e) 静止系において計算する．

$$v^0 = -u^0 - \frac{p^0}{-E} = -1 + 1 = 0, \qquad v^j = -u^j - \frac{p^j}{-E} = 0 + \frac{dx^j}{dt}$$

問題 1.21　ドップラー効果 (1)

鉄の原子核は，その静止系において周波数 ν_0 のメスバウアーガンマ線を放出する．この原子核がある慣性系の観測者に対して速度 $\mathbb{v}$ で移動しているとする．ガンマ線がこの観測者に到達するとき，この観測者が測定する周波数はいくらか．$\mathbb{v}$ と ν_0, $\mathbb{n}$ で答えよ．ここで，原子核がガンマ線を放出したときの，観測者から原子核へ向けた方向の単位ベクトルを $\mathbb{n}$ とする．

[解]　3 種類の 4 元速度について考える．実験室の観測者は，$\boldsymbol{u}_{\mathrm{lab}} = (1, \mathbb{0})$，$\gamma = 1/\sqrt{1 - \mathbb{v} \cdot \mathbb{v}}$ として，原子核は $\boldsymbol{u}_{\mathrm{Fe}} = (\gamma, \gamma\mathbb{v})$，光子は観測者に向かって飛ぶので，4 元運動量 $\boldsymbol{p}_\gamma =$（定数）$\times (1, -\mathbb{n})$ となる．また，光子はヌルに移動することから，$\boldsymbol{p}_\gamma \cdot \boldsymbol{p}_\gamma \propto -1 + (-\mathbb{n}) \cdot (-\mathbb{n}) = 0$ を満たす．問題 1.20 より，

$$\frac{\nu_{\mathrm{obs}}}{\nu_0} = \frac{E_{\mathrm{lab}}}{E_{\mathrm{Fe}}} = \frac{-\boldsymbol{u}_{\mathrm{lab}} \cdot \boldsymbol{p}_\gamma}{-\boldsymbol{u}_{\mathrm{Fe}} \cdot \boldsymbol{p}_\gamma} = \frac{1}{\gamma(1 + \mathbb{v} \cdot \mathbb{n})}$$

となる．

問題 1.22　ドップラー効果 (2)

速度 $\mathbb{v}$ で動く光源からの光を観測者が受け取る．光が放出されたときの，観測者と光源を結ぶ直線と $\mathbb{v}$ とがなす角度を θ とする．観測者が赤方偏移も青方偏移も観測しなかったとき，θ を $v = |\mathbb{v}|$ を用いて表せ．

[解]　ドップラー偏移の公式（問題 1.21）より，

$$1 = \frac{\nu_{\mathrm{obs}}}{\nu_0} = \frac{\sqrt{1 - v^2}}{1 + \mathbb{v} \cdot \mathbb{n}}, \qquad \cos\theta = \frac{\mathbb{v} \cdot \mathbb{n}}{v} = \frac{\sqrt{1 - v^2} - 1}{v}$$

$$\theta = \cos^{-1}\left(\frac{\sqrt{1 - v^2} - 1}{v}\right)$$

となる．

問題 1.23　ブーストと回転 (1)

ある慣性系 S において，光子が 4 元運動量

$$p^0 = p^x = E, \qquad p^y = p^z = 0$$

をもつ．ローレンツ変換の中には，$\boldsymbol{p}$ の成分を不変に保つ $\boldsymbol{p}$ の**小群** (little group) とよばれる特別なクラスがある．たとえば，y-z 面内の角度 α の純粋回転

$$\begin{bmatrix} 1 & 0 & 0 & 0 \\ 0 & 1 & 0 & 0 \\ 0 & 0 & \cos\alpha & -\sin\alpha \\ 0 & 0 & \sin\alpha & \cos\alpha \end{bmatrix} \begin{bmatrix} E \\ E \\ 0 \\ 0 \end{bmatrix} = \begin{bmatrix} E \\ E \\ 0 \\ 0 \end{bmatrix}$$

である．純粋ブーストと純粋回転を組み合わせた変換のうち，y-z 面内の角度 α の純粋回転以外の $\boldsymbol{p}$ の小群を見つけよ．

[解]　まず，y-z 面内での任意のブーストを行う．このとき，光子は p^x だけでなく p^y, p^z 成分ももつ．次に純粋回転により，p^x 成分のみをもつように座標系を変換することができるが，そうすると，p^x はもとの大きさとは違ってしまう．そこで，赤方偏移，または青方偏移の効果で p^x がもとの値と等しくなるように，x 方向のブーストを最後に行うことにする．$E^2 - |\mathbb{p}|^2 = 0$ であるから，E はもとの値と同じになる．読者は，これらの変換の組み合わせが純粋回転ではなく，一般にブースト部分が残ることを簡単に示すことができるだろう．たとえば，

$$\underbrace{\begin{bmatrix} \gamma' & \gamma' v' & 0 & 0 \\ \gamma' v' & \gamma' & 0 & 0 \\ 0 & 0 & 1 & 0 \\ 0 & 0 & 0 & 1 \end{bmatrix}}_{x\text{ 方向のブースト}} \underbrace{\begin{bmatrix} 1 & 0 & 0 & 0 \\ 0 & \sqrt{1-v^2} & v & 0 \\ 0 & -v & \sqrt{1-v^2} & 0 \\ 0 & 0 & 0 & 1 \end{bmatrix}}_{x\text{-}y\text{ 面内の回転}} \underbrace{\begin{bmatrix} \gamma & 0 & \gamma v & 0 \\ 0 & 1 & 0 & 0 \\ \gamma v & 0 & \gamma & 0 \\ 0 & 0 & 0 & 1 \end{bmatrix}}_{y\text{ 方向のブースト}} \begin{bmatrix} E \\ E \\ 0 \\ 0 \end{bmatrix} = \begin{bmatrix} E \\ E \\ 0 \\ 0 \end{bmatrix}$$

となるためには，v' が $\gamma'(1 + v') = 1/\gamma$ を満たせばよく，その条件は，

$$v' = -\frac{v^2}{2 - v^2}$$

である．

問題 1.24　跳び続けるカエル

2 匹の大きなカエルが 1 本の大きな金属製のシリンダーの中に捕らえられ，飛行機に載せられている．飛行中に荷物室の扉が開く事故があり，カエルを入れたシリンダーが空中に投げ出された．何かがおかしいと気づいたカエルたちは，脱出することにした．シリンダーの中央に寄り添い，互いに相手を蹴り合って，同時にシリンダーの両端へ向けて逆方向に跳んだ．各端に着くと 2 匹はシリンダーの端を瞬間的に蹴り，互いにすれ違って，今度はそれぞれ反対側の端へ同時に跳んだ．この動きをシリンダーが地面に落下するまで繰り返した．異なる速度で落下する別の慣性系から観測すると，このシリンダーがどのように見えるかを考えよ．この慣性系では，2 匹のカエルが同時にシリンダーの端に到達することはなく，シリンダーは平均速度 v で行ったり来たりの小刻みな運動をする．しかし，シリンダーは少なくとも 1 つの慣性系では静止している．このことは，1 つの慣性系は別の慣性系に対して行ったり来たりの小刻みな運動をしていることになる

のだろうか.

[解]　ある慣性系がほかの慣性系に対して小刻みに行ったり来たりすることはありえない．このパラドックスは，2匹のカエルが端を蹴るときにシリンダーが形を変えずにいる，という暗黙の誤った仮定が原因である．片方の端から発せられた弾性波が壁を伝わってもう片方の端に蹴られたという情報を伝えるのは，光速より遅いはずであるから，この仮定は成り立たない．

シリンダーの自由落下系では，両端はカエルが蹴るごとに外側へ押し出されることになる．そうすると，シリンダーの両端からそれぞれ他端へ向かって振動が伝わる．この波は中央で交差してはじめて，他方からも波が来ていることがわかる．その後，波はすれ違い，その効果が互いに逆方向にはたらいてシリンダーをもとの形に引っ張り戻す．こうしてシリンダーは伸びたり縮んだりの基本振動をすることになる．このような振動状態になっているときに，カエルが次の蹴り返しをするので，毎回振動の振幅や位相が変化することになる．

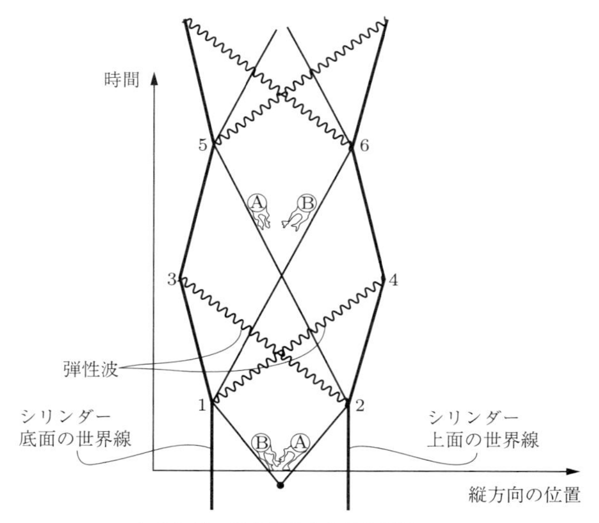

シリンダーの座標系から見た光景

これを別の自由落下系（たとえば，異なる速度で自由落下しながら見物している鳥）で考えてみる．シリンダーは速さ v で落下し，カエルたちは同時には各端に到達せず，両端の振動は同期していない．しかし，全体像はそれほど違わない．とくに，シリンダーの中心（シリンダーの慣性系での静止点）は，行ったり来たりの運動をしない．このような状況を比較できるように図を添付する．

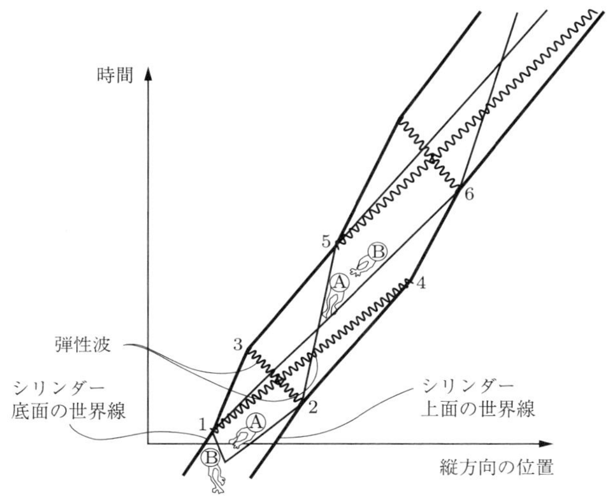

第 2 の慣性系から見た光景

問題 1.25　ローレンツ群

J_x, J_y, J_z を無限小回転演算子とし，それぞれ，$1 + iJ_j(\theta/2)$ が j 軸まわりの小さな角度 θ の回転を表すとする．また，K_x, K_y, K_z を無限小ブースト演算子として，それぞれ，$1 + iK_j(v/2)$ が j 軸方向の小さな速度 v のブーストを表すとする．このとき，次の関係および，これらのすべての巡回置換についても同様の関係が成立することを示せ．

$$[J_x, J_y] = 2iJ_z, \qquad [J_x, K_y] = 2iK_z, \qquad [K_x, K_y] = -2iJ_z$$

また，パウリのスピン行列 $\sigma_x, \sigma_y, \sigma_z$ と単位行列を用いて，このローレンツ群の表現を求めよ．

[解]　まず，無限小回転演算子が時空の関数 $f(x, y, z, t)$ にどのように作用するかを調べ，その形を求める．

(i) z 軸に関する回転は

$$x' \approx x - y\theta, \qquad y' \approx y + x\theta, \qquad z' = z, \qquad t' = t \tag{1}$$

なので，

$$f(x', y', z', t') - f(x, y, z, t) = \theta(-y\partial_x + x\partial_y)f(x, y, z, t) \tag{2}$$

となる．ここで，

$$f(x', y', z', t') \equiv \left(1 + iJ_z \frac{\theta}{2}\right) f(x, y, z, t)$$

より，

$$J_z = -2i(x\partial_y - y\partial_x) \tag{3}$$

を得る．J_x, J_y は，式 (3) の添え字を巡回置換させることで得られる．

(ii) z 方向へのブーストは

$$x' = x, \qquad y' = y, \qquad z' \approx z - vt, \qquad t' \approx t - vz \tag{4}$$

なので，

$$f(x', y', z', t') - f(x, y, z, t) = v(-t\partial_z - z\partial_t) f(x, y, z, t)$$

となることから，

$$K_z \equiv 2i(t\partial_z + z\partial_t) \tag{5}$$

などとなる．

(iii) 式 (3) と式 (5) から，通常の方法によって交換関係を導くことができる．たとえば，

$$[J_x, J_y] = -4[y\partial_z - z\partial_y, z\partial_x - x\partial_z] = 4(x\partial_y - y\partial_x) = 2iJ_z \tag{6}$$

となる．ほかの交換関係も同様である．

(iv) ローレンツ群の表現は，生成子に対して陽に行列を指定することで得られる．パウリのスピン行列

$$\sigma_x = \begin{bmatrix} 0 & 1 \\ 1 & 0 \end{bmatrix}, \qquad \sigma_y = \begin{bmatrix} 0 & -i \\ i & 0 \end{bmatrix}, \qquad \sigma_z = \begin{bmatrix} 1 & 0 \\ 0 & -1 \end{bmatrix}$$

を用いて演算子を

$$\mathbb{J} \to \boldsymbol{\sigma}, \qquad \mathbb{K} \to i\boldsymbol{\sigma}$$

のように関係付けることができる．$[\sigma_x, \sigma_y] = 2i\sigma_z$ などの関係式より，$\mathbb{J}$ や $\mathbb{K}$ の交換関係が満たされる．

有限変換 L に対する行列を見つけるには，たとえば J_z は，

$$\left.\frac{dL}{d\theta}\right|_{\theta=0} = i\frac{J_z}{2}$$

として定義されることに注意して，

$$L(\theta) = \exp\left(i\theta\frac{J_z}{2}\right)$$

が得られる．

任意の有限変換 L は 6 個のパラメータをもつ．一般には，回転パラメータ $\mathbb{\theta}^*$（ここでは 3 元ベクトルとする）は物理的な回転角 $\mathbb{\theta}$ とは異なり，ブーストを示すパラメータ $\mathbb{v}^*$ も物理的な相対速度 $\mathbb{v}$ とは異なる．細かいことだが，ローレンツ群は，その生成子 $\mathbb{J}$ と $\mathbb{K}$ によって完全に決定され，そのパラメータ化の方法は広く任意である．任意の変換 L の無限小版は

$$\delta L = \frac{i}{2}(\theta_x^* J_x + \theta_y^* J_y + \theta_z^* J_z + v_x^* K_x + v_y^* K_y + v_z^* K_z) = \frac{i\mathbb{\theta}^* - \mathbb{v}^*}{2}\cdot\mathbb{\sigma}$$

となる．ここで，

$$\mathbb{q} \equiv \frac{i\mathbb{\theta}^* - \mathbb{v}^*}{2}, \qquad q^2 \equiv \mathbb{q}\cdot\mathbb{q} = \frac{1}{4}\left[-(|\mathbb{\theta}^*|)^2 - 2i\mathbb{\theta}^*\cdot\mathbb{v}^* + (|\mathbb{v}^*|)^2\right]$$

を定義する（純粋ブーストと純粋回転は，それぞれ $\mathbb{q}$ の実部と虚部に対応していることに注意する）．このとき，一般の有限変換は，

$$\begin{aligned} L(\mathbb{\theta}, \mathbb{v}) &= \exp(\mathbb{q}\cdot\mathbb{\sigma}) = \sum_{n=0}^{\infty}\frac{(\mathbb{q}\cdot\mathbb{\sigma})^n}{n!} \\ &= I\sum_{n=0,2,4,\ldots}^{\infty}\frac{q^n}{n!} + \sum_{n=1,3,5,\ldots}^{\infty}\frac{(\mathbb{q}\cdot\mathbb{\sigma})q^{n-1}}{n!} \\ &= I\cosh q + \frac{\mathbb{q}\cdot\mathbb{\sigma}}{q}\sinh q \end{aligned}$$

と書ける．ここで，I は 2×2 単位行列であり，次の関係式を用いた．

$$(\mathbb{q}\cdot\mathbb{\sigma})(\mathbb{q}\cdot\mathbb{\sigma}) = \sum_i q_i^2\sigma_i^2 + \sum_{i\neq j} q_i q_j(\sigma_i, \sigma_j) = \sum_i q_i^2 I = q^2 I$$

問題 1.26　ブーストと回転 (2)

2 つの任意の純粋ローレンツブースト $\mathbb{v}_1$ と $\mathbb{v}_2$ を連続して行うことと，純粋ブースト $\mathbb{v}_3$ の次に純粋回転 $\theta\mathbb{n}$ を行うことは等価である（$\mathbb{n}$ は単位ベクトルである）．$\mathbb{v}_1$ と $\mathbb{v}_2$ を用いて，θ の大きさを求めよ．また，$\mathbb{n}\cdot\mathbb{v}_3 = 0$ となることを示せ．

[解]　4×4 の行列の積を計算して，それを回転とブーストに分解する解法は面倒である．より簡単には，問題 1.25 で導入した，ローレンツ群の 2×2 複素ユニモジュラ行列表現を用いればよい．速度 $\mathbb{v}_1$ の純粋ブーストは，$\mathbb{n}_1$ をブースト方向の単位ベクトル，v_1^* をブーストの大きさをパラメータ化したものとして，

$$L(\mathbb{v}_1) = \exp\left(-\frac{v_1^*}{2}\mathbb{n}_1 \cdot \mathbb{\sigma}\right) = I\cosh\left(\frac{v_1^*}{2}\right) + (\mathbb{n}_1 \cdot \mathbb{\sigma})\sinh\left(\frac{v_1^*}{2}\right) \tag{1a}$$

と表される．ここで，I は 2×2 単位行列である．また，純粋回転 $\mathbb{\theta}$ は，$\mathbb{n}$ を回転軸，θ^* を回転の大きさをパラメータ化したものとして，

$$L(\mathbb{\theta}) = \exp\left(i\frac{\theta^*}{2}\mathbb{n} \cdot \mathbb{\sigma}\right) = I\cos\left(\frac{\theta^*}{2}\right) - i(\mathbb{n} \cdot \mathbb{\sigma})\sin\left(\frac{\theta^*}{2}\right) \tag{1b}$$

と表される．

純粋ブーストを同じ方向に 2 回行うとき，v^* は高速率パラメータ $v^* = \tanh^{-1}|\mathbb{v}|$ になっている．実際に，たとえば

$$L(v_1)L(v_2) = e^{-v_1^*\sigma_x/2}e^{-v_2^*\sigma_x/2} = e^{-(v_1^*+v_2^*)\sigma_x/2}$$

のように v^* は線形になる．同様に，同じ方向の純粋回転でも，θ^* は回転角の大きさ $\theta^* = |\mathbb{\theta}|$ となることがわかる．

式 (1a) と式 (1b) を用いると，関係式

$$L(\mathbb{v}_1)L(\mathbb{v}_2) = L(\theta\mathbb{n})L(\mathbb{v}_3) \tag{2}$$

より，θ, $\mathbb{n}$, $\mathbb{v}_3$ を $\mathbb{v}_1$, $\mathbb{v}_2$ で表すことができる．式 (2) の右辺の積を計算するために，便利な恒等式

$$(\mathbb{A} \cdot \mathbb{\sigma})(\mathbb{B} \cdot \mathbb{\sigma}) = \mathbb{A} \cdot \mathbb{B}I + i(\mathbb{A} \times \mathbb{B}) \cdot \mathbb{\sigma}$$

を用いる．$\mathbb{\sigma}$ と I はすべて独立なので，式 (2) に単位行列や $\mathbb{\sigma}$ 行列を乗じた式の実部と虚部はそれぞれ等しい．それらから以下の 2 本のスカラー方程式と 2 本のベクトル方程式が得られる．

$$\begin{aligned}\cosh\left(\frac{1}{2}v_1^*\right)\cosh\left(\frac{1}{2}v_2^*\right) &+ \sinh\left(\frac{1}{2}v_1^*\right)\sinh\left(\frac{1}{2}v_2^*\right)(\mathbb{n}_1 \cdot \mathbb{n}_2) \\ &= \cos\left(\frac{1}{2}\theta^*\right)\cosh\left(\frac{1}{2}v_3^*\right)\end{aligned} \tag{3a}$$

$$\sin\left(\frac{1}{2}\theta^*\right)\sinh\left(\frac{1}{2}v_3^*\right)(\mathbb{n} \cdot \mathbb{n}_3) = 0 \tag{3b}$$

$$\begin{aligned}\cosh\left(\frac{1}{2}v_1^*\right)\sinh\left(\frac{1}{2}v_2^*\right)\mathbb{n}_2 &+ \sinh\left(\frac{1}{2}v_1^*\right)\cosh\left(\frac{1}{2}v_2^*\right)\mathbb{n}_1 \\ &= \cos\left(\frac{1}{2}\theta^*\right)\sinh\left(\frac{1}{2}v_3^*\right)\mathbb{n}_3 + \sin\left(\frac{1}{2}\theta^*\right)\sinh\left(\frac{1}{2}v_3^*\right)(\mathbb{n} \times \mathbb{n}_3)\end{aligned} \tag{3c}$$

$$\sinh\left(\frac{1}{2}v_1^*\right)\sinh\left(\frac{1}{2}v_2^*\right)(\mathbb{n}_1 \times \mathbb{n}_2) = -\sin\left(\frac{1}{2}\theta^*\right)\cosh\left(\frac{1}{2}v_3^*\right)\mathbb{n} \tag{3d}$$

一般に，式 (3b) の解は

$$\mathbb{n} \cdot \mathbb{n}_3 = 0 \tag{4}$$

である．すなわち，純粋ブーストとその後に行う純粋回転は直交する．

γ を $\mathbb{n}_1$ と $\mathbb{n}_2$ のなす角度とする．式 (3d) と $\mathbb{n}$ の内積をとり，式 (3a) を用いると，

$$\tan\left(\frac{1}{2}\theta^*\right) = \frac{-\sinh\left(\frac{1}{2}v_1^*\right)\sinh\left(\frac{1}{2}v_2^*\right)\sin\gamma}{\cosh\left(\frac{1}{2}v_1^*\right)\cosh\left(\frac{1}{2}v_2^*\right) + \cos\gamma\sinh\left(\frac{1}{2}v_1^*\right)\sinh\left(\frac{1}{2}v_2^*\right)} \tag{5}$$

が得られる．ここで，θ（上記の議論より，$\theta = \theta^*$）は，$\theta = \pi$ 以外のすべての値 $0 \leq \theta < 2\pi$ をとること，および $\mathbb{n}_1 = \mathbb{n}_2$ $(\gamma = 0)$ に対しては $\theta = 0$ となり，正味の回転がゼロとなることに注意する．

問題 1.27　ローレンツ変換とヌル方向

任意の正規（時間反転せず，パリティ変換をしない）同次ローレンツ変換では，少なくとも 1 つのヌル方向が固定されたままであることを示せ†．

[解]　宇宙飛行士が空の星を見上げ（ヌルの光子にほかならない！），任意のローレンツ変換を行い，そして再び空を見上げた．これは，天空のそれ自身への連続的な写像になっている．このような 2 次元球面のそれ自身への写像には，少なくとも 1 つの固定点が存在する．

問題 1.28　ローレンツ変換の表現

任意のローレンツ変換を構成するのに必要な純粋ブーストの最小数を求めよ．［注意：本問は難しい！］

[解]　問題 1.25 の解答より，任意の正規同次ローレンツ変換は，2×2 の複素ユニモジュラ行列 L，あるいは複素 3 元ベクトル $\mathbb{P}$ を用いて表すことができる（問題 1.25 の $\mathbb{q}$ を用いて $\mathbb{P} = \mathbb{q}(\sinh q)/q$ とする）．ここでは，2×2 行列を

$$L(\mathbb{P}) = \sqrt{1 + P^2}\, I + \mathbb{P} \cdot \mathbb{\sigma}$$

と書く．$P^2 = \mathbb{P} \cdot \mathbb{P}$ であり，I は単位行列である（I は今後省略することもある）．速

† 訳者注：**順時** (orthochronous) ローレンツ変換とは，${\Lambda^{0'}}_0 > 0$ であり変換によって時間反転しないものをいう．**固有** (proper) ローレンツ変換とは，$\det\Lambda = 1$ であり，空間反転（パリティ変換）しないものをいう．**順時かつ固有**であるローレンツ変換を**正規** (restricted) ローレンツ変換という．**同次** (homogeneous) とはポアンカレ変換ではない（並進を含まない）ことを意味している．本問は原著では proper と書かれているが，正規とするのが正しい．

さが v で方向が $\mathbb{n}$ の純粋ブーストに対しては，$\mathbb{P}$ は実ベクトルであり，$\psi = \tanh^{-1} v$ を高速率パラメータとして，$\mathbb{P} = \mathbb{n} \sinh(\psi/2)$ となる．軸 $\mathbb{n}$ のまわりの大きさ θ の純粋回転に対しては，$\mathbb{P}$ は虚数ベクトルで，$\mathbb{P} = i\mathbb{n} \sin(\theta/2)$ となり，$-1 \le P^2 \le 0$ である．

$\mathbb{P}$ と $\mathbb{Q}$ で表される 2 つのローレンツ変換の合成は，

$$\mathbb{P} \circ \mathbb{Q} = \sqrt{1+P^2}\,\mathbb{Q} + \sqrt{1+Q^2}\,\mathbb{P} + i\mathbb{P} \times \mathbb{Q}$$

である．この式は，ローレンツ変換を続けて行うときの変換行列の積

$$\begin{aligned} L(\mathbb{P})L(\mathbb{Q}) &= \left(\sqrt{1+P^2} + \mathbb{P}\cdot\sigma\right)\left(\sqrt{1+Q^2} + \mathbb{Q}\cdot\sigma\right) \\ &= \sqrt{1+P^2}\sqrt{1+Q^2} + \left(\sqrt{1+P^2}\,\mathbb{Q} + \sqrt{1+Q^2}\,\mathbb{P}\right)\cdot\sigma \\ &\quad + \mathbb{P}\cdot\mathbb{Q} + i\mathbb{P}\times\mathbb{Q}\cdot\sigma \end{aligned}$$

から導かれる．

本問を解くために，まず 2 つの純粋ブーストの積に表れる特徴を見つけ（補題 1），次に，任意のローレンツ変換が 3 つのブーストの積として得られるための条件を明らかにし（補題 2），そして，最後にこの条件が 1 つの例外を除いて成り立つことを示していく．最後のところでは，「180° ひねり (screw)」のときのみが例外になり，その場合は 4 つのブーストを必要とする．

補題 1　$\mathbb{P}$ が 2 つの純粋ブースト $\mathbb{C}$ と $\mathbb{D}$ の積であることと，P^2 が正の実数であることは，同値である．

証明　$\mathbb{P}$ が，実で非光的（非ヌル）ベクトル $\mathbb{C}$ と $\mathbb{D}$ の積であれば，

$$\mathbb{P} = \mathbb{C} \circ \mathbb{D} = \sqrt{1+C^2}\,\mathbb{D} + \sqrt{1+D^2}\,\mathbb{C} + i\mathbb{C} \times \mathbb{D} \tag{1}$$

であり，これより

$$\begin{aligned} P^2 &= (1+C^2)D^2 + (1+D^2)C^2 + 2\sqrt{1+C^2}\sqrt{1+D^2}\,\mathbb{C}\cdot\mathbb{D} - C^2D^2 + (\mathbb{C}\cdot\mathbb{D})^2 \\ &= \left(\sqrt{1+C^2}\sqrt{1+D^2} + \mathbb{C}\cdot\mathbb{D}\right)^2 - 1 \qquad (2) \\ &> \left(\sqrt{1+2CD+C^2D^2} + \mathbb{C}\cdot\mathbb{D}\right)^2 - 1 \qquad (\text{なぜなら } C^2+D^2 > 2CD) \\ &\ge (1 + |\mathbb{C}\cdot\mathbb{D}| + \mathbb{C}\cdot\mathbb{D})^2 - 1 \qquad (\text{なぜなら } CD \ge |\mathbb{C}\cdot\mathbb{D}|) \\ &\ge 0 \end{aligned}$$

となる．

逆に，もし P^2 が正の実数であれば，$\mathbb{A}\cdot\mathbb{B} = 0$ かつ $A^2 - B^2 > 0$ である $\mathbb{A}, \mathbb{B}$ を用いて，$\mathbb{P} = \mathbb{A} + i\mathbb{B}$ と書くことができる．ブースト $\mathbb{C}, \mathbb{D}$ を構成するために，$\mathbb{A}, \mathbb{B}$ のど

ちらにも直交するベクトル $\mathbb{E}$ を選び（E^2 は後で決める），次のような形を仮定する．

$$\mathbb{C} = a\mathbb{A} + \mathbb{E}, \qquad \mathbb{D} = a\mathbb{A} - \mathbb{E} \tag{3}$$

ここで，a は規格化定数で，後で決定する．式 (3) より $C^2 = D^2 = a^2A^2 + E^2$ であり，式 (1) より，

$$\mathbb{A} = \sqrt{1+C^2}\,\mathbb{D} + \sqrt{1+D^2}\,\mathbb{C} = \sqrt{1+a^2A^2+E^2}\,2a\,\mathbb{A}$$

および

$$\mathbb{B} = \mathbb{C} \times \mathbb{D} = 2a\mathbb{E} \times \mathbb{A}$$

となる．これより，

$$1 = 2a\sqrt{1+a^2A^2+E^2} \tag{4a}$$

$$B^2 = 4a^2E^2A^2 \tag{4b}$$

が成立すれば，$\mathbb{C}$, $\mathbb{D}$ を構成することができる．式 (4a) を 2 乗し，a^2 について解くと

$$a^2 = \frac{\sqrt{(1+E^2)^2 + A^2} - (1+E^2)}{2A^2} \tag{5a}$$

となり，式 (4b) に代入すると，

$$B^2 = 2E^2[\sqrt{(1+E^2)^2 + A^2} - (1+E^2)]$$

が得られる．この式を 2 乗して整理すると

$$4(A^2 - B^2)E^4 - 4B^2E^2 - B^4 = 0 \tag{5b}$$

となり，$A^2 > B^2$ であるから，E^2 が正となる解が常に存在する．パラメータ a は式 (5a) より決まるので，これで証明終了である．

次に，任意の $\mathbb{Q}$ が 3 つのブーストの積として表されることを示す．補題 1 により，これは，$\mathbb{P} \equiv \mathbb{Q} \circ (-\mathbb{C})$ として，P^2 が正の実数となるブースト $\mathbb{C}$ が存在することと同値である．式 (2) を導いたときと同様の計算を行うと，

$$\sqrt{1+P^2} = \sqrt{1+Q^2}\sqrt{1+C^2} - \mathbb{Q} \cdot \mathbb{C} \tag{6}$$

を得る．そこで，式 (6) より求まる $\sqrt{1+P^2}$ が実数で（$\mathbb{Q}$ は一般に複素ベクトル），かつ $\sqrt{1+P^2} > 1$ となるベクトル $\mathbb{C}$ を見つけなくてはならない．

$\mathbb{Q} = \mathbb{A} + i\mathbb{B}$（$\mathbb{A}$, $\mathbb{B}$ は実ベクトル）とし，$\mathbb{A}$ と $\mathbb{B}$ のある線形結合を $\mathbb{D}$ とする．

補題 2　上記の要求された条件を満たすブースト $\mathbb{C}$ が存在することと，$\mathbb{A}$ と $\mathbb{B}$ の線

形結合で表されるブースト $\mathbb{D}$ が存在し，かつ

$$d \equiv \sqrt{1+Q^2}\sqrt{1+D^2} - \mathbb{Q}\cdot\mathbb{D} \tag{7}$$

で定義される d が正の実数であることは同値である．

証明　$\mathbb{F}$ を，$\mathbb{A}$ と $\mathbb{B}$ の両方に直交し，$F^2 < 1$ を満たすベクトルとする．$\mathbb{C}$ を

$$\mathbb{C} = \frac{\mathbb{D}+\mathbb{F}}{\sqrt{1-F^2}}$$

として定義すると，$1+C^2 = (1+D^2)/(1-F^2)$ となる．式 (6) より，

$$\sqrt{1+P^2} = \frac{\sqrt{1+Q^2}\sqrt{1+D^2} - \mathbb{Q}\cdot\mathbb{D}}{\sqrt{1-F^2}} = \frac{d}{\sqrt{1-F^2}}$$

である．これより，d が正の実数であるとき，またそのときに限り，F^2 の値を 1 の近くに選ぶことによって，$\sqrt{1+P^2}$ を実数かつ 1 より大きくすることができる．これで補題 2 が証明された．

ここからは，2 つの場合について考える．

ケース 1：$\mathbb{A}$ と $\mathbb{B}$ が平行ではなく，$A^2 \neq 0$ かつ $B^2 \neq 0$ の場合

この場合，式 (7) より，

$$(d+\mathbb{Q}\cdot\mathbb{D})^2 = (1+Q^2)(1+D^2)$$

となる．これに $\mathbb{Q} = \mathbb{A} + i\mathbb{B}$ を代入すると，2 つの実数方程式

$$(d+\mathbb{A}\cdot\mathbb{D})^2 - (\mathbb{B}\cdot\mathbb{D})^2 = (1+A^2-B^2)(1+D^2) \tag{8a}$$

$$(d+\mathbb{A}\cdot\mathbb{D})\,\mathbb{B}\cdot\mathbb{D} = \mathbb{A}\cdot\mathbb{B}(1+D^2) \tag{8b}$$

が得られる．この 2 式を連立して $d+\mathbb{A}\cdot\mathbb{D}$ と $\mathbb{B}\cdot\mathbb{D}$ について解くと，

$$(d+\mathbb{A}\cdot\mathbb{D})^2 = \frac{1}{2}(1+D^2)\left[\sqrt{(1+A^2-B^2)^2+4(\mathbb{A}\cdot\mathbb{B})^2} + (1+A^2-B^2)\right] \tag{9a}$$

$$(\mathbb{B}\cdot\mathbb{D})^2 = \frac{1}{2}(1+D^2)\left[\sqrt{(1+A^2-B^2)^2+4(\mathbb{A}\cdot\mathbb{B})^2} - (1+A^2-B^2)\right] \tag{9b}$$

となる．これらの式は，$\mathbb{D}$ が右辺にもあることから，$\mathbb{D}$ や d を陽に決定するものではない．そこで 1 つの解として，$\mathbb{D} = b\mathbb{B}$ として b を決める．式 (9b) は

$$\frac{2b^2B^4}{1+b^2B^2} = \sqrt{(1+A^2-B^2)^2+4(\mathbb{A}\cdot\mathbb{B})^2} - (1+A^2-B^2) \tag{10}$$

となる．式 (10) には常に b の実数解が存在することを示すために，$0 \leq$（右辺）$< 2B^2$ であることに注意する．右辺が 0 以上であることは明らかで，もう一方は，

$$4(\mathbb{A}\cdot\mathbb{B})^2 < 4A^2B^2 = (1+A^2+B^2)^2 - (1+A^2-B^2)^2 - 4B^2$$
$$< (1+A^2+B^2)^2 - (1+A^2-B^2)^2$$

から導かれる．b^2 の値が 0 から ∞ まで変化すると，式 (10) の左辺は 0 から $2B^2$ までの値をとる．これはすなわち，式 (10) を満たす実定数 b が常に存在することを意味している．こうして，式 (9b) は仮定によって満たされ，式 (9a) は（$\mathbb{D} = b\mathbb{B}$ として，b の符号を適切に与えれば）正の d を与える．以上より，$\mathbb{Q}$ は 3 つのブーストの積となる．

ケース 2：$\mathbb{A}$ と $\mathbb{B}$ が平行な場合（$A^2 = 0$ あるいは $B^2 = 0$ の場合を含む）

すべてのベクトルは同じ方向を向いているので，式 (7) はスカラー方程式

$$d = \sqrt{1+Q^2}\sqrt{1+D^2} - QD \tag{11}$$

になる†1．

$$\psi = \sinh^{-1} Q = \alpha + i\beta$$

として，ψ を $-\pi/2 < \beta \leq \pi/2$ のもとで 1 価関数とする．さらに，

$$\phi = \sinh^{-1} D \qquad \text{（実数値）}$$

とする．このとき，式 (11) は，

$$d = \cosh(\psi - \phi) = \cosh(\alpha - \phi)\cos\beta - i\sinh(\alpha - \phi)\sin\beta$$

となる．$\beta = 0$ ならば，明らかに d は正の実数である（$\mathbb{Q}$ は純粋ブーストである）．$\beta \neq 0$ ならば，d が実数となるためには，$\phi = \alpha$（これより D が決まる）でなければならない．この場合は，$d = \cos\beta$ となる．もし $\beta \neq \pi/2$ であれば，d は正となり，$\mathbb{Q}$ は 3 つのブーストの積になる．もし $\beta = \pi/2$ であれば，$d = 0$ となり，$\mathbb{Q}$ は 3 つのブーストの積にはならない．

$\beta = \pi/2$ のときは，$Q = \sinh(\alpha + i\pi/2) = i\cosh\alpha$ となる．したがって，Q は純虚数で $Q^2 \leq -1$ となる．これは，高速率パラメータが 2α のブーストとともに 180° の回転を表している†2．いわば「180° ひねり」である（とくに，180° の純粋回転は 3 回のブーストでは表現できない）．

180° ひねりは，4 回のブーストで構成することができる．もし，$\mathbb{C}$ がブーストであり，$\mathbb{Q} = i\mathbb{B}$ で，$B^2 \geq 1$ とすれば，

---

†1 訳者注：$\mathbb{Q}$ と $\mathbb{D}$ が反平行の場合は，式 (11) の QD の前の符号がプラスになる．ただし，この場合は以下で $\phi \to -\phi$ とすればよく，議論に大きな変更はない．

†2 訳者注：$\mathbb{P}_1 = \mathbb{n}\sinh\alpha,\ \mathbb{P}_2 = i\mathbb{n}\sinh(\pi/2)$ として，$\mathbb{P}_1 \circ \mathbb{P}_2$ を計算すれば確かめられる．

$$\mathbb{R} \equiv \mathbb{Q} \circ \mathbb{C} = i\sqrt{B^2 - 1}\mathbb{C} + i\sqrt{1 + C^2}\mathbb{B} - \mathbb{B} \times \mathbb{C}$$

は，$\mathbb{C}$ が $\mathbb{B}$ と平行でない限り，$180°$ ひねりではない．そのため，$\mathbb{R}$ は 3 つのブーストの積であり，$\mathbb{Q} = \mathbb{R} \circ (-\mathbb{C})$ は 4 つのブーストの積となる．

この解法は，D. M. Eardley が作成した．

第 2 章

特殊相対論的動力学

Special-Relativistic Dynamics

実験室系において，4 元運動量 $\boldsymbol{p}$ をもつ粒子の全エネルギーは $E = p^0$ であり，3 元運動量は $\mathbb{p} = p^i$ である．粒子の静止質量 m がゼロでなければ，4 元運動量，4 元速度 $\boldsymbol{u}$，3 元速度 $\mathbb{v}$ は，それぞれ

$$\boldsymbol{p} = m\boldsymbol{u} = m(\gamma, \gamma\mathbb{v}), \qquad \gamma \equiv \frac{1}{\sqrt{1 - |\mathbb{v}|^2}}$$

の関係があり，したがって，$E = \gamma m$, $\mathbb{p} = \gamma m \mathbb{v}$ となる．粒子の 4 元運動量の 2 乗をとると，

$$\boldsymbol{p} \cdot \boldsymbol{p} = -E^2 + |\mathbb{p}|^2 = -m^2$$

となって，任意の系で不変な量となる．粒子の運動エネルギーは，$T \equiv E - m$ となる．

粒子の相互作用における最も基本的な力学法則は，どのような系においても，すべての粒子の 4 元運動量のベクトル和は時間に関して一定であるという保存則である．

問題 2.1　コンプトン散乱

波長 λ の光子が静止している電子（質量 m_{e}）に衝突し，入射方向に対して角度 θ の方向に波長 λ' で散乱された．このとき，

$$\lambda' - \lambda = \frac{h}{m_{\mathrm{e}}}(1 - \cos\theta)$$

の関係が成り立つことを示せ．

［解］　4 元運動量の保存則より

$$\boldsymbol{P}_{\mathrm{e}} + \boldsymbol{P}_{\gamma} = \boldsymbol{P}'_{\mathrm{e}} + \boldsymbol{P}'_{\gamma}$$

が成り立つ（ここで，γ は光子を表し，プライム記号 ($'$) は散乱後の値を表す）．電子の最終的な運動量には興味がないので，それを消去するために，

$$|\boldsymbol{P}_{\mathrm{e}} + \boldsymbol{P}_{\gamma} - \boldsymbol{P}'_{\gamma}|^2 = |\boldsymbol{P}'_{\mathrm{e}}|^2 = -m_{\mathrm{e}}^2$$

とし，さらに $|\boldsymbol{P}_\gamma|^2 = |\boldsymbol{P}'_\gamma|^2 = 0$ より

$$-m_{\mathrm{e}}^2 + 2\boldsymbol{P}_{\mathrm{e}} \cdot \boldsymbol{P}_\gamma - 2\boldsymbol{P}_{\mathrm{e}} \cdot \boldsymbol{P}'_\gamma - 2\boldsymbol{P}_\gamma \cdot \boldsymbol{P}'_\gamma = -m_{\mathrm{e}}^2$$

のように変形する．実験室系では，

$$\boldsymbol{P}_{\mathrm{e}} = (m_{\mathrm{e}}, \mathbb{0})$$

$$\boldsymbol{P}_\gamma = \left(\frac{h}{\lambda}, \frac{h}{\lambda}\mathbb{e}_{\mathrm{in}}\right) \qquad (\mathbb{e}_{\mathrm{in}}\text{：入射方向の単位ベクトル})$$

$$\boldsymbol{P}'_\gamma = \left(\frac{h}{\lambda'}, \frac{h}{\lambda'}\mathbb{e}_{\mathrm{out}}\right) \qquad (\mathbb{e}_{\mathrm{out}}\text{：散乱方向の単位ベクトル})$$

であるから，

$$-\frac{m_{\mathrm{e}}h}{\lambda} + \frac{m_{\mathrm{e}}h}{\lambda'} + \frac{h^2}{\lambda\lambda'} - \frac{h^2}{\lambda\lambda'}\cos\theta = 0$$

となり，全体に $\lambda\lambda'$ を乗じることにより，

$$\lambda' - \lambda = \frac{h}{m_{\mathrm{e}}}(1 - \cos\theta)$$

が得られる．

問題 2.2　逆コンプトン散乱

(a) 光速に近い速さで運動している荷電粒子が光子と衝突して，粒子のエネルギーが光子に渡されるとき，この過程を逆コンプトン散乱という．静止質量が m，実験室系における全質量エネルギーが $E \gg m$ の荷電粒子が振動数 ν ($h\nu \ll m$) の光子と正面衝突して，逆コンプトン散乱した．このとき，粒子から光子に移動するエネルギーの最大値を求めよ．

(b) もし，空間が温度 3 K の黒体放射で満たされているとすると，最大 10^{20} eV に達する陽子宇宙線エネルギーのうち，どれだけのエネルギーが 3 K の光子に移動するか†．

[解]　γ は光子を表し，プライム記号 ($'$) は散乱後の値を表す．4 元運動量の保存則から $\boldsymbol{P}'$ を消去すると，

$$|\boldsymbol{P}'_\gamma + \boldsymbol{P}' - \boldsymbol{P}_\gamma|^2 = |\boldsymbol{P}|^2 = -m^2$$

$$\boldsymbol{P}_\gamma \cdot \boldsymbol{P}'_\gamma = \boldsymbol{P} \cdot (\boldsymbol{P}_\gamma - \boldsymbol{P}'_\gamma)$$

---

† 訳者注：3 K の光子とは，宇宙空間に満たされている宇宙マイクロ波背景放射（付録 A.2 節を参照）を想定している．

となる．

(a) エネルギーの移動が最も大きく生じるのは，散乱角が 180° のときである．このとき，$|\mathbb{P}_\gamma| = E_\gamma$ であり，上の式は $P = |\mathbb{P}|$ として，

$$-E_\gamma E'_\gamma + \mathbb{P}_\gamma \cdot \mathbb{P}'_\gamma = -E(E_\gamma - E'_\gamma) + \mathbb{P} \cdot (\mathbb{P}_\gamma - \mathbb{P}'_\gamma)$$
$$-2E_\gamma E'_\gamma = -E(E_\gamma - E'_\gamma) + P(-E_\gamma - E'_\gamma)$$

となることから，

$$E'_\gamma = \frac{E_\gamma(E+P)}{2E_\gamma + E - P} \approx \frac{E}{1 + m^2/(4EE_\gamma)}$$

となる．最後の式では，仮定 $E \gg m_\mathrm{e}$ のもとでの近似式

$$P = \sqrt{E^2 - m^2} \sim E - \frac{m^2}{2E}$$

を用いた．

(b) 3 K の放射に対して，光子のエネルギーは $kT \approx 3 \times 10^{-4}\,\mathrm{eV}$ のオーダーである．この値と，$m_\mathrm{proton} = 0.938 \times 10^9\,\mathrm{eV}$ および $E = 10^{20}\,\mathrm{eV}$ を上の式に代入すると，$E'_\gamma \approx 10^{19}\,\mathrm{eV}$ となる．

問題 2.3　孤立した電子

孤立している自由電子は，光子を吸収したり放出したりすることが不可能であることを示せ．

[解]　4 元運動量保存則を考えると，

$$\boldsymbol{p}_\gamma + \boldsymbol{p}_\mathrm{e} = \boldsymbol{p}'_\mathrm{e} \tag{1}$$

となる．ここで，$\boldsymbol{p}_\gamma$ は光子の運動量，$\boldsymbol{p}_\mathrm{e}$, $\boldsymbol{p}'_\mathrm{e}$ は電子の運動量で，それぞれ光子が存在するときとしないときのものである．

式 (1) の両辺を 2 乗すると，

$$\boldsymbol{p}_\gamma \cdot \boldsymbol{p}_\gamma + 2\boldsymbol{p}_\gamma \cdot \boldsymbol{p}_\mathrm{e} + \boldsymbol{p}_\mathrm{e} \cdot \boldsymbol{p}_\mathrm{e} = \boldsymbol{p}'_\mathrm{e} \cdot \boldsymbol{p}'_\mathrm{e}$$
$$0 + 2\boldsymbol{p}_\gamma \cdot \boldsymbol{p}_\mathrm{e} - m_\mathrm{e}^2 = -m_\mathrm{e}^2$$
$$\boldsymbol{p}_\gamma \cdot \boldsymbol{p}_\mathrm{e} = 0$$

が得られる．ところで，$\boldsymbol{p}_\mathrm{e} = (m, \mathbb{0})$ かつ $\boldsymbol{p}_\gamma = (E, \mathbb{p})$ である座標系では，この結果は光子のエネルギー E がゼロに等しいこと，すなわち光子が存在しないことを示している．そのため，このような現象は生じない．

問題 2.4　粒子の合体

静止質量 m_1，速度 $\mathbb{v}_1$ の粒子が，静止質量 m_2 の静止している粒子に衝突して合体した．できた複合粒子の静止質量 m と速度 $\mathbb{v}$ を求めよ．

［解］　$\boldsymbol{p}$ を複合粒子の 4 元運動量，$\gamma \equiv 1/\sqrt{1-|\mathbb{v}_1|^2}$ とすると，4 元運動量保存則より

$$\boldsymbol{p} = (m_1\gamma, m_1\gamma\mathbb{v}_1) + (m_2, \mathbb{0})$$

であるから，

$$m = \sqrt{-\boldsymbol{p}\cdot\boldsymbol{p}} = \sqrt{m_1^2 + m_2^2 + 2\gamma m_1 m_2}$$
$$\mathbb{v} = \frac{\mathbb{p}}{E} = \frac{m_1\gamma\mathbb{v}_1}{m_1\gamma + m_2} = \frac{\mathbb{v}_1}{1 + m_2/m_1\gamma}$$

となる．

問題 2.5　ベータ崩壊

中性子のベータ崩壊は，中性子の静止系において等方的に生じ，放出される電子の速さは $v_{\mathrm{e}} = 0.77$ である．中性子が実験室系において速さ v で移動している場合，電子の実験室系での運動量ベクトル $\mathbb{P}$ はどのようになるか．

［解］　中性子の移動方向を x 軸方向とする．中性子の静止系において，電子は 4 元運動量

$$\boldsymbol{P}' = (E',\, P'\cos\theta,\, P'\sin\theta,\, 0), \qquad E' = \frac{m_{\mathrm{e}}}{\sqrt{1-v_{\mathrm{e}}^2}}$$

をもち，$\mathbb{P}'$ は等方的である（ここで，一般性を失うことなく，$\mathbb{P}'$ が x-y 平面上にあるように座標系を設定できる）．実験室系での運動量 $\mathbb{P}$ を得るためにローレンツ変換を行うと，

$$P_x = \gamma(P'\cos\theta + vE'), \qquad P_y = P'\sin\theta$$

となり，

$$\left(\frac{P_x - \gamma v E'}{\gamma P'}\right)^2 + \left(\frac{P_y}{P'}\right)^2 = 1$$

が得られる．この式は，実験室系では，運動量空間における運動量ベクトルの集合が，原点が $(\gamma v E', 0)$，長半径が $\gamma P'$，短半径が P' の楕円となることを表している．この

ような楕円には 3 つのパターンがある．その図を示す[†]．

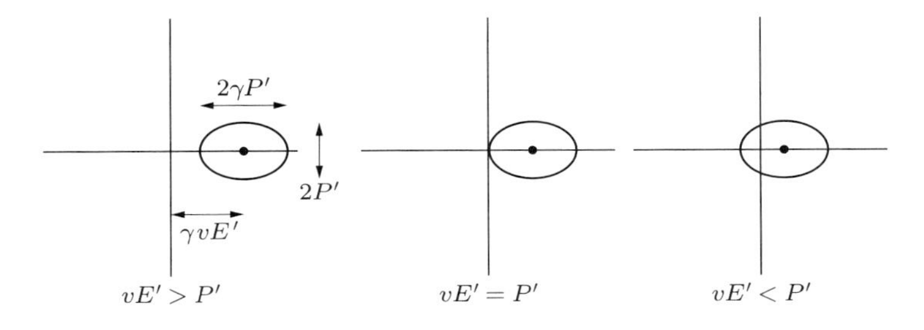

問題 2.6　陽子・陽子散乱実験

2 種類の陽子・陽子散乱実験において，「到達可能なエネルギー」を評価せよ．第 1 の実験は通常のタイプで，陽子ビームが 30 GeV まで加速され，ターゲット（たとえば液体水素）に照射されるものである．第 2 の実験は，15 GeV まで別々に加速された陽子ビームが互いに正面衝突するものである．それぞれの実験について，衝突する 2 個の陽子の質量中心系（運動量中心系）における全エネルギーを求めよ．第 2 の実験で，質量中心系での陽子のエネルギーが 15 GeV のとき，それと同じエネルギーに到達させるには，第 1 の実験でビームをどのくらいのエネルギーまで加速しなければならないか．

[解]　質量中心系において，衝突する 2 つの陽子の 4 元運動量を $\boldsymbol{P}, \boldsymbol{Q}$ とし，全エネルギーを W とする．この系では

$$W^2 = (P^0 + Q^0)^2 = -|\boldsymbol{P} + \boldsymbol{Q}|^2$$

であり，これは W^2 の共変的な表現になっていて，どの系でも用いることができる．

第 1 の実験では，実験室系において

$$\boldsymbol{P} = (E, \mathbb{P}), \qquad \boldsymbol{Q} = (m, \mathbb{0})$$

であるので，

$$W^2 = (E + m)^2 - |\mathbb{P}|^2 = 2Em + 2m^2 \approx 2Em \qquad (E \gg m)$$

となる．$E = 30\,\mathrm{GeV}$, $m = 0.94\,\mathrm{GeV}$ に対しては，到達可能なエネルギーは，$W \approx 7.5\,\mathrm{GeV}$ である．

† 訳者注：左の図では中性子の速さが大きく，後ろ向きに電子を放出しても実験室系では電子は前方に飛んでいく．

第2の実験では，実験室系においては

$$\boldsymbol{P} = (E, \mathbb{P}), \qquad \boldsymbol{Q} = (E, -\mathbb{P})$$

である．したがって，$W^2 = 4E^2$，すなわち，$W = 2E$ である．$E = 15\,\mathrm{GeV}$ に対しては，到達可能なエネルギーは，$W = 30\,\mathrm{GeV}$ である．第1の実験で $W = 30\,\mathrm{GeV}$ を得るためには，$E = W^2/2m \approx 480\,\mathrm{GeV}$ が必要となる．

問題 2.7　粒子の弾性衝突

静止質量 m の粒子が，静止している等しい質量の粒子と弾性衝突した．入射粒子の運動エネルギーを T_0 とする．散乱角が θ のとき，入射粒子の衝突後の運動エネルギーを求めよ．

[解]　はじめに運動している粒子，静止している粒子をそれぞれ添え字0と1で表す．衝突前後で，4元運動量の保存から，

$$\boldsymbol{P}_0 + \boldsymbol{P}_1 = \boldsymbol{P}_0' + \boldsymbol{P}_1', \qquad |\boldsymbol{P}_0 + \boldsymbol{P}_1 - \boldsymbol{P}_0'|^2 = |\boldsymbol{P}_1'|^2$$

すなわち，

$$-3m^2 + 2\boldsymbol{P}_0 \cdot \boldsymbol{P}_1 - 2\boldsymbol{P}_0' \cdot (\boldsymbol{P}_0 + \boldsymbol{P}_1) = -m^2$$

となる．これらに

$$\begin{aligned} \boldsymbol{P}_0 &= (E, \mathbb{P}), & E &= m + T_0 \\ \boldsymbol{P}_1 &= (m, \mathbb{O}), & E' &= m + T' \\ \boldsymbol{P}_0' &= (E', \mathbb{P}'), & \mathbb{P} \cdot \mathbb{P}' &= PP' \cos\theta \end{aligned}$$

を代入すると，

$$-m^2 - Em + E'(E + m) - PP' \cos\theta = 0$$

すなわち

$$\sqrt{E^2 - m^2}\sqrt{E'^2 - m^2}\cos\theta = (E' - m)(E + m)$$

となる．両辺を2乗して整理し，散乱粒子の運動エネルギーを計算すると，次のようになる．

$$\begin{aligned} (E - m)(E' + m)\cos^2\theta &= (E' - m)(E + m) \\ T_0(T' + 2m)\cos^2\theta &= T'(T_0 + 2m) \end{aligned}$$

$$T'(-T_0\cos^2\theta + T_0 + 2m) = 2mT_0\cos^2\theta$$
$$T' = \frac{2mT_0\cos^2\theta}{2m + T_0\sin^2\theta}$$

問題 2.8　宇宙線スペクトルのカットオフ

核子 N が反応

$$\gamma + \mathrm{N} \to \mathrm{N} + \pi$$

を引き起こすためのエネルギー閾値を計算せよ．ここで，γ は温度 3 K の光子とする．両者は正面衝突するとして，光子のエネルギーを $E_\gamma \sim kT$，質量を $m_\mathrm{N} = 940\,\mathrm{MeV}$, $m_\pi = 140\,\mathrm{MeV}$ とする（この効果により，閾値のところで宇宙線スペクトルにカットオフが現れると考えられる）．

[解]　N′ を核反応での生成物とすると，4 元運動量の保存から，

$$\boldsymbol{P}_\gamma + \boldsymbol{P}_\mathrm{N} = \boldsymbol{P}_{\mathrm{N}'} + \boldsymbol{P}_\pi, \qquad |\boldsymbol{P}_\gamma + \boldsymbol{P}_\mathrm{N}|^2 = |\boldsymbol{P}_{\mathrm{N}'} + \boldsymbol{P}_\pi|^2$$

となる．

実験室系 ($E_\gamma \sim 3\,\mathrm{K} \sim 2.5 \times 10^{-10}\,\mathrm{MeV}$) では

$$\boldsymbol{P}_\gamma = (E_\gamma, \mathbb{P}_\gamma), \qquad \boldsymbol{P}_\mathrm{N} = (E_\mathrm{N}, \mathbb{P}_\mathrm{N})$$

である．

質量中心系において，閾値では，

$$\boldsymbol{P}_{\mathrm{N}'} + \boldsymbol{P}_\pi = (m_\mathrm{N} + m_\pi,\ \mathbb{0})$$

より，

$$2\boldsymbol{P}_\gamma \cdot \boldsymbol{P}_\mathrm{N} - m_\mathrm{N}^2 = -(m_\mathrm{N} + m_\pi)^2$$
$$-2E_\gamma E_\mathrm{N} + 2\mathbb{P}_\gamma \cdot \mathbb{P}_\mathrm{N} = -2m_\mathrm{N}m_\pi - m_\pi^2$$

となる．ここで，$m_\gamma = 0$ より $|\mathbb{P}_\gamma| = E_\gamma$ であり，正面衝突では $\mathbb{P}_\gamma \cdot \mathbb{P}_\mathrm{N} = -|\mathbb{P}_\gamma| \cdot |\mathbb{P}_\mathrm{N}|$ が成り立つので，

$$E_\mathrm{N} + \sqrt{E_\mathrm{N}^2 - m_\mathrm{N}^2} = \frac{2m_\mathrm{N}m_\pi + m_\pi^2}{2E_\gamma}$$
$$= \frac{2 \cdot 940 \cdot 140 + 140^2}{2 \cdot (2.5 \times 10^{-10})}\,\mathrm{MeV} = 6.4 \times 10^{14}\,\mathrm{MeV}$$

となる．さらに，$E_\mathrm{N} \gg m_\mathrm{N}$ なので，$\sqrt{E_\mathrm{N}^2 - m_\mathrm{N}^2}$ の項を E_N で置き換えることがで

きる．以上より，$E_{\rm N} \approx 3 \times 10^{14}$ MeV が得られる[†]．

問題 2.9　核反応の閾値

$\pi^+ + {\rm n} \to {\rm K}^+ + \Lambda^0$ の核反応を考える．各粒子の静止質量は，$m_\pi = 140$ MeV, $m_{\rm n} = 940$ MeV, $m_{\rm K} = 494$ MeV, $m_\Lambda = 1115$ MeV である．n が静止している実験室系において，K が π の入射方向に対して 90° の方向へ生成されて散乱するとき，π の運動エネルギーの閾値はいくらか．

[解]　4 元運動量保存の式から，$\boldsymbol{P}_\Lambda$ を消去して考える．

$$\boldsymbol{P}_\pi + \boldsymbol{P}_{\rm n} = \boldsymbol{P}_{\rm K} + \boldsymbol{P}_\Lambda$$

より，

$$\begin{aligned} |\boldsymbol{P}_\Lambda|^2 = -m_\Lambda^2 &= |\boldsymbol{P}_\pi + \boldsymbol{P}_{\rm n} - \boldsymbol{P}_{\rm K}|^2 \\ &= -m_\pi^2 - m_{\rm n}^2 - m_{\rm K}^2 + 2\boldsymbol{P}_\pi \cdot \boldsymbol{P}_{\rm n} - 2\boldsymbol{P}_{\rm n} \cdot \boldsymbol{P}_{\rm K} - 2\boldsymbol{P}_\pi \cdot \boldsymbol{P}_{\rm K} \end{aligned}$$

となる．実験室系では，

$$\boldsymbol{P}_\pi = (E_\pi,\ \mathbb{P}_\pi), \qquad \boldsymbol{P}_{\rm n} = (m_{\rm n},\ \mathbb{0}), \qquad \boldsymbol{P}_{\rm K} = (E_{\rm K},\ \mathbb{P}_{\rm K})$$

より，

$$-m_\pi^2 - m_{\rm n}^2 - m_{\rm K}^2 - 2m_{\rm n}E_\pi + 2m_{\rm n}E_{\rm K} + 2E_\pi E_{\rm K} - 2\mathbb{P}_\pi \cdot \mathbb{P}_{\rm K} = -m_\Lambda^2$$

となる．散乱が直角方向とすれば，$\mathbb{P}_\pi \cdot \mathbb{P}_{\rm K} = 0$ となるので，

$$E_\pi = \frac{m_\Lambda^2 - m_\pi^2 - m_{\rm n}^2 - m_{\rm K}^2 + 2m_{\rm n}E_{\rm K}}{2(m_{\rm n} - E_{\rm K})}$$

である．これより，E_π を最小にするには，$E_{\rm K}$ をできる限り小さな値にしなくてはならない（ということは簡単に想像できたと思うが！）．そこで，$E_{\rm K} = m_{\rm K}$ とする．このとき，

$$\begin{aligned} E_{\pi(\rm threshold)} &= \frac{m_\Lambda^2 - m_\pi^2 - m_{\rm n}^2 - m_{\rm K}^2 + 2m_{\rm n}m_{\rm K}}{2(m_{\rm n} - m_{\rm K})} \\ &= \frac{m_\Lambda^2 - m_\pi^2}{2(m_{\rm n} - m_{\rm K})} - \frac{m_{\rm n} - m_{\rm K}}{2} \end{aligned}$$

† 訳者注：得られた値は，GZK カットオフとよばれる．Greisen 1966, Zatsepin and Kuzmin 1966 によって，宇宙マイクロ波背景放射の発見直後に提案された．この閾値は現実に観測されている．

$$= \frac{1115^2 - 140^2}{2(940 - 494)} - \frac{940 - 494}{2} = 1149\,\mathrm{MeV}$$

となり，したがって，運動エネルギーの閾値は，$1149 - 140 = 1009\,\mathrm{MeV}$ となる．

問題 2.10　メスバウアー効果

核反応 $\mathrm{A} \to \mathrm{B} + \mathrm{C}$ を考える（それぞれの粒子の質量を $m_\mathrm{A}, m_\mathrm{B}, m_\mathrm{C}$ とする）．

(a) A が実験室系で静止しているとき，実験室系では B のエネルギーは $E_\mathrm{B} = (m_\mathrm{A}^2 + m_\mathrm{B}^2 - m_\mathrm{C}^2)/2m_\mathrm{A}$ であることを示せ．

(b) 静止している質量 M の原子が，エネルギー $h\nu$ の光子を放出して静止質量 $M - \delta$ の状態に崩壊した．$h\nu < \delta$ になることを示せ．メスバウアー効果では，なぜ $h\nu = \delta$ となるのだろうか．

(c) 実験室系で運動している A が崩壊したとき，B が放出される角度と，A と B のエネルギー間の関係式を求めよ．

[解]　(a) 4 元運動量の保存から，

$$|\boldsymbol{P}_\mathrm{C}|^2 = -m_\mathrm{C}^2 = |\boldsymbol{P}_\mathrm{A} - \boldsymbol{P}_\mathrm{B}|^2 = -m_\mathrm{A}^2 - m_\mathrm{B}^2 - 2\boldsymbol{P}_\mathrm{A} \cdot \boldsymbol{P}_\mathrm{B} \tag{1}$$

となる．実験室系では，$\boldsymbol{P}_\mathrm{A} = (m_\mathrm{A}, \mathbb{0})$, $\boldsymbol{P}_\mathrm{B} = (E_\mathrm{B}, \mathbb{P}_\mathrm{B})$ なので，

$$-m_\mathrm{C}^2 = -m_\mathrm{A}^2 - m_\mathrm{B}^2 + 2m_\mathrm{A} E_\mathrm{B}$$

となり，これより，

$$E_\mathrm{B} = \frac{m_\mathrm{A}^2 + m_\mathrm{B}^2 - m_\mathrm{C}^2}{2m_\mathrm{A}}$$

を得る．

(b) $m_\mathrm{A} = M$, $m_\mathrm{B} = 0$, $m_\mathrm{C} = M - \delta$ とすると，

$$E_\mathrm{B} = h\nu = \frac{M^2 - (M - \delta)^2}{2M} = \delta - \frac{\delta^2}{2M} < \delta$$

となる．物理的には常に $h\nu \neq \delta$ となる．これは，運動量保存則より，M が必ず反跳し，いくらかのエネルギーが M に渡るからである．メスバウアー効果では，反跳の運動量は，$\sim 10^{23}$ 個の原子で共有されるため，反跳エネルギーは無視できる程度になる．

(c) この場合，$\boldsymbol{P}_\mathrm{A} = (E_\mathrm{A}, \mathbb{P}_\mathrm{A})$, $\boldsymbol{P}_\mathrm{B} = (E_\mathrm{B}, \mathbb{P}_\mathrm{B})$ であるので，式 (1) より，

$$-m_\mathrm{A}^2 - m_\mathrm{B}^2 + 2E_\mathrm{A}E_\mathrm{B} - 2\sqrt{E_\mathrm{A}^2 - m_\mathrm{A}^2}\sqrt{E_\mathrm{B}^2 - m_\mathrm{B}^2}\cos\theta = -m_\mathrm{C}^2$$

となる．

問題 2.11 実験室系と質量中心系

$1 + 2 \to 3 + 4$ という反応を考える．$\mathbb{P}_2 = \mathbb{0}$ となる系を実験室系，$\mathbb{P}_1^{\text{C.M.}} + \mathbb{P}_2^{\text{C.M.}} = \mathbb{0}$ が成立する系を質量中心系とする．次のことを示せ．

(a) $E_{\text{total}}^{\text{C.M.}} = \sqrt{m_1^2 + m_2^2 + 2E_1 m_2}$

(b) $E_1^{\text{C.M.}} = \dfrac{(E_{\text{total}}^{\text{C.M.}})^2 + m_1^2 - m_2^2}{2E_{\text{total}}^{\text{C.M.}}}$

(c) $|\mathbb{P}_1^{\text{C.M.}}| = \dfrac{m_2|\mathbb{P}_1|}{E_{\text{total}}^{\text{C.M.}}}$

(d) $\gamma_{\text{C.M.}} = \dfrac{E_1 + m_2}{E_{\text{total}}^{\text{C.M.}}}$

($\mathbb{v}_{\text{C.M.}}$ を実験室系での質量中心の速度として，$\gamma_{\text{C.M.}} \equiv 1/\sqrt{1 - |\mathbb{v}_{\text{C.M.}}|^2}$)

(e) $\mathbb{v}_{\text{C.M.}} = \dfrac{|\mathbb{P}_1|}{E_1 + m_2}$

［解］ (a) 全4元運動量は，

$$\boldsymbol{P}_{\text{total}} = \boldsymbol{P}_1 + \boldsymbol{P}_2 = \boldsymbol{P}_3 + \boldsymbol{P}_4$$

である．質量中心系では $\boldsymbol{P}_{\text{total}} = (E_{\text{total}}^{\text{C.M.}}, \mathbb{0})$ であるから，

$$|\boldsymbol{P}_{\text{total}}|^2 = -(E_{\text{total}}^{\text{C.M.}})^2 = |\boldsymbol{P}_1 + \boldsymbol{P}_2|^2 \tag{1}$$

となる．$|\boldsymbol{P}_1 + \boldsymbol{P}_2|^2$ を実験室系で計算すると，$\boldsymbol{P}_1 = (E_1, \mathbb{P}_1)$, $\boldsymbol{P}_2 = (m_2, \mathbb{0})$ であるから，

$$-(E_{\text{total}}^{\text{C.M.}})^2 = |\boldsymbol{P}_1|^2 + |\boldsymbol{P}_2|^2 + 2\boldsymbol{P}_1 \cdot \boldsymbol{P}_2 = -m_1^2 - m_2^2 - 2E_1 m_2$$

が得られる．

(b) 次の式

$$\boldsymbol{P}_1 \cdot \boldsymbol{P}_{\text{total}} = \boldsymbol{P}_1 \cdot (\boldsymbol{P}_1 + \boldsymbol{P}_2)$$

において，左辺を質量中心系で，右辺を実験室系で評価すると，(a) より

$$\begin{aligned} -E_1^{\text{C.M.}} E_{\text{total}}^{\text{C.M.}} &= -m_1^2 - E_1 m_2 \\ &= -m_1^2 - \frac{1}{2}\left[(E_{\text{total}}^{\text{C.M.}})^2 - m_1^2 - m_2^2\right] \end{aligned}$$

となる．これより，次の結果を得る．

$$E_1^{\text{C.M.}} = \frac{(E_{\text{total}}^{\text{C.M.}})^2 + m_1^2 - m_2^2}{2E_{\text{total}}^{\text{C.M.}}}$$

(c) (b) の結果より，

$$|\mathbb{P}_1^{\mathrm{C.M.}}|^2 = (E_1^{\mathrm{C.M.}})^2 - m_1^2 = \left(\frac{m_1^2 + E_1 m_2}{E_{\mathrm{total}}^{\mathrm{C.M.}}}\right)^2 - m_1^2$$
$$= \frac{(m_1^2 + E_1 m_2)^2 - m_1^2(m_1^2 + m_2^2 + 2E_1 m_2)}{(E_{\mathrm{total}}^{\mathrm{C.M.}})^2}$$
$$= \frac{m_2^2(E_1^2 - m_1^2)}{(E_{\mathrm{total}}^{\mathrm{C.M.}})^2} = \frac{m_2^2|\mathbb{P}_1|^2}{(E_{\mathrm{total}}^{\mathrm{C.M.}})^2}$$

となり，これより，$|\mathbb{P}_1^{\mathrm{C.M.}}| = m_2|\mathbb{P}_1|/E_{\mathrm{total}}^{\mathrm{C.M.}}$ が得られる．

(d) $\boldsymbol{u}$ を任意の観測者の 4 元速度とすれば，

$$\boldsymbol{P}_{(3)} \equiv \boldsymbol{P} + (\boldsymbol{P}\cdot\boldsymbol{u})\boldsymbol{u}$$

はその観測者の系で（それゆえ，すべての系にて）測定される 3 元運動量である．これより，質量中心の速度 $\boldsymbol{u}_{\mathrm{C.M.}}$ は

$$\boldsymbol{P}_{\mathrm{total}} + (\boldsymbol{P}_{\mathrm{total}}\cdot\boldsymbol{u}_{\mathrm{C.M.}})\boldsymbol{u}_{\mathrm{C.M.}} = \boldsymbol{0}$$

で定義される．さて，2 人の観測者の 4 元速度をそれぞれ $\boldsymbol{u}_1$，$\boldsymbol{u}_2$ とすると，$\gamma = -\boldsymbol{u}_1\cdot\boldsymbol{u}_2$ は 2 つの系間のローレンツ因子である（証明：1 の静止系では，$\boldsymbol{u}_1\cdot\boldsymbol{u}_2 = (1, \mathbb{0})\cdot(\gamma, \gamma\mathbb{v}) = -\gamma$）．そこで，$\gamma_{\mathrm{C.M.}} = -\boldsymbol{u}\cdot\boldsymbol{u}_{\mathrm{C.M.}}$ は，質量中心系への変換を与える．したがって，

$$\boldsymbol{P}_{\mathrm{total}}\cdot\boldsymbol{u} + (\boldsymbol{P}_{\mathrm{total}}\cdot\boldsymbol{u}_{\mathrm{C.M.}})\boldsymbol{u}_{\mathrm{C.M.}}\cdot\boldsymbol{u} = 0$$
$$-E_{\mathrm{total}} + E_{\mathrm{total}}^{\mathrm{C.M.}}\gamma_{\mathrm{C.M.}} = 0$$
$$\gamma_{\mathrm{C.M.}} = \frac{E_{\mathrm{total}}}{E_{\mathrm{total}}^{\mathrm{C.M.}}}$$

となる．この問題では，$E_{\mathrm{total}} = E_1 + m_2$ なので，

$$\gamma_{\mathrm{C.M.}} = \frac{E_1 + m_2}{E_{\mathrm{total}}^{\mathrm{C.M.}}}$$

を得る．

(e) (d) より，

$$1 - |\mathbb{v}_{\mathrm{C.M.}}|^2 = \left(\frac{E_{\mathrm{total}}^{\mathrm{C.M.}}}{E_1 + m_2}\right)^2$$

であるから，

$$|\mathbb{v}_{\mathrm{C.M.}}| = \sqrt{\frac{E_1^2 - m_1^2}{(E_1 + m_2)^2}} = \frac{|\mathbb{P}_1|}{E_1 + m_2}$$

となる．

問題 2.12　最大散乱角

質量 m_1 の粒子が，静止している質量 m_2 $(m_2 < m_1)$ の粒子に弾性衝突した．m_1 の最大散乱角を $\theta_{\max}$ とする．非相対論的な計算では，$\sin\theta_{\max} = m_2/m_1$ となる．この結果は相対論的に計算しても同じになることを示せ．

[解]　衝突は弾性的なので，質量中心系では $E_1^{\mathrm{C.M.}} = E_1'^{\mathrm{C.M.}}$，つまり，

$$\boldsymbol{P}_1 \cdot \boldsymbol{u}_{\mathrm{C.M.}} = \boldsymbol{P}_1' \cdot \boldsymbol{u}_{\mathrm{C.M.}}$$

である（プライム記号 $(')$ は衝突後の値を表す）．この式を実験室系で評価すると，

$$-E_1 + \mathbb{P}_1 \cdot \mathbb{v}_{\mathrm{C.M.}} = -E_1' + \mathbb{P}_1' \cdot \mathbb{v}_{\mathrm{C.M.}}$$

となる．しかし，$\mathbb{v}_{\mathrm{C.M.}} = \mathbb{P}_1/(E_1 + m_2)$ であるから，

$$-E_1 + \frac{|\mathbb{P}_1|^2}{E_1 + m_2} = -E_1' + \frac{|\mathbb{P}_1||\mathbb{P}_1'|\cos\theta}{E_1 + m_2}$$

すなわち，

$$\cos\theta = \frac{E_1'(E_1 + m_2) - E_1 m_2 - m_1^2}{|\mathbb{P}_1|\sqrt{E_1'^2 - m_1^2}} \tag{1}$$

となる（この式は質量中心系を考えなくても導くことができる）．$\cos\theta$ が最小（つまり，$\sin\theta$ が最大）になるのは，$d\cos\theta/dE_1' = 0$ のときで，これより E_1' を求め，式 (1) に代入すると最小値が得られる．より簡単に求めるには，$\cos\theta(E_1')$ のグラフに一定値の直線 $\cos\theta = K$ を引き，その交点を求めればよい．交点は

$$\begin{aligned}
&K^2|\mathbb{P}_1|^2(E_1'^2 - m_1^2) \\
&\quad = E_1'^2(E_1 + m_2)^2 - 2(E_1 + m_2)(E_1 m_2 + m_1^2)E_1' + (E_1 m_2 + m_1^2)^2
\end{aligned} \tag{2}$$

で与えられる．$\cos\theta$ が最小になる点では，直線は曲線と接し，式 (2) の判別式（E_1' の 2 次式とみる）がゼロとなる．この条件は，

$$0 = -(E_1 + m_2)^2 K^2 |\mathbb{P}_1|^2 m_1^2 + K^2|\mathbb{P}_1|^2(E_1 m_2 + m_1^2)^2 + K^4|\mathbb{P}_1|^4 m_1^2$$

と書けて，

$$K^2 = \frac{(E_1 + m_2)^2 m_1^2 - (E_1 m_2 + m_1^2)^2}{m_1^2|\mathbb{P}_1|^2} = \frac{m_1^2 - m_2^2}{m_1^2}$$

となる．以上より，

$$\cos\theta_{\max} = \frac{\sqrt{m_1^2 - m_2^2}}{m_1}, \qquad \sin\theta_{\max} = \frac{m_2}{m_1}$$

が得られる.

問題 2.13　ロケットの運動

(a) 1 g の一定加速度で推進するロケットがあり（もちろん各瞬間での慣性系で測った値である），地球の近傍で静止状態から動き始めたとする．地球の系で測定して 40 年後，このロケットは（地球の系で測って）どこまで離れることになるか．ロケットの系で測定した場合，40 年経過した後の移動距離はいくらか．

(b) (a) と同じロケットで地球から 30000 光年離れた銀河中心へ旅をする．搭乗者の固有時間を求めよ．ただし，半分の時間を 1 g の一定加速度で加速し，半分の時間を -1 g の一定加速度で減速するものとする．

(c) (b) の問題において，ロケットの初期質量のうち，どれだけの割合を燃料以外に使用できるか．理想的なロケットを想定し，静止質量を放射（光子）にして後方噴射推進力に変換する際のエネルギー効率は 100%とし，その他のエネルギー損失も生じないとする．

[解]　(a) ロケットの運動方向を x 軸にとる．4 元速度 $\boldsymbol{u}$ と 4 元加速度 $\boldsymbol{a}$ に対して，次の拘束条件がある．

$$\boldsymbol{u}\cdot\boldsymbol{u} = -1 = -(u^t)^2 + (u^x)^2 \qquad (\boldsymbol{u}\text{ の規格化}) \tag{1}$$

$$\boldsymbol{a}\cdot\boldsymbol{u} = 0 = -a^t u^t + a^x u^x \qquad (\boldsymbol{a}\text{ と }\boldsymbol{u}\text{ は直交}) \tag{2}$$

$$\boldsymbol{a}\cdot\boldsymbol{a} = g^2 = -(a^t)^2 + (a^x)^2 \qquad (\text{固有加速度は }\boldsymbol{g}) \tag{3}$$

式 (2), (3) から

$$a^t = a^x\left(\frac{u^x}{u^t}\right), \qquad (a^x)^2\left[1 - \left(\frac{u^x}{u^t}\right)^2\right] = g^2$$

が得られ，式 (1) とあわせれば

$$a^x = gu^t \tag{4}$$

$$a^t = gu^x \tag{5}$$

となる．式 (4) を微分して式 (5) を用いると，u^x に関する微分方程式

$$\frac{d^2u^x}{d\tau^2} = \frac{da^x}{d\tau} = g\frac{du^t}{d\tau} = ga^t = g^2u^x$$

が得られ，この解は $u^x = A\sinh g\tau + B\cosh g\tau$ である．初期条件は，$\tau = 0$ において $u^x = 0$, $du^x/d\tau = g$ であるから，$\boldsymbol{u}$ は，式 (1) より，

$$u^x = \frac{dx}{d\tau} = \sinh g\tau, \qquad u^t = \frac{dt}{d\tau} = \cosh g\tau \tag{6}$$

でなければならない．これらの式を積分すると（$\tau = 0$ において $x = t = 0$ とする），

$$x = \frac{\cosh g\tau - 1}{g}, \qquad t = \frac{\sinh g\tau}{g} \tag{7}$$

が得られる．$c = 1$ の単位系では，g $(= 980\,\mathrm{cm/s^2})$ の値は，偶然にも時間にして 1 年の逆数であり，距離にして 1 光年 (ly) の逆数に相当する．そのため，地球で 40 年間 ($t = 40\,\mathrm{yr}$) と観測される場合，式 (7) より，

$$\tau \approx \sinh^{-1} 40\ \mathrm{yr} \approx 4.38\,\mathrm{yr}$$

および，

$$x \approx \left[\cosh(\sinh^{-1} 40) - 1\right] \mathrm{ly} \approx 39.01\,\mathrm{ly} \tag{8}$$

となる．ロケットで 40 年が経過した場合 ($\tau = 40$ yr)，式 (7) より，

$$x \approx (\cosh 40 - 1)\ \mathrm{ly} \approx 10^{17}\,\mathrm{ly} \tag{9}$$

となる．

(b) 旅行の前半は，$x = 15000\,\mathrm{ly}$ となるので

$$\tau \approx \cosh^{-1}(15000 + 1)\ \mathrm{yr} \approx 10.3\ \mathrm{yr} \tag{10}$$

である．減速する後半もまったく同じになるので，全部で 20.6 年経過することになる．

(c) ロケットの静止質量（変化するが）を M とする．燃料を噴射することによる質量エネルギーの変化分は，放出するエネルギーと等しいので，

$$d(Mu^t) = -dE_{\mathrm{rad}} \tag{11}$$

となる．また，エネルギーは光子として放出されるので，

$$dE_{\mathrm{rad}} = dP_{\mathrm{rad}} \tag{12}$$

である．さらに，運動量保存より

$$dP_{\mathrm{rad}} = dP \tag{13}$$

が成り立つ．ここで，dP はロケットの運動量変化である．式 (11)〜(13) を組み合わせると，

$$d(Mu^t) = -dP = -d(Mu^x)$$

$$(dM)u^t + Mdu^t = -(dM)u^x - Mdu^x$$

$$\frac{dM}{M} = -\frac{d(u^t + u^x)}{u^t + u^x}$$

となる．これを解いて，式 (6) から $u^t(\tau)$ と $u^x(\tau)$ を代入すると，

$$M = \frac{M_0}{u^t + u^x} = M_0 e^{-g\tau} \tag{14}$$

となる．

(b) より，旅行の半分では，$e^{g\tau} = 30000$ である．したがって，$M_{1/2} = M_0/30000$ となり，

$$M_{\text{final}} = \frac{M_0}{(30000)^2} \sim 10^{-9} M_0$$

が得られる．

問題 2.14　サイクロトロン

一定周波数の電子サイクロトロンで到達できる最大のエネルギーはいくらか．ただし，加速電位を V とする．

[解]　サイクロトロンは，D 形状の 2 つの電極を用意し，その間のギャップに印加された一定周波数の加速電位を利用している．電子がこのギャップ部分を通るとき，電位が正しい方向を向くようにこの周波数は調整されている（これがサイクロトロン周波数 $\omega_0 = eB/mc$ である）．最大エネルギーが存在する理由は，実際には電子がシンクロトロン周波数 $\omega = eB/\gamma mc = \omega_0 m/E$（$E$ は電子のエネルギー）で円運動を行うためで，電子が相対論的になれば，一定のサイクロトロン周波数と位相があわなくなってしまう．最終的には，電子がギャップ部分に到達するときに電位の位相が 90° ずれて，加速メカニズムが破綻する．定量的には，電子がギャップ部分を通り抜けるときの加速電位の位相を α とすると，電子が受け取るエネルギーは $V\cos\alpha$ になる．ここで，V は電子ボルト eV の単位で表された加速電位の最大値である．dN 回の周回では，電子のエネルギーの増加分は

$$\frac{d\,(\text{電子エネルギー})}{dN} = \frac{dE}{\omega dt/2\pi} = 2V\cos(\phi - \omega_0 t)$$

となる（電子は 1 周の間にギャップを 2 回通過するので，2 倍の因子が入っている）．ϕ は電子が進んだ角距離で，

$$\phi = \int \omega dt = \omega_0 \int_0^t \frac{m}{E} dt$$

で与えられる．これらより，

$$\frac{dE}{dt} = \frac{\omega}{2\pi} 2V \cos\left(\omega_0 \int_0^t \frac{m}{E} dt - \omega_0 t\right) = \frac{V}{\pi E} \omega_0 m \cos\left[\omega_0 \int_0^t \left(\frac{m}{E} - 1\right) dt\right]$$

$$\frac{d(E^2)}{dt} = a \cos\left[\omega_0 \int_0^t \left(\frac{m}{E} - 1\right) dt\right]$$

となる．ここで，$a \equiv 2V\omega_0 m/\pi$ である．もう1回微分すると，

$$\frac{d^2(E^2)}{dt^2} = -a \sin\left[\omega_0 \int_0^t \left(\frac{m}{E} - 1\right) dt\right] \omega_0 \left(\frac{m}{E} - 1\right)$$

$$= \sqrt{a^2 - \left(\frac{d(E^2)}{dt}\right)^2} \omega_0 \left(\frac{m}{E} - 1\right)$$

となる．上の三角関数 sin は明らかに負値なので，平方根のうち負のほうをとった．

この式の積分を考える．$q \equiv d(E^2)/dt$ とすると，$d^2(E^2)/dt^2 = q[dq/d(E)^2]$ である．このとき，上の微分方程式は，

$$-q \frac{dq}{d(E^2)} = \sqrt{a^2 - q^2} \omega_0 \left(1 - \frac{m}{\sqrt{E^2}}\right)$$

と書ける．この式を $E = m$（つまり，$t = 0$）のとき $q = a$ となる初期条件のもとで積分すると，

$$\sqrt{a^2 - q^2} = \omega_0 (E - m)^2$$

となる．このエネルギーは $q = 0$ となるまで増加し，そのとき，エネルギーは最大値

$$E_{\max} = m + \sqrt{\frac{a}{\omega_0}} = m + \sqrt{\frac{2Vm}{\pi}}$$

を与える．

問題 2.15　4 元加速度を与える力の場

位置 x^ν にある質量 m の粒子に対して，4 元加速度 $a^\mu \equiv du^\mu/d\tau = F^\mu(x^\nu)/m$ を与える新しい力の場 $F^\mu(x^\nu)$ が発見された．F^μ は u^ν に依存しないとする．この力は特殊相対性理論と矛盾することを示せ．

［解］　$\boldsymbol{F}$ がある 4 元速度 $\boldsymbol{u}$ に対して恒等的にゼロとならないのであれば，内積 $\boldsymbol{a}\cdot\boldsymbol{u}$ はゼロではない．これは $\boldsymbol{a}\cdot\boldsymbol{u} = (1/2)d(\boldsymbol{u}\cdot\boldsymbol{u})/d\tau = 0$ と矛盾する．

第3章
特殊相対論的座標変換，不変量，テンソル

Special-Relativistic Coordinate Transformations, Invariants and Tensors

特殊相対性理論における時空は，よくある「慣性系」，つまり，ミンコフスキー座標といったものよりも，より一般的な（曲線）座標系でも記述される．x^μ をミンコフスキー座標，$x^{\mu'}$ を曲線座標として，

$$x^{\mu'} = f^\mu(x^\nu)$$

と表す．f^μ は 4 つの任意関数である†．このようにすると，新しい座標における基底ベクトルやベクトルの成分は，ミンコフスキー座標のものと次のように関係がつく．

$$\boldsymbol{e}_{\alpha'} = \frac{\partial x^\mu}{\partial x^{\alpha'}}\boldsymbol{e}_\mu, \qquad \boldsymbol{e}_\mu = \frac{\partial x^{\alpha'}}{\partial x^\mu}\boldsymbol{e}_{\alpha'}$$
$$V^{\alpha'} = \frac{\partial x^{\alpha'}}{\partial x^\mu}V^\mu, \qquad V^\mu = \frac{\partial x^\mu}{\partial x^{\alpha'}}V^{\alpha'}$$
$$V_{\alpha'} = \frac{\partial x^\mu}{\partial x^{\alpha'}}V_\mu, \qquad V_\mu = \frac{\partial x^{\alpha'}}{\partial x^\mu}V_{\alpha'}$$

言い換えると，変換行列 ${\Lambda^{\mu'}}_\alpha \equiv \partial x^{\mu'}/\partial x^\alpha$ が，限定的なローレンツ行列（ミンコフスキー座標で表された 2 つの系間に限った変換行列）に取って代わっている．

一般的な座標では，$\boldsymbol{A}\cdot\boldsymbol{B} = A_\mu B^\mu$ の関係は維持されるが，$A_\mu = \eta_{\mu\nu}A^\nu$ はもはや成り立たない．それぞれの座標系に応じて計量テンソルが存在し，その成分 $g_{\alpha\beta}$ は

$$ds^2 = g_{\alpha\beta}\,dx^\alpha\,dx^\beta$$

として与えられる．これより，$A_\mu = g_{\mu\nu}A^\nu$ となり，$\boldsymbol{A}\cdot\boldsymbol{B} = g_{\mu\nu}A^\mu B^\nu$ となる．同様に，添え字を上げるときには，$g_{\mu\nu}$ の逆行列 $g^{\mu\nu}$ を用いて $A^\mu = g^{\mu\nu}A_\nu$ となる．

テンソルに対するさまざまな定義も可能である．ここでは，テンソルは幾何学的な量であるというだけで十分である．ベクトルと同様に成分をもち，その値は座標系が異なれば異なる．テンソルが 4^n 個の成分をもつとき，n をテンソルの**階数** (rank) と

† 訳者注：本書では 4 次元時空を念頭に説明されている．近年の高次元時空研究などに対応させるときには読み替えが必要である．

いう（成分を表す添え字の数，つまり「スロット」の数である）．スロットは反変的あるいは共変的であり，たとえば $T^{\mu\nu}$, $F_{\mu\nu}$, $R^{\alpha}{}_{\beta\gamma\delta}$, $G_{\mu}{}^{\nu}$ のようになる．テンソルはそれぞれのスロットに対して1つの変換行列を用いて変換され，

$$G_{\mu'}{}^{\nu'} = \Lambda^{\alpha}{}_{\mu'}\Lambda^{\nu'}{}_{\beta}G_{\alpha}{}^{\beta}$$

のようになる．テンソルは，反変・共変の添え字それぞれ1つについて和をとることによって**縮約**がとられたり，ほかのテンソルや自分自身との**直積**によって新たなテンソルを作る．たとえば，

$$Q_{\mu\nu} = R^{\alpha}{}_{\mu\alpha\nu}, \qquad A^{\mu} = G^{\mu}{}_{\nu}B^{\nu}, \qquad F_{\mu\nu} = A_{\mu}B_{\nu}$$

などである．計量テンソルを用いた縮約は特別な場合であり，共変ベクトルと反変ベクトルの関係と同様で，$F^{\mu}{}_{\nu} = g_{\nu\alpha}F^{\mu\alpha}$ のように，物理量に同じ文字がそのまま使われる．自由な添え字が残されていないテンソル，たとえば，$F_{\mu\nu}A^{\mu}B^{\nu}$, $R_{\beta\gamma}F^{\beta\gamma}$, $A^{\alpha}B^{\beta}g_{\alpha\beta}$ などはスカラーであり，座標系を変えても不変な量である．

添え字を用いない表記法として，ベクトル A^{μ} を $\boldsymbol{A}$ と書き，それと同様に，$T^{\mu\nu}$ も $\boldsymbol{T}$ と表記する．どちらの場合も，反変添え字と共変添え字の区別は前後の記述から読み取らなければならない．添え字を表記しないとき，直積は $\otimes$ 記号で表される．たとえば，$F^{\mu\nu}A^{\rho}$ は $\boldsymbol{F}\otimes\boldsymbol{A}$ となる．縮約を表す積はドット記号で表される．たとえば，$\boldsymbol{F}\cdot\boldsymbol{A}$ は $F^{\mu\alpha}A_{\alpha}$ を表す．

偏微分はコンマで表す．たとえば，$f_{,\alpha} \equiv \partial f/\partial x^{\alpha}$ となる．

問題 3.1　空間的・時間的に離れた事象

(I) 2つの**事象** (event) が空間的に離れている場合，次を示せ．

(a) それらが同時に発生するようなローレンツ系が存在する．

(b) それらが同じ位置で発生するようなローレンツ系は存在しない．

(II) 2つの事象が時間的に離れている場合，次を示せ．

(a) それらが同じ位置で発生するようなローレンツ系が存在する．

(b) それらが同時に発生するようなローレンツ系は存在しない．

[解]　この問題をきちんと解くには，時空図を用いるのがよい．座標系を回転して，2つの事象 A, B が x 軸方向 ($y = z = 0$) になるようにして，1つ目の事象 A は $x = t = 0$ で発生したとする．

(I) 事象 A と B が空間的に離れている場合，$(\Delta x, \Delta t)$ は図 (i) に示した関係になる．光の世界線は 45° の傾きをもつ点線で表している．図 (ii) に示す t', x' 軸へローレンツ変換を行うと，明らかに A と B は同時刻になる（ブーストの大きさは $\beta = \Delta t/\Delta x$

であり，図の θ は高速率パラメータ† である）．t' 軸は，ローレンツ変換によって光円錐の下側に回転されることはないので，2 つの事象が同じ場所で発生するような座標系は存在しない．

(II) 図 (iii) は，2 つの事象 A と B が時間的に離れている場合である．図 (iv) に示すように，ローレンツ変換によって，A と B が同じ場所で生じる座標系（t', x' 系）に移すことが可能である．ブーストの大きさは $\alpha = \Delta x/\Delta t$ である．x' 軸は光円錐の上側に回転されることはないので，2 つの事象が同じ時刻に発生するような座標系は存在しない．

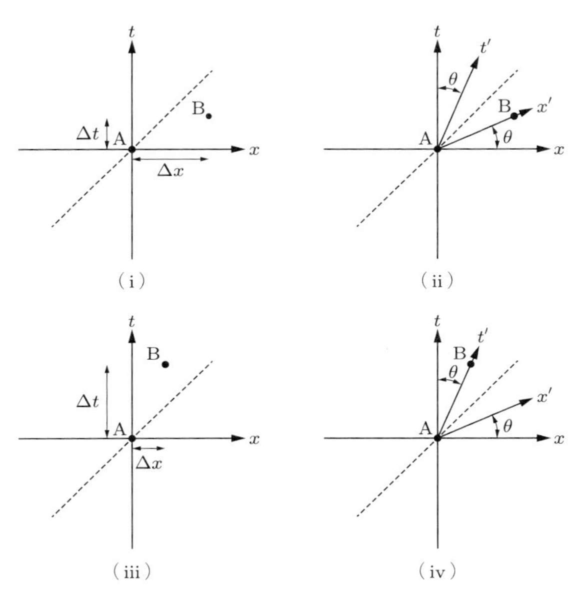

3

問題 3.2　独立なヌルベクトルの数

ミンコフスキー空間において線形独立な 4 つのヌルベクトルを求めよ．4 つとも直交するものは得られるだろうか．

[解]　線形独立な 4 つのヌルベクトルの例として

$$\boldsymbol{e}_z + \boldsymbol{e}_t, \qquad \boldsymbol{e}_z - \boldsymbol{e}_t, \qquad \boldsymbol{e}_x + \boldsymbol{e}_t, \qquad \boldsymbol{e}_y + \boldsymbol{e}_t$$

がある．4 つのヌルベクトル $\boldsymbol{A}, \boldsymbol{B}, \boldsymbol{C}, \boldsymbol{D}$ が線形独立であることは，任意のベクトルが

† 訳者注：第 1 章のまえがき参照．

$$\boldsymbol{V} = a\boldsymbol{A} + b\boldsymbol{B} + c\boldsymbol{C} + d\boldsymbol{D}$$

と表されることを意味する．しかし，$\boldsymbol{A}, \boldsymbol{B}, \boldsymbol{C}, \boldsymbol{D}$ がヌルで互いに直交していれば，このベクトル $\boldsymbol{V}$ の大きさは明らかにゼロとなってしまう．そのため，4 つとも直交するものは存在しない．

問題 3.3　ヌルベクトルの直交性

非ゼロのヌルベクトルを与えたとき，そのベクトルと直交する非空間的ベクトルは，そのヌルベクトルの定数倍だけであることを示せ．

[解]　一般性を失うことなく，ヌルベクトルが $\boldsymbol{V} = \boldsymbol{e}_x + \boldsymbol{e}_t$ と表される座標系を選ぶことができる．一般的なベクトルを $\boldsymbol{S} = A\boldsymbol{e}_t + B\boldsymbol{e}_x + C\boldsymbol{e}_y + D\boldsymbol{e}_z$ とする．この 2 つの内積をとると，$\boldsymbol{S} \cdot \boldsymbol{V} = A(\boldsymbol{e}_t \cdot \boldsymbol{e}_t) + B(\boldsymbol{e}_x \cdot \boldsymbol{e}_x) = B - A$ となるので，$\boldsymbol{S}$ と $\boldsymbol{V}$ が直交していれば，A と B は等しくなければならない．ベクトル $\boldsymbol{S}$ は，$A^2 \geq B^2 + C^2 + D^2$ を満たさなければ空間的になる．これは，$C^2 + D^2 = 0$，すなわち，$C = D = 0$ を意味する．よって，$\boldsymbol{S} = A(\boldsymbol{e}_t + \boldsymbol{e}_x)$ は $\boldsymbol{V}$ と定数倍だけ異なるベクトルになる．

問題 3.4　空間的・ヌル・時間的なベクトル

2 つのベクトルが空間的・ヌル・時間的であるかどうかにかかわらず，それらの和は空間的・ヌル・時間的のいずれにもなりうることを示せ．

[解]　平坦なミンコフスキー空間を考え，$\hat{\boldsymbol{x}}, \hat{\boldsymbol{y}}, \hat{\boldsymbol{z}}$ を空間的な単位ベクトル，$\hat{\boldsymbol{t}}$ を時間的な単位ベクトルとする．$\hat{\boldsymbol{t}} \pm \hat{\boldsymbol{z}}, \hat{\boldsymbol{t}} \pm \hat{\boldsymbol{y}}$ などはヌルになる．以下の表（の各マスの中）は，上から順に和が空間的，ヌル，時間的になる例を示す．

	空間的	ヌル	時間的
空間的	$\hat{\boldsymbol{x}} + \hat{\boldsymbol{y}}$ $(\hat{\boldsymbol{x}} + \epsilon\hat{\boldsymbol{t}}) + (-\hat{\boldsymbol{x}} + \epsilon\hat{\boldsymbol{z}})$ $(\hat{\boldsymbol{x}} + \epsilon\hat{\boldsymbol{t}}) + (-\hat{\boldsymbol{x}})$	$\hat{\boldsymbol{x}} + (\hat{\boldsymbol{x}} - \hat{\boldsymbol{t}})$ $(\hat{\boldsymbol{x}} + \hat{\boldsymbol{t}}) + (-2\hat{\boldsymbol{x}})$ $(-\hat{\boldsymbol{x}}) + (\hat{\boldsymbol{x}} - \hat{\boldsymbol{t}})$	$\hat{\boldsymbol{x}} + \epsilon\hat{\boldsymbol{t}}$ $\hat{\boldsymbol{x}} + \hat{\boldsymbol{t}}$ $\epsilon\hat{\boldsymbol{x}} + \hat{\boldsymbol{t}}$
ヌル		$(\hat{\boldsymbol{x}} - \hat{\boldsymbol{t}}) + (\hat{\boldsymbol{x}} + \hat{\boldsymbol{t}})$ $(\hat{\boldsymbol{x}} + \hat{\boldsymbol{t}}) + (\hat{\boldsymbol{x}} + \hat{\boldsymbol{t}})$ $(\hat{\boldsymbol{t}} - \hat{\boldsymbol{x}}) + (\hat{\boldsymbol{t}} + \hat{\boldsymbol{x}})$	$(\hat{\boldsymbol{x}} - \hat{\boldsymbol{t}}) + \hat{\boldsymbol{t}}$ $(\hat{\boldsymbol{x}} - \hat{\boldsymbol{t}}) + 2\hat{\boldsymbol{t}}$ $(\hat{\boldsymbol{x}} + \hat{\boldsymbol{t}}) + \hat{\boldsymbol{t}}$
時間的		和が空間的 $\to$ 和がヌル $\to$ 和が時間的 $\to$	$(\hat{\boldsymbol{t}} + \epsilon\hat{\boldsymbol{x}}) + (-\hat{\boldsymbol{t}})$ $(\hat{\boldsymbol{t}} + \epsilon\hat{\boldsymbol{x}}) + (-\hat{\boldsymbol{t}} + \epsilon\hat{\boldsymbol{t}})$ $\hat{\boldsymbol{t}} + \hat{\boldsymbol{t}}$

ここで，ϵ は小さな定数（たとえば，0.1）を表す．時間的ベクトルを未来向き（つまり $\boldsymbol{u}\cdot\hat{\boldsymbol{t}}<0$ となる時間的ベクトル）に限定すると，すべての場合が許されるわけではない（読者の課題としよう）．

問題 3.5　光束の断面積

平行に進む光の束が作る断面積は，ローレンツ変換のもとで不変に保たれることを示せ．

[解]　光の伝播方向を向くヌルベクトルを $\boldsymbol{k}$ とする．観測者が平行光線の断面から小さな正方形の面積要素を切り出し，その隣り合う 2 辺を，観測者の座標系で純粋に空間的な（t 成分をもたない）ベクトル $\boldsymbol{A}$ と $\boldsymbol{B}$ で表す．また，面積要素は光線と直交するようにとり，$\boldsymbol{A}\cdot\boldsymbol{k}=\boldsymbol{B}\cdot\boldsymbol{k}=0$ とする．正方形なので $\boldsymbol{A}\cdot\boldsymbol{B}=0$ であり，面積要素の面積は $|\boldsymbol{A}||\boldsymbol{B}|$ である．

別の観測者も，面積要素のそれぞれの頂点を通る光線を調べることにより，曖昧さなくその同じ面積要素を識別できる．ただし，時間座標の切り取りが異なる可能性もある．もとのベクトル $\boldsymbol{A}$, $\boldsymbol{B}$ は，観測者の 4 元速度 $\boldsymbol{u}$ と直交しなければ，その座標系では純粋に空間的なベクトルではなくなる．

α と β をある定数として，新たにベクトル

$$\boldsymbol{A}'=\boldsymbol{A}+\alpha\boldsymbol{k},\qquad \boldsymbol{B}'=\boldsymbol{B}+\beta\boldsymbol{k}$$

が，もとの $\boldsymbol{A}$, $\boldsymbol{B}$ と同じ光束の要素を表すとする（各ベクトルの先端を，光の進む方向にベクトル $\boldsymbol{k}$ の定数倍だけ，少しだけずらしたことになっている）．新たな観測者に対して，$\boldsymbol{A}'\cdot\boldsymbol{u}=\boldsymbol{B}'\cdot\boldsymbol{u}=0$ でなければならないので，$\alpha=-\boldsymbol{A}\cdot\boldsymbol{u}/(\boldsymbol{k}\cdot\boldsymbol{u})$, $\beta=-\boldsymbol{B}\cdot\boldsymbol{u}/(\boldsymbol{k}\cdot\boldsymbol{u})$ のように定数を選ぶ（$\boldsymbol{k}$ はヌルベクトル，$\boldsymbol{u}$ は時間的ベクトルなので，$\boldsymbol{k}\cdot\boldsymbol{u}\neq 0$ である）．$\boldsymbol{k}\cdot\boldsymbol{k}=0$ より，$\boldsymbol{A}'\cdot\boldsymbol{k}=\boldsymbol{B}'\cdot\boldsymbol{k}=\boldsymbol{A}'\cdot\boldsymbol{B}'=0$ である．これより，新しい座標系での面積要素を決める 2 辺のベクトル $\boldsymbol{A}'$, $\boldsymbol{B}'$ は直交する．こうして，新たな面積は $|\boldsymbol{A}'||\boldsymbol{B}'|=\sqrt{\boldsymbol{A}'\cdot\boldsymbol{A}'}\sqrt{\boldsymbol{B}'\cdot\boldsymbol{B}'}=|\boldsymbol{A}||\boldsymbol{B}|$ となるので，もとの観測者の断面積と等しい面積になる．

問題 3.6　テンソルから作られる不変量

$\boldsymbol{D}$ を成分が $D^{\mu\nu}$ であるテンソルとする．$\displaystyle\sum_\mu D^{\mu\mu}$ や $\displaystyle\sum_\mu D_{\mu\mu}$ は座標変換に対して不変ではないが，$\displaystyle\sum_\mu D_\mu{}^\mu$ は不変であることを示せ．

[解]　$\sum_\mu D^{\mu\mu}$ が不変量ではないことを示すのは簡単である．$D^{0x}=1$，その他の成分をすべてゼロとする．x 方向のブーストに対して，$D^{0'0'}=-\beta\gamma$, $D^{x'x'}=-\beta\gamma$ であるから，$\sum_\mu D^{\mu\mu}=0$ であるが，$\sum_{\mu'} D^{\mu'\mu'}=2\beta\gamma$ となる．$\sum_\mu D_{\mu\mu}$ に対する証明も同様である．

ローレンツ変換 $\Lambda^{\mu'}{}_\nu$ に対して，$D_{\mu'}{}^{\nu'}=\Lambda_{\mu'}{}^\alpha\Lambda_\beta{}^{\nu'}D_\alpha{}^\beta$ であるから，

$$\sum_{\mu'} D_{\mu'}{}^{\mu'}=\sum_{\mu'}\Lambda_{\mu'}{}^\alpha\Lambda_\beta{}^{\mu'}D_\alpha{}^\beta=\delta_\beta{}^\alpha D_\alpha{}^\beta=\sum_\mu D_\mu{}^\mu$$

となり，この量は不変である．

問題 3.7　反対称テンソル

$F^{\alpha\beta}$ は2つの添え字に関して反対称とする．次式を示せ．

$$F_\mu{}^\alpha{}_{,\beta}F^\beta{}_\alpha=-F_{\mu\alpha,\beta}F^{\alpha\beta}$$

[解]　$\eta^{\alpha\beta}$ は一定値であるから，

$$\begin{aligned}F_\mu{}^\alpha{}_{,\beta}F^\beta{}_\alpha&=(F_{\mu\gamma}\eta^{\gamma\alpha})_{,\beta}(F^{\beta\sigma}\eta_{\sigma\alpha})=F_{\mu\gamma,\beta}F^{\beta\sigma}(\eta^{\gamma\alpha}\eta_{\sigma\alpha})\\&=F_{\mu\gamma,\beta}F^{\beta\sigma}\delta^\gamma{}_\sigma=F_{\mu\gamma,\beta}F^{\beta\gamma}=-F_{\mu\alpha,\beta}F^{\alpha\beta}\end{aligned}$$

となる．ここで，最後の等式は，和をとるダミーの添え字を入れ替え，$\boldsymbol{F}$ が反対称であることを用いた†．

問題 3.8　曲線座標系における計量と内積

ミンコフスキー座標 x^μ で与えられる座標系において，不変な線素は $ds^2=\eta_{\alpha\beta}dx^\alpha dx^\beta$ である．座標を $x^\mu\to\overline{x}^\mu$ と変換し，線素を $ds^2=g_{\overline{\alpha}\overline{\beta}}d\overline{x}^\alpha d\overline{x}^\beta$ とする．$g_{\overline{\alpha}\overline{\beta}}$ を偏微分 $\partial x^\mu/\partial\overline{x}^\nu$ を用いて表せ．また，任意の4元ベクトル $\boldsymbol{U},\boldsymbol{V}$ に対して，次式が成り立つことを示せ．

$$\boldsymbol{U}\cdot\boldsymbol{V}=U^\alpha V^\beta\eta_{\alpha\beta}=U^{\overline{\alpha}}V^{\overline{\beta}}g_{\overline{\alpha}\overline{\beta}}$$

[解]　微分量を新しい座標系で表すと，

$$ds^2=\eta_{\alpha\beta}dx^\alpha\,dx^\beta=\eta_{\alpha\beta}\frac{\partial x^\alpha}{\partial\overline{x}^\mu}d\overline{x}^\mu\frac{\partial x^\beta}{\partial\overline{x}^\nu}d\overline{x}^\nu=\left(\eta_{\alpha\beta}\frac{\partial x^\alpha}{\partial\overline{x}^\mu}\frac{\partial x^\beta}{\partial\overline{x}^\nu}\right)d\overline{x}^\mu\,d\overline{x}^\nu$$

---

† 訳者注：一般に曲線座標系の場合は，偏微分を共変微分（第7章参照）にすれば同様の式が成り立つ．

となる．ここで，線素を $ds^2 = g_{\overline{\mu}\overline{\nu}} d\overline{x}^\mu \, d\overline{x}^\nu$ とすれば，

$$g_{\overline{\mu}\overline{\nu}} \equiv \eta_{\alpha\beta} \frac{\partial x^\alpha}{\partial \overline{x}^\mu} \frac{\partial x^\beta}{\partial \overline{x}^\nu}$$

となる．ベクトルの変換は，

$$U^\alpha = \frac{\partial x^\alpha}{\partial \overline{x}^\beta} U^{\overline{\beta}}$$

の規則によるので，内積は

$$\begin{aligned} \boldsymbol{U} \cdot \boldsymbol{V} &= U^\sigma V^\lambda \eta_{\sigma\lambda} = \left(U^{\overline{\alpha}} \frac{\partial x^\sigma}{\partial \overline{x}^\alpha} \right) \left(V^{\overline{\beta}} \frac{\partial x^\lambda}{\partial \overline{x}^\beta} \right) \eta_{\sigma\lambda} = U^{\overline{\alpha}} V^{\overline{\beta}} \frac{\partial x^\sigma}{\partial \overline{x}^\alpha} \frac{\partial x^\lambda}{\partial \overline{x}^\beta} \eta_{\sigma\lambda} \\ &= U^{\overline{\alpha}} V^{\overline{\beta}} g_{\overline{\alpha}\overline{\beta}} \end{aligned}$$

となる．

問題 3.9　計量テンソルの行列式

計量テンソルの行列式 $g \equiv \det[g_{\mu\nu}]$ はスカラーではないことを示せ†.

［解］　座標変換 $x^\mu \to \overline{x}^\mu(x^\nu)$ のもとでは，$g_{\alpha\beta}$ の変換は

$$g_{\overline{\mu}\overline{\nu}} = g_{\alpha\beta} \frac{\partial x^\alpha}{\partial \overline{x}^\mu} \frac{\partial x^\beta}{\partial \overline{x}^\nu}$$

となるので，行列式 g の変換は，

$$\overline{g} = \det[g_{\overline{\mu}\overline{\nu}}] = \det[g_{\alpha\beta}] \det\left[\frac{\partial x^\alpha}{\partial \overline{x}^\mu}\right] \det\left[\frac{\partial x^\beta}{\partial \overline{x}^\nu}\right] = g \left(\det\left[\frac{\partial x^\alpha}{\partial \overline{x}^\mu}\right] \right)^2$$

となる．$\overline{g} \neq g$ なので，$\overline{g}$ はスカラー量ではない．

問題 3.10　座標変換の合成

$\Lambda^\alpha{}_\beta$ と $\tilde{\Lambda}^\alpha{}_\beta$ を，ともにある座標基底におけるテンソル成分を別の座標基底での成分へ変換する行列とするとき，$\Lambda^\alpha{}_\gamma \tilde{\Lambda}^\gamma{}_\beta$ も座標変換を表す行列であることを示せ．

［解］　1 つの座標変換を

$$\overline{x}^\alpha = \overline{x}^\alpha(x^\beta) \qquad \text{すなわち} \qquad \Lambda^\alpha{}_\beta = \frac{\partial \overline{x}^\alpha}{\partial x^\beta} \tag{1}$$

とし，もう 1 つを

† 訳者注：$[g_{\mu\nu}]$ は $g_{\mu\nu}$ を成分とする行列である．

$$\tilde{x}^\alpha = \tilde{x}^\alpha(x^\beta) \qquad \text{すなわち} \qquad \tilde{\Lambda}^\alpha{}_\beta = \frac{\partial \tilde{x}^\alpha}{\partial x^\beta} \tag{2}$$

とする．変換行列の積は

$$\Lambda^\alpha{}_\gamma \tilde{\Lambda}^\gamma{}_\beta = \frac{\partial \overline{x}^\alpha}{\partial x^\gamma}\frac{\partial \tilde{x}^\gamma}{\partial x^\beta} \tag{3}$$

となる．この式は，偏微分の連鎖則 (chain rule) のように見えるので，

$$\overline{x}^\alpha(x^\beta) = \overline{x}^\alpha[\tilde{x}^\gamma(x^\beta)] \tag{4}$$

という座標変換を思いつくかもしれない．この変換行列は明らかに

$$\Lambda^\alpha{}_\beta = \frac{\partial \overline{x}^\alpha}{\partial x^\beta} = \frac{\partial \overline{x}^\alpha}{\partial \tilde{x}^\gamma}\frac{\partial \tilde{x}^\gamma}{\partial x^\beta} \tag{5}$$

で，式 (3) とは若干異なる．しかし，少し考えると，この違いは意味のあるものではない．偏微分は変数に対して行われるものであり，その変数がどのような文字で書かれているかは関係がないからだ．そのため，式 (4) は，変換行列の積 (3) が表す座標変換である．

問題 3.11　直積

テンソル $K^{\alpha\beta}$ が与えられたとする．このテンソルが 2 つのベクトルの直積 $K^{\alpha\beta} = A^\alpha B^\beta$ であるかどうか調べるにはどうしたらよいか．調べ方を座標系に依存しない方法で示せ．

[解]　ある基底において $\boldsymbol{K}$ が行列 $[K^{\alpha\beta}]$ で表されているとする．$K^{\alpha\beta}$ が $A^\alpha B^\beta$ で表されることの必要十分条件は，明らかに行列のすべての列が互いの定数倍になっていることである．

基底によらない記述方法では，$\boldsymbol{K}$ が

$$\boldsymbol{K} = \boldsymbol{A} \otimes \boldsymbol{B}$$

であるための必要十分条件は，ベクトル $\boldsymbol{W} = \boldsymbol{K} \cdot \boldsymbol{v}$（すなわち，$W^\alpha = K^{\alpha\beta} v_\beta$）が，任意の $\boldsymbol{v}$ に対して同じ向きを向くことである．

証明　ある座標系で，4 つの基底ベクトル $\boldsymbol{e}^0, \boldsymbol{e}^1, \ldots$ が $\boldsymbol{e}^\mu \cdot \boldsymbol{e}_\nu = \delta^\mu{}_\nu$ を満たすとする．線形性から，$\boldsymbol{W}$ の向きが任意の $\boldsymbol{v}$ に対して変わらないということは，この 4 つの基底ベクトル $\boldsymbol{e}^\mu$ に対して向きが変わらないことと同値である．そのための条件は

$$\boldsymbol{K} \cdot \boldsymbol{e}^0 = \lambda_0 \boldsymbol{W}, \qquad \boldsymbol{K} \cdot \boldsymbol{e}^1 = \lambda_1 \boldsymbol{W}, \qquad \ldots$$

あるいは

$$K^{\alpha 0} = \lambda_0 W^\alpha, \qquad K^{\alpha 1} = \lambda_1 W^\alpha, \qquad \ldots$$

である．よってこの条件は，各列が定数倍の関係にあることと等価である．

問題 3.12　直積によるテンソルの分解

n 次元の一般的な 2 階テンソルは，2 つのベクトルの単純な直積では表せないこと，しかし，そのような直積のいくつもの和で表現できることを示せ．

[解]　2 つのベクトルの直積（問題 3.11 を見よ）は，すべての列が互いに定数倍であるようなテンソルになる（同様に，すべての行についても定数倍の関係になる）．これは，一般的な 2 階テンソルでは成立しない．$\boldsymbol{e}_i$ $(i = 1, \ldots, n)$ が基底ベクトルで，i 番目の要素のみが 1 となる $(0, 0, \ldots, 1, \ldots, 0, 0)$ とする．この場合，n^2 個の $\boldsymbol{e}_i \otimes \boldsymbol{e}_j$ の積は，行と列でそれぞれ 1 となるのが 1 つのみなので，2 階のテンソル空間を張る．これらをそれぞれ定数倍し，すべての和をとれば，明らかに一般的なテンソルになる．（ある種のテンソルは，それぞれ n 個の外積の和として表すことができる．これは読者の課題としよう．）

問題 3.13　ベクトルの直和とテンソル

2 つの添え字をもつ「物理量」$X^{\mu\nu}$ が，2 つのベクトルの**直和** $X^{\mu\nu} = A^\mu + B^\nu$ で定義されているとする．$X^{\mu\nu}$ はテンソルか．$\boldsymbol{X}$ を新たな座標系に変換する変換則，すなわち $X^{\mu\nu}$ から $X^{\mu'\nu'}$ を得る変換則は存在するだろうか．

[解]　この量はテンソルではありえない．2 階の反変テンソルは 2 つの共変ベクトルを引数とする汎関数で，$X^{\mu\nu} V_\mu W_\nu$ がスカラー量となる．しかし，

$$X^{\mu\nu} V_\mu W_\nu = (\boldsymbol{A} \cdot \boldsymbol{V}) W_\nu + (\boldsymbol{B} \cdot \boldsymbol{W}) V_\mu$$

のように，この量は座標に依存する．

もし，任意の座標系で直和 $X^{\mu\nu} = A^\mu + B^\nu$ によって添え字が 2 つの物理量を作ると，座標変換は $X^{\mu'\nu'} = \Lambda^{\mu'}{}_\alpha A^\alpha + \Lambda^{\nu'}{}_\beta B^\beta$ となる．この式を

$$X^{\mu'\nu'} = T^{\mu'\nu'}{}_{\alpha\beta} X^{\alpha\beta}$$

のように，何らかの変換 T としてまとめて表すことはできない．これは，1 つの座標系で同じ $X^{\mu\nu}$ を与える A^μ や B^ν が何通りもあることから明らかである．とくに，あ

る座標系で，A^μ, B^ν の代わりに $A^\mu + C$, $B^\nu - C$ とすれば，A^μ と B^ν から作られる $X^{\mu\nu}$ と同じ値を与えるが，座標変換後には異なる $X^{\mu'\nu'}$ を与える．

問題 3.14　2 階のテンソルの反対称性

ある座標系で反対称な 2 階テンソル $\boldsymbol{F}$ ($F_{\mu\nu} = -F_{\nu\mu}$) がある．このテンソルは任意の座標系で反対称であることを示せ．さらに，反変成分も反対称であること ($F^{\mu\nu} = -F^{\nu\mu}$)，この反対称性も座標系の取り方によらない不変な性質であることを示せ．

[解]　変換したものが反対称となることを直接確認すればよい．

$$F_{\overline{\mu\nu}} = \Lambda^{\alpha}{}_{\overline{\mu}}\Lambda^{\beta}{}_{\overline{\nu}}F_{\alpha\beta} = -\Lambda^{\alpha}{}_{\overline{\mu}}\Lambda^{\beta}{}_{\overline{\nu}}F_{\beta\alpha} = -F_{\overline{\nu\mu}}$$
$$F^{\mu\nu} = g^{\mu\alpha}g^{\nu\beta}F_{\alpha\beta} = -g^{\mu\alpha}g^{\nu\beta}F_{\beta\alpha} = -F^{\nu\mu}$$

参考までに，対称テンソルについて異なる論法で示そう．$S^{\mu\nu}$ を対称テンソルとして，$\mathcal{A}^{\mu\nu} = S^{\mu\nu} - S^{\nu\mu}$ とおく．$\mathcal{A}^{\mu\nu}$ は（設定から）ゼロであり，またテンソルなので任意の座標系でゼロになる．したがって，$S^{\mu\nu}$ は任意の座標系で対称になる．

問題 3.15　2 階の対称・反対称テンソル

$A_{\mu\nu}$ を反対称テンソル ($A_{\mu\nu} = -A_{\nu\mu}$)，$S_{\mu\nu}$ を対称テンソル ($S_{\mu\nu} = S_{\nu\mu}$) とする．$A_{\mu\nu}S^{\mu\nu} = 0$ を示せ．また，任意のテンソル $V^{\mu\nu}$ について，次の 2 つの恒等式を導け．

$$V^{\mu\nu}A_{\mu\nu} = \frac{1}{2}(V^{\mu\nu} - V^{\nu\mu})A_{\mu\nu}, \qquad V^{\mu\nu}S_{\mu\nu} = \frac{1}{2}(V^{\mu\nu} + V^{\nu\mu})S_{\mu\nu}$$

[解]　与えられた対称性から $A_{\mu\nu}S^{\mu\nu} = -A_{\nu\mu}S^{\nu\mu}$ が成り立ち，μ, ν の添え字は和をとるダミーの添え字なので入れ替えることができ，

$$A_{\mu\nu}S^{\mu\nu} = -A_{\nu\mu}S^{\nu\mu} = -A_{\mu\nu}S^{\mu\nu}$$

となる．これより，$A_{\mu\nu}S^{\mu\nu} = 0$ となる．

任意のテンソル $V^{\mu\nu}$ は，対称部分 $\tilde{V}^{\mu\nu} \equiv (V^{\mu\nu} + V^{\nu\mu})/2$ と反対称部分 $\tilde{\tilde{V}}^{\mu\nu} \equiv (V^{\mu\nu} - V^{\nu\mu})/2$ との和として表される．これより，

$$V^{\mu\nu}A_{\mu\nu} = \tilde{V}^{\mu\nu}A_{\mu\nu} + \tilde{\tilde{V}}^{\mu\nu}A_{\mu\nu} = \tilde{\tilde{V}}^{\mu\nu}A_{\mu\nu} = \frac{1}{2}(V^{\mu\nu} - V^{\nu\mu})A_{\mu\nu}$$

$$V^{\mu\nu}S_{\mu\nu} = \tilde{V}^{\mu\nu}S_{\mu\nu} + \tilde{\tilde{V}}^{\mu\nu}S_{\mu\nu} = \tilde{V}^{\mu\nu}S_{\mu\nu} = \frac{1}{2}(V^{\mu\nu} + V^{\nu\mu})S_{\mu\nu}$$

が得られる．

問題 3.16　テンソルの独立な成分

n 次元時空を考える．

(a) 対称性のない r 階のテンソル $T^{\alpha\beta\cdots}$ には，いくつ独立な成分があるか．

(b) s 個の添え字について対称なテンソルには，いくつ独立な成分があるか．

(c) a 個の添え字について反対称なテンソルには，いくつ独立な成分があるか．

[解]　(a) 対称性が何もなければ，明らかに n^r 個の成分が存在する．

(b) 対称な添え字が s 個，そうではない添え字が $r-s$ 個ある．s 個の添え字それぞれに対して，n 個のうちから選ぶ方法が何通りあるのか考えよう．これは，n 個のものから重複を許して s 個を取り出す組み合わせ（重複組み合わせ）と等しく，

$$\frac{(n+s-1)!}{(n-1)!s!}$$

通りである（たとえば，J. Mathews and R. Walker, *Mathematical Methods of Physics* (W. A. Benjamin, 1965)，14.3 節を参照せよ[†]）．残りの $r-s$ 個の添え字については，n^{r-s} 通りの選び方があるので，独立な成分の数は

$$n^{r-s}\frac{(n+s-1)!}{(n-1)!s!}$$

となる．

(c) a 個の反対称な添え字と，そうではない $r-a$ 個の添え字に対して，まず a 個の添え字の選び方が何通りあるかを考える．これは n 個のものから重複を許さずに a 個を選ぶ組み合わせと同じであるから

$$\frac{n!}{(n-a)!a!}$$

となる．したがって，全体の独立な成分は，

$$n^{r-a}\frac{n!}{(n-a)!a!}$$

となる．$a=n$ のときは，a 個の添え字に対して 1 通りの可能性しかなく，独立な成分は 1 つになる．また，$a>n$ のときは許されるものがなく，すべての成分がゼロになる．

† 訳者注：たとえば，真貝寿明『徹底攻略 確率統計』（共立出版，2012），§1.1.3 を参照せよ．

問題 3.17　対称化括弧・反対称化括弧

添え字に ( ) 括弧や，[ ] 括弧をつけることによって，次の意味をもたせる．

$$V_{(\alpha_1\cdots\alpha_p)} \equiv \frac{1}{p!}\sum V_{\alpha_{\pi_1}\cdots\alpha_{\pi_p}}, \qquad V_{[\alpha_1\cdots\alpha_p]} \equiv \frac{1}{p!}\sum(-1)^\pi V_{\alpha_{\pi_1}\cdots\alpha_{\pi_p}}$$

ここで，和は $1,2,\ldots,p$ に対するすべての置換 π についてとり，$(-1)^\pi$ は，置換が偶置換か奇置換かに応じて，$+1$ あるいは -1 とする．物理量 V はここに示された $\alpha_1,\ldots,\alpha_p$ の p 個以外の添え字をもつ可能性もあるが，( ) や [ ] の中に書かれた添え字の部分のみが影響を受けるとする．$\pi_1, \pi_2, \ldots, \pi_p$ は，置換 π によって，$1, 2, \ldots, p$ を入れ替えたものである．最も簡単な例を示すと，$V_{(\alpha_1\alpha_2)} \equiv (V_{\alpha_1\alpha_2} + V_{\alpha_2\alpha_1})/2$，あるいは同じことだが，$V_{(\mu\nu)} = (V_{\mu\nu} + V_{\nu\mu})/2$ となる．

(a) $\boldsymbol{F}$ が反対称，$\boldsymbol{T}$ が対称であるとする．上の定義を適用して，次の量を具体的に示せ．$V_{[\mu\nu]}$, $F_{[\mu\nu]}$, $F_{(\mu\nu)}$, $T_{[\mu\nu]}$, $T_{(\mu\nu)}$, $V_{[\alpha\beta\gamma]}$, $F_{[\alpha\beta,\gamma]}$, $T_{(\alpha\beta,\gamma)}$

(b) 次の公式を示せ．

$$V_{((\alpha_1\cdots\alpha_p))} = V_{(\alpha_1\cdots\alpha_p)}, \qquad V_{[[\alpha_1\cdots\alpha_p]]} = V_{[\alpha_1\cdots\alpha_p]}$$

$$V_{(\alpha_1\cdots[\alpha_\ell\alpha_m]\cdots\alpha_p)} = 0, \qquad V_{[\alpha_1\cdots[\alpha_\ell\alpha_m]\cdots\alpha_p]} = V_{[\alpha_1\cdots\alpha_\ell\alpha_m\cdots\alpha_p]}$$

(c) 上の記法を用いて，$F_{\mu\nu} = A_{\nu,\mu} - A_{\mu,\nu}$ のとき，$F_{\alpha\beta,\nu} + F_{\beta\nu,\alpha} + F_{\nu\alpha,\beta} = 0$ が成り立つことを示せ（マクスウェル方程式の半分である！）．

[解]　(a) 次のようになる．

$$V_{[\mu\nu]} = \frac{1}{2}(V_{\mu\nu} - V_{\nu\mu})$$

$$F_{[\mu\nu]} = F_{\mu\nu}, \qquad F_{(\mu\nu)} = 0$$

$$T_{[\mu\nu]} = 0, \qquad T_{(\mu\nu)} = T_{\mu\nu}$$

$$V_{[\alpha\beta\gamma]} = \frac{1}{6}(V_{\alpha\beta\gamma} - V_{\alpha\gamma\beta} + V_{\beta\gamma\alpha} - V_{\beta\alpha\gamma} + V_{\gamma\alpha\beta} - V_{\gamma\beta\alpha})$$

$$F_{[\alpha\beta,\gamma]} = \frac{1}{3}(F_{\alpha\beta,\gamma} + F_{\gamma\alpha,\beta} + F_{\beta\gamma,\alpha})$$

$$T_{(\alpha\beta,\gamma)} = \frac{1}{3}(T_{\alpha\beta,\gamma} + T_{\alpha\gamma,\beta} + T_{\beta\gamma,\alpha})$$

(b) $A_{\mu\nu\cdots\sigma}$ が完全反対称テンソルの性質，すなわち

$$(-1)^\pi A_{\alpha_{\pi_1}\cdots\alpha_{\pi_p}} = A_{\alpha_1\cdots\alpha_p}$$

の関係をもつならば，

$$A_{[\alpha_1\cdots\alpha_p]} = \frac{1}{p!}\sum(-1)^\pi A_{\alpha_{\pi_1}\cdots\alpha_{\pi_p}} = A_{\alpha_1\cdots\alpha_p}$$

となる．$A_{\alpha_1\cdots\alpha_p} = V_{[\alpha_1\cdots\alpha_p]}$ とおくと，完全反対称なので，

$$A_{[\alpha_1\cdots\alpha_p]} = V_{[[\alpha_1\cdots\alpha_p]]} = V_{[\alpha_1\cdots\alpha_p]}$$

が得られる．同様に $V_{((\alpha_1\cdots\alpha_p))} = V_{(\alpha_1\cdots\alpha_p)}$ も示される．

対称性により，$V_{(\alpha_1\cdots[\alpha_\ell\alpha_m]\cdots\alpha_p)} = V_{(\alpha_1\cdots[\alpha_m\alpha_\ell]\cdots\alpha_p)}$ となるが，反対称性から $V_{(\alpha_1\cdots[\alpha_\ell\alpha_m]\cdots\alpha_p)} = -V_{(\alpha_1\cdots[\alpha_m\alpha_\ell]\cdots\alpha_p)}$ である．したがって，$V_{(\alpha_1\cdots[\alpha_\ell\alpha_m]\cdots\alpha_p)}$ はゼロとなる．

2 つの添え字に対する反対称性は，

$$V_{\alpha_1\cdots[\alpha_\ell\alpha_m]\cdots\alpha_p} = \frac{1}{2}(V_{\alpha_1\cdots\alpha_\ell\alpha_m\cdots\alpha_p} - V_{\alpha_1\cdots\alpha_m\alpha_\ell\cdots\alpha_p})$$

で定義される．これより，

$$V_{[\alpha_1\cdots[\alpha_\ell\alpha_m]\cdots\alpha_p]} = \frac{1}{2p!}\sum(-1)^\pi(V_{\alpha_{\pi_1}\cdots\alpha_{\pi_m}\alpha_{\pi_\ell}\cdots\alpha_{\pi_p}} - V_{\alpha_{\pi_1}\cdots\alpha_{\pi_\ell}\alpha_{\pi_m}\cdots\alpha_{\pi_p}})$$

となる．しかし，$V_{\alpha_{\pi_1}\cdots\alpha_{\pi_m}\alpha_{\pi_\ell}\cdots\alpha_{\pi_p}} = -V_{\alpha_{\pi_1}\cdots\alpha_{\pi_\ell}\alpha_{\pi_m}\cdots\alpha_{\pi_p}}$ であるから，

$$V_{[\alpha_1\cdots[\alpha_\ell\alpha_m]\cdots\alpha_p]} = V_{[\alpha_1\cdots\alpha_\ell\alpha_m\cdots\alpha_p]}$$

が示せる．

(c) (a) の結果より，

$$F_{\alpha\beta,\nu} + F_{\beta\nu,\alpha} + F_{\nu\alpha,\beta} = 3F_{[\alpha\beta,\nu]}$$

である．ここで，$F_{\alpha\beta} = -A_{[\alpha,\beta]}$ なので $F_{[\alpha\beta,\nu]} = -A_{[[\alpha,\beta],\nu]}$，また (b) の結果より，

$$A_{[[\alpha,\beta],\nu]} = A_{[\alpha,\beta,\nu]}$$

となる．最後に，$A_{\alpha,\beta,\nu} = A_{\alpha,\nu,\beta}$ であるからこの値はゼロとなる．

問題 3.18　テンソルの対称・反対称分解

2 つの添え字をもつ任意のテンソル $\boldsymbol{X}$ は，問題 3.17 の対称化括弧 ( )，反対称化括弧 [ ] を用いて

$$X_{\alpha\beta} = X_{(\alpha\beta)} + X_{[\alpha\beta]}$$

と表せることを示せ．一般的に，

$$Y_{\alpha\beta\gamma} \neq Y_{(\alpha\beta\gamma)} + Y_{[\alpha\beta\gamma]}$$

であることも示せ．

[解]　前半は直接計算すればよい．

$$X_{\alpha\beta} = \frac{1}{2}(X_{\alpha\beta} + X_{\beta\alpha}) + \frac{1}{2}(X_{\alpha\beta} - X_{\beta\alpha}) = X_{(\alpha\beta)} + X_{[\alpha\beta]}$$

仮に3階テンソルに対して同様の関係

$$Y_{\alpha\beta\gamma} = Y_{(\alpha\beta\gamma)} + Y_{[\alpha\beta\gamma]} \tag{1}$$

が成り立つとすれば，

$$\begin{aligned} Y_{\beta\alpha\gamma} &= Y_{(\beta\alpha\gamma)} + Y_{[\beta\alpha\gamma]} = Y_{(\alpha\beta\gamma)} - Y_{[\alpha\beta\gamma]} \\ Y_{\beta\gamma\alpha} &= Y_{(\beta\gamma\alpha)} + Y_{[\beta\gamma\alpha]} = Y_{(\alpha\beta\gamma)} + Y_{[\alpha\beta\gamma]} = Y_{\alpha\beta\gamma} \end{aligned} \tag{2}$$

となる．$Y_{\alpha\beta\gamma}$ は一般に式 (2) のような対称性をもたないので，式 (1) の関係は一般には成り立たない．

問題 3.19　クロネッカーのデルタ

クロネッカーのデルタ $\delta^\mu{}_\nu$ がテンソルであることを示せ．

[解]　1つの方法として，2つのベクトルの内積に $\delta^\mu{}_\nu$ が用いられ，結果がスカラー量になるということを用いる方法がある．つまり，$A^\nu B_\mu \delta^\mu{}_\nu = \boldsymbol{A} \cdot \boldsymbol{B}$ の式が成り立つことから，$\boldsymbol{\delta}$ はテンソルとなる．

このほかに，変換規則をそのまま適用して，

$$\frac{\partial x^{\mu'}}{\partial x^\alpha}\frac{\partial x^\beta}{\partial x^{\nu'}}\delta^\alpha{}_\beta = \frac{\partial x^{\mu'}}{\partial x^\alpha}\frac{\partial x^\alpha}{\partial x^{\nu'}} = \delta^{\mu'}{}_{\nu'}$$

としても示すことができる．最後の等式は，$\partial x^{\mu'}/\partial x^\alpha$ と $\partial x^\alpha/\partial x^{\mu'}$ が互いに逆行列の関係になることを用いた．この式より，$\delta^\mu{}_\nu$ はテンソルとして変換される．

問題 3.20　完全反対称テンソル (1)

定数倍の自由度を除き，4つの添え字すべてに対して完全に反対称なテンソル $\varepsilon_{\alpha\beta\gamma\delta}$ がただ1つに決まることを示せ．ミンコフスキー座標では通常 $\varepsilon_{0123} = 1$ とする．計量 $g_{\mu\nu}$ をもつ一般の座標系において，$\boldsymbol{\varepsilon}$ の成分を求めよ．

[解]　$\varepsilon_{\alpha\beta\gamma\delta}$ が完全に反対称であれば，1つの成分（たとえば ε_{0123}）を与えれば，そ

の他の (同じ添え字を含まない) すべての成分が，その成分の添え字を巡回させることによって決まる．同じ添え字が含まれている成分は，当然ゼロとなる．そのため，ひとたび ε_{0123} が与えられれば，定数倍の自由度を除きテンソルが一意に決まる．通常は，位置によらない規格化を用いて，ミンコフスキー座標で $\varepsilon_{0123} = -\varepsilon_{1023} = \varepsilon_{1032} = \cdots = 1$ とする．これをほかの座標系 $x^{\mu'}(x^\alpha)$ に変換すると，

$$\varepsilon_{\mu'\nu'\rho'\sigma'} = \frac{\partial x^\alpha}{\partial x^{\mu'}}\frac{\partial x^\beta}{\partial x^{\nu'}}\frac{\partial x^\gamma}{\partial x^{\rho'}}\frac{\partial x^\delta}{\partial x^{\sigma'}}\varepsilon_{\alpha\beta\gamma\delta} = \det\left[\frac{\partial x^\alpha}{\partial x^{\alpha'}}\right]\varepsilon_{\mu\nu\rho\sigma}$$

となる．ここで，

$$g_{\mu'\nu'} = \frac{\partial x^\alpha}{\partial x^{\mu'}}\frac{\partial x^\beta}{\partial x^{\nu'}}\eta_{\alpha\beta}, \qquad \det[g_{\mu'\nu'}] = \left|\det\left[\frac{\partial x^\alpha}{\partial x^{\alpha'}}\right]\right|^2 \det[\eta_{\alpha\beta}]$$

より

$$\det\left[\frac{\partial x^\alpha}{\partial x^{\alpha'}}\right] = \sqrt{-\det[g_{\mu'\nu'}]}$$

となることから，

$$\varepsilon_{\mu'\nu'\rho'\sigma'} = \sqrt{-\det[g_{\mu'\nu'}]}\,\varepsilon_{\mu\nu\rho\sigma}$$

が得られる．

問題 3.21　完全反対称テンソル (2)

正規直交基底系 (orthonormal frame)[†1] では，

$$\varepsilon_{\alpha\beta\gamma\delta} = -\varepsilon^{\alpha\beta\gamma\delta}$$

となることを示せ．計量 $g_{\mu\nu}$ をもつ一般の座標系においては，この関係はどうなるか．

[解]　正規直交基底系では

$$\varepsilon^{\alpha\beta\gamma\delta} = \eta^{\alpha\mu}\eta^{\beta\nu}\eta^{\gamma\sigma}\eta^{\delta\lambda}\varepsilon_{\mu\nu\sigma\lambda}$$

となる．$\varepsilon^{\alpha\beta\gamma\delta}$ の非ゼロ成分[†2] に対しては，添え字 $\alpha, \beta, \gamma, \delta$ のうち，必ず 1 つだけがゼロになる．$\eta^{00} = -1$, $\eta^{ii} = 1$ であるから，この変換では必ずマイナスが 1 つつ

†1 訳者注：第 8 章のまえがき参照．

†2 訳者注：$\varepsilon^{\alpha\beta\gamma\delta} \neq 0$ となる成分を，本書では非ゼロ成分とよぶ．たとえば，ベクトル $\boldsymbol{A}$ の非ゼロ成分とは，$A^\mu \neq 0$ の成分であって，A^0 以外の空間成分を指すのではない．

き，それを除いては恒等変換になる．それゆえ

$$\varepsilon_{\alpha\beta\gamma\delta} = -\varepsilon^{\alpha\beta\gamma\delta}$$

となる．

一般の座標系では，問題 3.20 で導かれた変換により（明らかに $\varepsilon^{\alpha\beta\gamma\delta}$ にも拡張できて），この式は

$$\frac{1}{\sqrt{-\det[g_{\mu\nu}]}}\varepsilon_{\alpha\beta\gamma\delta} = -\sqrt{-\det[g_{\mu\nu}]}\varepsilon^{\alpha\beta\gamma\delta}$$

となる．そのため，一般に

$$\varepsilon_{\alpha\beta\gamma\delta} = \det[g_{\mu\nu}]\,\varepsilon^{\alpha\beta\gamma\delta}$$

が成立する．

問題 3.22　完全反対称テンソル (3)

$\varepsilon_{\alpha\beta\gamma\delta}\varepsilon^{\alpha\beta\gamma\delta}$ を計算せよ．

[解]　1 つの局所正規直交基底系において，このスカラー量を計算する．問題 3.21 より $\varepsilon_{\alpha\beta\gamma\delta} = -\varepsilon^{\alpha\beta\gamma\delta}$ であるから，

$$\varepsilon_{\alpha\beta\gamma\delta}\varepsilon^{\alpha\beta\gamma\delta} = -\sum_{\alpha\beta\gamma\delta}|\varepsilon_{\alpha\beta\gamma\delta}|^2 = -\sum|\varepsilon_{0123}|^2$$

となる．ここで，和は添え字が 0123 の置換にわたってとることになる．置換の総数は $4! = 24$ であるから，$\varepsilon_{\alpha\beta\gamma\delta}\varepsilon^{\alpha\beta\gamma\delta} = -24$ となる．

問題 3.23　完全反対称テンソル (4)

任意のテンソル $A^{\alpha}{}_{\beta}$ に対して，

$$\varepsilon_{\alpha\beta\gamma\delta}A^{\alpha}{}_{\mu}A^{\beta}{}_{\nu}A^{\gamma}{}_{\rho}A^{\delta}{}_{\sigma} = \varepsilon_{\mu\nu\rho\sigma}\det\left[A^{\alpha}{}_{\beta}\right]$$

を示せ．ここで，$[A^{\alpha}{}_{\beta}]$ は，$A^{\alpha}{}_{\beta}$ を成分にもつ行列である．

[解]　正規直交基底系 $(g_{\alpha\beta} = \eta_{\alpha\beta})$ では，$\varepsilon_{\alpha\beta\gamma\delta}$ の反対称性が行列式を計算するすべての必要な操作に相当することは明らかである．すなわち

$$\varepsilon_{\alpha\beta\gamma\delta}A^{\alpha}{}_{0}A^{\beta}{}_{1}A^{\gamma}{}_{2}A^{\delta}{}_{3} = \det[A^{\alpha}{}_{\beta}]$$

となる．この式で添え字を $(0,1,2,3)$ から任意の (μ,ν,ρ,σ) に一般化するときには，

行を入れ替えると必要になるマイナス符号に対応するように，右辺に $\varepsilon_{\mu\nu\rho\sigma}$ をつける．

この結果が（正規直交基底系に限らず）すべての座標系で成り立つことを示すために，この式がテンソル方程式であることを示す必要がある．そのためには，$\det[A^{\alpha}{}_{\beta}]$ がスカラーであることを次のように示せばよい．

$$\det[A^{\alpha'}{}_{\beta'}] = \det\left[A^{\alpha}{}_{\beta}\frac{\partial x^{\alpha'}}{\partial x^{\alpha}}\frac{\partial x^{\beta}}{\partial x^{\beta'}}\right]$$

$$= \det[A^{\alpha}{}_{\beta}]\det\left[\frac{\partial x^{\alpha'}}{\partial x^{\alpha}}\right]\det\left[\frac{\partial x^{\beta}}{\partial x^{\beta'}}\right] = \det[A^{\alpha}{}_{\beta}]$$

（最後の等式は，$[\partial x^{\alpha'}/\partial x^{\alpha}]$ と $[\partial x^{\alpha}/\partial x^{\alpha'}]$ が互いに逆行列であることを用いた．）

問題 3.24　ウェッジ積

4 つのベクトル $\boldsymbol{u}, \boldsymbol{v}, \boldsymbol{w}, \boldsymbol{x}$ が線形独立であることと，$\boldsymbol{u}\wedge\boldsymbol{v}\wedge\boldsymbol{w}\wedge\boldsymbol{x} \neq 0$ が成り立つことは同値であることを示せ．さらに，この場合，$\boldsymbol{u}\wedge\boldsymbol{v}\wedge\boldsymbol{w}\wedge\boldsymbol{x}$ は完全反対称テンソル $\boldsymbol{\varepsilon}$ の定数倍になることを示せ．

ただし，**ウェッジ積** (wedge product) $\wedge$ は，反対称化された直積

$$\boldsymbol{u}\wedge\boldsymbol{v} = \boldsymbol{u}\otimes\boldsymbol{v} - \boldsymbol{v}\otimes\boldsymbol{u}$$

として定義される．

[解]　少なくとも 1 つはゼロでない $\alpha, \beta, \gamma, \delta$ に対して，$\alpha\boldsymbol{u} + \beta\boldsymbol{v} + \gamma\boldsymbol{w} + \delta\boldsymbol{x} = \boldsymbol{0}$ が成り立つとする．$\alpha \neq 0$ であれば，この式に $\boldsymbol{v}\wedge\boldsymbol{w}\wedge\boldsymbol{x}$ とのウェッジ積をとることにより，$\boldsymbol{u}\wedge\boldsymbol{v}\wedge\boldsymbol{w}\wedge\boldsymbol{x} = 0$ となる．$\alpha = 0$ であれば，β, γ あるいは δ の項を用いて同様の積をとればよい．逆に，もし，$\boldsymbol{u}, \boldsymbol{v}, \boldsymbol{w}, \boldsymbol{x}$ が線形独立であれば，任意のベクトルはこれらの線形結合で表されることになる．任意の正規直交基底ベクトルも同様に表される．同じベクトルのウェッジ積はゼロとなるため，

$$0 \neq \boldsymbol{e}_0\wedge\boldsymbol{e}_1\wedge\boldsymbol{e}_2\wedge\boldsymbol{e}_3 = (\alpha_1\boldsymbol{u} + \beta_1\boldsymbol{v} + \gamma_1\boldsymbol{w} + \delta_1\boldsymbol{x})\wedge(\alpha_2\boldsymbol{u} + \cdots)$$

$$\wedge\,(\alpha_3\boldsymbol{u} + \cdots)\wedge(\alpha_4\boldsymbol{u} + \cdots)$$

$$\propto \boldsymbol{u}\wedge\boldsymbol{v}\wedge\boldsymbol{w}\wedge\boldsymbol{x}$$

となる．これより，$\boldsymbol{u}\wedge\boldsymbol{v}\wedge\boldsymbol{w}\wedge\boldsymbol{x} \neq 0$ となる．

$\boldsymbol{u}\wedge\boldsymbol{v}\wedge\boldsymbol{w}\wedge\boldsymbol{x}$ はすべての「スロット」に関して完全反対称であり，$\boldsymbol{e}_0\wedge\boldsymbol{e}_1\wedge\boldsymbol{e}_2\wedge\boldsymbol{e}_3$ の定数倍になるので，$\boldsymbol{\varepsilon}$ テンソルの定数倍になる．問題 3.20, 3.21 を参照せよ．

問題 3.25　双対 (1)

$F^{\mu\nu}$ を成分とする 2 階の反対称テンソルを $\boldsymbol{F}$ とする．$\boldsymbol{F}$ を用いて，$\boldsymbol{F}$ の**双対** (dual) とよばれるもう 1 つの 2 階の反対称テンソル

$$*\boldsymbol{F} = \frac{1}{2}\varepsilon^{\mu\nu\alpha\beta} F_{\alpha\beta}\, \boldsymbol{e}_\mu \otimes \boldsymbol{e}_\nu$$

を定義する．$*(*\boldsymbol{F}) = -\boldsymbol{F}$ を示せ．

[解]

$$*F^{\mu\nu} = \frac{1}{2}\varepsilon^{\mu\nu\alpha\beta} F_{\alpha\beta} \tag{1}$$

$$\begin{aligned} *F_{\mu\nu} &= \frac{1}{2}\eta_{\mu\rho}\eta_{\nu\sigma}\varepsilon^{\rho\sigma\alpha\beta} F_{\alpha\beta} = \frac{1}{2}\varepsilon_{\mu\nu}{}^{\alpha\beta} F_{\alpha\beta} \\ &= \frac{1}{2}(\varepsilon_{\mu\nu\rho\sigma}\eta^{\alpha\rho}\eta^{\beta\sigma})F_{\alpha\beta} = \frac{1}{2}\varepsilon_{\mu\nu\rho\sigma}(\eta^{\alpha\rho}\eta^{\beta\sigma}F_{\alpha\beta}) = \frac{1}{2}\varepsilon_{\mu\nu\alpha\beta}F^{\alpha\beta} \end{aligned} \tag{2}$$

$$*(*F^{\mu\nu}) = \frac{1}{2}\varepsilon^{\mu\nu\alpha\beta}(*F_{\alpha\beta}) = \frac{1}{4}\varepsilon^{\mu\nu\alpha\beta}\varepsilon_{\alpha\beta\rho\sigma}F^{\rho\sigma} \tag{3}$$

ここで，$\varepsilon^{\mu\nu\alpha\beta}\varepsilon_{\alpha\beta\rho\sigma} \equiv -2\delta^{\mu\nu}{}_{\rho\sigma}$（これは，記号 $\delta^{\mu\nu}{}_{\rho\sigma}$ の定義式でもある）である[†]．読者は $\delta^{\mu\nu}{}_{\rho\sigma}$ が次の性質をもつことを確認できる．

$$\delta^{\mu\nu}{}_{\rho\sigma} = \begin{cases} +1 & (\rho = \mu,\ \sigma = \nu \text{ のとき}) \\ -1 & (\rho = \nu,\ \sigma = \mu \text{ のとき}) \\ \ \ 0 & (\text{その他}) \end{cases}$$

これより，

$$\delta^{\mu\nu}{}_{\rho\sigma} = \delta^{\mu}{}_{\rho}\delta^{\nu}{}_{\sigma} - \delta^{\mu}{}_{\sigma}\delta^{\nu}{}_{\rho}$$

が成り立つので，

$$*(*F^{\mu\nu}) = -\frac{1}{2}\delta^{\mu\nu}{}_{\rho\sigma}F^{\rho\sigma} = -\frac{1}{2}(F^{\mu\nu} - F^{\nu\mu}) = -F^{\mu\nu}$$

となる．

問題 3.26　双対 (2)

次の等式

$$V_\sigma V^\sigma = -\frac{1}{3!}(*V)_{\alpha\beta\gamma}(*V)^{\alpha\beta\gamma}$$

† 訳者注：$\delta^{\mu\nu}{}_{\rho\sigma}$ は一般化されたクロネッカーのデルタである．問題 3.27 を参照．

を示せ.

[解]　定義より $*V^{\alpha\beta\gamma} = V_\lambda \varepsilon^{\lambda\alpha\beta\gamma}$ であり,

$$*V_{\alpha\beta\gamma} \; *V^{\alpha\beta\gamma} = V^\mu \, V_\lambda \, \varepsilon_{\mu\alpha\beta\gamma} \, \varepsilon^{\lambda\alpha\beta\gamma}$$

である. μ は α, β, γ とは異なる添え字でなければならず, λ もそうであるから,

$$\varepsilon_{\mu\alpha\beta\gamma} \, \varepsilon^{\lambda\alpha\beta\gamma} = C\delta_\mu{}^\lambda$$

となる. ここで, C は定数である. μ と λ について和をとり, $\delta^\mu{}_\mu = 4$, および問題 3.22 の結果から $C = -6$ になり, これを用いると,

$$*V_{\alpha\beta\gamma} \; *V^{\alpha\beta\gamma} = -6 \, \delta^\lambda{}_\mu V^\mu V_\lambda = -3! V^\sigma V_\sigma$$

が得られる.

問題 3.27　一般化されたクロネッカーのデルタ (1)

テンソル $\delta^{\mu\cdots\lambda}{}_{\rho\cdots\sigma}$ を

$$\delta^{\mu\cdots\lambda}{}_{\rho\cdots\sigma} \equiv \det \begin{bmatrix} \delta^\mu{}_\rho & \cdots & \delta^\lambda{}_\rho \\ \vdots & \ddots & \vdots \\ \delta^\mu{}_\sigma & \cdots & \delta^\lambda{}_\sigma \end{bmatrix}$$

で定義する. 上付き（あるいは下付き）の添え字が 4 個より多いとき, このテンソルは恒等的にゼロとなることを示せ.

[解]　$\delta^{\mu\cdots\lambda}{}_{\rho\cdots\sigma}$ は上付き, 下付きの添え字双方に対して反対称であることに注意する. これは, 行や列の入れ替えが奇置換のときに行列式の符号が変わることによる. 上付きの添え字を考えると, 反対称なので同じ添え字をもつ項は登場しない. したがって, 4 つより多くの添え字があるならば, そのうち少なくとも 2 つは同じ添え字にならざるをえず, その結果 $\delta^{\mu\cdots\lambda}{}_{\rho\cdots\sigma}$ は恒等的にゼロになる. 下付きの添え字についても同様である.

問題 3.28　一般化されたクロネッカーのデルタ (2)

$\delta^{\mu\nu}{}_{\lambda\kappa} = -(1/2)\varepsilon^{\mu\nu\rho\sigma}\varepsilon_{\lambda\kappa\rho\sigma}$ を示せ. また, ほかの階数 $\delta^{\mu\cdots\lambda}{}_{\rho\cdots\sigma}$ へ拡張せよ.

[解]　添え字 μ,ν,λ,κ は ρ,σ とは異なる値でなければならない．ρ,σ を与えれば，μ は λ と同じになる（そして ν は κ と同じになる）か，μ は κ と同じになる（そして ν は λ と同じになる）．その他の場合は $\varepsilon^{\mu\nu\rho\sigma}$ の反対称性からゼロになる．さらに，反対称性から，$\mu=\kappa,\ \nu=\lambda$ のときはマイナス符号がつく．そのため，

$$\varepsilon^{\mu\nu\rho\sigma}\varepsilon_{\lambda\kappa\rho\sigma}=C(\delta^{\mu}{}_{\lambda}\delta^{\nu}{}_{\kappa}-\delta^{\mu}{}_{\kappa}\delta^{\nu}{}_{\lambda})=C\delta^{\mu\nu}{}_{\lambda\kappa}$$

となる．ここで，C は定数である．μ,λ と ν,κ について和をとり，問題 3.22 の結果を用いると $C=-2$ となる．これより，

$$\delta^{\mu\nu}{}_{\lambda\kappa}=-\frac{1}{2}\varepsilon^{\mu\nu\rho\sigma}\varepsilon_{\lambda\kappa\rho\sigma}$$

が得られる．一般には，

$$\varepsilon^{\mu\nu\lambda\tau}\varepsilon_{\iota\kappa\rho\tau}=-\delta^{\mu\nu\lambda}{}_{\iota\kappa\rho},\qquad \varepsilon^{\mu\nu\lambda\tau}\varepsilon_{\iota\kappa\rho\sigma}=-\delta^{\mu\nu\lambda\tau}{}_{\iota\kappa\rho\sigma}$$

となる．

問題 3.29　プリュッカー関係式

反対称テンソル $p^{\alpha\beta}$ が**二重ベクトル** (bivector) $p^{\alpha\beta}=A^{[\alpha}B^{\beta]}$ のとき，**プリュッカー関係式** (Plücker relations)

$$p^{\alpha\beta}p^{\gamma\delta}+p^{\alpha\gamma}p^{\delta\beta}+p^{\alpha\delta}p^{\beta\gamma}=0$$

を示せ．

[解]　$p^{\alpha\beta}=A^{[\alpha}B^{\beta]}$ であれば，

$$\det\begin{bmatrix} p^{\alpha\beta} & p^{\alpha\gamma} & p^{\alpha\delta} \\ A^{\beta} & A^{\gamma} & A^{\delta} \\ B^{\beta} & B^{\gamma} & B^{\delta} \end{bmatrix}=0$$

となる．これは，第1列がほかの2列の線形結合であることから得られる（第1列 $=(1/2)A^{\alpha}\times$ 第3列 $-(1/2)B^{\alpha}\times$ 第2列）．行列式を展開して表すと，求めるべき式が得られる．

問題 3.30　3次元超曲面の体積要素

4次元時空中の3次元超曲面 $x^{\alpha}=x^{\alpha}(a,b,c)$ の体積要素は，

$$d^3\Sigma_{\mu}=\frac{1}{3!}\varepsilon_{\mu\alpha\beta\gamma}\frac{\partial(x^{\alpha},x^{\beta},x^{\gamma})}{\partial(a,b,c)}\,da\,db\,dc$$

となる．中の因子は 3×3 の**ヤコビ行列式** (Jacobian) である．$x^0=$ (定数) の空間的超曲面に対して，$d^3\Sigma_\mu$ を求めよ．この超曲面は空間座標が $x^1=a$, $x^2=b$, $x^3=c$ でパラメータ化されているとする．

[解]　μ のそれぞれの値に対して，非ゼロの $\varepsilon_{\mu\alpha\beta\gamma}$ を与える $\alpha,\beta,\gamma\neq\mu$ は 3! 通りある．ヤコビ行列式も $\boldsymbol{\varepsilon}$ と同様の符号変化則に従うため，この置換の総数と体積要素の式にある分母の 3! が約分され，添え字の各置換に対して 1 つの場合で代表させて表すことができる．したがって，

$$d^3\Sigma_0=\frac{\partial(a,b,c)}{\partial(a,b,c)}da\,db\,dc=da\,db\,dc$$

$$d^3\Sigma_1=-\frac{\partial((\text{定数}),b,c)}{\partial(a,b,c)}da\,db\,dc=0$$

$$d^3\Sigma_2=-\frac{\partial(a,(\text{定数}),c)}{\partial(a,b,c)}da\,db\,dc=0$$

$$d^3\Sigma_3=-\frac{\partial(a,b,(\text{定数}))}{\partial(a,b,c)}da\,db\,dc=0$$

となる．

問題 3.31　4 次元固有体積要素

4 次元時空において不変な固有体積要素は

$$dV=\sqrt{-g}\,d^4x$$

で与えられることを示せ．計量 $g_{\mu\nu}$ の座標系で，$d^4x=dx\,dy\,dz\,dt$ とする．

[解]　計量 $\eta_{\mu\nu}$ をもつ座標系の座標を上線付きの文字で表すと，ヤコビ行列式は体積要素と関係し，$dV\equiv d^4\overline{x}=\det(\partial\overline{x}/\partial x)\,d^4x$ となる．さて，

$$-g=-\det[g_{\alpha\beta}]=-\det\left[\frac{\partial x^{\overline{\mu}}}{\partial x^\alpha}\frac{\partial x^{\overline{\nu}}}{\partial x^\beta}\eta_{\overline{\mu}\overline{\nu}}\right]=\left(\det\left[\frac{\partial\overline{x}}{\partial x}\right]\right)^2(-\det[\eta_{\mu\nu}])$$

より

$$\sqrt{-g}=\det\left[\frac{\partial\overline{x}}{\partial x}\right]$$

となるので，

$$dV=\sqrt{-g}\,d^4x$$

が得られる．

問題 3.32　3 次元固有体積要素

4 元速度 $\boldsymbol{u}$ の観測者に対する 3 次元固有体積要素は，

$$d^3V = \sqrt{-g}\,u^0\,d^3x$$

で与えられる．この量はスカラー不変量であることを示せ．

［解］　共動の局所正規直交基底系では，$d^3V = dx\,dy\,dz$ となる．このようになるスカラー不変量を探そう．まず，$d^4V = \sqrt{-g}\,dx\,dy\,dz\,dt$ はどの系でもスカラーである．$u^0/u^0 = u^0/(dt/ds)$ を乗じると，

$$d^4V = (\sqrt{-g}\,u^0\,dx\,dy\,dz)ds$$

となる．d^4V や ds は不変量なので，括弧でくくられた量も不変量でなくてはならない．また，この量は共動正規直交基底系では $dx\,dy\,dz$ になるので，

$$d^3V = \sqrt{-g}\,u^0\,dx\,dy\,dz$$

がいえる．

問題 3.33　運動量空間の体積要素

4 元運動量空間における反変運動量の不変体積要素 d^4P を求めよ．また，$\sqrt{-\boldsymbol{P}\cdot\boldsymbol{P}} = m$ を要請した**質量殻** (mass shell) 上の 3 次元不変体積要素を求めよ．

［解］　反変運動量ベクトル P^α は，反変変位ベクトル x^α と同じように変換されるので，4 次元運動量の体積要素は，4 次元不変体積要素（問題 3.31）と同じ形でなければならない．そのため，

$$d^4P = \sqrt{-g}\,dP^x dP^y dP^z dP^t$$

となる．

3 次元体積要素については，拘束条件式のデルタ関数を乗じ，P^t について積分して，

$$\begin{aligned} d^3P &= \int \delta\big(\sqrt{-g_{\alpha\beta}P^\alpha P^\beta} - m\big)\,\sqrt{-g}\,dP^x dP^y dP^z dP^t \\ &= \sqrt{-g}\,dP^x dP^y dP^z \times \left(-\frac{1}{2}\frac{1}{\sqrt{-g_{\alpha\beta}P^\alpha P^\beta}}2g_{t\alpha}P^\alpha\right)^{-1} \end{aligned}$$

となる．ここで，恒等式

$$\int \delta(f(x))dx = \frac{1}{|f'(x_1)|}$$

を用いた．x_1 は関数 f のゼロ点を表す．括弧内の項を書き直すと，

$$d^3P = \sqrt{-g}\,dP^x dP^y dP^z \left(\frac{m}{-P_t}\right)$$

が得られる．運動量空間で粒子と共動の局所正規直交基底系では，この関係式は

$$d^3P = dP^x dP^y dP^z$$

となる．

場合により，d^3P は m を使って規格化される．それによって，不変体積要素は，質量ゼロの粒子についても成立することになる．

問題 3.34　6 次元位相空間における数密度

6 次元位相空間において N 個の粒子が体積 $dx\,dy\,dz\,dP^x dP^y dP^z$ を占めている．位相空間における粒子の数密度 $\mathcal{N}$ は

$$N = \mathcal{N} dx\,dy\,dz\,dP^x dP^y dP^z$$

で与えられる．$\mathcal{N}$ がローレンツ不変量であること，すなわちすべての観測者が同じ $\mathcal{N}$ の値を得ることを示せ．

[解]　粒子の数 N は明らかに不変量である．したがって，$dx\,dy\,dz\,dP^x\,dP^y\,dP^z$ が不変量であることを示す必要がある．粒子が観測者の x-y-z 座標系で 4 元速度 $\boldsymbol{u}$ で動いているとすると，観測者は粒子が 3 次元不変体積要素

$$d^3V = \sqrt{-g}\,u^0\,dx\,dy\,dz$$

を占め（問題 3.32），さらに，3 次元運動量の不変体積要素

$$d^3P = \sqrt{-g}\,dP^x\,dP^y\,dP^z \left(\frac{-1}{u^0}\right)$$

を占めていると測定する（問題 3.33）．正規直交基底系では，$-g = 1$ かつ $u^0 = -u_0$ であるから，

$$dx\,dy\,dz\,dP^x\,dP^y\,dP^z = d^3V\,d^3P$$

となり，これは不変量である．

問題 3.35 大域的保存量

ベクトル場 $J^\alpha(x^\mu)$ は，$J^\alpha{}_{,\alpha}=0$ を満たし，原点から遠方では r^{-2} より速く減衰する．次を示せ．

(a) $\int J^0\,d^3x$ は時間に対して一定である．

(b) (a) の積分値はスカラー量である．すなわち，$\int J^0 d^3x=\int J^{0'}d^3x'$ となる．

［解］ (a) 境界が x^0_{A} と x^0_{B}（ただし $x^0_{\mathrm{B}}>x^0_{\mathrm{A}}$），および原点から空間的無限遠の「側面」の超曲面からなる 4 次元体積を考える．ガウスの定理により，

$$0=\int J^\alpha{}_{,\alpha}\,d^4\Omega=\int J^\alpha{}_{,\alpha}\,dt\,dx\,dy\,dz=\int J^\alpha\,d^3\Sigma_\alpha$$

となる．側面の影響は無視できるので，

$$0=\int_{x^0_{\mathrm{B}}}J^\alpha\,d^3\Sigma_\alpha+\int_{x^0_{\mathrm{A}}}J^\alpha\,d^3\Sigma_\alpha=\int_{x^0_{\mathrm{B}}}J^0\,dx\,dy\,dz-\int_{x^0_{\mathrm{A}}}J^0\,dx\,dy\,dz$$

が得られる．

(b) $x^0=$（定数）の面と $x^{0'}=$（定数）の面が交わり，2 つの 4 次元領域を作るとする（それぞれを I, II とする）．空間的無限遠の側面でこの 2 つの領域を閉じて，境界をもつ 2 つの 4 次元体積を作る．ガウスの定理により，領域 I では

$$\int_{\mathrm{I}}J^\alpha{}_{,\alpha}\,d^4\Omega=0=\int_{\mathrm{I}x^0}J^0\,d^3\Sigma_0-\int_{\mathrm{I}x^{0'}}J^{0'}\,d^3\Sigma_{0'}$$

すなわち，

$$\int_{\mathrm{I}x^0}J^0\,dx\,dy\,dz=\int_{\mathrm{I}x^{0'}}J^{0'}\,dx'\,dy'\,dz'$$

となり，領域 II でも同様である．2 つの領域での方程式を加えることで証明は完成する．

第4章

電磁気学

Electromagnetism

相対論的には，電磁場は反対称の**電磁テンソル** $F^{\mu\nu}$ を用いて記述される．任意のローレンツ系において，$F^{\mu\nu}$ の成分は電場 $\mathbb{E}$，磁場 $\mathbb{B}$ と

$$F^{\mu\nu} = \begin{bmatrix} 0 & E^x & E^y & E^z \\ -E^x & 0 & B^z & -B^y \\ -E^y & -B^z & 0 & B^x \\ -E^z & B^y & -B^x & 0 \end{bmatrix}$$

で関係付けられている[†]．ここで，μ は行を，ν は列を表す添え字である．**マクスウェル方程式** (Maxwell's equations) は次のようになる．

$$F^{\mu\nu}{}_{,\nu} = 4\pi J^\mu, \qquad F_{\alpha\beta,\gamma} + F_{\gamma\alpha,\beta} + F_{\beta\gamma,\alpha} = 0$$

ここで，$J^\mu = (\rho, \mathbb{J})$ は**4元電流密度ベクトル**である．粒子の電荷を q，4元運動量を $\boldsymbol{p}$，4元速度を $\boldsymbol{u}$ とすると，ローレンツ力を受ける粒子の運動方程式は

$$\frac{dp^\mu}{d\tau} = qF^{\mu\nu}u_\nu$$

で与えられる．

電磁場のエネルギー密度 $\mathcal{E} = (E^2 + B^2)/8\pi$，**ポインティングベクトル** (Poynting vector) $\mathbb{S} = (\mathbb{E} \times \mathbb{B})/4\pi$，およびマクスウェルの3次元応力テンソル

$$T^{ij} = \frac{1}{4\pi}\left[-(E^iE^j + B^iB^j) + \frac{1}{2}\delta^{ij}(E^2 + B^2)\right]$$

は，まとめられて電磁場のエネルギー運動量テンソル

$$T^{\mu\nu} = \frac{1}{4\pi}\left(F^{\mu\alpha}F^\nu{}_\alpha - \frac{1}{4}\eta^{\mu\nu}F^{\alpha\beta}F_{\alpha\beta}\right)$$

の形に表される．

---

† 訳者注：4元ベクトルと混同するおそれがない場合には，電場ベクトル $\mathbb{E}$，磁場ベクトル $\mathbb{B}$ の大きさをそれぞれ $E\,(= |\mathbb{E}|)$, $B\,(= |\mathbb{B}|)$ で表す．

問題 4.1　直線電流が作る磁場

直線状に一様分布した電荷が作る電場に対して，適当なローレンツ変換と重ね合わせの原理を用いることによって，無限に長い直線電流 I が作る磁場 $\mathbb{B}$ を求めよ．

[解]　導線が円筒座標 (r, ϕ, z) の z 軸上にあり，固有電荷密度を ρ_0 とする．導線の静止系では $J^0 = \rho_0$ で $\mathbb{J} = \mathbb{0}$，かつ，ガウスの法則により，電磁テンソルの非ゼロ成分は $E^r = \rho_0 A/2\pi r = F^{0r}$ のみとなる．ここで，A は導線の断面積である．導線が実験室に対して z 方向に速度 v で動いているとすると，ローレンツ変換 $\Lambda^{0'}{}_0 = \gamma$, $\Lambda^{0'}{}_z = \gamma v$ により，

$$J^{0'} = \gamma\rho_0, \qquad J^{z'} = \gamma v \rho_0$$

$$B^{\hat{\phi}} = F^{z'r'} = \Lambda^{z'}{}_0 F^{0r} = \frac{\gamma v \rho_0 A}{2\pi r}, \qquad E^{r'} = \frac{\gamma \rho_0 A}{2\pi r}$$

となる（$B^{\hat{\phi}}$ は「物理的な」成分，つまり，単位ベクトル $\boldsymbol{e}_\phi$ を基底にとった成分である）．電荷密度 $-\gamma\rho_0$ をもつ同様の導線が作る電磁場を重ね合わせると，実験室の静止系では全電荷密度と電場はともに打ち消し合う．電流 $I = \displaystyle\int J^{z'} dxdy = \gamma v \rho_0 A$ は磁場 $B^{\hat{\phi}} = I/2\pi r$ だけを生成する．

問題 4.2　ローレンツ不変量

電場 $\mathbb{E}$ と磁場 $\mathbb{B}$ について，$B^2 - E^2$ と $\mathbb{E} \cdot \mathbb{B}$ が座標変換とローレンツ変換に対して不変であることを示せ．これらを単純に代数的に組み合わせたもののほかに不変量は存在するか．

[解]　これらの量が不変量であることは，次のようにそれぞれスカラー量であることからわかる†．

$$B^2 - E^2 = \frac{1}{2} F^{\alpha\beta} F_{\alpha\beta}$$

$$\mathbb{E} \cdot \mathbb{B} = \frac{1}{4} {*F_{\alpha\beta}} F^{\alpha\beta} = \frac{1}{8} \varepsilon_{\mu\nu\alpha\beta} F^{\mu\nu} F^{\alpha\beta} = \det[F^{\mu\nu}]$$

不変量は 3 次元空間の回転に対して不変である．したがって，不変量はスカラー $\mathbb{E} \cdot \mathbb{B}$, $\mathbb{E} \cdot \mathbb{E}$, $\mathbb{B} \cdot \mathbb{B}$ で構成されなければならない．もし $B^2 - E^2$, $\mathbb{E} \cdot \mathbb{B}$ 以外の不変量があるとすると，このことから，たとえば $\mathbb{B} \cdot \mathbb{B}$ が不変になる必要がある．しかし，B^2

† 訳者注：テンソルの双対 $*$ の説明は問題 3.25 を参照．

は一般にローレンツ変換に対して不変ではないので，これは明らかに正しくない．

問題 4.3　$\mathbb{E}$ と $\mathbb{B}$ の角度

ある電磁場の電場 $\mathbb{E}$ は磁場 $\mathbb{B}$ と θ_0 の角度をなし，また，任意の観測者に対して θ_0 は不変であるという．θ_0 の値を求めよ．

［解］　任意の座標系において，角度は

$$\cos\theta_0 = \frac{\mathbb{E}\cdot\mathbb{B}}{|\mathbb{E}||\mathbb{B}|}$$

で与えられる．ここで，$\mathbb{E}\cdot\mathbb{B}$ はローレンツ不変だが（問題 4.2 を見よ），$|\mathbb{E}||\mathbb{B}|$ はそうでない．したがって，θ_0 は $\mathbb{E}\cdot\mathbb{B}=0$，つまり $\theta_0=\pi/2$ のときだけ不変になる．

問題 4.4　ポインティングベクトルとローレンツ不変性

電磁場に関して，$\mathcal{E}$ を電磁場のエネルギー密度，$\mathbb{S}$ をポインティングベクトルとするとき，$\mathcal{E}^2-|\mathbb{S}|^2$ がローレンツ不変であることを示せ．

［解］　$\mathcal{E}^2-|\mathbb{S}|^2$ を E^2-B^2 と $\mathbb{E}\cdot\mathbb{B}$ で表すことにより，不変であることを示す．

$$\begin{aligned}64\pi^2(\mathcal{E}^2-|\mathbb{S}|^2) &= (E^2+B^2)^2-4(\mathbb{E}\times\mathbb{B})^2\\ &= (E^4+2E^2B^2+B^4)-4\big[E^2B^2-(\mathbb{E}\cdot\mathbb{B})^2\big]\\ &= E^4-2E^2B^2+B^4+4(\mathbb{E}\cdot\mathbb{B})^2\\ &= (E^2-B^2)^2+4(\mathbb{E}\cdot\mathbb{B})^2\end{aligned}$$

問題 4.5　平行な $\mathbb{E}$ と $\mathbb{B}$

$(E^2-B^2)^2+(\mathbb{E}\cdot\mathbb{B})^2=0$ の場合を除き，$\mathbb{E}$ と $\mathbb{B}$ が平行 $(\mathbb{E}'\times\mathbb{B}'=\mathbb{0})$ になるローレンツ変換が存在することを示せ．［ヒント：α をある数として，$\mathbb{v}=\alpha(\mathbb{E}\times\mathbb{B})$ のローレンツ変換を計算せよ．］

［解］　$\mathbb{v}=\alpha(\mathbb{E}\times\mathbb{B})$ とすると，

$$\begin{aligned}\mathbb{E}'\gamma^{-1} &= \mathbb{E}+\mathbb{v}\times\mathbb{B} = (1-\alpha B^2)\mathbb{E}+\alpha(\mathbb{E}\cdot\mathbb{B})\mathbb{B}\\ \mathbb{B}'\gamma^{-1} &= \mathbb{B}-\mathbb{v}\times\mathbb{E} = (1-\alpha E^2)\mathbb{B}+\alpha(\mathbb{E}\cdot\mathbb{B})\mathbb{E}\end{aligned}$$

となる．

(i) $\mathbb{E}\cdot\mathbb{B}=0$ かつ $E=B$ のとき，変換は平面波の赤方偏移と同等となり，$\mathbb{E}$ と $\mathbb{B}$ は平行にならない．

(ii) $\mathbb{E}\cdot\mathbb{B}=0$ かつ $E\neq B$ のとき，$\alpha=1/\max(E^2,B^2)$ とすると，$\mathbb{E}'=\mathbb{0}$ または $\mathbb{B}'=\mathbb{0}$ となる．このとき，$\mathbb{E}'\times\mathbb{B}'=\mathbb{0}$ である．

(iii) $\mathbb{E}\cdot\mathbb{B}\neq 0$ のとき，$\alpha^2\left[(\mathbb{E}\cdot\mathbb{B})^2-E^2B^2\right]=1-\alpha(E^2+B^2)$ を満たすように α を選べば，$\mathbb{E}'$ と $\mathbb{B}'$ を平行にすることができる．このとき，

$$\frac{\mathbb{v}}{1+|\mathbb{v}|^2}=\frac{\alpha(\mathbb{E}\times\mathbb{B})}{1+\alpha^2|\mathbb{E}\times\mathbb{B}|^2}=\frac{\alpha(\mathbb{E}\times\mathbb{B})}{1+\alpha^2[E^2B^2-(\mathbb{E}\cdot\mathbb{B})^2]}=\frac{\mathbb{E}\times\mathbb{B}}{E^2+B^2}$$

である．

問題 4.6　$\mathbb{E}$ と $\mathbb{B}$ の大きさとローレンツ変換

$\mathbb{E}\cdot\mathbb{B}=0$ とする．$E^2-B^2>0$ ならば，$\mathbb{B}'=\mathbb{0}$ となるローレンツ変換が存在することを示せ．同様に，$E^2-B^2<0$ ならば，$\mathbb{E}'=\mathbb{0}$ となるローレンツ変換が存在することを示せ．さらに，$\mathbb{E}\cdot\mathbb{B}=0$ に加えて，$B^2-E^2=0$ ならばどのようになるか．

[解]　$E^2-B^2>0$ の場合，$\mathbb{v}=\mathbb{E}\times\mathbb{B}/E^2$ のローレンツ変換をすれば，$\mathbb{B}'=\gamma(\mathbb{B}-\mathbb{v}\times\mathbb{E})=\mathbb{0}$ が得られる．$E^2-B^2<0$ の場合も同様で，$\mathbb{v}=-\mathbb{B}\times\mathbb{E}/B^2$ の変換を行えばよい．$E^2-B^2=0$ の場合は，任意の変換の後でも明らかに $E=B$ である．$\mathbb{v}=\alpha(\mathbb{E}\times\mathbb{B})$ の形の変換（問題 4.5 を見よ）は因子 $\gamma(1-\alpha E^2)=\gamma(1-|\mathbb{v}|)=\sqrt{(1-|\mathbb{v}|)/(1+|\mathbb{v}|)}$ だけ $\mathbb{E}$ や $\mathbb{B}$ の大きさを減少させる．$|\mathbb{v}|\to 1$ の極限では $\mathbb{E}$ や $\mathbb{B}$ の大きさはいくらでも小さくなる．

問題 4.7　荷電粒子の 4 元電流密度

電荷 e_k の粒子の集合が，3 元速度 $\mathbb{v}_k$，軌跡 $\mathbb{x}=\mathbb{z}_k(t)$ で運動している．4 元電流密度の成分は $J^0=\sum_k q_k\delta^3(\mathbb{x}-\mathbb{z}_k(t))$, $J^i=\sum_k q_k v_k^i\delta^3(\mathbb{x}-\mathbb{z}_k(t))$ である．これらが，

$$J^\mu=\sum_k\int q_k\delta^4(\boldsymbol{x}-\boldsymbol{z}_k(\tau))u_k^\mu\,d\tau$$

と書けることを示せ．ただし，u_k^μ は粒子 k の 4 元速度である．

[解]　J^μ の式にある積分は，次の式

$$\int F(\tau)\delta(t-z^0(\tau))d\tau=\int F(\tau)\delta(t-z^0(\tau))\frac{d\tau}{dt}dt=\frac{F(\tau[t])}{u^0}$$

を用いて計算できて，結果は，

$$J^\mu = \sum_k \frac{u_k^\mu}{u_k^0} q_k \delta^3(\mathbb{x} - \mathbb{z}_k(t))$$

となる．各成分は問題に与えられたものと等しくなっていることがわかる．

問題 4.8　電磁テンソルとマクスウェル方程式

次の式

$$F_{\alpha\beta,\gamma} + F_{\beta\gamma,\alpha} + F_{\gamma\alpha,\beta} = 0, \qquad F^{\alpha\beta}{}_{,\beta} = 4\pi J^\alpha$$

が，マクスウェル方程式

$$\nabla \cdot \mathbb{B} = 0, \qquad \dot{\mathbb{B}} + \nabla \times \mathbb{E} = \mathbb{0}$$

$$\nabla \cdot \mathbb{E} = 4\pi\rho, \qquad \dot{\mathbb{E}} - \nabla \times \mathbb{B} = -4\pi\mathbb{J}$$

になることを，各成分を調べて示せ．ドット記号 ($\dot{}$) は時間微分である．

[解]　この問題では，3 次元の完全反対称テンソル ε_{ijk} ($\varepsilon_{123} = 1$) を用いると便利である．このとき，次のことに注意しておく．

$$F^{ij} = \varepsilon^{ijk} B_k, \qquad B^i = \frac{1}{2}\varepsilon^{ijk} F_{jk}, \qquad (\mathbb{U} \times \mathbb{V})^i = \varepsilon^{ijk} U_j V_k$$

「電場」に関する方程式 $F^{\mu\nu}{}_{,\nu} = 4\pi J^\mu$ は，

$$F^{0\beta}{}_{,\beta} = F^{0i}{}_{,i} = \nabla \cdot \mathbb{E} = 4\pi J^0 = 4\pi\rho$$

$$F^{i\beta}{}_{,\beta} = F^{ij}{}_{,j} + F^{i0}{}_{,0} = \varepsilon^{ijk} B_{k,j} - E^i{}_{,0} = 4\pi J^i$$

である．2 番目の方程式は，$\nabla \times \mathbb{B} - \dot{\mathbb{E}} = 4\pi\mathbb{J}$ の i 番目の成分である．

「磁場」に関する方程式は，まず，$\alpha = 1$, $\beta = 2$, $\gamma = 3$ とすると，

$$F_{12,3} + F_{31,2} + F_{23,1} = B^3{}_{,3} + B^2{}_{,2} + B^1{}_{,1} = \nabla \cdot \mathbb{B} = 0$$

となる．次に，$\alpha = 0$ として，β, γ を空間成分にとると，

$$F_{0i,j} + F_{j0,i} + F_{ij,0} = E_{i,j} + E_{j,i} + \varepsilon_{ijk}\dot{B}^k = \varepsilon_{ijk}(\nabla \times \mathbb{E})^k + \varepsilon_{ijk}\dot{B}^k = 0$$

となる．これに ε^{ijm} をかけると，$\nabla \times \mathbb{E} + \dot{\mathbb{B}} = \mathbb{0}$ が得られる．

問題 4.9　電磁テンソルと真空のマクスウェル方程式

$F^{\mu\nu}$ を電磁テンソルとするとき，真空のマクスウェル方程式は $F^{\mu\nu}{}_{,\nu} = 0$ と

$*F^{\mu\nu}{}_{,\nu} = 0$ になることを示せ．（ここで，$*F^{\mu\nu}$ は $F^{\mu\nu}$ の双対テンソルである．問題 3.25 を見よ．）

[解]　問題 4.8 で示したように，$F^{\mu\nu}{}_{,\nu} = 0$ は（真空における）マクスウェル方程式の「電場部分」になる．「磁場部分」の方程式に関しては，

$$*F^{\mu\nu}{}_{,\nu} = \frac{1}{2}(F_{\alpha\beta}\varepsilon^{\alpha\beta\mu\nu})_{,\nu} = \frac{1}{2}F_{\alpha\beta,\nu}\varepsilon^{\alpha\beta\mu\nu} = \frac{1}{2}F_{[\alpha\beta,\nu]}\varepsilon^{\alpha\beta\mu\nu}$$

となるので，$*F^{\mu\nu}{}_{,\nu} = 0$ は $F_{\alpha\beta,\nu} + F_{\nu\alpha,\beta} + F_{\beta\nu,\alpha} = 0$ と等価である．

問題 4.10　ローレンツ力の時間成分

ローレンツ力の式

$$\frac{dp^\mu}{d\tau} = qF^{\mu\beta}u_\beta$$

の第 0 成分において，$F^{\mu\nu}$ を $\mathbb{E}$, $\mathbb{B}$ で表すことによって，次の式を導け．

$$\frac{dp^0}{dt} = q\,\mathbb{v}\cdot\mathbb{E}$$

[解]　ローレンツ力の式で $\mu = 0$ とすると，

$$\frac{dp^0}{d\tau} = qF^{0i}u_i = qE^i\gamma v_i$$

となる．$d\tau = dt/\gamma$ なので，

$$\frac{dp^0}{dt} = qE^i v_i$$

である．これは非相対論的な式と比べて，p^0 が相対論的な質量エネルギー密度になっているところだけ異なっていることに注意する．

問題 4.11　ローレンツ力の空間成分

ローレンツ力の式の空間成分から，$d\mathbb{p}/dt$ の式を $\mathbb{E}$ と $\mathbb{B}$ を用いて書き表せ（ここで，$\mathbb{p}$ は $\boldsymbol{p}$ の空間成分である）．

[解]　ローレンツ力の式の空間成分は

$$\frac{dp^i}{d\tau} = \gamma\frac{dp^i}{dt} = qF^{i\mu}u_\mu = qF^{i0}u_0 + qF^{ij}u_j = q\gamma E^i + q\gamma\varepsilon^{ijk}B_k v_j$$

なので，

$$\frac{d\mathbb{p}}{dt} = q(\mathbb{E} + \mathbb{v} \times \mathbb{B})$$

となる.

問題 4.12　電場中の荷電粒子

質量 m, 電荷 q の粒子が, 速度 $v\mathbb{e}_x$ で運動している. この粒子が y 方向の一様電場 $\mathbb{E}$ の中に入ると, 粒子の軌跡はどのようになるか. $y(x)$ を求めよ.

[解]　$F^\mu{}_\nu$ の非ゼロ成分は $F^t{}_y = F^y{}_t = E$ だけである. 粒子が最初にもっている 4 元速度 u^α の成分は $(\gamma, \gamma v, 0, 0)$, $\gamma \equiv 1/\sqrt{1-v^2}$ なので, ローレンツ力の式

$$\frac{du^\mu}{d\tau} = \frac{q}{m} F^\mu{}_\nu u^\nu$$

の第 1 成分は $du^x/d\tau = 0$ となり, したがって,

$$u^x = \gamma v, \qquad \tau = \frac{x}{\gamma v}$$

である. $\mu = 0, 2$ に対する式

$$\frac{du^t}{d\tau} = \frac{q}{m} E u^y, \qquad \frac{du^y}{d\tau} = \frac{q}{m} E u^t$$

を組み合わせて,

$$\frac{d^2 u^y}{d\tau^2} = \left(\frac{qE}{m}\right)^2 u^y$$

が得られる. この式の解は

$$u^y = \gamma \sinh\left(\frac{qE}{m}\tau\right)$$

となる. ここで, 初期条件 $u^t(0) = \gamma$, $u^y(0) = 0$ を用いた. これを τ で積分して, $\tau = x/\gamma v$ を代入し, $x = 0$ のとき $y = 0$ の初期条件を用いると,

$$y(x) = \left(\frac{m}{qE}\right)\gamma\left[\cosh\left(\frac{qE}{m}\frac{x}{\gamma v}\right) - 1\right]$$

が得られる.

問題 4.13　磁場中の荷電粒子

質量 m, 電荷 q の粒子が, 一様磁場 $B\mathbb{e}_z$ の中で半径 R の円運動をしている.

(a) B を R, q, m と粒子の角速度 ω で表せ.

(b) 磁場は粒子に対して仕事をしないので, 粒子の速さは一定である. しかし,

速度 $\beta\mathbb{e}_x$ で運動している観測者にとっては粒子の速さは一定ではない．この観測者が測定する $u^{0'}$ を求めよ．

(c) $du^{0'}/d\tau$，または $dp^{0'}/d\tau$ を計算せよ．磁場は粒子に仕事をしないことから，粒子のエネルギーがどうやって変化しているのか説明せよ．

[解]　(a) 粒子の運動量を $\mathbb{p}$ とすると，ローレンツ力の式（問題 4.11 を見よ）から，

$$\omega|\mathbb{p}| = \left|\frac{d\mathbb{p}}{dt}\right| = q|\mathbb{v}|B$$

であるので，

$$B = \frac{\omega|\mathbb{p}|}{q|\mathbb{v}|} = \frac{m\omega}{q\sqrt{1-|\mathbb{v}|^2}} = \frac{m\omega}{q\sqrt{1-\omega^2R^2}}$$

となる．

(b) 実験室系における 4 元速度は

$$u^0 = \frac{1}{\sqrt{1-\omega^2R^2}}, \qquad u^x = \frac{\omega y}{\sqrt{1-\omega^2R^2}}, \qquad u^y = -\frac{\omega x}{\sqrt{1-\omega^2R^2}}$$

である．運動している観測者が測定する成分はローレンツ変換によって得られ，たとえば，

$$u^{0'} = \gamma(u^0 - \beta u^x) = \frac{\gamma(1-\beta\omega y)}{\sqrt{1-\omega^2R^2}}$$

となる．ここで，$\gamma \equiv 1/\sqrt{1-\beta^2}$ である．

(c) $u^{0'}$ は一定ではないので，エネルギーは

$$\frac{dp^{0'}}{d\tau} = m\frac{du^{0'}}{d\tau} = -\frac{m\beta\omega\gamma u^y}{\sqrt{1-\omega^2R^2}}$$

のように変化して見える．運動する観測者の系では，電場 $\mathbb{E}$ が存在し，$E^{y'} = -\gamma\beta B$ となる（これは $F^{\mu\nu}$ をローレンツ変換すれば簡単に得られる）．そのため，観測者には粒子が

$$\frac{dp^{0'}}{d\tau} = qE^{y'}u^{y'} = -\frac{m\beta\omega\gamma u^{y'}}{\sqrt{1-\omega^2R^2}} = -\frac{m\beta\omega\gamma u^y}{\sqrt{1-\omega^2R^2}}$$

の割合で仕事をされているとみなせるのである．こうして「パラドックス」は解決される．

問題 4.14　電磁場中の荷電粒子

小さなテスト粒子（質量 m，正電荷 q）が，正の電荷 Q をもつ「固定された」

（つまり，非常に重い）物体のまわりで円運動している．軌跡面に垂直な一様磁場 $\mathbb{B}$ によって粒子は円軌跡を保っている．中心の物体が静止している慣性系から見ると，テスト粒子は磁場に垂直な面内で角速度 ω で回転している．テスト粒子の比電荷（単位質量あたりの電荷）を ω, R, B, Q で表せ．

[解] ローレンツ力の式（問題 4.11）より，

$$\frac{d\mathbb{p}}{dt} = q\Big(-\omega RB + \frac{Q}{R^2}\Big)\mathbb{e}_r = m\frac{d}{dt}(\gamma\mathbb{v})$$

である．粒子は仕事をされないので，$\gamma = 1/\sqrt{1-\omega^2R^2}$ は定数である．$d\mathbb{v}/dt = -\omega^2 R\,\mathbb{e}_r$ より，

$$q\left(\omega RB - \frac{Q}{R^2}\right) = \frac{m\omega^2 R}{\sqrt{1-\omega^2R^2}}$$

が得られ，したがって，

$$\frac{q}{m} = \frac{\omega^2}{\sqrt{1-\omega^2R^2}(\omega B - Q/R^3)}$$

となる．

問題 4.15 電磁場のエネルギー運動量テンソル (1)

電磁場の源（4 元電流密度）がないとき，電磁場のエネルギー運動量テンソルは発散がゼロ（すなわち，$T^{\mu\nu}{}_{,\nu} = 0$）になることを示せ．

[解] 電磁場のエネルギー運動量テンソルは本章のまえがきで与えられている．その発散をとると，

$$\begin{aligned}4\pi T^{\mu\nu}{}_{,\nu} &= F^{\mu\alpha}{}_{,\nu}F^{\nu}{}_{\alpha} + F^{\mu\alpha}F^{\nu}{}_{\alpha,\nu} - \frac{1}{2}F_{\alpha\beta}F^{\alpha\beta,\mu}\\ &= F^{\mu\alpha}F^{\nu}{}_{\alpha,\nu} + F_{\nu\alpha}\Big(F^{\mu\alpha,\nu} - \frac{1}{2}F^{\nu\alpha,\mu}\Big)\\ &= F^{\mu\alpha}F^{\nu}{}_{\alpha,\nu} + \frac{1}{2}F_{\nu\alpha}(F^{\alpha\nu,\mu} + F^{\mu\alpha,\nu} + F^{\nu\mu,\alpha})\end{aligned}$$

となる．真空のマクスウェル方程式より，$F^{\nu}{}_{\alpha,\nu}$ と括弧の中の項はゼロになるので，$T^{\mu\nu}{}_{,\nu} = 0$ である．[注意：電流密度 $\boldsymbol{J}$ がある場合は，簡単に示されるように $T^{\mu\nu}{}_{,\nu} = -F^{\mu\alpha}J_{\alpha}$ となる．]

問題 4.16　電磁場のエネルギー運動量テンソル (2)

電磁場のエネルギー運動量テンソルはトレースがゼロであることを示せ.

[解]　エネルギー運動量テンソル $T^{\mu\nu} = (1/4\pi)[F^{\mu\alpha}F^{\nu}{}_{\alpha} - (1/4)\eta^{\mu\nu}F_{\alpha\beta}F^{\alpha\beta}]$ のトレースは簡単に計算できて,

$$T^{\mu}{}_{\mu} = \frac{1}{4\pi}\left(F^{\mu\alpha}F_{\mu\alpha} - \frac{1}{4}\cdot 4\cdot F_{\alpha\beta}F^{\alpha\beta}\right) = 0$$

となる.

問題 4.17　電磁場のエネルギー運動量テンソル (3)

電磁場のエネルギー運動量テンソルを $T^{\mu\nu}$ としたとき, 次の式を示せ.

$$T^{\mu}{}_{\alpha}T^{\alpha}{}_{\nu} = \frac{1}{(8\pi)^2}\left[(E^2 - B^2)^2 + (2\mathbb{E}\cdot\mathbb{B})^2\right]\delta^{\mu}{}_{\nu}$$

[解]　ある座標系でこの関係を示せば十分である.

(i) $E^2 = B^2$, $\mathbb{E}\cdot\mathbb{B} = 0$ の場合, $\mathbb{E} = \epsilon\mathbb{e}_x$, $\mathbb{B} = \epsilon\mathbb{e}_y$ と選ぶ. このとき, $T^{\mu\nu}$ の非ゼロ成分は $T^{00} = T^{0z} = T^{zz} = \epsilon^2/4\pi$ となり, これより, $T^{\mu}{}_{\alpha}T^{\alpha}{}_{\nu} = 0$ が得られる.

(ii) $(E^2 - B^2)^2 + (\mathbb{E}\cdot\mathbb{B})^2 \neq 0$ の場合, 問題 4.5 より, $\mathbb{E}$ と $\mathbb{B}$ を平行にとれる. $\mathbb{E} = E\mathbb{e}_x$, $\mathbb{B} = B\mathbb{e}_x$ とする. このとき, $T^{\mu\nu}$ の非ゼロ成分は $T^{00} = -T^{xx} = T^{yy} = T^{zz} = (E^2 + B^2)/8\pi$ であり,

$$\begin{aligned} T^{\mu}{}_{\alpha}T^{\alpha}{}_{\nu} &= \frac{(E^2 + B^2)^2}{(8\pi)^2}\delta^{\mu}{}_{\nu} = \frac{(E^2 - B^2)^2 + 4E^2B^2}{(8\pi)^2}\delta^{\mu}{}_{\nu} \\ &= \frac{(E^2 - B^2)^2 + (2\mathbb{E}\cdot\mathbb{B})^2}{(8\pi)^2}\delta^{\mu}{}_{\nu} \end{aligned}$$

となる.

問題 4.18　共変的オームの法則

オームの法則 $\mathbb{J} = \sigma\mathbb{E}$ を J^{μ}, $F^{\mu\nu}$, σ および (導体内の電荷の 4 元速度) u^{μ} を用いて共変的 (座標系に依存しない形) に表せ.

[解]　導体内の電荷から見た電場は $E^{\mu} = F^{\mu}{}_{\nu}u^{\nu}$ となる. また, 電荷の静止系において電流密度 $\mathbb{J}$ になる 4 元ベクトルは $J^{\mu} + u^{\mu}J_{\nu}u^{\nu}$ である. したがって, オームの法則は

$$J^\mu + u^\mu J_\nu u^\nu = \sigma F^\mu{}_\nu u^\nu$$

と書ける．これは共変的な式であり，電荷の静止系で正しいので，任意の座標系で成立する．

問題 4.19 ローレンツ力と作用

作用

$$S = \int J^\mu A_\mu d^4x - m \int d\tau$$

より，ローレンツ力を受ける荷電粒子の運動方程式を導け．ただし，J^μ は 4 元電流密度，A_μ は **4 元ポテンシャル**（**電磁ポテンシャル**），$d\tau^2 \equiv -\eta_{\alpha\beta}dx^\alpha dx^\beta$ である．

4

[解] 問題 4.7 より，電気量 q の粒子に対して，

$$J^\mu(x) = q \int \delta^4(\boldsymbol{x} - \boldsymbol{z}(\tau))u^\mu d\tau$$

なので，その作用は，

$$\int L d\tau = q \int u^\mu A_\mu d\tau - m \int d\tau$$

となる．これよりラグランジアンは，

$$L = qu^\mu A_\mu - m\sqrt{-\eta_{\alpha\beta}u^\alpha u^\beta}$$

である．座標 z^λ は粒子の位置を表し，τ でパラメータ化されている．そこで，

$$\frac{\partial L}{\partial(dz^\lambda/d\tau)} = \frac{\partial L}{\partial u^\lambda} = qA_\lambda + mu_\lambda$$

となる．したがって，オイラー－ラグランジュ方程式は

$$\frac{d}{d\tau}\left(\frac{\partial L}{\partial u^\lambda}\right) - \frac{\partial L}{\partial z^\lambda} = 0$$

$$qA_{\lambda,\mu}\frac{dz^\mu}{d\tau} + m\frac{du_\lambda}{d\tau} - qu^\mu A_{\mu,\lambda} = 0$$

と書けるので，運動方程式は

$$m\frac{du_\lambda}{d\tau} = q(A_{\mu,\lambda} - A_{\lambda,\mu})u^\mu$$

または，

$$\frac{dp_\lambda}{d\tau} = qF_{\lambda\mu}u^\mu$$

である．

問題 4.20　$\boldsymbol{F}$ の双対変換

(a) **双対変換** (duality transformation) $\boldsymbol{F} \to *\boldsymbol{F}$ のもとでは，$\mathbb{E} \to -\mathbb{B}$ かつ $\mathbb{B} \to \mathbb{E}$ に変換されることを示せ．

(b) $\boldsymbol{F}$ が真空のマクスウェル方程式の解になっているとき，$*\boldsymbol{F}$ および

$$e^{*\alpha}\boldsymbol{F} \equiv \boldsymbol{F}\cos\alpha + *\boldsymbol{F}\sin\alpha \qquad (\alpha \text{ は任意})$$

も解になることを示せ（$\boldsymbol{F} \to e^{*\alpha}\boldsymbol{F}$ を**双対回転** (duality rotation) という）．

[解]　(a) $\mathbb{E}$ と $\mathbb{B}$ を用いた $F^{\mu\nu}$ の表式（この章のまえがきを見よ）と $*\boldsymbol{F}$ の定義（問題 3.25 を見よ）より，

$$*F^{\alpha\beta} = \frac{1}{2}\varepsilon^{\alpha\beta\mu\nu}F_{\mu\nu} = \begin{bmatrix} 0 & -B^x & -B^y & -B^z \\ B^x & 0 & E^z & -E^y \\ B^y & -E^z & 0 & E^x \\ B^z & E^y & -E^x & 0 \end{bmatrix} \tag{1}$$

が得られる．したがって，$\boldsymbol{F} \to *\boldsymbol{F}$ は $\mathbb{E} \to -\mathbb{B}$ と $\mathbb{B} \to \mathbb{E}$ に対応する．

(b) 問題 4.9 で見たように，電磁場の源がないときのマクスウェル方程式は

$$*F^{\mu\nu}{}_{,\nu} = 0, \qquad F^{\mu\nu}{}_{,\nu} = 0$$

となる．変換 $\boldsymbol{F} \to *\boldsymbol{F}$ に対してこれらの方程式は明らかに不変であり，$\boldsymbol{F}$ を解とすると $*\boldsymbol{F}$ も解である．また，マクスウェル方程式は線形なので，$e^{*\alpha}\boldsymbol{F}$ のような線形結合も方程式の解になる．[注意：$*(*\boldsymbol{F}) = -\boldsymbol{F}$ なので，$*$ を演算子とすると虚数単位 i と同じ代数的性質をもっていることがわかる．そこで，$e^{*\alpha}\boldsymbol{F} = \boldsymbol{F}\cos\alpha + *\boldsymbol{F}\sin\alpha$ と書くことにする．]

問題 4.21　マクスウェル方程式と「対称性」

物理学の法則には「美しさ」が不可欠だとすると，対称性よりマクスウェル方程式は，

$$F^{\mu\nu}{}_{,\nu} = 4\pi J^{\mu}, \qquad *F^{\mu\nu}{}_{,\nu} = 4\pi K^{\mu}$$

となっているべきである．このとき，$\boldsymbol{K}$ の意味を考えよ．

[解]　変換

$$\mathbb{E} \to -\mathbb{B}, \qquad \mathbb{B} \to \mathbb{E}$$

のもとでは，$\boldsymbol{F} \to *\boldsymbol{F}$ となるので，$\boldsymbol{K}$ は**磁荷** (magnetic charge) の **4 元磁流密度** (magnetic current density)（のマイナスの値）とみなせる．双対性 $\boldsymbol{F} \leftrightarrow *\boldsymbol{F}$ によって，$\nabla \cdot \mathbb{B} = -4\pi K^0$ は**磁気モノポール** (magnetic monopole) の存在を意味する．

問題 4.22　マクスウェル方程式とグリーン関数

ミンコフスキー空間に 4 元電流密度 $J^\mu(x^\nu)$ がある．$r^\beta \equiv \hat{x}^\beta - x^\beta$ とすると，マクスウェル方程式の解は

$$F^{\mu\nu}(x^\alpha) = \frac{4}{\pi i}\int \frac{r^{[\mu}J^{\nu]}}{(r_\sigma r^\sigma)^2}d^4\hat{x}$$

となることを示せ（$\Box A^\mu = -4\pi J^\mu$ のグリーン関数を求めることから始めよ）．遅延境界条件 (retarded boundary condition) はどのように決められるのか．

[解]　4 次元ユークリッド空間において，デカルト座標系を $x^i\,(i = 1, \ldots, 4)$ として，関数 $G = 1/\sum_i (x^i)^2$ を考える．$x^i = 0$ 以外の点では $\nabla^2 G \equiv \sum_i \partial^2 G/\partial x^{i2} = 0$ がすぐに示せる．

次のような 4 次元極座標

$$x^4 = U\cos V, \qquad r = U\sin V \qquad (0 \leq U < \infty,\ 0 \leq V \leq \pi)$$
$$\theta = \theta, \qquad \phi = \phi$$

を用いると，$G = U^{-2}$ となる．4 次元極座標で積分 $\int \nabla^2 G\, d^4x$は簡単に表すことができる．4 次元体積を擬球領域 $U \leq U_0$ ととると，体積積分は次のように 3 次元球面 $U = U_0$ 上の面積分に変換できて，

$$\int_{U\leq U_0} \nabla^2 G\, d^4x = \int_0^\pi dV \int_0^\pi d\theta \int_0^{2\pi} d\phi \left(\frac{\partial G}{\partial U}\right)_{U=U_0} {U_0}^3 \sin^2 V \sin\theta = -4\pi^2$$

となる．したがって，これより，$\nabla^2 G = -4\pi^2 \delta(x^1)\delta(x^2)\delta(x^3)\delta(x^4)$ で，G を 4 次元ポアソン方程式 $\nabla^2\Phi = -4\pi f(x^i)$ のグリーン関数として

$$\Phi(x^i) = \frac{1}{\pi}\int \frac{f(\zeta^i)d^4\zeta}{\sum_i (\zeta^i - x^i)^2}$$

のように用いることができる．

ここで，f を虚数座標 ζ^4 上に拡張した関数を考える．すなわち，新しい変数 $\zeta^4 = -i\hat{x}^4$

と $\zeta^i = \hat{x}^i \ (i = 1, 2, 3)$ を導入し，S を

$$f(\zeta^i) = S(\hat{x}^i)$$

で定義する．こうして $\nabla^2 \Phi = -4\pi f(x^i)$ はダランベール方程式 $\Box \Phi = -4\pi S(x^1, x^2, x^3, t)$ となることに注意する．この式の解は上で書いた積分で与えられる．変数を置き換えると，

$$\Phi(\mathbb{x}, t) = \frac{-i}{\pi} \int \frac{S(\hat{\mathbb{x}}, \hat{t})\, d^3\hat{x}\, d\hat{t}}{\eta_{\mu\nu}(\hat{x}^\mu - x^\mu)(\hat{x}^\nu - x^\nu)}$$

となる．ここで，$\hat{t}$ の積分範囲は虚軸上の $-i\infty$ から $i\infty$ である．ダランベール方程式の源項の $S(\hat{\mathbb{x}}, \hat{t})$ は実軸 $\hat{t}$ 上の $\hat{t} < t$ で定義され，その範囲には極をもたないと仮定する．また，解析接続により，複素 $\hat{t}$ 平面上で S を定義する．積分経路を図 (a) の C で表す．源項 $S(\hat{\mathbb{x}}, \hat{t})$ が定義されている実軸に沿うように，どのように積分経路を変形するかによって，境界条件が決められる．$1/(\hat{x}^\mu - x^\mu)(\hat{x}_\mu - x_\mu)$ の極は $\hat{t} = t \pm |\hat{\mathbb{x}} - \mathbb{x}|$ にある．遅延境界条件は経路 C を図 (b) の C′ に変形することに相当する．この結果を用いて，方程式

$$\Box A_\mu = -4\pi J_\mu$$

を解くことができ，

$$A_\mu(x^\alpha) = \frac{1}{\pi i} \int_{\mathrm{C}'} \frac{J_\mu(\hat{x}^\alpha)\, d^4\hat{x}}{r_\sigma r^\sigma}$$

が得られる．この式の t-積分を実行することにより，次のように見慣れた遅延積分解にすることができる．

$$\begin{aligned} A_\mu(\mathbb{x}, t) &= -\frac{1}{\pi i} \int \frac{J_\mu(\hat{\mathbb{x}}, \hat{t})\, d^3\hat{x}\, d\hat{t}}{(\hat{t} - t - |\hat{\mathbb{x}} - \mathbb{x}|)(\hat{t} - t + |\hat{\mathbb{x}} - \mathbb{x}|)} \\ &= -\frac{1}{\pi i} \int 2\pi i \left[\frac{J_\mu(\hat{\mathbb{x}}, \hat{t})\, d^3\hat{x}}{\hat{t} - t - |\hat{\mathbb{x}} - \mathbb{x}|} \right]_{\hat{t} = t - |\hat{\mathbb{x}} - \mathbb{x}|} = \int \frac{J_\mu(\hat{\mathbb{x}}, t - |\hat{\mathbb{x}} - \mathbb{x}|)\, d^3\hat{x}}{|\hat{\mathbb{x}} - \mathbb{x}|} \end{aligned}$$

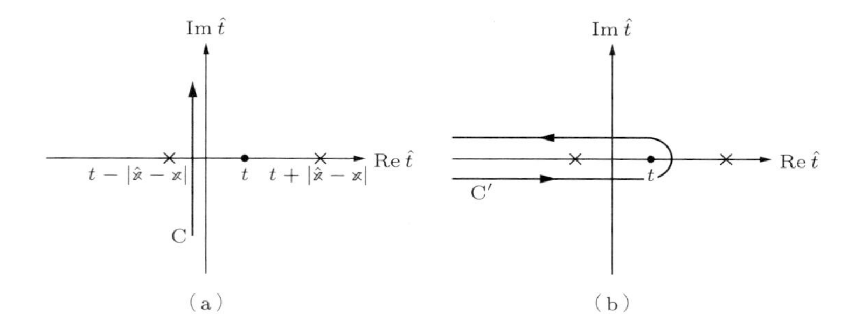

（a）　　　　　　　　（b）

電磁テンソルの形式的な表現は，$\partial(r_\sigma r^\sigma)^{-1}/\partial x^\nu = +2r_\nu(r_\sigma r^\sigma)^{-2}$ より，

$$F_{\mu\nu} = 2A_{[\nu,\mu]} = \frac{4}{\pi i}\int \frac{r_{[\nu}J_{\mu]}(\hat{x}^\alpha)\,d^4\hat{x}}{(r_\sigma r^\sigma)^2}$$

となる．

4

問題 4.23　完全伝導流体の磁場

完全伝導流体に「凍結された (frozen in)」磁場を考える．流れに沿って測ったこの磁場の時間変化率（ラグランジュ時間微分）に関する方程式を，流体の体膨張率 θ，ずりテンソル σ_{ij}，回転 2-形式 ω_{ij} を用いて導け（それぞれの物理量の定義については問題 5.18 を見よ）．

[解]　伝導率が無限大なので，電荷に対するローレンツ力はゼロでなくてはならない．つまり，$\mathbb{E} + \mathbb{v} \times \mathbb{B} = \mathbb{0}$ である．マクスウェル方程式 $\dot{\mathbb{B}} = -\nabla \times \mathbb{E}$ より，

$$\dot{\mathbb{B}} = \nabla \times (\mathbb{v} \times \mathbb{B}) = -\mathbb{B}(\nabla \cdot \mathbb{v}) + (\mathbb{B} \cdot \nabla)\mathbb{v} - (\mathbb{v} \cdot \nabla)\mathbb{B} \tag{1}$$

となる．いま，流体の瞬間的な静止系をとると，$\mathbb{v} = \mathbb{0}$, $t = \tau$（固有時間）なので，$\gamma = 1$ かつその 1 階微分は消え，$\partial/\partial t = \partial/\partial\tau$ となる（つまり，ラグランジュ微分と偏微分が等しくなる）．したがって，

$$\frac{dB^i}{d\tau} = -B^i v^j{}_{,j} + B^j v^i{}_{,j} = -B^i u^j{}_{,j} + B^j u^i{}_{,j}$$

となる．$u^i{}_{,j}$ は $u^\mu{}_{,\nu}$ を $\boldsymbol{u}$ に垂直な方向に射影した成分なので，

$$u_{i,j} = \omega_{ij} + \sigma_{ij} + \frac{1}{3}g_{ij}\theta$$

である．この 3 元テンソルの縮約はもちろん $u^i{}_{,i} = \theta$ で，$\mathbb{B}$ の固有時間に関する微分は，

$$\frac{dB^i}{d\tau} = -B^i\theta + B_j\left(\omega^{ij} + \sigma^{ij} + \frac{1}{3}g^{ij}\theta\right) = -\frac{2}{3}B^i\theta + (\sigma^{ij} + \omega^{ij})B_j \tag{2}$$

となる．4 元速度の空間成分に比例する量は共動座標系ではゼロになるので，式 (2) にはそれらの任意の項を付け足すことができる．こうして，

$$\frac{dB^i}{d\tau} = -\frac{2}{3}B^i\theta + (\sigma^{ij} + \omega^{ij})B_j + fu^i \tag{3}$$

と書ける．ここで，f はまだ任意である．さて，次の要請を満たすようにして，式 (2) をテンソル方程式に変換する．

(a) 添え字の動く範囲を 1–3 から 0–3 にする．

(b) 4 元ベクトル B^α を，$B^\alpha u_\alpha = 0$ を満たし，かつ，共動座標系における $\boldsymbol{B}$ の空間部分が $\mathbb{B}$ と等しくなるように定義する．

(c) 通常の微分を共変微分[†1] に置き換える．

(d) $d(\boldsymbol{B}\cdot\boldsymbol{u})/d\tau = 0$ を満たすように f を決める．つまり，$\boldsymbol{B}$ の大きさが保存されるようにする．

(a)～(d) を満たす唯一の方程式は，

$$\frac{DB^\alpha}{d\tau} = u^\alpha a_\beta B^\beta + (\omega^{\alpha\beta} + \sigma^{\alpha\beta})B_\beta - \frac{2}{3}\theta P^\alpha{}_\beta B^\beta \tag{4}$$

である[†2]．ここで，$\boldsymbol{a}$ は 4 元加速度，$P^\alpha{}_\beta$ は問題 5.18 で定義される射影テンソルである．式 (4) は明らかにテンソル方程式で，共動正規直交基底系では式 (1) や式 (3) になる．したがって，任意の座標系で成立する式である．

†1 訳者注：第 7 章のまえがきを参照.

†2 訳者注：左辺の微分は流体に沿った方向微分である．第 7 章のまえがきを参照.

第 5 章

物質と放射

Matter and Radiation

相対論的な流体や物質場に関して，エネルギーや運動量，圧力を記述するには，対称テンソルであるエネルギー運動量テンソル $\boldsymbol{T}$（ストレスエネルギーテンソルともいう）を用いる．このテンソルの成分は，観測者のローレンツ系において，測定される量と次のような関係がある．

T^{00} ≡ 質量エネルギー密度（しばしば, ρ と書かれる）

$T^{0j} = T^{j0}$ ≡ 運動量密度の j 成分 = エネルギー流束密度の j 成分

T^{ij} ≡ 通常の応力テンソルの成分（たとえば，T^{xx} = 圧力の x 成分）

= 運動量流束密度

系に存在するすべての場や流体，粒子などが $T^{\mu\nu}$ に含まれている場合には，運動量の流れやエネルギー交換の相互関係は，次の保存則の式で表される†.

$$T^{\mu\nu}{}_{,\nu} = 0$$

相対論的な熱力学や流体力学の基礎的な概念は，問題の中で展開していく．

この章のいくつかの問題では，本書の後の方で登場する共変微分（セミコロン (;) で表される）を用いる．共変微分に慣れていない読者は，セミコロンをすべてコンマ (,) に変えて，ミンコフスキー空間の偏微分にしても構わない．また，∇ の記号を用いて，$f_{,\alpha}$, $S^{\alpha}{}_{;\beta}$, $T^{\mu\nu}{}_{;\nu}$ を，それぞれ，∇f, $\nabla \boldsymbol{S}$, $\nabla \cdot \boldsymbol{T}$ のようにも表す．

問題 5.1　エネルギー運動量テンソル

S を慣性系とする．次の系におけるエネルギー運動量テンソルについて，非ゼロ成分を計算せよ．

(a) S から見たときに，すべて同じ速度 $\mathbb{v} = v\mathbb{e}_x$ で運動する粒子の集合．共動

† 訳者注：第 14 章の問題にもあるように，この式から場の運動方程式が導出されることもあり，原著ではこの式を「運動方程式」とよんでいる．

座標系で測定したとき，これらの粒子の静止質量密度を ρ_0 とする．粒子の集合は高密度で，連続近似が可能とする．

(b) S において，ある点を中心にして，x-y 平面上で反時計回りに回転しているN 個の質量 m の粒子からなるリング．回転の半径を a，角速度を ω とする（リングの厚さは a よりも十分小さいとする）．粒子を軌跡内にとどめている力のエネルギー運動量は含めない．N は十分大きく，粒子は連続的に分布しているとする．

(c) (b) のような，粒子からなる半径 a の 2 本のリングで，一方は時計回りに，もう一方は反時計回りに回る系．粒子は衝突することや，互いに相互作用することはない．

[解]　(a) 粒子の静止系では，ゼロでない成分は $T^{0'0'} = \rho_0$ のみである．x 方向に速度 $-v$ で運動する系に変換すると，非ゼロ成分は

$$T^{00} = \rho_0\gamma^2, \qquad T^{0x} = T^{x0} = \rho_0\gamma^2 v, \qquad T^{xx} = \rho_0\gamma^2 v^2$$

となる．ここで，$\gamma \equiv 1/\sqrt{1-v^2}$ である．一般に，$\boldsymbol{u}$ を粒子の 4 元速度とすると，$\boldsymbol{T} = \rho_0 \boldsymbol{u} \otimes \boldsymbol{u}$ である．

(b) リングは，x-y 平面内で原点を中心に運動しているとする．$x=0,\ y=a$ の点で，速度 $v=\omega a$ で運動している連続体を考える．静止質量密度を ρ_0 とする．(a) より，$x=0,\ y=a$ では $T^{00}=\rho_0\gamma^2$ などが得られる．さて，リングを考えた場合，その上のすべての点は同等なので，極座標系において非ゼロ成分は，

$$T^{00} = \rho_0\gamma^2, \qquad T^{0\hat{\phi}} = T^{\hat{\phi}0} = \rho_0\gamma^2 v, \qquad T^{\hat{\phi}\hat{\phi}} = \rho_0\gamma^2 v^2$$

となる．ここで，ρ_0 を粒子の集合と関係付けなければならない．N が十分大きく，粒子がリングに沿って連続的に分布しているとすると，$\rho_0 \propto \delta(r-a)\delta(z)$ となる．粒子の全エネルギーは $\gamma N m$ なので，

$$T^{00} 2\pi r dr dz = \gamma N m$$

となり，$\rho_0 = Nm\,\delta(r-a)\delta(z)/2\pi a\gamma$ である．これを通常の座標変換 $x = r\cos\phi$, $y = r\sin\phi$ によって，次のようにデカルト座標系で表すことができる．

$$T^{\mu\nu} = \frac{\gamma N m\,\delta(\sqrt{x^2+y^2}-a)\delta(z)}{2\pi a} \times \begin{bmatrix} 1 & -v\sin\phi & v\cos\phi & 0 \\ & v^2\sin^2\phi & -v^2\sin\phi\cos\phi & 0 \\ & & v^2\cos^2\phi & 0 \\ \text{(対称)} & & & 0 \end{bmatrix}$$

(c) もう一本，逆方向に回っているリングがある場合，そのエネルギー運動量テンソルは，$v = \omega a$ の符号が逆になる以外は (b) と同じである．これら 2 つを足すと，v の 1 次の項は消え，2 次の項は 2 倍になる．極座標系では，非ゼロ成分は

$$T^{00} = \frac{T^{\hat{\phi}\hat{\phi}}}{v^2} = \frac{\gamma N m\, \delta(r-a)\delta(z)}{\pi a}$$

である．

問題 5.2　気体のエネルギー運動量テンソル

相互作用しない粒子からなる気体のエネルギー運動量テンソルを求めよ．気体粒子の質量を m，気体の固有数密度（つまり，気体の局所静止系で測定した数密度）を N とし，すべての粒子は同じ速さ v で等方的に運動しているとする（$v \ll 1$ を仮定しない）．

[解]　問題 5.1 で，4 元速度 $\boldsymbol{u}$ をもつ粒子のエネルギー運動量テンソルは $\boldsymbol{u} \otimes \boldsymbol{u}$ に比例することをみた．$\boldsymbol{u} = \gamma(1, v\mathbb{n})$ の等方的な集合では，

$$\boldsymbol{T} = \kappa \langle \boldsymbol{u} \otimes \boldsymbol{u} \rangle \qquad (\kappa：定数)$$

となる．ここで，平均 $\langle\ \rangle$ は $\mathbb{n}$ の方向についてとる．対称性より，非対角成分の平均は，次のようにゼロになる．

$$T^{0i} = \kappa\gamma^2 v \langle n^i \rangle = 0, \qquad T^{ij} = \kappa\gamma^2 v^2 \langle n^i n^j \rangle = 0 \qquad (i \neq j)$$

対角成分の空間成分を計算するためには，$\langle n^x n^x \rangle = \langle n^y n^y \rangle = \langle n^z n^z \rangle$ と，それから，

$$\langle n^x n^x \rangle + \langle n^y n^y \rangle + \langle n^z n^z \rangle = \langle n^2 \rangle = 1$$

に注意すると，

$$\langle n^i n^i \rangle = \frac{1}{3}, \qquad T^{ii} = \frac{1}{3}\kappa\gamma^2 v^2$$

が得られる．運動している粒子は，それぞれエネルギー $m\gamma$ をもつので，質量エネルギー密度は

$$m\gamma N = T^{00} = \kappa\gamma^2 \langle 1 \rangle = \kappa\gamma^2$$

となる．こうして，$\kappa = mN/\gamma$ で，非ゼロ成分は

$$T^{00} = m\gamma N, \qquad T^{ij} = \frac{1}{3} m\gamma N v^2 \delta^{ij}$$

となる．光子では，$v \to 1$，$m\gamma \to h\nu$ にすればよい．冷たいダストでは $v \ll 1$ なので，$T^{00} = mN$ だけが非ゼロ成分になる．

問題 5.3　完全流体のエネルギー運動量テンソル

完全流体の静止系において，そのエネルギー運動量テンソルは，質量エネルギー密度 ρ，圧力 p を用いて，対角行列

$$T^{\mu\nu} = \begin{bmatrix} \rho & & & 0 \\ & p & & \\ & & p & \\ 0 & & & p \end{bmatrix}$$

で表される．固有質量エネルギー密度 ρ，固有圧力 p の流体要素が 4 元速度 $\boldsymbol{u}$ で運動するとき，エネルギー運動量テンソルはどのように表されるか．

[解]　流体要素の静止系では，$u^0 = 1$，$u^i = 0$ なので，

$$T^{\mu\nu} = pg^{\mu\nu} + (\rho + p)u^\mu u^\nu$$

である．これは共変的なテンソル方程式で，かつ静止系で成立するので，一般に成立する式である．

問題 5.4　一様磁場のエネルギー運動量テンソル

一様磁場のエネルギー運動量テンソルを求めよ．また，磁場が静的だが「カオス的」（すなわち，磁場の向きはさまざまだが，平均すると等方的）になっている場合の，平均のエネルギー運動量テンソルはどのようになるか．

[解]　静的なのでエネルギー輸送はなく，明らかに $T^{0i} = 0$ となる．また，磁場のエネルギー密度は $T^{00} = B^2/8\pi$ である．

3 次元の応力テンソル T^{ij} が対角的になる空間座標は常に存在する．その 1 つは，対称性から $\mathbb{B}$ の方向になり，ほかの直交する 2 方向の選び方は任意である．$\mathbb{B} = B\mathbb{e}_z$ とすると，$T^{xx} = T^{yy}$ で，$T^{xy} = T^{yz} = T^{zx} = 0$ となる．

次に「圧力」の成分 T^{xx}，T^{yy}，T^{zz} を計算する．そのために，まず，磁場中に 3 辺が Δx，Δy，Δz の直方体を考え，それを断熱的に変化させる（断熱膨張では磁束 $B\Delta x\Delta y$，つまり，その体積中の磁束線の数は保存する）．直方体中のエネルギーは

$$\mathcal{E} = \frac{B^2}{8\pi}\Delta x\Delta y\Delta z = \frac{(B\Delta x\Delta y)^2\Delta z}{8\pi\Delta x\Delta y}$$

である．これより，圧力は簡単に計算できて，

$$T^{xx} = -\frac{1}{\Delta y\Delta z}\frac{d\mathcal{E}}{d(\Delta x)} = \frac{B^2}{8\pi} = T^{yy}$$

$$T^{zz} = -\frac{1}{\Delta x \Delta y}\frac{d\mathcal{E}}{d(\Delta z)} = -\frac{B^2}{8\pi}$$

となる．したがって，エネルギー運動量テンソルは

$$T^{\mu\nu} = \frac{B^2}{8\pi}\begin{bmatrix} 1 & & & 0 \\ & 1 & & \\ & & 1 & \\ 0 & & & -1 \end{bmatrix}$$

となる．

カオス的な磁場の場合は，互いに直交する座標軸を選び，その x, y, z 方向で磁場 $\mathbb{B}$ を平均化する．上の結果を用いて平均をとると，

$$\langle T^{\mu\nu} \rangle = \frac{B^2}{8\pi}\begin{bmatrix} 1 & & & 0 \\ & \frac{1}{3} & & \\ & & \frac{1}{3} & \\ 0 & & & \frac{1}{3} \end{bmatrix}$$

となる．ここで，B は平均の場の強さである．ほかの直交方向を選んでも，空間部分の 3×3 単位行列は回転に対して不変なので，結果は同じになる．したがって，これはすべての方向について平均化したものになっている．

問題 5.5　棒のエネルギー運動量テンソル

断面積 A，単位長さあたりの質量 μ の棒がある．棒が張力 F をもつとき，棒の内部のエネルギー運動量テンソルを求めよ．張力は棒の断面内で一様とする．

[解]　線密度が μ なので，$T^{00} = \mu/A$ である．また，棒の静止系ではエネルギー輸送はないので，$T^{0i} = 0$ となる．棒の軸に沿って z 軸をとると，対称性より非対角成分 T^{xy}，T^{yz}，T^{zx} はゼロでなければならない（問題 5.4 の説明を見よ）．z 方向の単位面積あたりの張力は $T^{zz} = -F/A$ となる．x, y 方向には圧力ははたらいていない（したがって，x または y 方向の運動量輸送はない）ので，$T^{xx} = T^{yy} = 0$ となる．

問題 5.6　静的破壊強度

単位長さあたりの質量が μ のロープがあり，その静的破壊強度を F とする．任意の観測者に対して T_{00} が正という弱いエネルギー条件† を破らないという条件

† 訳者注：問題 13.6 を参照．

のみがあるとき，F はどこまで大きくなることができるか．上限値を求めよ．鋼鉄のケーブルでは，この理論的上限値にどれくらい近いか．

［解］　上限値 F よりも無限小だけ弱い力がかかっているとしよう．ロープの断面積を A，軸方向を z 軸とすると，ロープの静止系における $\boldsymbol{T}$ の成分は問題 5.5 で与えられている．速度 $\boldsymbol{u} = (\gamma, \gamma\mathbf{v})$ で運動する観測者が測定する質量エネルギー密度は，

$$T^{0'0'} = T^{\alpha\beta}u_\alpha u_\beta = \frac{\gamma^2}{A}(\mu - Fv_z^2)$$

である．明らかに，観測者の z 方向の速度成分が $v_z \to 1$ となるとき，$T^{0'0'}$ が負になる可能性が最も大きい．$T^{0'0'}$ を正に保ち，弱いエネルギー条件を満たすためには，$F < \mu$ でなければならない．これが求めるべき上限値である．

鋼鉄のケーブルで評価すると，

$$\frac{F}{A} < \frac{\mu}{A}c^2 = \rho c^2 = 7 \times 10^{13}\,\mathrm{kgw/mm^2}$$

となる．実際の鋼鉄の静的破壊強度は $200\,\mathrm{kgw/mm^2}$ 程度なので，求めた上限値は $10^{11.5}$ 倍も大きい．これは，鋼鉄の強度は本質的には分子結合のエネルギー ($\lesssim 1\,\mathrm{eV}$) で与えられるものであり，ほぼ核子に存在する全質量密度 ($\sim 5 \times 10^{10}\,\mathrm{eV}$) によるものではないからである．

問題 5.7　回転物体のエネルギー運動量テンソル

長さが $2a$ で無限に細い棒があり，その両端に質量 m の質点がついている．実験室内で棒の中央部は固定され，棒はこの点のまわりに相対論的角速度 ω で回転している（すなわち，ωa が c と同じくらい）．この棒と質点の系のエネルギー運動量テンソルを求めよ．ただし，棒の質量は無視する．

［解］　中心からの距離 r にある棒の要素に対して，S′ をその瞬間的な静止系（共動慣性系）とする．この静止系でエネルギー運動量テンソルの非ゼロ成分は $T^{0'0'} = \rho$, $T^{x'x'} = p$ である．実験室系にローレンツ変換すると，非ゼロ成分は，$T^{00} = \gamma^2\rho$, $T^{0y} = \gamma^2 v\rho$, $T^{xx} = p$, $T^{yy} = \gamma^2 v^2 \rho$ になる．ここで，$v = \omega r$, $\gamma \equiv 1/\sqrt{1-v^2}$ である．極座標を用いれば，

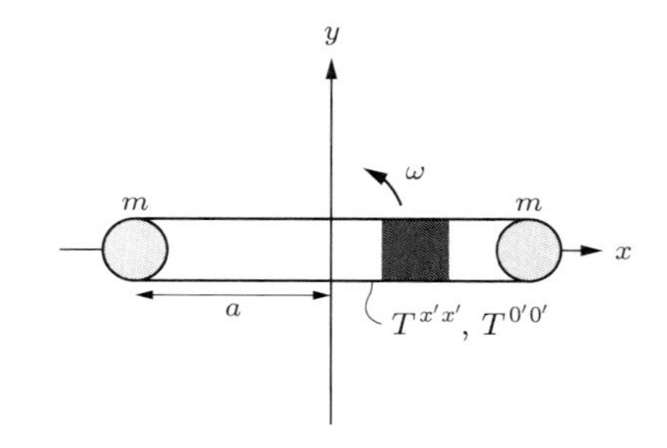

$$T^{00} = \gamma^2 \rho, \qquad T^{0\phi} = \frac{\gamma^2 v \rho}{r}, \qquad T^{rr} = p, \qquad T^{\phi\phi} = \frac{\gamma^2 v^2 \rho}{r^2}$$

が非ゼロ成分である．$p(r)$ を求めるために，保存則を用いると，

$$0 = T^{r\nu}{}_{;\nu} = T^{rr}{}_{,r} + T^{\phi\phi}\Gamma^{r}{}_{\phi\phi} + T^{rr}(\log\sqrt{-g})_{,r} = \frac{(T^{rr}r^2)_{,r}}{r^2} - r\sin^2\theta\, T^{\phi\phi}$$

となるので，

$$(pr^2)_{,r} = r\sin^2\theta\,\gamma^2 v^2 \rho$$

が得られる．質量エネルギー密度は質点のものだけなので，

$$\rho = \frac{m}{r^2}\delta(r-a)\delta(\cos\theta)\big[\delta(\phi - \omega t) + \delta(\phi - \omega t - \pi)\big]$$

である．p を求めるには，この式を用いて，境界条件 $p = 0$ $(r > a)$ のもとで保存則を解く．積分を実行すると，エネルギー運動量テンソル（実験室における t, r, θ, ϕ 座標で）は

$$T^{\mu\nu} = \frac{m}{1-\omega^2 a^2}\delta(\cos\theta)\big[\delta(\phi - \omega t) + \delta(\phi - \omega t - \pi)\big] \times \begin{bmatrix} \dfrac{\delta(r-a)}{a^2} & 0 & 0 & \dfrac{\omega\delta(r-a)}{a^2} \\ & -\dfrac{\omega^2 a}{r^2} & 0 & 0 \\ & & 0 & 0 \\ \text{（対称）} & & & \dfrac{\omega^2\delta(r-a)}{a^2} \end{bmatrix}$$

となることがわかる．

問題 5.8　コンデンサーの静電エネルギー

面積 A の大きな 2 枚の平板からなる平行板コンデンサーがある．平行板は x 軸に垂直で，わずかな距離 d だけ離れている．平行板は帯電し，平行板間に大きさ E の一様電場が生じている．平行板の端の効果は無視する．コンデンサーの静止系では，コンデンサーの「静電質量（静電エネルギー）」は $E^2 Ad/8\pi$ となる．コンデンサーが x 軸方向に運動しているとき，静電エネルギーが減少することを示せ．ここで，平行板の間隔は一定とする．

さて，ここで，平行板間に固有密度 ρ_0 の理想気体がはさまれているとする．これらが x 軸方向に運動するとき，質点のエネルギーが増加するのとまったく同じ割合で，コンデンサーの全エネルギー（静電エネルギーと気体のエネルギーの合計）が増加することを示せ．

[解]　運動方向に平行な電場は変化しないので，動いているコンデンサー内の静電場は E のままである．コンデンサーはローレンツ収縮のために厚さが d/γ になる．ここで，$\gamma \equiv 1/\sqrt{1-v^2}$ である．したがって，静電エネルギーは $E^2 Ad/8\pi\gamma < E^2 Ad/8\pi$ となり，減少する．

気体の圧力の大きさは電場 E による（負の）圧力と同じなので，$p = E^2/8\pi$ である．コンデンサーの静止系において，気体のエネルギー運動量テンソルの非ゼロ成分は，

$$T^{00} = \rho_0, \qquad T^{xx} = T^{yy} = T^{zz} = \frac{E^2}{8\pi}$$

となる．また，コンデンサーの全静止質量は

$$M = \frac{E^2 Ad}{8\pi} + \rho_0 Ad$$

である．コンデンサーが動いている場合には，気体の質量エネルギー密度は，ローレンツ変換によって

$$T^{0'0'} = \gamma^2 (T^{00} + v^2 T^{xx}) = \gamma^2 \left(\rho_0 + \frac{v^2 E^2}{8\pi}\right)$$

のように計算される．これらより，全エネルギーは，

$$\begin{aligned}\mathcal{E} &= \frac{E^2 Ad}{8\pi\gamma} + \gamma^2 \left(\rho_0 + \frac{v^2 E^2}{8\pi}\right)\frac{Ad}{\gamma} = \left[\gamma\rho_0 + \frac{\gamma E^2}{8\pi}\left(\frac{1}{\gamma^2} + v^2\right)\right] Ad \\ &= \gamma\left(\rho_0 + \frac{E^2}{8\pi}\right) Ad = \gamma M\end{aligned}$$

となる．

問題 5.9　荷電粒子系のエネルギー保存則

電磁相互作用している，質量 m_i，電荷 q_i の荷電粒子の系を考える．それぞれの粒子に対するエネルギー運動量テンソルの表式から，全系（全荷電粒子と電磁場）の $T^{\mu\nu}$ が保存すること，すなわち，$T^{\mu\nu}{}_{,\nu} = 0$ を示せ．

[解]　簡単のため，ミンコフスキー座標を用いる．粒子のエネルギー運動量テンソルは

$$T_{\mathrm{P}}^{\mu\nu}(\boldsymbol{x}) = \sum_i m_i \int u_i^\mu(\tau_i) u_i^\nu(\tau_i)\, \delta^4(\boldsymbol{x} - \boldsymbol{x}_i(\tau_i))\, d\tau_i$$

である．これより，

$$T_{\mathrm{P}}^{\mu\nu}{}_{,\nu} = \sum_i m_i \int u_i^\mu u_i^\nu \frac{\partial}{\partial x^\nu} \delta^4(\boldsymbol{x} - \boldsymbol{x}_i(\tau_i))\, d\tau_i$$

となる．デルタ関数は $\boldsymbol{x}-\boldsymbol{x}_i$ にしかよらないので，$\partial/\partial x^\nu$ を $-\partial/\partial x_i^\nu$ で置き換えることができる．$u_i^\nu \partial/\partial x_i^\nu = d/d\tau_i$ なので，

$$T_{\mathrm{P}\ ,\nu}^{\mu\nu} = -\sum_i m_i \int u_i^\mu \frac{d}{d\tau_i} \delta^4(\boldsymbol{x}-\boldsymbol{x}_i(\tau_i))\, d\tau_i$$
$$= \sum_i m_i \int \frac{du_i^\mu}{d\tau_i}\ \delta^4(\boldsymbol{x}-\boldsymbol{x}_i(\tau_i)) d\tau_i$$

が得られる．ここで，2 行目は部分積分による．

さて，i 番目の粒子に対して

$$m_i \frac{du_i^\mu}{d\tau_i} = q_i F^\mu{}_\nu(\boldsymbol{x}_i) u_i^\nu$$

より，問題 4.7 の結果を用いると

$$T_{\mathrm{P}\ ,\nu}^{\mu\nu} = \sum_i q_i \int F^\mu{}_\nu u_i^\nu\ \delta^4(\boldsymbol{x}-\boldsymbol{x}_i(\tau_i)) d\tau_i = F^\mu{}_\nu J^\nu$$

となる．一方，問題 4.15 より，

$$T_{\mathrm{EM}\ ,\nu}^{\mu\nu} = \frac{1}{4\pi} F^{\mu\alpha} F^\nu{}_{\alpha,\nu} = -F^{\mu\alpha} J_\alpha$$

である．したがって，$(T_{\mathrm{P}}^{\mu\nu} + T_{\mathrm{EM}}^{\mu\nu})_{,\nu} = 0$ となる．

問題 5.10　放射強度のローレンツ不変性

放射強度 (specific intensity) I_ν は，ある方向から到来する振動数 ν の放射がどれくらいの強度をもつかを表したものであり，単位振動数あたり，単位立体角あたりで定義される．I_ν/ν^3 がローレンツ不変であることを示せ．

[解]　狭い振動数の範囲で，かつ鋭い錐内を飛来してきて短時間に小さな面に衝突する dN 個の光子を考える．定義より，

$$I_\nu = \frac{d\,(\text{エネルギー})}{d\,(\text{振動数})\, d\,(\text{時間})\, d\,(\text{錐の立体角})\, d\,(\text{断面積})}$$

である．一般性を失うことなく，光子が飛来してくる鋭い錐の軸に沿って z 軸をとれる．このとき，

$$d\,(\text{エネルギー}) = h\nu\, dN, \quad d\,(\text{振動数}) = \frac{d(h\nu)}{h} = \frac{dp^z}{h}, \quad d\,(\text{時間}) = \frac{dz}{c} = dz$$
$$d\,(\text{錘の立体角}) = dv^x dv^y = d\left(\frac{p^x}{E}\right) d\left(\frac{p^y}{E}\right) = \frac{dp^x dp^y}{h^2\nu^2}, \quad d\,(\text{断面積}) = dx\, dy$$

となるので，

$$I_\nu = \frac{h^4 \nu^3 dN}{dx\,dy\,dz\,dp^x\,dp^y\,dp^z}$$

である．位相空間における数密度 $dN/(d^3x\,d^3p)$ はローレンツ不変（問題 3.34 を見よ）なので，I_ν/ν^3 も不変である．

問題 5.11　星からの放射流束

星が，その静止系で等方的に光度 L（単位時間あたりのエネルギー）の放射をしている．ある瞬間に地球から観測すると，星までの距離は R で，星は地球からの視線方向に対して角 θ をなす向きに速さ v で運動していた．このとき，地球上の観測者が測定した放射の流束密度（単位時間・単位面積あたりのエネルギー）を，R, v, θ を用いて表せ．

[解]　星の静止系において 3 次元空間に極座標を用いると，放射のエネルギー運動量テンソルは

$$T^{\mu\nu}(r,\theta,\phi) = \frac{L}{4\pi r^2} \begin{array}{c} \begin{array}{cccc} t & r & \theta & \phi \end{array} \\ \begin{bmatrix} 1 & 1 & 0 & 0 \\ 1 & 1 & 0 & 0 \\ 0 & 0 & 0 & 0 \\ 0 & 0 & 0 & 0 \end{bmatrix} \end{array} \tag{1}$$

となる．$\boldsymbol{\ell}$ を光子の放出点から到着点へと向かうベクトル（もちろんヌルベクトル）とする．星の静止系では，光子が距離 r の点で測定されたとすると，$\ell^0 = r$, $\ell^r = r$, $\ell^\theta = \ell^\phi = 0$ となり，到着点でのエネルギー運動量テンソルは座標によらずに，

$$\boldsymbol{T} = \left[\frac{L}{4\pi(\boldsymbol{u}_{\mathrm{s}} \cdot \boldsymbol{\ell})^4}\right] \boldsymbol{\ell} \otimes \boldsymbol{\ell}$$

と表せる．ここで，$\boldsymbol{u}_{\mathrm{s}}$ は星の 4 元速度であり，$\boldsymbol{u}_{\mathrm{s}} \cdot \boldsymbol{\ell} = -r$ である．さて，観測者が測定するエネルギー流束を計算するには，$\boldsymbol{T}$ を用いるのが便利である．観測者の系で見たときの星の観測点を表す空間的ベクトルを $\boldsymbol{n} = (0, \mathbb{n})$ とすると，$\boldsymbol{\ell} = (R, -R\mathbb{n})$ である．観測者が測定する流束は，観測者の系で，

$$F_{\mathrm{obs}} = -T^{0i} n_i = \boldsymbol{u}_{\mathrm{obs}} \cdot \boldsymbol{T} \cdot \boldsymbol{n}$$

と表せる．観測者の系では，

$$\boldsymbol{u}_{\mathrm{s}} \cdot \boldsymbol{\ell} = (\gamma, \gamma\mathbb{v}) \cdot (R, -R\mathbb{n}) = -\gamma R(1 + v\cos\theta)$$

となり，さらに，$\boldsymbol{\ell}\cdot\boldsymbol{u}_{\rm obs}=-R$, $\boldsymbol{\ell}\cdot\boldsymbol{n}=-R$ なので，以上より，

$$F_{\rm obs}=\frac{L}{4\pi\gamma^4(1+v\cos\theta)^4R^2}$$

が得られる．

別の導出方法として，I_ν/ν^3 がローレンツ不変であること（問題 5.10 を見よ）を利用する方法もある．

問題 5.12 ポインティング－ロバートソン効果

静止系において，入射したすべての電磁波を等方的に散乱する質量 m の球状の粒子を考える．粒子の実効的な散乱断面積を A とする．一定の強度（単位時間・単位面積あたりのエネルギー）S で一定の向きをもつ放射場中にこの粒子があるとして，粒子の運動方程式を書け．そして，初期に粒子が静止していた場合に，運動方程式を解け．

5

[解] 粒子の 4 元速度を $\boldsymbol{u}$，放射の伝播方向に沿うヌルベクトルを $\boldsymbol{\ell}$ とする．粒子は 4 元運動量流束 $-SA(\boldsymbol{u}\cdot\boldsymbol{\ell})\boldsymbol{\ell}$，つまり，放射のエネルギー運動量テンソル $\boldsymbol{T}=S\boldsymbol{\ell}\otimes\boldsymbol{\ell}$ に粒子の有効断面積を乗じて，（粒子の系での流束を得るために）粒子の 4 元速度との内積をとった分を吸収する．マイナスは $(-+++)$ の計量の符号による．粒子の静止系におけるこの時間成分は $SA(\boldsymbol{u}\cdot\boldsymbol{\ell})(\boldsymbol{u}\cdot\boldsymbol{\ell})$ で，静止系において粒子が吸収したエネルギーであるとともに，再放射するエネルギーでもある．したがって，全体の 4 元運動量の変化は

$$\frac{d\boldsymbol{p}}{d\tau}=m\frac{d\boldsymbol{u}}{d\tau}=-SA\big[(\boldsymbol{u}\cdot\boldsymbol{\ell})\boldsymbol{\ell}+(\boldsymbol{u}\cdot\boldsymbol{\ell})^2\boldsymbol{u}\big] \tag{1}$$

である．これが $\boldsymbol{u}$ に対する運動方程式である．

運動方程式を解くために，$\boldsymbol{\ell}$ と縮約をとり，$W\equiv\boldsymbol{u}\cdot\boldsymbol{\ell}$ とおくと，

$$\frac{dW}{d\tau}=-\frac{SA}{m}W^3$$

が得られる．これより，

$$W=-\frac{1}{\sqrt{2SA\tau/m+K}} \tag{2}$$

となる．ここで，K は任意定数である．さて，W を独立な変数として，式 (1) に $d\tau=-mdW/SAW^3$ を代入すると

$$\frac{d\boldsymbol{u}}{dW}-\frac{\boldsymbol{u}}{W}=\frac{1}{W^2}\boldsymbol{\ell} \tag{3}$$

となる．これは積分因子 $1/W$ をもち，容易に積分できて，

$$\frac{d}{dW}\left(\frac{1}{W}\boldsymbol{u}\right) = \frac{1}{W^3}\boldsymbol{\ell} \tag{4}$$

$$\boldsymbol{u} = -\frac{1}{2W}\boldsymbol{\ell} + W\boldsymbol{q} \tag{5}$$

を得る．ここで，$\boldsymbol{q}$ は積分定数である．条件 $\boldsymbol{u}\cdot\boldsymbol{\ell} = W$ と $\boldsymbol{u}\cdot\boldsymbol{u} = -1$ より $\boldsymbol{q}\cdot\boldsymbol{\ell} = 1$, $\boldsymbol{q}\cdot\boldsymbol{q} = 0$ となる．式 (2) を用いて W を式 (5) に代入し，積分すると，

$$\boldsymbol{x} = \frac{1}{6\alpha}(2\alpha\tau + K)^{3/2}\boldsymbol{\ell} - \frac{1}{\alpha}(2\alpha\tau + K)^{1/2}\boldsymbol{q} + \boldsymbol{x}_0$$

となる．ここで，$\alpha = SA/m$ である．初期に粒子が原点で静止しており，放射が x 軸に平行として積分定数を決定すると，

$$t = \frac{1}{6\alpha}(2\alpha\tau + 1)^{3/2} + \frac{1}{2\alpha}(2\alpha\tau + 1)^{1/2} - \frac{2}{3\alpha}$$

$$x = \frac{1}{6\alpha}(2\alpha\tau + 1)^{3/2} - \frac{1}{2\alpha}(2\alpha\tau + 1)^{1/2} + \frac{1}{3\alpha}$$

$$y = 0, \qquad z = 0$$

が得られる．（この解法は Robertson and Noonan, pp. 166–168 に従っている．）

問題 5.13　黒体放射中の球体

熱伝導性をもつ黒い球体が，温度 T_0 の黒体放射中を速さ v で運動している．球体に取り付けられた温度計は何度を指すか．

［解］　球体上の観測者は，方向によって異なるドップラー効果を受けた黒体放射を観測する．黒体放射は $I_\nu/\nu^3 =$（定数）$\times\ (e^{h\nu/kT} - 1)^{-1}$ のスペクトルをもち，また，I_ν/ν^3 はローレンツ不変なので，ドップラー効果による $\nu_0 \to \nu$ の変化は，温度を $T_0 \to T = T_0(\nu/\nu_0)$ の有効温度に変化させるだけである．

球体と一緒に動く観測者が，運動方向に対して θ の角度をなす方向を見たとき，ドップラー効果はどのようになるか．標準的な結果は不変性を用いて簡単に導出できる．$\boldsymbol{u}$ を球体の4元速度，$\boldsymbol{u}_0$ を放射の4元速度，$\boldsymbol{p}$ をプランク定数を単位とする光子の4元運動量とする．このとき，$\nu = -\boldsymbol{u}\cdot\boldsymbol{p}$, $\nu_0 = -\boldsymbol{u}_0\cdot\boldsymbol{p}$, $1/\sqrt{1-v^2} \equiv \gamma = -\boldsymbol{u}\cdot\boldsymbol{u}_0$ である．球体の系では

$$\boldsymbol{u} = (1, \mathbb{0}), \qquad \boldsymbol{u}_0 = (\gamma, -\gamma\mathbb{v}), \qquad \boldsymbol{p} = (\nu, \nu\mathbb{n})$$

である．ここで，$\mathbb{n}$ は3次元単位ベクトルである．$\mathbb{v}$ 方向の空間的な単位ベクトルは，

$$\left(0, \frac{\mathbb{v}}{v}\right) = -\frac{\boldsymbol{u}_0 + (\boldsymbol{u}_0\cdot\boldsymbol{u})\boldsymbol{u}}{\gamma v}$$

となる（これは球体の系での成分を代入すると確かめられる）．同様に，ベクトル $(0,\mathbb{n})$ は共変的に，

$$(0,\mathbb{n})=\frac{\boldsymbol{p}+(\boldsymbol{u}\cdot\boldsymbol{p})\boldsymbol{u}}{\nu}$$

と書ける．そこで，球体の系において，光子の伝播方向の角度 θ は

$$\cos\theta=(0,\mathbb{n})\cdot\left(0,\frac{\mathbb{v}}{v}\right)=\frac{\nu_0-\gamma\nu}{\gamma v\nu}$$

より求められる．ここで，最後の等号には $\nu=-\boldsymbol{u}\cdot\boldsymbol{p}$ などを用いた．ν/ν_0 について解くと，

$$\frac{T}{T_0}=\frac{\nu}{\nu_0}=\frac{1}{\gamma(1+v\cos\theta)}$$

が得られる．

最後に，平衡状態での温度はすべての方向について平均をとった量 $\langle T(\theta)^4\rangle^{1/4}$ で与えられる（これは放射率が T^4 に比例し（ステファン–ボルツマンの法則），熱平衡では放射率と吸収率は等しいからである）．こうして，

$$\left\langle\frac{T}{T_0}\right\rangle^4=\frac{1}{2}\int_{\cos\theta=-1}^{\cos\theta=1}\frac{d(\cos\theta)}{\gamma^4(1+v\cos\theta)^4}=\frac{1}{\gamma^4}\frac{1}{6v}\left[\frac{1}{(1-v)^3}-\frac{1}{(1+v)^3}\right]$$

となり，

$$T_{\text{equilibrium}}=\langle T^4\rangle^{1/4}=\left[\gamma^2\left(1+\frac{v^2}{3}\right)\right]^{1/4}T_0$$

が得られる．

問題 5.14　コンプトン散乱

温度 $T\ll m_{\mathrm{e}}c^2/k$ の電子気体中で，エネルギー $E\ll m_{\mathrm{e}}c^2$ の光子が電子と衝突してコンプトン散乱した．衝突の際に光子の失う平均エネルギーが，E と T の最低次で，

$$\langle\Delta E\rangle=\frac{E}{m_{\mathrm{e}}c^2}(E-4kT)$$

となることを示せ．

[解]　エネルギーの平均的な輸送を $\langle\Delta E\rangle$ とする．（$c=k=1$ の単位系で）$E/m_{\mathrm{e}}\ll 1$ と $T/m_{\mathrm{e}}\ll 1$ の条件があるので，次の二重級数展開

$$\langle\Delta E\rangle=m_{\mathrm{e}}\left[\alpha_1+\alpha_2\left(\frac{E}{m_{\mathrm{e}}}\right)+\alpha_3\left(\frac{T}{m_{\mathrm{e}}}\right)+\alpha_4\left(\frac{E^2}{m_{\mathrm{e}}^2}\right)+\alpha_5\left(\frac{ET}{m_{\mathrm{e}}^2}\right)+\alpha_6\left(\frac{T^2}{m_{\mathrm{e}}^2}\right)+\cdots\right] \tag{1}$$

の中で，最初に現れる非自明な項だけを考えればよい．

$T = E = 0$ の場合は何も生じないので，$\alpha_1 = 0$ である．

$T = 0$，$E \neq 0$ の場合は通常のコンプトン散乱になり，散乱断面積が $d\sigma/d\Omega \propto 1 + \cos^2\theta$，エネルギー輸送が $\Delta E = (E^2/m_\mathrm{e})(1 - \cos\theta)$ である．散乱断面積は前方と後方で対称になっているので，角度について平均をとると，$\cos\theta$ の項は打ち消されて，

$$\langle \Delta E \rangle = \frac{E^2}{m_\mathrm{e}}, \qquad T = 0$$

となる．これは，$\alpha_2 = 0$，$\alpha_4 = 1$ を意味する．

$T \neq 0$，$E = 0$ の場合は光子のエネルギーがゼロで，つまり真空である．これより，$\alpha_3 = \alpha_6 = 0$ となる．

最後に，α_5 を求めるために希薄な光子流束を用いた思考実験を行う．光子は次式のように，気体と同じ温度で，

$$\frac{d\,(\text{光子数})}{dE} = (\text{定数}) \times E^2 e^{-E/T}$$

の黒体放射の分布をしているとする．式 (1) に $\alpha_1 = \alpha_2 = \alpha_3 = \alpha_6 = 0$，$\alpha_4 = 1$ を代入し，熱平衡，つまり $\int_0^\infty \langle \Delta E \rangle E^2 e^{-E/T} dE = 0$ とすると，$0 = (3T/m_\mathrm{e})(4T + \alpha_5 T)$ となり，$\alpha_5 = -4$ が求められる．こうして，式 (1) は最終的に，

$$\langle \Delta E \rangle = \frac{E^2 - 4ET}{m_\mathrm{e}} + \cdots$$

となる．

問題 5.15　ビリアル定理

特殊相対性理論において，有限のサイズをもつ孤立した物理系のエネルギー運動量テンソルは，次のビリアル定理に従うことを示せ．

$$\int T^{ij} d^3x = \frac{1}{2}\frac{d^2}{dt^2}\int T^{00} x^i x^j d^3x$$

[解]　ここでは，まず保存則 $(T^{\mu\nu}{}_{,\nu} = 0)$ を用いて，1 階微分項を発散項 (divergence) に変え，ガウスの定理により，表面項を消す方法をとる．保存則を繰り返し用いると，

$$T^{00}{}_{,00} = -T^{0k}{}_{,k0} = -T^{k0}{}_{,0k} = T^{km}{}_{,mk}$$

となる．$x^i x^j$ をかけると，

$$
\begin{aligned}
(x^i x^j T^{00})_{,00} &= x^i x^j (T^{km})_{,km} \\
&= (T^{km} x^i x^j)_{,km} - 2(x^i x^j)_{,k} T^{km}{}_{,m} - T^{km}(x^i x^j)_{,km} \\
&= (T^{km} x^i x^j)_{,km} - 2(x^j T^{im}{}_{,m} + x^i T^{jm}{}_{,m}) - 2T^{ij}
\end{aligned}
$$

が得られる．1 階微分の項は，たとえば

$$
x^j T^{im}{}_{,m} = (x^j T^{im})_{,m} - \delta^j{}_m T^{im}
$$

のように変形される．このようにして，全空間で積分し，表面項として消えることになる発散項を無視すれば，残りの項は，

$$
\frac{d^2}{dt^2} \int x^i x^j T^{00} d^3x = \int [0 - 2(-T^{ij} - T^{ij}) - 2T^{ij}] d^3x = 2 \int T^{ij} d^3x
$$

となり，ビリアル定理が証明される．

問題 5.16　エネルギー運動量テンソルの時間的固有ベクトル

どの方向においても正味のエネルギー流束を見ることができない観測者が存在するとき，そしてそのときに限り，エネルギー運動量テンソルは時間的な固有ベクトルをもつことを示せ．また，固有値の意味を考えよ．

[解]　$\boldsymbol{v}$ を $\boldsymbol{T}$ の時間的な固有ベクトル

$$
\boldsymbol{T} \cdot \boldsymbol{v} = \alpha \boldsymbol{v}
$$

とする．4 元速度 $\boldsymbol{u} = \pm \boldsymbol{v}/|\boldsymbol{v}|$ の観測者によって測定されるエネルギー運動量テンソルを考える（符号は $\boldsymbol{u}$ が未来向きになるように選ぶ）．観測者の静止系では $\boldsymbol{u} = (1, \mathbb{0})$ で，エネルギー流束 $\boldsymbol{S}$ は，

$$
-\boldsymbol{S} = \boldsymbol{T} \cdot \boldsymbol{u} = \frac{1}{|\boldsymbol{v}|} \boldsymbol{T} \cdot \boldsymbol{v} = \frac{\alpha}{|\boldsymbol{v}|} \boldsymbol{v} = \alpha \boldsymbol{u} = (\alpha, \mathbb{0})
$$

となる．こうして，観測者にはエネルギー流束は見えない．固有値 α は，観測者が測定する質量エネルギー密度にマイナスをかけた量である．

逆に，4 元速度 $\boldsymbol{u}$ をもつ観測者がエネルギー流束を観測しないとき，ある α に対して $-\boldsymbol{S} = \boldsymbol{T} \cdot \boldsymbol{u} = \alpha \boldsymbol{u}$ となる．したがって，$\boldsymbol{u}$ が $\boldsymbol{T}$ の時間的な固有ベクトルになっている．

問題 5.17 圧力を加えられた物質の慣性質量

(a) 圧力を加えられた物質が，ある慣性系の中を速さ $|\mathbf{v}| \ll 1$ で運動している．速度の 1 次までのオーダーにおいて，物質の運動量密度の空間成分が

$$g^j = m^{jk} v_k$$

となることを示せ．ここで，m^{jk} は「単位体積あたりの慣性質量」で，物質の静止系におけるエネルギー運動量テンソルの成分 $T^{\mu'\nu'}$ を用いて，

$$m^{jk} = T^{0'0'} \delta^{jk} + T^{j'k'}$$

と表される．完全流体に対して m^{jk} を求めよ．

(b) 圧力を加えられた物質が，実験室系で平衡 $(T^{\alpha\beta}{}_{,0} = 0)$，かつ孤立した状態で静止している．物質の全慣性質量

$$M^{ij} \equiv \int_V m^{ij} dx\, dy\, dz$$

が等方的で，物質の静止質量に等しいこと，つまり，

$$M^{ij} = \delta^{ij} \int_V T^{00} dx\, dy\, dz$$

を示せ．

[解] (a) 速度の 2 次の項を無視した場合，一般のローレンツ変換は，

$$\Lambda^0{}_{0'} = 1, \qquad \Lambda^0{}_{i'} = v, \qquad \Lambda^i{}_{j'} = \delta^{i'}{}_{j'}$$

となる．$T^{\mu'\nu'}$ を流体の静止系におけるエネルギー運動量テンソルの成分とすると，$T^{0'i'} = 0$ であり，

$$\begin{aligned} g^j \equiv T^{0j} = \Lambda^0{}_{\mu'} \Lambda^j{}_{\nu'} T^{\mu'\nu'} &= \Lambda^0{}_{0'} \Lambda^j{}_{0'} T^{0'0'} + \Lambda^0{}_{k'} \Lambda^j{}_{i'} T^{i'k'} \\ &= v^j T^{0'0'} + v_k T^{j'k'} = v_k (T^{0'0'} \delta^{jk} + T^{j'k'}) \end{aligned}$$

となることがわかる．完全流体では，$T^{0'0'} = \rho$, $T^{j'k'} = p\,\delta^{jk}$ なので，「単位体積あたりの慣性質量」は

$$m^{jk} = (\rho + p)\delta^{jk}$$

となる．

(b) m^{ij} を代入すると，

$$M^{ij} = \delta^{ij} \int_V T^{00}\, dx\, dy\, dz + \int_V T^{ij}\, dx\, dy\, dz$$

なので，第 2 項がゼロになることを示せばよい．T^{jk} の 3 次元での発散が，

$$T^{jk}{}_{,k} = T^{j\mu}{}_{,\mu} - T^{j0}{}_{,0} = 0 - 0$$

のようにゼロになることに注意すると，

$$(x^k T^{ji})_{,i} = \delta^k{}_i T^{ji} + x^k T^{ji}{}_{,i} = T^{jk}$$

となる．ガウスの定理より，

$$\int_{\mathrm{V}} T^{jk}\, dx\, dy\, dz = \int_{\mathrm{V}} (x^k T^{ji})_{,i}\, dx\, dy\, dz = \int_{\mathrm{S}} x^k T^{ji} n_i\, dS$$

となる．ここで，S は物体の外側を取り囲む任意の面で，$\mathbb{n}$ は S の外向きの法線ベクトルである．表面積分は明らかに消えるので，証明ができた．

5

問題 5.18　$\nabla \boldsymbol{u}$ の分解

流体の 4 元速度を $\boldsymbol{u}$ とするとき，$\nabla \boldsymbol{u}$ が次のように分解されることを示せ．

$$u_{\alpha;\beta} = \omega_{\alpha\beta} + \sigma_{\alpha\beta} + \frac{1}{3}\theta P_{\alpha\beta} - a_\alpha u_\beta$$

ここで，$\boldsymbol{a}$ は流体の **4 元加速度** (4-acceleration)

$$a_\alpha \equiv u_{\alpha;\beta} u^\beta$$

θ は流体の世界線束の**体膨張率** (expansion)

$$\theta \equiv \nabla \cdot \boldsymbol{u} = u^\alpha{}_{;\alpha}$$

$\omega_{\alpha\beta}$ は流体の**回転 2-形式** (rotation 2-form)

$$\omega_{\alpha\beta} \equiv \frac{1}{2}(u_{\alpha;\mu} P^\mu{}_\beta - u_{\beta;\mu} P^\mu{}_\alpha)$$

$\sigma_{\alpha\beta}$ は**ずりテンソル** (shear tensor)

$$\sigma_{\alpha\beta} \equiv \frac{1}{2}(u_{\alpha;\mu} P^\mu{}_\beta + u_{\beta;\mu} P^\mu{}_\alpha) - \frac{1}{3}\theta P_{\alpha\beta}$$

である．また，$\boldsymbol{P}$ は**射影テンソル** (projection tensor)

$$P_{\alpha\beta} \equiv g_{\alpha\beta} + u_\alpha u_\beta$$

で，$\boldsymbol{u}$ に垂直な 3 次元面にベクトルを射影する．

[解]　$\sigma_{\alpha\beta}$ と $\omega_{\alpha\beta}$ の定義を用いると，示すのは

$$u_{\alpha;\beta} = u_{\alpha;\mu} P^{\mu}{}_{\beta} - a_\alpha u_\beta$$

だけになる．これは $P^{\mu}{}_{\beta}$ の定義より，直接的に正しいことが示せる．しかし，ここではより教育的に，$\boldsymbol{u}$ と $\boldsymbol{P}$ とで式を射影する方法を考える．まず，

$$\boldsymbol{u} \cdot \boldsymbol{P} = 0, \qquad \boldsymbol{P} \cdot \boldsymbol{P} = \boldsymbol{P}$$

となることに注意しておく．$\boldsymbol{u}$ と $\boldsymbol{P}$ での射影は，それぞれ，

$$\begin{aligned} u_{\alpha;\beta} P^{\beta}{}_{\gamma} &= u_{\alpha;\mu} P^{\mu}{}_{\beta} P^{\beta}{}_{\gamma} - a_\alpha u_\beta P^{\beta}{}_{\gamma} = u_{\alpha;\mu} P^{\mu}{}_{\gamma} - 0 \\ u_{\alpha;\beta} u^{\beta} &= u_{\alpha;\mu} P^{\mu}{}_{\beta} u^{\beta} - a_\alpha u_\beta u^{\beta} = 0 + a_\alpha \end{aligned}$$

となる．これらの式を見ると，$\boldsymbol{u}$ 方向と $\boldsymbol{u}$ に直交する方向への射影が正しくなっているので，分解の式が確かめられた．

問題 5.19　相対論的熱力学第 1 法則

相対論的流体に対して，熱力学第 1 法則（つまり，流体要素に対するエネルギー保存則）を記せ．

[解]　流体の質量エネルギー密度を ρ，圧力を P，温度を T，エントロピーを S とすると，体積 V の流体要素に対するエネルギー保存則は

$$d(\rho V) = -PdV + TdS$$

となる．ここで，S は体積 V 内のエントロピーである．非相対論的な場合との違いは，エネルギー密度が質量エネルギー密度に置き換わっているところだけである．これは，相対性理論では質量が保存しないことによる．一方，バリオン数は保存するので，第 1 法則は，しばしばバリオン数密度 n，バリオンあたりのエントロピー s を用い，$V \equiv$（バリオン数）$/n$ で V を消去して，

$$d\left(\frac{\rho}{n}\right) = -Pd\left(\frac{1}{n}\right) + Tds$$

または，

$$d\rho = (\rho + P)\left(\frac{dn}{n}\right) + nTds$$

のように表される．

問題 5.20　完全流体 (1)

エネルギー保存則 ($T^{\mu\nu}{}_{;\nu} = 0$) を用いて，完全流体の流れが等エントロピー的（断熱的）であることを示せ．

[解]　完全流体では $T^{\mu\nu} = (P+\rho)u^\mu u^\nu + Pg^{\mu\nu}$ であり，流体の静止系におけるエネルギー保存則の第 0 成分は，

$$
\begin{aligned}
u_\mu T^{\mu\nu}{}_{;\nu} &= T^{0\nu}{}_{;\nu} \\
&= P_{,\nu}g^{0\nu} + Pg^{0\nu}{}_{;\nu} + (P+\rho)_{,\nu}u^\nu u^0 + (P+\rho)(u^\nu{}_{;\nu}u^0 + u^0{}_{;\nu}u^\nu) = 0
\end{aligned}
$$

となる．

いま，$g^{\mu\nu}{}_{;\nu} = 0$，$u^0 = 1$，$u^0{}_{;\nu} = u_\alpha u^\alpha{}_{;\nu} = (u_\alpha u^\alpha)_{;\nu}/2 = 0$ より，方程式は

$$
0 = -\frac{d}{dt}P + \frac{d}{dt}(P+\rho) + (P+\rho)u^\nu{}_{;\nu}
$$

となる．n を流体の静止系におけるバリオン数密度とすると，バリオン数流束を表すベクトル $n\boldsymbol{u}$ は保存する．したがって，静止系では，

$$
(nu^\nu)_{;\nu} = 0 = n_{,\nu}u^\nu + nu^\nu{}_{;\nu} = \frac{dn}{dt} + nu^\nu{}_{;\nu}
$$

となる．この式を用いて $u^\nu{}_{;\nu}$ を消去すると，方程式は

$$
\frac{d\rho}{dt} = \frac{P+\rho}{n}\frac{dn}{dt}
$$

と書ける．熱力学第 1 法則（問題 5.19）とこの式を比較すると，$ds/dt = 0$ がいえる．したがって，完全流体の流れは等エントロピー的である．

問題 5.21　完全流体 (2)

状態方程式 $\rho = \rho(n)$（ここで，n はバリオン数密度）の完全流体に対して，エネルギー運動量テンソルのトレース $T^\mu{}_\mu$ が負になるのは，

$$
\frac{d\log\rho}{d\log n} < \frac{4}{3}
$$

が満たされるとき，かつ，そのときに限ることを示せ．

[解]　完全流体の熱力学第 1 法則（問題 5.20）と状態方程式 $\rho = \rho(n)$ より，

$$
\frac{d\rho}{\rho} = \frac{\rho+P}{\rho}\frac{dn}{n}
$$

となり，これを

$$\frac{d\log\rho}{d\log n} = \frac{\rho + P}{\rho}$$

のように変形する．これより，$d\log\rho/d\log n < 4/3$ のとき，またこのときに限り，ρ は $3P$ よりも大きくなる．エネルギー運動量テンソルのトレースをとると，

$$T^{\mu}{}_{\mu} = (\rho + P)u^{\mu}u_{\mu} + pg^{\mu}{}_{\mu} = -(\rho + P) + 4P = 3P - \rho$$

となるので，証明が完了する．

問題 5.22 相対論的完全流体の音速

相対論的完全流体における音速 $v_{\rm s}$ は，バリオン数あたりのエントロピー s を一定にしたときの，

$$v_{\rm s}^2 = \left(\frac{\partial P}{\partial\rho}\right)_s$$

で与えられることを示せ．状態方程式が $\rho \approx 3P$ で表される高温の相対論的気体に対しては，$v_{\rm s} = 1/\sqrt{3}$ となることを示せ．

[解] 音波は，一様で静的な流体の（等エントロピーの）ゆらぎと考える．ここで，一様な流体のパラメータを ρ_0，P_0，n_0，および，それらの摂動量を ρ_1，P_1，n_1 とし，非摂動の流体の静止系における摂動の速度を $\boldsymbol{u} \approx (1, \mathbb{v}_1)$ とする．$T^{\mu\nu}{}_{,\nu} = 0$ の 1 次の摂動方程式から，

$$\nabla\cdot\mathbb{v}_1 = -\frac{1}{\rho_0 + P_0}\frac{\partial\rho_1}{\partial t} \qquad (\mu = 0)$$

$$\frac{\partial\mathbb{v}_1}{\partial t} = -\frac{\nabla P_1}{\rho_0 + P_0} \qquad (\mu = 1, 2, 3)$$

が得られる．これらをまとめると，

$$\frac{\partial^2\rho_1}{\partial t^2} - \nabla^2 P_1 = 0$$

となる．P_1 と ρ_1 は等エントロピーの流れに対して，

$$P_1 = \left(\frac{\partial P}{\partial\rho}\right)_s \times \rho_1$$

で関係付けられているので，上の式は波動方程式

$$\nabla^2\rho_1 - \frac{1}{v_{\rm s}^2}\frac{\partial^2\rho_1}{\partial t^2} = 0$$

となる．ここで，$v_{\rm s}$ は摂動を特徴付ける速度，すなわち音速である．

状態方程式が $\rho \approx 3P$ の場合，

$$v_{\rm s}^2 = \frac{\partial P}{\partial \rho} = \frac{1}{3}$$

となるので，相対論的気体に対しては $v_{\rm s} = 1/\sqrt{3}$ である．

問題 5.23　音速と断熱指数

流体の音速は $v_{\rm s}^2 = (\partial P/\partial \rho)_s$ で与えられる．$v_{\rm s}^2 = \Gamma_1 P/(\rho + P)$ を示せ．ここで，

$$\Gamma_1 = \left(\frac{\partial \log P}{\partial \log n}\right)_s$$

は断熱指数である．

［解］　熱力学第 1 法則（問題 5.19 を見よ）より，$ds = 0$ のとき，

$$\frac{dn}{d\rho} = \frac{n}{\rho + P}$$

となる．ここで，Γ_1 の定義と問題 5.22 での $v_{\rm s}^2$ の表式を用いると，

$$\frac{v_{\rm s}^2}{\Gamma_1} = \frac{dP/d\rho}{(ndP)/(Pdn)} = \frac{P}{n}\frac{dn}{d\rho} = \frac{P}{\rho + P}$$

が得られる．

問題 5.24　理想フェルミ気体の音速

ゼロ温度の理想フェルミ気体における音速を求めよ．

［解］　ゼロ温度のフェルミ気体では，フェルミ準位 $E = E_{\rm F}$ まですべてのエネルギー状態が占有されている．フェルミ粒子には 2 つのスピン状態があるので，位相空間におけるフェルミ粒子の密度は $2/h^3$ となり，

$$\frac{dn}{V} = \frac{2}{h^3} d^3 p$$

$$\rho = \int_0^{p_{\rm F}} \sqrt{p^2 + m^2}\,\frac{2}{h^3} 4\pi p^2 dp, \qquad P = \int_0^{p_{\rm F}} \frac{1}{3}\frac{p^2}{\sqrt{p^2 + m^2}}\frac{2}{h^3} 4\pi p^2 dp$$

となる．ここで，$p_{\rm F}$ はフェルミエネルギーに対応する運動量である．問題 5.22 より，$v_{\rm s}^2 = dP/d\rho$ なので，

$$v_{\rm s}^2 = \frac{dP}{d\rho} = \frac{dP/dp_{\rm F}}{d\rho/dp_{\rm F}} = \frac{1}{3}\left(\frac{p_{\rm F}}{E_{\rm F}}\right)^2 = \frac{1}{3}\left(1 - \frac{m^2}{E_{\rm F}^2}\right)$$

となる．相対論的なフェルミ気体では $v_s \to 1/\sqrt{3}$ となることに注意する．

問題 5.25　相対論的風洞

相対論的な風洞があり，断熱圧縮された完全流体の気体がタンクから勢いよく供給される．気体は状態方程式 $P \propto n^\gamma$（γ は定数）に従い，タンク中での音速を a とする．得られる最大の風速 $v_{\max}$ を求めよ（重力は考えず，等エントロピー流とする）．

[解]　相対論的なベルヌーイの定理は，完全流体の流線に沿ったエネルギー保存を表していて（問題 14.7），

$$\frac{1}{\sqrt{1-v^2}} = \left(\frac{n}{\rho+P}\right) \times (\text{定数})$$

となる（この式は $T^{0\nu}{}_{,\nu}=0$ と $(nu^\mu)_{,\mu}=0$，および熱力学第 1 法則 $d\rho/(\rho+P)=dn/n$ から得られる）．気体はタンクから初速度ゼロでスタートするので，（定数）$=(\rho_0+P_0)/n_0$ である．$n/(\rho+P)$ の最大値が v の最大値 $v_{\max}$ を与えるが，これは $P\to 0$，すなわち，$\rho=mn$ のときである．したがって，

$$\frac{1}{\sqrt{1-v_{\max}^2}} = \frac{1}{m}\left(\frac{\rho_0+P_0}{n_0}\right)$$

となる．

さてここで，タンク内の気体 (ρ_0, P_0, n_0) がもつ音速 a のみを用いて右辺を書き直す．圧力は定数 K を用いて $P=Kn^\gamma$ と書けるので，第 1 法則は

$$\frac{d\rho}{dn} = \frac{Kn^\gamma+\rho}{n}$$

となる．これは積分可能で，（$n\to 0$ で $\rho\to mn$ となることを用いて）

$$\rho = mn + \frac{K}{\gamma-1}n^\gamma$$

となる．音速 a は

$$a^2 = \frac{dP}{d\rho} = \frac{dP/dn}{d\rho/dn} = \frac{\gamma K n^{\gamma-1}}{m+\gamma K n^{\gamma-1}/(\gamma-1)} \tag{1}$$

で与えられ，また，熱力学第 1 法則より，

$$\frac{\rho+P}{n} = \frac{d\rho}{dn} = \frac{dP}{dn}\frac{d\rho}{dP} = \gamma K n^{\gamma-1}\cdot\frac{1}{a^2} \tag{2}$$

である．式 (1) にある同じ組み合わせ $\gamma K n^{\gamma-1}$ について解くと，

$$\gamma K n^{\gamma-1} = \frac{ma^2}{1 - a^2/(\gamma - 1)}$$

となり，これを式 (2) に代入すると，

$$\frac{1}{m}\frac{\rho_0 + P_0}{n_0} = \frac{1}{1 - a^2/(\gamma - 1)}$$

となる．したがって，

$$v_{\max}^2 = 1 - \left(1 - \frac{a^2}{\gamma - 1}\right)^2$$

を得る（相対論的気体の極限 $v_{\max} \to 1$ では，$\gamma \to 4/3$，$a^2 \to 1/3$ である）．

問題 5.26　熱流のエネルギー運動量テンソル

流体の熱流に対しては，4 元熱流束密度ベクトル $\boldsymbol{q}$ を用いて記述するのがよい．ここで，$\boldsymbol{q}$ の成分は流体の静止系において $q^0 = 0$，q^j は $\boldsymbol{e}_j$ に垂直な単位面を j 方向に単位時間あたりに横切るエネルギーである．この熱流に対するエネルギー運動量テンソルを求めよ．

[解]　流体の静止系では，エネルギー運動量テンソルの成分のうち $T^{0j} = T^{j0} = q^j$ だけが $\boldsymbol{q}$ に関係する．流体の 4 元速度は $\boldsymbol{u} = (1, \mathbb{0})$ なので，

$$T^{\alpha\beta} = u^\alpha q^\beta + u^\beta q^\alpha$$

は静止系では正しく，したがって，共変性より一般の系でも正しい．

問題 5.27　エントロピー流束密度

s，n，$\boldsymbol{q}$ を，それぞれ流体の共動座標系で測定されたバリオンあたりのエントロピー，バリオン数密度，熱流束密度とする．この共動座標系において，$\boldsymbol{q}$ は純粋に空間的（時間成分をもたない）である．$\boldsymbol{S}$ をエントロピー流束密度を表す 4 元ベクトルとすると，

$$\boldsymbol{S} = ns\boldsymbol{u} + \frac{\boldsymbol{q}}{T}$$

で表されることを示せ．ここで，$\boldsymbol{u}$ は流体の静止系の 4 元速度である．

[解]　流体の静止系では，

$$S^0 = \text{（エントロピー密度）} = ns$$

$$S^j = \text{（エントロピー流束密度）} = \frac{\text{（熱流束密度）}}{T} = \frac{q^j}{T}$$

となる．また，$q^0 = 0$, $u^0 = 1$ なので，$\boldsymbol{S} = ns\boldsymbol{u} + \boldsymbol{q}/T$ は流体の静止系では正しい．したがって，一般にも正しい．

問題 5.28 熱流束密度とエントロピー生成

熱流束密度 $\boldsymbol{q}$ で表される熱伝導がある以外は完全流体の性質をもつ流体がある．この流体の局所的なエントロピー生成の割合 $\nabla \cdot \boldsymbol{S}$ を求めよ．

[解] この系のエネルギー運動量テンソルは，

$$\boldsymbol{T} = \boldsymbol{T}_{\text{fluid}} + \boldsymbol{T}_{\text{heat}} = \left[(\rho + P)\boldsymbol{u} \otimes \boldsymbol{u} + P\boldsymbol{g}\right] + [\boldsymbol{q} \otimes \boldsymbol{u} + \boldsymbol{u} \otimes \boldsymbol{q}]$$

と書ける．流体に沿ったエネルギー保存の式は，

$$0 = (\nabla \cdot \boldsymbol{T}) \cdot \boldsymbol{u} = (\nabla \cdot \boldsymbol{T}_{\text{fluid}}) \cdot \boldsymbol{u} + (\nabla \cdot \boldsymbol{T}_{\text{heat}}) \cdot \boldsymbol{u} \tag{1}$$

である．少し計算すると第1項は $-(d\rho/d\tau) + (dn/d\tau)[(\rho + P)/n]$ となり（問題 5.20 を見よ），これは熱力学第1法則により，$-nT(ds/d\tau)$ と等しいことがわかる（問題 5.19 を見よ）．第2項は

$$(\nabla \cdot \boldsymbol{T}_{\text{heat}}) \cdot \boldsymbol{u} = (q^\mu u^\nu + u^\mu q^\nu)_{;\nu} u_\mu$$

となる．$q^\alpha u_\alpha = 0$（共動座標系では熱流束密度は純粋に空間的）と，$u^\alpha u_\alpha = -1$ より，

$$0 = (q^\mu u_\mu)_{;\nu} = q^\mu{}_{;\nu} u_\mu + q^\mu u_{\mu;\nu}, \qquad 0 = (u^\mu u_\mu)_{;\nu} = 2u^\mu{}_{;\nu} u_\mu$$

となるので，さらに $-\boldsymbol{q} \cdot \boldsymbol{a} - \nabla \cdot \boldsymbol{q}$ と書ける．こうして，式 (1) は

$$0 = -nT\frac{ds}{d\tau} - \boldsymbol{q} \cdot \boldsymbol{a} - \nabla \cdot \boldsymbol{q}$$

となる．最後に定義 $\boldsymbol{S} = ns\boldsymbol{u} + \boldsymbol{q}/T$（問題 5.27）を用いると，

$$\begin{aligned}\nabla \cdot \boldsymbol{S} &= s\nabla \cdot (n\boldsymbol{u}) + n(\nabla s \cdot \boldsymbol{u}) + \frac{1}{T}\nabla \cdot \boldsymbol{q} - \frac{\nabla T}{T^2} \cdot \boldsymbol{q} \\ &= n\frac{ds}{d\tau} + \frac{1}{T}\nabla \cdot \boldsymbol{q} - \frac{\nabla T}{T^2} \cdot \boldsymbol{q} = -\frac{\boldsymbol{q} \cdot \boldsymbol{a}}{T} - \frac{\nabla T}{T^2} \cdot \boldsymbol{q}\end{aligned}$$

が得られる．第2項は，非相対論的熱力学のように，温度勾配による熱流によってエントロピーが生成されることを表している．第1項は，加速度に沿った流れによってエントロピーが生成されている．これは，加速度系では赤方偏移の効果によって一様温度の状態は熱平衡状態ではないことに起因する．前方にある光子が後方に向かって進むと青方偏移し，正味の熱流を生むのである（問題 5.29 を参照）．

問題 5.29　加速系の熱平衡

一様に加速している系では，熱平衡の条件は $T=$（定数）$=T_0$ ではなく，

$$T = T_0\, e^{-\mathbb{a}\cdot\mathbb{x}}$$

であることを示せ．ただし，$\mathbb{x}$ は加速系における座標位置である．

[解]　エントロピー生成がないときに平衡状態になるので，問題 5.28 の結果より，すべての熱流束密度 $\boldsymbol{q}$ に対して，

$$-\boldsymbol{q}\cdot\boldsymbol{a} = \frac{\nabla T}{T}\cdot\boldsymbol{q}$$

が成立しなければならない．これより，$\boldsymbol{a} = -\nabla \log T$ となる．この式の解は，$\log T = -\mathbb{a}\cdot\mathbb{x} +$（定数）であり，

$$T = T_0 e^{-\mathbb{a}\cdot\mathbb{x}}$$

が得られる．

問題 5.30　粘性流体のエントロピー生成

粘性流体のエネルギー運動量テンソルは

$$T^{\alpha\beta} = \rho u^\alpha u^\beta + pP^{\alpha\beta} - 2\eta\sigma^{\alpha\beta} - \zeta\theta P^{\alpha\beta}$$

である．ここで，η と ζ は，それぞれずり粘性係数 (shear viscosity) と体積粘性率 (bulk viscosity) である．ρ と p は，それぞれエネルギー密度と圧力である．また，$\sigma^{\alpha\beta}$，θ，$P^{\alpha\beta}$ の各定義は問題 5.18 にある．粘性項が次の割合でエントロピーを生成することを示せ．

$$S^\alpha{}_{;\alpha} = \frac{1}{T}(\zeta\theta^2 + 2\eta\sigma_{\alpha\beta}\sigma^{\alpha\beta})$$

ここで，T は流体の温度である．［ヒント：まず熱流なしの流体に対して，$S^\alpha{}_{;\alpha} = [(d\rho/d\tau)+\theta(\rho+p)]/T$ を示し，それから $\rho u^\beta = -T^{\alpha\beta}u_\alpha$ を微分して $d\rho/d\tau$ を計算する．］

[解]　$T^{\alpha\beta}u_\alpha = -\rho u^\beta$ なので，エネルギー輸送の項はなく，したがって，$\boldsymbol{q}=\boldsymbol{0}$，$\boldsymbol{S} = ns\boldsymbol{u}$ である．こうして，エントロピー生成率は

$$S^\alpha{}_{;\alpha} = (nu^\alpha)_{;\alpha}s + n\frac{ds}{d\tau} = n\frac{ds}{d\tau}$$

である．ここで，2つ目の等号はバリオン数保存則 $\nabla\cdot(n\boldsymbol{u})=0$ を用いた．

熱力学第1法則

$$\frac{d\rho}{d\tau}=\frac{\rho+p}{n}\frac{dn}{d\tau}+nT\frac{ds}{d\tau}$$

と，バリオン数保存則

$$(nu^{\alpha})_{;\alpha}=\frac{dn}{d\tau}+n\theta=0$$

を用いると，エントロピー生成率は，

$$S^{\alpha}{}_{;\alpha}=\frac{1}{T}\left[\frac{d\rho}{d\tau}+\theta(\rho+p)\right] \tag{1}$$

のように書ける．

右辺を体積粘性率の項で表すために $T^{\alpha\beta}u_{\alpha}$ の発散をとると，

$$-(\rho u^{\beta})_{;\beta}=-\frac{d\rho}{d\tau}-\rho\theta=(T^{\alpha\beta}u_{\alpha})_{;\beta}=T^{\alpha\beta}u_{\alpha;\beta}$$

となる．右辺の最後の項は，粘性流体のエネルギー運動量テンソルと問題5.18で与えられた $u_{\alpha;\beta}$ の分解を用いて計算できる．$T^{\alpha\beta}\omega_{\alpha\beta}$ は対称性から消え，$T^{\alpha\beta}u_{\beta}\propto u^{\alpha}$ なので $T^{\alpha\beta}a_{\alpha}u_{\beta}$ も消え，

$$\begin{aligned}T^{\alpha\beta}u_{\alpha;\beta}&=\left[\rho\,u^{\alpha}u^{\beta}+(p-\zeta\theta)P^{\alpha\beta}-2\eta\,\sigma^{\alpha\beta}\right]\left(\sigma_{\alpha\beta}+\frac{1}{3}\theta P_{\alpha\beta}\right)\\&=-2\eta\,\sigma_{\alpha\beta}\sigma^{\alpha\beta}+\theta(p-\zeta\theta)\end{aligned}$$

が残る．ここで，次の関係式

$$u^{\alpha}\sigma_{\alpha\beta}=0,\qquad P_{\alpha\beta}\sigma^{\alpha\beta}=0,\qquad P_{\alpha\beta}P^{\alpha\beta}=3$$

を用いた．以上より，結果は

$$\frac{d\rho}{d\tau}+\theta(\rho+p)=2\eta\,\sigma_{\alpha\beta}\sigma^{\alpha\beta}+\zeta\theta^{2}$$

となる．これを前に求めた $S^{\alpha}{}_{;\alpha}$ の式 (1) に代入すると，求める式が得られる．

問題 5.31　ナビエ–ストークス方程式

エネルギー運動量テンソル

$$T^{\alpha\beta}=\rho\,u^{\alpha}u^{\beta}+pP^{\alpha\beta}-2\eta\,\sigma^{\alpha\beta}-\zeta\theta P^{\alpha\beta}$$

に対して保存則 $T^{\alpha\beta}{}_{,\beta}=0$ を適用し，非相対論的極限をとると，ナビエ–ストークス方程式が得られることを示せ．

[解] u_α の方向に $T^{\alpha\beta}{}_{,\beta}=0$ の射影をとると，局所的なエネルギー保存の式が得られる．流体の運動方程式を得るためには，次のように u_α に直交する方向に射影する．

$$\begin{aligned}0 = P^\gamma{}_\alpha T^{\alpha\beta}{}_{,\beta} = P^\gamma{}_\alpha(\rho_{,\beta}u^\alpha u^\beta + \rho u^\alpha{}_{,\beta}u^\beta + \rho u^\alpha u^\beta{}_{,\beta} + p_{,\beta}P^{\alpha\beta} + pP^{\alpha\beta}{}_{,\beta}\\ - 2\eta_{,\beta}\sigma^{\alpha\beta} - 2\eta\sigma^{\alpha\beta}{}_{,\beta} - \zeta_{,\beta}\theta P^{\alpha\beta} - \zeta\theta_{,\beta}P^{\alpha\beta} - \zeta\theta P^{\alpha\beta}{}_{,\beta})\end{aligned}$$

ここで，次の恒等式を用いる．

$$\begin{aligned}&P^\gamma{}_\alpha u^\alpha = 0, \qquad P^\gamma{}_\alpha u^\alpha{}_{,\beta} = u^\gamma{}_{,\beta} + u^\gamma u_\alpha u^\alpha{}_{,\beta} = u^\gamma{}_{,\beta}\\ &P^\gamma{}_\alpha P^{\alpha\beta} = P^{\gamma\beta}, \qquad P^\gamma{}_\alpha P^{\alpha\beta}{}_{,\beta} = P^\gamma{}_\alpha(u^\alpha u^\beta)_{,\beta} = u^\gamma{}_{,\beta}u^\beta\\ &P^\gamma{}_\alpha\sigma^{\alpha\beta} = \sigma^{\gamma\beta}\\ &P^\gamma{}_\alpha\sigma^{\alpha\beta}{}_{,\beta} = \sigma^{\gamma\beta}{}_{,\beta} + u^\gamma u_\alpha\sigma^{\alpha\beta}{}_{,\beta} = \sigma^{\gamma\beta}{}_{,\beta} - u^\gamma u_{\alpha,\beta}\sigma^{\alpha\beta} = \sigma^{\gamma\beta}{}_{,\beta} - u^\gamma\sigma_{\alpha\beta}\sigma^{\alpha\beta}\end{aligned}$$

これらの恒等式より，射影した方程式は，

$$0 = (\rho+p)u^\gamma{}_{,\beta}u^\beta + p_{,\beta}P^{\alpha\beta} - 2(\eta\sigma^{\gamma\beta} + \zeta\theta P^{\gamma\beta})_{,\beta} + 2\eta u^\gamma\sigma_{\alpha\beta}\sigma^{\alpha\beta} + \zeta\theta^2 u^\gamma \qquad (1)$$

と変形される．非相対論的極限では

$$u^t \approx 1, \qquad u^j \approx v^j, \qquad p \approx \mathcal{O}(v^2), \qquad \rho \approx \mathcal{O}(1)$$

である．式 (1) の j 成分で，$\mathcal{O}(v^2)$ まで考慮すると，

$$0 = \rho(v^j{}_{,t} + v^j{}_{,k}v^k) + p_{,j} - \left[\eta\left(v_{j,k} + v_{k,j} - \frac{2}{3}\delta_{jk}v^m{}_{,m}\right)\right]_{,k} + (\zeta v^m{}_{,m})_{,j}$$

が得られる．これは**ナビエ－ストークス方程式** (Navier–Stokes equation) である．

問題 5.32 相対論的熱力学の比熱

非相対論的熱力学のように，体積一定，および圧力一定のもとでの気体の比熱を，それぞれ

$$c_V = T\left(\frac{\partial s}{\partial T}\right)_n, \qquad c_p = T\left(\frac{\partial s}{\partial T}\right)_p$$

で定義する．マクスウェル－ボルツマン分布をもつ理想気体に対して，$c_p = c_V + k$ (k はボルツマン係数）を示せ．また，断熱指数

$$\Gamma_1 \equiv \left(\frac{\partial \log p}{\partial \log n}\right)_s$$

が比熱比

$$\gamma \equiv \frac{c_p}{c_V}$$

に等しいことを示せ.

[解]　マクスウェル–ボルツマン分布をもつ理想気体では,

$$p = nkT \tag{1}$$

$$\frac{\rho}{n} = U(T) \tag{2}$$

が成り立つ. 式 (2) は, 気体粒子あたりの質量エネルギーが温度のみの関数になっていることを表している. 相対論的な熱力学第1法則

$$T\,ds = d\left(\frac{\rho}{n}\right) + p\,d\left(\frac{1}{n}\right) = \frac{dU}{dT}dT + p\,d\left(\frac{1}{n}\right) \tag{3}$$

より,

$$c_V = \frac{dU}{dT} \tag{4}$$

となる. 式 (1) は

$$p\,d\left(\frac{1}{n}\right) + \frac{1}{n}dp = k\,dT \tag{5}$$

となるので, 式 (3) は

$$T\,ds = \left(\frac{dU}{dT} + k\right)dT - \frac{1}{n}dp \tag{6}$$

と変形でき,

$$c_p = \frac{dU}{dT} + k = c_V + k \tag{7}$$

がいえる. 式 (1) より,

$$\Gamma_1 = \left(\frac{\partial \log p}{\partial \log n}\right)_s = 1 + \frac{n}{T}\left(\frac{\partial T}{\partial n}\right)_s \tag{8}$$

である. 一方, s が一定のとき, 式 (3) は,

$$c_V\frac{dT}{dn} = \frac{p}{n^2} = k\frac{T}{n} = (c_p - c_V)\frac{T}{n} \tag{9}$$

となる. 式 (9) を式 (8) に代入すると,

$$\Gamma_1 = 1 + \frac{c_p - c_V}{c_V} = \gamma$$

が得られる.

問題 5.33　理想気体の断熱変化

マクスウェル－ボルツマン分布をもつ理想気体に対して，近似的に比熱比 γ が一定とみなせるとき，断熱変化では $p = Kn^\gamma$, $\rho = mn + Kn^\gamma/(\gamma - 1)$（$K$：定数，$m$：粒子の質量）であることを示せ．

［解］　問題 5.32 より，

$$\gamma = \Gamma_1 = \left(\frac{\partial \log p}{\partial \log n}\right)_s$$

なので，$\gamma =$（定数）のとき，

$$p = Kn^\gamma$$

となる．断熱変化では熱力学第 1 法則は

$$d\rho = \frac{\rho + p}{n} dn = \left(\frac{\rho}{n} + Kn^{\gamma-1}\right) dn$$

もしくは，

$$\frac{d}{dn}\left(\frac{\rho}{n}\right) = Kn^{\gamma-2}$$

となり，積分すると，

$$\frac{\rho}{n} = \frac{Kn^{\gamma-1}}{\gamma - 1} + (\text{定数})$$

となる．$n \to 0$ のとき，$\rho/n \to m$ なので，最終的に

$$\rho = mn + \frac{Kn^\gamma}{\gamma - 1}$$

が得られる．

問題 5.34　相対論的気体の熱平衡分布関数

相対論的気体のローレンツ不変な熱平衡分布関数は

$$\mathcal{N}(P^\alpha, x^\alpha) \equiv \frac{dN}{d^3x\, d^3P} = \frac{(2J+1)/h^3}{\exp(-\boldsymbol{P}\cdot\boldsymbol{u}/kT - \theta) - \varepsilon}$$

である．ここで，J は粒子のスピン，h はプランク定数，$\boldsymbol{u}$ は気体分子の平均 4 元速度，また，ボース－アインシュタイン分布，マクスウェル－ボルツマン分布，フェルミ－ディラック分布それぞれに対して，$\varepsilon = +1, 0, -1$ をとる．パラメータ θ は運動量 $\boldsymbol{P}$ と独立である．$\mathcal{N}$ の低次の 2 つのモーメントは，

$$J^\mu \equiv \int \mathcal{N} P^\mu \frac{d^3P}{(-\boldsymbol{P}\cdot\boldsymbol{u})}, \qquad T^{\mu\nu} \equiv \int \mathcal{N} P^\mu P^\nu \frac{d^3P}{(-\boldsymbol{P}\cdot\boldsymbol{u})}$$

である．$\boldsymbol{u}$ が唯一の自由なベクトルなので，これらの成分は

$$J^\mu = nu^\mu, \qquad T^{\mu\nu} = (\rho + p)u^\mu u^\nu + pg^{\mu\nu}$$

の形をとらなくてはいけない（これが n, ρ, p の運動学的な定義である）．

(a) n, ρ, p に対する 1 次元積分を求めよ．

(b) $dp = [(\rho + p)/T]dT + nkTd\theta$ を示せ．

(c) 熱力学第 1 法則を用いて，$kT\theta$ が化学ポテンシャル $\mu = (\rho + p)/n - Ts$ に等しいことを示せ．

(d) マクスウェル－ボルツマン分布では，任意の T に対して $p = nkT$ であることを示せ．

(e) マクスウェル－ボルツマン分布では，$kT \ll m$ の場合のみ（m は気体粒子の質量），$\rho = n\,[m + (3/2)kT]$ が正しい近似であることを示せ．また，ρ/n の厳密な表式を求めよ．$kT \gg m$ ではどのようになるか．

[解]　(a) J^μ や $T^{\mu\nu}$ のベクトル積分やテンソル積分にさまざまな組み合わせで u^α と縮約をとり，スカラー積分を求めることができる．まず，$P = |\mathbb{P}|$ とすると，

$$n = -J^\mu u_\mu = \int \mathcal{N} d^3P = \frac{g}{h^3}\int_0^\infty \frac{4\pi P^2\, dP}{\exp\left(\sqrt{P^2 + m^2}/kT - \theta\right) - \varepsilon}$$

となる．ここで，$g = 2J + 1$ である．$P = m \sinh \chi$ を代入すると，

$$n = \frac{4\pi g m^3}{h^3}\int_0^\infty \frac{\sinh^2\chi \cosh\chi\, d\chi}{\exp(\beta\cosh\chi - \theta) - \varepsilon} \tag{1}$$

となる．ここで，$\beta = m/kT$ である．同様に，

$$\begin{aligned} p &= \frac{1}{3}(u_\mu u_\nu + g_{\mu\nu})T^{\mu\nu} = \frac{1}{3}\int \mathcal{N}\frac{P^2}{\sqrt{P^2 + m^2}}d^3P \\ &= \frac{4\pi g m^4}{3h^3}\int_0^\infty \frac{\sinh^4\chi\, d\chi}{\exp(\beta\cosh\chi - \theta) - \varepsilon} \end{aligned} \tag{2}$$

および，

$$\begin{aligned} \rho - 3p &= -g_{\mu\nu}T^{\mu\nu} = m^2\int \mathcal{N}\frac{d^3P}{\sqrt{P^2 + m^2}} \\ &= \frac{4\pi g m^4}{h^3}\int_0^\infty \frac{\sinh^2\chi\, d\chi}{\exp(\beta\cosh\chi - \theta) - \varepsilon} \end{aligned} \tag{3}$$

が得られる．

(b) 式 (2) より，

$$dp = \frac{4\pi g m^4}{3h^3} \int_0^\infty \frac{\sinh^4 \chi \, d\chi (\beta \cosh \chi \, dT/T + d\theta) \exp(\beta \cosh \chi - \theta)}{\left[\exp(\beta \cosh \chi - \theta) - \varepsilon\right]^2}$$

である．部分積分を行い，$\sinh^3 \chi \cosh \chi$ と $\sinh^3 \chi$ の項を微分すると，

$$dp = \frac{4\pi g m^4}{3h^3} \frac{1}{\beta} \int_0^\infty \frac{d\chi \left[(3 \sinh^2 \chi + 4 \sinh^4 \chi) \beta \, dT/T + 3 \sinh^2 \chi \cosh \chi \, d\theta\right]}{\exp(\beta \cosh \chi - \theta) - \varepsilon}$$

となる．式 (1)〜(3) を用いると，

$$dp = (\rho + p) \frac{dT}{T} + nkT d\theta \tag{4}$$

が得られる．

(c) μ の定義より，

$$d\mu = \frac{d\rho}{n} + \frac{dp}{n} - (\rho + p) \frac{dn}{n^2} - s dT - T ds$$

であり，一方，

$$d\rho = (\rho + p) \frac{dn}{n} + nT ds$$

なので，

$$d\mu = \frac{dp}{n} - s dT = \frac{dp}{n} - \frac{\rho + p}{n} \frac{dT}{T} + \mu \frac{dT}{T}$$

となる．ここで，s を μ を用いて表した．この式と式 (4) を比較すると，

$$\mu = kT\theta$$

となる．

(d) $\varepsilon = 0$ に対して，

$$\frac{p}{n} = \frac{\dfrac{m}{3} \displaystyle\int_0^\infty \sinh^4 \chi \, e^{-\beta \cosh \chi} \, d\chi}{\displaystyle\int_0^\infty \sinh^2 \chi \cosh \chi \, e^{-\beta \cosh \chi} \, d\chi}$$

である．しかし，

$$\int_0^\infty \sinh^4 \chi \, e^{-\beta \cosh \chi} \, d\chi$$
$$= -\frac{1}{\beta} \sinh^3 \chi \, e^{-\beta \cosh \chi} \Big|_0^\infty + \frac{3}{\beta} \int_0^\infty \sinh^3 \chi \cosh \chi \, e^{-\beta \cosh \chi} \, d\chi$$

なので，右辺第 1 項は消えてしまう．そこで，

$$p = nkT$$

となる．

(e) 第2種変形ベッセル関数の積分表示は

$$K_n(\beta) = \frac{\beta^n}{(2n-1)!!}\int_0^\infty d\chi \sinh^{2n}\chi\, e^{-\beta\cosh\chi}$$
$$= \frac{\beta^{n-1}}{(2n-3)!!}\int_0^\infty d\chi \sinh^{2n-2}\chi \cosh\chi\, e^{-\beta\cosh\chi}$$

なので，$\varepsilon = 0$ のとき，式 (1)〜(3) はこれらを用いて表せる．$a = 4\pi g m^3 e^\theta h^{-3}$ とおくと，

$$n = \frac{aK_2(\beta)}{\beta}, \qquad p = \frac{amK_2(\beta)}{\beta^2}, \qquad \rho - 3p = \frac{amK_1(\beta)}{\beta^2}$$

となる．ρ/n の厳密な表式は

$$\frac{\rho}{n} = m\left[\frac{K_1(\beta)}{K_2(\beta)} + \frac{3}{\beta}\right]$$

である．$kT \ll m$ のとき，$\beta \to \infty$ となる．この極限では，

$$K_n(\beta) \to \sqrt{\frac{\pi}{2\beta}}e^{-\beta}\left(1 + \frac{4n^2-1}{8\beta} + \cdots\right)$$

なので，

$$\frac{\rho}{n} \to m\left[\frac{1+3/8\beta}{1+15/8\beta} + \frac{3}{\beta}\right] = m\left(1 + \frac{3}{2}\frac{kT}{m}\right)$$

となる．$kT \gg m$ に対しては，$\beta \to 0$, $K_1(\beta)/K_2(\beta) \to 0$ なので，$\rho/n \to 3kT$ となる．やれやれ (Whew!).

問題 5.35　理想気体の比熱比

マクスウェル–ボルツマン分布をもつ理想気体に対して，比熱比を温度の関数 $\gamma(T)$ として求めよ．

[解]　問題 5.32 より，

$$\gamma = \frac{c_V + k}{c_V} = 1 + \frac{k}{dU/dT}$$

である．ここで，問題 5.34 より，

$$U(T) = m\left[\frac{K_1(\beta)}{K_2(\beta)} + \frac{3}{\beta}\right], \qquad \beta = \frac{m}{kT}$$

である．これにより，形式的な答えが得られる．$kT \ll m$ のとき，$U = m + 3kT/2$ で，$\gamma = 5/3$ となる．また，$kT \gg m$ のとき，$U = 3kT$ で，$\gamma = 4/3$ となる．

第 6 章

計　　量

Metrics

距離形式 $ds^2 = g_{\alpha\beta}dx^\alpha dx^\beta$ を用いて定式化される計量幾何学 (metric geometry) は一般相対性理論の基礎であり，本書の残りのほとんどの章で登場する．最も重要な計量（メトリック）は，もちろん時空計量[†] で，局所的には常にミンコフスキー計量に変換することができる．つまり，時空の任意の点において，$g_{\alpha\beta} = \eta_{\alpha\beta}$ となる座標変換が存在する．

問題 6.1　2 次元ミンコフスキー計量

計量

$$ds^2 = dv^2 - v^2 du^2 \tag{1}$$

で表される 2 次元時空がある．

(a) この時空は，次の通常の計量

$$ds^2 = dx^2 - dt^2 \tag{2}$$

をもつ 2 次元ミンコフスキー空間と等価である．計量 (2) を計量 (1) へと移す座標変換 $x(v,u)$ および $t(v,u)$ を見つけることにより，このことを示せ．

(b) 加速していない粒子に対して，4 元運動量の成分 P_u は定数であるが，P_v は定数ではないことを示せ．

[解]　(a) デカルト座標と極座標の変換を参考にして，

$$x = v\cosh u, \qquad t = v\sinh u$$

$$x^2 - t^2 = v^2, \qquad \frac{x}{t} = \cosh u$$

が考えられる．実際に，

† 訳者注：時空における微小に離れた事象間距離 ds を**線素** (line element) といい，座標基底 1-形式 $\widetilde{dx}^\alpha$ を導入して線素を表したときの係数 $g_{\alpha\beta}$ を**計量テンソル** (metric tensor) の成分という．

$$dx^2 = (dv\cosh u + du\, v\sinh u)^2 \tag{3}$$

$$dt^2 = (dv\sinh u + du\, v\cosh u)^2 \tag{4}$$

$$dx^2 - dt^2 = dv^2 - v^2 du^2$$

となることが確かめられる．

(b) 式 (3), (4) を du と dv について解くと，

$$dv = dx\cosh u - dt\sinh u, \qquad du = \frac{1}{v}(dt\cosh u - dx\sinh u)$$

となり，これより，単位質量の粒子に対して，

$$P_u = g_{uu}P^u = -v^2\frac{du}{d\tau} = -v\cosh u\frac{dt}{d\tau} + v\sinh u\frac{dx}{d\tau} = -x\frac{dt}{d\tau} + t\frac{dx}{d\tau}$$

が得られる．加速されていない粒子では $x =$（定数）$+ t\cdot(dx/dt)$ で，$dt/d\tau$, $dx/d\tau$ はともに定数なので，

$$P_u = (\text{定数}) - t\frac{dx}{dt}\frac{dt}{d\tau} + t\frac{dx}{d\tau} = (\text{定数})$$

である．さて，P_v については，

$$-m^2 = \boldsymbol{P}\cdot\boldsymbol{P} = g^{vv}(P_v)^2 + g^{uu}(P_u)^2 = (P_v)^2 - \frac{(P_u)^2}{v^2}$$

を用いる．これより，$P_v^2 = P_u^2/v^2 - m^2$ であり，粒子の軌跡に沿って一般に v は変化するので，これは一定にならない．計量の係数がある座標（この問題では u）に依存しない場合は，常にその座標の共変運動量成分（ここでは P_u）は保存する（問題 7.13，または MTW, p. 651 を見よ）．

問題 6.2　3 次元超球面

線素

$$ds^2 = R^2\left[d\alpha^2 + \sin^2\alpha\,(d\theta^2 + \sin^2\theta\, d\phi^2)\right]$$

が 4 次元ユークリッド空間中にある半径 R の 3 次元超曲面，つまり，ある点から距離 R にある点の集合を表していることを示せ．

[解]　4 次元ユークリッド空間の計量は

$$ds^2 = dx_1^2 + dx_2^2 + dx_3^2 + dx_4^2 \tag{1}$$

であり，半径 R の超曲面の式は，

$$x_1^2 + x_2^2 + x_3^2 + x_4^2 = R^2 \tag{2}$$

である．3 次元空間の場合と同様に，超曲面上に次の座標を導入する．

$$\begin{aligned} x_4 &= R\cos\alpha \\ x_3 &= R\sin\alpha\cos\theta \\ x_2 &= R\sin\alpha\sin\theta\cos\phi \\ x_1 &= R\sin\alpha\sin\theta\sin\phi \end{aligned} \tag{3}$$

このとき，式 (2) は自動的に満たされる．R が一定のもとで式 (3) を微分し，式 (1) に代入すると，求める計量が得られる．

問題 6.3　世界地図の計量

地球儀の表面の計量は

$$ds^2 = a^2(d\lambda^2 + \cos^2\lambda\, d\phi^2)$$

である．ここで，a は地球儀の半径，λ は緯度，ϕ は経度を表す†．平面の世界地図の計量は，デカルト座標 x, y を用いると $ds^2 = dx^2 + dy^2$ となるが，我々にとってこの計量は役には立たない．意味があるのは球体（地球儀）の計量である．次の射影を考えるとき，球体の計量を x, y 座標を用いて表すとどのようになるか．

(a) 円筒上への射影（すなわち，赤道で接する円筒面上へ，地球中心からの光を射影する）

(b) ステレオグラフ射影（すなわち，南極点に光源を置き，北極点に接する平面上に射影する）

[解]　(a) 円筒上の座標 x, y を

$$x = \phi, \qquad y = a\tan\lambda$$

で導入する．これらの座標を用いると，球面の計量は，

$$ds^2 = \frac{a^4 dx^2}{a^2 + y^2} + \frac{a^4 dy^2}{(a^2 + y^2)^2}$$

となる．これを $ds^2 = dx^2 + dy^2$ と比較すると，$y = 0$，つまり，赤道上で最もひずみが小さくなる．

(b) ステレオグラフ射影では，通常の極角 $\theta = 90° - \lambda$ を用いたほうが，少し簡単である．(θ, ϕ) を球面上の点の座標とし，(θ_0, ϕ_0) を射影される点の球面極座標とする（図を

† 訳者注：それぞれ北緯と東経をプラス，南緯と西経をマイナスとし，$-90° \leq \lambda \leq 90°$，$-180° < \phi \leq 180°$ とする．

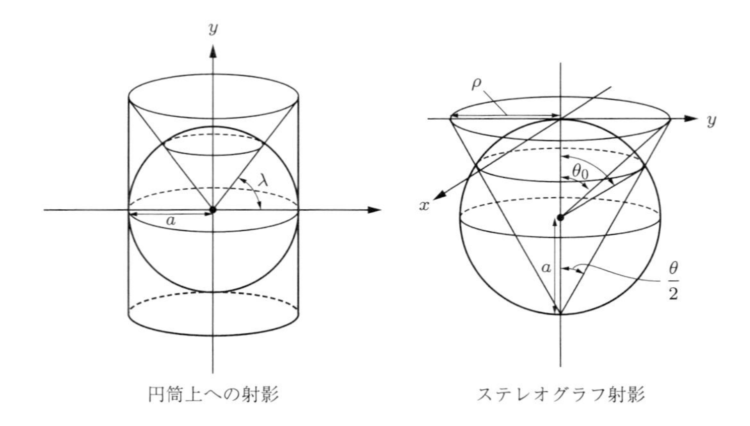

円筒上への射影　　　　ステレオグラフ射影

参照）．明らかに $\phi_0 = \phi$ である．軸から射影された点までの距離は $\rho = 2a\tan(\theta/2)$ になるので，次の座標

$$x = \rho\cos\phi = 2a\tan\left(\frac{\theta}{2}\right)\cos\phi$$

$$y = \rho\sin\phi = 2a\tan\left(\frac{\theta}{2}\right)\sin\phi$$

を導入する．このとき，

$$ds^2 = a^2(d\theta^2 + \sin^2\theta\, d\phi^2) = \cos^4\left(\frac{\theta}{2}\right)(dx^2 + dy^2)$$

となることが確かめられる．ひずみが最も小さくなるのは，$\theta = 0$ 付近で，北極点である．この射影は $(ds^2)_{\text{sphere}} = g(ds^2)_{\text{map}}$ となるので，**共形** (conformal) といわれる．ここで，g はある関数で，いまの場合は $\cos^4(\theta/2)$ である．共形射影は角度を保存する（問題 6.7 を見よ）．

問題 6.4　メルカトル図法

メルカトル図法は次のように定義される．地図上の座標は直角なデカルト座標系 (x, y) とする．そして，地球上で方位磁針の指す向きとなす角が一定となる「直線」† を考えると，その直線が地図上でも直線として表される（正角である）．

(a) メルカトル図法は座標変換 $x = \phi$, $y = \log\cot(\theta/2)$ で定義されることを示せ．ここで，(θ, ϕ) は地球儀上の点の球面極座標である．

(b) 地球儀の計量を (x, y) 座標で表せ．

† 訳者注：等角航路という．

(c) 大円が $\sinh y = \alpha \sin(x+\beta)$ で表されることを示せ（ただし，$y=0$ または $x=$（定数）の特別な場合を除く）．

[解]　(a) ある曲線 $\phi = \phi(\theta)$ に沿って進むとしよう．方位磁石が指す方角 ψ は

$$\tan\psi = -\sin\theta \frac{d\phi}{d\theta} \tag{1}$$

で表される（ψ は y 軸（北向き）から時計回りに測るとする）．地図上では，

$$\frac{dy}{dx} = \tan\left(\frac{\pi}{2} - \psi\right) = \frac{1}{\tan\psi} \tag{2}$$

となる．これを式 (1) とあわせると，

$$\sin\theta \frac{d\phi}{d\theta} = -\frac{\dfrac{dx}{d\theta}}{\dfrac{dy}{d\theta}} = -\frac{\dfrac{\partial x}{\partial\theta} + \dfrac{\partial x}{\partial\phi}\dfrac{d\phi}{d\theta}}{\dfrac{\partial y}{\partial\theta} + \dfrac{\partial y}{\partial\phi}\dfrac{d\phi}{d\theta}}$$

$$\left(\frac{\partial y}{\partial\theta} + \frac{\partial y}{\partial\phi}\frac{d\phi}{d\theta}\right)\frac{d\phi}{d\theta}\sin\theta = -\frac{\partial x}{\partial\theta} - \frac{\partial x}{\partial\phi}\frac{d\phi}{d\theta}$$

となる．式 (3) は，いま考えている点で任意の $d\phi/d\theta$ に対して成り立たなくてはいけないので，両辺の $d\phi/d\theta$ のべき乗の係数を等しくおく．すると，

$$\frac{\partial y}{\partial\phi} = 0, \qquad y = y(\theta) \tag{3}$$

$$\frac{\partial x}{\partial\theta} = 0, \qquad x = x(\phi) \tag{4}$$

$$-\sin\theta\frac{\partial y}{\partial\theta} = \frac{\partial x}{\partial\phi} \tag{5}$$

となる．式 (4), (5) は，式 (6) の左辺が θ のみ，右辺が ϕ のみの関数であることを表していて，したがって，両辺は定数でなくてはならない．この定数を 1 に選ぶ．こうして，座標変換は

$$x = \phi, \qquad y = -\int\frac{d\theta}{\sin\theta} = \log\cot\left(\frac{1}{2}\theta\right) \tag{6}$$

で与えられる．

(b) 便宜上，半径を 1 とすると，

$$ds^2 = d\theta^2 + \sin^2\theta\, d\phi^2 = \sin^2\theta\,(dx^2 + dy^2) = \mathrm{sech}^2 y\,(dx^2 + dy^2) \tag{7}$$

となる．

(c) 大円は 2 次元球面の測地線であり，この測地線方程式は容易に解ける．d/ds をドット記号 ($\dot{}$) で表すと，式 (8) は

$$\operatorname{sech}^2 y\,(\dot{x}^2 + \dot{y}^2) = 1 \tag{8}$$

となる．計量 (8) では x は計量係数に陽に依存しない座標なので，$g_{xx}\dot{x}$ は定数である（問題 7.13 を見よ）．したがって，

$$(\operatorname{sech}^2 y)\,\dot{x} = \gamma \tag{9}$$

となる，$\dot{x}$ も $\dot{y}$ もゼロでないとき，式 (9), (10) から s を消去できて，

$$\left(\frac{dy}{dx}\right)^2 = \frac{\dot{y}^2}{\dot{x}^2} = \frac{\lambda^2 - \cosh^2 y}{\cosh^2 y} \tag{10}$$

となる．ここで，$\lambda = 1/\gamma$ である．式 (11) は，$z = \sinh y$ とすると簡単に積分できて，

$$\sinh y = \alpha \sin(x + \beta)$$

が得られる．ここで，$\alpha = \sqrt{\lambda^2 - 1}$，$\beta$ は積分定数である．

問題 6.5　3 次元計量？

座標 x, y, z で表した計量

$$ds^2 = dx^2 + dy^2 + dz^2 - \left(\frac{3}{13}dx + \frac{4}{13}dy + \frac{12}{13}dz\right)^2$$

をもつ 3 次元空間を考える．しかし，この空間は実際には 2 次元で，計量は新たな座標 ζ, η を用いて

$$ds^2 = d\zeta^2 + d\eta^2$$

で表されることを示せ．

[解]　空間が 3 次元かどうかは，$dx\,dy\,dz$ で張られる 3 次元体積要素によって判断することができる．計算すると，

$$\begin{aligned} dV &= \sqrt{g}\,dx\,dy\,dz \\ &= \begin{vmatrix} 1 - \left(\frac{3}{13}\right)^2 & -\frac{3}{13}\cdot\frac{4}{13} & -\frac{12}{13}\cdot\frac{3}{13} \\ -\frac{3}{13}\cdot\frac{4}{13} & 1 - \left(\frac{4}{13}\right)^2 & -\frac{4}{13}\cdot\frac{12}{13} \\ -\frac{12}{13}\cdot\frac{3}{13} & -\frac{4}{13}\cdot\frac{12}{13} & 1 - \left(\frac{12}{13}\right)^2 \end{vmatrix}^{1/2} dx\,dy\,dz = 0 \end{aligned}$$

となる．これは任意の x, y, z に対して恒等的にゼロなので，3 つの座標はすべての点で線形従属である．したがって，空間は 2 次元か 1 次元となる．この場合，たとえば z 座標を $z =$（定数）とすることで，次元を 1 つ消し去ることができる．これは，z が循環座標，つまり，計量の係数が z によらないからである．残りの計量は，

$$ds^2 = dx^2 + dy^2 - \left(\frac{3}{13}dx + \frac{4}{13}dy\right)^2$$

となる．これは，

$$g = \begin{vmatrix} 1 - \left(\frac{3}{13}\right)^2 & -\frac{3}{13} \cdot \frac{4}{13} \\ -\frac{3}{13} \cdot \frac{4}{13} & 1 - \left(\frac{4}{13}\right)^2 \end{vmatrix} \neq 0$$

なので，空間は 1 次元ではなく，確かに 2 次元である．$ds^2 = d\xi^2 + d\eta^2$ にする座標変換を見つけるのは，（たとえばグラム－シュミットの直交化法などを用いれば）難しくない．具体的には

$$\xi = \frac{12}{5}\left(\frac{3}{13}x + \frac{4}{13}y\right), \qquad \eta = \frac{13}{5}\left(-\frac{4}{13}x + \frac{3}{13}y\right)$$

とすればよい．計算幾何学をよく知っている読者は，元々の計量が

$$g_{ij} = \delta_{ij} - V_i V_j$$

という射影テンソルの形になっていることに気づいていただろう．ここで，V_i は単位ベクトル $(3/13, 4/13, 12/13)$ である．この計量は，3 次元ユークリッド空間を $\mathbb{V}$ に垂直な 2 次元空間に射影するので，平坦な 2 次元空間の計量を記述する座標 ξ と η が存在しなければならないことは，自明である．

問題 6.6　射影テンソル

ベクトル $\boldsymbol{V}$ を**射影テンソル** (projection tensor)

$$\boldsymbol{P} \equiv \boldsymbol{g} + \boldsymbol{u} \otimes \boldsymbol{u}$$

で縮約をとると，$\boldsymbol{V}$ は 4 元速度 $\boldsymbol{u}$ と直交する 3 次元面に射影されることを示せ．$\boldsymbol{n}$ が空間的な単位ベクトルの場合は

$$\boldsymbol{P} \equiv \boldsymbol{g} - \boldsymbol{n} \otimes \boldsymbol{n}$$

が射影テンソルになることを示せ．また，ヌルベクトルに直交する射影テンソルは一意に決まらないことを示せ．

［解］　$\boldsymbol{A}$ を任意のベクトルとする．このとき

$$\boldsymbol{u}\cdot\boldsymbol{P}\cdot\boldsymbol{A}=u^{\alpha}(g_{\alpha\beta}+u_{\alpha}u_{\beta})A^{\beta}=u^{\alpha}A_{\alpha}+(u^{\alpha}u_{\alpha})u_{\beta}A^{\beta}=u_{\alpha}A^{\alpha}-u_{\beta}A^{\beta}=0$$

となるので，$\boldsymbol{P}\cdot\boldsymbol{A}$ は $\boldsymbol{u}$ に直交する．また，$\boldsymbol{A}\cdot\boldsymbol{u}=0$ ならば $\boldsymbol{P}\cdot\boldsymbol{A}=\boldsymbol{A}$ つまり，$\boldsymbol{A}$ は射影テンソルによって影響を受けないこともすぐに示せる．

次に，$\boldsymbol{n}$ を空間的な単位ベクトルとすると，

$$\boldsymbol{n}\cdot\boldsymbol{P}\cdot\boldsymbol{A}=n^{\alpha}(g_{\alpha\beta}-n_{\alpha}n_{\beta})A^{\beta}=n^{\alpha}A_{\alpha}-(n^{\alpha}n_{\alpha})n_{\beta}A^{\beta}=n_{\alpha}A^{\alpha}-n_{\beta}A^{\beta}=0$$

となる．同様に，$\boldsymbol{n}$ に直交するベクトルは射影テンソルによって変化しない．

$\boldsymbol{P}$ をヌルベクトル $\boldsymbol{k}$ に垂直な射影テンソルとすると，任意のベクトル $\boldsymbol{A}$ に対して $\boldsymbol{k}\cdot\boldsymbol{P}\cdot\boldsymbol{A}=0$ となる．$\boldsymbol{k}\cdot\boldsymbol{k}=0$ なので，$\boldsymbol{P}+$（定数）$\times\boldsymbol{k}\otimes\boldsymbol{k}$ も射影テンソルとなる．したがって，$\boldsymbol{P}$ は一意に決まらない．（ヌルの射影テンソルの集合は空集合ではない．任意の 4 元ベクトル $\boldsymbol{w}$ に対して，$\boldsymbol{P}=\boldsymbol{g}-\boldsymbol{w}\otimes\boldsymbol{k}/(\boldsymbol{w}\cdot\boldsymbol{k})$ があるからである．しかし，対称なヌルの射影テンソルは存在しない．）

問題 6.7　共形変換

計量の**共形変換** (conformal transformation) $g_{\alpha\beta}\to f(x^{\mu})g_{\alpha\beta}$（$f$ は任意関数）は，すべての角度を保存することを示せ（角度をどのように定義するかも考えよ）．また，任意のヌル曲線はヌル曲線のままであることを示せ．

［解］　$\boldsymbol{A}$ と $\boldsymbol{B}$ を 2 つのベクトルとする．これらのなす角 θ を内積 $\boldsymbol{A}\cdot\boldsymbol{B}$ と関係付ける．θ は $\boldsymbol{A}$, $\boldsymbol{B}$ の大きさの変化によらないので，自然な作り方は $\boldsymbol{A}\cdot\boldsymbol{B}/(|\boldsymbol{A}||\boldsymbol{B}|)$ で，これはユークリッド空間では $\cos\theta$ となる．

さて，変換 $g_{\alpha\beta}\to f(x^{\mu})g_{\alpha\beta}$ のもとでは，

$$\frac{\boldsymbol{A}\cdot\boldsymbol{B}}{|\boldsymbol{A}||\boldsymbol{B}|}=\frac{g_{\alpha\beta}A^{\alpha}B^{\beta}}{\sqrt{g_{\mu\nu}A^{\mu}A^{\nu}\ g_{\rho\sigma}B^{\rho}B^{\sigma}}}\to\frac{f(x^{\gamma})g_{\alpha\beta}A^{\alpha}B^{\beta}}{\sqrt{f(x^{\gamma})g_{\mu\nu}A^{\mu}A^{\nu}\ f(x^{\gamma})g_{\rho\sigma}B^{\rho}B^{\sigma}}}$$

となるが，$f(x^{\gamma})$ は約分されるので，変換前と値は変わらない．よって角度は保存される．また，ヌル曲線の場合，その接ベクトルの 2 乗は

$$0=\boldsymbol{\ell}\cdot\boldsymbol{\ell}=g_{\mu\nu}\ell^{\mu}\ell^{\nu}\to f(x^{\gamma})g_{\mu\nu}\ell^{\mu}\ell^{\nu}=0$$

のようにゼロのままなので，ヌル曲線はヌル曲線のままである．

問題 6.8　速度空間の計量

粒子の速度空間にも計量を導入することができる．ほぼ等しい 2 つの速度に対する距離を，その相対速度によって定義する．このとき，計量が

$$ds^2 = d\chi^2 + \sinh^2\chi\,(d\theta^2 + \sin^2\theta\,d\phi^2)$$

で表されることを示せ．ここで，速度の大きさを $v = |\mathbb{v}| = \tanh\chi$ とおいた．

[解]　2 つの速度 $\mathbb{v}$ と $\mathbb{v} + d\mathbb{v}$ の相対速度 $d\mathbb{s}$ は（問題 1.3 より），

$$ds^2 = \frac{|d\mathbb{v}|^2 - |\mathbb{v} \times d\mathbb{v}|^2}{(1 - v^2)^2}$$

と

$$|\mathbb{v} \times d\mathbb{v}|^2 = v^2|d\mathbb{v}|^2 - (\mathbb{v} \cdot d\mathbb{v})^2$$

で与えられる $ds^2 = |d\mathbb{s}|^2$ とした．θ と ϕ を $\mathbb{v}$ 方向の極角と方位角（すなわち，$v_z = v\cos\theta$，$v_x = v\sin\theta\cos\phi$，$v_y = v\sin\theta\sin\phi$）とする．このとき，

$$|d\mathbb{v}|^2 = dv^2 + v^2(d\theta^2 + \sin^2\theta\,d\phi^2)$$
$$\mathbb{v} \cdot d\mathbb{v} = \frac{1}{2}d(\mathbb{v} \cdot \mathbb{v}) = vdv$$

となり，したがって，

$$ds^2 = \frac{dv^2}{(1 - v^2)^2} + \frac{v^2}{1 - v^2}(d\theta^2 + \sin^2\theta\,d\phi^2)$$

となる．高速率パラメータ $v = \tanh\chi$ を導入すると，

$$ds^2 = d\chi^2 + \sinh^2\chi\,(d\theta^2 + \sin^2\theta\,d\phi^2)$$

が得られる．小さな v に対しては，$\sinh\chi \sim \chi \sim v$ なので，ニュートン極限から予想できるように，速度空間は平坦になる．

問題 6.9　円錐特異点と最大解析接続

2 次元球面のトポロジーをもつ多様体が，$\theta = 1/2$，$\chi = 0$ の近傍で，

$$ds^2 = d\theta^2 + (\theta - \theta^3)^2\,d\chi^2$$

の計量をもつとする．この多様体は，ある 1 点でのみ円錐特異点 (conical singularity) とよばれる局所的に平坦ではない点をもつ．この計量には 2 つの異なる最

大解析接続 (maximal analytic extension)，すなわち，計量を拡張する2つの方法で，それらはともに円錐特異点を1つだけもつようなものが存在することを示せ．これは，多様体のチャート (local coordinate patch) が，常に多様体の大域的な性質を表しているとは限らないことを示している．[ヒント：χ 座標の周期を考察せよ．]

[解]　もし計量成分が $(\theta-\theta^3)^2$ ではなく，$\sin^2\theta$ であれば，計量はユークリッドの2次元球面になる．与えられた多様体は明らかに2次元球面を軸対称に変形させたもので，$\theta=0,\pm1$ に特異点をもつ可能性がある．$\theta=1/2$ が与えられているので，θ の範囲を $0<\theta<1$ まで拡張できることは明らかである．そこで，χ の範囲に注意しながら $\theta=0$ と1の場合を調べる．計量を見てわかるように，$\theta=0$ と $\theta=1$ では χ の任意の座標値に対してそれぞれ同じ1点を表しているので，座標 χ は周期的でなければならない．

$\theta\approx0$ に対して，

$$ds^2\approx d\theta^2+\theta^2d\chi^2$$

である．χ の周期を P とすると，半径 $\Delta\theta$ の小さな円の円周は $\int(\Delta\theta)d\chi=(\Delta\theta)P$ となる．円錐特異点を回避するためには，この円周が $2\pi\Delta\theta$，つまり，$P=2\pi$ でなくてはならない．一方，$\theta\approx1$ では，計量は

$$ds^2\approx d\theta^2+(\theta-1)^2\,2^2\,d\chi^2$$

で，特異点を回避するための条件は

$$\int_0^P 2\,\Delta\theta\,d\chi=2\pi\,\Delta\theta$$

となり，$P=\pi$ である．こうして，$P=2\pi$ として $\theta=1$ で円錐特異点をもつか，または，$P=\pi$ として $\theta=0$ で円錐特異点をもつか，のどちらかになる．これらはこの多様体に対する2つの異なる解析接続になっている．(この問題は Gilbert Miller による出題である．)

問題 6.10　球対称計量

(空間的に) 球対称な時空計量で，最も一般的な表式を求めよ．

[解]　ある群の作用のもとで，関数変化 (つまり関数形の変化) がないとき，その幾何学的対象はその特定の群の対称性をもっている．ξ が無限小変位を表すとき，無

限小座標変換 $x'^\mu = x^\mu + \xi^\mu$ のもとでは，計量の関数変化 $\bar{\delta} g_{\mu\nu}$ は，

$$\bar{\delta} g_{\mu\nu} \equiv g'_{\mu\nu}(x) - g_{\mu\nu}(x) = -g_{\mu\rho}\xi^\rho{}_{,\nu} - g_{\rho\nu}\xi^\rho{}_{,\mu} - g_{\mu\nu,\rho}\xi^\rho \tag{1}$$

となる（問題 13.12 を見よ）．回転群は，ある表現では，

$$\xi^0 = 0, \qquad \xi^i = \varepsilon^{ij} x^j \tag{2}$$

の生成子より得られる†．ここで，$\varepsilon^{ij} = -\varepsilon^{ji}$ は 3 つの任意の無限小定数である．球対称な時空計量ではこの回転群の作用のもとで $\bar{\delta} g_{\mu\nu}$ がゼロになる．式 (2) を式 (1) に代入し，左辺をゼロとおくと，次の 3 つの場合になる．

(a) $\mu = \nu = 0$ のとき，

$$g_{00,i}\varepsilon^{ij}x^j = 0 \qquad \text{すなわち} \qquad g_{00,i}x^j = g_{00,j}x^i$$

となり，

$$g_{00} = g_{00}(x^0, r^2), \qquad r^2 \equiv (x^1)^2 + (x^2)^2 + (x^3)^2 \tag{3a}$$

が得られる．

(b) $\mu = 0$，$\nu \neq 0$ のとき，

$$g_{0i}\varepsilon^{ij} + g_{0j,i}\varepsilon^{ik}x^k = 0, \qquad g_{0i} = \Gamma_1(x^0, r^2)\, x^i \tag{3b}$$

となる．ここで，Γ_1 は任意関数である．

(c) $\mu \neq 0$，$\nu \neq 0$ のとき，

$$g_{ik}\varepsilon^{kj} + g_{\ell j}\varepsilon^{\ell i} + g_{ij,\ell}\varepsilon^{\ell k}x^k = 0$$

$$g_{ij} = \Gamma_2(x^0, r^2)\, \delta_{ij} + \Gamma_3(x^0, r^2)\, x^i x^j \tag{3c}$$

となる．ここで，Γ_2，Γ_3 は任意関数である．

式 (2) より，上の座標系 (x^0, x^1, x^2, x^3) は「デカルト座標系的」であることがわかる．群を用いて理論的に定義された球対称の性質は座標系に依存しないが，ほかの座標系で具体的な $g_{\mu\nu}$ を求める場合は，通常の方法で，単に式 (3) を変換する．

---

† 訳者注：この問題では式の中に同じ添え字が出たときに，「上下」の組になっていなくても和をとる．

第 7 章

共変微分と測地線

Covariant Differentiation and Geodesic Curves

ベクトルやテンソルを空間座標で偏微分（たとえば，$A^{\mu}{}_{,\nu}$ や $Q^{\alpha\beta\cdots}{}_{\gamma\delta\cdots,\nu}$）しても，それらはテンソルではない．むしろ，座標系の曲がり方（平坦な時空では付加的なものであったが，曲がった時空では必須である）を考慮に入れることで共変微分の考えに到達する．

成分が $Q^{\alpha\beta\cdots}{}_{\gamma\delta\cdots}$ のテンソル $\boldsymbol{Q}$ を共変微分して得られるテンソルを $\nabla\boldsymbol{Q}$ と表し，その成分は，

$$Q^{\alpha\beta\cdots}{}_{\gamma\delta\cdots;\sigma} \equiv Q^{\alpha\beta\cdots}{}_{\gamma\delta\cdots,\sigma} + \Gamma^{\alpha}{}_{\nu\sigma}Q^{\nu\beta\cdots}{}_{\gamma\delta\cdots} + \Gamma^{\beta}{}_{\nu\sigma}Q^{\alpha\nu\cdots}{}_{\gamma\delta\cdots} + \cdots$$
$$- \Gamma^{\nu}{}_{\gamma\sigma}Q^{\alpha\beta\cdots}{}_{\nu\delta\cdots} - \Gamma^{\nu}{}_{\delta\sigma}Q^{\alpha\beta\cdots}{}_{\gamma\nu\cdots} - \cdots$$

となる．$\boldsymbol{Q}$ のそれぞれの添え字に対して「修正項」が付加される形になっている．Γ は**クリストッフェル記号** (Christoffel symbol) あるいは **（アフィン）接続係数** (affine connection coefficient) とよばれる．座標基底系では，Γ は計量の偏微分の組み合わせとして

$$\Gamma^{\alpha}{}_{\beta\gamma} = g^{\alpha\mu}\Gamma_{\mu\beta\gamma} = \frac{1}{2}g^{\alpha\mu}(g_{\mu\beta,\gamma} + g_{\mu\gamma,\beta} - g_{\beta\gamma,\mu})$$

となる（はじめの等式は，添え字が下付きの $\Gamma_{\mu\beta\gamma}$ の定義である）．Γ は数値の集合であるが，テンソルではない（テンソルのようには変換されない）．

共変微分をとり，ベクトルとの内積をとったものは**方向微分** (directional derivative) とよばれる．

$$(\nabla\boldsymbol{Q})\cdot\boldsymbol{u} \equiv \nabla_{\boldsymbol{u}}\boldsymbol{Q} \equiv Q^{\alpha\beta\cdots}{}_{\gamma\delta\cdots;\nu}u^{\nu}$$

ベクトル $\boldsymbol{u}$ が λ をパラメータとする曲線に接するとき，$u^{\alpha} = dx^{\alpha}/d\lambda$ を $\boldsymbol{u} = d/d\lambda$ と表し，

$$\nabla_{\boldsymbol{u}}\boldsymbol{Q} \equiv \frac{D\boldsymbol{Q}}{d\lambda}$$

と書く．$\boldsymbol{u}$ が基底ベクトルのときには，

$$\nabla_{\boldsymbol{e}_{\alpha}}\boldsymbol{Q} \equiv \nabla_{\alpha}\boldsymbol{Q}$$

のように書く．基底ベクトルを用いて表せば，接続係数は

$$\nabla_\beta \boldsymbol{e}_\alpha = \Gamma^\mu{}_{\alpha\beta}\boldsymbol{e}_\mu \qquad \text{または} \qquad \Gamma_{\mu\alpha\beta} = \boldsymbol{e}_\mu \cdot \nabla_\beta \boldsymbol{e}_\alpha$$

と書ける．共変微分の演算子 ∇ は，微分演算子として期待されるすべてのよい性質を満たすが，例外は曲がった時空における非可換性，つまり一般には $\nabla_{\boldsymbol{u}}\nabla_{\boldsymbol{v}} \neq \nabla_{\boldsymbol{v}}\nabla_{\boldsymbol{u}}$ となることである（第 9 章を参照）．

$\boldsymbol{u}$ が曲線の接ベクトルのとき，テンソル $\boldsymbol{Q}$ が

$$\nabla_{\boldsymbol{u}}\boldsymbol{Q} = \boldsymbol{0}$$

を満たすならば，$\boldsymbol{Q}$ は曲線に沿って**平行移動** (parallel transportation) される，という．接ベクトルそのものが平行移動されるとき，すなわち

$$\nabla_{\boldsymbol{u}}\boldsymbol{u} = \boldsymbol{0}$$

（接ベクトルが**共変的定数** (covariantly constant)）のとき，この曲線は**測地線** (geodesic) とよばれる．測地線は，平坦な空間における直線を曲がった空間へ一般化したものである．$x^\alpha(\lambda)$ が（$u^\alpha = dx^\alpha/d\lambda$ の）測地線のとき，その**測地線方程式** (geodesic equation) の成分は

$$0 = (\nabla_{\boldsymbol{u}}\boldsymbol{u})^\mu = \frac{du^\mu}{d\lambda} + u^\alpha u^\beta \Gamma^\mu{}_{\alpha\beta}$$

となる．ここで，λ は曲線に沿った**アフィンパラメータ** (affine parameter) である．非ヌル曲線の場合では，この式から λ は固有長さに比例することがわかる．

$\boldsymbol{u}$ が時間的曲線の接ベクトルであり，$\boldsymbol{a} \equiv \nabla_{\boldsymbol{u}}\boldsymbol{u} = D\boldsymbol{u}/d\tau$ に対してベクトル $\boldsymbol{V}$ が

$$\nabla_{\boldsymbol{u}}\boldsymbol{V} = (\boldsymbol{u}\otimes\boldsymbol{a} - \boldsymbol{a}\otimes\boldsymbol{u})\cdot\boldsymbol{V}$$

を満たすとき，$\boldsymbol{V}$ は $\boldsymbol{u}$ に沿って**フェルミ－ウォーカー移動** (Fermi–Walker transportation) されるという．

問題 7.1　接続係数（クリストッフェル記号）(1)

接続係数 $\Gamma^\alpha{}_{\beta\gamma}$ がテンソルの変換則を満たさないことを示せ．

[解]　変換則を $\boldsymbol{e}_{\mu'} = L^\sigma{}_{\mu'}\boldsymbol{e}_\sigma$ として表すと，

$$\begin{aligned}
\nabla_{\boldsymbol{e}_{\beta'}}\boldsymbol{e}_{\alpha'} &= \Gamma^{\tau'}{}_{\alpha'\beta'}\boldsymbol{e}_{\tau'} = \nabla_{(L^\lambda{}_{\beta'}\boldsymbol{e}_\lambda)}(L^\mu{}_{\alpha'}\boldsymbol{e}_\mu) = L^\lambda{}_{\beta'}\nabla_{\boldsymbol{e}_\lambda}(L^\mu{}_{\alpha'}\boldsymbol{e}_\mu) \\
&= L^\lambda{}_{\beta'}(L^\mu{}_{\alpha',\lambda}\boldsymbol{e}_\mu + L^\mu{}_{\alpha'}\Gamma^\tau{}_{\mu\lambda}\boldsymbol{e}_\tau) \\
&= L^\lambda{}_{\beta'}(L^\mu{}_{\alpha',\lambda}L^{\tau'}{}_\mu\boldsymbol{e}_{\tau'} + L^\mu{}_{\alpha'}L^{\tau'}{}_\sigma\Gamma^\sigma{}_{\mu\lambda}\boldsymbol{e}_{\tau'})
\end{aligned}$$

となることから，

$$\Gamma^{\tau'}{}_{\alpha'\beta'} = L^{\lambda}{}_{\beta'} L^{\mu}{}_{\alpha'} L^{\tau'}{}_{\sigma} \Gamma^{\sigma}{}_{\mu\lambda} + L^{\lambda}{}_{\beta'} L^{\tau'}{}_{\mu} L^{\mu}{}_{\alpha',\lambda}$$

となる．この式の第2項の存在は，テンソルとしての変換ではないことを示している．

問題 7.2　接続係数（クリストッフェル記号）(2)

平坦な2次元ユークリッド空間が極座標 r, θ で表されている．測地線は通常の直線とする．

(a) 測地線に関する知識と測地線方程式

$$\frac{d^2x^\mu}{ds^2} + \Gamma^\mu{}_{\alpha\beta}\frac{dx^\alpha}{ds}\frac{dx^\beta}{ds} = 0$$

を用いて，接続係数 $\Gamma^\alpha{}_{\beta\gamma}$ を求めよ．

(b) 座標 x, y が座標 r, θ と通常のように関係付けられ，また，共変的な構造は $\Gamma^x{}_{xx} = \Gamma^x{}_{xy} = \cdots = 0$ のようになっている．接続係数の変換則から，r, θ 座標での接続係数を求めよ．

(c) 線素 $ds^2 = dr^2 + r^2 d\theta^2$ に対して，計量係数 $g_{\mu\nu}$ の微分をとる通常の方法を用いて，接続係数を求めよ．

上記の3つの方法は，同じ接続係数を与えるはずである．

[解]　(a) まず，s をアフィンパラメータ（アフィン長さ）として，直線 $\theta = 0$, $r = s$ を考えよう．測地線方程式 $d^2x^\mu/dr^2 + \Gamma^\mu{}_{rr} = 0$ より，

$$\Gamma^r{}_{rr} = \Gamma^\theta{}_{rr} = 0$$

となる．次に，θ が変化する動径方向でない直線について，アフィンパラメータではない θ を用いて，測地線方程式を書き直すと

$$\frac{d^2x^\mu}{d\theta^2} + \frac{d^2\theta/ds^2}{(d\theta/ds)^2}\frac{dx^\mu}{d\theta} + \Gamma^\mu{}_{\alpha\beta}\frac{dx^\alpha}{d\theta}\frac{dx^\beta}{d\theta} = 0 \tag{1}$$

となる．一般的な直線は，α と R_0 を任意の定数として

$$r\cos(\theta - \alpha) = R_0 \tag{2}$$

と書ける．この方程式と $ds^2 = dr^2 + r^2 d\theta^2$ とから，$ds/d\theta = R_0/\cos^2\Psi$ が得られ $(\Psi \equiv \theta - \alpha)$，これより

$$\frac{d^2\theta/ds^2}{(d\theta/ds)^2} = -2\tan\Psi$$

となる．したがって，測地線方程式は

$$\frac{d^2x^\mu}{d\theta^2} - 2\tan\Psi\,\frac{dx^\mu}{d\theta} + \Gamma^\mu{}_{\alpha\beta}\frac{dx^\alpha}{d\theta}\frac{dx^\beta}{d\theta} = 0 \tag{3}$$

と書ける．直線上の $\theta = \alpha$（すなわち $\Psi = 0$）で $r = R_0$ の点を考えると，式 (3) より

$$\frac{d^2x^\mu}{d\theta^2} + \Gamma^\mu{}_{\theta\theta} = 0$$

となる．これと式 (2) を使うと，$\Gamma^\theta{}_{\theta\theta} = 0$ と $\Gamma^r{}_{\theta\theta} = -r$ が得られる．α と R_0 は任意なので，この表現は一般的なものである．

最後に直線上の任意の点を考え，測地線方程式を書き下して，上で得られたすべての Γ を代入する．その $\mu = \theta$ 成分より，$\Gamma^\theta{}_{r\theta} = 1/r$ が得られる．

(b) $r^2 = x^2 + y^2$ と $\cot\theta = x/y$ より，変換行列

$$L^{\alpha'}{}_\mu = \begin{array}{c} \begin{matrix} \mu = x & \mu = y \end{matrix} \\ \begin{bmatrix} \cos\theta & \sin\theta \\ -\dfrac{\sin\theta}{r} & \dfrac{\cos\theta}{r} \end{bmatrix} \end{array}$$

が得られ，その逆変換は

$$L^\mu{}_{\beta'} = \begin{array}{c} \begin{matrix} \beta' = r & \beta' = \theta \end{matrix} \\ \begin{bmatrix} \cos\theta & -r\sin\theta \\ \sin\theta & r\cos\theta \end{bmatrix} \end{array}$$

となる（たとえば，$x = r\cos\theta \Longrightarrow dx = dr\cos\theta - r\sin\theta\,d\theta \Longrightarrow$ 第 1 行となる）．

Γ に対する変換則（問題 7.1）は，

$$\Gamma^{\alpha'}{}_{\beta'\gamma'} = L^{\alpha'}{}_\rho L^\mu{}_{\beta'} L^\nu{}_{\gamma'} \Gamma^\rho{}_{\mu\nu} + L^\lambda{}_{\gamma'} L^{\alpha'}{}_\mu L^\mu{}_{\beta',\lambda}$$

となる．デカルト座標系では $\Gamma^\rho{}_{\mu\nu} = 0$ なので，第 2 項のみが残り，これを直接微分して行列の積をとると，(a) と同様の結論が得られる．

(c) ここでは

$$\Gamma^\alpha{}_{\beta\gamma} = \frac{1}{2}g^{\alpha\mu}(g_{\mu\beta,\gamma} + g_{\mu\gamma,\beta} - g_{\beta\gamma,\mu})$$

を用いる．計量 $ds^2 = dr^2 + r^2d\theta^2$ では，唯一残る微分項は，$g_{\theta\theta,r} = 2r$ である．これより 2 つの添え字が θ で，1 つが r となるもの以外は，$\Gamma^\alpha{}_{\beta\gamma} = 0$ となるので，

$$\Gamma^r{}_{\theta\theta} = g^{rr}\left(-\frac{1}{2}g_{\theta\theta,r}\right) = -r, \qquad \Gamma^\theta{}_{r\theta} = g^{\theta\theta}\left(\frac{1}{2}g_{\theta\theta,r}\right) = \frac{1}{r}$$

となる．

問題 7.3　測地線 (1)

よく知られた計量

$$ds^2 = dr^2 + r^2 d\theta^2$$

を考える．次の問いに答えよ．

(a) 測地線方程式から導かれる 2 つの方程式を求め，それらを積分して次の式が得られることを示せ．

$$r^2 \frac{d\theta}{ds} = R_0 = (\text{定数}), \qquad \left(\frac{dr}{ds}\right)^2 + r^2 \left(\frac{d\theta}{ds}\right)^2 = 1$$

(b) (a) の結果から，$r(\theta)$ に対する 1 階微分方程式を求めよ（すなわち，パラメータ s を θ で置き換えて消去せよ）．

(c) この計量をもつ空間が平坦な 2 次元ユークリッド空間であることを用いて，r, θ 座標での直線の一般的な式を書き，直線が (b) の方程式を満たすことを示せ．

［解］　(a) 測地線方程式は

$$\frac{d^2 r}{ds^2} + \Gamma^r{}_{\theta\theta} \left(\frac{d\theta}{ds}\right)^2 = 0, \qquad \frac{d^2\theta}{ds^2} + 2\Gamma^\theta{}_{r\theta} \frac{dr}{ds}\frac{d\theta}{ds} = 0$$

である．問題 7.2 の結果を用いると，

$$\frac{d^2 r}{ds^2} = r \left(\frac{d\theta}{ds}\right)^2, \qquad \frac{d^2\theta}{ds^2} + \frac{2}{r}\frac{dr}{ds}\frac{d\theta}{ds} = 0$$

が得られる．ここで計量から，$(dr/ds)^2 + r^2(d\theta/ds)^2 = 1$ であり，

$$\begin{aligned}\frac{dR_0}{ds} &= \frac{d}{ds}\left(r^2 \frac{d\theta}{ds}\right) = r^2 \frac{d^2\theta}{ds^2} + 2r\frac{dr}{ds}\frac{d\theta}{ds} \\ &= r^2 \left(\frac{d^2\theta}{ds^2} + \frac{2}{r}\frac{dr}{ds}\frac{d\theta}{ds}\right) = 0\end{aligned}$$

となる．したがって，

$$R_0 \equiv r^2 \frac{d\theta}{ds} = (\text{定数})$$

が得られる．

(b) 上の積分の 1 つから

$$\left(\frac{dr}{d\theta}\frac{d\theta}{ds}\right)^2 + r^2 \left(\frac{d\theta}{ds}\right)^2 = 1$$

となる．ここで $d\theta/ds = R_0/r^2$ （R_0 は一定値）を代入すれば，

$$\left(\frac{dr}{d\theta}\right)^2 + r^2 = \frac{r^4}{R_0^4}$$

が得られる．

(c) 直線の方程式は，

$$r = \frac{L}{\cos(\theta - \alpha)}$$

であり，これより，

$$\frac{dr}{d\theta} = \frac{\sin(\theta - \alpha)}{\cos^2(\theta - \alpha)} L$$

$$\left(\frac{dr}{d\theta}\right)^2 + r^2 = L^2 \left[\frac{\sin^2(\theta - \alpha)}{\cos^4(\theta - \alpha)} + \frac{1}{\cos^2(\theta - \alpha)}\right] = \frac{L^2}{\cos^4(\theta - \alpha)} = \frac{r^4}{L^2}$$

である．こうして，すべての直線は測地線方程式を満たすことがわかる．

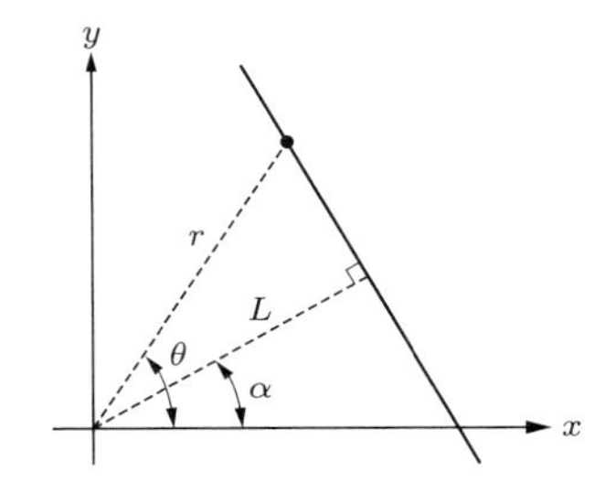

問題 7.4　測地線 (2)

2 次元計量 $ds^2 = (1/t^2)(dx^2 - dt^2)$ において，すべての $\Gamma_{\alpha\beta\gamma}$ を求め，時間的な測地線をすべて求めよ．

[解]　計量の微分でゼロではないものは $g_{xx,t} = -g_{tt,t} = -2/t^3$ である．これより，接続係数のうちゼロではないものは，

$$\Gamma_{ttt} = \frac{1}{t^3}, \qquad \Gamma_{xxt} = \Gamma_{xtx} = -\Gamma_{txx} = -\frac{1}{t^3}$$

となる．最も簡単に測地線を求めるには，曲線の長さが極値になるという定義を用いるとよい．測地線を $x(t)$ とし，d/dt をドット記号 ($\dot{}$) で表すことにすると，

$$0 = \delta \int \sqrt{ds^2} = \delta \int \sqrt{1 - \dot{x}^2} \frac{dt}{t}$$

となる．この極値を与えるオイラー–ラグランジュ方程式は

$$\frac{d}{dt}\left(\frac{\dot{x}}{t\sqrt{1-\dot{x}^2}}\right)=0$$

である．これは，$\tanh\theta \equiv \dot{x}$ とおくことによって簡単に解くことができ，

$$\frac{\sinh\theta}{t}=（定数）$$

となる．この式を積分すると，

$$(x-x_0)^2=t^2+a^2$$

が得られる．これより，測地線は図のように光円錐に漸近する双曲線となる．

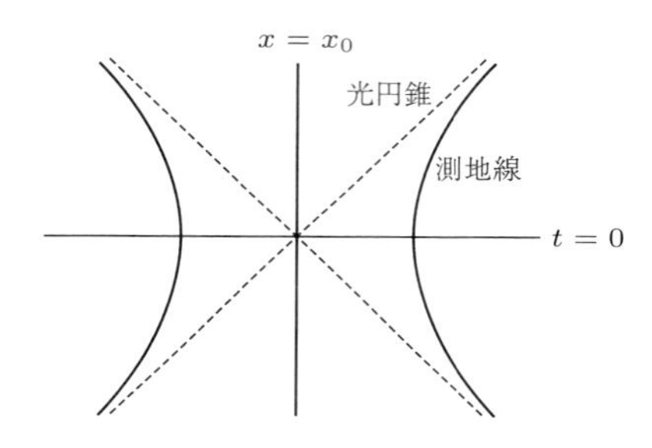

問題 7.5　計量テンソル

計量テンソルが共変的定数であることを示せ．

［解］　$g_{\alpha\beta;\gamma}$ の計算を座標基底で直接行うと，

$$\begin{aligned}g_{\alpha\beta;\gamma}&=g_{\alpha\beta,\gamma}-g_{\sigma\beta}\Gamma^{\sigma}{}_{\alpha\gamma}-g_{\alpha\sigma}\Gamma^{\sigma}{}_{\beta\gamma}\\&=g_{\alpha\beta,\gamma}-2\Gamma_{(\beta\alpha)\gamma}=g_{\alpha\beta,\gamma}-g_{\alpha\beta,\gamma}=0\end{aligned}$$

となる．

問題 7.6　接続係数（クリストッフェル記号）(3)

対角的な計量に対し，（座標基底系において†）クリストッフェル記号が次で与えられることを示せ．

(a) $\Gamma^{\mu}{}_{\nu\lambda}=0$

(b) $\Gamma^{\mu}{}_{\lambda\lambda}=-\dfrac{1}{2g_{\mu\mu}}\dfrac{\partial g_{\lambda\lambda}}{\partial x^{\mu}}$

† 訳者注：座標基底をとったときの成分表示を表す．第8章のまえがき参照．

(c) $\Gamma^{\mu}{}_{\mu\lambda} = \dfrac{\partial}{\partial x^{\lambda}}(\log\sqrt{|g_{\mu\mu}|})$

(d) $\Gamma^{\mu}{}_{\mu\mu} = \dfrac{\partial}{\partial x^{\mu}}(\log\sqrt{|g_{\mu\mu}|})$

ここで，$\mu \neq \nu \neq \lambda$ とし，添え字が同じでも和はとらないものとする．

[解]　座標基底系では

$$\Gamma^{\mu}{}_{\nu\lambda} = \frac{1}{2}g^{\mu\alpha}\left(g_{\alpha\nu,\lambda} + g_{\alpha\lambda,\nu} - g_{\nu\lambda,\alpha}\right) \tag{1}$$

である．

(a) 計量が対角の場合，α が μ と同じときのみ $g^{\mu\alpha}$ はゼロになる．しかし，$\mu \neq \nu \neq \lambda$ なので，式 (1) の括弧内の項は明らかにすべてゼロになる．

(b) 式 (1) で $\nu = \lambda$ とすると，$\Gamma^{\mu}{}_{\lambda\lambda} = (1/2)g^{\mu\alpha}\left(g_{\alpha\lambda,\lambda} + g_{\alpha\lambda,\lambda} - g_{\lambda\lambda,\alpha}\right)$ であるから，

$$\Gamma^{\mu}{}_{\lambda\lambda} = -\frac{1}{2}g^{\mu\alpha}g_{\lambda\lambda,\alpha} = -\frac{1}{2}(g_{\mu\alpha})^{-1}g_{\lambda\lambda,\alpha} = -\frac{1}{2}(g_{\mu\mu})^{-1}g_{\lambda\lambda,\mu}$$

となる．ここで，計量が対角である性質（たとえば，$g^{\mu\alpha} = (g_{\mu\alpha})^{-1}$）を繰り返し用いた．

(c)

$$\begin{aligned}\Gamma^{\mu}{}_{\mu\lambda} &= \frac{1}{2}(g_{\mu\alpha})^{-1}\left(g_{\alpha\mu,\lambda} + g_{\alpha\lambda,\mu} - g_{\mu\lambda,\alpha}\right) \\ &= \frac{1}{2}(g_{\mu\mu})^{-1}(g_{\mu\mu,\lambda}) = \frac{\partial}{\partial x^{\lambda}}(\log\sqrt{|g_{\mu\mu}|})\end{aligned}$$

(d) 問 (c) の計算で $\lambda = \mu$ とおけばよい．

$$\Gamma^{\mu}{}_{\mu\mu} = \frac{\partial}{\partial x^{\mu}}(\log\sqrt{|g_{\mu\mu}|})$$

問題 7.7　微分に関する公式

次の等式を示せ．

(a) $g_{\alpha\beta,\gamma} = \Gamma_{\alpha\beta\gamma} + \Gamma_{\beta\alpha\gamma}$

(b) $g_{\alpha\mu}g^{\mu\beta}{}_{,\gamma} = -g^{\mu\beta}g_{\alpha\mu,\gamma}$

(c) $g^{\alpha\beta}{}_{,\gamma} = -\Gamma^{\alpha}{}_{\mu\gamma}g^{\mu\beta} - \Gamma^{\beta}{}_{\mu\gamma}g^{\mu\alpha}$

(d) $g_{,\alpha} = -gg_{\beta\gamma}g^{\beta\gamma}{}_{,\alpha} = gg^{\beta\gamma}g_{\beta\gamma,\alpha}$

(e) $\Gamma^{\alpha}{}_{\alpha\beta} = (\log\sqrt{|g|})_{,\beta}$　　（座標基底系において）

(f) $g^{\mu\nu}\Gamma^{\alpha}{}_{\mu\nu} = -\dfrac{1}{\sqrt{|g|}}(g^{\alpha\nu}\sqrt{|g|})_{,\nu}$　　（座標基底系において）

(g) $A^{\alpha}{}_{;\alpha} = \dfrac{1}{\sqrt{|g|}}(\sqrt{|g|}A^{\alpha})_{,\alpha}$　　（座標基底系において）

(h) $A_\alpha{}^\beta{}_{;\beta} = \dfrac{1}{\sqrt{|g|}}(\sqrt{|g|}A_\alpha{}^\beta)_{,\beta} - \Gamma^\lambda{}_{\alpha\mu}A_\lambda{}^\mu$　（座標基底系において）

(i) $A^{\alpha\beta}{}_{;\beta} = \dfrac{1}{\sqrt{|g|}}(\sqrt{|g|}A^{\alpha\beta})_{,\beta}$　（座標基底系において．$A^{\alpha\beta}$ は反対称とする）

(j) $\Box S = S_{;\alpha}{}^{;\alpha} = \dfrac{1}{\sqrt{|g|}}(\sqrt{|g|}g^{\alpha\beta}S_{,\beta})_{,\alpha}$　（座標基底系において）

[解]　(a)

$$\begin{aligned} g_{\alpha\beta,\gamma} &= \nabla_\gamma(\boldsymbol{e}_\alpha \cdot \boldsymbol{e}_\beta) = (\nabla_\gamma \boldsymbol{e}_\alpha)\cdot \boldsymbol{e}_\beta + \boldsymbol{e}_\alpha \cdot (\nabla_\gamma \boldsymbol{e}_\beta) \\ &= \Gamma^\mu{}_{\alpha\gamma}\boldsymbol{e}_\mu \cdot \boldsymbol{e}_\beta + \Gamma^\mu{}_{\beta\gamma}\boldsymbol{e}_\mu \cdot \boldsymbol{e}_\alpha = \Gamma_{\beta\alpha\gamma} + \Gamma_{\alpha\beta\gamma} \end{aligned}$$

(b)

$$g_{\alpha\mu}g^{\mu\beta} = \delta_\alpha{}^\beta$$

$$g_{\alpha\mu,\gamma}g^{\mu\beta} + g_{\alpha\mu}g^{\mu\beta}{}_{,\gamma} = 0$$

$$g_{\alpha\mu}g^{\mu\beta}{}_{,\gamma} = -g_{\alpha\mu,\gamma}g^{\mu\beta}$$

(c) 問 (a) で得られた結果を用いて，

$$\begin{aligned} g^{\alpha\beta}{}_{,\gamma} &= -g_{\lambda\mu,\gamma}g^{\mu\beta}g^{\lambda\alpha} = -(\Gamma_{\lambda\mu\gamma} + \Gamma_{\mu\lambda\gamma})g^{\mu\beta}g^{\lambda\alpha} \\ &= -\Gamma^\alpha{}_{\mu\gamma}g^{\mu\beta} - \Gamma^\beta{}_{\mu\gamma}g^{\mu\alpha} \end{aligned}$$

となる．

(d) 任意の行列 $[g_{\alpha\beta}]$ に対して

$$(\log\det[g_{\alpha\beta}])_{,\alpha} = \mathrm{Tr}\,[g_{\alpha\beta}]^{-1}[g_{\mu\nu,\alpha}]$$

であるから，

$$(\log g)_{,\alpha} = g^{\mu\nu}g_{\mu\nu,\alpha}$$

つまり，

$$\frac{g_{,\alpha}}{g} = g^{\mu\nu}g_{\mu\nu,\alpha}$$

となる．これより，問 (b) の結果を用いると，

$$g_{,\alpha} = gg^{\mu\nu}g_{\mu\nu,\alpha} = -gg_{\mu\nu}g^{\mu\nu}{}_{,\alpha}$$

を得る．

(e) 座標基底系では，$\Gamma^\mu{}_{\alpha\beta} = (1/2)g^{\mu\nu}(g_{\nu\alpha,\beta} + g_{\nu\beta,\alpha} - g_{\alpha\beta,\nu})$ より，$\mu = \alpha$ のとき最後の 2 項は相殺するので $\Gamma^\alpha{}_{\alpha\beta} = (1/2)g^{\alpha\nu}g_{\nu\alpha,\beta}$ となる．これと (d) の結果より，

$$\Gamma^{\alpha}{}_{\alpha\beta} = \frac{1}{2}\frac{g_{,\beta}}{g} = \frac{1}{2}(\log|g|)_{,\beta} = (\log\sqrt{|g|})_{,\beta}$$

が得られる．

(f) $g^{\mu\nu}\Gamma^{\alpha}{}_{\mu\nu} = -g^{\alpha\beta}{}_{,\beta} - \Gamma^{\beta}{}_{\lambda\beta}g^{\lambda\alpha}$　((c) の結果に $\beta=\gamma$ として和をとる)

$$= -g^{\alpha\beta}{}_{,\beta} - (\log\sqrt{|g|})_{,\lambda}g^{\lambda\alpha} \quad \text{((e) より)}$$

$$= -g^{\alpha\nu}{}_{,\nu} - (\log\sqrt{|g|})_{,\nu}g^{\alpha\nu} \quad \text{(ダミーの添え字を変える)}$$

$$= -g^{\alpha\nu}{}_{,\nu} - (\sqrt{|g|})_{,\nu}g^{\alpha\nu}\frac{1}{\sqrt{|g|}}$$

$$= -\frac{1}{\sqrt{|g|}}(g^{\alpha\nu}\sqrt{|g|})_{,\nu}$$

(g) $A^{\alpha}{}_{;\alpha} = A^{\alpha}{}_{,\alpha} + \Gamma^{\alpha}{}_{\beta\alpha}A^{\beta} = A^{\alpha}{}_{,\alpha} + \dfrac{1}{\sqrt{|g|}}(\sqrt{|g|})_{,\beta}A^{\beta}$　((e) より)

$$= \frac{1}{\sqrt{|g|}}(\sqrt{|g|}A^{\alpha})_{,\alpha}$$

(h)

$$A_{\alpha}{}^{\beta}{}_{;\beta} = A_{\alpha}{}^{\beta}{}_{,\beta} + \Gamma^{\beta}{}_{\mu\beta}A_{\alpha}{}^{\mu} - \Gamma^{\lambda}{}_{\alpha\beta}A_{\lambda}{}^{\beta}$$

$$= A_{\alpha}{}^{\beta}{}_{,\beta} + \frac{1}{\sqrt{|g|}}(\sqrt{|g|})_{,\mu}A_{\alpha}{}^{\mu} - \Gamma^{\lambda}{}_{\alpha\mu}A_{\lambda}{}^{\mu}$$

$$= \frac{1}{\sqrt{|g|}}(\sqrt{|g|}A_{\alpha}{}^{\beta})_{,\beta} - \Gamma^{\lambda}{}_{\alpha\mu}A_{\lambda}{}^{\mu}$$

(i)

$$A^{\alpha\beta}{}_{;\beta} = A^{\alpha\beta}{}_{,\beta} + \Gamma^{\alpha}{}_{\mu\beta}A^{\mu\beta} + \Gamma^{\beta}{}_{\mu\beta}A^{\alpha\mu}$$

$$= A^{\alpha\beta}{}_{,\beta} + \Gamma^{\alpha}{}_{\mu\beta}A^{\mu\beta} + \frac{1}{\sqrt{|g|}}(\sqrt{|g|})_{,\mu}A^{\alpha\mu}$$

$$= \frac{1}{\sqrt{|g|}}(\sqrt{|g|}A^{\alpha\beta})_{,\beta} + \Gamma^{\alpha}{}_{\mu\beta}A^{\mu\beta}$$

座標基底系では $\Gamma^{\alpha}{}_{\mu\beta} = \Gamma^{\alpha}{}_{(\mu\beta)}$ となるので，$A^{\mu\beta} = A^{[\mu\beta]}$ の場合は，最後の項はゼロになり，

$$A^{\alpha\beta}{}_{;\beta} = \frac{1}{\sqrt{|g|}}(\sqrt{|g|}A^{\alpha\beta})_{,\beta}$$

が得られる．

(j) (g) の結果を用いると，

$$\Box S = (S_{,\alpha}g^{\alpha\beta})_{;\beta} = \frac{1}{\sqrt{|g|}}(\sqrt{|g|}S_{,\alpha}g^{\alpha\beta})_{,\beta}$$

となる．

問題 7.8　行列式の変換と共変微分

$A_{\mu\nu}$ を 2 階テンソルとして，行列式を $A \equiv \det[A_{\mu\nu}]$ とする．A がスカラー量ではないことを示せ（すなわち，行列式の値が座標変換によって変化することを示せ）．A がスカラーではないことから，共変微分を $A_{;\alpha} = A_{,\alpha}$ のようには定義できない．$A_{;\alpha}$ を（$A_{,\alpha}$ や A を用いて）どのように定義すればよいか．

[解]　座標変換の規則

$$A_{\overline{\mu}\overline{\nu}} = \frac{\partial x^{\mu}}{\partial x^{\overline{\mu}}}\frac{\partial x^{\nu}}{\partial x^{\overline{\nu}}}A_{\mu\nu}$$

を用いると，行列式は

$$\overline{A} = \det\left[\frac{\partial x^{\mu}}{\partial x^{\overline{\mu}}}\right] \cdot \det[A_{\mu\nu}] \cdot \det\left[\frac{\partial x^{\nu}}{\partial x^{\overline{\nu}}}\right]^{T} = J^2 A$$

と変換される．ここで，$J \equiv \det[\partial x^{\mu}/\partial x^{\overline{\mu}}]$ はヤコビ行列式，添え字の T は行列の転置を表す（このように変換される量を**重み 2 のテンソル密度**とよぶ）．$A_{;\alpha}$ が A の変換則に対して，ベクトルのように変換するようにしたい．$A_{;\alpha}$ は A に関して線形でなければならないので，

$$A_{;\alpha} = A_{,\alpha} + K_{\alpha}A$$

として，K_{α} を決める．これは，計量テンソルの行列式 g は共変微分するとゼロになることから求められる．問題 7.7 より

$$0 = g_{;\alpha} = g_{,\alpha} + K_{\alpha}g = 2g\Gamma^{\beta}{}_{\beta\alpha} + K_{\alpha}g$$

となるので，

$$K_{\alpha} = -2\Gamma^{\beta}{}_{\beta\alpha}$$

である．同様にして，重み W のテンソル密度の量（すなわち J^W で変換する量）に対する一般化は，g のべき乗を考えることによって，

$$K_{\alpha} = -W\Gamma^{\beta}{}_{\beta\alpha}$$

となる．

問題 7.9　測地線 (3)

測地線がある点で時間的なとき，その測地線は，いたるところ時間的であることを示せ．同様なことが空間的やヌル（光的）の測地線にも成り立つことを示せ．

[解]　接ベクトル $\boldsymbol{u}$ をもつ測地線は，$\boldsymbol{u}\cdot\boldsymbol{u}$ の値が正，ゼロ，負に応じてそれぞれ空間的，ヌル，時間的となる．また，

$$\nabla_{\boldsymbol{u}}(\boldsymbol{u}\cdot\boldsymbol{u}) = 2\boldsymbol{u}\cdot\nabla_{\boldsymbol{u}}\boldsymbol{u} = 0$$

となることから，$\boldsymbol{u}\cdot\boldsymbol{u}$ は測地線に沿って保存する．ここで，最後の等式は測地線方程式 $\nabla_{\boldsymbol{u}}\boldsymbol{u} = 0$ を用いた．

問題 7.10　測地線 (4)

「長さが極値をとる曲線」という測地線の定義を用いて，測地線方程式を導出せよ．

[解]　曲線の長さは積分

$$\int ds = \int \sqrt{-g_{\alpha\beta}\frac{dx^\alpha}{ds}\frac{dx^\beta}{ds}}ds$$

によって与えられる．この長さが極値をとる条件を変分 $\delta\int ds = 0$ から求める．オイラー–ラグランジュ方程式より，

$$\frac{d}{ds}(g_{\alpha\beta}u^\alpha) = \frac{1}{2}g_{\alpha\gamma,\beta}u^\alpha u^\gamma \tag{1}$$

となる．ここで，$-g_{\alpha\beta}(dx^\alpha/ds)(dx^\beta/ds) = 1$ および $u^\alpha \equiv dx^\alpha/ds$ を用いた．さて，

$$\frac{d}{ds}(g_{\alpha\beta}u^\alpha) = g_{\alpha\beta}\frac{du^\alpha}{ds} + \frac{dx^\gamma}{ds}g_{\alpha\beta,\gamma}u^\alpha = g_{\alpha\beta}\frac{du^\alpha}{ds} + u^\gamma u^\alpha g_{\alpha\beta,\gamma}$$

より，式 (1) は

$$g_{\alpha\beta}\frac{d^2x^\alpha}{ds^2} + u^\alpha u^\gamma\left(g_{\alpha\beta,\gamma} - \frac{1}{2}g_{\alpha\gamma,\beta}\right) = 0 \tag{2}$$

となる．ここで，

$$u^\alpha u^\gamma g_{\alpha\beta,\gamma} = u^\alpha u^\gamma\frac{1}{2}\left(g_{\alpha\beta,\gamma} + g_{\gamma\beta,\alpha}\right)$$

を用いて，式 (2) に $g^{\beta\tau}$ を乗じると，

$$\frac{d^2x^\tau}{ds^2} + \frac{1}{2}g^{\beta\tau}(g_{\alpha\beta,\gamma} + g_{\gamma\beta,\alpha} - g_{\alpha\gamma,\beta})u^\alpha u^\gamma = \frac{d^2x^\tau}{ds^2} + \Gamma^\tau{}_{\alpha\gamma}\frac{dx^\alpha}{ds}\frac{dx^\gamma}{ds} = 0$$

が得られる．

7

問題 7.11　アフィンパラメータ

アフィンパラメータ λ は，測地線方程式が

$$\frac{d^2x^\alpha}{d\lambda^2}+\Gamma^\alpha{}_{\beta\gamma}\frac{dx^\beta}{d\lambda}\frac{dx^\gamma}{d\lambda}=0$$

の形となるパラメータである．任意のアフィンパラメータは，定数係数の線形変換で関係していることを示せ．

[解]　曲線の新しいパラメータを $s=f(\lambda)$ の関数によって与えたとする．$f'\equiv df/d\lambda$ とすると，微分の関係は

$$\frac{d}{d\lambda}=f'\frac{d}{ds},\qquad \frac{d^2}{d\lambda^2}=f''\frac{d}{ds}+(f')^2\frac{d^2}{ds^2} \tag{1}$$

となる．新しいパラメータでは，測地線の方程式は

$$\frac{d^2x^\alpha}{ds^2}+\frac{f''}{(f')^2}\frac{dx^\alpha}{ds}+\Gamma^\alpha{}_{\beta\gamma}\frac{dx^\beta}{ds}\frac{dx^\gamma}{ds}=0 \tag{2}$$

となる．式 (2) は，第 2 項が消えてなくなれば，（s をアフィンパラメータとする）「標準形」になる．そのため，s がアフィンパラメータであるためには，f'' がゼロであればよい．すなわち s と λ が線形変換で関係していればよい．

問題 7.12　自由粒子の 4 元運動量保存則

平坦な時空では，自由粒子の 4 元運動量の保存則が $\nabla_{\boldsymbol{p}}\boldsymbol{p}=\boldsymbol{0}$ と書けることを示せ．また，静止質量をもつ粒子は，時間的な測地線に沿って進むことを示せ．

[解]　$\nabla_{\boldsymbol{p}}\boldsymbol{p}$ の成分は

$$(\nabla_{\boldsymbol{p}}\boldsymbol{p})^\beta=mu^\alpha(p^\beta{}_{,\alpha}+\Gamma^\beta{}_{\sigma\alpha}p^\sigma)=m\left(\frac{dp^\beta}{d\tau}+u^\alpha p^\sigma\Gamma^\beta{}_{\sigma\alpha}\right) \tag{1}$$

である．平坦な時空では，すべてのクリストッフェル記号がゼロになる大域的な座標系（ミンコフスキー座標）をいつでも見つけることができる．そのような座標系では，4 元運動量保存則 $d\boldsymbol{p}/d\tau=\boldsymbol{0}$ は，式 (1) より

$$\nabla_{\boldsymbol{p}}\boldsymbol{p}=\boldsymbol{0} \tag{2}$$

と書くことができる．式 (2) はテンソル方程式なので，任意の座標系における運動量保存則の正しい表現になっている．運動量ベクトルは質量をもつ粒子の 4 元速度に比例する．そのような粒子では $\boldsymbol{p}\cdot\boldsymbol{p}=-m^2$ であるので，測地線は時間的である．

問題 7.13 粒子の運動量

座標 x^1 は**循環座標** (cyclic coordinate), すなわち計量 $g_{\alpha\beta}$ が x^1 に依存しないとする. 加速されていない粒子の運動量を $\boldsymbol{p}$ とするとき, その成分 p_1 は粒子の世界線に沿って定数であることを示せ.

[解] λ をアフィンパラメータとして, $p^\alpha = dx^\alpha/d\lambda$ とする. 粒子の測地線に沿った運動は

$$0 = (\nabla_{\boldsymbol{p}}\boldsymbol{p}) \cdot \boldsymbol{e}_1 = p_{1;\alpha}p^\alpha = \frac{dp_1}{d\lambda} - p_\sigma \Gamma^\sigma{}_{\alpha 1} p^\alpha$$

となるので,

$$\frac{dp_1}{d\lambda} = p^\sigma p^\alpha \Gamma_{(\sigma\alpha)1} = p^\sigma p^\alpha \frac{1}{2} g_{\sigma\alpha,1} = 0$$

となる.

問題 7.14 フェルマーの原理

フェルマーの原理の一般相対性理論版を証明せよ. すなわち, 任意の静的な計量 ($g_{0j} = g_{\alpha\beta,0} = 0$) に対して, 空間的に離れた 2 点 $x^j = a^j$ と $x^j = b^j$ を結ぶすべてのヌル曲線を考える. それぞれのヌル曲線 $x^j(t)$ は, a^j から b^j へ至るまでに座標時間 Δt を要する. この時間 Δt が極値になる曲線が, この時空のヌル測地線であることを示せ.

[解] 測地線方程式

$$\frac{d^2x^\alpha}{d\lambda^2} + \Gamma^\alpha{}_{\beta\gamma}\frac{dx^\beta}{d\lambda}\frac{dx^\gamma}{d\lambda} = 0$$

から始める. アフィンパラメータ λ を座標時間 t に変え,

$$0 = dt^2 + \frac{g_{ik}}{g_{00}} dx^i dx^k \tag{1}$$

を用いると,

$$g_{jk}\frac{d^2x^k}{dt^2} + \Gamma_{jk\ell}\frac{dx^k}{dt}\frac{dx^\ell}{dt} - \Gamma_{j00}\frac{g_{k\ell}}{g_{00}}\frac{dx^k}{dt}\frac{dx^\ell}{dt} + \frac{d^2t/d\lambda^2}{(dt/d\lambda)^2} g_{jk}\frac{dx^k}{dt} = 0$$

となる. この式と, 測地線方程式の時間成分

$$\frac{d^2t/d\lambda^2}{(dt/d\lambda)^2} = -2\Gamma_{0k0}\frac{dx^k/dt}{g_{00}}$$

をあわせ, Γ を計量で表現した式を用いると,

$$\gamma_{jk}\frac{d^2x^k}{dt^2}+\frac{1}{2}(\gamma_{jk,\ell}+\gamma_{j\ell,k}-\gamma_{k\ell,j})\frac{dx^k}{dt}\frac{dx^\ell}{dt}=0 \tag{2}$$

が得られる．ここで，$\gamma_{jk}\equiv -g_{jk}/g_{00}$ である．この式は，計量 γ_{jk} をもつ3次元空間において，t をアフィンパラメータとする測地線方程式にほかならない．式(1)より，式(2)の解が $\int dt$ の極値を与えることは明らかである（C. Moller 著の *The Theory of Relativity* (Oxford University Press, 2nd ed., 1972), p. 308 も参照）．

問題 7.15　ロケットの運動

(a) 問題6.8で定義された速度空間の計量に対する「測地線」は，速度を変化させながら飛ぶロケットの使用燃料が最小となる（速度空間の）経路であることを示せ．

(b) （地球に対して）速度 $\mathbb{V}_1$ で宇宙空間を飛行するロケットがあり，使用する燃料が最小となるようにしながら速度を $\mathbb{V}_2$ に変化させた．この変化において，ロケットの地球に対する最小速度はいくらか．

［解］　(a) 普通の測地線は2点間を結ぶ弧長を最小にするものであるが，速度空間での測地線は速度変化を最小にする（速度空間の）経路である．ロケットは速度を変化させる際に燃料を単調減少させるので，速度空間での測地線は燃料を最小にする経路となる．

(b) $\mathbb{V}_1$ と $\mathbb{V}_2$ を結ぶ速度空間での測地線を求める．原理的には，問題6.8で行ったように計量から測地線を求めることと同じであるが，これはたいへん面倒である．簡単に求めるために，速度空間の座標原点を通過する測地線は，対称性から $\theta=\phi=$（定数），$\chi=s$（s はアフィンパラメータ）であることに注目する．より一般的な測地線を求めるには，動いている座標系からこの測地線を考えればよい．$\chi=\tanh^{-1}\overline{V}$ は $\rho=\gamma\overline{V}$ ($\gamma\equiv 1/\sqrt{1-\overline{V}^2}$) の単調関数なので，非アフィンパラメータ $\rho(s)$ を使って測地線を表すことができる．このパラメータを用いると，$\gamma=\sqrt{1+\rho^2}$ で，さらに測地線が V_x 方向に延びているとすれば，

$$\boldsymbol{u}=(\sqrt{1+\rho^2},\,\rho,\,0,\,0)\qquad(-\infty<\rho<+\infty)$$

となる．

x 方向のブーストは，この軌跡をそれ自身に重ねるだけなので，垂直方向（y 方向）のブーストについてのみ考えればよい．y 方向に β のブーストを行うと，$\boldsymbol{u}$ は

$$\boldsymbol{u}'=(\gamma'\sqrt{1+\rho^2},\,\rho,\,\sqrt{1+\rho^2}\gamma'\beta,\,0) \tag{1}$$

となる．ここで，$\gamma' = 1/\sqrt{1-\beta^2}$ である．

式 (1) の 4 元速度は，3 元速度

$$\frac{\mathbb{V}}{\sqrt{1-|\mathbb{V}|^2}} = \rho\,\mathbb{n} + \sqrt{1+\rho^2}\gamma'\beta\,\mathbb{m} \tag{2}$$

で表すことができる．ここで，$\mathbb{n}, \mathbb{m}$ は互いに垂直な単位ベクトルで，直交空間（デカルト空間）の基本ベクトルと同じはたらきをする．$|\mathbb{V}|^2$ について解くと，式 (2) は

$$\mathbb{V} = \sqrt{\frac{1-\beta^2}{1+\rho^2}}\rho\,\mathbb{n} + \beta\,\mathbb{m} \tag{3}$$

となる．この式は，速度空間における一般的な測地線を与える．β $(|\beta| < 1)$ と，2 つの直交するベクトル $\mathbb{n}, \mathbb{m}$ を選べば，ρ $(-\infty < \rho < +\infty)$ でパラメータ化された測地線が得られる．式 (3) より，一般的な測地線は「直線」であることがわかる（このことは空間が平坦であることとは別である！）．

この問題について，2 つの場合がある．

(i) 角 $\mathrm{OV_1V_2}$ あるいは $\mathrm{OV_2V_1}$ が鈍角の場合，$\mathbb{V}_1$ と $\mathbb{V}_2$ を結ぶ測地線（直線）と原点 O が最も近くなる距離は，単純に $|\mathbb{V}_1|$ あるいは $|\mathbb{V}_2|$ である．

(ii) 角 $\mathrm{OV_1V_2}$ と $\mathrm{OV_2V_1}$ がどちらも鋭角の場合，距離の最小値 β は（単純に幾何学的な考察により）

$$\beta = \frac{|\mathbb{V}_1 \times \mathbb{V}_2|}{|\mathbb{V}_1 - \mathbb{V}_2|}$$

で与えられる．

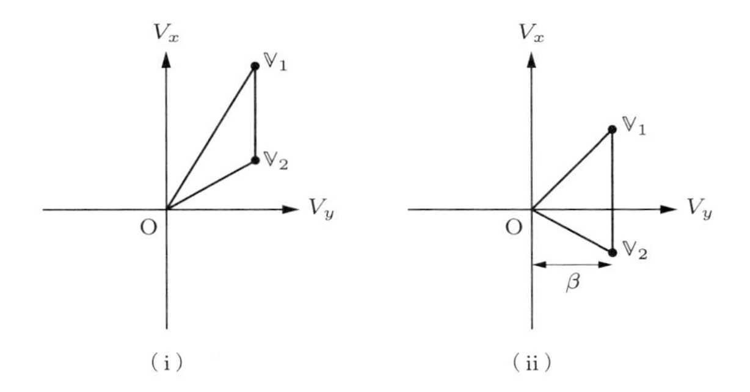

問題 7.16　平行移動

計量が $ds^2 = d\theta^2 + \sin^2\theta\,d\phi^2$ で表される 2 次元球面において，$\theta = \theta_0$, $\phi = 0$ でベクトル $\boldsymbol{A}$ がベクトル $\boldsymbol{e}_\theta$ に一致していた．$\theta = \theta_0$ の円周に沿って 1 周平行

移動されたとき，$\boldsymbol{A}$ はどうなっているか．また，$\boldsymbol{A}$ の大きさはどうか．

[解]　$\boldsymbol{A}$ は ϕ 座標に沿って（つまり，$\theta=$（定数）で）平行移動されるので

$$0 = A^{\alpha}{}_{;\phi} = A^{\alpha}{}_{,\phi} + \Gamma^{\alpha}{}_{\beta\phi}A^{\beta} \tag{1}$$

である．クリストッフェル記号の非ゼロ成分は，$\Gamma^{\theta}{}_{\phi\phi} = -\sin\theta\cos\theta$ と $\Gamma^{\phi}{}_{\theta\phi} = \cot\theta$ であり，式 (1) は

$$A^{\theta}{}_{,\phi} - \sin\theta\cos\theta\, A^{\phi} = 0 \tag{2}$$

$$A^{\phi}{}_{,\phi} + \cot\theta\, A^{\theta} = 0 \tag{3}$$

となる．この問題を通じて θ は一定値とする．式 (2), (3) は簡単に解ける．式 (2) を ϕ で微分すると

$$A^{\theta}{}_{,\phi\phi} = \sin\theta\cos\theta\, A^{\phi}{}_{,\phi} = -\cos^2\theta\, A^{\theta}$$

となるので，α, β を定数として

$$A^{\theta} = \alpha\cos(\phi\cos\theta) + \beta\sin(\phi\cos\theta)$$

となる．これを再び式 (2) に代入すると，

$$A^{\phi} = -\alpha\frac{\sin(\phi\cos\theta)}{\sin\theta} + \beta\frac{\cos(\phi\cos\theta)}{\sin\theta}$$

となる．$\phi = 0$ のとき，$\boldsymbol{A} = \boldsymbol{e}_{\theta}$，すなわち，$A^{\theta} = 1$, $A^{\phi} = 0$ なので，$\alpha = 1$, $\beta = 0$ となり，

$$A^{\theta} = \cos(\phi\cos\theta), \qquad A^{\phi} = -\frac{\sin(\phi\cos\theta)}{\sin\theta}$$

が得られる．円周を 1 回りして $\phi = 2\pi$ になると，ベクトルは

$$\boldsymbol{A} = \cos(2\pi\cos\theta)\boldsymbol{e}_{\theta} - \frac{\sin(2\pi\cos\theta)}{\sin\theta}\boldsymbol{e}_{\phi} \neq \boldsymbol{e}_{\theta}$$

となる．ただし，ベクトルの大きさははじめと変わらない．

$$(\boldsymbol{A}\cdot\boldsymbol{A})_{2\pi} = \cos^2(2\pi\cos\theta)\boldsymbol{e}_{\theta}\cdot\boldsymbol{e}_{\theta} + \frac{\sin^2(2\pi\cos\theta)}{\sin^2\theta}\boldsymbol{e}_{\phi}\cdot\boldsymbol{e}_{\phi} = 1 = (\boldsymbol{A}\cdot\boldsymbol{A})_0$$

問題 7.17　基底ベクトルの移動

4 元速度 $\boldsymbol{u}$ で移動する観測者がいて，その 4 つの基底ベクトル $\boldsymbol{e}_{\alpha}$ は $\nabla_{\boldsymbol{u}}\boldsymbol{e}_{\alpha} =$

$A_\alpha{}^\beta \boldsymbol{e}_\beta$ の移動則に従って移動させられる．以下の場合に，$A_\alpha{}^\beta$ の最も一般的な形を求めよ．

(i) 基底ベクトルが正規直交基底の場合

(ii) (i) に加えて $\boldsymbol{e}_{\hat{0}} = \boldsymbol{u}$ の場合（すなわち，系が観測者の静止系のとき）

(iii) (ii) に加えて空間ベクトルが非回転の場合（すなわち，観測者は自由落下する粒子をコリオリ力なしに観測するとき）

［解］　(i)

$$\nabla_{\boldsymbol{u}}\eta_{\alpha\beta} = \nabla_{\boldsymbol{u}}(\boldsymbol{e}_\alpha \cdot \boldsymbol{e}_\beta) = (\nabla_{\boldsymbol{u}}\boldsymbol{e}_\alpha)\cdot\boldsymbol{e}_\beta + \boldsymbol{e}_\alpha\cdot(\nabla_{\boldsymbol{u}}\boldsymbol{e}_\beta)$$
$$= A_\alpha{}^\gamma \boldsymbol{e}_\gamma\cdot\boldsymbol{e}_\beta + A_\beta{}^\gamma \boldsymbol{e}_\gamma\cdot\boldsymbol{e}_\alpha = A_{\alpha\beta} + A_{\beta\alpha}$$

となる．したがって，テンソル A は反対称でなければならない．

この場合の平行移動則は，次のように書くのが普通である．

$$\nabla_{\boldsymbol{u}}\boldsymbol{e}_\alpha = A_\alpha{}^\beta \boldsymbol{e}_\beta = (A^{\gamma\beta}\boldsymbol{e}_\beta\otimes\boldsymbol{e}_\gamma)\cdot\boldsymbol{e}_\alpha = -\boldsymbol{\Omega}\cdot\boldsymbol{e}_\alpha \tag{1}$$

ここで，$\Omega^{\beta\gamma} = A^{\beta\gamma}$ は 3 次元の反対称回転行列の 4 次元版である．

(ii) $\boldsymbol{u} = \boldsymbol{e}_0$ を別扱いにできるので，$\boldsymbol{\Omega}$ を $\boldsymbol{u}$ に沿う方向と $\boldsymbol{u}$ に直交する方向とに分解する．

$$\Omega^{\alpha\beta} = v^\alpha u^\beta - u^\alpha v^\beta + \omega^{\alpha\beta} \tag{2}$$

ここで，$\omega^{\alpha\beta} = -\omega^{\beta\alpha}$, $\omega^{\alpha\beta}u_\beta = 0$ であり，v^α はまだ求められていないが，一般性を失うことなく $\boldsymbol{v}\cdot\boldsymbol{u} = 0$ とすることができる．これより，式 (1) は

$$\boldsymbol{\Omega}\cdot\boldsymbol{u} = -\nabla_{\boldsymbol{u}}\boldsymbol{u} = -\boldsymbol{a}$$

となる．ここで，$\boldsymbol{a}$ は観測者の 4 元加速度である．一方，式 (2) より

$$\boldsymbol{\Omega}\cdot\boldsymbol{u} = -\boldsymbol{v}$$

となるので，$\boldsymbol{v} = \boldsymbol{a}$ となる．したがって，

$$\boldsymbol{\Omega} = \boldsymbol{a}\otimes\boldsymbol{u} - \boldsymbol{u}\otimes\boldsymbol{a} + \boldsymbol{\omega}$$

となる．

(iii) テンソル $\omega^{\alpha\beta}$ は，3 つの独立な成分をもち，$\boldsymbol{\omega}\cdot\boldsymbol{u} = 0$ より空間的である．そのため，$\boldsymbol{\omega}$ は基底ベクトルの純粋な空間回転を表し，空間ベクトルが非回転であればゼロとなる．

3 つの自由度をもつ $\omega^{\alpha\beta}$ は，しばしば角速度ベクトル $\boldsymbol{\omega}$ $(\boldsymbol{\omega}\cdot\boldsymbol{u} = 0)$ として表される．$\boldsymbol{\omega}$ と $\omega^{\alpha\beta}$ の間には

$$\omega^{\alpha\beta} = \varepsilon^{\alpha\beta\lambda\sigma} u_\lambda \omega_\sigma, \qquad \omega^\alpha = -\frac{1}{2}\varepsilon^{\alpha\mu\lambda\sigma} u_\mu \omega_{\lambda\sigma}$$

の関係がある．空間的に非回転の系 ($\boldsymbol{\omega} = \mathbf{0}$) であれば，移動則はフェルミ－ウォーカー移動

$$\nabla_{\boldsymbol{u}} \boldsymbol{e}_\alpha = (\boldsymbol{u} \otimes \boldsymbol{a} - \boldsymbol{a} \otimes \boldsymbol{u}) \cdot \boldsymbol{e}_\alpha$$

となる．

問題 7.18　フェルミ－ウォーカー移動 (1)

曲線 C に沿ってフェルミ－ウォーカー移動する 2 つのベクトルがある．これらのスカラー積は変化しないことを示せ．

[解]　2 つのベクトルを $\boldsymbol{x}, \boldsymbol{y}$ とする．フェルミ－ウォーカー移動則は，$\boldsymbol{u}$ を曲線 C の接ベクトル，$\boldsymbol{a} = \nabla_{\boldsymbol{u}} \boldsymbol{u}$ として

$$\nabla_{\boldsymbol{u}} \boldsymbol{x} = (\boldsymbol{u} \otimes \boldsymbol{a} - \boldsymbol{a} \otimes \boldsymbol{u}) \cdot \boldsymbol{x}$$
$$\nabla_{\boldsymbol{u}} \boldsymbol{y} = (\boldsymbol{u} \otimes \boldsymbol{a} - \boldsymbol{a} \otimes \boldsymbol{u}) \cdot \boldsymbol{y}$$

と書ける．内積をとり，曲線に沿って移動させたときの変化量を計算すると，

$$\begin{aligned}\nabla_{\boldsymbol{u}}(\boldsymbol{x} \cdot \boldsymbol{y}) &= (\nabla_{\boldsymbol{u}} \boldsymbol{x}) \cdot \boldsymbol{y} + \boldsymbol{x} \cdot (\nabla_{\boldsymbol{u}} \boldsymbol{y}) \\ &= (\boldsymbol{a} \cdot \boldsymbol{x})(\boldsymbol{u} \cdot \boldsymbol{y}) - (\boldsymbol{a} \cdot \boldsymbol{y})(\boldsymbol{u} \cdot \boldsymbol{x}) + (\boldsymbol{u} \cdot \boldsymbol{x})(\boldsymbol{a} \cdot \boldsymbol{y}) - (\boldsymbol{a} \cdot \boldsymbol{x})(\boldsymbol{u} \cdot \boldsymbol{y}) = 0\end{aligned}$$

となる．すなわちスカラー積は変化しない．

問題 7.19　フェルミ－ウォーカー移動 (2)

測地線に沿ったフェルミ－ウォーカー移動は，平行移動と等価であることを示せ．

[解]　$\boldsymbol{u}$ を曲線の接ベクトル，$\boldsymbol{a} = \nabla_{\boldsymbol{u}} \boldsymbol{u} \equiv D\boldsymbol{u}/d\tau$ とすると，フェルミ－ウォーカー移動は微分方程式

$$\nabla_{\boldsymbol{u}} \boldsymbol{x} = (\boldsymbol{u} \otimes \boldsymbol{a} - \boldsymbol{a} \otimes \boldsymbol{u}) \cdot \boldsymbol{x}$$

の形になる．曲線が測地線の場合，測地線方程式 $\boldsymbol{a} = \nabla_{\boldsymbol{u}} \boldsymbol{u} = \mathbf{0}$ が満たされるので，フェルミ－ウォーカー移動は

$$\nabla_{\boldsymbol{u}} \boldsymbol{x} = \mathbf{0}$$

となって，平行移動の方程式になる．

問題 7.20　添え字を用いない記法

以下の式を，添え字を用いない表式に直せ．

(a) $U_{\alpha;\beta}U^{\beta}U^{\alpha}$

(b) $V^{\alpha}{}_{;\beta}U^{\beta} - U^{\alpha}{}_{;\beta}V^{\beta}$

(c) $T_{\alpha\beta;\gamma}V^{\alpha}W^{\beta}U^{\gamma}$

(d) $W^{\alpha;\beta}V_{\beta;\gamma}U^{\gamma}$

(e) $W^{\alpha}{}_{;\gamma\beta}U^{\gamma}U^{\beta} + W^{\alpha}{}_{;\gamma}U^{\gamma}{}_{;\beta}U^{\beta} - U^{\alpha}{}_{;\beta}W^{\beta}{}_{;\gamma}U^{\gamma}$

[解]　(a) $U_{\alpha;\beta}U^{\beta}U^{\alpha} = U^{\alpha}{}_{;\beta}U^{\beta}U_{\alpha} = (\nabla_{\boldsymbol{U}}\boldsymbol{U})\cdot\boldsymbol{U}$

(b) $V^{\alpha}{}_{;\beta}U^{\beta} - U^{\alpha}{}_{;\beta}V^{\beta} = \nabla_{\boldsymbol{U}}\boldsymbol{V} - \nabla_{\boldsymbol{V}}\boldsymbol{U} \equiv [\boldsymbol{U},\boldsymbol{V}]$

(c) $T_{\alpha\beta;\gamma}V^{\alpha}W^{\beta}U^{\gamma} = \boldsymbol{V}\cdot(\nabla_{\boldsymbol{U}}\boldsymbol{T})\cdot\boldsymbol{W}$

(d) $W^{\alpha;\beta}V_{\beta;\gamma}U^{\gamma} = W^{\alpha}{}_{;\beta}(V^{\beta}{}_{;\gamma}U^{\gamma}) = \nabla_{(\nabla_{\boldsymbol{U}}\boldsymbol{V})}\boldsymbol{W}$

(e) 与えられた式のはじめの 2 項をまとめて，

$$(W^{\alpha}{}_{;\gamma}U^{\gamma})_{;\beta}U^{\beta} - U^{\alpha}{}_{;\beta}(W^{\beta}{}_{;\gamma}U^{\gamma}) = \nabla_{\boldsymbol{U}}(\nabla_{\boldsymbol{U}}\boldsymbol{W}) - \nabla_{(\nabla_{\boldsymbol{U}}\boldsymbol{W})}\boldsymbol{U} = [\boldsymbol{U},\nabla_{\boldsymbol{U}}\boldsymbol{W}]$$

となる．

問題 7.21　静的な時空の屈折率

静的で等方な時空における光の経路は，場所によって変化する「屈折率」$n(x^j)$ を用いて記述できることを示せ．n を計量 $g_{\alpha\beta}$ で表すとどうなるか．計量を

$$ds^2 = g_{00}dt^2 - f(dx_1^2 + dx_2^2 + dx_3^2)$$

とする．

[解]　光の経路は，マクスウェル方程式 $F^{\alpha\beta}{}_{;\beta} = 0$ の幾何光学的極限として与えられる．問題 7.7(i) で得られた恒等式より，これらの方程式は

$$(g^{\alpha\tau}g^{\beta\mu}F_{\tau\mu}\sqrt{-g})_{,\beta} = 0$$

となる．空間的に等方で計量が対角的であることと，$E_i = F_{0i}$, $B_k = \varepsilon^{kj\ell}F_{j\ell}$ を用いると，この方程式は

$$\nabla\cdot(\epsilon\mathbb{E}) = 0, \qquad \nabla\times(\mu^{-1}\mathbb{B}) = \frac{\partial(\epsilon\mathbb{E})}{\partial t}$$

の形に書ける．ここで，$\epsilon = \mu = \sqrt{f/g_{00}}$ である．これより，光はあたかも実効的な屈折率が

$$n = \frac{1}{\sqrt{\epsilon\mu}} = \sqrt{\frac{g_{00}}{f}}$$

の物質中にあるかのように進む．

問題 7.22　宇宙飛行士の酔歩問題

酔っ払った宇宙飛行士がロケットの操縦ボタンを押し，ランダムな方向へ飛んでいく噴射を繰り返した．ロケットの瞬間的な共動慣性系で測定すると，それぞれの噴射は速さ $\Delta v = |\Delta \mathbb{v}| \ll c$ のブーストに相当する．n を十分大きい数として，n 回のブーストを行った後のロケットの速度はどのような確率分布になるか．また，酔っ払っている宇宙飛行士が相対論的な速度に到達するのは，しらふの宇宙飛行士が（常に同じ方向に噴射を繰り返すことによって）到達するよりもはるかに効率が悪いこと，および，同じスピードに達するためには，平均 $3c/\Delta v$ 倍の噴射が必要になることを示せ．

[解]　問題を明確にするために，まずニュートン力学で考える．n 回のブースト後に $\mathbb{v}$ の速度になる確率を $P(\mathbb{v}, n)$ とし，P に関する微分方程式を求める．まず，n 回目のステップで速度が $\mathbb{v}$ であるならば，$n-1$ 回目のステップでは，速度は速度空間内で $\mathbb{v}$ から距離 $\Delta v = |\Delta \mathbb{v}|$ のどこかにいることになる．対称性より，$P(\mathbb{v}, n)$ は $\mathbb{v}$ の位置から半径 Δv の球面内の各点から等しく寄与を受けるので，$n-1$ ステップにおける球面内の P の等方的な平均を $P(\mathbb{v}, n)$ と等しくおくことができる．すなわち，

$$\begin{aligned}
P(\mathbb{v}, n) &= \langle P(\mathbb{v} - \Delta\mathbb{v}, n-1)\rangle_{\text{sphere}} \\
&= \frac{1}{6}\big[P(\mathbb{v} + \Delta v\, \mathbb{e}_x, n-1) + P(\mathbb{v} + \Delta v\, \mathbb{e}_y, n-1) + P(\mathbb{v} + \Delta v\, \mathbb{e}_z, n-1) \\
&\quad + P(\mathbb{v} - \Delta v\, \mathbb{e}_x, n-1) + P(\mathbb{v} - \Delta v\, \mathbb{e}_y, n-1) + P(\mathbb{v} - \Delta v\, \mathbb{e}_z, n-1)\big] \\
&\approx P(\mathbb{v}, n-1) + \frac{1}{6}(\Delta v)^2 \nabla^2 P
\end{aligned} \tag{1}$$

となる．したがって，微分方程式は

$$\frac{\partial P}{\partial n} = \frac{(\Delta v)^2}{6} \nabla^2 P \tag{2}$$

となる．これは標準的な拡散方程式である．この解は，$P(\mathbb{v}, 0) = \delta^3(\mathbb{v})$ とすると，

$$P(\mathbb{v}, n) = \frac{1}{(4\pi)^{3/2}} \frac{1}{[n(\Delta v)^2/6]^{3/2}} \exp\left[-\frac{3|\mathbb{v}|^2}{2n(\Delta v)^2}\right] \tag{3}$$

である．

次に相対論的に考えよう．上の議論は，速度の加法が線形でないことを除いてすべ

て同様である．速度の加法については，相対性理論の公式を使う．しかし，$\Delta v \ll 1$ の仮定より，固有速度 $\Delta\mathbb{v}$ はロケットの瞬間的共動慣性系においては，線形に加算できる．そのため拡散方程式 (2) は，速度空間でそのまま局所的に成立する．そこで，あとは相対論的速度空間の大域的な計量が異なっていることを考慮すればよい．これは，式 (2) に登場する ∇^2 を曲がった速度空間計量でのラプラシアンに置き換えることで済む．計量は（問題 6.8 を見よ）

$$dv_{\text{proper}}^2 = d\Psi^2 + \sinh^2\Psi\ (dv_\theta^2 + \sin^2\theta\, dv_\phi^2) \tag{4}$$

で，Ψ は高速率パラメータ，すなわち $\tanh\Psi \equiv |\mathbb{v}|$ である†．問題 7.7(j) で導いた関係

$$P_{;\alpha}{}^{;\alpha} = \frac{1}{\sqrt{g}}(\sqrt{g}g^{\alpha\beta}P_{,\beta})_{,\alpha} \tag{5}$$

と，球対称性より $\partial P/\partial v_\phi = \partial P/\partial v_\theta = 0$ が成り立つことから，

$$\frac{\partial P}{\partial n} = \frac{(\Delta v)^2}{6}\left[\frac{1}{\sinh^2\Psi}\frac{\partial}{\partial\Psi}\left(\sinh^2\Psi\frac{\partial P}{\partial\Psi}\right)\right] \tag{6}$$

が得られる．この方程式が，$t = n(\Delta v)^2/6$ として，

$$P(\mathbb{v}, t) = \frac{1}{(4\pi)^{3/2}t^{3/2}}\frac{\Psi}{\sinh\Psi}\exp\left(-\frac{\Psi^2}{4t} - t\right) \tag{7}$$

の解をもつことは容易に確認できる．この結果は，$t \ll 1, \Psi \ll 1$ の極限で，式 (3) で得たニュートン力学での解に一致する（$\Psi^2/4t$ に対する制限はない）．

Ψ が Ψ と $\Psi + \Delta\Psi$ の間にある確率は，（速度空間計量を用いると）$4\pi\sinh^2\Psi\, P\, d\Psi$ であるから，$t \gg 1, \Psi \gg 1$ の場合には漸近的に

$$\frac{\partial P}{\partial\Psi} \approx \frac{\Psi}{\sqrt{4\pi t^3}}\exp\left(-\frac{\Psi^2}{4t} - t + \Psi\right) = \frac{\Psi}{\sqrt{4\pi t^3}}\exp\left[-t\left(1 - \frac{\Psi}{2t}\right)^2\right]$$

となる．ここで重要になるのは，指数関数の部分である．Ψ の平均値は $\langle\Psi\rangle \approx 2t$ であり，標準偏差は $\Delta\Psi \sim \sqrt{2t}$ となるので，$t \to \infty$ では，$\Delta\Psi/\langle\Psi\rangle \to 0$ となる．高速率パラメータの平均 $\langle\Psi\rangle$ は，ステップ数に対して線形に増加する．しかし，ステップごとの平均ブーストは $(\Delta v)^2/3$ で一定である．一方，しらふのパイロットは，ステップごとに高速率パラメータを Δv だけ増加させるので，比較すると $3c/\Delta v$ 倍大きい．それにもかかわらず，酔っ払いの宇宙飛行士が，しらふの飛行士と同様に線形で速さを増加させるのは驚くべきことである．

ニュートン力学の場合，彼は速度（あるいは高速率パラメータ）をステップ数 n で

---

† 訳者注：第 1 章のまえがきを見よ．

7

はなく，$\sqrt{n}$ に比例する程度しか増加できない．この理由はローレンツ変換から説明できる．もしあなたから離れていく観測者がランダムな方向に弾丸を放ったとしても，その方向はあなたから離れていく方向に偏って見えるからである（ヘッドライト効果）．

問題 7.23　超曲面直交 (1)

(a) ベクトル場 $\boldsymbol{k}$ が超曲面の族に対して直交しているとする（**超曲面直交** (hypersurface-orthogonal)）．このとき，$k_{[\mu;\nu}k_{\lambda]} = 0$ が満たされることを示せ．

(b) さらに，$k_{[\mu;\nu]} = 0$ となるとき，幾何学的な解釈をせよ．

［解］　(a) 超曲面が $f =$（定数）として与えられるとすると，

$$\boldsymbol{k} \propto \nabla f, \qquad k_\mu = hf_{,\mu}$$

となるので，

$$k_{\mu;\nu} = h_{,\nu} f_{,\mu} + hf_{,\mu;\nu} \tag{1}$$

$$k_{[\mu;\nu}k_{\lambda]} = h_{,[\nu} f_{,\mu} hf_{,\lambda]} + h^2 f_{,[\mu;\nu} f_{,\lambda]} \tag{2}$$

である．式 (2) の第 1 項は明らかにゼロであり，第 2 項も $f_{,\mu;\nu} = f_{,\nu;\mu}$ よりゼロとなる．逆に考えると，$k_{[\mu;\nu}k_{\lambda]} = 0$ は $\boldsymbol{k}$ が超曲面直交であることを示している．これを**フロベニウスの定理** (Frobenius' theorem) という．

(b) 式 (1) より，付加条件 $k_{[\mu;\nu]} = 0$ は，$\boldsymbol{k} = \nabla f$ となる f が存在することを示している．

問題 7.24　超曲面直交 (2)

超曲面直交する任意のヌル曲線束は，ヌル測地線であることを示せ．

［解］　$\boldsymbol{k}$ をヌル曲線束の接ベクトルとする．$\boldsymbol{k}$ が超曲面直交であれば，あるスカラー関数 f と h に対して

$$k_\alpha = hf_{,\alpha}$$

が成り立つ（問題 7.23 を参照せよ）．また，$\boldsymbol{k}$ はヌルであるから

$$f_{,\alpha} f^{,\alpha} = 0$$

である．これら 2 つの式より，

$$k_{\alpha;\beta}k^{\beta} = (h_{,\beta}f_{,\alpha} + hf_{,\alpha;\beta})hf^{,\beta}$$

$$f_{,\alpha;\beta}f^{,\beta} = f_{,\beta;\alpha}f^{,\beta} = \frac{1}{2}(f_{,\beta}f^{,\beta})_{;\alpha} = 0$$

となるので，

$$k_{\alpha;\beta}k^{\beta} = (h_{,\beta}f^{,\beta})k_{\alpha}$$

が得られる．これは，測地線方程式 $\nabla_{\boldsymbol{k}}\boldsymbol{k} \propto \boldsymbol{k}$ が満たされることを示す．$k^{\alpha} = dx^{\alpha}/d\lambda$ とすると，アフィンパラメータ $\lambda' = \lambda'(\lambda)$ を導入して，この方程式を通常の形の $\nabla_{\overline{\boldsymbol{k}}}\overline{\boldsymbol{k}} = \boldsymbol{0}$ に書き換えることができる．ここで，$\overline{k}^{\alpha} = dx^{\alpha}/d\lambda'$ である．

問題 7.25　測地線と変分原理

変分原理

$$\delta\int g_{\alpha\beta}\dot{x}^{\alpha}\dot{x}^{\beta}\,ds = 0$$

を用いると，

$$\delta\int\sqrt{g_{\alpha\beta}\dot{x}^{\alpha}\dot{x}^{\beta}}\,ds = 0$$

として定義される測地線と同じ曲線が得られることを示せ．ここで，s は固有長さ（任意のパラメータではない），$\dot{x}^{\alpha} \equiv dx^{\alpha}/ds$ である．$y \equiv \sqrt{g_{\alpha\beta}\dot{x}^{\alpha}\dot{x}^{\beta}}$ とすると，任意の単調関数 $F(y)$ に対して

$$\delta\int F(y)\,ds = 0$$

もまた同じ測地線を与えることを示せ．

[解]　最後の変分から得られるオイラー－ラグランジュ方程式は

$$0 = \frac{d^2F}{dy^2}\frac{dy}{ds}\frac{\partial y}{\partial\dot{x}} + \frac{dF}{dy}\left[\frac{d}{ds}\left(\frac{\partial y}{\partial\dot{x}} - \frac{\partial y}{\partial x}\right)\right]$$

となる．s はアフィンパラメータより $dy/ds = 0$ であり，また $dF/dy \neq 0$ なので，この式は $\delta\int y\,ds = 0$ から得られるオイラー－ラグランジュ方程式と等価である．

第 8 章

微分幾何学：より深い概念

Differential Geometry: Further Concepts

ベクトル $\boldsymbol{B}$ は**反変成分** B^μ をもち，基底ベクトル $\boldsymbol{e}_\mu$ を用いて

$$\boldsymbol{B} = B^\mu \boldsymbol{e}_\mu$$

と表される．**共変成分** B_μ は同じベクトルを表しているが，**1-形式** (one-form) とよばれる異なるタイプの「ベクトル」として扱われる（ゆるくいえば，1-形式は**共変ベクトル** (covariant vector) ともよばれる）．1-形式を上の式のように表すと，

$$\tilde{\boldsymbol{B}} = B_\mu \tilde{\boldsymbol{\omega}}^\mu$$

となる．ここで，チルダ記号 (˜) は 1-形式を表し，$\tilde{\boldsymbol{\omega}}^\mu$ は**基底 1-形式** (basis one-form) で，その共変成分は $(1,0,0,0)$, $(0,1,0,0)$, $\ldots$ などである．成分が $T_{\alpha\beta\cdots}{}^{\gamma\delta\cdots}$ である任意のテンソル $\boldsymbol{T}$ に対して，

$$\boldsymbol{T} = T_{\alpha\beta\cdots}{}^{\gamma\delta\cdots}\, \tilde{\boldsymbol{\omega}}^\alpha \otimes \tilde{\boldsymbol{\omega}}^\beta \otimes \cdots \otimes \boldsymbol{e}_\gamma \otimes \boldsymbol{e}_\delta \otimes \cdots$$

である．

2 つのベクトル，あるいは 2 つの 1-形式のスカラー積は計量を用いて表され，ドットの記号 $(\cdot)$ で書かれる．

$$\boldsymbol{A}\cdot\boldsymbol{B} = g_{\mu\nu}A^\mu B^\nu, \qquad \tilde{\boldsymbol{A}}\cdot\tilde{\boldsymbol{B}} = g^{\mu\nu}A_\mu B_\nu$$

ここで，$g^{\mu\nu}$ は $g_{\mu\nu}$ の逆行列である．ベクトルと 1-形式のスカラー積は，計量を使わずに定義され，単に各添え字について和をとったものとなる．これは，しばしば次のように記述され，区別される．

$$\tilde{\boldsymbol{B}}\cdot\boldsymbol{A} \equiv \langle\tilde{\boldsymbol{B}}, \boldsymbol{A}\rangle \equiv B_\mu A^\mu$$

$\langle\tilde{\boldsymbol{\omega}}^\mu, \boldsymbol{e}_\nu\rangle = \delta^\mu{}_\nu$ であるので，$\tilde{\boldsymbol{\omega}}^\mu$ は基底ベクトル $\boldsymbol{e}_\mu$ の**双対** (dual) とよばれる．ベクトル $\boldsymbol{A}$ と $\boldsymbol{B}$ に対応する 1-形式を $\tilde{\boldsymbol{A}}$, $\tilde{\boldsymbol{B}}$ とすると，もちろん

$$\boldsymbol{A}\cdot\boldsymbol{B} = \tilde{\boldsymbol{A}}\cdot\tilde{\boldsymbol{B}} = \langle\tilde{\boldsymbol{B}}, \boldsymbol{A}\rangle = \langle\tilde{\boldsymbol{A}}, \boldsymbol{B}\rangle$$

である．

とくに有用な 1-形式は，任意のスカラー関数 f の**勾配** (gradient) $\widetilde{d}f$ である．ベクトル $\boldsymbol{v}$ と組み合わせると，$\boldsymbol{v}$ に沿った f の方向微分

$$\langle \widetilde{d}f, \boldsymbol{v} \rangle = \nabla_{\boldsymbol{v}} f = f_{,\alpha} v^{\alpha}$$

を与える．

座標系を定めたときの基底ベクトル $\boldsymbol{e}_{\alpha}$ は座標軸に接している．これより，座標基底ベクトルを

$$\boldsymbol{e}_{\alpha} = \frac{\partial}{\partial x^{\alpha}}$$

と書く．同様に，座標基底 1-形式は，座標一定面の勾配として

$$\tilde{\boldsymbol{\omega}}^{\alpha} \equiv \widetilde{dx}^{\alpha}$$

となる．

また，時空計量は局所的にミンコフスキー計量に変換できることから，正規直交基底ベクトルと正規直交 1-形式を各点で設定することが可能である．それらは座標に対して接していたり勾配になっていたりする必要はなく，$\boldsymbol{e}_{\hat{\mu}}$ や $\tilde{\boldsymbol{\omega}}^{\hat{\mu}}$ のように記される．ここで，添え字についているカレット記号 (ˆ) は正規直交性を意味する[†]．このとき，$\langle \tilde{\boldsymbol{\omega}}^{\alpha}, \boldsymbol{e}_{\beta} \rangle = \delta^{\alpha}{}_{\beta}$, $\boldsymbol{e}_{\alpha} \cdot \boldsymbol{e}_{\beta} = g_{\alpha\beta}$ および $\tilde{\boldsymbol{\omega}}^{\alpha} \cdot \tilde{\boldsymbol{\omega}}^{\beta} = g^{\alpha\beta}$ は常に満たされる．基底が正規直交であれば，さらに $g_{\alpha\beta} = \eta_{\alpha\beta}$ と $g^{\alpha\beta} = \eta^{\alpha\beta}$ が満たされる．時空の局所正規直交基底系が自由落下していれば（つまり自由落下している観測者の基底であれば），その座標系の中心で，すべての $\Gamma^{\alpha}{}_{\beta\gamma}$ はゼロになる．

2 つの基底ベクトル場の交換子

$$\nabla_{\boldsymbol{e}_{\alpha}} \boldsymbol{e}_{\beta} - \nabla_{\boldsymbol{e}_{\beta}} \boldsymbol{e}_{\alpha} = [\boldsymbol{e}_{\alpha}, \boldsymbol{e}_{\beta}] \equiv c_{\alpha\beta}{}^{\gamma} \boldsymbol{e}_{\gamma}$$

が恒等的にゼロになる ($c_{\alpha\beta}{}^{\gamma} = 0$) ための必要十分条件は，$\boldsymbol{e}_{\alpha}$ と $\boldsymbol{e}_{\beta}$ がともに座標系の接ベクトル（座標基底）であることである．一般的な基底（座標基底である必要はない）では，

$$\Gamma_{\mu\beta\gamma} \equiv \boldsymbol{e}_{\mu} \cdot (\nabla_{\gamma} \boldsymbol{e}_{\beta}) = \frac{1}{2}(g_{\mu\beta,\gamma} + g_{\mu\gamma,\beta} - g_{\beta\gamma,\mu} + c_{\mu\beta\gamma} + c_{\mu\gamma\beta} - c_{\beta\gamma\mu})$$

となる．

---

† 訳者注：基底として座標基底を採用した系を**座標基底系** (coordinate frame)，正規直交基底を用いた系を**正規直交基底系** (orthonormal frame) とよぶことにする（「frame」の訳として，「系」ではなく「標構」とするほうが，より厳密ではある）．通常の「基底系」とは意味が異なるので注意していただきたい．

8

すべての添え字が共変的な p 階のテンソルで，すべての添え字について完全反対称のものを p-形式とよぶ．微分形式の完全反対称化した直積は，ウェッジ積 $(\wedge)$ を用いて記述される．

リー微分，リー移動，および外微分の概念については，問題文で触れる．

問題 8.1　ベクトルと 1-形式のスカラー積

(a) ある時空が座標 x^α をもち，基底ベクトルを $\partial/\partial x^\alpha$，基底 1-形式を $\widetilde{dx}^\alpha$ とする．次の量を求めよ．

$$\left\langle \widetilde{dx}^0, \frac{\partial}{\partial x^0} \right\rangle, \quad \left\langle \widetilde{dx}^2, \frac{\partial}{\partial x^3} \right\rangle, \quad \frac{\partial}{\partial x^0} \cdot \frac{\partial}{\partial x^1}, \quad \widetilde{dx}^0 \cdot \widetilde{dx}^1, \quad \widetilde{dx}^0 \cdot \widetilde{dx}^0$$

(b) 1-形式 $\widetilde{dx}^1$ に双対なベクトルは何か．

[解]　(a) 基本となる式は，

$$\left\langle \widetilde{dx}^\alpha, \frac{\partial}{\partial x^\beta} \right\rangle \equiv \widetilde{dx}^\alpha \cdot \frac{\partial}{\partial x^\beta} = \delta^\alpha{}_\beta$$

$$\left(\frac{\partial}{\partial x^\alpha} \right) \cdot \left(\frac{\partial}{\partial x^\beta} \right) = g_{\alpha\beta}$$

$$\widetilde{dx}^\alpha \cdot \widetilde{dx}^\beta = g^{\alpha\beta}$$

である．答えは，以下のようになる．

$$1, \qquad 0, \qquad g_{01}, \qquad g^{01}, \qquad g^{00}$$

(b) 任意のベクトル $\boldsymbol{v}$ に対して

$$\boldsymbol{v} \cdot (g^{1\alpha} \boldsymbol{e}_\alpha) = (v^\mu \boldsymbol{e}_\mu) \cdot (g^{1\alpha} \boldsymbol{e}_\alpha) = v^\mu g_{\mu\alpha} g^{1\alpha} = v^\mu \delta^1{}_\mu = v^1 = \langle \widetilde{dx}^1, \boldsymbol{v} \rangle$$

が成り立つことから，ベクトル $g^{1\alpha} (\partial/\partial x^\alpha) \equiv g^{1\alpha} \boldsymbol{e}_\alpha$ が $\widetilde{dx}^1$ に対応する．

問題 8.2　極座標系での基底 1-形式

極座標における通常の基底 $\boldsymbol{e}_{\hat{r}} = \boldsymbol{e}_r$, $\boldsymbol{e}_{\hat{\theta}} = r^{-1} \boldsymbol{e}_\theta$ は座標基底ではない．この基底に対して，双対な基底 1-形式 $\tilde{\boldsymbol{\omega}}^{\hat{i}}$ を考える．すなわち，

$$\langle \tilde{\boldsymbol{\omega}}^{\hat{i}}, \boldsymbol{e}_{\hat{j}} \rangle = \delta^i{}_j$$

が成り立つ．$\tilde{\boldsymbol{\omega}}^{\hat{r}} = \widetilde{df}$ となる関数 f を求めよ．また，$\tilde{\boldsymbol{\omega}}^{\hat{\theta}} = \widetilde{dg}$ となる関数 g が存在しないことを示せ．極座標系の計量を導入せずに証明せよ．

[解]　f が単に座標 r であること，すなわち $\widetilde{df} = \widetilde{dr}$ であることは，

$$\langle \widetilde{dr}, \boldsymbol{e}_{\hat{r}} \rangle = \langle \widetilde{dr}, \boldsymbol{e}_r \rangle = 1, \qquad \langle \widetilde{dr}, \boldsymbol{e}_{\hat{\theta}} \rangle = r^{-1} \langle \widetilde{dr}, \boldsymbol{e}_\theta \rangle = 0$$

より簡単にわかる．さて，$\widetilde{dg} = \tilde{\boldsymbol{\omega}}^{\hat{\theta}}$ となる g があったとする．そうすると，

$$0 = \langle \widetilde{dg}, \boldsymbol{e}_{\hat{r}} \rangle = \langle \widetilde{dg}, \boldsymbol{e}_r \rangle = \frac{\partial g}{\partial r}$$
$$1 = \langle \widetilde{dg}, \boldsymbol{e}_{\hat{\theta}} \rangle = r^{-1} \langle \widetilde{dg}, \boldsymbol{e}_\theta \rangle = r^{-1} \frac{\partial g}{\partial \theta}$$

となる．明らかに，$\partial g/\partial r = 0$ と $\partial g/\partial \theta = r$ は同時に成り立たない．

問題 8.3　1-形式に対するポアンカレの補題

3 次元ユークリッド空間において，1-形式 $\tilde{\boldsymbol{\sigma}}$ が，$\tilde{\boldsymbol{\sigma}} = \widetilde{df}$ となる関数 f をもつための必要十分条件を求めよ．

[解]　デカルト座標基底では，条件は $\sigma_{i,j} = \sigma_{j,i}$ である．これは，基底によらない条件として，$\boldsymbol{\sigma}$（$\tilde{\boldsymbol{\sigma}}$ に双対なベクトル）の回転がゼロであることと等価である．

8

問題 8.4　ウェッジ積の反交換性

$\boldsymbol{\Omega}_1$ を p-形式，$\boldsymbol{\Omega}_2$ を q-形式とする．次式を示せ．

$$\boldsymbol{\Omega}_1 \wedge \boldsymbol{\Omega}_2 = (-1)^{pq} \boldsymbol{\Omega}_2 \wedge \boldsymbol{\Omega}_1$$

[解]　基底を $\tilde{\boldsymbol{\omega}}_1, \ldots, \tilde{\boldsymbol{\omega}}_N$ とする．任意の p-形式は，和の形 $\displaystyle\sum_{i,j} A_{ij} \cdots (\tilde{\boldsymbol{\omega}}_i \wedge \tilde{\boldsymbol{\omega}}_j \cdots)$ で表すことができ，このとき，括弧内は p 個の基底が存在している．ウェッジ積と加法では分配則が成り立つので，それぞれ異なる p-形式と q-形式の単項間の積

$$(\tilde{\boldsymbol{\omega}}_1 \wedge \tilde{\boldsymbol{\omega}}_2 \wedge \cdots \wedge \tilde{\boldsymbol{\omega}}_p) \wedge (\tilde{\boldsymbol{\omega}}_{1'} \wedge \tilde{\boldsymbol{\omega}}_{2'} \wedge \cdots \wedge \tilde{\boldsymbol{\omega}}_{q'})$$

について示せば十分である．また，ウェッジ積には結合則が成り立つので，括弧は重要ではない．はじめに，$\tilde{\boldsymbol{\omega}}_{1'}$ を隣の基底と繰り返し入れ替えて，一番左側に移動させる．入れ替えごとに符号が変わるので，$(-1)^p$ がかかる．次に $\tilde{\boldsymbol{\omega}}_{2'}$ を 2 番目に移動させる．これも p 回の符号の入れ替えを生じさせる．この操作を続けると，$\tilde{\boldsymbol{\omega}}_{q'}$ を移動させ終わるときには，合計 pq 回の符号の入れ替えが生じているので，問題の式が示せたことになる．

問題 8.5　外微分の定義

微分形式 $\boldsymbol{\Omega}$ の外微分は，次の性質により公理的に定義される．

(i) $\boldsymbol{\Omega}$ が p-形式のとき，$d\boldsymbol{\Omega}$ は $(p+1)$-形式である．

(ii) $d(\boldsymbol{\Omega}_1 + \boldsymbol{\Omega}_2) = d\boldsymbol{\Omega}_1 + d\boldsymbol{\Omega}_2$ とする．

(iii) 0-形式 f（スカラー）に対して，$\widetilde{d}f$ を次のように定義する．任意のベクトル $\boldsymbol{v}$ に対して $\langle \widetilde{d}f, \boldsymbol{v}\rangle = \nabla_{\boldsymbol{v}} f$ とする．

(iv) $d(\boldsymbol{\Omega}_1 \wedge \boldsymbol{\Omega}_2) = d\boldsymbol{\Omega}_1 \wedge \boldsymbol{\Omega}_2 + (-1)^p \boldsymbol{\Omega}_1 \wedge d\boldsymbol{\Omega}_2$．ここで，$\boldsymbol{\Omega}_1$ は p-形式である（$p=0$ の場合（すなわち f がスカラーの場合）は，$d(f\boldsymbol{\Omega}) = \widetilde{d}f \wedge \boldsymbol{\Omega} + f d\boldsymbol{\Omega}$ とする）．

(v) 任意の $\boldsymbol{\Omega}$ に対して，$dd\boldsymbol{\Omega} = \boldsymbol{0}$ とする．

これとは別の定義として，p-形式は完全反対称な p 階の共変テンソル，外微分は完全反対称化された共変微分とする方法もある．両者が等価であることを示せ．

[解]　どちらの定義で計算しても任意の座標基底で $d\boldsymbol{\Omega}$ の成分が同じになることを示して，2 つの定義が等価であることを示す．まず，共変微分による定義から始める．$\boldsymbol{\Omega}$ の成分を $\Omega_{\alpha\beta\cdots\gamma} = \Omega_{[\alpha\beta\cdots\gamma]}$（$p$ 個の添え字）とする．$d\boldsymbol{\Omega}$ の成分は

$$\begin{aligned}\Omega_{[\alpha\beta\cdots\gamma;\delta]} &= \Omega_{[\alpha\beta\cdots\gamma,\delta]} - \Gamma_{\epsilon[\alpha\delta}\Omega^{\epsilon}{}_{\beta\cdots\gamma]} - \Gamma_{\epsilon[\beta\delta}\Omega_{\alpha}{}^{\epsilon}{}_{\cdots\gamma]} \cdots - \Gamma_{\epsilon[\gamma\delta}\Omega_{\alpha\beta\cdots]}{}^{\epsilon} \\ &= \Omega_{[\alpha\beta\cdots\gamma,\delta]}\end{aligned} \tag{1}$$

となる（座標基底では $\Gamma_{\mu[\nu\sigma]} = 0$ が成り立つことから，Γ の項は消える）．

次に公理的な定義は，

$$\boldsymbol{\Omega} = \Omega_{\alpha\beta\cdots\gamma}\widetilde{dx}^{\alpha} \wedge \widetilde{dx}^{\beta} \wedge \cdots \wedge \widetilde{dx}^{\gamma}$$

の式から始めよう．性質 (ii) より，d の演算は和の縮約記法に影響を与えないので，

$$\begin{aligned}d\boldsymbol{\Omega} &= (d\Omega_{\alpha\beta\cdots\gamma}) \wedge (\widetilde{dx}^{\alpha} \wedge \widetilde{dx}^{\beta} \wedge \cdots \wedge \widetilde{dx}^{\gamma}) \\ &\quad + \Omega_{\alpha\beta\cdots\gamma} d(\widetilde{dx}^{\alpha} \wedge \widetilde{dx}^{\beta} \wedge \cdots \wedge \widetilde{dx}^{\gamma})\end{aligned} \tag{2}$$

が成り立つ．ここで，$\Omega_{\alpha\beta\cdots\gamma}$ は単に関数である（0-形式）ので，性質 (iv) の $p=0$ を用いている．性質 (i) から，任意の 0-形式 f に対して

$$\widetilde{d}f = f_{,\alpha}\widetilde{dx}^{\alpha}$$

が成り立つことがわかる．性質 (iii) より，$\langle \widetilde{d}f, \partial/\partial x^{\beta}\rangle = \langle f_{,\alpha}\widetilde{dx}^{\alpha}, \partial/\partial x^{\beta}\rangle = f_{,\beta}$，すなわち，$\widetilde{d\Omega}_{\alpha\beta\cdots\gamma} = \Omega_{\alpha\beta\cdots\gamma,\delta}\widetilde{dx}^{\delta}$ である．性質 (iv) より，式 (2) の第 2 項に含まれるすべての項は ddx をもち，それらは性質 (v) からゼロとなる．こうして式 (2) は

$$d\boldsymbol{\Omega} = \Omega_{\alpha\beta\cdots\gamma,\delta}\,\widetilde{dx}^{\delta} \wedge \widetilde{dx}^{\alpha} \wedge \widetilde{dx}^{\beta} \wedge \cdots \wedge \widetilde{dx}^{\gamma}$$

となる．$d\boldsymbol{\Omega}$ は $(p+1)$-形式であり（性質 (i)），ウェッジ積は反対称なので，$d\boldsymbol{\Omega}$ の成分は式 (1) と同じく，$\Omega_{[\alpha\beta\cdots\gamma,\delta]}$ となる．

問題 8.6　2-形式に対するポアンカレの補題

n 次元空間における次の 2-形式を考える．

$$\boldsymbol{\alpha} = f(x^1, x^2, \ldots, x^n)\,\widetilde{dx}^1 \wedge \widetilde{dx}^2$$

$x^1 = 0$ を含むある空間領域で，

$$d\boldsymbol{\alpha} = \mathbf{0}$$

とする．このとき，1-形式

$$\tilde{\boldsymbol{\beta}} = \left[x^1 \int_0^1 f(\xi x^1, x^2, \ldots, x^n)d\xi\right]\widetilde{dx}^2$$

を作り，$\boldsymbol{\alpha} = d\tilde{\boldsymbol{\beta}}$ となることを示せ．

8

［解］　はじめに，

$$g \equiv x^1 \int_0^1 f(\xi x^1, x^2, \ldots, x^n)d\xi$$

と定義すると，$\tilde{\boldsymbol{\beta}} = g\widetilde{dx}^2$ および

$$d\tilde{\boldsymbol{\beta}} = g_{,i}\widetilde{dx}^i \wedge \widetilde{dx}^2 = g_{,1}\widetilde{dx}^1 \wedge \widetilde{dx}^2 + g_{,3}\widetilde{dx}^3 \wedge \widetilde{dx}^2 + \cdots$$

となる．g を x^1 で微分すると，

$$g_{,1} = \int_0^1 f(\xi x^1, x^2, \ldots, x^n)d\xi + x^1 \int_0^1 \xi\, f'(\xi x^1, x^2, \ldots, x^n)d\xi$$

となる．ここで，f' は第 1 成分 (ξx^1) での微分を表す．この式の第 2 項は部分積分により

$$\begin{aligned}\int_0^1 \xi x_1\, f'(\xi x^1, x^2, \ldots, x^n)d\xi &= \int_0^1 \xi \frac{\partial}{\partial \xi} f(\xi x^1, x^2, \ldots, x^n)d\xi \\ &= \Big[\xi\, f(\xi x^1, x^2, \ldots, x^n)\Big]_0^1 - \int_0^1 f(\xi x^1, x^2, \ldots, x^n)d\xi\end{aligned}$$

となる．これより，

$$g_{,1} = \Big[\xi\, f(\xi x^1, x^2, \ldots, x^n)\Big]_0^1 = f(x^1, x^2, \ldots, x^n)$$

が得られる．次に，$d\boldsymbol{\alpha} = \mathbf{0}$ から，

$$d\boldsymbol{\alpha} = f_{,3}\,\widetilde{dx}^3 \wedge \widetilde{dx}^1 \wedge \widetilde{dx}^2 + f_{,4}\,\widetilde{dx}^4 \wedge \widetilde{dx}^1 \wedge \widetilde{dx}^2 + \cdots = \mathbf{0}$$

となるが，この式が成り立つのは $f_{,3} = f_{,4} = f_{,5} = \cdots = f_{,n} = 0$ のときのみである．したがって，

$$g_{,3} = x^1 \int_0^1 f_{,3}(\xi x^1, x^2, \ldots, x^n) d\xi = 0$$

となる．同様に，$g_{,4} = g_{,5} = \cdots = g_{,n} = 0$ であることがわかるので，

$$d\tilde{\boldsymbol{\beta}} = g_{,1}\widetilde{dx}^1 \wedge \widetilde{dx}^2 = f(x^1, x^2, \ldots, x^n)\widetilde{dx}^1 \wedge \widetilde{dx}^2 = \boldsymbol{\alpha}$$

となる．

問題 8.7　マクスウェル方程式の微分形式による表現

電磁テンソルの成分 $F_{\alpha\beta}$ は，2-形式 $\boldsymbol{F}$ の成分とみなすことができる．真空のマクスウェル方程式が $d\boldsymbol{F} = \mathbf{0}$, $d*\boldsymbol{F} = \mathbf{0}$ と表されることを示せ．

［解］　2-形式は $\boldsymbol{F} = F_{\mu\nu}\widetilde{dx}^\mu \wedge \widetilde{dx}^\nu$ と書けるので，

$$\mathbf{0} = d\boldsymbol{F} = F_{\mu\nu,\lambda}\,\widetilde{dx}^\lambda \wedge \widetilde{dx}^\mu \wedge \widetilde{dx}^\nu$$

は，マクスウェル方程式 $F_{[\mu\nu;\lambda]} = 0$ を与える．同様に，$*\boldsymbol{F} = \mathbf{0}$ は $*F_{[\lambda\sigma;\nu]} = 0$ を与えるが，この式は次式と等価である（問題 3.25 を参照せよ）．

$$0 = \varepsilon^{\mu\nu\lambda\delta} *F_{\lambda\sigma;\nu} = 2 **F^{\mu\nu}{}_{;\nu} = -2F^{\mu\nu}{}_{;\nu}$$

これは，マクスウェル方程式の残りの式 $F^{\mu\nu}{}_{;\nu} = 0$ を与える．

問題 8.8　3 次元超曲面 (1)

時空中の 3 次元面は，その法線ベクトルが時間的・空間的・ヌル（光的）となっていることに応じて，それぞれ空間的・時間的・ヌルとなる．このような 3 次元面で，線形独立で直交する 3 つのベクトルを見いだすことが望ましい．空間的な面に対してはこれらのベクトルはすべて空間的であること，時間的な面に対してはこれらは 1 つが時間的で 2 つが空間的であること，そしてヌル面に対しては 1 つがヌルで 2 つが空間的であることを示せ．

［解］　3 次元面の任意の点において，局所的な正規直交四脚場（テトラド）$\boldsymbol{e}_{\hat{t}}, \boldsymbol{e}_{\hat{x}}, \boldsymbol{e}_{\hat{y}}, \boldsymbol{e}_{\hat{z}}$ を選ぶ．3 次元面が空間的ならば，$\boldsymbol{e}_{\hat{t}}$ を単位法線ベクトルに選ぶことができる．残り

の $(\boldsymbol{e}_{\hat{x}}, \boldsymbol{e}_{\hat{y}}, \boldsymbol{e}_{\hat{z}})$ は，3 次元面内に含まれる 3 つの直交する線形独立な空間的なベクトルになる．ほかにとりうる正規直交四脚場は，この四脚場をローレンツ変換したもので，これはベクトルが空間的かどうかに影響を与えない．そのため，この場合，3 つのベクトルは常に空間的になる．

3 次元面がヌルの場合，$\boldsymbol{e}_{\hat{t}} + \boldsymbol{e}_{\hat{x}}$ を面に直交するように選ぶ．ヌルベクトルは自分自身に直交するので，3 次元面内に含まれる 3 つの直交ベクトルは，$\boldsymbol{e}_{\hat{y}}, \boldsymbol{e}_{\hat{z}}$（空間的）と，$\boldsymbol{e}_{\hat{t}} + \boldsymbol{e}_{\hat{x}}$（ヌル）である．時間的な場合，$\boldsymbol{e}_{\hat{x}}$ を法線ベクトルとすれば，3 次元面内に含まれる $\boldsymbol{e}_{\hat{t}}$ は時間的，$\boldsymbol{e}_{\hat{y}}, \boldsymbol{e}_{\hat{z}}$ は空間的である．これらの結果も，ローレンツ変換によって変わることはない．

問題 8.9　3 次元超曲面 (2)

4 次元時空において，F^μ をベクトル場，S を時空における向き付けされた 3 次元超曲面とするとき，積分値 $\displaystyle\int_{\mathrm{S}} F^\mu\, d^3\Sigma_\mu$ が，S を記述するパラメータ $x^\mu = x^\mu(a, b, c)$ のとり方に依存しないことを示せ（$d^3\Sigma_\mu$ の定義については問題 3.30 を参照せよ）．

［解］　体積要素は，

$$d^3\Sigma_\mu(a, b, c) = \frac{1}{3!}\varepsilon_{\mu\nu\rho\sigma}\frac{\partial(x^\nu, x^\rho, x^\sigma)}{\partial(a, b, c)}\, da\, db\, dc$$

と書ける．変数を a, b, c から α, β, γ に変えると，

$$da\, db\, dc \to \left|\frac{\partial(a, b, c)}{\partial(\alpha, \beta, \gamma)}\right| d\alpha\, d\beta\, d\gamma$$

となる．(α, β, γ) が (a, b, c) と同じ向き付けとすれば，ヤコビ行列式は正である（同じ向き付けであることの定義である！）から，絶対値の記号を外して，

$$\begin{aligned} d^3\Sigma_\mu(a, b, c) &\to \frac{1}{3!}\varepsilon_{\mu\nu\rho\sigma}\frac{\partial(x^\nu, x^\rho, x^\sigma)}{\partial(a, b, c)}\frac{\partial(a, b, c)}{\partial(\alpha, \beta, \gamma)} d\alpha\, d\beta\, d\gamma \\ &= \frac{1}{3!}\varepsilon_{\mu\nu\rho\sigma}\frac{\partial(x^\nu, x^\rho, x^\sigma)}{\partial(\alpha, \beta, \gamma)} d\alpha\, d\beta\, d\gamma \\ &= d^3\Sigma_\mu(\alpha, \beta, \gamma) \end{aligned}$$

とできる．この式が証明を与える．

微分形式で表すと，$d^3\Sigma_\mu$ は 3-形式として

$$d^3\Sigma_\mu = \frac{1}{3!}\varepsilon_{\mu\nu\rho\sigma}\widetilde{dx^\nu} \wedge \widetilde{dx^\rho} \wedge \widetilde{dx^\sigma}$$

と表されるので，不変量であることは明らかである．

問題 8.10　ストークスの定理

［注意：この問題は**カルタン代数** (Cartan calculus) に精通していることを前提にしていて，多くの相対性理論のテキストの範囲外である．これ以降の問題は本問と無関係である．］

微分形式の言葉では，一般化された**ストークスの定理** (Stokes theorem) は

$$\int_{\Omega} d\boldsymbol{\theta} = \int_{\partial\Omega} \boldsymbol{\theta}$$

となる．次の場合に対して，この定理はどのように表されるか．

(a) Ω が 3 次元で，$\boldsymbol{\theta} = f^k \, d^2 S_k$ のとき．

(b) Ω が 4 次元で，$\boldsymbol{\theta} = f^\mu \, d^3 \Sigma_\mu$ のとき．

(c) Ω が 3 次元で，$\boldsymbol{\theta} = F^{\mu\nu} \, d^2 \Sigma_{\mu\nu}$ のとき．ただし，$F^{\mu\nu}$ は反対称とする．

(d) 一般化されたストークスの定理を用いて，次のよく知られた関係式を導け．

$$\oint \mathbb{A} \cdot d\mathbb{l} = \int (\mathbb{V} \times \mathbb{A}) \cdot d\mathbb{S}$$

［解］　(a) 2-形式 $\boldsymbol{\theta}$ とその外微分は

$$\boldsymbol{\theta} = f^k d^2 S_k = f^k \frac{1}{2} \varepsilon_{k\ell m} \widetilde{dx}^\ell \wedge \widetilde{dx}^m$$

$$d\boldsymbol{\theta} = f^k{}_{,n} \frac{1}{2} \varepsilon_{k\ell m} \widetilde{dx}^n \wedge \widetilde{dx}^\ell \wedge \widetilde{dx}^m + f^k \frac{1}{2} (d\varepsilon_{k\ell m}) \wedge \widetilde{dx}^\ell \wedge \widetilde{dx}^m$$

となる．ここで，$[k\ell m]$ という記号を導入し，k, ℓ, m が 1, 2, 3 の偶（奇）置換であれば，$+1\,(-1)$ とし，その他の場合は 0 とする†．そうすると，

$$d\varepsilon_{k\ell m} = d(\sqrt{|g|}[k\ell m]) = [k\ell m] \frac{1}{2\sqrt{|g|}} g_{,n} \widetilde{dx}^n = \varepsilon_{k\ell m} \frac{1}{2g} g_{,n} \widetilde{dx}^n$$

と表せるので，

$$\begin{aligned} d\boldsymbol{\theta} &= \frac{1}{2} \left(f^k{}_{,n} + \frac{1}{2g} g_{,n} \right) \varepsilon_{k\ell m} \, \widetilde{dx}^n \wedge \widetilde{dx}^\ell \wedge \widetilde{dx}^m \\ &= \frac{1}{2} \frac{1}{\sqrt{|g|}} (\sqrt{|g|} f^k)_{,n} \varepsilon_{k\ell m} \, \widetilde{dx}^n \wedge \widetilde{dx}^\ell \wedge \widetilde{dx}^m \end{aligned}$$

となる．さらに，3 次元では，$\widetilde{dx}^n \wedge \widetilde{dx}^\ell \wedge \widetilde{dx}^m = \sqrt{|g|} \varepsilon^{n\ell m} \, \widetilde{dx}^1 \wedge \widetilde{dx}^2 \wedge \widetilde{dx}^3$ および $\varepsilon_{k\ell m} \varepsilon^{n\ell m} = 2\delta^n{}_k$ が成り立つので，

---

† 訳者注：$[k\ell m]$ は MTW で使われている記号であるが，計量を入れない完全反対称テンソル $\epsilon_{k\ell m}$ のことである．すなわち，$\varepsilon_{k\ell m} = \sqrt{|g|} \epsilon_{k\ell m} = \sqrt{|g|}[k\ell m]$ となる．

$$d\boldsymbol{\theta} = f^{k}{}_{;k}\sqrt{|g|}\,\widetilde{dx}^1 \wedge \widetilde{dx}^2 \wedge \widetilde{dx}^3$$

である．それゆえ，通常のベクトルと同じ扱いになり，ストークスの定理は次式で書ける．

$$\int_\Omega \mathbb{\nabla} \cdot \mathbb{f}\, dV = \int_{\partial\Omega} \mathbb{f} \cdot d\mathbb{S}$$

(b) 同様に，

$$\begin{aligned}
\boldsymbol{\theta} &= f^\mu d^3\Sigma_\mu = f^\mu \frac{1}{3!}\varepsilon_{\mu\alpha\beta\gamma}\widetilde{dx}^\alpha \wedge \widetilde{dx}^\beta \wedge \widetilde{dx}^\gamma \\
d\boldsymbol{\theta} &= \frac{1}{3!}(f^\mu{}_{,\lambda}\,\varepsilon_{\mu\alpha\beta\gamma}\widetilde{dx}^\lambda + f^\mu\, d\varepsilon_{\mu\alpha\beta\gamma}) \wedge \widetilde{dx}^\alpha \wedge \widetilde{dx}^\beta \wedge \widetilde{dx}^\gamma \\
&= \frac{1}{3!}\left(f^\mu{}_{,\lambda}\,\varepsilon_{\mu\alpha\beta\gamma}\widetilde{dx}^\lambda + f^\mu \frac{g_{,\lambda}}{2g}\varepsilon_{\mu\alpha\beta\gamma}\,\widetilde{dx}^\lambda\right) \wedge \widetilde{dx}^\alpha \wedge \widetilde{dx}^\beta \wedge \widetilde{dx}^\gamma \\
&= \frac{1}{3!}\frac{1}{\sqrt{|g|}}(\sqrt{|g|}f^\mu)_{,\lambda}\,\varepsilon_{\mu\alpha\beta\gamma}\;\widetilde{dx}^\lambda \wedge \widetilde{dx}^\alpha \wedge \widetilde{dx}^\beta \wedge \widetilde{dx}^\gamma \\
&= \frac{-1}{3!\sqrt{|g|}}(\sqrt{|g|}f^\mu)_{,\lambda}\,\varepsilon_{\mu\alpha\beta\gamma}\;\varepsilon^{\lambda\alpha\beta\gamma}\;\sqrt{|g|}\,\widetilde{dx}^0 \wedge \widetilde{dx}^1 \wedge \widetilde{dx}^2 \wedge \widetilde{dx}^3 \\
&= \frac{1}{3!\sqrt{|g|}}(\sqrt{|g|}f^\mu)_{,\lambda}\,\delta^\lambda{}_\mu\,3!\,\sqrt{|g|}\;\widetilde{dx}^0 \wedge \widetilde{dx}^1 \wedge \widetilde{dx}^2 \wedge \widetilde{dx}^3 \\
&= f^\mu{}_{;\mu}\,\sqrt{|g|}\;\widetilde{dx}^0 \wedge \widetilde{dx}^1 \wedge \widetilde{dx}^2 \wedge \widetilde{dx}^3
\end{aligned}$$

これより，ストークスの定理は次式で表される．

$$\int_\Omega \nabla \cdot \boldsymbol{f}\sqrt{|g|}d^4x = \int_{\partial\Omega} f^\mu\, d^3\Sigma_\mu$$

(c) 同様にして，$d\varepsilon_{\mu\nu\alpha\beta}$ を (b) と同じようにして扱うと，

$$\begin{aligned}
\boldsymbol{\theta} &= F^{\mu\nu}d^2\Sigma_{\mu\nu} = F^{\mu\nu}\frac{1}{2}\varepsilon_{\mu\nu\alpha\beta}\widetilde{dx}^\alpha \wedge \widetilde{dx}^\beta \\
d\boldsymbol{\theta} &= \frac{1}{2}d(F^{\mu\nu}\varepsilon_{\mu\nu\alpha\beta}) \wedge \widetilde{dx}^\alpha \wedge \widetilde{dx}^\beta = \frac{1}{2\sqrt{|g|}}(\sqrt{|g|}F^{\mu\nu})_{,\lambda}\,\varepsilon_{\mu\nu\alpha\beta}\,\widetilde{dx}^\lambda \wedge \widetilde{dx}^\alpha \wedge \widetilde{dx}^\beta
\end{aligned}$$

となる．ここで，

$$\begin{aligned}
\varepsilon_{\mu\nu\alpha\beta}\,\widetilde{dx}^\lambda \wedge \widetilde{dx}^\alpha \wedge \widetilde{dx}^\beta &= \varepsilon_{\mu\nu\alpha\beta}\,\frac{1}{6}\,\delta^{\lambda\alpha\beta}{}_{\kappa\sigma\tau}\,\widetilde{dx}^\kappa \wedge \widetilde{dx}^\sigma \wedge \widetilde{dx}^\tau \\
&= -\frac{1}{6}\,\varepsilon_{\mu\nu\alpha\beta}\,\varepsilon^{\gamma\lambda\alpha\beta}\;\varepsilon_{\gamma\kappa\sigma\tau}\,\widetilde{dx}^\kappa \wedge \widetilde{dx}^\sigma \wedge \widetilde{dx}^\tau \\
&= -\varepsilon_{\mu\nu\alpha\beta}\,\varepsilon^{\gamma\lambda\alpha\beta}d^3\Sigma_\gamma \\
&= 2\delta^{\gamma\lambda}{}_{\mu\nu}\,d^3\Sigma_\gamma
\end{aligned}$$

および，問題 7.7(i) より，

$$d\boldsymbol{\theta} = \frac{1}{\sqrt{|g|}}(\sqrt{|g|}F^{\mu\nu})_{,\lambda}\,\delta^{\gamma\lambda}{}_{\mu\nu}\,d^3\Sigma_\gamma = 2F^{\mu\nu}{}_{;\nu}\,d^3\Sigma_\mu$$

であるので，次式が得られる．

$$\int_{\partial\Omega} F^{\mu\nu}d^2\Sigma_{\mu\nu} = 2\int_{\Omega} F^{\mu\nu}{}_{;\nu}\,d^3\Sigma_\mu$$

(d) $\boldsymbol{\theta} = A_k\widetilde{dx}^k = \mathbb{A}\cdot d\mathbb{l}$ とし，Ω を 2 次元とする．外微分は，

$$\begin{aligned} d\boldsymbol{\theta} &= A_{k,j}\,\widetilde{dx}^j \wedge \widetilde{dx}^k = A_{k,j}\,\delta^{[k}{}_m\delta^{j]}{}_n\,\widetilde{dx}^m \wedge \widetilde{dx}^n \\ &= \frac{1}{2}A_{k,j}\,\varepsilon^{rkj}\,\varepsilon_{rmn}\,\widetilde{dx}^m \wedge \widetilde{dx}^n = (\mathbb{V}\times\mathbb{A})^r\,d^2S_r \end{aligned}$$

となるので，この式より問題の関係式が得られる．

問題 8.11　計量の 1 階微分とテンソル

10 個の計量係数 $g_{\alpha\beta}$ と，その 40 個の 1 階微分 $g_{\alpha\beta,\mu}$ から作られる成分をもつテンソルは，$\boldsymbol{g}$ 自身，およびそれ自身との直積（たとえば $\boldsymbol{g}\otimes\boldsymbol{g}$ など）以外に存在しないことを示せ．

[解]　題意を満たすテンソルが存在したとする．自由落下する局所正規直交基底系の任意の点で，成分がどのように書けるだろうか．この座標系では，すべての $g_{\alpha\beta,\mu}$ がゼロ（なぜならすべての $\Gamma_{\alpha\beta\mu}$ がゼロだから）であり，$g_{\alpha\beta} = \eta_{\alpha\beta}$ である．そのため，このテンソルは，$\eta_{\alpha\beta}$ と「ゼロ」と，おそらく $\delta^\alpha{}_\beta$ および $\varepsilon^{\alpha\beta\gamma\delta}$ の組み合わせで書かれることになる．これらの非自明な組み合わせが，$\boldsymbol{\eta}\otimes\boldsymbol{\eta}\otimes\cdots\otimes\boldsymbol{\eta}$ に限られることを読者はすぐに理解できるだろう（δ は単に添え字を交換するだけのはたらき（たとえば $\delta^\alpha{}_\beta\eta_{\alpha\gamma} = \eta_{\beta\gamma}$）であり，$\varepsilon^{\alpha\beta\gamma\delta}$ はその反対称性からゼロを与えるか，それ自身の添え字の数を減らすかのはたらきをするにすぎない）．これは任意の点での議論なので，すべての点で成立する．

問題 8.12　接続係数（クリストッフェル記号）

(a) 座標基底系において，$\Gamma_{\alpha\beta\gamma}$ の最後の 2 つの添え字は対称であることを示せ．

(b) 正規直交基底系において，$\Gamma_{\alpha\beta\gamma}$ の最初の 2 つの添え字は反対称であることを示せ．

[解]　(a) Γ の一般的な定義は

$$\Gamma_{\mu\alpha\beta} = \boldsymbol{e}_\mu\cdot\nabla_\beta\boldsymbol{e}_\alpha$$

である．座標基底系では，座標基底ベクトルが交換することから，

$$\Gamma_{\mu\alpha\beta} - \Gamma_{\mu\beta\alpha} = \boldsymbol{e}_\mu \cdot (\nabla_\beta \boldsymbol{e}_\alpha - \nabla_\alpha \boldsymbol{e}_\beta) = \boldsymbol{e}_\mu \cdot [\boldsymbol{e}_\beta, \boldsymbol{e}_\alpha] = 0$$

がいえる．

(b) 正規直交基底系では，

$$\Gamma_{\mu\alpha\beta} + \Gamma_{\alpha\mu\beta} = \boldsymbol{e}_\mu \cdot \nabla_\beta \boldsymbol{e}_\alpha + \boldsymbol{e}_\alpha \cdot \nabla_\beta \boldsymbol{e}_\mu = \nabla_\beta(\boldsymbol{e}_\mu \cdot \boldsymbol{e}_\alpha) = \nabla_\beta(\eta_{\mu\alpha}) = 0$$

となる．

問題 8.13　リー微分

スカラー関数の**リー微分** (Lie derivative) は，方向微分

$$\mathcal{L}_{\boldsymbol{x}} f = \nabla_{\boldsymbol{x}} f$$

で定義される．ベクトル場 $\boldsymbol{y}$ に対しては，リー微分は

$$\mathcal{L}_{\boldsymbol{x}} \boldsymbol{y} \equiv [\boldsymbol{x}, \boldsymbol{y}] = \nabla_{\boldsymbol{x}} \boldsymbol{y} - \nabla_{\boldsymbol{y}} \boldsymbol{x}$$

として定義される．リー微分は微分演算子が満たすべき通常のすべての性質を満たし，テンソルに対して作用したときは同じ階数のテンソルを返す．

(a) 1-形式に対するリー微分はどのようなものか．

(b) 成分が $T^\alpha{}_\beta$ のテンソルに対するリー微分はどのようなものか．

[解]　(a) 任意のベクトル場 $\boldsymbol{v}$ に対して「微分演算子が満たす通常の結合則」

$$\mathcal{L}_{\boldsymbol{x}} \langle \tilde{\boldsymbol{A}}, \boldsymbol{v} \rangle = \langle \mathcal{L}_{\boldsymbol{x}} \tilde{\boldsymbol{A}}, \boldsymbol{v} \rangle + \langle \tilde{\boldsymbol{A}}, \mathcal{L}_{\boldsymbol{x}} \boldsymbol{v} \rangle \tag{1}$$

が使える．これより，1-形式 $\mathcal{L}_{\boldsymbol{x}} \tilde{\boldsymbol{A}}$ の成分は，

$$\begin{aligned}
(\mathcal{L}_{\boldsymbol{x}} \tilde{\boldsymbol{A}})_\alpha &\equiv \mathcal{L}_{\boldsymbol{x}} \tilde{A}_\alpha = \langle \mathcal{L}_{\boldsymbol{x}} \tilde{\boldsymbol{A}}, \boldsymbol{e}_\alpha \rangle \\
&= \mathcal{L}_{\boldsymbol{x}} \langle \tilde{\boldsymbol{A}}, \boldsymbol{e}_\alpha \rangle - \langle \tilde{\boldsymbol{A}}, \mathcal{L}_{\boldsymbol{x}} \boldsymbol{e}_\alpha \rangle \qquad (\text{式 (1) を用いた}) \\
&= A_{\alpha,\beta} x^\beta - \langle \tilde{\boldsymbol{A}}, [\boldsymbol{x}, \boldsymbol{e}_\alpha] \rangle \\
&= A_{\alpha,\beta} x^\beta - A_\gamma \langle \tilde{\boldsymbol{\omega}}^\gamma, [x^\beta \boldsymbol{e}_\beta, \boldsymbol{e}_\alpha] \rangle \\
&= A_{\alpha,\beta} x^\beta - A_\gamma \langle \tilde{\boldsymbol{\omega}}^\gamma, (x^\beta c_{\beta\alpha}{}^\delta \boldsymbol{e}_\delta - x^\beta{}_{,\alpha} \boldsymbol{e}_\beta) \rangle \\
&= A_{\alpha,\beta} x^\beta + x^\beta{}_{,\alpha} A_\beta - A_\gamma x^\beta c_{\beta\alpha}{}^\gamma
\end{aligned} \tag{2}$$

となる．最後の項は，座標基底系ではゼロになる．式 (1) より，別の記法として

$$(\mathcal{L}_{\boldsymbol{x}}\tilde{\boldsymbol{A}})_\alpha = \nabla_{\boldsymbol{x}}\langle\tilde{\boldsymbol{A}}, \boldsymbol{e}_\alpha\rangle - \langle\tilde{\boldsymbol{A}}, (\nabla_{\boldsymbol{x}}\boldsymbol{e}_\alpha - \nabla_{\boldsymbol{e}_\alpha}\boldsymbol{x})\rangle$$
$$= \langle\nabla_{\boldsymbol{x}}\tilde{\boldsymbol{A}}, \boldsymbol{e}_\alpha\rangle + \langle\tilde{\boldsymbol{A}}, \nabla_{\boldsymbol{e}_\alpha}\boldsymbol{x}\rangle = A_{\alpha;\beta}x^\beta + x^\beta{}_{;\alpha}A_\beta \tag{3}$$

が得られる．リー微分の定義に接続係数は出てこない．式 (3) では接続係数は相殺されるので，式 (2) と同じである．

(b)　簡単のため，座標基底系で計算すると，

$$\begin{aligned}\mathcal{L}_{\boldsymbol{x}}\boldsymbol{T} &= \mathcal{L}_{\boldsymbol{x}}(T^\alpha{}_\beta\boldsymbol{e}_\alpha\otimes\tilde{\boldsymbol{\omega}}^\beta)\\ &= (\mathcal{L}_{\boldsymbol{x}}T^\alpha{}_\beta)\,\boldsymbol{e}_\alpha\otimes\tilde{\boldsymbol{\omega}}^\beta + T^\alpha{}_\beta(\mathcal{L}_{\boldsymbol{x}}\boldsymbol{e}_\alpha)\otimes\tilde{\boldsymbol{\omega}}^\beta + T^\alpha{}_\beta\,\boldsymbol{e}_\alpha\otimes(\mathcal{L}_{\boldsymbol{x}}\tilde{\boldsymbol{\omega}}^\beta)\\ &= T^\alpha{}_{\beta,\gamma}\,x^\gamma\,\boldsymbol{e}_\alpha\otimes\tilde{\boldsymbol{\omega}}^\beta - T^\alpha{}_\beta\,x^\gamma{}_{,\alpha}\,\boldsymbol{e}_\gamma\otimes\tilde{\boldsymbol{\omega}}^\beta + T^\alpha{}_\beta\,x^\beta{}_{,\gamma}\,\boldsymbol{e}_\alpha\otimes\tilde{\boldsymbol{\omega}}^\gamma\\ &= (T^\alpha{}_{\beta,\gamma}x^\gamma - T^\mu{}_\beta x^\alpha{}_{,\mu} + T^\alpha{}_\mu x^\mu{}_{,\beta})\,\boldsymbol{e}_\alpha\otimes\tilde{\boldsymbol{\omega}}^\beta\end{aligned}$$

となる．この結果は，

$$\mathcal{L}_{\boldsymbol{x}}\,T^\alpha{}_\beta = T^\alpha{}_{\beta,\gamma}\,x^\gamma - T^\mu{}_\beta\,x^\alpha{}_{,\mu} + T^\alpha{}_\mu\,x^\mu{}_{,\beta}$$

と表される．ここでのコンマは，(a) の場合と同じようにセミコロンで置き換えることができる．

問題 8.14　リー微分の幾何学的解釈

$\boldsymbol{A} = d/d\lambda$ を線束（曲線の集合）$x^\alpha = x^\alpha(\lambda)$ に対する接ベクトル場，$\boldsymbol{B}$ をベクトル場とする．移動則 $\mathcal{L}_{\boldsymbol{A}}\boldsymbol{B} = \boldsymbol{0}$ の幾何学的解釈として，$\boldsymbol{B}$ は線束内の近傍の曲線に対して，λ が一定の点どうしで連結することを示せ．

[解]　図のように $\mathrm{P}_0, \mathrm{P}_1$ 各点の接ベクトルを $\boldsymbol{A}(\mathrm{P}_0)$, $\boldsymbol{A}(\mathrm{P}_1)$ とし，それぞれがパラメータ $\lambda = 0$ から $\lambda = \Delta\lambda = \mathcal{O}(\epsilon)$ で与えられる大きさとする．[注意：図では $\Delta\lambda = 1$ として描かれているので，$\boldsymbol{A}$ は大きく描かれており，「差を表すベクトル」$\boldsymbol{K}$ も誇張して描かれている．] 点 P_1 において，ベクトル $\boldsymbol{B}(\mathrm{P}_1)$ が P_0 と P_1 を結んで

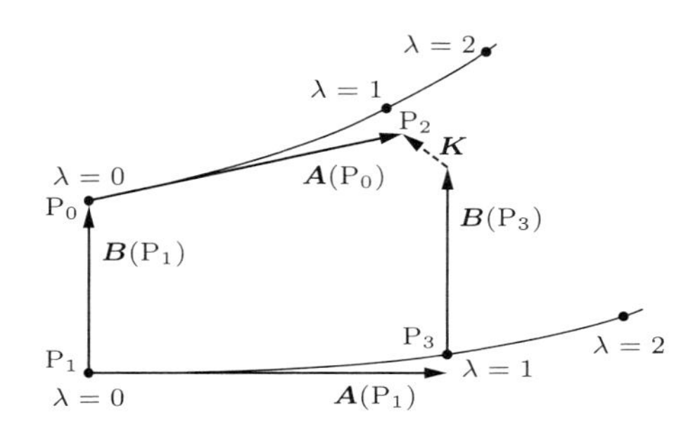

いるとする．線束 $\boldsymbol{A}$ に沿ってベクトル場 $\boldsymbol{B}$ を移動したとき，等しい λ の値を結ぶベクトル場とどれだけずれていくのか，すなわちベクトル $\boldsymbol{K}$ を計算する．

$$\begin{aligned}
\boldsymbol{K} &= [\boldsymbol{B}(\mathrm{P}_1) + \boldsymbol{A}(\mathrm{P}_0)] - [\boldsymbol{A}(\mathrm{P}_1) + \boldsymbol{B}(\mathrm{P}_3)] \\
&= [\boldsymbol{B}(\mathrm{P}_1) - \boldsymbol{B}(\mathrm{P}_3)] - [\boldsymbol{A}(\mathrm{P}_1) - \boldsymbol{A}(\mathrm{P}_0)] \\
&= A^\tau B^\gamma{}_{,\tau}\boldsymbol{e}_\gamma + \mathcal{O}(\boldsymbol{A}^2\boldsymbol{B}) - B^\tau A^\gamma{}_{,\tau}\boldsymbol{e}_\gamma + \mathcal{O}(\boldsymbol{B}^2\boldsymbol{A}) \\
&= [\boldsymbol{A}, \boldsymbol{B}] + \mathcal{O}(\epsilon^3) \qquad (|\boldsymbol{A}| \sim \mathcal{O}(\epsilon) \sim |\boldsymbol{B}| \text{ の場合})
\end{aligned}$$

こうして，ベクトル $\boldsymbol{A}, \boldsymbol{B}$ が無限小の極限では，

$$\boldsymbol{K} = [\boldsymbol{A}, \boldsymbol{B}] = \mathcal{L}_{\boldsymbol{A}}\boldsymbol{B}$$

となる．これより，$\mathcal{L}_{\boldsymbol{A}}\boldsymbol{B} = \boldsymbol{0}$ の場合，つまり，$\boldsymbol{B}$ が $\boldsymbol{A}$ に沿って**リー移動** (Lie-dragged) されていれば，$\boldsymbol{K}$ はゼロベクトルとなる．

問題 8.15　リー微分と縮約

リー微分の演算が，縮約の演算と可換であることを示せ．

[解]　縮約は，定数テンソルであるクロネッカーのデルタ $\delta^\mu{}_\nu$ を乗じることと同じと考えられる．また，テンソル $\delta^\mu{}_\nu$ のリー微分はゼロである．これは座標基底系で

$$\mathcal{L}_{\boldsymbol{x}}(\delta^\mu{}_\nu) = \delta^\mu{}_{\nu,\lambda}x^\lambda + \delta^\mu{}_\lambda x^\lambda{}_{,\nu} - \delta^\lambda{}_\nu x^\mu{}_{,\lambda} = 0 + x^\mu{}_{,\nu} - x^\mu{}_{,\nu} = 0$$

として簡単に示すことができる．したがって，縮約の演算子である $\delta^\mu{}_\nu$ はリー微分演算子 $\mathcal{L}_{\boldsymbol{x}}$ のどちら側にあっても同じ結果を与える．

問題 8.16　リー微分の交換

次式を示せ．

$$\mathcal{L}_{\boldsymbol{u}}\mathcal{L}_{\boldsymbol{v}} - \mathcal{L}_{\boldsymbol{v}}\mathcal{L}_{\boldsymbol{u}} = \mathcal{L}_{[\boldsymbol{u},\boldsymbol{v}]}$$

[解]　問題の恒等式がスカラー関数とベクトル場に対して成り立てば，任意のテンソルについても成立する．なぜなら，任意のテンソルに対するリー微分の作用は，スカラーとベクトルに対する作用で決まるからである（問題 8.13 を見よ）．f をスカラー関数とすると，

$$\mathcal{L}_{\boldsymbol{u}}\mathcal{L}_{\boldsymbol{v}}f - \mathcal{L}_{\boldsymbol{v}}\mathcal{L}_{\boldsymbol{u}}f = \mathcal{L}_{\boldsymbol{u}}\nabla_{\boldsymbol{v}}f - \mathcal{L}_{\boldsymbol{v}}\nabla_{\boldsymbol{u}}f = [\boldsymbol{u}, \boldsymbol{v}]f = \mathcal{L}_{[\boldsymbol{u},\boldsymbol{v}]}f$$

が成り立つ．$\boldsymbol{w}$ をベクトル場とすると，

$$\mathcal{L}_{\boldsymbol{u}}\mathcal{L}_{\boldsymbol{v}}\boldsymbol{w} - \mathcal{L}_{\boldsymbol{v}}\mathcal{L}_{\boldsymbol{u}}\boldsymbol{w} - \mathcal{L}_{[\boldsymbol{u},\boldsymbol{v}]}\boldsymbol{w} = [\boldsymbol{u},[\boldsymbol{v},\boldsymbol{w}]] - [\boldsymbol{v},[\boldsymbol{u},\boldsymbol{w}]] - [[\boldsymbol{u},\boldsymbol{v}],\boldsymbol{w}] = \boldsymbol{0}$$

が成り立つ．この式の最後の等式（交換子に対するヤコビ恒等式）は，すべての項を書き出すことなどにより，簡単に示すことができる．これでスカラーとベクトルについて示せたので，一般に成り立つことがいえる．

問題 8.17　リー微分の定義

幾何学量 $\Phi^A[x^\mu(\mathrm{P})]$ を考える（添え字の A は，テンソルのすべての添え字をまとめて書いたものとする．$x^\mu(\mathrm{P})$ は点 P の座標値である）．リー微分の別の定義として，次のものがある．

$\mathrm{P_0} \to \mathrm{P_N}$ への無限小移動を $x^\mu(\mathrm{P_0}) = x^\mu(\mathrm{P_N}) + \xi^\mu(\mathrm{P_N})$ によって行う（ξ^μ は無限小なので，$\mathrm{P_0}$ で計算しても，$\mathrm{P_N}$ で計算しても同じとする）．同様に，$\mathrm{P_N}$ の座標値をもとの $\mathrm{P_0}$ の座標値と同じようにするような無限小座標変換を行う．すなわち，新しい座標系を $\overline{x}$ で表したとき，

$$\overline{x}^\mu(\mathrm{P_N}) = x^\mu(\mathrm{P_0})$$

とする．以上のもとに，リー微分を

$$\mathcal{L}_{\boldsymbol{\xi}}\Phi^A(\mathrm{P_0}) = \lim_{\boldsymbol{\xi}\to 0}[\Phi^A(\mathrm{P_0}) - \overline{\Phi}^A(\mathrm{P_N})]$$

で定義する．

この定義が問題 8.13 で与えたものと等価であることを，次の場合に対して示せ．

(i) Φ^A がスカラー場のとき，(ii) $\Phi^A = A_\mu$ のとき，(iii) $\Phi^A = T_\mu{}^\nu$ のとき．

［解］　(i) スカラー場に対して示す．

$$\begin{aligned}\Phi(\mathrm{P_N}) &= \Phi(\mathrm{P_0}) + [x^\mu(\mathrm{P_N}) - x^\mu(\mathrm{P_0})]\,\Phi_{,\mu}(\mathrm{P_0}) + \cdots \\ &= \Phi(\mathrm{P_0}) - \xi^\mu\Phi_{,\mu}\end{aligned}$$

となる．また，Φ はスカラーなので，$\overline{\Phi}(\mathrm{P_N}) = \Phi(\mathrm{P_N})$ である．したがって，

$$\mathcal{L}_{\boldsymbol{\xi}}\Phi = \Phi_{,\mu}\xi^\mu$$

となる．

(ii) ベクトル場に対して示す．$\overline{x}^\mu(\mathrm{P_N}) = x^\mu(\mathrm{P_0}) = x^\mu(\mathrm{P_N}) + \xi^\mu$ であるから，

$$\overline{A}_\mu(\mathrm{P_N}) = \frac{\partial x^\alpha}{\partial \overline{x}^\mu}A_\alpha(\mathrm{P_N}) = (\delta^\alpha{}_\mu - \xi^\alpha{}_{,\mu})A_\alpha(\mathrm{P_N})$$

が成り立つ．この式と，

$$A_\mu(\mathrm{P_N}) = A_\mu(\mathrm{P_0}) - A_{\mu,\beta}\,\xi^\beta$$

を用いると，

$$\begin{aligned}\mathcal{L}_{\boldsymbol{\xi}} A_\mu &= A_\mu(\mathrm{P_0}) - \overline{A}_\mu(\mathrm{P_N}) \\ &= A_\mu(\mathrm{P_0}) - (\delta^\alpha{}_\mu - \xi^\alpha{}_{,\mu})(A_\alpha(\mathrm{P_0}) - A_{\alpha,\beta}\,\xi^\beta) \\ &= A_{\mu,\beta}\,\xi^\beta + A_\alpha \xi^\alpha{}_{,\mu}\end{aligned}$$

が示せる．

(iii) テンソル場についても同様に示すことができる．

$$\begin{aligned}\overline{T}^\mu{}_\nu(\mathrm{P_N}) &= \frac{\partial \overline{x}^\mu}{\partial x^\alpha}\frac{\partial x^\beta}{\partial \overline{x}^\nu} T^\alpha{}_\beta(\mathrm{P_N}) \\ &= (\delta^\mu{}_\alpha + \xi^\mu{}_{,\alpha})(\delta^\beta{}_\nu - \xi^\beta{}_{,\nu})[T^\alpha{}_\beta(\mathrm{P_0}) - T^\alpha{}_{\beta,\gamma}\,\xi^\gamma] \\ &= T^\mu{}_\nu(\mathrm{P_0}) - T^\mu{}_{\nu,\gamma}\,\xi^\gamma - T^\mu{}_\beta\,\xi^\beta{}_{,\nu} + T^\alpha{}_\nu\,\xi^\mu{}_{,\alpha}\end{aligned}$$

が成り立つ．これより，

$$\mathcal{L}_{\boldsymbol{\xi}} T^\mu{}_\nu = T^\mu{}_{\nu,\gamma}\,\xi^\gamma + T^\mu{}_\beta\,\xi^\beta{}_{,\nu} - T^\alpha{}_\nu\,\xi^\mu{}_{,\alpha}$$

となる．

問題 8.18　ベクトルの移動 (1)

$\boldsymbol{u}$ を接ベクトルとする曲線に沿って，ベクトル $\boldsymbol{v}$ を移動させる．次の移動をさせるときに必要なものは，計量，接続係数，曲線以外で定義された $\boldsymbol{u}(x)$，のうちどれか．それぞれ答えよ．

(i) 平行移動，(ii) フェルミ－ウォーカー移動，(iii) リー移動．

[解]　(i) 平行移動は $u^\alpha v^\beta{}_{;\alpha} = 0$ に従うので，接続係数 $\Gamma^\alpha{}_{\beta\gamma}$ のみを必要とする．

(ii) フェルミ－ウォーカー移動は

$$\nabla_{\boldsymbol{u}}\boldsymbol{v} = \boldsymbol{u}(\boldsymbol{a}\cdot\boldsymbol{v}) - \boldsymbol{a}(\boldsymbol{u}\cdot\boldsymbol{v}), \qquad \boldsymbol{a} \equiv \nabla_{\boldsymbol{u}}\boldsymbol{u}$$

に従う移動であり，内積の計算のために，さらに計量が必要になる．

(iii) リー移動の式 $\nabla_{\boldsymbol{u}}\boldsymbol{v} - \nabla_{\boldsymbol{v}}\boldsymbol{u} = \boldsymbol{0}$ では，$\boldsymbol{u}$ の $\boldsymbol{v}$ 方向への微分を求めるときに，$\boldsymbol{v}$ が一般的に曲線に沿っていないために，$\boldsymbol{u}$ は曲線の接ベクトルというだけではなく，曲線外でも定義されたベクトル場であることを要求する．この公式は ∇ を含んでいるが，接続係数は必ずしも必要ではない．なぜなら，この式の反対称性から Γ は相殺して消えるからである．当然のことであるが，リー微分では計量は必要とされない．

問題 8.19　リー移動と平行移動

計量 $ds^2 = dx^2 + dy^2 + dz^2$ をもつ 3 次元空間において，ベクトル場 $\mathbb{v} = (-y, x, z^{\alpha})$, $\alpha =$ (定数) が与えられている．あるベクトル $\mathbb{u}$ が，点 A から点 B まで $\mathbb{v}$ に沿ってリー移動された．そして，逆のルートで点 A に平行移動されて戻ってきた．この過程で，不変な $\mathbb{u}$ が常に存在するとき，α の値を求めよ．

[解]　もし，$\mathbb{u}$ が変化せずに点 A に戻ってこられたならば，原理的に，それを点 A から点 B へ平行移動され，かつリー移動されるベクトル場に拡張できる．$\mathbb{u} = (u^x, u^y, u^z)$ とし，次の恒等式を考える．

$$\nabla_{\mathbb{u}}\mathbb{v} - \nabla_{\mathbb{v}}\mathbb{u} = [\mathbb{u}, \mathbb{v}] = \mathcal{L}_{\mathbb{u}}\mathbb{v} = -\mathcal{L}_{\mathbb{v}}\mathbb{u} \tag{1}$$

式 (1) で $\nabla_{\mathbb{u}}\mathbb{v} = \mathcal{L}_{\mathbb{u}}\mathbb{v} = \mathbb{0}$ とし，クリストッフェル記号はゼロとなることに注意すると，

$$\nabla_{\mathbb{u}}\mathbb{v} = \mathbb{0} = u^i v^k{}_{,i}\mathbb{e}_k \tag{2}$$

$$-u^y = u^x = \alpha u^z z^{\alpha-1} = 0$$

が得られる．これより，$\mathbb{u}$ がゼロではない（つまり $u^z \neq 0$ となる）のは，

$$\alpha = 0 \tag{3}$$

のときに限られる．

問題 8.20　ベクトルの移動 (2)

いたるところでそれ自身に沿って平行移動されるベクトル場のうち，最も一般的なものを求めよ．同様に，フェルミ－ウォーカー移動される場合，リー移動される場合についても求めよ．

[解]　ベクトル場を $\boldsymbol{u}$ とする．ベクトル場が自身に沿って平行移動されるならば，$\nabla_{\boldsymbol{u}}\boldsymbol{u} = \boldsymbol{0}$ である．これは測地線方程式にほかならず，ベクトル場は，空間を満たす測地線束に対する接ベクトル場でなければならない．

ベクトル場が自身に沿ってフェルミ－ウォーカー移動されるならば，$\boldsymbol{a} = \nabla_{\boldsymbol{u}}\boldsymbol{u}$ として，

$$\nabla_{\boldsymbol{u}}\boldsymbol{u} = (\boldsymbol{u} \otimes \boldsymbol{a} - \boldsymbol{a} \otimes \boldsymbol{u}) \cdot \boldsymbol{u} \tag{1}$$

が成り立つ．これより，

$$\boldsymbol{a} = \boldsymbol{u}(\boldsymbol{a} \cdot \boldsymbol{u}) - \boldsymbol{a}(\boldsymbol{u} \cdot \boldsymbol{u}) \tag{2}$$

である．この式と $\boldsymbol{u}$ との内積をとると，$\boldsymbol{a}\cdot\boldsymbol{u} = u^2(\boldsymbol{a}\cdot\boldsymbol{u}) - (\boldsymbol{a}\cdot\boldsymbol{u})u^2 = 0$ となる．したがって，式 (2) より $u^2 = -1$ あるいは $\boldsymbol{a} = \boldsymbol{0}$ となる．$u^2 = -1$ が成り立つならば，適切に規格化された 4 元速度をもつ任意の場は自身に沿ってフェルミ－ウォーカー移動する．$\boldsymbol{a} = \boldsymbol{0}$ が成り立つならば，ベクトル場の大きさが -1 に規格化されていなくても，任意の測地線束の接ベクトルは自身に沿ってフェルミ－ウォーカー移動する．

リー移動では

$$\boldsymbol{0} = \mathcal{L}_{\boldsymbol{u}}\boldsymbol{u} \equiv [\boldsymbol{u}, \boldsymbol{u}]$$

であり，これは任意のベクトル場について満たされる．

問題 8.21　外微分

$\boldsymbol{\Omega}$ が p-形式のとき，$\mathcal{L}_{\boldsymbol{x}}(d\boldsymbol{\Omega}) = d(\mathcal{L}_{\boldsymbol{x}}\boldsymbol{\Omega})$ を示せ．

[解]　1-形式 $\tilde{\boldsymbol{U}} = U_\alpha \widetilde{dx}^\alpha$ を考える．まず，$d(\mathcal{L}_{\boldsymbol{x}}\tilde{\boldsymbol{U}})$ を求める．

$$\begin{aligned} \mathcal{L}_{\boldsymbol{x}}\tilde{\boldsymbol{U}} &= (x^\alpha U_{\beta,\alpha} + U_\alpha x^\alpha{}_{,\beta})\,\widetilde{dx}^\beta \\ d(\mathcal{L}_{\boldsymbol{x}}\tilde{\boldsymbol{U}}) &= (x^\alpha U_{\beta,\alpha} + U_\alpha x^\alpha{}_{,\beta})_{,\gamma}\,\widetilde{dx}^\gamma \wedge \widetilde{dx}^\beta \end{aligned} \tag{1}$$

次に，$\mathcal{L}_{\boldsymbol{x}}(d\tilde{\boldsymbol{U}})$ を計算する．

$$\begin{aligned} d\tilde{\boldsymbol{U}} &= U_{\alpha,\gamma}\,\widetilde{dx}^\gamma \wedge \widetilde{dx}^\alpha \\ \mathcal{L}_{\boldsymbol{x}}(d\tilde{\boldsymbol{U}}) &= \mathcal{L}_{\boldsymbol{x}}(U_{\alpha,\gamma})\,\widetilde{dx}^\gamma \wedge \widetilde{dx}^\alpha + U_{\alpha,\gamma}\mathcal{L}_{\boldsymbol{x}}(\widetilde{dx}^\gamma) \wedge \widetilde{dx}^\alpha + U_{\alpha,\gamma}\,\widetilde{dx}^\gamma \wedge \mathcal{L}_{\boldsymbol{x}}(\widetilde{dx}^\alpha) \\ &= x^\tau U_{\alpha,\gamma\tau}\,\widetilde{dx}^\gamma \wedge \widetilde{dx}^\alpha + U_{\alpha,\gamma}x^\gamma{}_{,\tau}\,\widetilde{dx}^\tau \wedge \widetilde{dx}^\alpha + U_{\alpha,\gamma}x^\alpha{}_{,\tau}\,\widetilde{dx}^\gamma \wedge \widetilde{dx}^\tau \\ &= \left[(x^\tau U_{\beta,\tau} + U_\alpha x^\alpha{}_{,\beta})_{,\gamma} - U_\alpha x^\alpha{}_{,\beta\gamma}\right]\widetilde{dx}^\gamma \wedge \widetilde{dx}^\beta \end{aligned} \tag{2}$$

式 (2) の最後の等式は，単に添え字を付け替えたものである．偏微分の対称性とウェッジ積の反対称性により，式 (2) の右辺にある括弧 [ ] 内の最後の項は消える．式 (1) と式 (2) を比較することにより，

$$d(\mathcal{L}_{\boldsymbol{x}}\tilde{\boldsymbol{U}}) = \mathcal{L}_{\boldsymbol{x}}(d\tilde{\boldsymbol{U}})$$

が示される．この方法を 1-形式から p-形式へ一般化するのは，直接計算を繰り返せばよい．

問題 8.22　正規直交基底系での成分表示

3 次元直交曲線座標系におけるベクトル解析は，計量 $g_{ij} = h_i^2\delta_{ij}$（ここで和は

とらない）を用いた特別な場合のテンソル解析といえる．ここで，h_i は**スケール因子**とよばれ，座標の関数である．ベクトル成分は，しばしば（「物理的な」）正規直交基底 $\tilde{\boldsymbol{\omega}}^{\hat{i}} = h_i \widetilde{dx}^i$（ここで和はとらない）に対して表される．$S$ をスカラー場，$\mathbb{V}$ をベクトル場とするとき，次の量を表せ．

(i) ∇S，(ii) $\nabla \times \mathbb{V}$，(iii) $\nabla \cdot \mathbb{V}$，(iv) $\nabla^2 S$.

［解］　(i) $(\nabla S)^{\hat{i}} = \tilde{\boldsymbol{\omega}}^{\hat{i}} \cdot \nabla S = h_i \widetilde{dx}^i \cdot \nabla S = h_i \dfrac{\partial S}{\partial x^i}$

(ii) 回転演算の一般的な表現は

$$(\nabla \times \mathbb{V})^i = \frac{1}{\sqrt{|g|}} \varepsilon^{ijk} V_{k;j} = \frac{1}{\sqrt{|g|}} \varepsilon^{ijk} V_{k,j}$$

である．これは共変的な関係式であり，局所平坦な（デカルト）座標基底においても同じである（反対称テンソル ε^{ijk} の性質については，問題 3.20 と 3.21 を参照せよ）．正規直交基底では，

$$(\nabla \times \mathbb{V})^{\hat{i}} = \tilde{\boldsymbol{\omega}}^{\hat{i}} \cdot (\nabla \times \mathbb{V}) = h_i (\nabla \times \mathbb{V})^i = \frac{h_i}{h_1 h_2 h_3} \varepsilon^{ijk} \frac{\partial (h_k V_{\hat{k}})}{\partial x^j}$$

となる（i については和はとらない）．

(iii) 問題 7.7(g) の結果を用いる．

$$\nabla \cdot \mathbb{V} = \frac{1}{\sqrt{|g|}} (\sqrt{|g|} V^i)_{,i} = \frac{1}{h_1 h_2 h_3} \left(\frac{h_1 h_2 h_3}{h_i} V_{\hat{i}} \right)_{,i}$$

(iv) 問題 7.7(j) の結果を用いる．

$$\nabla^2 S = \frac{1}{\sqrt{|g|}} (\sqrt{|g|} g^{ij} S_{,j})_{,i} = \frac{1}{h_1 h_2 h_3} \left(\frac{h_1 h_2 h_3}{{h_i}^2} S_{,i} \right)_{,i}$$

問題 8.23　3 次元極座標における発散と回転

極座標系において，$\nabla \cdot \mathbb{A}$ および $\nabla \times \mathbb{A}$ の表式を求めよ．

［解］　問題 8.22 の (ii)，(iii) に，$x^1 = r$，$x^2 = \theta$，$x^3 = \phi$ を代入し，$h_1 = 1$，$h_2 = r$，$h_3 = r \sin\theta$ とする（簡単のため，ここでは通常の表記法を用いることにして，物理的な成分を表すときに使うカレット記号 (ˆ) を省略する）．

$$\begin{aligned}\nabla \cdot \mathbb{A} &= \frac{1}{r^2 \sin\theta} (r^2 \sin\theta \, h_i^{-1} A_i)_{,i} \\ &= \frac{1}{r^2 \sin\theta} [(r^2 \sin\theta \, A_r)_{,r} + (r \sin\theta \, A_\theta)_{,\theta} + r A_{\phi,\phi}]\end{aligned}$$

$$(\mathbb{V} \times \mathbb{A})^r = \frac{1}{r\sin\theta}[(\sin\theta\, A_\phi)_{,\theta} - A_{\theta,\phi}]$$

$$(\mathbb{V} \times \mathbb{A})^\theta = \frac{1}{r\sin\theta}[A_{r,\phi} - (r\sin\theta\, A_\phi)_{,r}]$$

$$(\mathbb{V} \times \mathbb{A})^\phi = \frac{1}{r}[(rA_\theta)_{,r} - A_{r,\theta}]$$

問題 8.24　電磁テンソルのビアンキ恒等式

$F_{\mu\nu} = A_{\nu;\mu} - A_{\mu;\nu}$ とするとき，$F_{[\mu\nu;\lambda]} = 0$ を示せ．

[解]　微分形式と外微分を用いると，この問題は簡単である．はじめの方程式は $\boldsymbol{F} = d\tilde{\boldsymbol{A}}$ であり，dd の演算は常にゼロになるので，$d\boldsymbol{F} = dd\tilde{\boldsymbol{A}} = \boldsymbol{0}$ となる．$F_{[\mu\nu;\lambda]}$ は $d\boldsymbol{F}$ の成分そのものであり，証明はこれで終了である．d の演算がもつ完全反対称性によって，この問題には接続係数がまったく登場しないのがトリックである．成分を使って示すとなると，証明は直接的だが退屈な計算になる．

問題 8.25　ガウス正規座標系

任意の時空多様体（一様等方である必要はない）において，初期値面としての空間的超曲面 $\mathrm{S_I}$ を選び，その上で任意の座標系 (x^1, x^2, x^3) をとる．超曲面に直交するように測地線を打ち出し，それらの空間座標を $(x^1, x^2, x^3) =$（定数）とする．世界線に沿った固有時間を τ（$\mathrm{S_I}$ 上で $\tau = 0$）とし，$x^0 \equiv t = t_\mathrm{I} + \tau$ とする．この座標系（**ガウス正規座標系** (Gaussian normal coordinate)）では，計量が

$$ds^2 = -dt^2 + g_{ij}dx^i dx^j$$

のようになり，時間が同期化されることを示せ．

[解]　一般の計量 $ds^2 = g_{\alpha\beta}dx^\alpha dx^\beta$ を考える．与えられた測地線に沿って $x^i =$（定数）であるので，測地線に沿って $ds^2 = g_{00}dt^2$ が成り立つ．しかし，測地線では $ds^2 = -d\tau^2$ が成り立つので，いたるところ $g_{00} = -1$ である．$\boldsymbol{e}_\alpha$ を座標基底ベクトルとして，$\boldsymbol{u} = d/d\tau$ を測地線の接ベクトル場とする（すなわち，$\boldsymbol{u} = \boldsymbol{e}_0$）．$\boldsymbol{u}$ は $\mathrm{S_I}$ に直交するので，$\tau = 0$ において，$\boldsymbol{u} \cdot \boldsymbol{e}_i = \boldsymbol{e}_0 \cdot \boldsymbol{e}_i = g_{0i} = 0$ である．また，曲線が測地線であること ($\nabla_{\boldsymbol{u}}\boldsymbol{u} = \boldsymbol{0}$) と，$\boldsymbol{e}_i$ と $\boldsymbol{u}$ が座標基底を構成すること ($[\boldsymbol{e}_i, \boldsymbol{u}] = \boldsymbol{0}$) から，

$$\frac{d}{d\tau}(\boldsymbol{u} \cdot \boldsymbol{e}_i) = \nabla_{\boldsymbol{u}}(\boldsymbol{u} \cdot \boldsymbol{e}_i) = 0 + \boldsymbol{u} \cdot \nabla_{\boldsymbol{u}}\boldsymbol{e}_i = \boldsymbol{u} \cdot \nabla_{\boldsymbol{e}_i}\boldsymbol{u}$$

が成り立つ．この式の最後の項は

8

$$\boldsymbol{u}\cdot\nabla_{e_i}\boldsymbol{u}=\frac{1}{2}\nabla_{e_i}(\boldsymbol{u}\cdot\boldsymbol{u})=0$$

のようにゼロになるので，$\boldsymbol{u}\cdot\boldsymbol{e}_i=g_{0i}=0$ がいたるところで成立する．

問題 8.26　2 つの計量

(a) $g_{\mu\nu}$ と $\overline{g}_{\mu\nu}$ をどちらも対称テンソルの成分とするとき，

$$S^{\lambda}{}_{\mu\nu}=\overline{\Gamma}^{\lambda}{}_{\mu\nu}-\Gamma^{\lambda}{}_{\mu\nu}$$

が，テンソルの成分となることを示せ．ここで，Γ や $\overline{\Gamma}$ はそれぞれ，テンソル g と $\overline{g}$ から通常の方法で作られるクリストッフェル記号である．

(b) $g_{\mu\nu}$ と $\overline{g}_{\mu\nu}$ が同じ測地線をもつとする．Ψ_μ をベクトルの成分とするとき，

$$S^{\lambda}{}_{\mu\nu}=\delta^{\lambda}{}_{\mu}\Psi_\nu+\delta^{\lambda}{}_{\nu}\Psi_\mu$$

が成り立つことを示せ．

[解]　(a) 現代微分幾何学の視点からいうと，$\overline{\Gamma}^{\lambda}{}_{\mu\nu}$ や $\Gamma^{\lambda}{}_{\mu\nu}$ は 2 つのベクトルと 1 つの 1-形式から 1 つの数を作り出す「装置」の座標成分である．すなわち，

$$(\text{数})=\Gamma^{\lambda}{}_{\mu\nu}\sigma_\lambda u^\mu v^\nu\equiv\langle\tilde{\boldsymbol{\sigma}},\nabla_{\boldsymbol{v}}\boldsymbol{u}\rangle$$

となる．ここで，共変微分はそれぞれの Γ に対応する計量を使って計算する．テンソルは，どの「スロット」（つまり，すべての添え字）についても線形な「装置」である．Γ や $\overline{\Gamma}$ それ自体は

$$f\langle\tilde{\boldsymbol{\sigma}},\nabla_{\boldsymbol{v}}\boldsymbol{u}\rangle\neq\langle\tilde{\boldsymbol{\sigma}},\nabla_{\boldsymbol{v}}(f\boldsymbol{u})\rangle=f\langle\tilde{\boldsymbol{\sigma}},\nabla_{\boldsymbol{v}}\boldsymbol{u}\rangle+\langle\tilde{\boldsymbol{\sigma}},\boldsymbol{u}\rangle\nabla_{\boldsymbol{v}}f$$

となるので，テンソルではない．同様の式は，$\overline{g}$, $\overline{\nabla}$ に書き換えても成立する．これらの 2 つの式の差を考えると，線形性を破る $\langle\tilde{\boldsymbol{\sigma}},\boldsymbol{u}\rangle(\nabla_{\boldsymbol{v}}-\overline{\nabla}_{\boldsymbol{v}})f$ の項は常にゼロとなる．なぜなら，スカラー関数に作用するすべての共変微分は単なる方向微分として同じになるからである．したがって，$S^{\lambda}{}_{\mu\nu}$ はテンソルとなる．

(b) g と $\overline{g}$ の測地線は，それぞれが異なるアフィンパラメータ τ,τ' で表されているため，2 つの測地線を直接比較することはできない．t を τ の任意の関数として，変数変換すると測地線方程式は

$$\frac{d^2x^\lambda}{dt^2}+\Gamma^{\lambda}{}_{\mu\nu}\frac{dx^\mu}{dt}\frac{dx^\nu}{dt}-\frac{dx^\lambda}{dt}\frac{d^2\tau}{dt^2}\frac{dt}{d\tau}=0$$

と書き換えられる．$d\tau/dt$ を消去するために，dx^α/dt を乗じ，α と λ について反対称化すると，

$$u^\alpha \frac{du^\lambda}{dt} - u^\lambda \frac{du^\alpha}{dt} + (\Gamma^\lambda{}_{\mu\nu} u^\alpha - \Gamma^\alpha{}_{\mu\nu} u^\lambda) u^\mu u^\nu = 0$$

となる．ここで，$u^\alpha \equiv dx^\alpha/dt$ である．もし，世界線 $u^\alpha(t)$ が g と $\overline{g}$ のどちらの計量においても測地線であれば，上の方程式の Γ を $\overline{\Gamma}$ で置き換えてもそのまま成り立たなければならない．2 つの式の差をとると，

$$(\delta^\alpha{}_\sigma S^\lambda{}_{\mu\nu} - \delta^\lambda{}_\sigma S^\alpha{}_{\mu\nu}) u^\sigma u^\mu u^\nu = 0$$

となり，これより，

$$\delta^\alpha{}_{(\sigma} S^\lambda{}_{\mu)\nu} - \delta^\lambda{}_{(\sigma} S^\alpha{}_{\mu)\nu} = 0$$

となる．α と ν について縮約をとると，

$$S^\lambda{}_{\sigma\mu} = \delta^\lambda{}_\sigma \Psi_\mu + \delta^\lambda{}_\mu \Psi_\sigma, \qquad \Psi_\alpha \equiv \frac{1}{5} S^\mu{}_{\alpha\mu}$$

が得られる（L. P. Eisenhart 著の *Riemannian Geometry* (Princeton University Press, 1962) の 40 節も参照せよ）．

問題 8.27　正規直交基底系での接続係数

計量が

$$ds^2 = -e^{2\alpha} dt^2 + e^{2\beta} dr^2 + e^{2\gamma} (d\theta^2 + \sin^2\theta \, d\phi^2)$$
$$(\alpha, \beta, \gamma \text{ は } r \text{ と } t \text{ の関数})$$

で与えられるとき，接続係数を正規直交基底系の成分として計算せよ．

[解]　座標成分で接続係数を計算するのは面倒である．ここでは**接続 1-形式**を用いて計算する（MTW の 14.5 節に詳しい説明がある）．

次のように正規直交基底をとる．

$$\tilde{\boldsymbol{\omega}}^{\hat{t}} = e^\alpha \widetilde{dt}, \qquad \tilde{\boldsymbol{\omega}}^{\hat{r}} = e^\beta \widetilde{dr}, \qquad \tilde{\boldsymbol{\omega}}^{\hat{\theta}} = e^\gamma \widetilde{d\theta}, \qquad \tilde{\boldsymbol{\omega}}^{\hat{\phi}} = e^\gamma \sin\theta \, \widetilde{d\phi}$$

ポイントとなる式は，$\tilde{\boldsymbol{\omega}}^{\hat{\alpha}}{}_{\hat{\beta}}$ の定義式

$$d\tilde{\boldsymbol{\omega}}^{\hat{\alpha}} = -\tilde{\boldsymbol{\omega}}^{\hat{\alpha}}{}_{\hat{\beta}} \wedge \tilde{\boldsymbol{\omega}}^{\hat{\beta}} \tag{1}$$

と，$\tilde{\boldsymbol{\omega}}^{\hat{\alpha}}{}_{\hat{\beta}}$ と接続係数を結びつける関係式

$$\Gamma^{\hat{\alpha}}{}_{\hat{\beta}\hat{\lambda}} \tilde{\boldsymbol{\omega}}^{\hat{\lambda}} = \tilde{\boldsymbol{\omega}}^{\hat{\alpha}}{}_{\hat{\beta}} \tag{2}$$

の 2 つである．

8

与えられた計量に対してこれらの式を適用する．ドット記号 ($\dot{}$) は $\partial/\partial t$ を表し，プライム記号 ($'$) は $\partial/\partial r$ を表すとすると，

$$d\tilde{\boldsymbol{\omega}}^{\hat{t}} = e^{\alpha}\alpha'\,\widetilde{dr}\wedge\widetilde{dt} = \alpha' e^{-\beta}\tilde{\boldsymbol{\omega}}^{\hat{r}}\wedge\tilde{\boldsymbol{\omega}}^{\hat{t}} \tag{3}$$

$$d\tilde{\boldsymbol{\omega}}^{\hat{r}} = e^{\beta}\dot{\beta}\,\widetilde{dt}\wedge\widetilde{dr} = \dot{\beta}e^{-\alpha}\tilde{\boldsymbol{\omega}}^{\hat{t}}\wedge\tilde{\boldsymbol{\omega}}^{\hat{r}} \tag{4}$$

$$d\tilde{\boldsymbol{\omega}}^{\hat{\theta}} = e^{\gamma}\dot{\gamma}\,\widetilde{dt}\wedge\widetilde{d\theta} + e^{\gamma}\gamma'\widetilde{dr}\wedge\widetilde{d\theta} = e^{-\alpha}\dot{\gamma}\,\tilde{\boldsymbol{\omega}}^{\hat{t}}\wedge\tilde{\boldsymbol{\omega}}^{\hat{\theta}} + e^{-\beta}\gamma'\tilde{\boldsymbol{\omega}}^{\hat{r}}\wedge\tilde{\boldsymbol{\omega}}^{\hat{\theta}} \tag{5}$$

$$\begin{aligned} d\tilde{\boldsymbol{\omega}}^{\hat{\phi}} &= e^{\gamma}\dot{\gamma}\sin\theta\,\widetilde{dt}\wedge\widetilde{d\theta} + e^{\gamma}\gamma'\sin\theta\,\widetilde{dr}\wedge\widetilde{d\theta} + e^{\gamma}\cos\theta\,\widetilde{d\theta}\wedge\widetilde{d\phi} \\ &= e^{-\alpha}\dot{\gamma}\,\tilde{\boldsymbol{\omega}}^{\hat{t}}\wedge\tilde{\boldsymbol{\omega}}^{\hat{\phi}} + e^{-\beta}\gamma'\,\tilde{\boldsymbol{\omega}}^{\hat{r}}\wedge\tilde{\boldsymbol{\omega}}^{\hat{\phi}} + \cot\theta\,e^{-\gamma}\,\tilde{\boldsymbol{\omega}}^{\hat{\theta}}\wedge\tilde{\boldsymbol{\omega}}^{\hat{\phi}} \end{aligned} \tag{6}$$

となる．ここで，式 (1) と，$\tilde{\boldsymbol{\omega}}_{\hat{\alpha}\hat{\beta}} = -\tilde{\boldsymbol{\omega}}_{\hat{\beta}\hat{\alpha}}$ の公式を思い出そう．これらの添え字は $\eta_{\hat{\alpha}\hat{\beta}}$ で上げ下げする．$\hat{\alpha} = \hat{t}$ に対しては，

$$d\tilde{\boldsymbol{\omega}}^{\hat{t}} = -\tilde{\boldsymbol{\omega}}^{\hat{t}}{}_{\hat{r}}\wedge\tilde{\boldsymbol{\omega}}^{\hat{r}} - \tilde{\boldsymbol{\omega}}^{\hat{t}}{}_{\hat{\theta}}\wedge\tilde{\boldsymbol{\omega}}^{\hat{\theta}} - \tilde{\boldsymbol{\omega}}^{\hat{t}}{}_{\hat{\phi}}\wedge\tilde{\boldsymbol{\omega}}^{\hat{\phi}}$$

となる．これを式 (3) と比べると，

$$\tilde{\boldsymbol{\omega}}^{\hat{t}}{}_{\hat{r}} = \tilde{\boldsymbol{\omega}}^{\hat{r}}{}_{\hat{t}} = \alpha' e^{-\beta}\tilde{\boldsymbol{\omega}}^{\hat{t}} + K_1\,\tilde{\boldsymbol{\omega}}^{\hat{r}} \tag{7}$$

$$\tilde{\boldsymbol{\omega}}^{\hat{t}}{}_{\hat{\theta}} = \tilde{\boldsymbol{\omega}}^{\hat{\theta}}{}_{\hat{t}} = K_2\,\tilde{\boldsymbol{\omega}}^{\hat{\theta}} \tag{8}$$

$$\tilde{\boldsymbol{\omega}}^{\hat{t}}{}_{\hat{\phi}} = \tilde{\boldsymbol{\omega}}^{\hat{\phi}}{}_{\hat{t}} = K_3\,\tilde{\boldsymbol{\omega}}^{\hat{\phi}} \tag{9}$$

となる．ここで，K_1, K_2, K_3 はこれから決定する関数である．同様に式 (4) より，

$$\tilde{\boldsymbol{\omega}}^{\hat{r}}{}_{\hat{t}} = e^{-\alpha}\dot{\beta}\tilde{\boldsymbol{\omega}}^{\hat{r}} + K_4\,\tilde{\boldsymbol{\omega}}^{\hat{t}} \tag{10}$$

$$\tilde{\boldsymbol{\omega}}^{\hat{r}}{}_{\hat{\theta}} = -\tilde{\boldsymbol{\omega}}^{\hat{\theta}}{}_{\hat{r}} = K_5\,\tilde{\boldsymbol{\omega}}^{\hat{\theta}} \tag{11}$$

$$\tilde{\boldsymbol{\omega}}^{\hat{r}}{}_{\hat{\phi}} = -\tilde{\boldsymbol{\omega}}^{\hat{\phi}}{}_{\hat{r}} = K_6\,\tilde{\boldsymbol{\omega}}^{\hat{\phi}} \tag{12}$$

式 (5) より，

$$\tilde{\boldsymbol{\omega}}^{\hat{\theta}}{}_{\hat{t}} = e^{-\alpha}\dot{\gamma}\tilde{\boldsymbol{\omega}}^{\hat{\theta}} \tag{13}$$

$$\tilde{\boldsymbol{\omega}}^{\hat{\theta}}{}_{\hat{r}} = e^{-\beta}\gamma'\tilde{\boldsymbol{\omega}}^{\hat{\theta}} \tag{14}$$

$$\tilde{\boldsymbol{\omega}}^{\hat{\theta}}{}_{\hat{\phi}} = -\tilde{\boldsymbol{\omega}}^{\hat{\phi}}{}_{\hat{\theta}} = K_7\,\tilde{\boldsymbol{\omega}}^{\hat{\phi}} \tag{15}$$

式 (6) より，

$$\tilde{\boldsymbol{\omega}}^{\hat{\phi}}{}_{\hat{t}} = e^{-\alpha}\dot{\gamma}\tilde{\boldsymbol{\omega}}^{\hat{\phi}} \tag{16}$$

$$\tilde{\boldsymbol{\omega}}^{\hat{\phi}}{}_{\hat{r}} = e^{-\beta}\gamma'\,\tilde{\boldsymbol{\omega}}^{\hat{\phi}} \tag{17}$$

$$\tilde{\boldsymbol{\omega}}^{\hat{\phi}}{}_{\hat{\theta}} = \cot\theta\,e^{-\gamma}\,\tilde{\boldsymbol{\omega}}^{\hat{\phi}} \tag{18}$$

となる．式 (7)〜(18) を比較することにより，

$$\tilde{\boldsymbol{\omega}}^{\hat{t}}{}_{\hat{r}} = \alpha' e^{-\beta}\tilde{\boldsymbol{\omega}}^{\hat{t}} + \dot{\beta}e^{-\alpha}\tilde{\boldsymbol{\omega}}^{\hat{r}}, \qquad \tilde{\boldsymbol{\omega}}^{\hat{t}}{}_{\hat{\theta}} = e^{-\alpha}\dot{\gamma}\tilde{\boldsymbol{\omega}}^{\hat{\theta}}, \qquad \tilde{\boldsymbol{\omega}}^{\hat{t}}{}_{\hat{\phi}} = e^{-\alpha}\dot{\gamma}\tilde{\boldsymbol{\omega}}^{\hat{\phi}}$$

$$\tilde{\boldsymbol{\omega}}^{\hat{r}}{}_{\hat{\theta}} = -e^{-\beta}\gamma'\tilde{\boldsymbol{\omega}}^{\hat{\theta}}, \qquad \tilde{\boldsymbol{\omega}}^{\hat{r}}{}_{\hat{\phi}} = -e^{-\beta}\gamma'\tilde{\boldsymbol{\omega}}^{\hat{\phi}}, \qquad \tilde{\boldsymbol{\omega}}^{\hat{\theta}}{}_{\hat{\phi}} = -\cot\theta\, e^{-\gamma}\,\tilde{\boldsymbol{\omega}}^{\hat{\phi}}$$

が得られる．

したがって，式 (2) より，接続係数の非ゼロ成分は次のものになる．

$$\Gamma^{\hat{t}}{}_{\hat{r}\hat{t}} = \Gamma^{\hat{r}}{}_{\hat{t}\hat{t}} = \alpha' e^{-\beta}, \qquad \Gamma^{\hat{t}}{}_{\hat{r}\hat{r}} = \Gamma^{\hat{r}}{}_{\hat{t}\hat{r}} = \dot{\beta}e^{-\alpha}$$

$$\Gamma^{\hat{t}}{}_{\hat{\theta}\hat{\theta}} = \Gamma^{\hat{\theta}}{}_{\hat{t}\hat{\theta}} = \Gamma^{\hat{t}}{}_{\hat{\phi}\hat{\phi}} = \Gamma^{\hat{\phi}}{}_{\hat{t}\hat{\phi}} = \dot{\gamma}e^{-\alpha}$$

$$\Gamma^{\hat{r}}{}_{\hat{\theta}\hat{\theta}} = -\Gamma^{\hat{\theta}}{}_{\hat{r}\hat{\theta}} = \Gamma^{\hat{r}}{}_{\hat{\phi}\hat{\phi}} = -\Gamma^{\hat{\phi}}{}_{\hat{r}\hat{\phi}} = -\gamma' e^{-\beta}$$

$$\Gamma^{\hat{\theta}}{}_{\hat{\phi}\hat{\phi}} = -\Gamma^{\hat{\phi}}{}_{\hat{\theta}\hat{\phi}} = -\cot\theta\, e^{-\gamma}$$

問題 8.28　赤方偏移

（4 元速度が $\boldsymbol{u}_{\mathrm{A}}$ と $\boldsymbol{u}_{\mathrm{B}}$ の）2 人の観測者を考え，それらの間での赤方偏移 z を，次の 2 つの方法によって定義する．

(i) 観測者間をヌル測地線に沿って移動する（4 元運動量 $\boldsymbol{p}$ の）光子のエネルギーより

$$1 + z \equiv \frac{\boldsymbol{u}_{\mathrm{A}} \cdot \boldsymbol{p}}{\boldsymbol{u}_{\mathrm{B}} \cdot \boldsymbol{p}}$$

(ii) 送信時に $\Delta\tau_{\mathrm{A}}$，受信時に $\Delta\tau_{\mathrm{B}}$ の差がある 2 つのヌル測地線間の固有時間より

$$1 + z \equiv \frac{\Delta\tau_{\mathrm{A}}}{\Delta\tau_{\mathrm{B}}}$$

両者が等価であることを示せ．

［解］　(ii) から始める．この定義がもう一方の定義と一致することを示すためには，位相一定面の勾配を表す波数ベクトル

$$\boldsymbol{k} = \nabla\theta$$

と $\boldsymbol{p}$ が比例していることを用いる．$\boldsymbol{k}$ はヌルベクトルなので，

$$0 = \boldsymbol{k}\cdot\boldsymbol{k} = \boldsymbol{k}\cdot\nabla\theta = \nabla_{\boldsymbol{k}}\theta$$

が成り立つ．これは，光線に沿って θ が一定であることを示している．

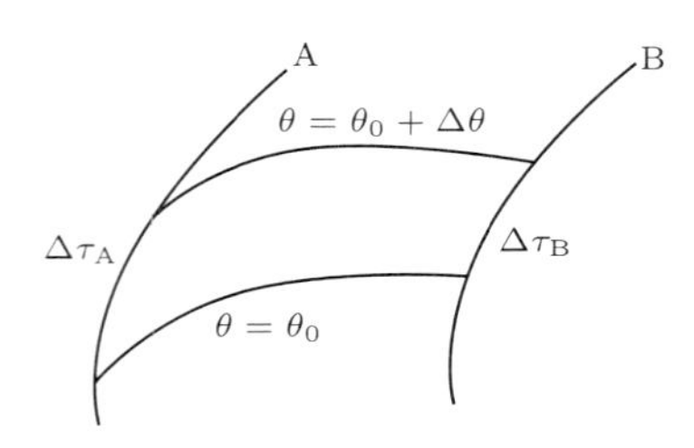

2 つの光線があり，位相が $\Delta\theta$ だけ異なっているとする．観測者 A は $\Delta\theta$ を

$$\Delta\theta = \theta(\tau + \Delta\tau_{\rm A}) - \theta(\tau) = (\Delta\tau_{\rm A})\nabla_{\boldsymbol{u}_{\rm A}}\theta = (\Delta\tau_{\rm A})\boldsymbol{u}_{\rm A}\cdot\boldsymbol{k}$$

として計算する．同様に観測者 B にとっては，B で評価する $\boldsymbol{k}$ を用いて

$$\Delta\theta = (\Delta\tau_{\rm B})\boldsymbol{u}_{\rm B}\cdot\boldsymbol{k}$$

となる．$\Delta\theta$ は A, B どちらにとっても同じなので，

$$\frac{\Delta\tau_{\rm A}}{\Delta\tau_{\rm B}} = \frac{(\boldsymbol{u}\cdot\boldsymbol{k})_{\rm B}}{(\boldsymbol{u}\cdot\boldsymbol{k})_{\rm A}} = \frac{(\boldsymbol{u}\cdot\boldsymbol{p})_{\rm B}}{(\boldsymbol{u}\cdot\boldsymbol{p})_{\rm A}}$$

が成り立つ．したがって，2 つの定義は等価である．

第9章 曲率

Curvature

リーマン曲率テンソル (Riemann curvature tensor) は座標成分で

$$R^{\mu}{}_{\nu\alpha\beta} \equiv \frac{\partial}{\partial x^{\alpha}}\Gamma^{\mu}{}_{\nu\beta} - \frac{\partial}{\partial x^{\beta}}\Gamma^{\mu}{}_{\nu\alpha} + \Gamma^{\mu}{}_{\rho\alpha}\Gamma^{\rho}{}_{\nu\beta} - \Gamma^{\mu}{}_{\rho\beta}\Gamma^{\rho}{}_{\nu\alpha}$$

となることから曲率の話を始める．リーマン曲率テンソルの共変成分は，次のような対称性がある．

$$R_{\alpha\beta\gamma\delta} = R_{\gamma\delta\alpha\beta}, \qquad R_{\alpha\beta\gamma\delta} = -R_{\beta\alpha\gamma\delta}$$
$$R_{\alpha\beta\gamma\delta} = -R_{\alpha\beta\delta\gamma}, \qquad R_{\alpha[\beta\gamma\delta]} = 0$$

リッチ曲率テンソル (Ricci curvature tensor) と**スカラー曲率** (scalar curvature) は，リーマン曲率テンソルから次のように作られる．

$$R_{\alpha\beta} \equiv R^{\mu}{}_{\alpha\mu\beta}, \qquad R \equiv R^{\alpha}{}_{\alpha}$$

リッチ曲率テンソルは対称テンソルである．

ワイルテンソル (Weyl tensor)

$$C_{\lambda\mu\nu\kappa} = R_{\lambda\mu\nu\kappa} - \frac{1}{2}(g_{\lambda\nu}R_{\mu\kappa} - g_{\lambda\kappa}R_{\mu\nu} - g_{\mu\nu}R_{\lambda\kappa} + g_{\mu\kappa}R_{\lambda\nu}) + \frac{1}{6}(g_{\lambda\nu}g_{\mu\kappa} - g_{\lambda\kappa}g_{\mu\nu})R$$

は，共形変換のもとで不変であるので，**共形テンソル** (conformal tensor) ともよばれる．ワイルテンソルがゼロになることと**共形平坦** (conformally flat) である（すなわち，共形変換によって共形因子を除いてミンコフスキー空間に変換できる）ことは同値である．

単位法線ベクトル $\boldsymbol{n}$ をもち，基底ベクトル $\boldsymbol{e}_i, \boldsymbol{e}_j, \ldots$ によって張られる超曲面の**外的曲率テンソル** (extrinsic curvature tensor) は，$\boldsymbol{K}$ で表され，その成分は

$$K_{ij} = -\boldsymbol{e}_j \cdot \nabla_i \boldsymbol{n}$$

である．

問題 9.1　デカルト座標系

半径 a の球面上で，局所デカルト座標系を次の 2 つの方法で構成する．

(a) 測地線から

(b) （直交する）緯線と経線から

どちらの方法も，正確なデカルト座標系からずれが生じる（ここでいうずれとは，座標に沿って切り出した「長方形」において，内角の和が 2π と異なるとか，「平行な」対辺の長さが違うなどのことである）．このずれのオーダーが（座標近傍の覆う面積）$/a^2$ になることを示せ．

［解］　2 方向の測地線で座標近傍 (coordinate patch) を張り，それから測地線（座標）で囲まれた「長方形」を切り出す．さらにそれを対角的に測地線で 2 等分して，2 つの三角形を作る．測地線，つまり大円を 3 辺として構成される三角形の内角の和は，通常の三角形より（面積）$/a^2$ だけ大きくなる．座標系の「長方形」の内角の総和は 2 つの三角形の内角の和なので，余分な角度は $2\times$（面積）$/a^2$ となる．

緯線と経線から作られる座標近傍で，最もよいものは，赤道近くのものである．明らかに余分な角度は生じず，

$$\overline{\mathrm{AC}} = \overline{\mathrm{BD}} = a\,\Delta\theta$$

である．しかし，

$$\overline{\mathrm{CD}} - \overline{\mathrm{AB}} = a\,\Delta\phi - a\,\Delta\phi\,\sin\left(\frac{\pi}{2} - \Delta\theta\right) \approx a\,\Delta\phi\,\frac{1}{2}\,(\Delta\theta)^2$$

なので

$$\frac{\overline{\mathrm{CD}} - \overline{\mathrm{AB}}}{\overline{\mathrm{AC}}} \approx \frac{1}{2}\Delta\phi\,\Delta\theta \approx \frac{1}{2}\frac{(\text{面積})}{a^2}$$

となる．

どちらの場合も，平坦の場合からのずれは $1/a^2$ の程度であり，これは，球面の曲率に相当する．

問題 9.2　n 次元リーマン曲率テンソル

n 次元時空でのリーマン曲率テンソルは，いくつの独立な成分があるか．

［解］　$R_{\alpha\beta\gamma\delta}$ の添え字 $(\alpha\beta)$ と $(\gamma\delta)$ それぞれに関する反対称性より，$(\alpha\beta)$ の非自

明なペアに $M = n(n-1)/2$ 通り，$(\gamma\delta)$ の非自明なペアに M 通りが存在する．また，リーマン曲率テンソルは $(\alpha\beta)$ と $(\gamma\delta)$ の組の交換に関して対称なので，このことを考慮すると，$\alpha\beta\gamma\delta$ の独立な選び方は，$M(M+1)/2$ 通りが存在する．

さらに，リーマン曲率テンソルには添え字を巡回させた対称性もあり，

$$A_{\alpha\beta\gamma\delta} = R_{\alpha\beta\gamma\delta} + R_{\alpha\delta\beta\gamma} + R_{\alpha\gamma\delta\beta} = 0$$

が成り立つ．上に述べた対称性から，$A_{\alpha\beta\gamma\delta}$ は完全反対称になり，$\alpha, \beta, \gamma, \delta$ がすべて異なるとき以外は $A_{\alpha\beta\gamma\delta} = 0$ の条件は自明になる．この新たに加わる対称性の式の数は，n 個のものから 4 つを取り出す組み合わせであり，$n!/[(n-4)!\,4!]$ である（$n < 4$ の場合はこの値はゼロとなり，正しい．したがって，この場合は新たな条件式は加わらない）．

以上より，独立な成分の数は，

$$\frac{1}{2}M(M+1) - \frac{n!}{(n-4)!\,4!} = \frac{n^2(n^2-1)}{12}$$

となる．

問題 9.3　リーマン曲率テンソルの独立な成分

リーマン曲率テンソルの数学的な演算は，計算機を用いて行われることが多い．リーマン曲率テンソルの成分を `R(I,J,K,L)` とし，（4 次元の場合）添え字はすべて `I,J,K,L = 0,1,2,3` と動くとする．このように $4^4 = 256$ 個の成分を計算して保存するようなプログラムを組むより，リーマン曲率テンソルの添え字に関する対称性を考えることによって，配列が少なく，もっと効率のよいプログラムを作ることができる．`R(I,J,K,L)` のすべての独立な成分を，21 個以下の要素をもつ 1 次元配列に格納し，呼び出すようなプログラムのアルゴリズムを示せ．

［解］　この問題は，21 個の独立な成分を何らかの規則的な方法で並べるとともに，異なる成分を与える 4 つの添え字 `I, J, K, L` の各組に $\mathtt{N} \leq 21$ の番号を割り当てる必要がある．たとえば次のようなプログラムであれば，上の要求を満たし，$1 \leq \mathtt{N} \leq 21$ である `R(N)` から，`R(I, J, K, L)` を読み取ることを可能にする．

```
READ I, J, K, L
SET SIGN=1
IF I=J OR K=L SET RIEMANN=0  AND RETURN
IF I>J EXCHANGE I, J  AND SET SIGN = -1
IF K>L EXCHANGE K, L  AND SET SIGN = -SIGN
```

9

```
SET N1 = (5*I - I*I)/2 + J
SET N2 = (5*K - K*K)/2 + L
IF N1>N2  EXCHANGE N1, N2
SET N = (13*N1 - N1*N1 - 12)/2 + N2
SET RIEMANN = R(N)*SIGN
RETURN
```

問題 9.4　2 次元球面のリーマン曲率テンソル

2 次元球の計量

$$ds^2 = r^2(d\theta^2 + \sin^2\theta\, d\phi^2)$$

について，リーマン曲率テンソルの非ゼロ成分 $R_{ijk\ell}$ $(i, j, k, \ell = \theta, \phi)$ をすべて求めよ．

［解］　問題 9.2 の議論により，独立な成分はただ 1 つである．その成分を

$$R_{\theta\phi\theta\phi} = g_{\theta\theta}R^{\theta}{}_{\phi\theta\phi} = g_{\theta\theta}(\Gamma^{\theta}{}_{\phi\phi,\theta} - \Gamma^{\theta}{}_{\theta\phi,\phi} + \Gamma^{\theta}{}_{\theta\alpha}\Gamma^{\alpha}{}_{\phi\phi} - \Gamma^{\theta}{}_{\phi\alpha}\Gamma^{\alpha}{}_{\phi\theta})$$

ととることができる．計量から，$g_{\theta\theta} = r^2$, $g_{\phi\phi} = r^2\sin^2\theta$ なので，非ゼロのクリストッフェル記号は，

$$\Gamma^{\theta}{}_{\phi\phi} = -\sin\theta\cos\theta, \qquad \Gamma^{\phi}{}_{\theta\phi} = \cot\theta$$

である．したがって，

$$R_{\theta\phi\theta\phi} = r^2\sin^2\theta = R_{\phi\theta\phi\theta} = -R_{\theta\phi\phi\theta} = -R_{\phi\theta\theta\phi}$$

となる．

問題 9.5　2 次元時空のリーマン曲率テンソル

2 次元時空

$$ds^2 = dv^2 - v^2du^2$$

のクリストッフェル記号とリーマン曲率テンソルを求めよ．

［解］　非ゼロのクリストッフェル記号は，$\Gamma^{v}{}_{uu} = v$ および $\Gamma^{u}{}_{uv} = \Gamma^{u}{}_{vu} = 1/v$ のみであるから，

$$R_{vuvu} = R^{v}{}_{uvu} = \Gamma^{v}{}_{uu,v} - \Gamma^{v}{}_{vu,u} + \Gamma^{v}{}_{v\alpha}\Gamma^{\alpha}{}_{uu} - \Gamma^{v}{}_{u\alpha}\Gamma^{\alpha}{}_{uv}$$

$$= 1 - 0 + 0 - 1 = 0$$

となる．2 次元時空では，独立なリーマン曲率テンソルの成分はただ 1 つであり，その値がゼロであることは，時空が平坦であることを示している（このことは，問題 6.1 では，座標変換によって示されていた）．

問題 9.6　トーラスのリーマン曲率テンソル

トーラス上の座標系を設定し（トーラスとは，3 次元ユークリッド空間中にあるドーナツ型の 2 次元面である），$g_{\mu\nu}$, $\Gamma^{\mu}{}_{\alpha\beta}$, $R_{\alpha\beta\gamma\delta}$ のすべての成分を計算せよ．

[解]　図より，2 つの直交する無限小移動は，$a\,d\phi$ と $(b + a\sin\phi)d\theta$ であるので，計量は，

$$ds^2 = a^2 d\phi^2 + (b + a\sin\phi)^2 d\theta^2$$

と書ける．したがって，$g_{\phi\phi} = a^2$, $g_{\theta\theta} = (b + a\sin\phi)^2$, $g_{\theta\phi} = g_{\phi\theta} = 0$ となる．

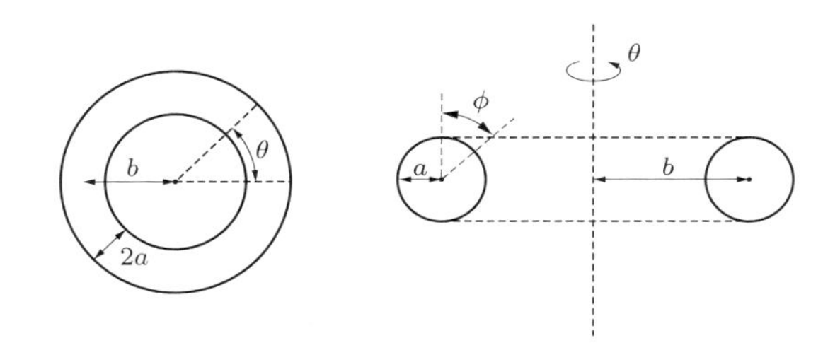

クリストッフェル記号の公式から，直接計算によって非ゼロ成分

$$\Gamma^{\phi}{}_{\theta\theta} = -\frac{1}{a}(b + a\sin\phi)\cos\phi, \qquad \Gamma^{\theta}{}_{\theta\phi} = \Gamma^{\theta}{}_{\phi\theta} = \frac{a\cos\phi}{b + a\sin\phi}$$

が求められる．

2 次元空間では，リーマン曲率テンソルの独立な成分はただ 1 つである．その成分を $R_{\phi\theta\phi\theta}$ とすると，

$$R_{\phi\theta\phi\theta} = a\sin\phi\,(b + a\sin\phi)$$

が得られる．

9

問題 9.7　低次元空間のリーマン曲率テンソル

4次元よりも低い空間では，リーマン曲率テンソルには簡単な表現がある．

(a) 1次元空間のリーマン曲率テンソルは何か．

(b) 2次元空間のリーマン曲率テンソルを計量とリッチスカラーで表せ．

(c) 3次元空間のリーマン曲率テンソルを計量とリッチ曲率テンソルで表せ．

[解]　(a) 1次元では，成分は R_{1111} の1つだけであるが，リーマン曲率テンソルの対称性から，この成分はゼロである．

(b) 2次元空間では，どのような座標系であってもリーマン曲率テンソルの成分は対称性から，

$$R_{\alpha\beta\gamma\delta} = (g_{\alpha\gamma}g_{\beta\delta} - g_{\alpha\delta}g_{\beta\gamma})f$$

としてまとめられる．また，

$$R = R^{\alpha\beta}{}_{\alpha\beta} = (g^{\alpha}{}_{\alpha}g^{\beta}{}_{\beta} - g^{\alpha}{}_{\beta}g^{\beta}{}_{\alpha})f = (4-2)f = 2f$$

である．したがって，任意の座標系において，

$$R_{\alpha\beta\gamma\delta} = \frac{1}{2}(g_{\alpha\gamma}g_{\beta\delta} - g_{\alpha\delta}g_{\beta\gamma})R$$

と表すことができる．

(c) 3次元空間では，リーマン曲率テンソルは6つの独立な成分をもつ．リッチ曲率テンソルの独立な成分は，リーマン曲率テンソルの6つの独立な成分の線形結合として表されるので，この関係を逆に解いて，リッチ曲率テンソルの成分を用いてリーマン曲率テンソルの独立な成分を表すことができる．

正しい対称性をもつためには，

$$\begin{aligned} R_{\mu\nu\lambda\delta} = a(g_{\mu\lambda}R_{\nu\sigma} - g_{\nu\lambda}R_{\mu\sigma} - g_{\mu\sigma}R_{\nu\lambda} + g_{\nu\sigma}R_{\mu\lambda}) \\ + b(g_{\mu\lambda}g_{\nu\sigma} - g_{\mu\sigma}g_{\nu\lambda})R \end{aligned}$$

の形でなければならない．a と b を決めるために，この式の縮約をとると

$$R_{\nu\sigma} = a(3R_{\nu\sigma} - R_{\nu\sigma} - R_{\nu\sigma} + g_{\nu\sigma}R) + b(3g_{\nu\sigma} - g_{\nu\sigma})R$$

となる．こうして，

$$a = 1, \qquad b = -\frac{1}{2}$$

と定まる．確認のために，この式の縮約をとると，

$$R = a(R + 3R) + b \cdot 6R = (4-3)R$$

となり，正しいことがわかる．

問題 9.8　共変微分の交換 (1)

関係式

$$2V_{\alpha;[\nu\kappa]} \equiv V_{\alpha;\nu\kappa} - V_{\alpha;\kappa\nu} = V_\sigma R^\sigma{}_{\alpha\nu\kappa}$$

が成り立つことを示せ．任意の階数のテンソル $T_{\alpha\cdots}{}^{\beta\cdots}$ について，2 階微分の交換子がもつ関係式へ一般化せよ．

[解]　任意の階数のテンソルについて証明する．局所的に平坦な座標系をとると，すべてのクリストッフェル記号はその点でゼロになる（ただし，それらの微分はゼロとは限らない）．その点において，

$$R^\lambda{}_{\gamma\nu\kappa} = \Gamma^\lambda{}_{\gamma\kappa,\nu} - \Gamma^\lambda{}_{\gamma\nu,\kappa} = -2\Gamma^\lambda{}_{\gamma[\nu,\kappa]}$$

および

$$\begin{aligned}(T_{\alpha\cdots}{}^{\beta\cdots})_{;\nu\kappa} &= (T_{\alpha\cdots}{}^{\beta\cdots}{}_{,\nu} + T_{\alpha\cdots}{}^{\sigma\cdots}\Gamma^\beta{}_{\sigma\nu} + \cdots - T_{\sigma\cdots}{}^{\beta\cdots}\Gamma^\sigma{}_{\alpha\nu} - \cdots)_{,\kappa} \\ &= T_{\alpha\cdots}{}^{\beta\cdots}{}_{,\nu\kappa} + T_{\alpha\cdots}{}^{\sigma\cdots}\Gamma^\beta{}_{\sigma\nu,\kappa} + \cdots - T_{\sigma\cdots}{}^{\beta\cdots}\Gamma^\sigma{}_{\alpha\nu,\kappa} - \cdots\end{aligned}$$

となる．これより，

$$2(T_{\alpha\cdots}{}^{\beta\cdots})_{;[\nu\kappa]} = -T_{\alpha\cdots}{}^{\sigma\cdots}R^\beta{}_{\sigma\nu\kappa} - \cdots + T_{\sigma\cdots}{}^{\beta\cdots}R^\sigma{}_{\alpha\nu\kappa} + \cdots$$

が得られる．この関係は共変的であるから，すべての座標系で成り立つ．

問題 9.9　スカラー場の 2 階微分・3 階微分

スカラー場 S の 2 階微分が交換すること（すなわち，$S_{;\alpha\beta} = S_{;\beta\alpha}$）を示せ．3 階微分 $S_{;\alpha\beta\gamma}$ について，$S_{;(\alpha\beta)\gamma}$ と $S_{;\alpha[\beta\gamma]}$ を計算せよ．

[解]　スカラー場の 2 階微分は，

$$S_{;\alpha\beta} = (S_{,\alpha})_{;\beta} = S_{,\alpha\beta} - S_{,\sigma}\Gamma^\sigma{}_{\alpha\beta}$$

である．この表現が α と β に関して対称であることは明らかである．

3 階微分を考えるのは，問題 9.8 と同様に局所的に平坦な座標系で計算するとよい．

$$S_{;\alpha\beta\gamma} = (S_{,\alpha\beta} - S_{,\sigma}\Gamma^\sigma{}_{\alpha\beta})_{,\gamma} = S_{,\alpha\beta\gamma} - S_{,\sigma}\Gamma^\sigma{}_{\alpha\beta,\gamma} = S_{;(\alpha\beta)\gamma}$$

となる．これと問題 9.8 の結果をあわせると，次の式を得る．

$$S_{;\alpha[\beta\gamma]} = \frac{1}{2} S_{;\sigma} R^{\sigma}{}_{\alpha\beta\gamma}$$

問題 9.10　共変微分の交換 (2)

任意の2階テンソルについて,

$$A^{\mu\nu}{}_{;\mu\nu} = A^{\mu\nu}{}_{;\nu\mu}$$

が成り立つことを示せ.

[解]　次のテンソルを定義する.

$$C^{\alpha\beta}{}_{\mu\nu} \equiv A^{\alpha\beta}{}_{;\mu\nu} - A^{\alpha\beta}{}_{;\nu\mu}$$

問題 9.8 より,

$$C^{\alpha\beta}{}_{\mu\nu} = -A^{\sigma\beta} R^{\alpha}{}_{\sigma\mu\nu} - A^{\alpha\sigma} R^{\beta}{}_{\sigma\mu\nu}$$

となるので,

$$C^{\mu\nu}{}_{\mu\nu} = -A^{\sigma\nu} R^{\mu}{}_{\sigma\mu\nu} - A^{\mu\sigma} R^{\nu}{}_{\sigma\mu\nu} = -A^{\sigma\nu} R_{\sigma\nu} + A^{\mu\sigma} R_{\sigma\mu} = 0$$

が得られる.

問題 9.11　曲率の定義 (1)

平行四辺形の形をした無限小の閉じた経路があり, 微小変位ベクトル $\boldsymbol{u}, \boldsymbol{v}$ がその平行四辺形の各辺を表すとする. ベクトル $\boldsymbol{A}$ をこの経路に沿って平行移動して1周させる. (すなわち, $\boldsymbol{u}, \boldsymbol{v}, -\boldsymbol{u}, -\boldsymbol{v}$ の順に $\boldsymbol{A}$ を移動させる). そのときの $\boldsymbol{A}$ の変化は,

$$\delta A^{\alpha} = -R^{\alpha}{}_{\beta\gamma\delta} A^{\beta} u^{\gamma} v^{\delta}$$

となることを示せ.

[解]　始点 P で局所的に平坦な座標系を選ぶ. 点 P では $\Gamma^{\alpha}{}_{\beta\gamma} = 0$ が成り立つが, $\boldsymbol{u}$ だけ離れたところでは $\Gamma^{\alpha}{}_{\beta\gamma} = \Gamma^{\alpha}{}_{\beta\gamma,\delta} u^{\delta}$ となる. ベクトル $\boldsymbol{A}$ を点 P から $\boldsymbol{u}$ に沿って移動させると, その成分は

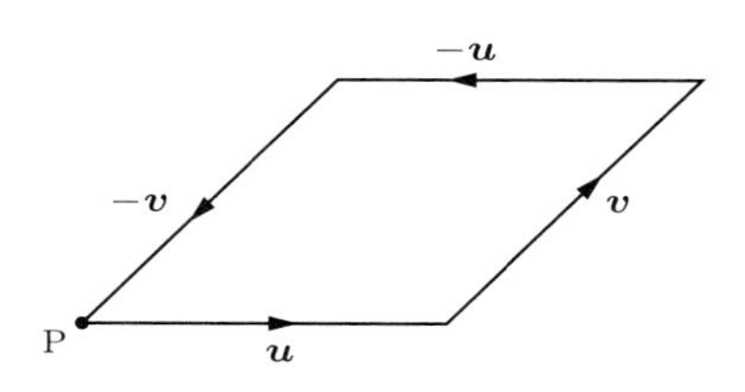

$$[\boldsymbol{A}\ (\boldsymbol{u}\text{ だけ平行移動})]^\alpha = A^\alpha + A^\alpha{}_{,\beta}u^\beta$$
$$= A^\alpha + A^\alpha{}_{;\beta}u^\beta - \Gamma^\alpha{}_{\gamma\beta}A^\gamma u^\beta = A^\alpha$$

となる．この移動に続けて $\boldsymbol{v}$ に沿って移動させると，その成分は

$$[\boldsymbol{A}\ (\boldsymbol{u}, \boldsymbol{v}\text{ の順に平行移動})]^\alpha = A^\alpha + A^\alpha{}_{;\beta}v^\beta - \Gamma^\alpha{}_{\gamma\beta}A^\gamma v^\beta$$
$$= A^\alpha - \Gamma^\alpha{}_{\gamma\beta}A^\gamma v^\beta = A^\alpha - \Gamma^\alpha{}_{\gamma\beta,\delta}A^\gamma v^\beta u^\delta$$

となる．このようにして到達した点は，平行四辺形の反対側の経路を通っても移動して来られるので，同様に

$$[\boldsymbol{A}\ (\boldsymbol{v}, \boldsymbol{u}\text{ の順に平行移動})]^\alpha = A^\alpha - \Gamma^\alpha{}_{\gamma\beta,\delta}A^\gamma u^\beta v^\delta$$

が得られる．1 周する経路によって $\boldsymbol{A}$ に生じる差は，はじめの値から 2 番目のものを引いたものであるから，

$$\delta A^\alpha = -\Gamma^\alpha{}_{\gamma\beta,\delta}A^\gamma v^\beta u^\delta + \Gamma^\alpha{}_{\gamma\beta,\delta}A^\gamma u^\beta v^\delta = -R^\alpha{}_{\gamma\delta\beta}A^\gamma v^\beta u^\delta$$

となる．

問題 9.12　曲率の定義 (2)

リーマン曲率テンソルは，リーマン演算子 $\boldsymbol{R}$

$$\boldsymbol{R}(\boldsymbol{A}, \boldsymbol{B})\,\boldsymbol{C} = (\nabla_{\boldsymbol{A}}\nabla_{\boldsymbol{B}} - \nabla_{\boldsymbol{B}}\nabla_{\boldsymbol{A}} - \nabla_{[\boldsymbol{A},\boldsymbol{B}]})\,\boldsymbol{C}$$

を用いても計算することができる．

(a) ある点 P における $\boldsymbol{R}$ の値は，$\boldsymbol{A}, \boldsymbol{B}, \boldsymbol{C}$ に関して線形で，しかも点 P での値のみに依存し，点 P の周辺をどのような経路で 1 周するかには依存しないことを示せ．

(b) 次式を示せ．

$$(\boldsymbol{R}(\boldsymbol{A}, \boldsymbol{B})\,\boldsymbol{C})^\alpha = R^\alpha{}_{\mu\lambda\sigma}C^\mu A^\lambda B^\sigma$$

[解]　(a) まず，$\boldsymbol{A}$ の線形性について考える．明らかに

$$\boldsymbol{R}(\boldsymbol{A}_1 + \boldsymbol{A}_2, \boldsymbol{B})\,\boldsymbol{C} = \boldsymbol{R}(\boldsymbol{A}_1, \boldsymbol{B})\,\boldsymbol{C} + \boldsymbol{R}(\boldsymbol{A}_2, \boldsymbol{B})\,\boldsymbol{C} \tag{1}$$

が成り立つ．さらに，

$$\nabla_{f\boldsymbol{A}}\nabla_{\boldsymbol{B}} - \nabla_{\boldsymbol{B}}\nabla_{f\boldsymbol{A}} - \nabla_{[f\boldsymbol{A},\boldsymbol{B}]}$$
$$= f\nabla_{\boldsymbol{A}}\nabla_{\boldsymbol{B}} - f\nabla_{\boldsymbol{B}}\nabla_{\boldsymbol{A}} - (\nabla_{\boldsymbol{B}}f)\nabla_{\boldsymbol{A}} - \nabla_{f[\boldsymbol{A},\boldsymbol{B}]} - \boldsymbol{A}\nabla_{\boldsymbol{B}}f$$

も成り立つ．2つの余分な項は相殺し，結果として

$$\boldsymbol{R}(f\boldsymbol{A},\boldsymbol{B})\,\boldsymbol{C}=f\boldsymbol{R}(\boldsymbol{A},\boldsymbol{B})\,\boldsymbol{C} \tag{2}$$

が得られる．こうすると，点Pにおける $\boldsymbol{R}(\boldsymbol{A},\boldsymbol{B})\,\boldsymbol{C}$ の値が，点Pでの $\boldsymbol{A}$ の値のみによって決まり，$\boldsymbol{A}$ の変化の仕方に依存しないことが簡単に示せる．$f(P)=0$ とすれば，式 (2) から，点Pでは $\boldsymbol{R}$ のはじめの引数がゼロのときは，常に $\boldsymbol{R}=\boldsymbol{0}$ となる．$\boldsymbol{A}_1$ と $\boldsymbol{A}_2$ を，点Pでは一致するがその他ではいたるところで異なる2つのベクトル場とする．このとき，式 (1) から，

$$\boldsymbol{R}(\boldsymbol{A}_1,\boldsymbol{B})\,\boldsymbol{C}-\boldsymbol{R}(\boldsymbol{A}_2,\boldsymbol{B})\,\boldsymbol{C}=\boldsymbol{R}(\boldsymbol{A}_1-\boldsymbol{A}_2,\boldsymbol{B})\,\boldsymbol{C}=\boldsymbol{0}$$

となる．これより，$\boldsymbol{A}$ についての証明が完了し，対称性から $\boldsymbol{B}$ についても証明されたことになる．$\boldsymbol{C}$ についても同様である．

(b) 点Pにおける $\boldsymbol{A},\boldsymbol{B},\boldsymbol{C}$ の値だけが重要であることがわかったので，点Pの近傍でこの3つすべてを共変的な定ベクトルとして任意に選ぶことができる．そうすると，

$$\begin{aligned}(\boldsymbol{R}(\boldsymbol{A},\boldsymbol{B})\,\boldsymbol{C})^\alpha &= (\nabla_{\boldsymbol{A}}\nabla_{\boldsymbol{B}}\boldsymbol{C}-\nabla_{\boldsymbol{B}}\nabla_{\boldsymbol{A}}\boldsymbol{C})^\alpha\\ &= 2A^{[\sigma}(B^{\lambda]}C^\alpha{}_{;\lambda})_{;\sigma}=2A^\sigma B^\lambda C^\alpha{}_{;[\lambda\sigma]}\end{aligned}$$

となる．問題9.8によれば，この式は

$$R^\alpha{}_{\mu\lambda\sigma}C^\mu A^\lambda B^\sigma$$

に等しいので，これで証明された．

問題 9.13　測地線偏差の方程式

測地線束を考える．互いに近くにある2本の測地線では，それぞれの測地線上の近い2点は，ほぼ同じ値のアフィンパラメータ λ をもつとする．$u^\alpha\equiv dx^\alpha/d\lambda$ を，1つの測地線に対する接ベクトル，$\boldsymbol{n}$ を2本の測地線で同じアフィンパラメータの値をもつ点を結ぶベクトルとする．測地線偏差の方程式

$$\frac{D^2n^\alpha}{d\lambda^2}+R^\alpha{}_{\beta\gamma\delta}u^\beta n^\gamma u^\delta=0$$

を示せ．

[解]　$x^\mu=x^\mu(\lambda,n)$ をアフィンパラメータ λ で表される測地線束とする．ラベル n はそれぞれの測地線を区別する．測地線の接ベクトルは $u^\alpha\equiv\partial x^\alpha/\partial\lambda$ であり，隣接する曲線で同じアフィンパラメータの点を結ぶベクトルは

$$n^\alpha = \frac{\partial x^\alpha}{\partial n}$$

である．この問題に対する答えは，抽象的な記法で表すのが近道であろう．

$$\boldsymbol{u} = \frac{\partial}{\partial \lambda}, \qquad \boldsymbol{n} = \frac{\partial}{\partial n}$$

と書くことにすると，偏微分の順は交換するので，$[\boldsymbol{u}, \boldsymbol{n}] = \boldsymbol{0}$ が成り立つ（問題 8.14 によれば，この交換子の値がゼロになることは，実のところ，連結ベクトル $\boldsymbol{n}$ の定義である）．問題 9.12 で導入されたリーマン演算子を用いて，

$$\boldsymbol{R}(\boldsymbol{u}, \boldsymbol{n})\boldsymbol{u} \equiv \nabla_{\boldsymbol{u}}\nabla_{\boldsymbol{n}}\boldsymbol{u} - \nabla_{\boldsymbol{n}}\nabla_{\boldsymbol{u}}\boldsymbol{u} - \nabla_{[\boldsymbol{u},\boldsymbol{n}]}\boldsymbol{u} = \nabla_{\boldsymbol{u}}\nabla_{\boldsymbol{n}}\boldsymbol{u} = \nabla_{\boldsymbol{u}}\nabla_{\boldsymbol{u}}\boldsymbol{n}$$

となる．最後の等号では $[\boldsymbol{u}, \boldsymbol{n}] = \boldsymbol{0}$ の関係を用いた．問題 9.12(b) に従って，この結果を成分で表すと，

$$\frac{D^2 n^\alpha}{d\lambda^2} = (\nabla_{\boldsymbol{u}}\nabla_{\boldsymbol{u}}\boldsymbol{n})^\alpha = -R^\alpha{}_{\beta\gamma\delta}u^\beta n^\gamma u^\delta$$

となる．

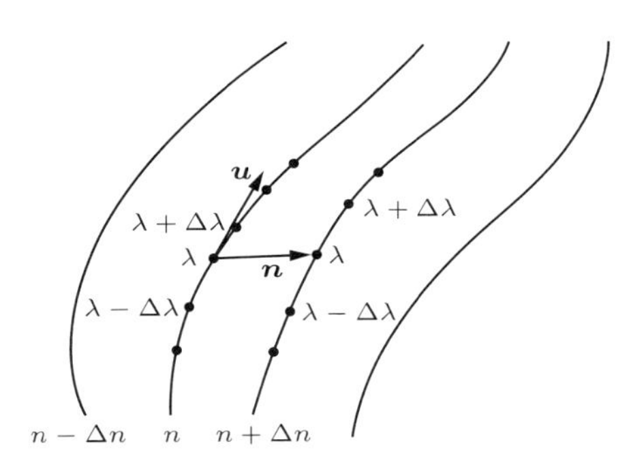

問題 9.14　人工衛星から分離したゴミ袋

地球の重力場は，適切な座標系を用いると近似的に（M/r が現れる最低次のオーダーまで考えると）

$$ds^2 = -\left(1 - \frac{2M}{r}\right)dt^2 + \left(1 + \frac{2M}{r}\right)(dx^2 + dy^2 + dz^2)$$

$$r \equiv \sqrt{x^2 + y^2 + z^2}, \qquad M = （地球の質量） \qquad (c = G = 1)$$

と表すことができる．

赤道上空の円軌道を周回する人工衛星を考える．軌道周期はいくらだろうか．宇宙飛行士がゴミ1袋を近くの軌道上に投げ捨て，それを人工衛星から相対的に観測する．任意の時刻に，ゴミ袋と人工衛星の相対位置はベクトル

$$\xi^i \equiv x^i(\text{ゴミ袋}) - x^i(\text{人工衛星})$$

で与えられる．測地線偏差の式を用いて，相対位置の成分 ξ^i を時間の関数として求めよ．

[解]　空間座標を球座標に変換して，計量を

$$ds^2 = -\left(1 - \frac{2M}{r}\right)dt^2 + \left(1 + \frac{2M}{r}\right)[dr^2 + r^2(d\theta^2 + \sin^2\theta\, d\phi^2)]$$

としておくと便利である．赤道上空の円軌道では，$u^r = u^\theta = 0$ なので

$$\frac{Du^r}{d\tau} = 0 = u^\alpha \Gamma^r{}_{\alpha\beta} u^\beta = (u^0)^2 \Gamma^r{}_{00} + (u^\phi)^2 \Gamma^r{}_{\phi\phi}$$

であり，これより，

$$\left(\frac{d\phi}{dt}\right)^2 = \omega^2 = -\frac{\Gamma^r{}_{00}}{\Gamma^r{}_{\phi\phi}}$$

となる．クリストッフェル記号は簡単に計算できて，

$$\omega^2 = \left(\frac{2\pi}{\text{周期}}\right)^2 = \frac{M}{r^3}$$

となることがわかる．この結果はニュートン力学と同じである．問題9.13では，2つの測地線の同固有時刻点間を結ぶベクトル $\boldsymbol{n}$ に対する運動方程式が導かれた．この問題では，与えられた座標時刻において，2つの測地線間の差を表すベクトル $\mathfrak{\xi}$ の扱い方が問われている．図を参照すると明らかだが，$\mathfrak{n}$ と $\mathfrak{\xi}$ のわずかな違いは，ゴミ袋と人工衛星の相対的な速度に比例する．そのため，その効果は最低次では無視できる．

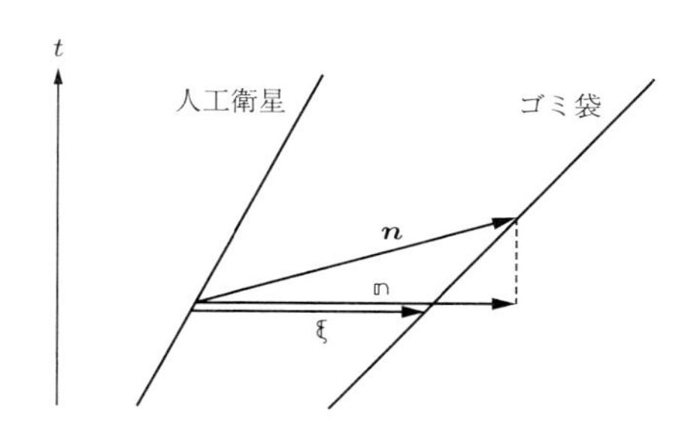

t, x, y, z の座標系では，クリストッフェル記号はすべて M/r^2 のオーダーであり，$d/d\tau$ は $\omega = \sqrt{M/r}/r$ のオーダーである．したがって

$$\frac{D}{d\tau} = \frac{d}{d\tau} + \Gamma u \approx \frac{d}{d\tau}$$

と近似することができる．さらに，

$$\frac{d}{d\tau} = u^0 \frac{d}{dt} = \left[1 + \mathcal{O}\left(\frac{M}{r}\right)\right] \frac{d}{dt}$$

より，$D^2/d\tau^2 \approx d^2/dt^2$ と近似することができる．これらの近似式と測地線偏差の式から，

$$\frac{d^2\xi^i}{dt^2} + R^i{}_{0j0}(u^0)^2\xi^j = 0 \qquad (i = x, y, z)$$

が得られる．リーマン曲率テンソルの最低次は，

$$R^i{}_{0j0} \approx \Gamma^i{}_{00,j} - \Gamma^i{}_{0j,0} = -\frac{1}{2}g_{00,ij} = \frac{M}{r^3}\left(\delta_{ij} - 3\frac{x^i x^j}{r^2}\right)$$

である．

人工衛星の軌道を

$$x = r\cos\omega t, \qquad y = r\sin\omega t$$

と表すと，ξ の運動方程式は，

$$\begin{aligned}
\ddot{\xi}^z + \omega^2\xi^z &= 0 \\
\ddot{\xi}^x + \omega^2\xi^x &= 3\,\omega^2\cos\omega t\,(\cos\omega t\xi^x + \sin\omega t\,\xi^y) \\
\ddot{\xi}^y + \omega^2\xi^y &= 3\,\omega^2\sin\omega t\,(\cos\omega t\xi^x + \sin\omega t\,\xi^y)
\end{aligned}$$

となる．z 方向の相対運動は，もしゴミ袋が廃棄された時刻を $t = 0$ とすると，明らかに

$$\xi^z \propto \sin\omega t$$

となる．

x-y 面での相対運動を調べるために，

$$\xi^x = \eta^1\cos\omega t + \eta^2\sin\omega t, \qquad \xi^y = \eta^1\sin\omega t - \eta^2\cos\omega t$$

で定義される新しい変数 η^1, η^2 を定義する．運動方程式は，

$$\ddot{\eta}^2 - 2\omega\dot{\eta}^1 = 0, \qquad \ddot{\eta}^1 + 2\omega\dot{\eta}^2 - 3\omega^2\eta^1 = 0$$

となる．これらは簡単に解けて，次の 4 つの独立な解が得られる．

$$(\eta^1, \eta^2) = \left(1, \frac{3}{2}\omega t\right), \quad (0,1), \quad (\cos\omega t, 2\sin\omega t), \quad (\sin\omega t, -2\cos\omega t)$$

これらの解を線形結合したもののうち，ゴミ袋廃棄の初期条件（$t = 0$ のときに $\xi^x = \xi^y = 0$）を満たすものは

$$\xi^x = A(\cos 2\omega t - 3 + 2\cos\omega t + 3\omega t \sin\omega t) + B(4\sin\omega t - \sin 2\omega t)$$
$$\xi^y = A(\sin 2\omega t + 2\sin\omega t + 3\omega t\cos\omega t) + B(\cos 2\omega t + 3 - 4\cos\omega t)$$

である．定数 A, B はゴミ袋の初速度の x 成分と y 成分によって決まる．この解に現れる非周期的な項は，2 つの軌道がわずかに異なる周期をもつことを表していて，長期的には相対距離が離れていくことがわかる．

問題 9.15　巡回恒等式・ビアンキ恒等式

添え字に関する**巡回恒等式** (cyclic identity)

$$R_{\alpha\beta\gamma\delta} + R_{\alpha\delta\beta\gamma} + R_{\alpha\gamma\delta\beta} = 0$$

と，**ビアンキ恒等式** (Bianchi identity)

$$R_{\alpha\delta\beta\gamma;\nu} + R_{\alpha\delta\nu\beta;\gamma} + R_{\alpha\delta\gamma\nu;\beta} = 0$$

を示せ†.

[解]　局所的に平坦な座標をとると，

$$R^{\alpha}{}_{\beta\gamma\delta} = 2\Gamma^{\alpha}{}_{\beta[\delta,\gamma]}$$

が成り立ち，

$$R^{\alpha}{}_{[\beta\gamma\delta]} = 2\Gamma^{\alpha}{}_{[\beta[\delta,\gamma]]} = 2\Gamma^{\alpha}{}_{[\beta\delta,\gamma]}$$

となる．クリストッフェル記号は下の添え字について対称なので，右辺はゼロとなる．1 つ目の添え字を下げることによって，$R_{\alpha[\beta\gamma\delta]} = 0$ がいえる．リーマン曲率テンソルは最後の 2 つの添え字について反対称であるから，この式は巡回恒等式を示している．

問題 9.8 より，任意の U^α について

$$2U^{\alpha}{}_{;[\beta\gamma]} = -U^{\sigma} R^{\alpha}{}_{\sigma\beta\gamma}$$

が成り立つ．U^α をある点で固定し，その点を始点として近傍のすべての点に向けて

† 訳者注：この巡回恒等式とビアンキ恒等式は，それぞれ第 1 ビアンキ恒等式，第 2 ビアンキ恒等式ともよばれる．

測地線に沿って平行移動すると，その点ではすべての β に対して $U^{\alpha}{}_{;\beta}=0$ であり，

$$2U^{\alpha}{}_{;[\beta\gamma]\delta}=-U^{\sigma}R^{\alpha}{}_{\sigma\beta\gamma;\delta}$$

および

$$2U^{\alpha}{}_{;[[\beta\gamma]\delta]}=2U^{\alpha}{}_{;[\beta\gamma\delta]}=-U^{\sigma}R^{\alpha}{}_{\sigma[\beta\gamma;\delta]}$$

が成り立つ．また問題 9.8 より，テンソル $U^{\alpha}{}_{;\beta}$ について

$$2U^{\alpha}{}_{;\beta[\gamma\delta]}=-U^{\sigma}{}_{;\beta}R^{\alpha}{}_{\sigma\gamma\delta}+U^{\alpha}{}_{;\sigma}R^{\sigma}{}_{\beta\gamma\delta}$$

が成り立つ．始点では $U^{\alpha}{}_{;\beta}=0$ より $U^{\alpha}{}_{;\beta[\gamma\delta]}=0$ であり，それゆえ $U^{\alpha}{}_{;[\beta\gamma\delta]}=0$ である．始点で U^{α} の方向は任意なので，

$$R^{\alpha}{}_{\sigma[\beta\gamma;\delta]}=0$$

が得られる．

リーマン曲率テンソルは最後の 2 つの添え字について反対称であるから，この式はビアンキ恒等式と等価である．（ビアンキ恒等式は，当然ながら，直接計算によって導くことができるが，リーマン曲率テンソルの微分計算をクリストッフェル記号を用いて繰り返すのは退屈である．局所的に平坦な座標で示すのがベストである．）

問題 9.16　アインシュタインテンソルの発散

ビアンキ恒等式を用いて，アインシュタインテンソル

$$G_{\mu\nu}\equiv R_{\mu\nu}-\frac{1}{2}g_{\mu\nu}R$$

の発散がゼロになること（すなわち $G^{\mu}{}_{\nu;\mu}=0$）を示せ．

[解]　ビアンキ恒等式

$$R^{\alpha}{}_{\beta\gamma\delta;\epsilon}+R^{\alpha}{}_{\beta\epsilon\gamma;\delta}+R^{\alpha}{}_{\beta\delta\epsilon;\gamma}=0$$

を α と γ について縮約をとり，続けて β と δ で縮約をとることにより，

$$R_{\beta\delta;\epsilon}+R_{\beta\epsilon;\delta}+R^{\alpha}{}_{\beta\delta\epsilon;\alpha}=0$$
$$R_{;\epsilon}-R^{\beta}{}_{\epsilon;\beta}-R^{\alpha}{}_{\epsilon;\alpha}=0$$

を得る．これより，アインシュタインテンソルの発散を計算すると，

$$G^{\nu}{}_{\epsilon;\nu}=\left(R^{\nu}{}_{\epsilon}-\frac{1}{2}\delta^{\nu}{}_{\epsilon}R\right)_{;\nu}=R^{\nu}{}_{\epsilon;\nu}-\frac{1}{2}R_{;\epsilon}$$

9

となって，ゼロとなることがわかる．

問題 9.17　リーマン曲率テンソルがゼロ

リーマン曲率テンソルがゼロであれば，時空はミンコフスキー空間であること，すなわち，座標変換により計量 $g_{\mu\nu}$ が $\eta_{\mu\nu}$ に変換されることを示せ．

[解]　ある点 P において，ベクトル $\boldsymbol{A}, \boldsymbol{B}, \boldsymbol{C}, \boldsymbol{D}$ は互いに直交し，$\boldsymbol{A} \cdot \boldsymbol{A} = -1$，$\boldsymbol{B} \cdot \boldsymbol{B} = \boldsymbol{C} \cdot \boldsymbol{C} = \boldsymbol{D} \cdot \boldsymbol{D} = 1$ を満たすとする．時空のリーマン曲率テンソルがゼロならば，閉曲線に沿って平行移動してもベクトルは変化しないので，点 P から離れたところでも平行移動によって $\boldsymbol{A}, \boldsymbol{B}, \boldsymbol{C}, \boldsymbol{D}$ を定義することができる．こうして作られたベクトルは，たとえば

$$\frac{\partial A_\alpha}{\partial x^\beta} = -\Gamma^\gamma{}_{\alpha\beta} A_\gamma$$

を満たすので，

$$\frac{\partial A_\alpha}{\partial x^\beta} = \frac{\partial A_\beta}{\partial x^\alpha}$$

が成り立つ．これより，$A_\alpha = \Phi_{,\alpha}$ とおくことができ，$\boldsymbol{B}, \boldsymbol{C}, \boldsymbol{D}$ も同様である．これらを

$$\boldsymbol{A} = \boldsymbol{W}^{(0)}, \qquad \boldsymbol{B} = \boldsymbol{W}^{(1)}, \qquad \boldsymbol{C} = \boldsymbol{W}^{(2)}, \qquad \boldsymbol{D} = \boldsymbol{W}^{(3)}$$

のようにまとめて表すと，4 つの関数 $\Phi^{(0)}, \Phi^{(1)}, \Phi^{(2)}, \Phi^{(3)}$ を

$$\boldsymbol{W}^{(\mu)} = \nabla \Phi^{(\mu)}$$

で定義できる．内積は平行移動によっても保存されるので，

$$\boldsymbol{W}^{(\mu)} \cdot \boldsymbol{W}^{(\nu)} = [\boldsymbol{W}^{(\mu)} \cdot \boldsymbol{W}^{(\nu)}]_{\mathrm{P}} = \eta^{\mu\nu}$$

であり，これより，

$$g^{\mu\nu} \frac{\partial \Phi^{(\alpha)}}{\partial x^\mu} \frac{\partial \Phi^{(\beta)}}{\partial x^\nu} = \eta^{\alpha\beta}$$

がいえる．したがって，計量をミンコフスキーの形に変換する座標変換

$$\overline{x}^\mu = \Phi^{(\mu)}(x^\mu)$$

が存在する．

問題 9.18　ワイルテンソルと光束のずり

光束があり，経路上のある 1 点において断面が円形になっていたとする．ワイルテンソルがゼロのとき，光束の**ずり** (shear) がゼロであること，すなわち断面が楕円に変形されないことを示せ．

[解]　ワイルテンソルがゼロならば，計量は共形平坦な形

$$ds^2 = e^{2\phi} ds_0^2 = e^{2\phi} \eta_{\mu\nu} dx^\mu dx^\nu$$

に書くことができる．ここで，ϕ は x^α の関数である．計量 ds_0^2 のヌル測地線

$$dt = \mathbb{n} \cdot d\mathbb{x}, \qquad \mathbb{n} \cdot \mathbb{n} = 1$$

は，計量 ds^2 においてもヌル曲線である．さらにこれがヌル測地線のままであれば，明らかにヌル測地線からなる光円錐は光円錐のまま残る．つまり，断面の変形に対して特別な方向が存在しないことになる．

ヌル曲線 $dt = \mathbb{n} \cdot d\mathbb{x}$ が測地線であることを示すには，ヌル測地線に対して，

$$\frac{d^2 x^\alpha}{d\lambda^2} = \frac{dp^\alpha}{d\lambda} = 0$$

をいえばよい．ds^2 ではクリストッフェル記号は

$$\Gamma^\alpha{}_{\gamma\beta} = \eta^{\alpha\mu}(-\phi_{,\mu}\eta_{\gamma\beta} + \phi_{,\beta}\eta_{\gamma\mu} + \phi_{,\gamma}\eta_{\mu\beta})$$

であるから，

$$p^\gamma p^\beta \Gamma^\alpha{}_{\gamma\beta} = 2p^\alpha (\nabla\phi \cdot \boldsymbol{p})$$

および

$$0 = \frac{dp^\alpha}{d\lambda} + \Gamma^\alpha{}_{\beta\gamma} p^\beta p^\gamma = \frac{dp^\alpha}{d\lambda} + 2p^\alpha (\nabla\phi \cdot \boldsymbol{p})$$

となる．λ をスケール変換すれば，$dp^\alpha/d\lambda = 0$ となり，ds_0^2 におけるヌル直線は，ds^2 のヌル測地線ということになる．

光束の断面は変形されないとしても，ほかのすべての面積と同じように断面積はスケール因子 $e^{2\phi}$ によって影響を受けることに注意しよう．ϕ は一般に非等方なので，異なる方向に進む光束は異なる割合で断面積を変える．

問題 9.19　共形平坦な時空 (1)

共形平坦な計量 $g_{\mu\nu} = e^{2\phi}\eta_{\mu\nu}$ に対して，リーマン曲率テンソル，リッチ曲率テンソル，スカラー曲率を求めよ．$\phi = \phi(x^\mu)$ は任意の関数とする．

9

[解]　共形平坦な時空では，ワイルテンソルはゼロであり，リーマン曲率テンソルはリッチ曲率テンソル

$$R_{\mu\nu} = -(\log\sqrt{|g|})_{,\mu\nu} + \Gamma^{\alpha}{}_{\mu\nu,\alpha} + (\log\sqrt{|g|})_{,\alpha}\Gamma^{\alpha}{}_{\mu\nu} - \Gamma^{\beta}{}_{\mu\alpha}\Gamma^{\alpha}{}_{\nu\beta}$$

から簡単に計算することができる．ここで，必要な式は

$$\begin{aligned}
&\Gamma^{\alpha}{}_{\gamma\beta} = -\phi^{,\alpha}\eta_{\gamma\beta} + \phi_{,\beta}\delta^{\alpha}{}_{\gamma} + \phi_{,\gamma}\delta^{\alpha}{}_{\beta}, \qquad \Gamma^{\alpha}{}_{\gamma\beta,\alpha} = -\nabla^2\phi\,\eta_{\gamma\beta} + 2\phi_{,\beta\gamma}\\
&\Gamma^{\alpha}{}_{\gamma\beta}\Gamma^{\gamma}{}_{\mu\alpha} = 6\phi_{,\mu}\phi_{,\beta} - 2(\nabla\phi)^2\eta_{\mu\beta}\\
&-g = e^{8\phi}, \qquad \log\sqrt{|g|} = 4\phi\\
&(\log\sqrt{|g|})_{,\alpha}\Gamma^{\alpha}{}_{\gamma\beta} = -4(\nabla\phi)^2\eta_{\gamma\beta} + 8\phi_{,\beta}\phi_{,\gamma}, \qquad (\log\sqrt{|g|})_{,\gamma\beta} = 4\phi_{,\gamma\beta}
\end{aligned}$$

である．これらの式での添え字の上げ下げは，$\eta_{\mu\nu}$ を用いて行われる．たとえば，

$$\phi^{,\alpha} \equiv \eta^{\mu\alpha}\phi_{,\mu}, \qquad \nabla^2\phi \equiv \eta^{\mu\alpha}\phi_{,\mu\alpha}, \qquad (\nabla\phi)^2 \equiv \eta^{\mu\alpha}\phi_{,\mu}\phi_{,\alpha}$$

である．

リッチ曲率テンソルとスカラー曲率は，

$$\begin{aligned}
R_{\mu\nu} &= -2\phi_{,\mu\nu} + 2\phi_{,\mu}\phi_{,\nu} - \eta_{\mu\nu}[\nabla^2\phi + 2(\nabla\phi)^2]\\
R = R^{\mu}{}_{\mu} &= e^{-2\phi}\eta^{\mu\nu}R_{\mu\nu} = -6e^{-2\phi}[\nabla^2\phi + (\nabla\phi)^2]
\end{aligned}$$

となり，リーマン曲率テンソルは次式のように求められる．

$$\begin{aligned}
R_{\alpha\beta\gamma\delta} &= C_{\alpha\beta\gamma\delta} + \frac{1}{2}(g_{\alpha\gamma}R_{\beta\delta} - g_{\alpha\delta}R_{\beta\gamma} - g_{\beta\gamma}R_{\alpha\delta} + g_{\beta\delta}R_{\alpha\gamma})\\
&\quad - \frac{1}{6}(g_{\alpha\gamma}g_{\beta\delta} - g_{\alpha\delta}g_{\beta\gamma})R\\
&= \frac{1}{2}e^{2\phi}(\eta_{\alpha\gamma}R_{\beta\delta} - \eta_{\alpha\delta}R_{\beta\gamma} - \eta_{\beta\gamma}R_{\alpha\delta} + \eta_{\beta\delta}R_{\alpha\gamma})\\
&\quad - \frac{1}{6}e^{4\phi}(\eta_{\alpha\gamma}\eta_{\beta\delta} - \eta_{\alpha\delta}\eta_{\beta\gamma})R\\
&= e^{2\phi}\big[\eta_{\alpha\gamma}(\phi_{,\beta}\phi_{,\delta} - \phi_{,\beta\delta}) - \eta_{\alpha\delta}(\phi_{,\beta}\phi_{,\gamma} - \phi_{,\beta\gamma})\\
&\qquad - \eta_{\beta\gamma}(\phi_{,\alpha}\phi_{,\delta} - \phi_{,\alpha\delta}) + \eta_{\beta\delta}(\phi_{,\alpha}\phi_{,\gamma} - \phi_{,\alpha\gamma})\\
&\qquad + (\nabla\phi)^2(-\eta_{\alpha\gamma}\eta_{\beta\delta} + \eta_{\alpha\delta}\eta_{\beta\gamma})\big]
\end{aligned}$$

問題 9.20　球対称時空

次の計量

$$ds^2 = -e^{2\alpha}dt^2 + e^{2\beta}dr^2 + e^{2\gamma}(d\theta^2 + \sin^2\theta\, d\phi^2)$$
$(\alpha, \beta, \gamma$ はいずれも r, t の関数)

でのリーマン曲率テンソルを正規直交基底系で計算せよ．この計量のリッチ曲率テンソルとスカラー曲率はどうなるか．また，アインシュタインテンソルはどうなるか．

[解]　問題 8.27 と同じ直交四脚場（テトラド）

$$\tilde{\boldsymbol{\omega}}^{\hat{t}} = e^{\alpha}\,\widetilde{dt}, \qquad \tilde{\boldsymbol{\omega}}^{\hat{r}} = e^{\beta}\,\widetilde{dr}, \qquad \tilde{\boldsymbol{\omega}}^{\hat{\theta}} = e^{\gamma}\,\widetilde{d\theta}, \qquad \tilde{\boldsymbol{\omega}}^{\hat{\phi}} = e^{\gamma}\sin\theta'\,\widetilde{d\phi} \tag{1}$$

を用いる．問題 8.27 では，6 つの接続 1-形式 $\tilde{\boldsymbol{\omega}}^{\hat{\mu}}{}_{\hat{\nu}}$ を

$$d\tilde{\boldsymbol{\omega}}^{\hat{\mu}} = -\tilde{\boldsymbol{\omega}}^{\hat{\mu}}{}_{\hat{\nu}} \wedge \tilde{\boldsymbol{\omega}}^{\hat{\nu}}, \qquad \tilde{\boldsymbol{\omega}}_{\hat{\mu}\hat{\nu}} = -\tilde{\boldsymbol{\omega}}_{\hat{\nu}\hat{\mu}} \tag{2}$$

の式から計算した．リーマン曲率テンソルを最も簡単に求める方法は，6 つの曲率 2-形式 $\mathcal{R}^{\hat{\mu}}{}_{\hat{\nu}}$ を用いて

$$\mathcal{R}^{\hat{\mu}}{}_{\hat{\nu}} = d\tilde{\boldsymbol{\omega}}^{\hat{\mu}}{}_{\hat{\nu}} + \tilde{\boldsymbol{\omega}}^{\hat{\mu}}{}_{\hat{\alpha}} \wedge \tilde{\boldsymbol{\omega}}^{\hat{\alpha}}{}_{\hat{\nu}} \tag{3}$$

$$\mathcal{R}^{\hat{\mu}\hat{\nu}} = \frac{1}{2}\mathcal{R}^{\hat{\mu}\hat{\nu}}{}_{\hat{\alpha}\hat{\beta}}\,\tilde{\boldsymbol{\omega}}^{\hat{\alpha}} \wedge \tilde{\boldsymbol{\omega}}^{\hat{\beta}} \tag{4}$$

の 2 式を見比べる方法である．この方法の利点は，リーマン曲率テンソルの非ゼロ成分だけが計算に登場することである．$\partial/\partial t$ をドット記号 $(\dot{\ })$ で，$\partial/\partial r$ をプライム記号 $(')$ で表すことにすると，問題 8.27 の解答より，式 (3) は，

$$\begin{aligned}
\mathcal{R}^{\hat{t}}{}_{\hat{r}} &= d(\alpha' e^{\alpha-\beta}\widetilde{dt} + \dot{\beta}e^{\beta-\alpha}\widetilde{dr}) + \tilde{\boldsymbol{\omega}}^{\hat{t}}{}_{\hat{\theta}} \wedge \tilde{\boldsymbol{\omega}}^{\hat{\theta}}{}_{\hat{r}} + \tilde{\boldsymbol{\omega}}^{\hat{t}}{}_{\hat{\phi}} \wedge \tilde{\boldsymbol{\omega}}^{\hat{\phi}}{}_{\hat{r}} \\
&= [\alpha'' + \alpha'^2 - \alpha'\beta']e^{\alpha-\beta}\widetilde{dr} \wedge \widetilde{dt} + (\ddot{\beta} + \dot{\beta}^2 - \dot{\alpha}\dot{\beta})e^{\beta-\alpha}\widetilde{dt} \wedge \widetilde{dr} \\
&= [e^{-2\alpha}(\ddot{\beta} + \dot{\beta}^2 - \dot{\alpha}\dot{\beta}) - e^{-2\beta}(\alpha'' + \alpha'^2 - \alpha'\beta')]\tilde{\boldsymbol{\omega}}^{\hat{t}} \wedge \tilde{\boldsymbol{\omega}}^{\hat{r}}
\end{aligned} \tag{5}$$

となる．ここで，$d\tilde{\boldsymbol{\omega}}^{\hat{t}}{}_{\hat{r}}$ は，$\boldsymbol{\omega}^{\hat{t}}{}_{\hat{r}}$ を座標基底の成分で表して微分し，$dd = 0$ を使っていることに注意する．残りの曲率 2-形式は次のようになる．

$$\begin{aligned}
\mathcal{R}^{\hat{t}}{}_{\hat{\theta}} &= d(e^{\gamma-\alpha}\dot{\gamma}\widetilde{d\theta}) + \tilde{\boldsymbol{\omega}}^{\hat{t}}{}_{\hat{r}} \wedge \tilde{\boldsymbol{\omega}}^{\hat{r}}{}_{\hat{\theta}} + \tilde{\boldsymbol{\omega}}^{\hat{t}}{}_{\hat{\phi}} \wedge \tilde{\boldsymbol{\omega}}^{\hat{\phi}}{}_{\hat{\theta}} \\
&= [e^{-2\alpha}(\ddot{\gamma} + \dot{\gamma}^2 - \dot{\alpha}\dot{\gamma}) - e^{-2\beta}\alpha'\gamma']\,\tilde{\boldsymbol{\omega}}^{\hat{t}} \wedge \tilde{\boldsymbol{\omega}}^{\hat{\theta}} \\
&\quad + e^{-(\alpha+\beta)}(\dot{\gamma}\gamma' - \alpha'\dot{\gamma} + \dot{\gamma}' - \gamma'\dot{\beta})\,\tilde{\boldsymbol{\omega}}^{\hat{r}} \wedge \tilde{\boldsymbol{\omega}}^{\hat{\theta}}
\end{aligned} \tag{6}$$

$$\begin{aligned}
\mathcal{R}^{\hat{t}}{}_{\hat{\phi}} &= d(e^{\gamma-\alpha}\dot{\gamma}\sin\theta\,\widetilde{d\phi}) + \tilde{\boldsymbol{\omega}}^{\hat{t}}{}_{\hat{r}} \wedge \tilde{\boldsymbol{\omega}}^{\hat{r}}{}_{\hat{\phi}} + \tilde{\boldsymbol{\omega}}^{\hat{t}}{}_{\hat{\theta}} \wedge \tilde{\boldsymbol{\omega}}^{\hat{\theta}}{}_{\hat{\phi}} \\
&= [e^{-2\alpha}(\ddot{\gamma} + \dot{\gamma}^2 - \dot{\alpha}\dot{\gamma}) - e^{-2\beta}\alpha'\gamma']\,\tilde{\boldsymbol{\omega}}^{\hat{t}} \wedge \tilde{\boldsymbol{\omega}}^{\hat{\phi}}
\end{aligned}$$

$$+ e^{-(\alpha+\beta)}(\dot{\gamma}\gamma' - \alpha'\dot{\gamma} + \dot{\gamma}' - \gamma'\dot{\beta})\,\tilde{\boldsymbol{\omega}}^{\hat{r}} \wedge \tilde{\boldsymbol{\omega}}^{\hat{\phi}} \tag{7}$$

$$\begin{aligned}
\mathcal{R}^{\hat{r}}{}_{\hat{\theta}} &= -d(e^{\gamma-\beta}\gamma'\widetilde{d\theta}) + \tilde{\boldsymbol{\omega}}^{\hat{r}}{}_{\hat{t}} \wedge \tilde{\boldsymbol{\omega}}^{\hat{t}}{}_{\hat{\theta}} + \tilde{\boldsymbol{\omega}}^{\hat{r}}{}_{\hat{\phi}} \wedge \tilde{\boldsymbol{\omega}}^{\hat{\phi}}{}_{\hat{\theta}} \\
&= [e^{-2\beta}(\gamma'' + \gamma'^2 - \beta'\gamma') - e^{-2\alpha}\dot{\beta}\dot{\gamma}]\,\tilde{\boldsymbol{\omega}}^{\hat{\theta}} \wedge \tilde{\boldsymbol{\omega}}^{\hat{r}} \\
&\quad + e^{-(\alpha+\beta)}(\dot{\gamma}\gamma' - \alpha'\dot{\gamma} + \dot{\gamma}' - \gamma'\dot{\beta})\,\tilde{\boldsymbol{\omega}}^{\hat{\theta}} \wedge \tilde{\boldsymbol{\omega}}^{\hat{t}}
\end{aligned} \tag{8}$$

$$\begin{aligned}
\mathcal{R}^{\hat{r}}{}_{\hat{\phi}} &= -d(e^{\gamma-\beta}\gamma'\sin\theta'\,\widetilde{d\phi}) + \tilde{\boldsymbol{\omega}}^{\hat{r}}{}_{\hat{t}} \wedge \tilde{\boldsymbol{\omega}}^{\hat{t}}{}_{\hat{\phi}} + \tilde{\boldsymbol{\omega}}^{\hat{r}}{}_{\hat{\theta}} \wedge \tilde{\boldsymbol{\omega}}^{\hat{\theta}}{}_{\hat{\phi}} \\
&= [e^{-2\beta}(\gamma'' + \gamma'^2 - \beta'\gamma') - e^{-2\alpha}\dot{\beta}\dot{\gamma}]\,\tilde{\boldsymbol{\omega}}^{\hat{\phi}} \wedge \tilde{\boldsymbol{\omega}}^{\hat{r}} \\
&\quad + e^{-(\alpha+\beta)}(\dot{\gamma}\gamma' - \alpha'\dot{\gamma} + \dot{\gamma}' - \gamma'\dot{\beta})\,\tilde{\boldsymbol{\omega}}^{\hat{\phi}} \wedge \tilde{\boldsymbol{\omega}}^{\hat{t}}
\end{aligned} \tag{9}$$

$$\begin{aligned}
\mathcal{R}^{\hat{\theta}}{}_{\hat{\phi}} &= -d(\cos\theta'\,\widetilde{d\phi}) + \tilde{\boldsymbol{\omega}}^{\hat{\theta}}{}_{\hat{t}} \wedge \tilde{\boldsymbol{\omega}}^{\hat{t}}{}_{\hat{\phi}} + \tilde{\boldsymbol{\omega}}^{\hat{\theta}}{}_{\hat{r}} \wedge \tilde{\boldsymbol{\omega}}^{\hat{r}}{}_{\hat{\phi}} \\
&= (e^{-2\gamma} + e^{-2\alpha}\dot{\gamma}^2 - e^{-2\beta}\gamma'^2)\tilde{\boldsymbol{\omega}}^{\hat{\theta}} \wedge \tilde{\boldsymbol{\omega}}^{\hat{\phi}}
\end{aligned} \tag{10}$$

式 (4) より，リーマン曲率テンソルの非ゼロ成分を読み取ることができて，

$$\begin{aligned}
&R^{\hat{t}\hat{r}}{}_{\hat{t}\hat{r}} = A, \qquad R^{\hat{t}\hat{\theta}}{}_{\hat{t}\hat{\theta}} = R^{\hat{t}\hat{\phi}}{}_{\hat{t}\hat{\phi}} = B \\
&R^{\hat{t}\hat{\theta}}{}_{\hat{r}\hat{\theta}} = R^{\hat{t}\hat{\phi}}{}_{\hat{r}\hat{\phi}} = -R^{\hat{r}\hat{\theta}}{}_{\hat{t}\hat{\theta}} = -R^{\hat{r}\hat{\phi}}{}_{\hat{t}\hat{\phi}} = C \\
&R^{\hat{\theta}\hat{\phi}}{}_{\hat{\theta}\hat{\phi}} = D, \qquad R^{\hat{r}\hat{\phi}}{}_{\hat{r}\hat{\phi}} = R^{\hat{r}\hat{\theta}}{}_{\hat{r}\hat{\theta}} = E
\end{aligned} \tag{11}$$

となる．ここで，

$$\begin{aligned}
A &= e^{-2\alpha}(\ddot{\beta} + \dot{\beta}^2 - \dot{\alpha}\dot{\beta}) - e^{-2\beta}(\alpha'' + \alpha'^2 - \alpha'\beta') \\
B &= e^{-2\alpha}(\ddot{\gamma} + \dot{\gamma}^2 - \dot{\alpha}\dot{\gamma}) - e^{-2\beta}\alpha'\gamma' \\
C &= e^{-(\alpha+\beta)}(\dot{\gamma}' + \dot{\gamma}\gamma' - \alpha'\dot{\gamma} - \dot{\beta}\gamma') \\
D &= e^{-2\gamma} + e^{-2\alpha}\dot{\gamma}^2 - e^{-2\beta}\gamma'^2 \\
E &= e^{-2\alpha}\dot{\beta}\dot{\gamma} - e^{-2\beta}(\gamma'' + \gamma'^2 - \beta'\gamma')
\end{aligned} \tag{12}$$

である．

リッチ曲率テンソルは，リーマン曲率テンソルで縮約をとることによって得られる．

$$R^{\hat{\alpha}}{}_{\hat{\beta}} = R^{\hat{\gamma}\hat{\alpha}}{}_{\hat{\gamma}\hat{\beta}}$$

この式から，

$$\begin{aligned}
&R^{\hat{t}}{}_{\hat{t}} = A + 2B, \qquad R^{\hat{t}}{}_{\hat{r}} = 2C, \qquad R^{\hat{r}}{}_{\hat{r}} = A + 2E \\
&R^{\hat{\theta}}{}_{\hat{\theta}} = R^{\hat{\phi}}{}_{\hat{\phi}} = B + D + E \\
&R^{\hat{t}}{}_{\hat{\theta}} = R^{\hat{t}}{}_{\hat{\phi}} = R^{\hat{r}}{}_{\hat{\theta}} = R^{\hat{r}}{}_{\hat{\phi}} = R^{\hat{\theta}}{}_{\hat{\phi}} = 0
\end{aligned} \tag{13}$$

が得られる．スカラー曲率は，

$$R = R^{\hat{\alpha}}{}_{\hat{\alpha}} = 2A + 4B + 2D + 4E \tag{14}$$

となる．アインシュタインテンソルは

$$G^{\hat{\alpha}}{}_{\hat{\beta}} = R^{\hat{\alpha}}{}_{\hat{\beta}} - \frac{1}{2}\delta^{\hat{\alpha}}{}_{\hat{\beta}} R$$

として構成される．各成分は次のようになる．

$$\begin{aligned}
&G^{\hat{t}}{}_{\hat{t}} = -(D+2E), \qquad G^{\hat{t}}{}_{\hat{r}} = 2C, \qquad G^{\hat{r}}{}_{\hat{r}} = -(D+2B) \\
&G^{\hat{\theta}}{}_{\hat{\theta}} = G^{\hat{\phi}}{}_{\hat{\phi}} = -(A+B+E) \\
&G^{\hat{t}}{}_{\hat{\theta}} = G^{\hat{t}}{}_{\hat{\phi}} = G^{\hat{r}}{}_{\hat{\theta}} = G^{\hat{r}}{}_{\hat{\phi}} = G^{\hat{\theta}}{}_{\hat{\phi}} = 0
\end{aligned} \tag{15}$$

問題 9.21　平面重力波の時空

平面重力波を表すリーマン曲率テンソル，すなわち u を**遅延時間** (retarded time) ($\nabla u \cdot \nabla u = 0$) として，$R_{\alpha\beta\gamma\delta} = R_{\alpha\beta\gamma\delta}(u)$ を考える．このリーマン曲率テンソルの独立な成分はいくつあるか．$R_{\alpha\beta\gamma\delta}$ がアインシュタイン方程式を満たすかどうかは考慮しなくてよい．

9

[解]　正規直交基底 $\boldsymbol{e}_{\hat{\alpha}}$ をとり，複素のヌル四脚場（テトラド）基底を作る．波数ベクトル $\nabla u \equiv \boldsymbol{k}$ が四脚場の 1 つとなるように

$$\begin{aligned}
\boldsymbol{k} &= \frac{1}{\sqrt{2}}(\boldsymbol{e}_{\hat{t}} + \boldsymbol{e}_{\hat{z}}), \qquad \boldsymbol{\ell} = \frac{1}{\sqrt{2}}(\boldsymbol{e}_{\hat{t}} - \boldsymbol{e}_{\hat{z}}) \\
\boldsymbol{m} &= \frac{1}{\sqrt{2}}(\boldsymbol{e}_{\hat{x}} + i\boldsymbol{e}_{\hat{y}}), \qquad \overline{\boldsymbol{m}} = \frac{1}{\sqrt{2}}(\boldsymbol{e}_{\hat{x}} - i\boldsymbol{e}_{\hat{y}})
\end{aligned} \tag{1}$$

として，この基底でリーマン曲率テンソルの成分，たとえば，$R_{\ell m \overline{m} \ell} = R_{\alpha\beta\gamma\delta}\ell^\alpha m^\beta \overline{m}^\gamma \ell^\delta$ を考える．リーマン曲率テンソルが遅延時間のみの関数であることと，式 (1) の基底ベクトルで内積が非ゼロのものは

$$-\boldsymbol{k}\cdot\boldsymbol{\ell} = \boldsymbol{m}\cdot\overline{\boldsymbol{m}} = 1 \tag{2}$$

だけであることを考慮すると，

$$R_{abcd,p} = 0 \tag{3}$$

となる．ここで，(a,b,c,d) は $(k,\ell,m,\overline{m})$ の添え字が，$(p,q,r,\ldots)$ は $(k,m,\overline{m})$ の添え字が入る．

リーマン曲率テンソルについて，次のようなビアンキ恒等式の一部を考える．

$$R_{ab[pq,\ell]} = 0 \tag{4}$$

ここで，ℓ は，式 (1) の ℓ 成分を表す．式 (3) を用いると，式 (4) より

$$R_{abpq,\ell} = 0 \tag{5}$$

となる．式 (3) と式 (5) は，波を表していない自明である定数を除いて，

$$R_{abpq} = R_{pqab} = 0 \tag{6}$$

を意味する．結果として，リーマン曲率テンソルのゼロでない成分はすべて，$R_{p\ell q\ell}$ の形でなければならず，さらにリーマン曲率テンソルの添え字の対称性を考えると，6つの独立な成分のみが存在することがわかる．

これらの6つの成分は，重力の計量理論における最も一般的な重力波の自由度の数に相当する．アインシュタインの一般相対性理論は，重力波の自由度として2つのみをもつ理論である．

問題 9.22　加速源の独立な成分

ある瞬間に，近傍にある n 個のテスト粒子が加速しているのを測定した．加速源を電磁テンソル $F^{\mu\nu}$ としたとき，$F^{\mu\nu}$ のすべての成分を決定するのに必要となるテスト粒子の最小の数 n を求めよ．加速源がリーマン曲率テンソル $R^{\mu}{}_{\nu\rho\sigma}$ の場合ではどうか．

[解]　局所ローレンツ系では，ローレンツ力の法則によって，荷電粒子の加速度は

$$\frac{d^2x^\alpha}{d\tau^2} = \frac{e}{m}F^{\alpha}{}_{\beta}u^\beta$$

によって $F^{\mu\nu}$ と関係付けられている．

$F^{\alpha}{}_{\beta}$ の6つの成分を電場 $\mathbb{E}$ と磁場 $\mathbb{B}$ のベクトルとして扱うのが便利である．1つの粒子の共動座標系では，速度はゼロであるので磁気力を感じることはない．したがって，加速度の3成分の測定は $\mathbb{E}$ を与える．同じ座標系で2つ目の粒子の加速度を測定することは，$\mathbb{B}$ の2成分のみを与える．なぜなら，2つ目の粒子の運動方向に沿う $\mathbb{B}$ の成分は加速度を与えないからである．そのため，少なくとも3つの粒子が $F^{\alpha}{}_{\beta}$ の6つの成分を特定するのに必要である．

リーマン曲率テンソルの場合は，測地線偏差の方程式

$$\frac{D^2\xi^\alpha}{d\tau^2} = -R^{\alpha}{}_{\beta\gamma\delta}u^\beta\xi^\gamma u^\delta$$

を用いて，テスト粒子の最小数を数える．これは読者の課題としておこう．

問題 9.23　ガウス曲率 (1)

2 次元以上の空間で 2 次元面を考え，その面上の 1 点で 2 つの線形独立な接ベクトルを $\boldsymbol{A}$, $\boldsymbol{B}$ とする．2 次元面のその点におけるガウス曲率は

$$K = \frac{R_{\alpha\gamma\beta\delta}A^\alpha A^\beta B^\gamma B^\delta}{(g_{\alpha\beta}g_{\gamma\delta} - g_{\alpha\delta}g_{\beta\gamma})A^\alpha A^\beta B^\gamma B^\delta}$$

で定義される．$\boldsymbol{A}$ と $\boldsymbol{B}$ の代わりに，$\boldsymbol{A}$ と $\boldsymbol{B}$ の線形結合でできるベクトルを用いても K は不変であることを示せ．

[解]　面に沿った座標系を選んで，x^1, x^2 は面上で変化し，x^3, x^4 は面上で一定とする．$\boldsymbol{A}$ と $\boldsymbol{B}$ の反変成分でゼロにならないものは，1 と 2 の成分である．したがって，リーマン曲率テンソルのうち，1 と 2 の添え字だけをもつものを考えると，独立なものは R_{1212} だけになる．このタイプのリーマン曲率テンソルがゼロでない場合は，

$$R_{ijk\ell} \propto (g_{ik}g_{j\ell} - g_{i\ell}g_{jk}) \qquad (i, j, k, \ell = 1, 2)$$

の形で表される対称性をもつ．このことからただちに，この座標系では，K は $\boldsymbol{A}$ と $\boldsymbol{B}$ の選び方によらないことがわかる．なぜなら，K は明らかに座標系に依存しないからである．これで証明された．

問題 9.24　ガウス曲率 (2)

問題 9.23 で定義された 2 次元面のガウス曲率 K を考える．$\boldsymbol{A}$ と $\boldsymbol{B}$ を面上のある点での接ベクトルとする．$\boldsymbol{A}$ を 2 次元面内で平行移動して小さく 1 周させるとき，$\boldsymbol{A}$ と $\boldsymbol{B}$ のなす角が変化する大きさは

$$|\Delta\theta| = |K|\,\Delta\Sigma$$

の程度であることを示せ．$\Delta\Sigma$ は，1 周する部分の面積とする．

[解]　1 周する経路で囲まれた領域を無限小の長方形に分割し，その中の 1 つに対して角度変化を考えてみる．

$\boldsymbol{u}$ と $\boldsymbol{v}$ が長方形の 2 つの辺を表すとすると，問題 9.23 と問題 9.11 より，移動した後の $\boldsymbol{A}$ の変化は

$$\delta A_\alpha = -R_{\alpha\beta\mu\nu}A^\beta u^\mu v^\nu = -K(g_{\alpha\mu}g_{\beta\nu} - g_{\alpha\nu}g_{\beta\mu})A^\beta u^\mu v^\nu$$

である．ここで，$A^\alpha \delta A_\alpha = (1/2)\delta(\boldsymbol{A}\cdot\boldsymbol{A}) = 0$ であるから，$\boldsymbol{A}$ の長さは変化しない

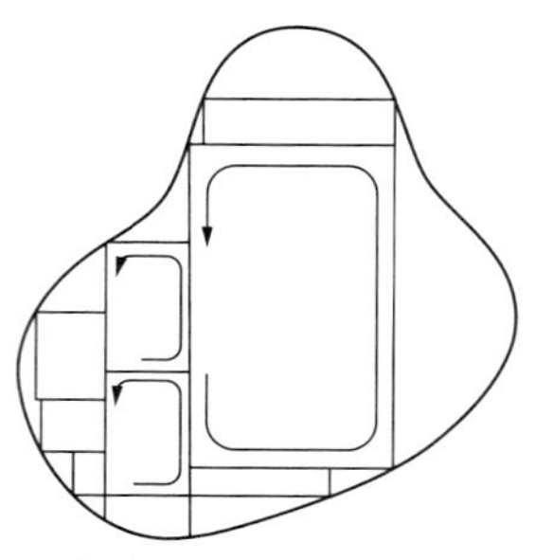

長方形で近似された領域と
その正となる平行移動の向き

ことに注意する．$\boldsymbol{A}$ と $\boldsymbol{B}$ のなす角度 θ の変化は，

$$B^{\alpha}\delta A_{\alpha}=\delta(A^{\alpha}B_{\alpha})=|\boldsymbol{A}||\boldsymbol{B}|\delta(\cos\theta)=|\boldsymbol{A}||\boldsymbol{B}|\sin\theta\,\delta\theta$$

および

$$B^{\alpha}\delta A_{\alpha}=-K[(\boldsymbol{B}\cdot\boldsymbol{u})(\boldsymbol{A}\cdot\boldsymbol{v})-(\boldsymbol{B}\cdot\boldsymbol{v})(\boldsymbol{A}\cdot\boldsymbol{u})]$$

より求められる．面上で，$\boldsymbol{u}\sim\boldsymbol{e}_1$, $\boldsymbol{v}\sim\boldsymbol{e}_2$ となるような局所的に平坦な座標系を選ぶと，

$$\begin{aligned}||\boldsymbol{A}||\boldsymbol{B}|\sin\theta\,\delta\theta|&=|K(B^1A^2-B^2A^1)|uv\\&=|K|\,|\boldsymbol{A}\times\boldsymbol{B}|uv=|K\sin\theta|\,|\boldsymbol{A}|\,|\boldsymbol{B}|\ \times(\text{囲まれた面積})\end{aligned}$$

となる．これより，小さな長方形のまわりの移動では，$|\delta\theta|=|K|\,\delta\Sigma$ である．より一般的な経路を考えると，$\boldsymbol{A}$ が1周するときの変化量は，$\boldsymbol{A}$ が内部を分割されてできたすべての長方形のまわりを1周するときの変化量と等しく，その経路の面積は分割された長方形の面積の総和と等しい．そのため，$|\Delta\theta|=|K|\,\Delta\Sigma$ となる．

問題 9.25　ガウス曲率 (3)

問題 9.23 で定義された点 P でのガウス曲率 K が，その点を通る2次元面の選び方によって変化しないとする．この場合，

$$R_{\alpha\beta\gamma\delta}=K(g_{\alpha\gamma}g_{\beta\delta}-g_{\alpha\delta}g_{\beta\gamma})$$

が成り立つことを示せ．

[解]　両辺の差を表すテンソルとして

$$W_{\alpha\gamma\beta\delta}\equiv K(g_{\alpha\beta}g_{\gamma\delta}-g_{\alpha\delta}g_{\beta\gamma})-R_{\alpha\gamma\beta\delta}\tag{1}$$

を定義する．$W_{\alpha\gamma\beta\delta}$ は $R_{\alpha\gamma\beta\delta}$ と同じ対称性をもつことに注意しよう．K が，与えられた点 P でベクトル $\boldsymbol{A}$ と $\boldsymbol{B}$ によらないとすれば，K の定義（問題 9.23）より，

$$W_{\alpha\gamma\beta\delta}A^\alpha A^\beta B^\gamma B^\delta = 0 \tag{2}$$

が任意の $\boldsymbol{A}$ と $\boldsymbol{B}$ に対して成り立つ．これより，

$$W_{\alpha\gamma\beta\delta} + W_{\beta\delta\alpha\gamma} + W_{\alpha\delta\beta\gamma} + W_{\beta\gamma\alpha\delta} = 0 \tag{3}$$

となる．

$W_{\alpha\gamma\beta\delta}$ の対称性を用いて，式 (3) を

$$W_{\alpha\gamma\beta\delta} = W_{\alpha\delta\gamma\beta} \tag{4}$$

のように書き換えることができる．また $(\gamma\beta\delta)$ の順を巡回させて，

$$W_{\alpha\delta\gamma\beta} = W_{\alpha\beta\delta\gamma} \tag{5}$$

を得る．式 (4) と式 (5) を巡回恒等式

$$W_{\alpha\gamma\beta\delta} + W_{\alpha\delta\gamma\beta} + W_{\alpha\beta\delta\gamma} = 0 \tag{6}$$

に代入すると，

$$W_{\alpha\gamma\beta\delta} = 0$$

が得られる．

問題 9.26　シューアの定理

等方的なリーマン曲率テンソルは

$$R_{\alpha\beta\gamma\delta} = K(g_{\alpha\gamma}g_{\beta\delta} - g_{\alpha\delta}g_{\beta\gamma})$$

と書くことができる．ビアンキ恒等式を用いて，K が一定であること（**シューアの定理** (Schur's theorem)）を示せ．

[解]　計量は常に共変的に一定であるため，

$$R_{\alpha\beta\gamma\delta;\lambda} = K_{,\lambda}(g_{\alpha\gamma}g_{\beta\delta} - g_{\alpha\delta}g_{\beta\gamma})$$

が成り立つ．これをビアンキ恒等式

$$0 = R_{\alpha\beta\gamma\delta;\lambda} + R_{\alpha\beta\lambda\gamma;\delta} + R_{\alpha\beta\delta\lambda;\gamma}$$

に代入し，α と γ および β と δ で縮約をとると，$K_{,\lambda} = 0$ となる．すなわち，K は一定値である．

問題 9.27　共形平坦な時空 (2)

リーマン曲率テンソルが

$$R_{\lambda\mu\nu\kappa} = K(g_{\lambda\nu}g_{\mu\kappa} - g_{\lambda\kappa}g_{\mu\nu})$$

と表されるとき，時空は共形平坦であることを示せ．

[解]　与えられた式の縮約をとると，

$$R_{\mu\kappa} = 3Kg_{\mu\kappa}, \qquad R = 12K$$

が得られる．ワイルテンソルの定義より，

$$C_{\lambda\mu\nu\kappa} = R_{\lambda\mu\nu\kappa} - \frac{1}{2}(g_{\lambda\nu}R_{\mu\kappa} - g_{\lambda\kappa}R_{\mu\nu} - g_{\mu\nu}R_{\lambda\kappa} + g_{\mu\kappa}R_{\lambda\nu}) + \frac{1}{6}(g_{\lambda\nu}g_{\mu\kappa} - g_{\lambda\kappa}g_{\mu\nu})R$$

であり，これより，

$$C_{\lambda\mu\nu\kappa} = K(g_{\lambda\nu}g_{\mu\kappa} - g_{\lambda\kappa}g_{\mu\nu}) - \frac{1}{2}\cdot 3K(2g_{\lambda\nu}g_{\mu\kappa} - 2g_{\lambda\kappa}g_{\mu\nu}) + \frac{1}{6}\cdot 12K(g_{\lambda\nu}g_{\mu\kappa} - g_{\lambda\kappa}g_{\mu\nu}) = 0$$

となる．

問題 9.28　外的曲率テンソル (1)

3 次元面 Σ 上の 1 点 Q において，2 つの曲線 C_Σ，C が接している．曲線 C_Σ は 3 次元面内にあり，曲線 C は Σ が埋め込まれている 4 次元時空の測地線である．Σ の単位法線ベクトルを $\boldsymbol{n}$，C_Σ の接ベクトルを $\boldsymbol{u}$ とする．ベクトル $\xi^\alpha = (1/2)u^\alpha{}_{;\beta}u^\beta$ を用いて C と C_Σ が離れる割合 $\boldsymbol{n}\cdot\boldsymbol{\xi}$ を評価すると，

$$\boldsymbol{n}\cdot\boldsymbol{\xi} = \frac{1}{2}K_{\alpha\beta}u^\alpha u^\beta$$

となることを示せ．ここで，$K_{\alpha\beta}$ は，Σ に対する外的曲率テンソルである．

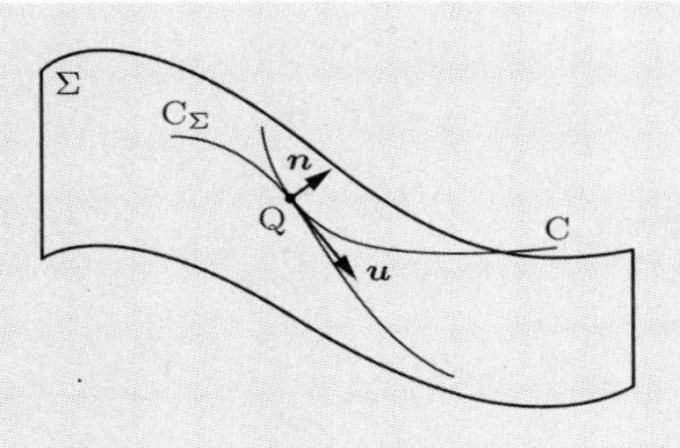

[解]　$\boldsymbol{n}\cdot\boldsymbol{u}=0$ より，ただちに

$$u^\alpha(n^\beta u_\beta)_{;\alpha}=0=n^\beta{}_{;\alpha}u^\alpha u_\beta+n^\beta u_{\beta;\alpha}u^\alpha=-K_{\alpha\beta}u^\alpha u^\beta+2\boldsymbol{n}\cdot\boldsymbol{\xi}$$

が得られる．

問題 9.29　外的曲率テンソル (2)

計量

$$ds^2=-d\tau^2+a^2(\tau)[\gamma_{ij}(x^k)\,dx^i\,dx^j]$$

で表される時空において，$\tau=$（定数）の断面（超曲面）の外的曲率を求めよ．

[解]　計量は

$$ds^2=-d\tau^2+g_{ij}\,dx^i\,dx^j$$

の形になる．ここで，

$$g_{ij}=a^2(\tau)\gamma_{ij}(x^k)$$

である．

$\tau=$（定数）の超曲面に直交するベクトルは $\boldsymbol{n}=\partial/\partial\tau$ である．これより，

$$K_{ij}=-\boldsymbol{e}_j\cdot\nabla_i\boldsymbol{n}=\boldsymbol{n}\cdot\nabla_i\boldsymbol{e}_j=\Gamma_{nji}=-\frac{1}{2}g_{ij,n}=-\frac{a_{,\tau}}{a}g_{ij}$$

となる．

問題 9.30　外的曲率テンソル (3)

法線ベクトル $\boldsymbol{n}$ をもつ時間的超曲面の外的曲率が $-(1/2)\mathcal{L}_{\boldsymbol{n}}P_{\alpha\beta}$ で与えられることを示せ．ここで，$P_{\alpha\beta}=g_{\alpha\beta}-n_\alpha n_\beta$ は超曲面への射影テンソルである．

[解]　リー微分の定義（問題 8.13）より

$$
\begin{aligned}
\mathcal{L}_{\boldsymbol{n}} P_{\alpha\beta} &= P_{\alpha\beta;\gamma} n^{\gamma} + P_{\gamma\beta} n^{\gamma}{}_{;\alpha} + P_{\alpha\gamma} n^{\gamma}{}_{;\beta} \\
&= (g_{\alpha\beta} - n_\alpha n_\beta)_{;\gamma} n^{\gamma} + (g_{\gamma\beta} - n_\gamma n_\beta) n^{\gamma}{}_{;\alpha} + (g_{\alpha\gamma} - n_\alpha n_\gamma) n^{\gamma}{}_{;\beta} \\
&= -(n_\alpha n_\beta)_{;\gamma} n^{\gamma} + n_{\beta;\alpha} + n_{\alpha;\beta}
\end{aligned} \tag{1}
$$

が得られる．ここで，$n_\gamma n^{\gamma}{}_{;\alpha} = (1/2)(n_\gamma n^\gamma)_{;\alpha} = 0$ を用いた．$\boldsymbol{e}_i$ を超曲面上の 3 つの基底ベクトルとすれば，

$$
K_{ij} = -\boldsymbol{e}_j \cdot \nabla_i \boldsymbol{n} = -n_{i;j} = -\frac{1}{2}(n_{i;j} + n_{j;i}) \tag{2}
$$

となる．ここで，添え字 i, j についての対称性を用いている．より一般的な座標系（i, j が超曲面内にあるとする座標系ではない）を用いると，式 (2) は次のようになる．

$$
K_{\alpha\beta} = -\frac{1}{2}(n_{\gamma;\delta} + n_{\delta;\gamma}) P^{\gamma}{}_{\alpha} P^{\delta}{}_{\beta} \tag{3}
$$

これは，$\boldsymbol{n}$ の共変微分を対称化して，超曲面上に射影したものである．$P^{\gamma}{}_{\alpha}$ の具体的な形を式 (3) に用いて，式 (1) と比較することにより，

$$
K_{\alpha\beta} = -\frac{1}{2}\mathcal{L}_{\boldsymbol{n}} P_{\alpha\beta}
$$

が得られる．

問題 9.31　シャボン玉の平均曲率

重力の影響を無視すると，シャボン玉（石鹸膜）の表面張力によるポテンシャルエネルギーはその面積に比例する．そのため，変形しないワイヤーの輪[†] に広がった平衡状態の石鹸膜は，面積が最小になっていると考えられる．このことは，この膜の**平均曲率** $K \equiv K^{i}{}_{i}$ がゼロになっていることを意味することを示せ．

[解]　石鹸膜を $x^3 = 0$ とするガウス正規座標系 (x^1, x^2, x^3)（問題 8.25 を参照せよ）を考える．膜の 2 次元計量 g_{ij} の行列式を g とすると，膜の面積は，

$$
A = \int \sqrt{g}\, dx^1 dx^2 \tag{1}
$$

となる．法線ベクトル $\mathbb{n} = \partial/\partial x^3$ に沿って δx^3 だけ面積要素に変位を加えて面積の変分をとると，

† 訳者注：ワイヤーの形は位相的に閉じていればよく，一般的に 3 次元的な方向に自由に曲がっていて構わない．

$$\delta A = \int \delta\sqrt{g}\, dx^1\, dx^2$$

となる．

問題 21.1 で示されるように，

$$\delta\sqrt{g} = \frac{1}{2}\sqrt{g}g^{ij}\delta g_{ij} = \frac{1}{2}\sqrt{g}g^{ij}g_{ij,3}\delta x^3$$

と書ける．ここではガウス正規座標系を選んでいるので

$$K_{ij} = -\frac{1}{2}g_{ij,3}, \qquad \delta A = -\int g^{ij}K_{ij}\sqrt{g}\, dx^1 dx^2 \delta x^3$$

となる．平衡状態では A は最小なので，$\delta A = 0$ が任意の δx^3 について成り立ち，したがって，

$$K = g^{ij}K_{ij} = 0$$

が得られる．

問題 9.32　ガウス－コダッチ方程式

$\boldsymbol{n}$ を超曲面 Σ の単位法線ベクトルとする．Σ が時間的か空間的かに応じて，$\boldsymbol{n}\cdot\boldsymbol{n} \equiv \varepsilon = +1$ あるいは -1 とする．Σ を基準にガウス正規座標系（問題 8.25 を参照せよ）を張ると，計量は

$$ds^2 = \varepsilon dn^2 + {}^{(3)}g_{ij}dx^i dx^j$$

となる．このとき，次の**ガウス－コダッチ方程式** (Gauss–Codazzi equation)

$$ {}^{(4)}R^m{}_{ijk} = {}^{(3)}R^m{}_{ijk} + \varepsilon(K_{ij}K_k{}^m - K_{ik}K_j{}^m)$$
$$ {}^{(4)}R^n{}_{ijk} = \varepsilon(K_{ik|j} - K_{ij|k})$$

を導け．ここで，計量や曲率についた (4), (3) はそれぞれ 4 次元時空，および Σ 上での幾何量であることを示し，縦線記号 ($|$) は ${}^{(3)}g_{ij}$ による共変微分を表す．添え字の n は，基底ベクトル $\boldsymbol{n}$ 方向の成分を示す．リーマン曲率テンソルの残りの成分について，

$$ {}^{(4)}R^n{}_{ink} = \varepsilon(K_{ik,n} + K_{im}K^m{}_k)$$

となることも導け．

[解]　$\boldsymbol{e}_i$ を Σ における座標基底とする．導く方程式はテンソル方程式なので，どのような基底をとっても結果は同じになるはずである．これらに $\boldsymbol{n}$ を加えると時空の

基底を構成するので，

$$^{(4)}\nabla_i \boldsymbol{e}_j = \alpha_{ij}\boldsymbol{n} + \beta^k{}_{ij}\boldsymbol{e}_k \tag{1}$$

の形に書ける．式 (1) の係数は（$\boldsymbol{n}\cdot\boldsymbol{e}_i = 0$ なので）それぞれ $\boldsymbol{n}$ と $\boldsymbol{e}_k$ で内積をとることで次のように求められる．

$$\varepsilon\alpha_{ij} = \boldsymbol{n}\cdot {}^{(4)}\nabla_i \boldsymbol{e}_j = {}^{(4)}\nabla_i(\boldsymbol{n}\cdot\boldsymbol{e}_j) - \boldsymbol{e}_j\cdot {}^{(4)}\nabla_i \boldsymbol{n} = 0 + K_{ij}$$
$$\beta_{kij} = \boldsymbol{e}_k\cdot {}^{(4)}\nabla_i \boldsymbol{e}_j = {}^{(4)}\Gamma_{kji} = {}^{(3)}\Gamma_{kji}$$

最後の等号は，クリストッフェル記号を ${}^{(3)}g_{ij}$ から直接計算することによって得られる．これらの係数を使うと，式 (1) は**ガウス－ワインガルテン方程式** (Gauss–Weingarten equation)

$$^{(4)}\nabla_i \boldsymbol{e}_j = \varepsilon K_{ij}\boldsymbol{n} + {}^{(3)}\Gamma^k{}_{ji}\boldsymbol{e}_k \tag{2}$$

になる．

リーマン曲率テンソルは Γ の微分から計算することができる．速く計算するには，リーマン演算子（問題 9.12 を参照せよ）

$$R_{\alpha\beta\gamma\delta} = \boldsymbol{e}_\alpha\cdot\boldsymbol{R}(\boldsymbol{e}_\gamma,\boldsymbol{e}_\delta)\boldsymbol{e}_\beta \tag{3}$$
$$\boldsymbol{R}(\boldsymbol{e}_\gamma,\boldsymbol{e}_\delta) = \left[{}^{(4)}\nabla_\gamma, {}^{(4)}\nabla_\delta\right] - {}^{(4)}\nabla_{[\boldsymbol{e}_\gamma,\boldsymbol{e}_\delta]} \tag{4}$$

を用いるのがよい．式 (4) を $\boldsymbol{e}_j$ と $\boldsymbol{e}_k$ に対して計算する．$\boldsymbol{e}_j$ と $\boldsymbol{e}_k$ は座標基底なので $[\boldsymbol{e}_j,\boldsymbol{e}_k] = \boldsymbol{0}$ であり，これより最後の項はゼロとなる．また，

$$\begin{aligned}
{}^{(4)}\nabla_j {}^{(4)}\nabla_k \boldsymbol{e}_i &= {}^{(4)}\nabla_j(\varepsilon K_{ik}\boldsymbol{n} + {}^{(3)}\Gamma^m{}_{ik}\boldsymbol{e}_m)\\
&= \varepsilon K_{ik,j}\boldsymbol{n} - \varepsilon K_{ik}K_j{}^m\boldsymbol{e}_m + {}^{(3)}\Gamma^m{}_{ik,j}\boldsymbol{e}_m\\
&\quad + {}^{(3)}\Gamma^m{}_{ik}(\varepsilon K_{jm}\boldsymbol{n} + {}^{(3)}\Gamma^n{}_{mj}\boldsymbol{e}_n)
\end{aligned} \tag{5}$$

となり，式 (5) で j と k の添え字を入れ替えた式を作って差をとると，

$$\boldsymbol{R}(\boldsymbol{e}_j,\boldsymbol{e}_k)\boldsymbol{e}_i = \varepsilon(K_{ik|j} - K_{ij|k})\boldsymbol{n} + \boldsymbol{e}_m[\varepsilon(K_{ij}K_k{}^m - K_{ik}K_j{}^m) + {}^{(3)}R^m{}_{ijk}] \tag{6}$$

となる．この式とそれぞれ $\boldsymbol{n}$ と $\boldsymbol{e}_n$ との内積をとると，ガウス－コダッチ方程式が得られる．

n の添え字を 2 つもつリーマン曲率テンソルの成分は，$\boldsymbol{R}(\boldsymbol{e}_k,\boldsymbol{n})\boldsymbol{n}$ から計算される．$\boldsymbol{n}$ を座標基底ベクトルとしているので，$[\boldsymbol{n},\boldsymbol{e}_k] = \boldsymbol{0}$ であり，式 (4) の最後の項はゼロになる．したがって，

$$\boldsymbol{R}(\boldsymbol{e}_k,\boldsymbol{n})\boldsymbol{n} = {}^{(4)}\nabla_k {}^{(4)}\nabla_{\boldsymbol{n}}\boldsymbol{n} - {}^{(4)}\nabla_{\boldsymbol{n}} {}^{(4)}\nabla_k \boldsymbol{n}$$

となる．ところで，$\boldsymbol{n}$ は測地線に接しているので（ガウス正規座標系なので），${}^{(4)}\nabla_{\boldsymbol{n}}\boldsymbol{n} = \boldsymbol{0}$ である．そのため，

$$\boldsymbol{e}_i \cdot \boldsymbol{R}(\boldsymbol{e}_k, \boldsymbol{n})\boldsymbol{n} = \boldsymbol{e}_i \cdot {}^{(4)}\nabla_{\boldsymbol{n}}(K_k{}^m \boldsymbol{e}_m) = K_{ki,n} - K_k{}^m \boldsymbol{e}_m \cdot {}^{(4)}\nabla_{\boldsymbol{n}}\boldsymbol{e}_i$$

となる．ここで，$[\boldsymbol{e}_i, \boldsymbol{n}] = \boldsymbol{0}$ より

$${}^{(4)}\nabla_{\boldsymbol{n}}\boldsymbol{e}_i = {}^{(4)}\nabla_i \boldsymbol{n} = -K_i{}^j \boldsymbol{e}_j$$

となるので，最終的に

$$R_{inkn} = \varepsilon R^n{}_{ink} = K_{ki,n} + K_i{}^j K_{jk}$$

が得られる．

問題 9.33　ガウス－コダッチ方程式の応用

問題 9.32 の結果を用いて，ガウス正規座標系におけるアインシュタインテンソルの成分 ${}^{(4)}G^\alpha{}_\beta$ を求めよ．

[解]　リーマン曲率テンソルの成分は，問題 9.32 で与えられている．縮約をとると，$K \equiv K^i{}_i$ として

$$\begin{aligned} {}^{(4)}R^i{}_j &= g^{ik}({}^{(4)}R^n{}_{knj} + {}^{(4)}R^m{}_{kmj}) \\ &= {}^{(3)}R^i{}_j + \varepsilon(g^{ik}K_{kj,n} + 2K^i{}_m K^m{}_j - K^i{}_j K) \end{aligned} \tag{1}$$

となる．ここで，ガウス正規座標系では $g^{ik}{}_{,n} = -g^{im}g^{ks}g_{ms,n}$（問題 21.1 参照）および $-g_{ms,n} = 2K_{ms}$ であることを用いると，

$$g^{ik}{}_{,n} = 2g^{im}g^{ks}K_{ms} = 2K^{ik}$$

となる．したがって，式 (1) は次のように書き直される．

$${}^{(4)}R^i{}_j = {}^{(3)}R^i{}_j + \varepsilon(g^{ik}K_{kj,n} + g^{ik}{}_{,n}K_{kj} - K^i{}_j K) = {}^{(3)}R^i{}_j + \varepsilon(K^i{}_{j,n} - K^i{}_j K)$$

リッチ曲率テンソルのほかの成分は，

$${}^{(4)}R^n{}_j = \varepsilon {}^{(4)}R^\alpha{}_{n\alpha j} = -{}^{(4)}R^n{}_i{}^i{}_j = \varepsilon(K_{|j} - K^i{}_{j|i}) \tag{2}$$

$${}^{(4)}R^n{}_n = \varepsilon {}^{(4)}R^i{}_{nin} = \varepsilon g^{ij}(K_{ij,n} + K_{im}K^m{}_j) = \varepsilon(K_{,n} - K_{im}K^{mi}) \tag{3}$$

となる．これらより，スカラー曲率は

$${}^{(4)}R = {}^{(4)}R^n_n + {}^{(4)}R^i{}_i = {}^{(3)}R + \varepsilon(2K_{,n} - K_{im}K^{im} - K^2) \tag{4}$$

9

となる．したがって，アインシュタインテンソルの成分は，

$$ {}^{(4)}G^n{}_n = {}^{(4)}R^n{}_n - \frac{1}{2}{}^{(4)}R = -\frac{1}{2}{}^{(3)}R + \frac{1}{2}\varepsilon(K^2 - K_{im}K^{im}) \tag{5} $$

$$ {}^{(4)}G^n{}_j = {}^{(4)}R^n{}_j = \varepsilon(K_{|j} - K^i{}_{j|i}) \tag{6} $$

$$ \begin{aligned} {}^{(4)}G^i{}_j &= {}^{(4)}R^i{}_j - \frac{1}{2}\delta^i{}_j{}^{(4)}R \\ &= {}^{(3)}G^i{}_j + \varepsilon\left[K^i{}_{j,n} - K^i{}_jK - \frac{1}{2}\delta^i{}_j(2K_{,n} - K_{im}K^{im} - K^2)\right] \end{aligned} \tag{7} $$

となる．式 (5), (6) をそれぞれ対応するエネルギー運動量テンソルと等しくおくと，重力場に対する初期値問題を解く方程式の組になる．

問題 9.34　主曲率・主方向

外的曲率テンソルの固有値と固有ベクトルは，それぞれ，**主曲率** (principal curvature)，および**主方向** (principal direction) とよばれる．3 次元ユークリッド空間内に埋め込まれた次に示す曲面について，主曲率と主方向を求めよ．

(i)　球面：$x^2 + y^2 + z^2 = a^2$

(ii)　円筒：$x^2 + y^2 = a^2$

(iii)　2 次曲面（原点でのみ計算せよ）：$z = \dfrac{1}{2}(ax^2 + 2bxy + cy^2)$

[解]　(i) 球面上では特別な方向が存在しないので，正規直交基底をとれば $K_{ij} \propto \delta_{ij}$ になる．これより，任意のベクトルが固有ベクトルになる．$\mathbb{K}$ の定義が $\mathbb{n}$ の変化率ということから，固有値は，$-1/$(球の半径) $= -1/a$ となる．

これらの直観的な結果を，通常の極座標 r, θ, ϕ を用いて数学的にきちんと示してみる．明らかにガウス正規座標系が存在し，2 次元面の計量を

$$ ds^2 = g_{ij}dx^i\,dx^j = r^2(d\theta^2 + \sin^2\theta\,d\phi^2) $$

と書く．$K_{ij} = -(1/2)g_{ij,n} = -(1/2)g_{ij,r}$ であるから，

$$ \begin{aligned} K_{\hat\theta\hat\theta} &= \frac{1}{g_{\theta\theta}}K_{\theta\theta} = \frac{1}{r^2}\left(-\frac{1}{2}r^2\right)_{,r} = -\frac{1}{a} \\ K_{\hat\phi\hat\phi} &= \frac{1}{g_{\phi\phi}}K_{\phi\phi} = \frac{1}{r^2\sin^2\theta}\left(-\frac{1}{2}r^2\sin^2\theta\right)_{,r} = -\frac{1}{a} \end{aligned} \tag{1} $$

となる．

(ii) ここでもまず直観的に考える．「特別な」方向は軸方向と円周方向の 2 つである．$\mathbb{K}$ の定義から，これらの方向の曲率の値（$\mathbb{n}$ の変化率）は 0 と $-1/a$ である．

数学的に示そう．ガウス正規座標系を考え，2 次元計量を

$$ds^2 = r^2 d\phi^2 + dz^2$$

とする．$\mathbb{K}$ の正規直交成分は，

$$K_{\hat{\phi}\hat{\phi}} = \frac{1}{g_{\phi\phi}}\left(-\frac{1}{2}g_{\phi\phi,r}\right) = -\frac{1}{a}, \qquad K_{\hat{z}\hat{z}} = \frac{1}{g_{zz}}\left(-\frac{1}{2}g_{zz,r}\right) = 0 \tag{2}$$

となるので，直観的な解答が正しいことがわかる．

(iii) デカルト座標系

$$ds^2 = dx^2 + dy^2 + dz^2 \tag{3}$$

において，曲面は

$$f(x, y, z) = 0 \tag{4}$$

で与えられる．ここで，

$$f = -\frac{1}{2}(ax^2 + 2bxy + cy^2) + z \tag{5}$$

である．単位法線ベクトルは，

$$\mathbb{n} = \frac{\nabla f}{|\nabla f|} = \frac{1}{N}[-(ax+by)\mathbb{e}_x - (bx+cy)\mathbb{e}_y + \mathbb{e}_z] \tag{6}$$

となる．ここで，

$$N \equiv \sqrt{(ax+by)^2 + (bx+cy)^2 + 1} \tag{7}$$

である．原点では $\mathbb{n} = \mathbb{e}_z$ なので，$\mathbb{e}_x$ と $\mathbb{e}_y$ は面上の基底ベクトルとして用いることができる．こうして，計量 (3) では接続係数がゼロになることから，

$$K_{ij} = -\mathbb{e}_j \cdot \nabla_i \mathbb{n} = -n_{j;i} = -n_{j,i}$$

となる．また，原点では，$N_{,x} = N_{,y} = 0$ なので，

$$[K_{ij}] = \begin{bmatrix} a & b \\ b & c \end{bmatrix}$$

となる．固有方程式は，

$$0 = \det[K_{ij} - K g_{ij}] = \begin{vmatrix} a-K & b \\ b & c-K \end{vmatrix} \tag{8}$$

となる．ここで，計量 g_{ij} は式 (3) を曲面 (5) に制限したものである．原点では $dz = 0$

であるから，$g_{ij}=\delta_{ij}$ である．主曲率は，式 (8) より

$$K_\pm = \frac{c+a}{2} \pm \frac{c-a}{2}\sqrt{1+\frac{4b^2}{(c-a)^2}} \tag{9}$$

と得られる．これらの固有値を用いて，主ベクトルは

$$\begin{bmatrix} a-K_\pm & b \\ b & c-K_\pm \end{bmatrix}\begin{bmatrix} V_\pm^x \\ V_\pm^y \end{bmatrix} = 0 \tag{10}$$

から求めることができて，解は，

$$\begin{aligned}
\mathbb{V}_\pm &= \frac{1}{\beta_\pm}(\mathbb{e}_x + \alpha_\pm \mathbb{e}_y) \\
\alpha_\pm &\equiv \gamma(1 \pm \sqrt{1+\gamma^{-2}}), \qquad \beta_\pm \equiv \sqrt{1+\alpha_\pm^2}, \qquad \gamma \equiv \frac{a-c}{2b}
\end{aligned}$$

となる．

問題 9.35　スカラー曲率

Σ を平坦な 3 次元空間に埋め込まれた 2 次元面とするとき，Σ のスカラー曲率は

$$^{(2)}R = \frac{2}{\rho_1\rho_2}$$

であることを示せ．ここで，ρ_1, ρ_2 は，Σ の主曲率半径である．平坦な 4 次元空間に埋め込まれた 3 次元面ではどのような公式になるか．

[解]　ガウス–コダッチ方程式（問題 9.32）より，

$$^{(3)}R^m{}_{ijk} = {}^{(2)}R^m{}_{ijk} + \varepsilon(K_{ij}K_k{}^m - K_{ik}K_j{}^m)$$

が成り立つ．添え字 m と j，および i と k について縮約をとり，3 次元空間が平坦であることから $^{(3)}R^m{}_{ijk}=0$ とおく．こうして，

$$^{(2)}R = -\varepsilon(K_i{}^jK_j{}^i - K_i{}^iK_j{}^j) \tag{1}$$

が得られる．Σ 上の任意の点 P において，主方向を軸として座標 x^i をとり，点 P からの長さを測る．点 P では $^{(2)}g_{ij}=\delta_{ij}$ であり，K_{ij} は対角的で，主曲率がその対角成分になる．それゆえ

$$^{(2)}R = -\varepsilon\left[\frac{1}{\rho_1^2}+\frac{1}{\rho_2^2}-\left(\frac{1}{\rho_1}+\frac{1}{\rho_2}\right)^2\right] = \frac{2}{\rho_1\rho_2}$$

となる．ここで，$\varepsilon = \mathbb{n}\cdot\mathbb{n} = +1$ とした．

平坦な 4 次元空間に埋め込まれた 3 次元面 Σ に対しては，同様に式 (1) より，

$$
\begin{aligned}
{}^{(3)}R &= -\varepsilon\left[\frac{1}{\rho_1^2}+\frac{1}{\rho_2^2}+\frac{1}{\rho_3^2}-\left(\frac{1}{\rho_1}+\frac{1}{\rho_2}+\frac{1}{\rho_3}\right)^2\right] \\
&= \varepsilon\left(\frac{2}{\rho_1\rho_2}+\frac{2}{\rho_2\rho_3}+\frac{2}{\rho_1\rho_3}\right)
\end{aligned}
$$

となる．

第 10 章

キリングベクトルと対称性

Killing Vectors and Symmetries

時空に次の性質をもつベクトル場 $\boldsymbol{\xi}$ が存在するとしよう．

> すべての世界点を $\boldsymbol{\xi} d\lambda$（$d\lambda$ は微小量）だけずらしても，あらゆる距離関係が変わらない．

このようなベクトル場を時空の**キリングベクトル** (Killing vector) といい，次の**キリング方程式** (Killing equation)

$$\xi_{(\alpha;\beta)} \equiv \frac{1}{2}(\xi_{\alpha;\beta} + \xi_{\beta;\alpha}) = 0$$

を満たす．

問題 10.1　2 次元球面のキリングベクトル

キリング方程式を解くことにより，2 次元球面

$$ds^2 = d\theta^2 + \sin^2\theta \, d\phi^2$$

のキリングベクトルを求めよ．

[解]　計量より，接続係数は $\Gamma^{\phi}{}_{\theta\phi} = \Gamma^{\phi}{}_{\phi\theta} = \cot\theta$, $\Gamma^{\theta}{}_{\phi\phi} = -\sin\theta\cos\theta$ で，ほかはゼロになる．ここで，

$$\xi_{\alpha;\beta} + \xi_{\beta;\alpha} = \xi_{\alpha,\beta} + \xi_{\beta,\alpha} - 2\Gamma^{\mu}{}_{\alpha\beta}\xi_{\mu} = 0$$

より，

$$\alpha = \beta = \phi \;:\; \xi_{\phi,\phi} = -\xi_{\theta}\sin\theta\cos\theta \tag{1}$$

$$\alpha = \beta = \theta \;:\; \xi_{\theta,\theta} = 0, \qquad \therefore \xi_{\theta} = f(\phi) \tag{2}$$

$$\alpha = \theta,\; \beta = \phi \;:\; \xi_{\theta,\phi} + \xi_{\phi,\theta} = 2\cot\theta\,\xi_{\phi} \tag{3}$$

となる．式 (2) を式 (1) に代入すると，$\xi_{\phi,\phi} = -f(\phi)\sin\theta\cos\theta$ となり，

$$\xi_\phi = -F(\phi)\sin\theta\cos\theta + g(\theta) \tag{4}$$

が得られる．ここで，$F(\phi) \equiv \int f d\phi$ である．次に式 (2), (4) を式 (3) に代入すると，

$$\frac{df}{d\phi} + \frac{dg}{d\theta} - F(\cos^2\theta - \sin^2\theta) = 2\cot\theta\, g - 2\cos^2\theta\, F$$

となり，

$$\frac{df(\phi)}{d\phi} + F(\phi) = -\Big[\frac{dg(\theta)}{d\theta} - 2\cot\theta\, g(\theta)\Big]$$

が得られる．左辺は ϕ のみ，右辺は θ のみの関数なので，両辺は定数でなくてはならない．したがって，

$$\frac{df}{d\phi} + \int f d\phi = b \tag{5}$$

$$\frac{dg}{d\theta} - 2\cot\theta\, g = -b \tag{6}$$

と書ける．式 (6) は積分因子 $\exp\left(-2\int \cot\theta\, d\theta\right) = 1/\sin^2\theta$ をもち，

$$\frac{d}{d\theta}\Big(\frac{g}{\sin^2\theta}\Big) = -\frac{b}{\sin^2\theta} \tag{7}$$

$$g(\theta) = (b\cot\theta + c)\sin^2\theta \tag{8}$$

と積分できる．式 (5) は微分することにより解くことができて，

$$\frac{d^2 f}{d\phi^2} + f = 0$$

$$f = d\cos\phi + e\sin\phi, \qquad F = d\sin\phi - e\cos\phi$$

となる（積分定数は $g(\theta)$ に含まれる）．これを式 (5) に代入すると，

$$-d\sin\phi + e\cos\phi + d\sin\phi - e\cos\phi = b$$

となり，$b = 0$ で，式 (2), (7) より，

$$\xi_\theta = d\cos\phi + e\sin\phi = \xi^\theta$$

$$\xi_\phi = c\sin^2\theta - \sin\theta\cos\theta\,(d\sin\phi - e\cos\phi) = \sin^2\theta\,\xi^\phi$$

となる．こうして，最も一般的なキリングベクトル

$$\boldsymbol{\xi} = (d\cos\phi + e\sin\phi)\frac{\partial}{\partial\theta} + \big[c - \cot\theta\,(d\sin\phi - e\cos\phi)\big]\frac{\partial}{\partial\phi}$$

が得られる．これは 3 つのキリングベクトル

$$\frac{\partial}{\partial \phi}, \qquad -\left(\cos\phi \frac{\partial}{\partial \theta} - \cot\theta \sin\phi \frac{\partial}{\partial \phi}\right), \qquad \sin\phi \frac{\partial}{\partial \theta} + \cot\theta \cos\phi \frac{\partial}{\partial \phi}$$

の線形結合になっている．これらは，回転群の生成子 (generator) である通常の角運動量演算子 L_z，L_x，L_y と同じである．

問題 10.2　キリングベクトルとリー微分

キリング方程式 $\xi_{\alpha;\beta} + \xi_{\beta;\alpha} = 0$ は $\mathcal{L}_{\boldsymbol{\xi}} \boldsymbol{g} = \boldsymbol{0}$ と同値であることを示せ．ここで，$\boldsymbol{g}$ は計量テンソルである．この結果を幾何学的に説明せよ．

[解]　成分で計算すれば直接証明できるが，ここでは別の方法で証明する．$\mathcal{L}_{\boldsymbol{\xi}} \boldsymbol{g}$ と任意の 2 つのベクトル場 $\boldsymbol{A}$，$\boldsymbol{B}$ との内積を計算する．

$$\begin{aligned} 0 &= \boldsymbol{A} \cdot \mathcal{L}_{\boldsymbol{\xi}} \boldsymbol{g} \cdot \boldsymbol{B} = \mathcal{L}_{\boldsymbol{\xi}}(\boldsymbol{A} \cdot \boldsymbol{B}) - \boldsymbol{B} \cdot \mathcal{L}_{\boldsymbol{\xi}} \boldsymbol{A} - \boldsymbol{A} \cdot \mathcal{L}_{\boldsymbol{\xi}} \boldsymbol{B} \\ &= \nabla_{\boldsymbol{\xi}}(\boldsymbol{A} \cdot \boldsymbol{B}) - \boldsymbol{B} \cdot (\nabla_{\boldsymbol{\xi}} \boldsymbol{A} - \nabla_{\boldsymbol{A}} \boldsymbol{\xi}) - \boldsymbol{A} \cdot (\nabla_{\boldsymbol{\xi}} \boldsymbol{B} - \nabla_{\boldsymbol{B}} \boldsymbol{\xi}) \\ &= \boldsymbol{B} \cdot \nabla_{\boldsymbol{A}} \boldsymbol{\xi} + \boldsymbol{A} \cdot \nabla_{\boldsymbol{B}} \boldsymbol{\xi} = 2A^\alpha B^\beta \xi_{(\alpha;\beta)} \end{aligned}$$

ベクトル場 $\boldsymbol{A}$，$\boldsymbol{B}$ は任意なので，$\xi_{(\alpha;\beta)}$ はゼロでなくてはならず，確かにキリング方程式と等価である．これを幾何学的に解釈するには，任意の幾何学量 ϕ_A のリー微分が，座標値のずらし $\boldsymbol{\xi}$ による関数の変化量 $\delta\phi_A \equiv \delta\phi_A^{\text{new}}(x^\alpha) - \delta\phi_A^{\text{old}}(x^\alpha)$ であることを思い出せばよい．これは時空中で $\boldsymbol{\xi}$ に沿った ϕ_A の変化と等価である．つまり，$\boldsymbol{\xi}$ に沿った $\boldsymbol{g}$ のリー微分がゼロということは，$\boldsymbol{\xi}$ 方向に移動しても幾何学的には変化しないということで，$\boldsymbol{\xi}$ は時空の対称性の方向を表していることがわかる．

問題 10.3　キリングベクトルの代数的性質

(a) 2 つのキリングベクトルの交換子がキリングベクトルであることを示せ．
(b) キリングベクトルの（定数係数をもつ）線形結合がキリングベクトルであることを示せ．

[解]　(a) 問題 10.2 で示した同値性を用いる．キリングベクトル $\boldsymbol{u}, \boldsymbol{v}$ に対して，$\mathcal{L}_{\boldsymbol{u}} \boldsymbol{g} = \mathcal{L}_{\boldsymbol{v}} \boldsymbol{g} = \boldsymbol{0}$ である．これと，問題 8.16 の結果より，

$$\mathcal{L}_{[\boldsymbol{u},\boldsymbol{v}]} \boldsymbol{g} = (\mathcal{L}_{\boldsymbol{u}} \mathcal{L}_{\boldsymbol{v}} - \mathcal{L}_{\boldsymbol{v}} \mathcal{L}_{\boldsymbol{u}}) \boldsymbol{g} = \boldsymbol{0}$$

である．したがって，$[\boldsymbol{u}, \boldsymbol{v}]$ もキリングベクトルとなる．

(b) a, b を定数とすると，

$$(au_\alpha + bv_\alpha)_{;\beta} = au_{\alpha;\beta} + bv_{\alpha;\beta}$$

となる．したがって，$\boldsymbol{u}$, $\boldsymbol{v}$ がキリング方程式を満たせば，$a\boldsymbol{u} + b\boldsymbol{v}$ もキリング方程式を満たすことがわかる．

問題 10.4　回転のキリングベクトル

3 次元ユークリッド空間において，それぞれ x, y, z 軸まわりの回転を表す 3 次元キリングベクトルは，任意の点で線形従属であるが，それらの定数係数での線形結合は決してゼロにならないことを示せ．このように回転群 O(3) の生成子は，群としては 3 次元だが，2 次元面しか張らないことを示せ．

[解]　回転を表す 3 つのキリングベクトルは，角運動量演算子 $J_z = x\partial_y - y\partial_x$ などである（問題 10.1 を見よ）．点 (x_0, y_0, z_0) では

$$J_z = (-y_0, x_0, 0), \qquad J_y = (z_0, 0, -x_0), \qquad J_x = (0, -z_0, y_0)$$

なので，$J_y = -(z_0/y_0)J_z - (x_0/y_0)J_x$ となり，3 つのベクトルはその点で 2 次元面を張ることがわかる．

一方，ある定数 a, b に対して，

$$aJ_x + bJ_y + J_z = 0$$

が任意の点で成り立つとする．このとき，

$$a[J_x, J_y] + b[J_y, J_y] + [J_z, J_y] = 0$$

がいえる．これは $J_z \propto J_x$ を表し，正しくないことがただちにわかる．こうして，全球面上では J_x, J_y, J_z は 3 次元空間を張る．解釈としては，2 次元球面は 2 次元であるが，2 次元球面の向きを決定する（たとえばオイラー角）のは 3 次元ということである．

問題 10.5　定常軸対称のキリングベクトル

軸対称回転している星の計量は 2 つのキリングベクトル $\boldsymbol{\xi}_{(t)}$ と $\boldsymbol{\xi}_{(\phi)}$ をもつ．ほかに独立なキリングベクトルがないとき，$\boldsymbol{\xi}_{(t)}$ と $\boldsymbol{\xi}_{(\phi)}$ が交換可能であることを示せ．

[解]　問題 10.3 より，キリングベクトルの交換子もキリングベクトルとなる．仮定より，任意のキリングベクトルは $\boldsymbol{\xi}_{(t)}$ と $\boldsymbol{\xi}_{(\phi)}$ の線形和で表せる．そのため，次のようにおける．

10

$$[\boldsymbol{\xi}_{(\phi)}, \boldsymbol{\xi}_{(t)}] = a\boldsymbol{\xi}_{(\phi)} + b\boldsymbol{\xi}_{(t)}$$

無限遠では $\boldsymbol{\xi}_\phi \to \partial/\partial\phi$, $\boldsymbol{\xi}_t \to \partial/\partial t$ なので，交換子は $\to 0$ となる．これは定数 a, b がゼロであることを表し，したがって，交換子はいたるところでゼロになる．（B. Carter [Commun. Math. Phys. 17 (1970) 233] は，ほかのキリングベクトルが存在する非常に一般的な条件のもとで，$[\boldsymbol{\xi}_{(\phi)}, \boldsymbol{\xi}_{(t)}] = 0$ を証明している．）

問題 10.6　キリングベクトルとリッチ曲率テンソル

任意のキリングベクトルは，方程式

$$\xi^{\nu;\lambda}{}_{;\lambda} + R^{\nu}{}_{\sigma}\xi^{\sigma} = 0$$

の解であることを示せ．変分原理を用いてこの方程式を導出するとき，ラグランジアンに相当する量を導け．

[解]　任意のベクトルに対して，2 階微分の交換子は

$$\xi_{\mu;\nu\lambda} - \xi_{\mu;\lambda\nu} = R_{\mu\sigma\lambda\nu}\xi^{\sigma}$$

となる．ここで，キリング方程式 $\xi_{\mu;\nu} = -\xi_{\nu;\mu}$ を用い，μ と λ で縮約をとると，

$$\xi^{\nu;\lambda}{}_{;\lambda} + R^{\nu}{}_{\sigma}\xi^{\sigma} = -(\xi^{\mu}{}_{;\mu})^{;\nu}$$

となる．キリング方程式より $\xi^{\mu}{}_{;\mu} = 0$ なので右辺はゼロになり，求めるべき式が得られる．

$\xi_{\mu;\nu}$ が電磁テンソル $F_{\mu\nu}$ のように反対称であることに注意すれば，変分原理を簡単に書くことができる．$F_{\mu\nu} = A_{\nu;\mu} - A_{\mu;\nu} = A_{\nu,\mu} - A_{\mu,\nu}$ として，ラグランジアン $(1/4)F_{\mu\nu}F^{\mu\nu}$ を A_μ で変分をとれば，$F^{\mu\nu}{}_{;\nu}$ の項が導けることがわかっている．したがって，ラグランジアンは

$$L = \xi_{\mu;\nu}\xi^{\mu;\nu} - \frac{1}{2}R_{\mu\nu}\xi^{\mu}\xi^{\nu}$$

の形をとり，$\delta \int L\sqrt{|g|}d^4x = 0$ より正しい方程式が得られる．これはオイラー－ラグランジュ方程式を書き下せば確かめられる．

問題 10.7　キリングベクトルとリーマン曲率テンソル

$\boldsymbol{\xi}$ をキリングベクトルとするとき，次式を証明せよ．

$$\xi_{\mu;\alpha\beta} = R_{\gamma\beta\alpha\mu}\xi^{\gamma}$$

[解]　$R_{\alpha\beta\gamma\delta}$ の定義より，任意のベクトル $\boldsymbol{\xi}$ に対して，

$$\xi_{\sigma;\rho\mu} - \xi_{\sigma;\mu\rho} = R^{\lambda}{}_{\sigma\rho\mu}\xi_{\lambda} \tag{1}$$

である．式 (1) に添え字を並べ替えたものを 2 つ足し合わせ，リーマン曲率テンソルの巡回恒等式

$$R^{\lambda}{}_{\sigma\rho\mu} + R^{\lambda}{}_{\mu\sigma\rho} + R^{\lambda}{}_{\rho\mu\sigma} = 0$$

を用いると，恒等式

$$0 = \xi_{\sigma;\rho\mu} - \xi_{\sigma;\mu\rho} + \xi_{\mu;\sigma\rho} - \xi_{\mu;\rho\sigma} + \xi_{\rho;\mu\sigma} - \xi_{\rho;\sigma\mu} \tag{2}$$

が得られる．$\boldsymbol{\xi}$ がキリングベクトルの場合は，式 (2) は

$$0 = \xi_{\sigma;\rho\mu} - \xi_{\sigma;\mu\rho} - \xi_{\mu;\rho\sigma} \tag{3}$$

となり，式 (3) を式 (1) に代入すると，

$$\xi_{\mu;\rho\sigma} = R^{\lambda}{}_{\sigma\rho\mu}\xi_{\lambda} \tag{4}$$

が得られる．

問題 10.8　定常と静的

無限遠方で時間的（時間方向は $\partial/\partial t$）であるようなキリングベクトル $\boldsymbol{\xi}$ が存在するとき，またそのときのみ，計量は**定常** (stationary) であるという．**静的** (static) を定義するには，次の 2 つの方法がある．

(i) 定常，かつ，時間反転 $\partial/\partial t \to -\partial/\partial t$ に対して不変である．

(ii) 定常，かつ，$\partial/\partial t$ が超曲面直交（問題 7.23 を見よ）である．

この 2 つの定義が同値であることを示せ．

[解]　まず，定常であることが $g_{\alpha\beta,t} = 0$ となる時間座標が存在することと等価であることを示す．時間座標を $\boldsymbol{\xi} = \partial/\partial t$ と選ぶと，$\mathcal{L}_{\boldsymbol{\xi}}\boldsymbol{g} = \boldsymbol{0}$（問題 10.2, 8.13 を見よ），すなわち，

$$g_{\alpha\beta,\gamma}\xi^{\gamma} + g_{\alpha\gamma}\xi^{\gamma}{}_{,\beta} + g_{\beta\gamma}\xi^{\gamma}{}_{,\alpha} = 0 \tag{1}$$

が成立する．$\xi^{\gamma} = (1, 0, 0, 0)$ なので，$g_{\alpha\beta,t} = 0$ がいえる．

時間反転対称性（定義 (i)）は，$g_{\alpha\beta}$ が t に依存せず，$g_{ti} = 0$ を意味する．2 つの定義の同値性を示すには，あとは $g_{ti} = 0$ であることと $\boldsymbol{\xi} = \partial/\partial t$ の超曲面直交性が等価であることをいえばよい．

$g_{ti}=0$ ならば，$\alpha\neq t$ のとき $\xi_\alpha=g_{\alpha\beta}\xi^\beta=g_{\alpha t}=0$ である．したがって，ξ_α は $t_{,\alpha}$ に比例，つまり，$\boldsymbol{\xi}$ は $t=$（定数）の面に直交する．

逆に $\boldsymbol{\xi}$ が超曲面直交のとき（問題 7.23 を見よ），

$$\xi_{[\alpha;\beta}\xi_{\gamma]}=0$$

がいえる．キリング方程式 $\xi_{(\alpha;\beta)}=0$ を用いると，この式は

$$\xi_{\alpha;\beta}\xi_\gamma+\xi_{\gamma;\alpha}\xi_\beta+\xi_{\beta;\gamma}\xi_\alpha=0$$

となる．さらに，ξ^α と内積をとり，第 1 項と第 3 項にキリング方程式を用いると，

$$\frac{1}{2}(\xi_{\alpha;\beta}-\xi_{\beta;\alpha})\xi^2+\frac{1}{2}\xi^2{}_{,\alpha}\xi_\beta-\frac{1}{2}\xi^2{}_{,\beta}\xi_\alpha=0$$

$$\xi^2=\boldsymbol{\xi}\cdot\boldsymbol{\xi}$$

が得られる．これより，

$$\left(\frac{\xi_\beta}{\xi^2}\right)_{;\alpha}-\left(\frac{\xi_\alpha}{\xi^2}\right)_{;\beta}=0$$

である．こうして，ξ_α/ξ^2 がある関数 h の勾配であり，

$$\xi_\alpha=\xi^2 h_{,\alpha}$$

と書けることがわかる．$\xi^2=g_{tt},\ \xi_\alpha=g_{\alpha t}$ より，$g_{\alpha t}=g_{tt}h_{,\alpha}$ であり，$\alpha=t$ とすると，$h_{,t}=1$，つまり $h=t+f(x^i)$ となる．ここで，時間座標を新たに $t'=t+f(x^i)$ と選ぶと，

$$g_{it'}=g_{tt}h_{,i}=g_{tt}t'_{,i}=0$$

となる．また，

$$\xi^{\alpha'}=\frac{\partial x^{\alpha'}}{\partial x^\beta}\xi^\beta=\frac{\partial x^{\alpha'}}{\partial t}=(1,0,0,0)$$

なので，$g_{\alpha\beta}$ は t' に依存しないままである．

問題 10.9　ミンコフスキー空間のキリングベクトル

ミンコフスキー空間において 10 個の線形独立なキリングベクトルを求めよ．

[解]　計量が $\eta_{\mu\nu}$（すべてのクリストッフェル記号がゼロ）になるように座標系を選ぶ．このときキリング方程式は，

$$2\xi_{(\mu;\nu)}=\xi_{\mu,\nu}+\xi_{\nu,\mu}=0 \tag{1}$$

である．ここで，式 (1) の線形独立な解を分類する．

(i) 並進キリングベクトル

$$\xi^{\mu}_{(i)} = a^{\mu}_{(i)} \qquad (i = 0, 1, 2, 3) \tag{2}$$

ここで，$\boldsymbol{a}_i$ は定ベクトルである．

(ii) 回転キリングベクトル

$$\xi^{0}_{(k)} = 0, \qquad \xi^{\ell}_{(k)} = \varepsilon^{\ell k m} x_m \qquad (k = 1, 2, 3) \tag{3}$$

キリング方程式を満たしていることは，

$$\xi_{(k)(\mu,\nu)} = \xi_{(k)(i,j)} = x_{m,(j}\varepsilon_{i)km} = \delta_{m(j}\varepsilon_{i)km} = -\varepsilon_{k(ij)} = 0$$

と確かめられる．

(iii) ブーストキリングベクトル

$$\xi^{(k)}_{\mu} = \delta_{\mu}{}^{[0} x^{k]} \qquad (k = 1, 2, 3) \tag{4}$$

キリング方程式を満たしていることは，

$$\xi^{(k)}{}_{(\mu,\nu)} = \frac{1}{2}(\delta_{\mu}{}^{[0}\delta_{\nu}{}^{k]} + \delta_{\nu}{}^{[0}\delta_{\mu}{}^{k]}) = 0$$

と確かめられる．

こうして，$g_{\mu\nu} = (-1, 1, 1, 1)$ となる座標系が与えられたとき，式 (2)〜(4) の 10 個のキリングベクトルが存在する．これらをベクトルとして変換することにより，ほかの任意の座標系で $\xi^{\mu}_{(i)}$ $(i = 0, \ldots, 9)$ の成分を求めることができる．

問題 10.10　キリングベクトルと測地線

$\boldsymbol{\xi}(x^{\mu})$ をキリングベクトル，$\boldsymbol{u}$ を測地線の接ベクトルとする．このとき，測地線に沿って $\boldsymbol{\xi} \cdot \boldsymbol{u}$ が一定であることを示せ．

[解]　測地線に沿った $\boldsymbol{\xi} \cdot \boldsymbol{u}$ の変化は，

$$\nabla_{\boldsymbol{u}}(\boldsymbol{u} \cdot \boldsymbol{\xi}) = (\nabla_{\boldsymbol{u}}\boldsymbol{u}) \cdot \boldsymbol{\xi} + \boldsymbol{u} \cdot (\nabla_{\boldsymbol{u}}\boldsymbol{\xi})$$

で与えられる．いま，$\boldsymbol{u}$ は測地線に接するので $\nabla_{\boldsymbol{u}}\boldsymbol{u} = \boldsymbol{0}$ である．また，$\boldsymbol{\xi}$ はキリングベクトルなので $\boldsymbol{u} \cdot \nabla_{\boldsymbol{u}}\boldsymbol{\xi} = 0$ である．成分で表せば，

$$\boldsymbol{u} \cdot \nabla_{\boldsymbol{u}}\boldsymbol{\xi} = u^{\alpha}u^{\beta}\xi_{\alpha;\beta} = u^{\alpha}u^{\beta}\xi_{(\alpha;\beta)} = 0$$

となる．こうして，測地線に沿って $\boldsymbol{\xi} \cdot \boldsymbol{u}$ が一定であることがわかる．

問題 10.11　エネルギー流束

$\boldsymbol{\xi}$ をキリングベクトル，$\boldsymbol{T}$ をエネルギー運動量テンソルとする．このとき，$J^\mu \equiv T^{\mu\nu}\xi_\nu$ が保存量であること，すなわち，$J^\mu{}_{;\mu} = 0$ を示せ．また，$\boldsymbol{\xi}$ が時間方向のキリングベクトルのとき，$\boldsymbol{J}$ の物理的意味を考えよ．

［解］　$\boldsymbol{J}$ の発散を計算すると，

$$J^\mu{}_{;\mu} = (T^{\mu\nu}\xi_\nu)_{;\mu} = T^{\mu\nu}{}_{;\mu}\xi_\nu + T^{\mu\nu}\xi_{\nu;\mu} = 0 + T^{\mu\nu}\xi_{(\nu;\mu)} = 0$$

となる．

$\boldsymbol{\xi} = \partial/\partial t$ とすると，無限遠では $g_{00} = -1$ なので $J^\mu = T^\mu{}_0 = -T^{\mu 0}$ となる．こうして，$\boldsymbol{J}$ は定常な観測者に対して，エネルギー流束密度の逆符号（つまり逆向き）を表すベクトルであることがわかる．

問題 10.12　エネルギーの保存

$\boldsymbol{\xi}$ を時間的キリングベクトル，$\boldsymbol{T}$ をエネルギー運動量テンソルとする．このとき，空間的超曲面全体での次の積分

$$\int_{\mathrm{S}} T^\alpha{}_\beta \xi^\beta \, d^3\Sigma_\alpha$$

が，超曲面 S の選び方によらないことを示せ．

［解］　問題 10.11 で示した $J^\alpha{}_{;\alpha} = 0$ より，積分 $J^\alpha \equiv T^\alpha{}_\beta \xi^\beta$ は保存量になっている．恒等式 $J^\alpha{}_{;\alpha} = (1/\sqrt{|g|})(\sqrt{|g|}J^\alpha)_{,\alpha}$ とガウスの定理を用いると，

$$\begin{aligned} 0 = \int J^\alpha{}_{;\alpha}\sqrt{|g|}\, d^4x &= \int (\sqrt{|g|}J^\alpha)_{,\alpha}\, d^4x = \oint J^\alpha\, d^3\Sigma_\alpha \\ &= \int_{\mathrm{S}_2} J^\alpha\, d^3\Sigma_\alpha - \int_{\mathrm{S}_1} J^\alpha\, d^3\Sigma_\alpha \end{aligned}$$

となる．ここで，無限遠で十分速く $\boldsymbol{J} \to \boldsymbol{0}$ に減衰することを仮定し，境界（空間的無限遠）からの積分の寄与を無視した．こうして，積分が空間的超曲面 S に依存しないことが示せる．

問題 10.13　キリングベクトルと保存量

平坦な時空で発散がゼロのエネルギー運動量テンソル，すなわち，

$$T^{\mu\nu}{}_{;\nu} = 0, \qquad R_{\alpha\beta\gamma\delta} = 0$$

がある．このとき，10 個の大域的な保存則が成立し，したがって，10 個の保存量が存在することを示せ．

[解]　問題 10.11 より，各キリングベクトル $\boldsymbol{\xi}$ に対して，$J^\mu \equiv T^{\mu\nu}\xi_\nu$ が保存ベクトル，すなわち，

$$J^\mu{}_{;\mu} = \frac{1}{\sqrt{|g|}}(\sqrt{|g|}J^\alpha)_{,\alpha} = 0 \tag{1}$$

になることがわかった．問題 10.9 より，平坦な時空では 10 個の線形独立なキリングベクトル $\xi^\mu_{(i)}$ $(i = 0, \ldots, 9)$ があり，したがって，10 個の保存ベクトル

$$J^\mu{}_{(i)} \equiv T^{\mu\nu}\xi_{(i)\nu} \tag{2}$$

が存在する．式 (1) と式 (2) から，10 個の大域的な保存量

$$Q_{(i)} \equiv \int \sqrt{|g|}J^0_{(i)}\, d^3x \qquad (i = 0, \ldots, 9) \tag{3}$$

を構成することができる．実際に，

$$\frac{dQ_{(i)}}{dt} = \int (\sqrt{|g|}J^0_{(i)})_{,0}\, d^3x = -\int (\sqrt{|g|}J^k_{(i)})_{,k}\, d^3x = -\int \sqrt{|g|}J^k_{(i)}\, d^2\Sigma_k$$

となる．最後の表式は体積積分の（2 次元）境界面を横切る全流束を表している．$\boldsymbol{T}$ が遠方で十分速くゼロになり，積分体積が無限大であれば，この流束項は消えて，$dQ_{(i)}/dt = 0$ となる（別証として，問題 10.12 を用いる方法がある）．

並進のキリングベクトルから得られる 4 個の保存量はエネルギーと運動量に対応し，回転のキリングベクトルから得られる 3 個の保存量は角運動量に対応する．ブーストのキリングベクトルから得られる 3 個の保存量は（たとえばミンコフスキー座標系で $\xi_\nu = (x, -t, 0, 0)$ の場合では），

$$\begin{aligned} Q &= \int T^{0\nu}\xi_\nu dxdydz = \int xT^{00}dxdydz - t\int T^{0x}dxdydz \\ &= x_{(\mathrm{C.M.})}M_{(\mathrm{C.M.})} - tP_{x(\mathrm{C.M.})} = M_{(\mathrm{C.M.})}(x_{(\mathrm{C.M.})} - v_{(\mathrm{C.M.})}t) \end{aligned}$$

と書ける（$x_{(\mathrm{C.M.})}$ は $\int xT^{00}\,dx\,dy\,dz \Big/ \int T^{00}\,dx\,dy\,dz$ で定義される）．これは系の質量中心 (C.M.) が等速直線運動することに関係し，その保存される「一様運動の原点」の成分に対応する．

問題 10.14　時間的キリングベクトルの加速度

$\boldsymbol{\xi}$ を時間的キリングベクトル，$\boldsymbol{u} = \boldsymbol{\xi}/\sqrt{|\boldsymbol{\xi}\cdot\boldsymbol{\xi}|}$ を 4 元速度とする．このとき，$\boldsymbol{a} \equiv \nabla_{\boldsymbol{u}}\boldsymbol{u} = (1/2)\nabla \log|\boldsymbol{\xi}\cdot\boldsymbol{\xi}|$ を示せ．

[解]　$\boldsymbol{u}$ の成分は，

$$u_\alpha = \frac{\xi_\alpha}{\sqrt{-\xi_\gamma \xi^\gamma}}$$

と書けるので（マイナスは根号の中を正にするため），

$$a_\alpha = u_{\alpha;\beta}u^\beta = \left[\frac{\xi_{\alpha;\beta}}{(-\xi_\gamma\xi^\gamma)^{1/2}} + \frac{\xi_\alpha\xi_{\gamma;\beta}\xi^\gamma}{(-\xi_\mu\xi^\mu)^{3/2}}\right]\frac{\xi^\beta}{(-\xi_\nu\xi^\nu)^{1/2}}$$

となる．第 2 項は $\xi_{\gamma;\beta}\xi^\gamma\xi^\beta = \xi_{(\gamma;\beta)}\xi^\gamma\xi^\beta = 0$ より消え，また，$\xi_{\alpha;\beta} = -\xi_{\beta;\alpha}$ より，第 1 項は

$$a_\alpha = \frac{\xi_{\beta;\alpha}\xi^\beta}{\xi_\gamma\xi^\gamma} = \frac{1}{2}\frac{(\xi_\beta\xi^\beta)_{;\alpha}}{\xi_\gamma\xi^\gamma} = \frac{1}{2}\left[\log(-\xi_\beta\xi^\beta)\right]_{,\alpha}$$

となる．

問題 10.15　粒子のエネルギーの最小値

時間方向キリングベクトル $\boldsymbol{\xi}$ が存在する定常な時空において，4 元運動量 $\boldsymbol{p}$ をもつテスト粒子の「無限遠におけるエネルギー」$E = -\boldsymbol{p}\cdot\boldsymbol{\xi}$ は保存する．時空中のある与えられた点で，粒子がとりうる E/μ（μ はテスト粒子の質量）の値のうち，最小値を $\boldsymbol{\xi}$ のノルムで表せ．

[解]　与えられた点を通る粒子の軌跡において，E/μ は任意の値をとれるわけではない．たとえば，空間的無限遠にある粒子では $E/\mu \geq 1$ でなくてはならない．任意の点に対する E/μ のとりうる範囲を調べるには，その点で正規直交基底系をとるとよい．粒子の 4 元速度は，3 元速度ベクトル $\mathbb{v}$ と $\gamma = 1/\sqrt{1-|\mathbb{v}|^2}$ を用いて $\boldsymbol{u} = (\gamma, \gamma\mathbb{v})$ と書ける．また，時間的キリングベクトルは，3 元ベクトル $\mathfrak{x}$ を用いて $\boldsymbol{\xi} = (\xi_0, \mathfrak{x})$ である．粒子の静止質量に対するエネルギーの比は，

$$\frac{E}{\mu} = -\boldsymbol{u}\cdot\boldsymbol{\xi} = \gamma(\xi_0 - \mathbb{v}\cdot\mathfrak{x}) \tag{1}$$

と表せる．ここで，ドットは 3 次元局所ユークリッド空間における内積である．式 (5) より明らかに，E/μ が極値（つまり，上下限値）をとる必要（十分ではない）条件は，

$$\mathbb{v}\cdot\mathfrak{x} = \pm|\mathbb{v}||\mathfrak{x}| \tag{2}$$

である．以下では 2 つの場合を分けて考える．$\boldsymbol{\xi}$ が空間的（たとえばカー・ブラックホールのエルゴ領域）なとき，$\xi_0 < |\xi|$ であり，式 (1) を見ると E/μ は任意の値をとることができる．つまり，$-\infty < E/\mu < \infty$ となる．これが $\boldsymbol{\xi}$ が空間的な領域での答えである．無限大の極限は式 (2) の正負の符号で，それぞれ $|\mathrm{v}| \to 1$ にしたときに相当する．一方，$\boldsymbol{\xi}$ が時間的（たとえば空間的無限遠）な場合，$\xi_0 > |\xi|$ であり，式 (1) の右辺は常に正で，E/μ に関して非自明な下限が存在する．式 (2) で正の符号をとり，式 (1) に用いて書き換えると，

$$\left(|\xi|^2 + \frac{E^2}{\mu^2}\right)|\mathrm{v}|^2 - 2\xi_0|\xi||\mathrm{v}| + \left(\xi_0^2 - \frac{E^2}{\mu^2}\right) = 0$$

となる．E/μ の極値は，この式を $|\mathrm{v}|$ に関する 2 次方程式と見たときに，その判別式をゼロにおくことで得られる．実際に計算すると，

$$0 = \left(\frac{E}{\mu}\right)^2\left[\left(\frac{E}{\mu}\right)^2 - |\xi|^2 + \xi_0^2\right]$$

となる．解 $E/\mu = 0$ は見せかけのもので，本当の E/μ の下限は，

$$\left(\frac{E}{\mu}\right)^2 = \xi_0^2 - |\xi|^2 = -\boldsymbol{\xi}\cdot\boldsymbol{\xi}$$

となる．与えられた点で E/μ がとりうる範囲は，その点での時間的キリングベクトルのノルムだけで

$$\sqrt{-\boldsymbol{\xi}\cdot\boldsymbol{\xi}} \le \frac{E}{\mu} < +\infty$$

というように決まることがわかる．

問題 10.16　キリングベクトルとマクスウェル方程式

真空におけるキリングベクトルが電磁ポテンシャルに対するマクスウェル方程式を満たすことを示せ．ただし，電磁場をテスト場とする．ミンコフスキー空間におけるキリングベクトル $\partial/\partial\phi$ に対応する電磁場は何か説明せよ．

[解]　テスト場近似なので，与えられた背景時空においてマクスウェル方程式が満たされているかを調べればよい．電磁ポテンシャル A^μ がキリングベクトルであれば，

$$A^\mu{}_{;\mu} = 0$$

が成り立つ．つまり，ローレンツ条件が満たされる．問題 10.6 と真空における式 $R^\mu{}_\nu = 0$ より，波動方程式

$$A^{\mu;\nu}{}_{;\nu} - R^\mu{}_\nu A^\nu = 0$$

が成立する（問題 14.16 を見よ）.

ミンコフスキー空間では極座標を用いて，$\boldsymbol{A} \propto \partial/\partial\phi$，すなわち，$A^{\phi} =$（定数）のみが非ゼロならば，$A^{\hat{\phi}} \propto r\sin\theta$ であり，よく用いられる 3 次元の記法では，

$$\mathbb{A} = ar\sin\theta\, \mathbb{e}_{\hat{\phi}}, \qquad a = (\text{定数})$$

となる．したがって，$\mathbb{E} = \mathbb{0}$, $\mathbb{B} = \nabla \times \mathbb{A} = 2a(\cos\theta\, \mathbb{e}_{\hat{r}} - \sin\theta\, \mathbb{e}_{\hat{\theta}}) = 2a\mathbb{e}_{\hat{z}}$ となる．こうして，$\partial/\partial\phi$ は z 軸に平行な一様磁場に対応することがわかる．

第 11 章

角運動量

Angular Momentum

この章では，一般相対性理論における**回転** (rotation)，**角運動量** (angular momentum)，**スピン** (spin) などに関する問題を扱う．それぞれの定義は各問題で与える．

問題 11.1　角運動量と保存則

特殊相対性理論では，世界点 B において 4 元運動量 $\boldsymbol{p}$ をもつ粒子があるとき，世界点 A のまわりの**角運動量**は，

$$\boldsymbol{J} = \Delta\boldsymbol{x} \otimes \boldsymbol{p} - \boldsymbol{p} \otimes \Delta\boldsymbol{x}$$

である．ここで，$\Delta\boldsymbol{x}$ は世界点 A から世界点 B への 4 元ベクトルである．

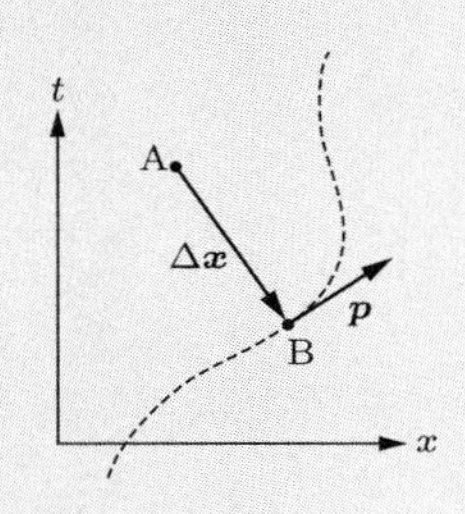

(a) 自由粒子（加速していない粒子）に対して，$\boldsymbol{J}$ が保存すること，すなわち $d\boldsymbol{J}/d\tau = \boldsymbol{0}$ を示せ．

(b) 世界点 B でいくつかの粒子が衝突し，ほかのいくつかの粒子が生成されたとする．粒子の世界点 A のまわりの角運動量の和が衝突前と後で変化しないこと，すなわち

$$\sum_k \boldsymbol{J}_{(k)}\big|_{\text{after}} = \sum_k \boldsymbol{J}_{(k)}\big|_{\text{before}}$$

を示せ．

[解]　(a) 直接計算すると，次のようになる．

$$\begin{aligned}\frac{d\boldsymbol{J}}{d\tau} &= \frac{d(\Delta\boldsymbol{x})}{d\tau} \otimes \boldsymbol{p} + \Delta\boldsymbol{x} \otimes \frac{d\boldsymbol{p}}{d\tau} - \frac{d\boldsymbol{p}}{d\tau} \otimes \Delta\boldsymbol{x} - \boldsymbol{p} \otimes \frac{d(\Delta\boldsymbol{x})}{d\tau} \\ &= \boldsymbol{u} \otimes \boldsymbol{p} - \boldsymbol{p} \otimes \boldsymbol{u} = \left(\frac{1}{m}\boldsymbol{p}\right) \otimes \boldsymbol{p} - \boldsymbol{p} \otimes \left(\frac{1}{m}\boldsymbol{p}\right) = \boldsymbol{0}\end{aligned}$$

(b) 衝突の直前と直後を考える．すべての粒子は同じ世界点で衝突するので

$$\Delta \boldsymbol{x}_{(k)}\big|_{\text{before}} = \Delta \boldsymbol{x}_{(k)}\big|_{\text{after}} = \Delta \boldsymbol{x}$$

と書ける．したがって，

$$\begin{aligned}\sum_k \boldsymbol{J}_{(k)}\big|_{\text{after}} &= \Delta \boldsymbol{x} \otimes \left(\sum_k \boldsymbol{p}_{(k)}\big|_{\text{after}}\right) - \left(\sum_k \boldsymbol{p}_{(k)}\big|_{\text{after}}\right) \otimes \Delta \boldsymbol{x} \\ &= \Delta \boldsymbol{x} \otimes \left(\sum_k \boldsymbol{p}_{(k)}\big|_{\text{before}}\right) - \left(\sum_k \boldsymbol{p}_{(k)}\big|_{\text{before}}\right) \otimes \Delta \boldsymbol{x} \\ &= \sum_k \boldsymbol{J}_{(k)}\big|_{\text{before}}\end{aligned}$$

となる．ここで，全角運動量 $\displaystyle\sum_k \boldsymbol{p}_{(k)}$ が保存することを用いた．

問題 11.2　全角運動量と 4 元スピンベクトルの並進不変性

以下を示せ．

(a) 平坦な時空における孤立系の**全角運動量** (total angular momentum)

$$J^{\alpha\beta} \equiv \int d^3x \, (x^\alpha T^{\beta 0} - x^\beta T^{\alpha 0})$$

は（$T^{\alpha\beta}{}_{,\beta} = 0$ のとき）保存テンソルである．

(b) $J^{\alpha\beta}$ は，座標の並進 $x^\alpha \to x^\alpha + a^\alpha$ に対して不変ではない．

(c) $J^{\alpha\beta}$ を用いて定義される **4 元スピンベクトル** (spin 4-vector)

$$S_\alpha \equiv -\frac{1}{2}\varepsilon_{\alpha\beta\gamma\delta} J^{\beta\gamma} u^\delta$$

は保存量である．ここで，$u^\alpha \equiv P^\alpha / \sqrt{-P^\beta P_\beta}$ は質量中心の 4 元速度，$P^\alpha \equiv \displaystyle\int d^3x \, T^{\alpha 0}$ は全運動量である．

(d) S_α は並進に対して不変である．

[解]　(a) **角運動量密度** (angular momentum density) を

$$J^{\alpha\beta\gamma} = 2x^{[\alpha} T^{\beta]\gamma} = x^\alpha T^{\beta\gamma} - x^\beta T^{\alpha\gamma}$$

で定義すると，

$$J^{\alpha\beta\gamma}{}_{,\gamma} = \delta^\alpha{}_\gamma T^{\beta\gamma} + x^\alpha T^{\beta\gamma}{}_{,\gamma} - \delta^\beta{}_\gamma T^{\alpha\gamma} - x^\beta T^{\alpha\gamma}{}_{,\gamma} = T^{\beta\alpha} - T^{\alpha\beta} = 0$$

となる．こうして，ガウスの定理より $J^{\alpha\beta} \equiv \displaystyle\int J^{\alpha\beta\gamma} \, d^3\Sigma_\gamma$ が保存量であることがいえる．

(b) 直接計算すると，

$$J^{\alpha\beta}(x^\sigma + a^\sigma) = \int (a^\alpha T^{\beta\gamma} - a^\beta T^{\alpha\gamma}) d^3\Sigma_\gamma + J^{\alpha\beta}(x^\sigma)$$

となる．これより，$J^{\alpha\beta}$ は並進に対して不変ではない（異なる点のまわりの角運動量は異なる）．

(c) スピンの時間微分を計算すると，

$$\frac{dS_\alpha}{dt} = -\frac{1}{2}\varepsilon_{\alpha\beta\gamma\delta}\left(\frac{dJ^{\beta\gamma}}{dt}u^\delta + J^{\beta\gamma}\frac{du^\delta}{dt}\right)$$

となる．右辺第 1 項は (a) よりゼロになる．第 2 項も，系にはたらく力（外力）がないのでゼロになる ($du^\delta/dt = 0$)．これより，$dS_\alpha/dt = 0$ である．

(d) (b) より，

$$J^{\alpha\beta}(x^\sigma + a^\sigma) = a^\alpha P^\beta - a^\beta P^\alpha + J^{\alpha\beta}(x^\sigma)$$

であり，したがって，

$$S_\alpha(x^\sigma + a^\sigma) = -\frac{1}{2}\varepsilon_{\alpha\beta\gamma\delta}(a^\beta P^\gamma - a^\gamma P^\beta)\frac{P^\delta}{|\boldsymbol{P}|} + S_\alpha(x^\sigma)$$

となる．右辺第 1 項は（$\boldsymbol{\varepsilon}$ が完全反対称で，P^μ が 2 次なので）ゼロになる．以上より，$S_\alpha(x^\sigma + a^\sigma) = S_\alpha(x^\sigma)$ が得られる．

問題 11.3　速度ベクトルとスピンベクトルの直交性

系の 4 元スピンベクトル S_α は速度 u^α に直交することを示せ．

[解]　S_α の定義より，

$$u^\alpha S_\alpha = -\frac{1}{2}\varepsilon_{\alpha\beta\gamma\delta}J^{\beta\gamma}u^\delta u^\alpha = 0$$

がいえる．ここで，$\boldsymbol{\varepsilon}$ の反対称性と $u^\delta u^\alpha$ の対称性を用いた．

問題 11.4　スピンベクトルのフェルミ－ウォーカー移動

トルクがはたらいていないジャイロスコープでは，その 4 元スピンベクトルがフェルミ－ウォーカー移動することを示せ．

[解]　ジャイロスコープの質量中心とともに動いている局所慣性系の観測者を考える．トルクがはたらかないので，スピン軸の歳差は観測されない．つまり，$d\mathbb{S}/dt = \mathbb{0}$ である．また，この系ではジャイロスコープの 4 元速度は $\boldsymbol{u} = (1, \mathbb{0})$ なので，トルク

がゼロの条件は

$$\nabla_{\boldsymbol{u}}\boldsymbol{S} = g\boldsymbol{u}$$

と書ける．ここで，g は比例係数である．$\boldsymbol{S}\cdot\boldsymbol{u} = 0$ より g を計算すると，

$$\begin{aligned}0 = \nabla_{\boldsymbol{u}}(\boldsymbol{S}\cdot\boldsymbol{u}) &= (\nabla_{\boldsymbol{u}}\boldsymbol{S})\cdot\boldsymbol{u} + \boldsymbol{S}\cdot(\nabla_{\boldsymbol{u}}\boldsymbol{u}) \\ &= g\boldsymbol{u}\cdot\boldsymbol{u} + \boldsymbol{S}\cdot\boldsymbol{a} = -g + \boldsymbol{S}\cdot\boldsymbol{a}\end{aligned}$$

なので，

$$\nabla_{\boldsymbol{u}}\boldsymbol{S} = (\boldsymbol{S}\cdot\boldsymbol{a})\boldsymbol{u}$$

が得られる．これはフェルミ－ウォーカー移動方程式

$$\nabla_{\boldsymbol{u}}\boldsymbol{S} = (\boldsymbol{S}\cdot\boldsymbol{a})\boldsymbol{u} - (\boldsymbol{S}\cdot\boldsymbol{u})\boldsymbol{a}$$

において，$\boldsymbol{S}\cdot\boldsymbol{u} = 0$ としたものである．

問題 11.5　固有角運動量

(a) 系の質量中心まわりの角運動量 $J^{\alpha\beta}$ に対して，$J^{\alpha\beta}u_{\beta} = 0$ が成立することを示せ．

(b) この場合の角運動量（**固有角運動量** (intrinsic angular momentum)）は4元スピンベクトルを用いて次の式で表されることを示せ．

$$J^{\alpha\beta}_{(\mathrm{C.M.})} \equiv S^{\alpha\beta} = -\varepsilon^{\alpha\beta\gamma\delta}S_{\gamma}u_{\delta}$$

［解］　(a) 質量中心系において，質量中心のまわりでは $\displaystyle\int x^i T^{00} d^3x = 0$（質量中心），$\displaystyle\int T^{i0} d^3x = 0$（運動量中心）である．これより，

$$J^{i0} = \int d^3x(x^i T^{00} - tT^{i0}) = 0$$

となる．座標依存しない形では，$J^{\alpha\beta}u_{\beta} = 0$ である．

(b) S_{γ} の定義より，

$$-\varepsilon^{\alpha\beta\gamma\delta}S_{\gamma}u_{\delta} = \frac{1}{2}\varepsilon^{\alpha\beta\gamma\delta}\varepsilon_{\gamma\mu\nu\sigma}J^{\mu\nu}u^{\sigma}u_{\delta}$$

となる．ここで，γ について和をとると（問題 3.27, 3.28 を見よ），

$$-\frac{1}{2}\delta^{\alpha\beta\delta}{}_{\mu\nu\sigma}J^{\mu\nu}u^{\sigma}u_{\delta} = -J^{\alpha\beta}u^{\delta}u_{\delta} = J^{\alpha\beta} \equiv S^{\alpha\beta}$$

が得られる（u_{δ} があるために，J に δ の添え字がつくと (a) より 0 になるので，和を

とるときには $J^{\alpha\beta}$ の項だけが残る).

問題 11.6　合体した物体のスピン

それぞれ運動量 $\boldsymbol{P}_{\rm A}$, $\boldsymbol{P}_{\rm B}$, およびスピン $\boldsymbol{S}_{\rm A}$, $\boldsymbol{S}_{\rm B}$ をもつ 2 つの物体 A, B がある. それぞれの質量中心は衝突進路上にあるとする. 衝突後, 物体 A, B は合体して物体 C になった. 物体 C のスピン $\boldsymbol{S}_{\rm C}$ を $\boldsymbol{P}_{\rm A}$, $\boldsymbol{P}_{\rm B}$, $\boldsymbol{S}_{\rm A}$, $\boldsymbol{S}_{\rm B}$ を用いて表せ.

[解]　まず, 全角運動量を計算する. 運動量中心系を考え, 物体 A の質量中心と物体 B の質量中心が衝突する事象を原点 $\boldsymbol{0}$ とする. この原点のまわりで, A と B の両系は固有角運動量のみをもつので (問題 11.5 を見よ),

$$\underset{\rm A+B}{J}{}^{\alpha\beta}(\boldsymbol{0}) = \underset{\rm A}{S}{}^{\alpha\beta} + \underset{\rm B}{S}{}^{\alpha\beta} = -\varepsilon^{\alpha\beta\mu\nu}\left(\underset{\rm A}{S}{}_{\mu}\underset{\rm A}{u}{}_{\nu} + \underset{\rm B}{S}{}_{\mu}\underset{\rm B}{u}{}_{\nu}\right)$$

であり, これは角運動量保存則より $\underset{\rm C}{J}{}^{\alpha\beta}(\boldsymbol{0})$ と等しい. この結果をスピンベクトルの定義に用いると,

$$\underset{\rm C}{S}{}_{\sigma} = -\frac{1}{2}\varepsilon_{\sigma\alpha\beta\lambda}\underset{\rm C}{J}{}^{\alpha\beta}\underset{\rm C}{u}{}^{\lambda} = \frac{1}{2}\varepsilon_{\sigma\alpha\beta\lambda}\varepsilon^{\alpha\beta\mu\nu}\left(\underset{\rm A}{S}{}_{\mu}\underset{\rm A}{u}{}_{\nu} + \underset{\rm B}{S}{}_{\mu}\underset{\rm B}{u}{}_{\nu}\right)\underset{\rm C}{u}{}^{\lambda}$$

となる. 問題 3.28 (問題 3.27 も見よ) より,

$$\varepsilon_{\sigma\alpha\beta\lambda}\varepsilon^{\alpha\beta\mu\nu} = -2\delta^{\mu\nu}{}_{\sigma\lambda}$$

なので,

$$\begin{aligned}
\underset{\rm C}{S}{}_{\sigma} &= -\delta^{\mu\nu}{}_{\sigma\lambda}\left(\underset{\rm A}{S}{}_{\mu}\underset{\rm A}{u}{}_{\nu} + \underset{\rm B}{S}{}_{\mu}\underset{\rm B}{u}{}_{\nu}\right)\underset{\rm C}{u}{}^{\lambda} \\
&= -\underset{\rm A}{S}{}_{\sigma}(\boldsymbol{u}_{\rm A}\cdot\boldsymbol{u}_{\rm C}) - \underset{\rm B}{S}{}_{\sigma}(\boldsymbol{u}_{\rm B}\cdot\boldsymbol{u}_{\rm C}) + \underset{\rm A}{u}{}_{\sigma}(\boldsymbol{S}_{\rm A}\cdot\boldsymbol{u}_{\rm C}) + \underset{\rm B}{u}{}_{\sigma}(\boldsymbol{S}_{\rm B}\cdot\boldsymbol{u}_{\rm C})
\end{aligned}$$

となる. 最後に, この式の $\boldsymbol{u}_{\rm C}$ に $(\boldsymbol{P}_{\rm A}+\boldsymbol{P}_{\rm B})/|\boldsymbol{P}_{\rm A}+\boldsymbol{P}_{\rm B}|$ を代入すると答えが得られる.

問題 11.7　トーマス歳差

自転している「古典的な」電子が原子核のまわりを円運動しているとする. このとき, 電子の 4 元スピンベクトル $\boldsymbol{S}$ はフェルミ－ウォーカー移動するとする. 実験室系で観測したとき, 電子は x-y 平面内で半径 r の円軌道上を一定の角速度 ω で運動していた. スピンベクトルを実験室系の時間 t の関数 $\boldsymbol{S}(t)$ として求めよ.

[解]　基礎方程式 (問題 11.4 を見よ) は,

$$\frac{d\boldsymbol{S}}{d\tau} = \boldsymbol{u}(\boldsymbol{a}\cdot\boldsymbol{S})$$

である．実験室系で，粒子の世界線は

$$x = r\cos\omega t, \qquad y = r\sin\omega t$$

と書けて（ここで，ω と r は定数），したがって，

$$u^0 = \gamma, \qquad u^x = \gamma\frac{dx}{dt} = -\gamma\omega r\sin\omega t, \qquad u^y = \gamma\omega r\cos\omega t, \qquad u^z = 0$$

となる．ただし，$\gamma \equiv 1/\sqrt{1-r^2\omega^2} =$（定数）である．また，$\boldsymbol{a} = d\boldsymbol{u}/d\tau$ より，

$$a^0 = 0, \quad a^x = \gamma\frac{du^x}{dt} = -\gamma^2\omega^2 r\cos\omega t, \quad a^y = -\gamma^2\omega^2 r\sin\omega t, \quad a^z = 0$$

なので，

$$\boldsymbol{a}\cdot\boldsymbol{S} = a^x S^x + a^y S^y = -\gamma^2\omega^2 r\cos\omega t\, S^x - \gamma^2\omega^2 r\sin\omega t\, S^y$$

となる．したがって，基礎方程式は

$$\frac{dS^0}{d\tau} = \gamma\frac{dS^0}{dt} = u^0(\boldsymbol{a}\cdot\boldsymbol{S}) = \gamma\,(\boldsymbol{a}\cdot\boldsymbol{S}) \tag{1}$$

$$\frac{dS^x}{d\tau} = \gamma\frac{dS^x}{dt} = u^x(\boldsymbol{a}\cdot\boldsymbol{S}) = -\gamma\omega r\sin\omega t\,(\boldsymbol{a}\cdot\boldsymbol{S}) \tag{2}$$

$$\frac{dS^y}{d\tau} = \gamma\frac{dS^y}{dt} = u^y(\boldsymbol{a}\cdot\boldsymbol{S}) = \gamma\omega r\cos\omega t\,(\boldsymbol{a}\cdot\boldsymbol{S}) \tag{3}$$

$$\frac{dS^z}{d\tau} = 0 \tag{4}$$

となる．次に，動径成分と接線成分を

$$S^x = S^r\cos\omega t - S^\theta\sin\omega t, \qquad S^y = S^r\sin\omega t + S^\theta\cos\omega t$$

で導入する．式 (2), (3) は，

$$\frac{dS^r}{dt} = \omega S^\theta \tag{5}$$

$$\frac{dS^\theta}{dt} = -\gamma^2\omega S^r \tag{6}$$

となる．式 (5), (6) は，

$$\frac{d^2S^r}{dt^2} = -\omega^2\gamma^2 S^r \quad\Longrightarrow\quad S^r = A\cos(\gamma\omega t + \alpha) \qquad (A,\ \alpha\ \text{：定数}) \tag{7}$$

となり，式 (5) に代入すると，

$$S^\theta = -\gamma A \sin(\gamma\omega t + \alpha) \tag{8}$$

がいえる．式 (4), (7) および式 (8) を用いると，

$$S^x = A\big[\cos\omega t\,\cos(\gamma\omega t + \alpha) + \gamma\sin\omega t\,\sin(\gamma\omega t + \alpha)\big] \tag{9a}$$

$$S^y = A\big[\sin\omega t\,\cos(\gamma\omega t + \alpha) - \gamma\cos\omega t\,\sin(\gamma\omega t + \alpha)\big] \tag{9b}$$

$$S^z = （定数） \tag{9c}$$

が得られる．初期条件を $S^x = \hbar/\sqrt{2}$, $S^y = 0$, $S^z = \hbar/2$ とする（ここでは電子のスピンを量子論的に扱ってないが，$S^2 = 3\hbar^2/4$ としたい）．これより，$\alpha = 0$, $A = \hbar/\sqrt{2}$ となり，式 (9) は，

$$S^x + iS^y = \frac{\hbar}{\sqrt{2}}\big[e^{-i(\gamma-1)\omega t} + i(1-\gamma)\sin\gamma\omega t\, e^{i\omega t}\big] \tag{10}$$

と書き換えられる．式 (10) の右辺第 1 項と式 (9c) は，電子のスピンが z 軸まわりに歳差運動していることを表し，その角速度は，

$$\omega_{\text{Thomas}} = (\gamma - 1)\omega \approx \frac{1}{2}v^2\omega \tag{11}$$

となる．一方，式 (10) の右辺第 2 項は，原子内の電子の場合は非常に小さくなる $(1-\gamma \approx -(1/2)v^2)$.

問題 11.8　非一様重力場中の非球対称物体

非一様重力場中で回転している非球対称の物体はトルクを受け，その 4 元スピンベクトル $\boldsymbol{S}$ が時間とともに変化する．物体の質量中心は測地線に沿って自由に運動し，その 4 元速度を $\boldsymbol{u}$ とすると，

$$\frac{DS^\kappa}{d\tau} = \varepsilon^{\kappa\beta\alpha\mu} u_\mu u^\sigma u^\lambda t_{\beta\eta} R^\eta{}_{\sigma\alpha\lambda}$$

が成り立つことを示せ．ここで，$t_{\beta\eta}$ は**換算四重極モーメントテンソル** (reduced quadrupole moment tensor) で，質量中心系で

$$t^{ij} = \int \rho\Big(x^i x^j - \frac{1}{3}r^2\delta^{ij}\Big)d^3x, \qquad t^{\alpha\beta}u_\alpha = 0$$

である．また，物体の外部ではリーマン曲率テンソルは非自明になるが，物体内部では一定と仮定する．

[解]　物体の質量中心と共動の局所慣性系で計算する．質量中心を測地線偏差方程式の基準点とすると，位置 $x^{\hat{j}}$ にある質量要素の相対加速度は，

$$\frac{d^2 x^{\hat{j}}}{dt^2} = -R^{\hat{j}}{}_{\hat{0}\hat{k}\hat{0}} x^{\hat{k}} \tag{1}$$

と書ける．これより，単位体積あたりのトルクの i 成分は $-\varepsilon_{\hat{i}\hat{\ell}\hat{j}} x^{\hat{\ell}} \rho R^{\hat{j}}{}_{\hat{0}\hat{k}\hat{0}} x^{\hat{k}}$ となる．ここで，ρ は $x^{\hat{j}}$ における質量密度である．全トルクは固有角運動量の時間微分と等しいので，

$$\frac{dS_{\hat{i}}}{dt} = -\varepsilon_{\hat{i}\hat{\ell}\hat{j}} R^{\hat{j}}{}_{\hat{0}\hat{k}\hat{0}} \int \rho\, x^{\hat{\ell}} x^{\hat{k}} d^3x \tag{2}$$

となる．ただし，$R^{\hat{j}}{}_{\hat{0}\hat{k}\hat{0}}$ が物体全体にわたって一定であるとした．$\varepsilon_{\hat{i}\hat{\ell}\hat{j}} R^{\hat{j}}{}_{\hat{0}\hat{k}\hat{0}}$ の対称性より，式 (2) は

$$\frac{dS_{\hat{i}}}{dt} = -\varepsilon_{\hat{i}\hat{\ell}\hat{j}} t^{\hat{\ell}\hat{k}} R^{\hat{j}}{}_{\hat{0}\hat{k}\hat{0}} \tag{3}$$

と等価になる．ここで，

$$t^{\hat{\ell}\hat{k}} \equiv \int \rho\Big(x^{\hat{\ell}} x^{\hat{k}} - \frac{1}{3} r^2 \delta^{\hat{\ell}\hat{k}}\Big)\, d^3x$$

である．四重極モーメントテンソル $t^{\alpha\beta}$ を $t^{\alpha\beta} u_\beta = 0$，つまり局所共動座標系で空間成分だけをもつように定義すると，式 (3) を

$$\frac{DS^\kappa}{d\tau} = \varepsilon^{\kappa\beta\alpha\mu} u_\mu u^\sigma u^\lambda t_{\beta\eta} R^\eta{}_{\sigma\alpha\lambda} \tag{4}$$

のように共変的な表式で書くことができる．物体が球対称，もしくは十分小さくて

$$(\text{リーマン曲率}) \times (\text{物体の大きさ})^2 \approx 0$$

とみなせる場合は，式 (4) は $DS^\kappa/d\tau = 0$ となる（問題 11.4 で $\boldsymbol{a} = \boldsymbol{0}$ とした場合と比較せよ）．

問題 11.9　地球の歳差運動

地球は（わずかに非球対称なために）四重極モーメントをもち，それが太陽および月からの潮汐力と影響して地球の回転軸に歳差運動を生じさせている．歳差運動の周期を求めよ．

[解]　2 つの座標系を用いる．1 つは X-Y-Z 座標系で，地球の質量中心を空間的中心とする局所慣性系の空間座標である．黄道面を X-Y 面とし，地球から見たとき，太陽と月はこの面内の円軌道上を動くとする．もう 1 つは x-y-z 座標系で，同様に局所慣性系の空間座標だが，z 軸を地球の角運動量 $\mathbb{J}$ と平行にとり，x 軸は X 軸と平行に選ぶ．2 つの座標系の基底ベクトルの関係は，

$$\mathbb{e}_x = \mathbb{e}_X, \qquad \mathbb{e}_y = \cos\psi\,\mathbb{e}_Y - \sin\psi\,\mathbb{e}_Z, \qquad \mathbb{e}_z = \sin\psi\,\mathbb{e}_Y + \cos\psi\,\mathbb{e}_Z$$

である．ここで，$\psi \approx 23.5^\circ$ は $\mathbb{J}$ と Z 軸とのなす角で，わずかな章動を無視すれば一定である．時間がたつと $\mathbb{J}$ は Z 軸まわりで歳差運動をする．その周期 T を求める．

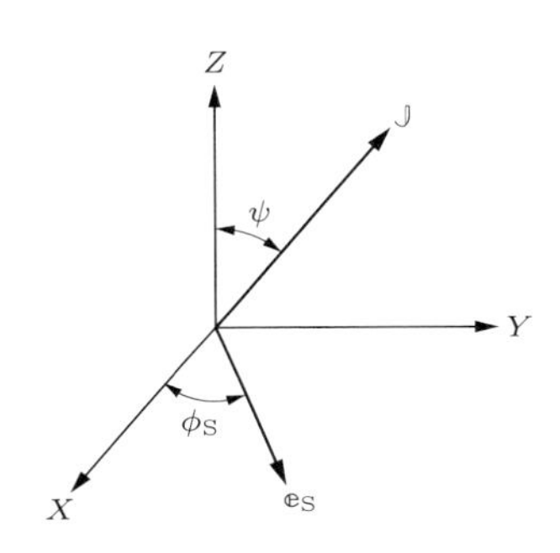

$\mathbb{e}_\mathrm{S}$ を，太陽を向く単位ベクトルとする．太陽が x-y-z 座標系に付随する極座標系で座標値 $(r_\mathrm{S}, \theta, \phi)$ をもち，また，X-Y-Z 座標系に付随する極座標系で座標値 $(r_\mathrm{S}, \pi/2, \phi_\mathrm{S})$ をもつとする．このとき，

$$\begin{aligned}\cos\theta = \mathbb{e}_z \cdot \mathbb{e}_\mathrm{S} &= (\sin\psi\,\mathbb{e}_Y + \cos\psi\,\mathbb{e}_Z)\cdot(\cos\phi_\mathrm{S}\,\mathbb{e}_X + \sin\phi_\mathrm{S}\,\mathbb{e}_Y) \\ &= \sin\psi\,\sin\phi_\mathrm{S}\end{aligned}$$

であり，同様に，

$$\sin\theta\,\sin\phi = \mathbb{e}_y \cdot \mathbb{e}_\mathrm{S} = \cos\psi\sin\phi_\mathrm{S}, \qquad \sin\theta\,\cos\phi = \mathbb{e}_x \cdot \mathbb{e}_\mathrm{S} = \cos\phi_\mathrm{S}$$

である．問題 11.8 より，外部重力場中にある地球のスピンベクトル $\mathbb{J}$ に対する運動方程式は，

$$\frac{d\mathbb{J}}{dt} = \mathbb{N}$$

である．ただし，トルクは，

$$N_i = -\varepsilon_{ijk} t^{jm} R^k{}_{0m0}$$

である．ここで，換算四重極モーメントテンソルは，

$$t^{jm} = \int \rho\Big(x^j x^m - \frac{1}{3}r^2\delta^{jm}\Big)d^3x$$

である．地球を回転楕円体とし，回転軸まわりの慣性モーメントを C，赤道軸まわりの慣性モーメントを A とすると，x-y-z 座標系では，

$$C = \int \rho(x^2 + y^2) d^3x, \qquad A = \int \rho(x^2 + z^2) d^3x = \int \rho(y^2 + z^2) d^3x$$

となる．t_{jm} の非ゼロ成分は

$$t_{zz} = -\frac{2}{3}(C - A), \qquad t_{xx} = t_{yy} = \frac{1}{2}(C - A)$$

なので，

$$N_x = -(C - A) R_{z0y0}, \qquad N_y = (C - A) R_{z0x0}, \qquad N_z = 0$$

である．弱い重力場で低速度の極限では，

$$R_{z0i0} = \frac{\partial^2 \Phi}{\partial z \partial x^i}$$

となる．ここで，Φ はニュートンの重力ポテンシャルで，太陽と月の重力ポテンシャル Φ_{S}, Φ_{M} を用いて，

$$\Phi = \Phi_{\mathrm{S}} + \Phi_{\mathrm{M}}$$

で表される．太陽の重力ポテンシャル

$$\Phi_{\mathrm{S}}(x, y, z) = \frac{M_{\mathrm{S}}}{\sqrt{(x - x_{\mathrm{S}})^2 + (y - y_{\mathrm{S}})^2 + (z - z_{\mathrm{S}})^2}}$$

より，

$$\left.\frac{\partial^2 \Phi_{\mathrm{S}}}{\partial z \partial x}\right|_0 = -\frac{3 M_{\mathrm{S}} \sin\theta \cos\theta \cos\phi}{r_{\mathrm{S}}^3}$$

$$\left.\frac{\partial^2 \Phi_{\mathrm{S}}}{\partial z \partial y}\right|_0 = -\frac{3 M_{\mathrm{S}} \sin\theta \cos\theta \sin\phi}{r_{\mathrm{S}}^3}$$

が求められる．以上より，太陽によるトルク $\mathbb{N}_{\mathrm{S}}$ の (x, y, z) 成分

$$\begin{aligned} \mathbb{N}_{\mathrm{S}} &= 3a(C - A) \sin\theta \cos\theta \, (\sin\phi, -\cos\phi, 0) \\ &= 3a(C - A) \sin\psi \sin\phi_{\mathrm{S}} \, (\cos\psi \sin\phi_{\mathrm{S}}, -\cos\phi_{\mathrm{S}}, 0) \end{aligned}$$

が得られる．ここで，$a \equiv M_{\mathrm{S}}/r_{\mathrm{S}}^3$ である．地球を中心にした太陽の角速度は求める歳差運動の角速度よりずっと大きいので，太陽の軌道全体で $\mathbb{N}_{\mathrm{S}}$ の平均をとることができる．すると，$\sin^2\phi_{\mathrm{S}}$ の項は $1/2$ に，$\sin\phi_{\mathrm{S}} \cos\phi_{\mathrm{S}}$ の項はゼロになる．こうして，$\mathbb{N}_{\mathrm{S}}$ の非ゼロ成分は，

$$(N_{\mathrm{S}})_x = (N_{\mathrm{S}})_X = \frac{3}{2} a(C - A) \sin\psi \cos\psi$$

のみとなる．同様の表式が月による平均トルクにも成立し，a を $b \equiv M_{\mathrm{M}}/r_{\mathrm{M}}^3$ に置き

換えればよい．こうして，時刻 $t=0$ には，X 方向に大きさ

$$N=\frac{3}{2}(a+b)(C-A)\sin\psi\cos\psi$$

のトルクが生じる．わずかな時間 dt の間に，$\mathbb{J}$ はそれ自身とは直交する向きに少しの量 $dJ=Ndt$ だけ変化する．こうして，$\mathbb{J}$ は Z 軸のまわりに，

$$d\chi=\frac{dJ}{J\sin\psi}=\frac{Ndt}{J\sin\psi}$$

だけ回転する．歳差の周期は，χ が 2π だけ変化する時間

$$T=\frac{2\pi J\sin\psi}{N}$$

で与えられる．地球の自転の角速度 ω を用いて，$J=C\omega$ を代入すると，

$$T=\frac{4\pi}{3}\frac{C}{C-A}\frac{1}{\cos\psi}\frac{\omega}{a+b}$$

が得られる．これに実際の値

$$\frac{C}{C-A}=305.3,\qquad \psi=23.45^\circ,\qquad \omega=7.292\times10^{-5}\,\mathrm{s}^{-1}$$
$$M_\mathrm{S}=1.989\times10^{33}\,\mathrm{g},\qquad r_\mathrm{S}=1.496\times10^{13}\,\mathrm{cm}$$
$$M_\mathrm{M}=7.349\times10^{25}\,\mathrm{g},\qquad r_\mathrm{M}=3.844\times10^{10}\,\mathrm{cm}$$

を代入して計算すると，

$$T=25600\,\mathrm{yr}$$

が得られる．これは観測と 1%以内の精度で一致している†．ここでは円軌道を仮定し，月の軌道を黄道上としたことなどから，誤差が生じている．

問題 11.10　レンズ–ティリング効果

定常時空において，定常な観測者の集団（彼らの 4 元速度は時間方向のキリングベクトル $\boldsymbol{\xi}$ に比例する）を考える．観測者はそれぞれすべての時刻 t（ここで，$\boldsymbol{\xi}=\partial/\partial t$）に，自分の空間的な基底ベクトルを隣の観測者のものと一致するように調整している．

(a) $\boldsymbol{e}_{\hat{\alpha}}$ を定常な観測者の基底ベクトルとしたとき，$\mathcal{L}_{\boldsymbol{\xi}}\boldsymbol{e}_{\hat{\alpha}}=\boldsymbol{0}$ を示せ．

(b) 定常な観測者が t を単位にして任意のテンソル量 $\boldsymbol{Q}$ を測定したとき，その成分の変化率が $(d/dt)Q^{\hat{\alpha}\cdots\hat{\beta}}=(\mathcal{L}_{\boldsymbol{\xi}}\boldsymbol{Q})^{\hat{\alpha}\cdots\hat{\beta}}$ となることを示せ．$(d/d\hat{t})Q^{\hat{\alpha}\cdots\hat{\beta}}$

† 訳者注：地球の歳差運動の周期は 25800 yr と観測されている．

はどうなるか．

(c) 定常な観測者はジャイロスコープをもっている．このジャイロスコープにはトルクははたらいていない．ジャイロスコープのスピンベクトルの歳差運動（**レンズ–ティリング効果** (Lens–Thirring effect)）を測定すると，その角速度は観測者に対して，

$$\omega^{\alpha} = \frac{\varepsilon^{\alpha\nu\sigma\lambda}\xi_{\nu}\xi_{\sigma;\lambda}}{2\xi^{\gamma}\xi_{\gamma}}$$

となることを示せ．ただし，観測者の固有時間を単位にしている．

(d) 時空が単に定常でなく静的な場合には，$\boldsymbol{\omega} = \mathbf{0}$ となることを示せ．

［解］　(a) 観測者の4元速度は $\boldsymbol{u} = \boldsymbol{\xi}/|\boldsymbol{\xi}| = \boldsymbol{\xi}/\sqrt{-\boldsymbol{\xi}\cdot\boldsymbol{\xi}}$ なので，

$$\mathcal{L}_{\boldsymbol{\xi}}\boldsymbol{e}_{\hat{0}} = \mathcal{L}_{\boldsymbol{\xi}}\boldsymbol{u} = [\boldsymbol{\xi},\, \boldsymbol{u}] = \left(\nabla_{\boldsymbol{\xi}}\frac{1}{\sqrt{-\boldsymbol{\xi}\cdot\boldsymbol{\xi}}}\right)\boldsymbol{\xi}$$

となる．ここで，$[\boldsymbol{\xi}, \boldsymbol{\xi}] = \mathbf{0}$ を用いた．また，キリング方程式より $\xi_{(\alpha;\beta)} = 0$ なので，

$$\nabla_{\boldsymbol{\xi}}(\boldsymbol{\xi}\cdot\boldsymbol{\xi}) = (\xi^{\alpha}\xi_{\alpha})_{;\beta}\xi^{\beta} = 2\xi_{\alpha;\beta}\xi^{\alpha}\xi^{\beta} = 0$$

である．こうして，$\mathcal{L}_{\boldsymbol{\xi}}\boldsymbol{e}_{\hat{0}} = \mathbf{0}$ がいえる．同様に，$\boldsymbol{e}_{\hat{j}}$ は任意の観測者の世界線上で等しい t をもつ点をつなぐので，$\mathcal{L}_{\boldsymbol{\xi}}\boldsymbol{e}_{\hat{j}} = \mathbf{0}$ である（問題 8.14 を見よ）．

(b) $\mathcal{L}_{\boldsymbol{\xi}}\boldsymbol{Q}$ を分解すると，

$$\begin{aligned}\mathcal{L}_{\boldsymbol{\xi}}\boldsymbol{Q} &= \mathcal{L}_{\boldsymbol{\xi}}(Q^{\hat{\alpha}\cdots\hat{\beta}}\boldsymbol{e}_{\hat{\alpha}}\otimes\cdots\otimes\boldsymbol{e}_{\hat{\beta}}) \\ &= (\mathcal{L}_{\boldsymbol{\xi}}Q^{\hat{\alpha}\cdots\hat{\beta}})\boldsymbol{e}_{\hat{\alpha}}\otimes\cdots\otimes\boldsymbol{e}_{\hat{\beta}} + Q^{\hat{\alpha}\cdots\hat{\beta}}(\mathcal{L}_{\boldsymbol{\xi}}\boldsymbol{e}_{\hat{\alpha}})\otimes\cdots\otimes\boldsymbol{e}_{\hat{\beta}} \\ &\quad + \cdots + Q^{\hat{\alpha}\cdots\hat{\beta}}\boldsymbol{e}_{\hat{\alpha}}\otimes\cdots\otimes(\mathcal{L}_{\boldsymbol{\xi}}\boldsymbol{e}_{\hat{\beta}})\end{aligned}$$

となる．(a) の結果より，右辺第1項のみゼロでなく，

$$(\mathcal{L}_{\boldsymbol{\xi}}\boldsymbol{Q})^{\hat{\alpha}\cdots\hat{\beta}} = \mathcal{L}_{\boldsymbol{\xi}}Q^{\hat{\alpha}\cdots\hat{\beta}} = \nabla_{\boldsymbol{\xi}}Q^{\hat{\alpha}\cdots\hat{\beta}} = \frac{d}{dt}Q^{\hat{\alpha}\cdots\hat{\beta}}$$

となる（ここで，$Q^{\hat{\alpha}\cdots\hat{\beta}}$ がスカラー関数であることを用いた）．固有時間を単位にして測定すると，変化の割合は，

$$\frac{d}{d\hat{t}}Q^{\hat{\alpha}\cdots\hat{\beta}} = \nabla_{\boldsymbol{u}}Q^{\hat{\alpha}\cdots\hat{\beta}} = \frac{1}{|\boldsymbol{\xi}|}\nabla_{\boldsymbol{\xi}}Q^{\hat{\alpha}\cdots\hat{\beta}} = \frac{1}{|\boldsymbol{\xi}|}\frac{d}{dt}Q^{\hat{\alpha}\cdots\hat{\beta}}$$

となる．

(c) 観測者の局所静止系において，歳差方程式は

$$\frac{dS_{\hat{j}}}{d\hat{t}} = \varepsilon_{\hat{j}\hat{k}\hat{\ell}}\omega^{\hat{k}}S^{\hat{\ell}}$$

である．ここで，$\boldsymbol{S}$ はジャイロスコープの 4 元スピンベクトルである．いま，$\varepsilon_{\hat{j}\hat{k}\hat{\ell}} = \varepsilon_{\hat{0}\hat{j}\hat{k}\hat{\ell}} = u^{\hat{\alpha}}\varepsilon_{\hat{\alpha}\hat{j}\hat{k}\hat{\ell}}$ なので，4 次元版の歳差方程式は，

$$\frac{dS^{\hat{\beta}}}{d\hat{t}} = u_{\hat{\alpha}}\varepsilon^{\hat{\alpha}\hat{\beta}\hat{\gamma}\hat{\delta}}\omega_{\hat{\gamma}}S_{\hat{\delta}}$$

となり，書き換えると，

$$\frac{dS^{\hat{\beta}}}{dt} = \xi_{\hat{\alpha}}\varepsilon^{\hat{\alpha}\hat{\beta}\hat{\gamma}\hat{\delta}}\omega_{\hat{\gamma}}S_{\hat{\delta}} \tag{1}$$

である．これからやることは，式 (1) の形の方程式を導出して，それから $\boldsymbol{\omega}$ を読み取る．スピンベクトル $\boldsymbol{S}$ はフェルミ–ウォーカー移動するので（問題 11.4 を見よ），

$$\nabla_{\boldsymbol{u}}\boldsymbol{S} = (\boldsymbol{S}\cdot\boldsymbol{a})\boldsymbol{u} \tag{2}$$

および，

$$\boldsymbol{S}\cdot\boldsymbol{u} = 0 \tag{3}$$

が成り立つ．式 (2) は

$$\nabla_{\boldsymbol{\xi}}\boldsymbol{S} = \frac{(\boldsymbol{S}\cdot\nabla_{\boldsymbol{\xi}}\boldsymbol{\xi})\boldsymbol{\xi}}{|\boldsymbol{\xi}|^2} \tag{4}$$

となり，式 (3) は，

$$\boldsymbol{S}\cdot\boldsymbol{\xi} = 0 \tag{5}$$

を意味する．(b) の結果より，

$$\frac{d\boldsymbol{S}}{dt} = \mathcal{L}_{\boldsymbol{\xi}}\boldsymbol{S} = \nabla_{\boldsymbol{\xi}}\boldsymbol{S} - \nabla_{\boldsymbol{S}}\boldsymbol{\xi} \tag{6}$$

である．$\boldsymbol{\xi}$ は（規格化されていない）4 元速度の役割をするので，$\nabla\boldsymbol{u}$ を分解したように（問題 5.18 を見よ）$\nabla\boldsymbol{\xi}$ を分けて考えるのが便利である．$\boldsymbol{\xi}$ はキリングベクトルなので，$\nabla\boldsymbol{\xi}$ は反対称で，

$$\nabla\boldsymbol{\xi} = \boldsymbol{\omega} + \boldsymbol{A}\otimes\boldsymbol{\xi} - \boldsymbol{\xi}\otimes\boldsymbol{A} \tag{7}$$

のように書ける．ここで，$\boldsymbol{\omega}$ は反対称で，$\boldsymbol{\omega}\cdot\boldsymbol{\xi} = 0$ である．また，

$$(\nabla\boldsymbol{\xi})\cdot\boldsymbol{\xi} = \nabla_{\boldsymbol{\xi}}\boldsymbol{\xi} = -\boldsymbol{\xi}\cdot(\nabla\boldsymbol{\xi})$$

より，

$$\boldsymbol{A} = \frac{\nabla_{\boldsymbol{\xi}}\boldsymbol{\xi}}{\boldsymbol{\xi}\cdot\boldsymbol{\xi}}$$

でなくてはならない．こうして式 (6) と式 (4) より，

$$\frac{d\boldsymbol{S}}{dt} = -\frac{(\boldsymbol{S}\cdot\nabla_{\boldsymbol{\xi}}\boldsymbol{\xi})\boldsymbol{\xi}}{\boldsymbol{\xi}\cdot\boldsymbol{\xi}} + \boldsymbol{S}\cdot\nabla\boldsymbol{\xi} = \boldsymbol{S}\cdot\boldsymbol{\omega} \tag{8}$$

が得られる（最初の等号で，$\nabla_{\boldsymbol{S}}\boldsymbol{\xi} = (\nabla\boldsymbol{\xi})\cdot\boldsymbol{S} = -\boldsymbol{S}\cdot\nabla\boldsymbol{\xi}$ を用いた）．さて，$\boldsymbol{\omega}$ を式 (1) にあるようにベクトルの形に書き表したい[†]．どの成分とどの成分とで縮約をとるのか計算を追いやすいように，以下では成分表示で示す．式 (7) は

$$\xi_{\alpha;\beta} = \omega_{\alpha\beta} + A_\alpha\xi_\beta - \xi_\alpha A_\beta$$

と書け，これより，$\boldsymbol{A}$ に依存しないベクトル

$$B^\lambda \equiv \varepsilon^{\lambda\alpha\beta\gamma}\xi_{\alpha;\beta}\xi_\gamma = \varepsilon^{\lambda\alpha\beta\gamma}\omega_{\alpha\beta}\xi_\gamma \tag{9}$$

が得られる．$\omega_{\alpha\beta}$ を $\boldsymbol{B}$ で表す．まず，

$$\varepsilon_{\lambda\rho\sigma\kappa}B^\lambda = -\omega_{\alpha\beta}\xi_\gamma\delta^{\alpha\beta\gamma}{}_{\rho\sigma\kappa}, \qquad \varepsilon_{\lambda\rho\sigma\kappa}B^\lambda\xi^\kappa = -\omega_{\alpha\beta}\xi_\gamma\delta^{\alpha\beta\gamma}{}_{\rho\sigma\kappa}\xi^\kappa$$

となる．$\omega_{\alpha\beta}\xi^\beta = 0$ なので，$\gamma = \kappa$ のときのみ非ゼロの項が現れて，

$$\varepsilon_{\lambda\rho\sigma\kappa}B^\lambda\xi^\kappa = -2\omega_{\rho\sigma}\xi_\kappa\xi^\kappa$$

となる．これを式 (8) に代入すると，

$$\frac{dS^{\hat\beta}}{dt} = S_{\hat\alpha}\omega^{\hat\alpha\hat\beta} = -\frac{1}{2\xi_{\hat\delta}\xi^{\hat\delta}}S_{\hat\alpha}\varepsilon^{\hat\gamma\hat\alpha\hat\beta\hat\kappa}B_{\hat\gamma}\xi_{\hat\kappa}$$

が得られる．これを式 (1) と比較すると，

$$\omega^\gamma = \frac{B^\gamma}{2\xi_\alpha\xi^\alpha}$$

であることがわかる．式 (9) を用いれば，最終的に $\omega^\gamma = \varepsilon^{\gamma\alpha\beta\sigma}\xi_{\alpha;\beta}\xi_\sigma/2\xi^\mu\xi_\mu$ が得られる．

(d) 角速度 $\boldsymbol{\omega}$ がゼロになる必要十分条件は $\xi_{[\alpha;\beta}\xi_{\sigma]} = 0$ である．しかし，これは $\boldsymbol{\xi}$ が超曲面直交になる条件でもある（問題 7.23 を見よ）．つまり，時空が静的な場合である（問題 10.8 を見よ）．

問題 11.11　測地歳差とレンズ−ティリング効果

地球を中心とする円軌道上をジャイロスコープが周回している．ジャイロスコープにはトルクははたらかないが，ジャイロスコープのスピンベクトルは歳差運動

---

† 訳者注：ここの $\boldsymbol{\omega}$ は式 (7) の回転 2-形式であり，角速度 ω^α ではない．同じ文字が用いられているので注意すること．

する．このとき基準系に対するスピンベクトルの角速度を求めよ．ただし，基準系は遠方の星々に対して固定されているとする．

[解]　ジャイロスコープの 4 元スピンベクトルに対する方程式は，

$$\frac{DS^{\alpha}}{d\tau} = (\boldsymbol{S}\cdot\boldsymbol{a})u^{\alpha}, \qquad S^{\alpha}u_{\alpha} = 0 \tag{1}$$

である．スピンベクトルの j 成分に対して，局所的に測定される（局所慣性系における）時間微分は，

$$\begin{aligned}\frac{d}{d\tau}S_{\hat{j}} &= \frac{d}{d\tau}(\boldsymbol{S}\cdot\boldsymbol{e}_{\hat{j}}) = \frac{D}{d\tau}(\boldsymbol{S}\cdot\boldsymbol{e}_{\hat{j}}) = \boldsymbol{S}\cdot\frac{D}{d\tau}\boldsymbol{e}_{\hat{j}}\\ &= \boldsymbol{S}\cdot(\Gamma^{\hat{\alpha}}{}_{\hat{j}\hat{0}}\boldsymbol{e}_{\hat{\alpha}}) = \Gamma^{\hat{\alpha}}{}_{\hat{j}\hat{0}}S_{\hat{\alpha}} = \Gamma_{\hat{\ell}\hat{j}\hat{0}}S^{\hat{\ell}}\end{aligned} \tag{2}$$

となる．ここで，式 (1) とクリストッフェル記号の定義を用いた．正規直交基底系では，クリストッフェル記号の最初の 2 つの添え字は反対称になるので，式 (2) は，

$$\frac{dS_{\hat{j}}}{d\tau} = \varepsilon_{\hat{j}\hat{k}\hat{\ell}}\Omega^{\hat{k}}S^{\hat{\ell}} \tag{3a}$$

のように書き換えられる．ここで，

$$\Omega^{\hat{k}} \equiv \frac{1}{2}\varepsilon^{\hat{k}\hat{\ell}\hat{j}}\Gamma_{\hat{\ell}\hat{j}\hat{0}} \tag{3b}$$

である．

さて，クリストッフェル記号 $\Gamma_{\hat{\ell}\hat{j}\hat{0}}$ を計算していく．地球まわりの近似的な計量は，

$$ds^2 = -(1+2\phi)dt^2 + (1-2\phi)\delta_{jk}dx^j dx^k - 4h_j dx^j dt \tag{4}$$

である．ここで，

$$\phi = -\frac{M}{r} = \mathcal{O}(\epsilon^2), \qquad \mathbb{h} = \frac{\mathbb{J}\times\mathbb{r}}{r^3} = \mathcal{O}(\epsilon^3) \tag{5}$$

であり，$\mathbb{J}$ は地球の角運動量である．いま，速度に関して $\mathcal{O}(\epsilon)$ のニュートン極限で計算しているが，ϵ^3 のオーダーの項まで残しておく．計量 (4) の座標に固定された観測者は，次の正規直交基底 1-形式をもつ．

$$\tilde{\boldsymbol{\omega}}^{\bar{0}} = (1+\phi)\widetilde{dt} + 2h_j\widetilde{dx^j}, \qquad \tilde{\boldsymbol{\omega}}^{\bar{j}} = (1-\phi)\widetilde{dx^j} \tag{6}$$

$\langle\tilde{\boldsymbol{\omega}}^{\bar{\alpha}}, \boldsymbol{e}_{\bar{\beta}}\rangle = \delta^{\bar{\alpha}}{}_{\bar{\beta}}$ の関係より，双対基底ベクトルは，

$$\boldsymbol{e}_{\bar{0}} = (1-\phi)\frac{\partial}{\partial t}, \qquad \boldsymbol{e}_{\bar{j}} = (1+\phi)\frac{\partial}{\partial x^j} - 2h_j\frac{\partial}{\partial t} \tag{7}$$

である．ジャイロスコープが座標速度 v_j をもつとき，4 元速度との関係は，

$$u^j = v_j u^0, \qquad u^0 = 1 - \phi + \frac{1}{2}v^2 \qquad (\boldsymbol{u}\cdot\boldsymbol{u} = -1 \text{ より}) \tag{8}$$

なので $(v^2 = |\mathbb{v}|^2)$，定常な観測者の座標系では

$$v_{\bar{j}} = \frac{u^{\bar{j}}}{u^{\bar{0}}} = \frac{\langle \tilde{\boldsymbol{\omega}}^{\bar{j}},\, \boldsymbol{u}\rangle}{\langle \tilde{\boldsymbol{\omega}}^{\bar{0}},\, \boldsymbol{u}\rangle} = (1-2\phi)v_j \tag{9}$$

となる．ジャイロスコープと共動の正規直交基底系における基底ベクトルは，式 (7) に $-v_{\bar{j}}$ のローレンツブーストを施せば得られる．つまり，

$$\boldsymbol{e}_{\hat{\alpha}} = \Lambda^{\bar{\beta}}{}_{\hat{\alpha}}\boldsymbol{e}_{\bar{\beta}}$$

で，ここで，

$$\Lambda^{\bar{0}}{}_{\hat{0}} = \gamma \equiv 1 + \frac{1}{2}v^2, \qquad \Lambda^{\bar{0}}{}_{\hat{j}} \equiv \gamma v_{\bar{j}} = \Lambda^{\bar{j}}{}_{\hat{0}}, \qquad \Lambda^{\bar{j}}{}_{\hat{k}} = \delta^{jk} + (\gamma - 1)\frac{v^{\bar{j}}v^{\bar{k}}}{v^2} \tag{10}$$

である．結果は，

$$\begin{aligned}
\boldsymbol{e}_{\hat{0}} &= \left(1 - \phi + \frac{1}{2}v^2\right)\frac{\partial}{\partial t} + \left(1 - \phi + \frac{1}{2}v^2\right)v^k\frac{\partial}{\partial x^k} \\
\boldsymbol{e}_{\hat{j}} &= \left[\left(1 - 3\phi + \frac{1}{2}v^2\right)v_j - 2h_j\right]\frac{\partial}{\partial t} + \left[\delta_j{}^k(1+\phi) + \frac{1}{2}v_j v^k\right]\frac{\partial}{\partial x^k}
\end{aligned} \tag{11}$$

となる．正規直交基底系でのクリストッフェル記号は，形式的に

$$\Gamma_{\hat{\mu}\hat{\nu}\hat{\alpha}} = \frac{1}{2}(c_{\hat{\mu}\hat{\nu}\hat{\alpha}} + c_{\hat{\mu}\hat{\alpha}\hat{\nu}} - c_{\hat{\nu}\hat{\alpha}\hat{\mu}}), \qquad c_{\hat{\mu}\hat{\nu}\hat{\alpha}} = [\boldsymbol{e}_{\hat{\mu}},\, \boldsymbol{e}_{\hat{\nu}}]\cdot\boldsymbol{e}_{\hat{\alpha}} \tag{12}$$

より計算される．式 (11) を用いて $\mathcal{O}(\epsilon^3)$ までとると，

$$\begin{aligned}
[\boldsymbol{e}_{\hat{j}},\, \boldsymbol{e}_{\hat{0}}] = &\left(-\phi_{,j} + \frac{1}{2}v^2{}_{,j} - v_{j,t} - \frac{1}{2}v^2 v_{j,t} - v^k v_{j,k}\right)\frac{\partial}{\partial t} \\
&+ \left[v^k{}_{,j} - \phi_{,j}v^k + \frac{1}{2}v^2{}_{,j}v^k + \frac{1}{2}v^2 v^k{}_{,j} + v_j v^k{}_{,t}\right. \\
&\left.\quad + \frac{1}{2}v_j v^m v^k{}_{,m} - \frac{1}{2}(v_j v^k)_{,t} - v^m\phi_{,m}\delta_j{}^k - v^m\frac{1}{2}(v_j v^k)_{,m}\right]\frac{\partial}{\partial x^k}
\end{aligned}$$

が得られる．さらに，$(\partial/\partial x^\alpha)(\partial/\partial x^\beta) = g_{\alpha\beta}$ なので，

$$\begin{aligned}
[\boldsymbol{e}_{\hat{j}},\, \boldsymbol{e}_{\hat{0}}]\cdot\boldsymbol{e}_{\hat{k}} = &\left(1 - \phi + \frac{1}{2}v^2\right)v_{k,j} + v_k v_{j,t} + v_j v_{k,t} + \frac{1}{2}v_j v^m v_{k,m} + v^m v_k v_{j,m} \\
&+ \frac{1}{2}v^m v_k v_{m,j} - \frac{1}{2}(v_j v_k)_{,t} - v^m\phi_{,m}\delta_{jk} - v^m\frac{1}{2}(v_j v_k)_{,m}
\end{aligned}$$

となり，こうして，

$$[\boldsymbol{e}_{\hat{j}},\,\boldsymbol{e}_{\hat{0}}]\cdot\boldsymbol{e}_{\hat{k}}-[\boldsymbol{e}_{\hat{k}},\,\boldsymbol{e}_{\hat{0}}]\cdot\boldsymbol{e}_{\hat{j}}=\left(1-\phi+\frac{1}{2}v^2\right)(v_{k,j}-v_{j,k})$$
$$+\frac{1}{2}v^m(v_kv_{j,m}-v_jv_{k,m}+v_kv_{m,j}-v_jv_{m,k})\quad(13)$$

が求められる．また，同様に，

$$[\boldsymbol{e}_{\hat{j}},\,\boldsymbol{e}_{\hat{k}}]=\left[\left(1-2\phi+\frac{1}{2}v^2\right)v_{k,j}+v_jv_{k,t}-3\phi_{,j}v_k+\frac{1}{2}v^2_{\ ,j}v_k-2h_{k,j}\right.$$
$$\left.+\frac{1}{2}v_jv^mv_{k,m}\right]\frac{\partial}{\partial t}$$
$$+\left[\phi_{,j}\delta_k{}^m+\frac{1}{2}(v_kv^m)_{,j}+\frac{1}{2}v_j(v_kv^m)_{,t}\right]\frac{\partial}{\partial x^m}-\{j\leftrightarrow k\}$$

より，

$$[\boldsymbol{e}_{\hat{j}},\,\boldsymbol{e}_{\hat{k}}]\cdot\boldsymbol{e}_{\hat{0}}=\left(1-\phi+\frac{1}{2}v^2\right)(v_{j,k}-v_{k,j})+4(\phi_{,j}v_k-\phi_{,k}v_j)+2(h_{k,j}-h_{j,k})$$
$$+v_kv_{j,t}-v_jv_{k,t}+\frac{1}{2}v^m(v_jv_{m,k}-v_kv_{m,j}+v_kv_{j,m}-v_jv_{k,m})$$
$$(14)$$

となる．以上より，クリストッフェル記号は，

$$\Gamma_{\hat{j}\hat{k}\hat{0}}=\frac{1}{2}([\boldsymbol{e}_{\hat{j}},\,\boldsymbol{e}_{\hat{k}}]\cdot\boldsymbol{e}_{\hat{0}}+[\boldsymbol{e}_{\hat{j}},\,\boldsymbol{e}_{\hat{0}}]\cdot\boldsymbol{e}_{\hat{k}}-[\boldsymbol{e}_{\hat{k}},\,\boldsymbol{e}_{\hat{0}}]\cdot\boldsymbol{e}_{\hat{j}})$$
$$=2(\phi_{,j}v_k-\phi_{,k}v_j)+h_{k,j}-h_{j,k}+\frac{1}{2}\left(v_k\frac{dv_j}{d\tau}-v_j\frac{dv_k}{d\tau}\right)\quad(15)$$

と計算される．ここで，

$$\frac{dv_j}{d\tau}\equiv\frac{\partial v_j}{\partial t}+v^m\frac{\partial v_j}{\partial x^m}=-\phi_{,j}+a_j\quad(16)$$

である．$\mathbb{a}$ は慣性力による加速度で，測地線に沿った運動に対しては $\mathbb{a}=\mathbb{0}$ である．こうして，

$$\Gamma_{\hat{j}\hat{k}\hat{0}}=\frac{3}{2}(\phi_{,j}v_k-\phi_{,k}v_j)+h_{k,j}-h_{j,k}\quad(17)$$

となり，式 (3b) は

$$\mathbb{\Omega}=\mathbb{\nabla}\times\mathbb{h}+\frac{3}{2}\mathbb{\nabla}\phi\times\mathbb{v}\quad(18)$$

と書き換えられる．仮に $\mathbb{a}=\mathbb{0}$ としなければ，余分な項 $(1/2)\mathbb{a}\times\mathbb{v}$ が現れる．これはトーマス歳差になっている．

$(3/2)\mathbb{\nabla}\phi\times\mathbb{v}$ の項は**測地歳差** (geodesic precession) とよばれる．半径 r の円軌道上の粒子に対しては，

$$\mathbb{\Omega}_{\text{geodesic}}=\frac{3M}{2r^2}(v_{\bar{\theta}}\boldsymbol{e}_{\bar{\phi}}-v_{\bar{\phi}}\boldsymbol{e}_{\bar{\theta}})$$

である．ここで，

$$v_{\bar{\theta}} = \sqrt{\frac{M}{r}} \frac{\sqrt{\sin^2\theta - \sin^2\alpha}}{\sin\theta}, \qquad v_{\bar{\phi}} = \sqrt{\frac{M}{r}} \frac{\sin\alpha}{\sin\theta}$$

は粒子の速度の極座標成分で，α は極軸に対する軌道面の傾角である．このオーダーではカレット記号 (ˆ) がついた添え字とついていない添え字のどちらの量を用いても違いは現れない．大きさの順で見ていくと，

$$\Omega_{\text{geodesic}} \sim \frac{3}{2}\sqrt{\frac{M}{R}} \frac{M}{R^2} \sim 8''/\text{yr}$$

となる．ここで，R は地球の半径である．次に $\mathbb{v}$ によらない項は**レンズ–ティリング歳差** (Lens–Thirring precession) で，

$$\mathbb{\Omega}_{\text{L.T.}} = \frac{1}{r^3}\left[-\mathbb{J} + \frac{3(\mathbb{J}\cdot\mathbb{r})\mathbb{r}}{r^2}\right] \sim \frac{J}{R^3} \sim 0.1''/\text{yr}$$

となる．この項は問題 11.10 からも得られる．ϵ^3 までのオーダーでは，

$$\Omega^{\hat{j}} \sim \Omega^j \approx \frac{\varepsilon^{j0k\ell}\xi_0\xi_{[k,\ell]}}{2\xi^\gamma\xi_\gamma}$$

となる．ここで，

$$\xi^0 = 1, \qquad \xi_0 = -(1+2\phi), \qquad \xi_j = -2h_j$$

なので，

$$\Omega^{\hat{j}} = \varepsilon^{jk\ell}h_{\ell,k}, \qquad \mathbb{\Omega} = \nabla \times \mathbb{h}$$

となる．

第 12 章

重 力 一 般

Gravitation Generally

この章では，重力相互作用がもたらす物理的効果に関する問題を扱う．ニュートン極限の重力（ニュートン重力）を用いた問題も多くある．ニュートン重力では，質量分布 ρ が与えられたときに，ポアソン方程式

$$\nabla^2 U = -4\pi\rho$$

を満たす重力ポテンシャル U によって重力が表される．重力ポテンシャル U を用いて，

$$\mathbb{g} = \nabla U$$

より重力加速度 $\mathbb{g}$ が得られる（定義によっては，$\Phi \equiv -U$ として逆の符号も使われる）．ニュートン重力では潮汐力は $\partial^2\Phi/\partial x^i \partial x^j$ で決まる．一方，一般相対性理論では，測地線偏差の式で，ある適当な極限をとったときに，リーマン曲率テンソルの R_{j0k0} 成分として潮汐力が表される．いくつかの問題では，重力がスピン 2 の場であることや，重力がほかの相互作用に比べて非常に弱いことからもたらされる現象を調べていく．

問題 12.1　角速度とケプラー密度

質量 m の中心物体のまわりで，小さな衛星が半径 r の円軌道上を一定の角速度 ω で周回している．ω の値がわかったとき，それから r と m の値を個別には決定できないが，周回軌道と同じ半径の球で中心物体の質量を平均化した「有効ケプラー密度」$\bar{\rho} = 3m/4\pi r^3$ を求めることはできる．有効ケプラー密度を用いて ω を表せ．

[解]　重力による加速度 Gm/r^2 と向心加速度 $\omega^2 r$ を等しくおくと，ケプラーの法則 $\omega = \sqrt{Gm/r^3}$ が得られる．半径 r の球内部の平均密度は $\bar{\rho} = 3m/4\pi r^3$ なので，$\omega = \sqrt{4\pi G\bar{\rho}/3}$ となる．

この結果は，たとえば，1 粒の砂が（重力相互作用によって）鋼のボールベアリングの表面を周回するのと，人工衛星が地球の表面付近を周回するのは，ともに周期が

約 90 分で等しくなることを表している[†].

問題 12.2　大潮と小潮

大潮 (spring tide) と小潮 (neap tide) の高さを計算せよ.

[解]　大潮は, 太陽と月と地球が直線上の位置関係にある（新月と満月）ときに生じ, 小潮は, 地球から見て太陽と月が直角な位置関係にあるときに生じる. 潮の高さを h とする. 大まかな評価として, 太陽と月は赤道面上にあるとする. 満潮のとき, 赤道上で表面にある海水は, 高さ $r = r_\oplus + h$ における地球の重力加速度 $g(r) = -M_\oplus/r^2$（$r_\oplus$：地球の半径, $M_\oplus$：地球の質量）と, 太陽と月からの（地球の中心と比べた）潮汐加速度が打ち消し合い平衡状態になっていて, 図のように座標をとると,

$$0 = g(r_\oplus + h) + r_\oplus R^{\mathrm{S}}_{y0y0} + r_\oplus R^{\mathrm{M}}_{y0y0} \tag{1}$$

となる. 満潮の場所から経度が 90° 離れたところでは干潮になり, 次の式が成り立つ.

$$0 = g(r_\oplus - h) + r_\oplus R^{\mathrm{S}}_{x0x0} + r_\oplus R^{\mathrm{M}}_{x0x0} \tag{2}$$

2 つの式の差をとると,

$$0 = 2hg'(r_\oplus) + r_\oplus(R^{\mathrm{S}}_{y0y0} - R^{\mathrm{S}}_{x0x0} + R^{\mathrm{M}}_{y0y0} - R^{\mathrm{M}}_{x0x0}) \tag{3}$$

となる. 遠心力を考慮したとしても, 式 (3) では互いに打ち消し合うことに注意する. リーマン曲率テンソルをニュートン極限（問題 12.12 を見よ）で計算すると,

$$R^{\mathrm{S}}_{x0x0} = \left.\frac{\partial^2 \Phi^{\mathrm{S}}}{\partial x^2}\right|_{x=y\approx 0} = -\frac{\partial^2}{\partial x^2}\left[\frac{M_\odot}{\sqrt{(x-x_{\mathrm{S}})^2 + (y-y_{\mathrm{S}})^2 + (z-z_{\mathrm{S}})^2}}\right]$$

となり, ほかの項も同様である. これより,

$$R^{\mathrm{S}}_{x0x0}(x_{\mathrm{S}} = z_{\mathrm{S}} = 0,\, y_{\mathrm{S}} = R_\odot) = \frac{M_\odot}{R_\odot^3}$$

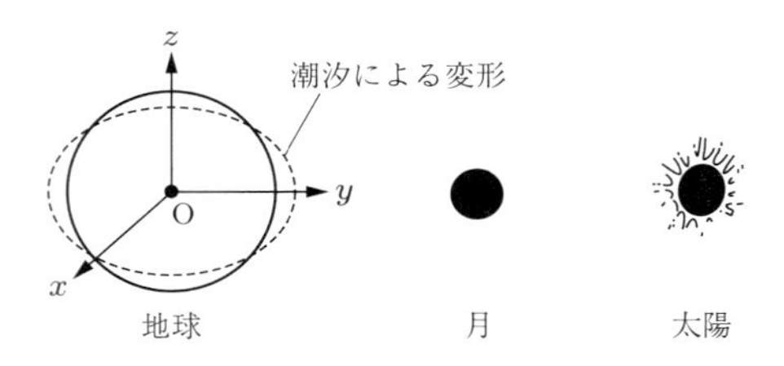

† 訳者注：実際の密度は, 地球：5.5 g/cm³ に対して銅：8.96 g/cm³, 鉄：7.78 g/cm³, ステンレス：7.7–7.9 g/cm³, チタン：4.54 g/cm³ である.

$$R^{\mathrm{S}}_{x0x0}(y_{\mathrm{S}} = z_{\mathrm{S}} = 0,\, x_{\mathrm{S}} = R_\odot) = -\frac{2M_\odot}{R_\odot^3}$$
$$R^{\mathrm{S}}_{y0y0}(x_{\mathrm{S}} = z_{\mathrm{S}} = 0,\, y_{\mathrm{S}} = R_\odot) = -\frac{2M_\odot}{R_\odot^3}$$
$$R^{\mathrm{S}}_{y0y0}(y_{\mathrm{S}} = z_{\mathrm{S}} = 0,\, x_{\mathrm{S}} = R_\odot) = \frac{M_\odot}{R_\odot^3}$$

が得られ，月に対しても同様の表式となる．大潮のときは地球と太陽，月が一直線上にあるので，たとえばそれを y 軸とすると，式 (3) は

$$h_{\mathrm{spring}} = \frac{3}{4}\left(\frac{M_\odot}{R_\odot^3} + \frac{M_{\mathrm{M}}}{R_{\mathrm{M}}^3}\right)\frac{r_\oplus^4}{M_\oplus} = 39\,\mathrm{cm}$$

を与える．一方，小潮は，たとえば月が y 軸上に，太陽が x 軸上にあるときに生じる．したがって，

$$h_{\mathrm{neap}} = \frac{3}{4}\left(\frac{M_{\mathrm{M}}}{R_{\mathrm{M}}^3} - \frac{M_\odot}{R_\odot^3}\right)\frac{r_\oplus^4}{M_\oplus} = 15\,\mathrm{cm}$$

となる．もちろん，実際の潮は流体力学の効果（浅い海における波打ちや不規則な海岸線の影響）により，多くの場所でこれよりもずっと大きくなる．

問題 12.3　固体地球の潮汐

地球（固体の部分）に生じる潮汐の振幅を時間の関数としてフーリエ変換した場合，いくつかの角振動数のところでピークが現れる．ピークとなる角振動数（あるいは周期）を，強い順に 10 番目まで求めよ．

[解]　よい近似として，地球の固体部分はリーマン曲率テンソルによる潮汐力に対して線形に応答するとする（これは流体である海の潮汐では正しくない）．したがって，地球の潮汐のスペクトルは地球でのリーマン曲率テンソルのスペクトルと等しくなる．また，（少なくともニュートン近似では）潮汐力はその源に対して線形なので，太陽と月からの寄与を別々に扱うことができる．地球中心の座標で位置 (x, y, z) にある質量 M の重力ポテンシャルは，

$$U = \frac{M}{\sqrt{x^2 + y^2 + z^2}}$$

である．これより，リーマン曲率テンソルの成分はニュートン極限で

$$R_{x0x0} = \frac{\partial^2 U}{\partial x^2} = \frac{M}{r^3}\left(\frac{3x^2}{r^2} - 1\right), \qquad R_{x0y0} = \frac{\partial^2 U}{\partial x \partial y} = \frac{M}{r^3}\frac{3xy}{r^2} \tag{1}$$

などとなり，yy, zz, yz, xz も同様である．地球は回転しているので，その系での太陽

と月の見かけの軌道は，通常のケプラーの球面天文学による形式（たとえば，MTW, p. 648 を見よ）より，

$$
\begin{aligned}
x &= r\cos(\bar{\omega}+v)\cos\phi t - r\sin(\bar{\omega}+v)\cos\epsilon\sin\phi t \\
y &= r\sin(\bar{\omega}+v)\cos\epsilon\cos\phi t + r\cos(\bar{\omega}+v)\sin\phi t \\
z &= r\sin(\bar{\omega}+v)\sin\epsilon
\end{aligned} \tag{2}
$$

で与えられる．ここで，$\bar{\omega}$ と ϵ は定数で，それぞれ，近地点の経度 (longitude of perigee) と赤道面に対する軌道傾斜角 (inclination) である．角度 ϕt は回転している地球の時角 (hour angle) で，

$$\phi t = \frac{2\pi}{(1\ \text{恒星日})} t$$

である．r は位置ベクトルの大きさ，v は**真近点角** (true anomaly) で，それぞれ，

$$r = a(1 - e\cos E), \qquad \cos v = \frac{\cos E - e}{1 - e\cos E}$$

で与えられる．ここで，a は長半径（半長軸），e は離心率，E は

$$E - e\sin E = \frac{2\pi}{T} t \equiv \Omega t$$

で定義される**離心近点角** (eccentric anomaly) である．また，T は軌道周期である．（小さな）離心率 e の 1 次まで計算すると，

$$
\begin{aligned}
E &= \Omega t + e\sin\Omega t, & \cos E &= \cos\Omega t - e\sin^2\Omega t \\
\frac{1}{r^3} &= \frac{1}{a^3}(1 + 3e\cos\Omega t), & \cos v &= \cos\Omega t + e\cos 2\Omega t - e
\end{aligned} \tag{3}
$$

となる．式 (3) を式 (2) に代入し，その結果を式 (1) に用いると，

$$R_{j0k0} = \frac{M}{a^3} \times [(\text{定数項}) + (\text{時間変動項})]$$

が得られ，一般的な時間変動項は，

$$3(\mathrm{scos}^2\Omega t - 2e\,\mathrm{scos}\,\Omega t + 2e\,\mathrm{scos}\,\Omega t\,\mathrm{scos}\,2\Omega t) \times \begin{cases} \sin^2\epsilon \\ \sin\epsilon\ \cos^N\epsilon\,\mathrm{scos}\,\phi t \\ \cos^{2N}\epsilon\,\mathrm{scos}^2\phi t \end{cases}$$

となる．ここで，scos は cos または sin を表し，指数の mN は 0 から m までの整数を意味する．scos の積に対して三角関数の公式を繰り返し用いて，角振動数の和や差に変換し，それぞれの角振動数を解析していく．こうして表のような結果を得る．

地球－太陽の系では $\epsilon = 23.5°$, $e = 0.017$, $\Omega = 2\pi/$年, $\phi = 2\pi/$恒星日 である．地

	角振動数	振幅（e の最低次のオーダー）
(i)	2ϕ	$\frac{3}{4}\cos^{2N}\epsilon$
(ii)	ϕ	$\frac{3}{2}\sin\epsilon\cos^{N}\epsilon$
(iii)	$2\Omega \pm 2\phi$	$\frac{3}{8}\cos^{2N}\epsilon$
(iv)	$2\Omega \pm \phi$	$\frac{3}{4}\sin\epsilon\cos^{N}\epsilon$
(v)	2Ω	$\frac{3}{2}\sin^2\epsilon$ または $\frac{3}{4}\cos^{2N}\epsilon$
(vi)	$\Omega \pm 2\phi$	$3e\cos^{2N}\epsilon$
(vii)	$\Omega \pm \phi$	$6e\sin\epsilon\cos^{N}\epsilon$
(viii)	Ω	$6e\sin^2\epsilon$ または $3e\cos^{2N}\epsilon$
(ix)	$3\Omega \pm 2\phi$	$\frac{3}{2}e\cos^{2N}\epsilon$
(x)	$3\Omega \pm \phi$	$3e\sin\epsilon\cos^{N}\epsilon$
(xi)	3Ω	$3e\sin^2\epsilon$

球 – 月の系では $e = 0.054$, $\Omega = 2\pi/$恒星月, $\phi = 2\pi/$恒星日 で，ϵ は月の**交点** (node) が 18.6 年周期で章動をしているために，$23.5° \pm 5°$ の範囲で変化する（この効果はここでは無視したさらなるスペクトルの分解を引き起こす）．これらの値と，月の軌道の場合は M/a^3 の値が太陽の場合の 2.2 倍になることを用いると，次のように各成分を強さの順に並べることができる（M を月，S を太陽とする）．

M(i), M(v), M(ii), M(iii), S(i), S(v), M(iv), S(ii), S(iii), M(vi), M(viii), . . .

問題 12.4　太陽の見かけの位置

太陽の位置は，原理的には精密な潮汐重力計 (tidal gravimeter) があれば特定することができる．こうして測定される太陽の位置と，光学的に観測される太陽の位置との角度差を求めよ．仮に，光学的に観測される位置に本当の太陽があるとすると，地球の運動方向にある力がはたらくことになる（理由を説明せよ）．そのような場合に，地球の公転軌道半径を時間の関数として求めよ．

[解]　まず，位置には必ずずれがあることをはじめて指摘したのはP. S. ラプラスである．天空上に見える太陽の位置は，光の速さが有限なために本来の位置からずれている．別の言い方をすれば，地球の軌道速度 v によって $\theta = v/c$ だけずれている．一方，クーロン的な重力場にはそのようなずれはない．そのために重力は太陽の本来の方向を向くので，地球の運動方向に太陽からの加速度の成分 $(GM_{\odot}/r^2)(v/c)$ があるように感じられる．そこで，地球のエネルギーは，

$$\frac{d}{dt}\left(\frac{E}{M_{\oplus}}\right) = \frac{GM_{\odot}}{r^2}\frac{v^2}{c}$$

の割合で増加する．また，$E/M_{\oplus} = -GM_{\odot}/2r$ なので，上の式は $dr/dt = 2v^2/c$ を意味する．さらに，$v^2 = GM_{\odot}/r$ を用いると，これは簡単に積分できて，

$$t - t_0 = \frac{c}{4GM_{\odot}}(r^2 - r_0^2)$$

となる．とくに，地球の軌道は $r = 1.5 \times 10^{13}\,\mathrm{cm}$，$v = 30\,\mathrm{km/s}$，太陽の半径は $r_0 = 7 \times 10^{10}\,\mathrm{cm}$ なので，$\theta \approx 10^{-4}$ であり，$t - t_0 \approx 1.3 \times 10^{10}\,\mathrm{s} \approx 400$ 年となる．これは，地球の軌道半径が一定とみなせる地質学的な時間よりもずっと短い．

問題 12.5　エディントン限界

太陽のような恒星において，光が外向きに放射される際の圧力勾配（放射圧）と，内向きの重力が星の内部すべての領域でつりあった状態でいられる上限の光度を**エディントン限界** (Eddington limit) という．質量 M の星のエディントン限界を求めよ．すべての物質は完全に電離した水素とする．

[解]　星の内部での光の圧力は $P_{\mathrm{rad}} = (1/3)U_{\mathrm{rad}}$ で与えられる．ここで，U_{rad} は放射のエネルギー密度である．光は何度も散乱されながら外向きに拡散するので，U_{rad} は拡散方程式を満たし，放射流束密度 $\mathbb{F}$ は U_{rad} の勾配に比例する．

$$\mathbb{F} = -\frac{c}{3\kappa\rho}\nabla U_{\mathrm{rad}}$$

ここで，κ は不透明度 (opacity) である（ここではトムソン散乱の値 $\kappa_{\mathrm{T}} = \sigma_{\mathrm{T}}/m_{\mathrm{p}} = 0.4\,\mathrm{cm^2/g}$ で与えられる）．流束密度と星の全光度との関係 $L = 4\pi r^2|\mathbb{F}|$ より，

$$dP_{\mathrm{rad}} = -\frac{\kappa\rho}{4\pi c}\frac{Ldr}{r^2}$$

が得られる．これは厚さ dr の物質上の単位面積にかかる正味の放射圧に相当する．これと中心向きの重力 $-GM\rho dr/r^2$ を等しいとおくと，エディントン限界

$$L = \frac{4\pi GMc}{\kappa_\mathrm{T}} = 1.38 \times 10^{38} \left(\frac{M}{M_\odot}\right) \mathrm{erg/s}$$

が求められる．

微視的に考えても同じ結果を得ることができる．散乱断面積は前後対称 ($\propto 1+\cos^2\theta$) なので，運動量 p の光子は衝突ごとに電子に平均して運動量 p，動径方向成分 p_r を与える．光子のエネルギーは pc だが，外向きの光度への寄与は $v_r/c = p_r/p$ 倍だけ減らされる．こうして，半径 r にある電子には，単位時間あたりに運動量の動径成分として，正味の動径方向の光度 L（すべての半径で一定）に比例した値

$$\frac{(\text{運動量})}{(\text{時間})} = \underset{\substack{\text{(動径方向に換算した}\\\text{単位時間・単位面積}\\\text{あたりの光子数)}}}{\frac{L}{4\pi r^2(\hbar\omega)}} \times \underset{\text{(断面積)}}{\sigma_\mathrm{T}} \times \underset{\substack{\text{(光子あたり}\\\text{の運動量)}}}{\frac{\hbar\omega}{c}} = \frac{L\sigma_\mathrm{T}}{4\pi r^2 c}$$

が与えられる．単位時間あたりの運動量変化は力なので，これと電子に付随する陽子にはたらく内向きの重力とを等しいとおくと，

$$\frac{L\sigma_\mathrm{T}}{4\pi r^2 c} = \frac{GMm_\mathrm{p}}{r^2}$$

となり，前と同じ結果が得られる．

問題 12.6　完全導体容器内の電子

一様な重力場において，閉じた中空の完全導体容器の中心に電子を放っても，電子は落下しないことを示せ（正に帯電した「完全に」変形しない格子に，「完全に」自由に動ける伝導電子を入れたものを「完全導体」という）．

[解]　重力ポテンシャルを ϕ^g，静電ポテンシャルを ϕ^e とする．これより，電子のポテンシャルエネルギーは

$$\Phi = m\phi^\mathrm{g} + e\phi^\mathrm{e}$$

であり（m，e は電子の質量と電荷），電子にはたらく力は $\mathbb{F} = -\nabla\Phi$ となる．静的な，つまり伝導電子が動かない状況では導体表面の接線方向に力の成分はなく，したがって，Φ は容器の内部表面で一定になっている．ここで，容器の内部には質量も電荷もない ($\nabla^2\phi^\mathrm{g} = \nabla^2\phi^\mathrm{e} = 0$) とすると，$\nabla^2\Phi = 0$ である．等ポテンシャル面の内部では，ラプラス方程式 $\nabla^2\Phi = 0$ の解は $\Phi =$（定数）になる．したがって，電子がこの場の中に入れられたとしても，電子に力ははたらかない（電子は容器の中心に放たれ

たので，各部分からの力は対称性より打ち消し合う）[†1]．

問題 12.7　気体の重量変化

断熱物質でできた高さ h の長い円筒に，300 K の空気が満たされている．円筒は海抜 0 m 地点で封印されて設置された．はじめ全体の重量は W であった．円筒内の空気をゆっくりと加熱したとき，W が減少する h の範囲を求めよ．

［解］　空気が熱せられるに従って，$c^2 dM = (7/2)kNdT$ の割合で質量エネルギーが加わっていく（空気は2原子分子なので係数が 7/2 になる[†2]．N は円筒内の全分子数である）．一方で，空気の重心は上昇し（地球中心との距離が大きくなる），その重量を減らすように振る舞う．重心の位置は

$$z_{\mathrm{cg}} = \frac{\displaystyle\int_0^h \rho z dz}{\displaystyle\int_0^h \rho dz}, \qquad \rho = \rho_0 \exp\left(-\frac{mg}{kT}z\right)$$

で与えられ，温度に対する z_{cg} の変化は，

$$\frac{dz_{\mathrm{cg}}}{dT} = \frac{k}{mg}\left[1 - \left(\frac{\eta}{\sinh\eta}\right)^2\right], \qquad \eta \equiv \frac{mgh}{2kT}$$

となる．ここで，m は空気分子の平均質量である．

これより，重量の変化は，

$$dW = \left(g\frac{dM}{dT} + M\frac{dg}{dz_{\mathrm{cg}}}\frac{dz_{\mathrm{cg}}}{dT}\right)dT = \left[\frac{7gkN}{2c^2} - mN\frac{2g}{R_\oplus}\frac{k}{mg}\left(1 - \frac{\eta^2}{\sinh^2\eta}\right)\right]dT$$

となる．右辺が負になるのは，

$$1 - \frac{\eta^2}{\sinh^2\eta} > \frac{7}{4}\frac{gR_\oplus}{c^2} = 0.122 \times 10^{-8}$$

のときで，$\eta > 6.05 \times 10^{-5}$, $h = 2kT\eta/mg > 218\,\mathrm{cm}$ が得られる．

問題 12.8　ニュートンの運動方程式の書き換え

ニュートンの重力ポテンシャル U に対する応力テンソルを

---

†1 訳者注：完全導体の伝導電子が重力によって下側により多く「集まり」，そのクーロン力で内部に入れた電子を支えているという描像である．

†2 訳者注：実際には，常温では2原子分子の振動モードは無視できて，係数は 5/2 になる．

$$T_j{}^k \equiv \frac{1}{4\pi}\Big(U_{,j}U^{,k} - \frac{1}{2}\delta_j{}^k U_{,n}U^{,n}\Big)$$

で定義する．固有密度 ρ_0，速度 $\mathbb{v}$ の物体に対するニュートンの運動方程式が

$$\rho_0 \frac{dv_j}{dt} = -\frac{\partial}{\partial x^k}(T_j{}^k + t_j{}^k)$$

$$(\rho_0 v_j)_{,t} + (T_j{}^k + t_j{}^k + \rho_0 v_j v^k)_{,k} = 0$$

と書けることを示せ．ここで，t_{jk} は圧力が加えられた物体に対する通常の 3 次元応力テンソルである．

12

[解]　ポアソン方程式 $U^{,k}{}_{,k} = 4\pi\rho_0$ より，

$$T_j{}^k{}_{,k} = \frac{1}{4\pi}(U_{,jk}U^{,k} + U_{,j}U^{,k}{}_{,k} - U_{,nj}U^{,n}) = \rho_0 U_{,j}$$

が得られる．こうして，ニュートンの運動方程式は，

$$\rho_0 \frac{dv_j}{dt} = -\frac{\partial t_j{}^k}{\partial x^k} - \rho_0 \frac{\partial U}{\partial x^j} = -\frac{\partial}{\partial x^k}(t_j{}^k + T_j{}^k) \tag{1}$$

のように書ける．ここで，質量保存則（連続の式）

$$\frac{\partial \rho_0}{\partial t} + (\rho_0 v^k)_{,k} = 0 \tag{2}$$

を用いる．式 (2) と物質微分（ラグランジュ微分）$d/dt = \partial/\partial t + v^k \partial/\partial x^k$ より，

$$\rho_0 \frac{dv_j}{dt} = \rho_0\Big(\frac{\partial v_j}{\partial t} + v^k v^j{}_{,k}\Big) = (\rho_0 v_j)_{,t} + (\rho_0 v_j v^k)_{,k}$$

となり，こうして，式 (1) は，

$$(\rho_0 v_j)_{,t} + (T_j{}^k + t_j{}^k + \rho_0 v_j v^k)_{,k} = 0 \tag{3}$$

と書き換えられる．

問題 12.9　重力下での平衡条件

質量 M で大きさをもつ物体にいくつかの力 $\mathbb{F}_i$ がはたらいている．重力質量とエネルギーの等価性を用いて，物体の平衡条件が

$$\sum_i \mathbb{F}_i\Big(1 - \frac{\mathbb{g}\cdot\mathbb{x}_i}{c^2}\Big) = -M\mathbb{g}$$

であることを示せ．ここで，$\mathbb{g}$ は重力加速度，$\mathbb{x}_i$ は局所慣性系で測定した各力の作用点である．

［解］　仮想変位 $\mathbb{\delta}$ を考える．このとき全体としてエネルギーは変化しない．力によってされた（またはした）仕事の重力ポテンシャルをエネルギーに含めると，i 番目の力に対するエネルギー変化は

$$dE_i = -\mathbb{F}_i \cdot \mathbb{\delta} - \frac{dE_i}{c^2}\mathbb{g} \cdot \mathbb{x}_i$$

となり，また，物体が変位したことによるエネルギー変化は

$$dE = -M\mathbb{g} \cdot \mathbb{\delta}$$

となる．これらより，任意の $\mathbb{\delta}$ に対して，

$$dE_{\text{total}} = -\sum_i \mathbb{F}_i \cdot \mathbb{\delta}\left(1 - \frac{\mathbb{g} \cdot \mathbb{x}_i}{c^2}\right) - M\mathbb{g} \cdot \mathbb{\delta}$$

であり，したがって，

$$\sum_i \mathbb{F}_i\left(1 - \frac{\mathbb{g} \cdot \mathbb{x}_i}{c^2}\right) = -M\mathbb{g}$$

が得られる．ここでは重力ポテンシャルの基準点を物体の重心にとることで，重力ポテンシャル自身の重力によるポテンシャルエネルギーを加える必要はなくなっている（この議論は K. Nordtvedt による）．

問題 12.10　星の静水圧平衡方程式

問題 12.9 の結果より，星の内部における静水圧平衡の式が

$$\frac{dp}{dr} = -\frac{GM(r)}{r^2}\left(\rho + \frac{p}{c^2}\right)$$

となることを示せ．ここで，$M(r)$ は半径 r の球面内部にある実質的な重力源となる流体の質量である．この式は，流体では有効慣性質量密度が $\rho + p/c^2$ であることを表している．この結果は一般相対性理論の場の方程式によらないことに注意する．

［解］　半径 r の位置に質量 dm，厚さ dr の薄い流体素片を考える．流体素片はそれぞれ面積 A の上面と下面を鉛直方向に向けている．表面 S を，向き付けられた微小面積要素 $d\mathbb{A}$ に分けると，各要素にかかる重力以外の力は，$d\mathbb{F} = -p(\mathbb{x})\,d\mathbb{A}$ となる．ここで，$p(\mathbb{x})$ は圧力である．流体素片が十分小さいとすると，問題 12.9 より，

$$-\oint_{\mathrm{S}} p(x)\left(1 - \frac{\mathbb{g} \cdot \mathbb{x}}{c^2}\right)d\mathbb{A} = -dm\,\mathbb{g}$$

すなわち，

$$-\oint_S p\,d\mathbb{A} + \oint_S p\,\mathbb{g}\cdot\frac{\mathbb{x}}{c^2}d\mathbb{A} = -dm\,\mathbb{g}$$

と書ける．ここで，$\mathbb{g} = -(GM/r^2)\mathbb{e}_r$, $d\mathbb{A} = \pm dA\,\mathbb{e}_r$ であり，局所慣性系の原点を流体素片の下面にとると，上面では $\mathbb{x}\cdot\mathbb{e}_r = dr$，下面では $\mathbb{x}\cdot\mathbb{e}_r = 0$ となる．平衡状態を考えると，側面からの寄与は打ち消し合うので，上の式は，

$$-\big[p(r+dr) - p(r)\big]A\,\mathbb{e}_r - \frac{GM}{c^2r^2}p\,dr\,A\,\mathbb{e}_r = dm\frac{GM}{r^2}\mathbb{e}_r$$

となり，これより，

$$\frac{dp}{dr} = -\frac{GM}{r^2}\left(\rho + \frac{p}{c^2}\right)$$

が成り立つ．

この式は，$T^{\mu\nu}{}_{;\nu} = 0$ を満たすすべての重力理論（そのような理論を**計量理論** (metric theory) という）で成立し，場の方程式とは無関係である．しかしながら，局所的な重力加速度が $g = -GM/r^2$ となるようにそれぞれの理論で $M(r)$ を定義するので，$M(r)$ の表式は異なっている．

問題 12.11　ニュートン重力と測地線

ニュートンの重力ポテンシャル Φ の中で運動するテスト粒子を考える．このテスト粒子に対するニュートンの運動方程式が，4 次元時空中の測地線方程式のように書けることを示せ．それからクリストッフェル記号とリーマン曲率テンソルを計算し，それらが導出されるような計量は存在しないことを示せ．

[解]　ニュートン力学でよく用いられる座標系は，絶対時間 t とデカルトの空間座標 x^j である．運動方程式

$$\frac{d^2x^j}{dt^2} = -\frac{\partial\Phi}{\partial x_j}$$

は，次のような 4 次元の形式

$$\frac{d^2t}{d\lambda^2} = 0, \qquad \frac{d^2x^j}{d\lambda^2} + \frac{\partial\Phi}{\partial x_j}\left(\frac{dt}{d\lambda}\right)^2 = 0$$

に書き換えることができる．この式からクリストッフェル記号を読み取ると，

$$\Gamma^j{}_{00} = \frac{\partial\Phi}{\partial x_j}, \qquad \text{ほかの } \Gamma^\alpha{}_{\beta\gamma} \text{ はゼロ}$$

となる．また，通常の計算よりリーマン曲率テンソルの成分を求めると，

$$R^j{}_{0k0} = -R^j{}_{00k} = \frac{\partial^2\Phi}{\partial x_j\partial x^k}, \qquad \text{ほかの } R^\alpha{}_{\beta\gamma\delta} \text{ はゼロ}$$

となる．これらが計量から導出されたとすると，

$$R_{j0k0} = g_{j\alpha} R^{\alpha}{}_{0k0} = g_{jm} \frac{\partial^2 \Phi}{\partial x_m \partial x^k}$$

が得られる．一方，

$$R_{0jk0} = g_{0\alpha} R^{\alpha}{}_{jk0} = 0 \neq -R_{j0k0}$$

であり，$R_{\alpha\beta\gamma\delta}$ は反対称性を破ってしまう．

問題 12.12　重力ポテンシャルとリーマン曲率テンソル

テスト粒子の集合があり，ニュートン重力理論を用いてそれぞれの粒子の軌跡から相対加速度を調べる．それと測地線偏差方程式のニュートン極限を比較することにより，ニュートンの重力ポテンシャルとリーマン曲率テンソルとの対応関係

$$R_{j0k0} = \frac{\partial^2 \Phi}{\partial x^j \partial x^k}$$

を導出せよ（ニュートン的テスト粒子は重力のみを受けて運動し，相対論的テスト粒子は測地線に沿って運動する）．

[解]　ニュートン的テスト粒子の軌跡を

$$x^j = x^j(t, n)$$

とする．ここで，n は各粒子（の軌跡）を見分けるためのパラメータである．次のベクトル

$$\mathbb{n} = \frac{\partial}{\partial n} = \frac{\partial x^k}{\partial n}\frac{\partial}{\partial x^k} = n^k \frac{\partial}{\partial x^k}$$

は，近接する軌跡をつなぐベクトルである．近接する軌跡の相対加速度は，

$$\begin{aligned}\frac{\partial n^j}{\partial t^2} &= \frac{\partial^2}{\partial t^2}\left(\frac{\partial x^j}{\partial n}\right) = \frac{\partial}{\partial n}\left(\frac{\partial^2 x^j}{\partial t^2}\right) = \frac{\partial}{\partial n}\left(-\frac{\partial \Phi}{\partial x_j}\right) \\ &= -n^k \frac{\partial}{\partial x^k}\left(\frac{\partial \Phi}{\partial x_j}\right) = -n^k \frac{\partial^2 \Phi}{\partial x_j \partial x^k}\end{aligned}$$

で与えられる．ここで，運動方程式 $\partial^2 x^j / \partial t^2 = -\partial \Phi / \partial x_j$ を用いた．測地線偏差方程式は

$$\frac{D^2 n^\alpha}{d\tau^2} = -R^{\alpha}{}_{\beta\gamma\delta} n^\gamma u^\beta u^\delta$$

である．ニュートン極限（速度 $\sim \epsilon$，重力場 $\sim \epsilon^2$）では，

$$u^0 = 1 + \mathcal{O}(\epsilon), \qquad u^j = \mathcal{O}(\epsilon), \qquad \Gamma^{\alpha}{}_{\beta\gamma} = \mathcal{O}(\epsilon^2)$$

となり，$\boldsymbol{n}$ は同じ固有時刻の事象をつなぐので，座標時刻で見ると $\mathcal{O}(\epsilon)$ のずれが生じる．こうして，$D/d\tau = d/dt + \mathcal{O}(\epsilon)$ であり，

$$\frac{d^2 n^j}{dt^2} = -R^j{}_{0k0} n^k + \mathcal{O}(\epsilon)$$

となる．したがって，ニュートン極限では

$$R^j{}_{0k0} = \frac{\partial^2 \Phi}{\partial x_j \partial x^k}$$

となる．粒子の速度が光速に近づかない限り，$R^\alpha{}_{\beta\gamma\delta}$ のほかの成分はテスト粒子の相対的な運動方程式に現れないことに注意する．

問題 12.13　ニュートン重力の共変的な表式

ニュートン力学における普遍的な時間関数としてスカラー場を導入することで，ニュートンの万有引力の法則を 4 次元時空で共変的な形に書き表せ．そして，得られた式が特殊相対性理論と無矛盾であることを示せ．

また，信号が光速を超えて伝達されうることを示せ．このとき理論は非因果的であるか．つまり，観測者は過去の自分自身に信号を送ることができるか調べよ．

[解]　ニュートン重力は，「普遍的な時間」の場 t の一定面として定義された同時刻スライス（超曲面）で，作用が「瞬間的に伝わる」遠距離力である．まず，ある点における重力加速度を，宇宙に存在する物質密度 $T^{\mu\nu}$ を用いて相対論的に共変的な表式で表していく．時空はいたるところミンコフスキー計量をもつとする．T^{00} だけが運動に関係しているので，次のように 2 個の普遍時間ベクトルと内積をとる．

$$\nabla t \cdot \boldsymbol{T} \cdot \nabla t \qquad （つまり，t_{,\alpha} T^{\alpha\beta} t_{,\beta}）$$

こうして，位置 $\boldsymbol{x}$ にある粒子の加速度に対する逆 2 乗則は

$$\boldsymbol{a} = G \int_{t=(\text{定数})} \frac{\nabla t \cdot \boldsymbol{T}(\boldsymbol{x}') \cdot \nabla t}{(\boldsymbol{\ell} \cdot \boldsymbol{\ell})^{3/2}} \boldsymbol{\ell}\, d^3 x'$$

となる．ここで，$\boldsymbol{\ell}$ は $\boldsymbol{x}'$ から $\boldsymbol{x}$ へとつなぐ空間的ベクトルで，d^3x' は $t =$（定数）面の固有体積要素である．ここでは $\boldsymbol{a}$ は必ずしも粒子の 4 元速度 $\boldsymbol{u}$ と直交しないので，まだ特殊相対性理論と無矛盾ではない．これに射影テンソルを用いることで，最終的な結果

$$\boldsymbol{a}_{\text{grav}} = G \int \frac{\nabla t \cdot \boldsymbol{T} \cdot \nabla t}{(\boldsymbol{\ell} \cdot \boldsymbol{\ell})^{3/2}} [\boldsymbol{\ell} + (\boldsymbol{u} \cdot \boldsymbol{\ell})\boldsymbol{u}]\, d^3 x'$$

が得られる．これは (i) 幾何学的に表現され，(ii) 幾何学的な量（$\boldsymbol{a} \cdot \boldsymbol{u} = 0$ である $\boldsymbol{a}$）

を定義していることより，明らかに特殊相対性理論と無矛盾である．

この議論では，質量分布を変えることにより，光より速く信号を送ることができる．このとき $t =$（定数）面上の重力場は変化する．これらのスライスは空間的なので，スライス上のすべての観測者の光円錐の外側にある．しかしながら，すべての観測者の世界線は時間的であり，彼らの未来に向かって t は増加するので，この理論は非因果的ではない．同様に，観測者が放った任意の光線に沿って t は増加する．したがって，すべての信号は，よくても t が等しい事象をつなぐのがせいぜいであり，信号が放たれたときよりも以前の観測者に，その信号が戻ってくることはない．これは非因果的なタキオンの場合（問題 1.6）と対照的である．違いの理由は，この問題ではスカラー場 t に備わっている．ある種の「前幾何学 (pregeometry)」性による．t は普遍的な時間順序を保った方法で時空をスライスしていく†．一方，タキオンは観測者を変えていく方法で時空を「スライス」していく．

問題 12.14　荷電粒子と中性粒子の落下

自由落下しているエレベータで鉛直線上に並ぶ同質量の 2 個の粒子を考える．エレベータ内には鉛直上向きに一様電場 E が存在し，下にある粒子は電荷 q をもち，上の粒子は中性とする．潮汐効果と電場からの力を考慮して，粒子間の距離に対する式を時間の関数として表せ．また，両方の効果の存在が等価原理と矛盾しないことを示せ．

[解]　粒子の間隔を $\boldsymbol{\eta} =$（間隔）$\times\, \mathbf{e}_z$ と書くと，重力の効果で，

$$\frac{d^2\eta^z}{dt^2} = -R^z{}_{\beta\gamma\delta}u^\beta\eta^\gamma u^\delta$$

となる．はじめに 2 つの粒子は静止していたとすると，短い時間に注目すれば $u^j \approx 0$ なので，

$$\frac{d^2\eta^z}{dt^2} = -R^z{}_{0z0}\eta^z$$

となる．弱い重力場に対するリーマン曲率テンソルの成分は簡単に計算できて，

$$R^z{}_{0z0} = \frac{\partial^2}{\partial z^2}\left(-\frac{M}{z}\right) = -\frac{2M}{z^3}$$

である．また，電場により，下にある粒子には加速度

$$\mathbf{a} = \frac{q}{m}E\mathbf{e}_z$$

† 訳者注：原著は slice という言葉を使っているが，時間パラメータ t で超曲面を続けて構成する意味で，foliate（葉層化）していく，という言葉のほうが普通である．

が加わる．こうして

$$\frac{d^2\eta^z}{dt^2} = \frac{2M}{z^3}\eta^z - \frac{q}{m}E$$

となる．一見すると右辺の 2 項を同じくらいの大きさにすることができると思うかもしれない．しかし，実験室の大きさは $\Delta x^\mu \approx L$ に限られるとすると，重力がもたらす η^z の変化は

$$\delta\eta^z \sim \frac{1}{2}\frac{2M}{z^3}\eta^z L^2$$

程度である．ここで，$\eta^z < L$ なので，

$$\delta\eta^z = \mathcal{O}(L^3)$$

と評価できる．一方，電場による η^z の変化は

$$\delta\eta^z \sim -\frac{1}{2}\frac{q}{m}EL^2 = \mathcal{O}(L^2)$$

であり，小さな実験室に限れば，重力の効果は無視できることがわかる．

問題 12.15　スピン粒子のチャージ

質量 m_0 の新しい粒子が生成され，古典的な逆 2 乗則を調べた結果，それが未知のチャージをもつことがわかった．この粒子の単一な（理想）気体が熱平衡状態で容器中に入れられている．外のテスト粒子にはたらく平均の力から容器中の全チャージ Q を測定すると，温度によって $Q = Q_0\,(1 + 6kT/m_0)$ で変化することが確かめられた．この新しい粒子のスピンを求めよ．

[解]　チャージの違いが現れる幾何学的な性質は，スピン 0, 1, 2 などに対するスカラー，ベクトル，2 階のテンソルなどである．たとえば，静止チャージ q_0 の粒子が 4 元速度 $\boldsymbol{u}$ で世界線 $x^\mu = z^\mu(\tau)$ に沿って運動しているとき，そのチャージ密度は

$$\begin{aligned}
\rho(x^\sigma) &= q_0 \int \delta^4(x^\sigma - z^\sigma(\tau))d\tau && \text{（スカラー）} \\
J^\mu(x^\sigma) &= q_0 \int u^\mu \delta^4(x^\sigma - z^\sigma(\tau))d\tau && \text{（ベクトル）} \\
T^{\mu\nu}(x^\sigma) &= q_0 \int u^\mu u^\nu \delta^4(x^\sigma - z^\sigma(\tau))d\tau && \text{（スピン 2）} \\
T^{\mu\nu\cdots\rho}(x^\sigma) &= q_0 \int u^\mu u^\nu \cdots u^\rho \delta^4(x^\sigma - z^\sigma(\tau))d\tau && \text{（スピン } s\text{）}
\end{aligned} \tag{1}$$

となる．

相互作用の「クーロン」部分を用いて実験室で測定された粒子のチャージは

$$q = \int T^{00\cdots 0} d^3x$$
$$= (-1)^s \int T^{\alpha\beta\cdots\gamma} u_\alpha^{\text{lab}} u_\beta^{\text{lab}} \cdots u_\gamma^{\text{lab}} d^3x \qquad \text{（実験室系）} \tag{2}$$

である．式 (1) を式 (2) に代入すると，1 粒子のチャージは

$$q = q_0 \int d^3x \int d\tau (-\boldsymbol{u}\cdot\boldsymbol{u}^{\text{lab}})^s \delta^4(x^\sigma - z^\sigma(\tau))$$
$$= q_0 \int d^3x\, dt \left(\frac{d\tau}{dt}\right)(-\boldsymbol{u}\cdot\boldsymbol{u}^{\text{lab}})^s \delta^4(x^\sigma - z^\sigma(\tau))$$

となる．デルタ関数を積分し，$\boldsymbol{u}\cdot\boldsymbol{u}^{\text{lab}} = -\gamma$ と $d\tau/dt = 1/\gamma$ を用いると，$v = |\mathbb{v}| \ll 1$ に対して，$q = q_0\gamma^{s-1} \approx q_0\left[1 + (s-1)v^2/2\right]$ が得られる．また，理想気体では $\langle v^2\rangle = 3kT/m_0$ である．そこで，気体中のすべての粒子のチャージを合計すると，

$$Q = \sum_n q = nq_0\left[1 + \frac{s-1}{2}\left(\frac{3kT}{m_0}\right)\right]$$

となり，問題で与えられた温度依存性を考えると，$s = 5$ であることがわかる．

問題 12.16　スピン 2 の場と重力場

重力は古典的な遠距離力（質量がゼロの量子）をもたらし，かつスピン 2 である唯一の場であること示せ．すなわち，ほかにそのような場が存在したとしても，すべての物体と同じように相互作用するために重力とは区別できないことを（厳密にではなく）示せ．

[解]　このようなスピン 2 の場がもう 1 つあるとしよう．それは質量をもたず，遠距離力なので，弱い平面波解をもつはずである．また，スピン 2 の場なので，対称でトレースレスの「チャージ」テンソル $J^{\mu\nu}$ と結合しなけらばならない．さらに，弱い場かつ低速度の場合では，波長よりずっと小さく，「チャージ」をもった粒子は，おもに J^{00} を通じて相互作用する（つまり，クーロン極限をもつ）．

平面波がそれぞれチャージ $J^{00} = q_1$，$J^{00} = q_2$ の（初期に同じ点に置かれていた）2 個の粒子に入射されたとする．ある決まった直線偏極をもつ正弦波に対して，粒子はそのチャージに比例し，質量に反比例する振幅で，線形の正弦運動をする．したがって，時刻一定面で，この場に対する偏極ベクトルを，（電場 $\mathbb{E}$ のときのように）

$$\mathbb{V} \equiv \left(\frac{q_1}{m_1} - \frac{q_2}{m_2}\right)^{-1}(\mathbb{x}_1 - \mathbb{x}_2)$$

として定義することができる．偏極ベクトルは各粒子のチャージ q_1, q_2 や質量 m_1, m_2 の値によらない．しかし，この偏極ベクトルの表式には矛盾がある！　場はスピン 2 の構造をもっているので，偏極は 180° の回転に対して不変である．しかし，180° の回転のもとで $\mathbb{V} \to -\mathbb{V}$ であり，$\mathbb{V} = 0$ となってしまう．何が間違っていたのだろうか？

ここでは，2 個の粒子が場に対して違うように反応するとした．唯一の可能性は，すべてのチャージと質量に対して，$\varkappa_1 = \varkappa_2$ とすることである．これはすべての粒子がある決まったチャージ・質量比（$q/m =$（定数））をもつことと等価であり，単位系をうまくとると，$q = m$ とできる．したがって，弱い場の平面波近似では $J^{00} = T^{00}$ となる．さらに，ローレンツ不変性より $J^{\mu\nu} = T^{\mu\nu}$ でなければならない（たとえば，$T^{\mu}{}_{\mu}$ はスピン 2 ではないので，用いることはできない）．

以上で，任意のスピン 2 の場は $T^{\mu\nu}$ と結合していることを示せた．したがって，そのような場は重力の一部，すなわち，我々が重力として観測しているものである（それが一般相対性理論でなくてもいい）．R. P. ファインマンは固有の偏極ベクトルをもたない「点粒子」の仮定が鍵であると指摘した．そして，偏極していない物質に対しては正味の力がはたらかないが，スピン粒子とは個別に相互作用するような場であれば存在できるとした．

問題 12.17　幾何学単位系

幾何学単位系 (geometrized unit system)（すなわち，万有引力定数 G，光速 c，ボルツマン定数 k をすべて 1 にした単位系）を用いて，以下の量をセンチメートルで表せ．

(a) $\hbar$，(b) 電気素量 e，(c) 電子の e/m，(d) 太陽の質量 $M_\odot$，(e) 太陽の光度 $L_\odot$，(f) 300 ケルビン，(g) 1 年，(h) 1 ボルト．

（訳者注：次の値を用いよ．$c = 2.998\times 10^{10}$ cm/s, $G = 6.674\times 10^{-8}$ cm^3/g·s^2, $\hbar = 1.054 \times 10^{-27}$ erg·s，電気素量 $e = 4.803 \times 10^{-10}$ esu，電子質量 $m = 9.109 \times 10^{-28}$ g, $k = 1.381 \times 10^{-16}$ erg/K, $M_\odot = 1.988 \times 10^{33}$ g, $L_\odot = 3.839 \times 10^{33}$ erg/s. esu は電荷の単位でスタットクーロンといい，1 esu = 1/2997924580 C = 3.335641×10^{-10}C.）

[解]　CGS 単位系で，以下の量を用意しておく．

$$c = 2.998 \times 10^{10}\ \text{cm/s}$$

$$c^2 = 8.998 \times 10^{20}\ \text{erg/g}$$

$$\frac{G}{c^2} = 7.425 \times 10^{-29}\ \text{cm/g}$$

$$\sqrt{G} = 2.582 \times 10^{-4}\ \mathrm{esu/g}$$

（$\sqrt{G}$ の値はクーロンの法則とニュートンの法則において，力が e^2/r および Gm^2/r^2 で与えられることを用いている．）したがって，幾何学単位系では，以下のようになる．

(a) $\hbar \simeq (\mathrm{erg\cdot s}) = \dfrac{(\mathrm{erg\cdot s})(\mathrm{cm/g})(\mathrm{cm/s})}{(\mathrm{erg/g})} \simeq \hbar\left(\dfrac{G}{c^2}\right)c\left(\dfrac{1}{c^2}\right) = \dfrac{\hbar G}{c^3} = 2.611 \times 10^{-66}\,\mathrm{cm}^2$

(b) $e \simeq (\mathrm{esu}) = \dfrac{(\mathrm{esu})(\mathrm{cm/g})}{(\mathrm{esu/g})} \simeq e\left(\dfrac{G}{c^2}\right)\left(\dfrac{1}{\sqrt{G}}\right) = \dfrac{e\sqrt{G}}{c^2} = 1.381 \times 10^{-34}\,\mathrm{cm}$

(c) $\dfrac{e}{m} \simeq \dfrac{(\mathrm{esu})}{(\mathrm{g})} = \dfrac{(\mathrm{esu})}{(\mathrm{g})(\mathrm{esu/g})} \simeq \dfrac{e}{m}\left(\dfrac{1}{\sqrt{G}}\right) = \dfrac{e}{\sqrt{G}m} = 2.042 \times 10^{21}$

(d) $M_\odot \simeq (\mathrm{g}) = (\mathrm{g})(\mathrm{cm/g}) \simeq M_\odot\left(\dfrac{G}{c^2}\right) = \dfrac{GM_\odot}{c^2} = 1.48 \times 10^5\,\mathrm{cm}$

(e) $L_\odot \simeq (\mathrm{erg/s}) = \dfrac{(\mathrm{erg/s})(\mathrm{cm/g})}{(\mathrm{erg/g})(\mathrm{cm/s})} \simeq L_\odot\left(\dfrac{G}{c^2}\right)\left(\dfrac{1}{c^2}\right)\left(\dfrac{1}{c}\right) = \dfrac{GL_\odot}{c^5} = 1.07 \times 10^{-26}$

(f) $300\,\mathrm{K} \simeq (\mathrm{K}) = \dfrac{(\mathrm{K})(\mathrm{erg/K})(\mathrm{cm/g})}{(\mathrm{erg/g})} \simeq (300\,\mathrm{K})k\left(\dfrac{G}{c^2}\right)\left(\dfrac{1}{c^2}\right) = (300\,\mathrm{K})\dfrac{kG}{c^4} \simeq 3.42 \times 10^{-63}\,\mathrm{cm}$

(g) $1\,\mathrm{yr} \simeq (\mathrm{s}) = (\mathrm{s})(\mathrm{m/s}) \simeq (1\,\mathrm{yr})\,c = 9.460 \times 10^{17}\,\mathrm{cm}$

(h) $1\,\mathrm{V} \simeq (\mathrm{erg/esu}) = \dfrac{(\mathrm{erg/s})(\mathrm{esu/g})}{(\mathrm{erg/g})} \simeq \left(\dfrac{1}{299.8}\dfrac{\mathrm{erg}}{\mathrm{esu}}\right)\sqrt{G}\left(\dfrac{1}{c^2}\right) = 9.58 \times 10^{-28}$

問題 12.18　プランク単位系

物理定数 $\hbar$, G, c を用いて，質量・長さ・時間の**自然**な単位を構成せよ．

[解]　答えは，

$$L^* = \sqrt{\frac{\hbar G}{c^3}} = 1.616 \times 10^{-33}\,\mathrm{cm}$$

$$T^* = \sqrt{\frac{\hbar G}{c^5}} = 5.391 \times 10^{-44}\,\mathrm{s}$$

$$M^* = \sqrt{\frac{\hbar c}{G}} = 2.177 \times 10^{-5}\,\mathrm{g}$$

である．これらの組み合わせは，M. プランクが「彼の定数」を発見した直後に思いついたものである．いまではそれぞれ，プランク長，プランク時間，プランク質量とよばれる．次元解析により，3 個の次元をもつ量を組み合わせて決められた 3 つの次元に対応させる方法は 1 通りしかない（つまり，無次元量を自由に作ることはできない）．したがって，これらは定数倍の自由度を除いて（たとえば，$\hbar$ の代わりに h を用いる）一意的に決まる．

問題 12.19　重力原子

2 個の中性子が重力相互作用によって最低エネルギー状態で束縛されている「重力原子」を考える．重力原子のボーア半径を求めよ．

[解]　回転系での力のつりあいより，

$$\frac{Gm_{\mathrm{N}}^2}{r^2} = m_{\mathrm{N}}\omega^2\left(\frac{1}{2}r\right)$$

である[†]．また，ボーアの量子条件より，半径は，

$$2m\omega\left(\frac{1}{2}r\right)^2 = n\hbar$$

を満たす．これら 2 つの式より，中性子間の距離は，

$$r = \frac{2n^2\hbar^2}{Gm_{\mathrm{N}}^3}$$

と表せる．最低エネルギー状態は $n=1$ なので，

$$r = \frac{2\hbar^2}{Gm_{\mathrm{N}}^3} = 6\times 10^{24}\,\mathrm{cm} \approx 6\times 10^6 \text{ 光年}$$

となる！

† 訳者注：本解答例は，2 つの中性子間の距離を r としているので，求めている r はボーア直径に相当する．

第 13 章

重力場の方程式と線形理論

Gravitational Field Equations and Linearized Theory

時空計量 $g_{\mu\nu}$ で記述される重力場は，物質の**エネルギー運動量テンソル** (energy-momentum tensor) $T^{\mu\nu}$ によって生成される．$g_{\mu\nu}$ と $T^{\mu\nu}$ を結びつける多くの理論がこれまでに提唱されてきたが，今日までに最も成功しているのは，一般相対性理論の基礎となる**アインシュタイン方程式** (the Einstein equation/the field equation)

$$G_{\mu\nu} \equiv R_{\mu\nu} - \frac{1}{2} g_{\mu\nu} R = 8\pi T_{\mu\nu} \tag{1}$$

である．ここで，$R_{\mu\nu}$ はリッチ曲率テンソル，R はスカラー曲率で，どちらも $g_{\mu\nu}$ から計算される．$G_{\mu\nu}$ はアインシュタインテンソル (Einstein tensor) とよばれる．$G_{\mu\nu}$ は計量に関して線形関数ではないため，アインシュタイン方程式は非線形方程式である．

本書では，これ以外の（アインシュタイン方程式ほど成功していない）場の方程式についてもいくつかの問題で扱うが，とくに言及していない限り，アインシュタイン方程式が成り立つことを仮定する．

エネルギー保存則 ${T^{\mu\nu}}_{;\nu} = 0$ は，式 (1) の結果として導出される．$T^{\mu\nu}$ に関してほかに記しておくべきことは，**エネルギー条件** (energy condition) とよばれるもので，物理的な正当性をもとに独立に要請される（問題 13.6, 13.7 参照）．

重力場が弱いとき，時空の計量はほとんど平坦なものとして，

$$g_{\mu\nu} = \eta_{\mu\nu} + h_{\mu\nu}$$

と書くことができる†．ここで，$h_{\mu\nu}$ のすべての成分は $|h_{\mu\nu}| \ll 1$ である．この場合，式 (1) は $h_{\mu\nu}$ の 1 次の項だけを残すことで，近似的に解くことができる．多くの問題で，この**線形理論** (linearized theory) が利用されている．

† 訳者注：この式のように時空計量を摂動することを**計量摂動** (metric perturbation) といい，本書では摂動された計量 $g_{\mu\nu}$ を摂動計量，摂動された線形成分 $h_{\mu\nu}$ を線形計量として訳す．

問題 13.1　アインシュタイン方程式の拡張

アインシュタイン方程式を少し拡張した方程式として，

$$R_{\mu\nu} - \alpha\, g_{\mu\nu} R = 8\pi T_{\mu\nu}$$

を考える．ここで，α は無次元の定数である．α が 1/2 ではないとすると，ニュートン力学の極限でさえも実験に反することを示せ．

[解]　アインシュタインテンソル $R_{\mu\nu} - (1/2)g_{\mu\nu}R$ は，ビアンキ恒等式によって発散がゼロになるので，拡張された場の方程式の発散をとると

$$\left(\frac{1}{2} - \alpha\right) R_{,\mu} = 8\pi T_{\mu}{}^{\nu}{}_{;\nu}$$

となる．一方で，場の方程式の縮約をとり，それから微分すると，$T = T_{\mu}{}^{\mu}$ とおいて

$$(1 - 4\alpha)R_{,\mu} = 8\pi T_{,\mu}$$

となるので，エネルギー保存の式は

$$T_{\mu}{}^{\nu}{}_{;\nu} = \kappa T_{,\mu}, \qquad \kappa \equiv \frac{1 - 2\alpha}{2(1 - 4\alpha)}$$

とならなくてはならない．ニュートン力学の極限では，密度 ρ で圧力が無視できる流体に対して，この式の $\mu = 0$ の成分は

$$\frac{\partial \rho}{\partial t} + \nabla \cdot (\rho \mathbb{v}) = \kappa \frac{\partial \rho}{\partial t}$$

となる．ここで，$\mathbb{v}$ は流体の流れの速度である．κ がゼロでないとすれば（すなわち，α が 1/2 ではないとすれば）この式はニュートン力学における連続の式と異なってしまい，質量保存則が満たされなくなる．

問題 13.2　ノルドストロムの計量理論

ノルドストロム (G. Nordström, 1913) が提案した計量理論では，$g_{\mu\nu}$ と $T_{\mu\nu}$ の関係は

$$C_{\mu\nu\rho\sigma} = 0, \qquad R = \kappa g_{\mu\nu} T^{\mu\nu}$$

で与えられる．ここで，$\boldsymbol{C}$ はワイルテンソルである．この理論でニュートン力学の極限を考えるとき，κ を適切にとればニュートン重力理論を再現することを示せ．また，この理論では，太陽近傍を通過する星の光が屈折しないことを示せ．パ

ウンド–レブカ (Pound–Rebka) の実験では，地球表面付近で重力を受けながら上昇する光子は赤方偏移を受けることが示されたが，ノルドストロムの計量理論は，この実験と矛盾しないだろうか．

［解］　ワイルテンソルがゼロなので，計量を共形平坦な形として

$$g_{\mu\nu} = e^{2\phi}\eta_{\mu\nu}$$

とすることができる．ここで，ニュートン極限（ほとんど平坦な時空）は $|\phi| \ll 1$ に対応する．これより

$$R \approx -6\nabla^2\phi$$

が得られる（問題 9.19 を見よ）．非相対論的なエネルギー運動量テンソルは $T^{\mu}{}_{\mu} \approx T^{0}{}_{0} \approx -\rho$ であり，場の方程式は

$$-6\phi_{,\alpha\beta}\eta^{\alpha\beta} = \kappa T = -\kappa\rho$$

となる．ニュートン極限では，（$c = 1$ の単位系で）時間変動は空間変動に比べて小さいので，

$$6\phi_{,ij}\delta^{ij} = \kappa\rho$$

となる．$\kappa = 24\pi$ とすると，この式は，ϕ をニュートンの重力ポテンシャルとした通常のニュートンの運動方程式になる．問題 12.11 の解答より，ニュートン的な軌跡は $g_{00} \approx -(1 + 2\phi)$ とした時空での測地線になる．そのため，ニュートン極限ではノルドストロムの理論はニュートン理論と一致し，ϕ は重力ポテンシャルの役割をする．

太陽のような質量をもつ天体に対する計量は，遠方では ϕ は減衰し，時空はほぼ平坦になる．光が天体付近で屈折されないことを確かめるには，$g_{\mu\nu} = e^{2\phi}\,\eta_{\mu\nu}$ の時空における光の測地線が $\eta_{\mu\nu}$ の時空での測地線と一致すること，つまり，質量の大きな天体のまわりでも光が屈折しないことを思い出せばよい（問題 9.18 を見よ）．こうして，漸近的に平坦な 2 つの遠く離れた領域において，質量の大きな天体を横切る前と後で光子の運動方向を比較しても，屈折が観測されないことがわかる．

地球表面近くでは，z を地表からの高さとすれば，計量は

$$ds^2 = e^{2\phi(z)}(-dt^2 + dx^2 + dy^2 + dz^2)$$

となる．もし粒子が通常どおり自由落下するとすれば，$\phi \approx -gz$ となる．測地線方程式より，鉛直方向に運動する光子のエネルギー変化は

$$\frac{dp^0}{dz} = -\Gamma^{0}{}_{0z}p^0 = -\phi_{,z}p^0$$

となる．そのため，光子は粒子と同じ割合でエネルギーを失うことになり，ノルドストロムの理論はパウンド－レブカの実験と矛盾しない．このことは測地線運動に基づくすべての理論で共通である．

13

問題 13.3　ブランス－ディッケ重力理論

ブランス－ディッケ重力理論† (Brans–Dicke theory of gravitation, MTW の p. 1070 あるいは Weinberg の p. 160 に記載の場の方程式を見よ）では，局所的に測定されるニュートンの万有引力定数 G の値は時間と位置によって変化する．無限遠での値を G_∞ とする．自己重力をもつ質量 M で半径 R の球殻を考えるとき，その内側では G が定数となることを示せ．また，$R \gg G_\infty M/c^2$ のとき，G_∞, M, R を用いて球殻内部の G を表せ．$G_\infty M/Rc^2$ についての展開の最低次まででよい．

[解]　ブランス－ディッケスカラー場 ϕ の静的な場の方程式は

$$\nabla^2\phi = \frac{8\pi}{3+2\omega}T \tag{1}$$

である．ここで，質量 M，半径 R の球殻では

$$T = -\rho = \frac{M}{4\pi r^2}\delta(r-R) \tag{2}$$

なので，球殻の内側と外側の ϕ の解は，ϕ_1, ϕ_∞ を定数として

$$\phi_{\rm I} = \phi_1 \qquad (r<R) \tag{3}$$

$$\phi_{\rm II} = \phi_\infty + \frac{2}{3+2\omega}\frac{M}{r} \qquad (r>R) \tag{4}$$

となる．$r=R$ で $\phi_{\rm I}$ と $\phi_{\rm II}$ を接続すると，

$$\phi_1 = \phi_\infty + \frac{2}{3+2\omega}\frac{M}{R} \tag{5}$$

でなければならない．

ブランス－ディッケ理論では，局所的な重力定数は ϕ で表され（Weinberg の式 (9.9.11) を見よ），

$$G = \frac{4+2\omega}{3+2\omega}\frac{1}{\phi} \tag{6}$$

となる．これより，

---

† 訳者注：ブランス－ディッケ重力理論は本書の問題 16.5, 21.7 でも扱う．一般相対性理論を拡張するさまざまな試みについては，本書付録 A.5 節に訳者による解説がある．

$$\phi_\infty = \frac{4+2\omega}{3+2\omega}\frac{1}{G_\infty}$$
$$G_1 = \frac{4+2\omega}{3+2\omega}\frac{1}{\phi_1} \approx \frac{4+2\omega}{3+2\omega}\frac{1}{\phi_\infty}\left[1-\frac{2M}{\phi_\infty R(3+2\omega)}\right]$$

となるので，最終的に

$$G_1 = G_\infty\left(1-\frac{G_\infty M}{R}\frac{1}{2+\omega}\right) \tag{7}$$

が得られる．

この解が正しいのは，M/R の最低次のオーダーまでである．省かれた項があるためだけではなく，高次の項を含むときには質量によって変更された $g_{\mu\nu}$ を考慮し，式 (1) の ∇ を，平坦な時空のものではなく曲がった時空の共変微分にしなければならないからである．

問題 13.4　真空のエネルギー

相対論的量子力学では，真空は仮想粒子で満たされていて，エネルギー運動量がゼロではないと考えられる．

(1) 真空を記述する特別な座標系がないとすると，真空のエネルギー運動量テンソルはどのような形になるか．また，場の方程式に実効的な宇宙定数に相当する項が現れることを示せ．

(2) 仮想的な陽子や電子の静止質量が真空のエネルギーの源であると考える．それらの粒子は自身のコンプトン波長程度の間隔で平均的に満たされているものとする．このような真空のエネルギー運動量テンソルは観測によって否定されるだろうか．

(3) ゼルドヴィッチ (Ya. B. Zel'dovich) は，質量エネルギー密度には，（コンプトン波長だけ離れたところにある）近傍の仮想粒子による重力による相互作用のエネルギーのみが寄与すると提案している．こう考えたとき，真空のエネルギーの大きさはどれくらいになるか．また，この値は観測によって否定されるだろうか．

[解]　(1) 真空に特別な座標系が存在しないとすれば，真空のエネルギー運動量テンソルは，どのようなローレンツ系で見ても同じにならなければならない．計量テンソル $\eta_{\mu\nu}$ はどのようなローレンツ系で見ても同じであるから，エネルギー運動量テンソルを $\rho_{\rm vac}\eta_{\mu\nu}$，あるいは一般的な座標での $\rho_{\rm vac}g_{\mu\nu}$ とすると，これは特別な系を選ばない．（$g_{\mu\nu}$ の一意性は次のように理解される．特別な座標系がないとすると，特別なベクトルも存在せず，それゆえ特別な固有ベクトルも存在しない．このような状況

は，すべてのベクトルが固有ベクトルのときにのみ実現し，$S_\mu{}^\nu V_\nu = KV_\mu$ がすべての K について成り立つのであれば，$S_\mu{}^\nu$ は $\delta_\mu{}^\nu$ に比例しなければならない.）

真空と物質のエネルギー運動量テンソルを取り入れた場の方程式は，

$$R^{\mu\nu} - \frac{1}{2}g^{\mu\nu}R = 8\pi\left(T^{\mu\nu}_{\text{matter}} - g^{\mu\nu}\rho_{\text{vac}}\right)$$

となる．この方程式を，宇宙項を含めた場の方程式

$$R^{\mu\nu} - \frac{1}{2}g^{\mu\nu}R + \Lambda g^{\mu\nu} = 8\pi T^{\mu\nu}_{\text{matter}}$$

と比較すると，真空のエネルギー密度を宇宙定数 $\Lambda = 8\pi\rho_{\text{vac}}$ と同一視することができる.

(2) 真空に質量 m の粒子が間隔 $\lambda \sim \hbar/mc$ で存在するとすると，質量エネルギー密度は $m(mc/\hbar)^3$ のオーダーになる．これは，電子では 10^4 g/cm^3，陽子では 10^{17} g/cm^3 のオーダーに相当する．どちらも話にならないほど大きい.

(3) 真空のエネルギーが近接する粒子間の重力相互作用によってもたらされるとすると，そのエネルギーは $\sim Gm^2/\lambda$ であるから，質量エネルギー密度は $(1/c^2\lambda^3)\left(Gm^2/\lambda\right) = Gm^6c^2/\hbar^4$ になる．これは，陽子では 10^{-22} g/cm^3，電子では 10^{-41} g/cm^3 のオーダーに相当する．銀河系の密度は 10^{-23} g/cm^3 なので，銀河系のダイナミクスを調べるだけでも，10^{-22} g/cm^3 の陽子は観測可能な状況になる．一方で，電子に対しては 10^{-41} g/cm^3 なので，宇宙の質量エネルギー密度 10^{-31} g/cm^3 よりもはるかに小さく，観測できる効果はない.

このような議論は示唆的ではあるが，場当たり的でもある．ρ_{vac} は，次元を考慮すると

$$\frac{m^4c^3}{\hbar^3}\left(\frac{Gm^2}{c\hbar}\right)^n$$

の形でなければならない．$n = 1$ とすると，ありえそうな質量エネルギー密度の値になる．ゼルドヴィッチの議論は，この $n = 1$ の場合に物理的な正当性を与えようと試みたものである.

問題 13.5　スカラー曲率の符号

時空の局所的な領域では，観測者はスカラー曲率の値をほぼ定数 $R \sim +1/a^2$ とみなす．このときの符号が「+」になる理由を述べよ．もし，時空が電磁場のエネルギーのみで満たされているとすると，R の値はどうなるか.

[解]　アインシュタイン方程式の縮約をとると，エネルギー運動量テンソルのトレース $T_\mu{}^\mu$ とスカラー曲率 R の間に，$R = -8\pi T_\mu{}^\mu$ の関係があることがわかる．局所

ローレンツ系では，$T_\mu{}^\nu$ は対角成分のみとなり，p_x, p_y, p_z を（主成分）圧力として，$T_\mu{}^\mu = -\rho + p_x + p_y + p_z$ となる．既知のすべての状態方程式について，$\rho \geq 3p$ であるので，$T_\mu{}^\mu$ は常に負であり，R は正になる．

電磁場のエネルギー運動量テンソルはトレースレスである（問題 4.16 を見よ）ので，時空が電磁場のエネルギーのみで満たされているならば，$R = 0$ となる．

問題 13.6　弱いエネルギー条件

すべての観測者に対して $T^{00} \geq 0$ が成立するという条件を**弱いエネルギー条件** (weak energy condition) といい，通常，物理的に可能な $T^{\mu\nu}$ はこの条件を満たすことが要請される．$T^{\mu\nu}$ が時間的な固有ベクトルをもつと仮定すると，自分（観測者）が測定する $T^{\mu\nu}$ がこのエネルギー条件を満たしているかどうかを知るためには，何を調べればよいか．

[解]　与えられた $T_\alpha{}^\beta$ に対し，観測者は自身の正規直交基底系において，4 つの固有値と固有ベクトルを

$$T_\alpha{}^\beta W_\beta = \lambda W_\alpha \tag{1}$$

として求める．固有ベクトルの 1 つが時間的であるとし，それを $W_\alpha W^\alpha = -1$ となるように規格化する．成分が $W^\alpha = (\gamma, \gamma v^j)$ であれば，速度 v^j のローレンツ変換を行い，$\boldsymbol{W}$ の静止系へ移る．そうすると $W_{\hat{\alpha}} = (1, \mathbb{0})$ として，式 (1) は $T^{\hat{0}\hat{0}} = -\lambda_{\text{timelike}} \equiv \rho$，および $T^{\hat{0}\hat{k}} = 0$ とすることができる．3×3 行列 $T_{\hat{j}\hat{k}}$ は空間回転によって対角化され，式 (1) から，対角化された成分は残りの固有値 $\lambda_i = p_i$ $(i = 1, 2, 3)$ となる．ここで，$\boldsymbol{u}$ を任意の 4 元速度とし，$T^{\alpha\beta}$ が対角化されている系での成分を $u^{\hat{\alpha}} = (\overline{\gamma}, \overline{\gamma}\,\overline{v}^j)$ とする．弱いエネルギー条件は $T^{\alpha\beta} u_\alpha u_\beta \geq 0$ であるから，

$$\rho + \overline{v}_1^2 p_1 + \overline{v}_2^2 p_2 + \overline{v}_3^2 p_3 \geq 0 \tag{2}$$

となる．ここで，$|\overline{v}|^2 \leq 1$ のもとで $\overline{v}^j$ は任意である．式 (2) が満たされるための必要十分条件は

$$\rho \geq 0, \qquad \rho + p_i \geq 0 \tag{3}$$

である．これはもとの観測者が式 (1) を解いた後に調べられるものである．$T^{\alpha\beta}$ が時間的な固有ベクトルをもたないときについては，Hawking and Ellis の p. 89 を参照せよ．

問題 13.7　優勢エネルギー条件

優勢エネルギー条件 (dominant energy condition) とは，弱いエネルギー条件

（どの観測者も負のエネルギーを観測しない）を満たし，さらにすべての観測者に対してエネルギー密度が 3 元エネルギー流束密度ベクトルの大きさ以上である，という条件である．$\boldsymbol{u}$ を任意のヌル，あるいは時間的なベクトルとするとき，条件式

$$\boldsymbol{u}\cdot(-\boldsymbol{T})^n\cdot\boldsymbol{u}\leq 0$$

が，$n=1$ のときには弱いエネルギー条件を，$n=2$ のときには優勢エネルギー条件を表すことを示せ．$n>2$ のときはどうか（ここで，$(\boldsymbol{T}^2)_{\mu\nu}\equiv T_\mu{}^\sigma T_{\sigma\nu}$ などとする）．

[解]　$n=0$ に対しては，この命題は $\boldsymbol{u}\cdot\boldsymbol{u}\leq 0$ となり，明らかである．

$n=1$ に対しては，この命題は任意の時間的な $\boldsymbol{u}$ に対して $\boldsymbol{u}\cdot\boldsymbol{T}\cdot\boldsymbol{u}\geq 0$ となる．これは弱いエネルギー条件にほかならない．

$n=2$ に対しては，この命題は $(\boldsymbol{u}\cdot\boldsymbol{T})\cdot(\boldsymbol{u}\cdot\boldsymbol{T})\leq 0$，つまり $\boldsymbol{u}\cdot\boldsymbol{T}$ が空間的ではないこととなる．ここで，4 元速度 $\boldsymbol{u}$ の観測者に対し $\boldsymbol{u}\cdot\boldsymbol{T}=(-\rho,$ (エネルギー流束密度)$^i)$ となるので，優勢エネルギー条件 $|\rho|\geq|$エネルギー流束$|$ が成り立てば，$\boldsymbol{u}\cdot\boldsymbol{T}$ は非空間的になる．逆もいえる．

任意の n の場合について考える．条件式は

$$(-1)^n\boldsymbol{u}\cdot\boldsymbol{T}\cdot\boldsymbol{T}\cdots\boldsymbol{T}\cdot\boldsymbol{u}\leq 0$$

となる．$\boldsymbol{u}\cdot\boldsymbol{T}$ は非空間的であるから，任意の n に対する場合は，$n-2$ の命題と等価である．優勢エネルギー条件が満たされれば，$n=1, n=2$ のどちらの場合も成り立つことを上で示したので，任意の n の場合についても成り立つことになる．逆も明らかである．つまり，$n=1$ と $n=2$ の条件を満たすどのようなエネルギーも，優勢エネルギー条件を満たす．

問題 13.8　解の連続性

時空中のある時刻一定面（$t=0$ とする）より過去は真空で，これより未来で $T_{\mu\nu}$ が非ゼロになるような解は，アインシュタイン方程式で許されるだろうか．

[解]　許される．計量 $g_{\mu\nu}$ を，$t<0$ で $g_{\mu\nu}=\eta_{\mu\nu}$（明らかに真空時空を表す），$t\geq 0$ で $g_{\mu\nu}=$(任意に選んだ関数) とする．後者の関数が満たすべき唯一の条件は，$t=0$ の超曲面において，平坦な時空と 2 階微分まで連続であることである．この計量 $g_{\mu\nu}$ からリッチ曲率テンソルとスカラー曲率を計算し，テンソル $T_{\mu\nu}\equiv(1/8\pi)[R_{\mu\nu}-(1/2)g_{\mu\nu}R]$ を定義することができる．このテンソルは明らかに対称であり，縮約されたビアンキ

恒等式の発散はゼロになる．もし時空がこのようなエネルギー運動量テンソルの物質で満たされているなら，$g_{\mu\nu}$ はアインシュタイン方程式の解である．しかし，物理的に意味のある解になるためには，$T_{\mu\nu}$ にさらに条件を加えなければならない．たとえば，質量エネルギー密度が時空のどの点においても非負であるなどである．ここで記した手順では，これは必ずしも満たされるとは限らない．

問題 13.9　時間的キリングベクトル

完全流体を重力源とする静的な解では，流体の 4 元速度が時間方向のキリングベクトルと平行になることを示せ．

[解]　キリング方程式 $\xi_{(\alpha;\beta)} = 0$ と，静的な解の**超曲面直交** (hypersurface orthogonal) 性 $\xi_{[\alpha;\beta}\xi_{\gamma]} = 0$（問題 10.8 を参照せよ）を用いると，

$$0 = (\xi_{[\alpha;\beta}\xi_{\gamma]})^{;\gamma} = \frac{1}{3}\left(\xi_{\alpha;\beta}\xi_{\gamma} + \xi_{\gamma;\alpha}\xi_{\beta} + \xi_{\beta;\gamma}\xi_{\alpha}\right)^{;\gamma}$$

$$= \frac{1}{3}(R_{\lambda\gamma\beta\alpha}\xi^{\lambda}\xi^{\gamma} + R_{\lambda}{}^{\gamma}{}_{\alpha\gamma}\xi^{\lambda}\xi_{\beta} + R_{\lambda}{}^{\gamma}{}_{\gamma\beta}\xi^{\lambda}\xi_{\alpha})$$

となる．ここで，問題 10.7 の結果 $\xi_{\mu;\alpha\beta} = R_{\gamma\beta\alpha\mu}\xi^{\gamma}$ を用いた．この式の第 1 項は対称性によって消え，残りの項はリッチ曲率テンソルの成分を与える．書き直すと，

$$0 = \xi^{\lambda}R_{\lambda[\alpha}\xi_{\beta]} = 8\pi\xi^{\lambda}\left(T_{\lambda[\alpha} - \frac{1}{2}g_{\lambda[\alpha}T\right)\xi_{\beta]}$$

$$= 8\pi\xi^{\lambda}\left[(\rho + p)u_{\lambda}u_{[\alpha} + \frac{1}{2}(\rho - p)g_{\lambda[\alpha}\right]\xi_{\beta]}$$

となる．最後の項は明らかに消えるので，結論として $u_{[\alpha}\xi_{\beta]} = 0$ を得る．これより，$\boldsymbol{u} \propto \boldsymbol{\xi}$ となる．

静的な条件と等価である「定常かつ時間反転対称」条件（問題 10.8）を用いれば，この証明はもう少し簡単になる．この場合，$\boldsymbol{u}$ が $\boldsymbol{\xi}$ と平行でなければ「時間反転対称な座標系」において $T^{0i} \neq 0$ となることがただちにわかる．しかし，このことは $G^{0i} \neq 0$ を意味することになり，計量が時間反転対称という条件と矛盾する．

問題 13.10　重力場の初期値問題

コーシー超曲面 (Cauchy surface) を初期面として時空を時間発展させる．このとき，計量の時間発展が一意に決まるためには，コーシー超曲面上の各点で決めなければならない物理量はいくつ必要か．［ヒント：まず，アインシュタインテンソルの空間成分だけが計量の 2 階時間微分を含んでいることを示せ．］

[解] ビアンキ恒等式より $G^{\nu\mu}{}_{;\mu} \equiv 0$ が成り立つので，

$$\frac{\partial}{\partial t}G^{\nu 0} \equiv -G^{\nu i}{}_{,i} - G^{\sigma\mu}\Gamma^{\nu}{}_{\sigma\mu} - G^{\nu\sigma}\Gamma^{\mu}{}_{\sigma\mu}$$

となる．この式の右辺はいずれも計量の時間に関する 3 階微分を含まない．そのため，$G^{\nu 0}$ は時間の 2 階微分を含まないことになる．これより，$G^{\nu 0} = 8\pi T^{\nu 0}$ の 4 本の式が，時空発展の初期条件の式，すなわちコーシー超曲面における拘束条件式となっていることがわかる．一方，空間成分 $G^{ij} = 8\pi T^{ij}$ は時間発展を表す式である．

初期値に対する拘束条件式を検討するとき，座標系の任意性に伴う計量の自由度も絡んでくるので一見するとわかりにくいが，混乱を避けるために，はじめに計量に 4 つの条件を課すことができる．わかりやすい条件の 1 つはガウス正規座標系を用いることで，$g_{00} = -1$, $g_{0i} = 0$ とする．こうすると，6 つの場の変数 g_{ij} に対して，6 本の運動方程式 $G^{ij} = 8\pi T^{ij}$ があり，これらが時間発展 $\partial^2 g_{ij}/\partial t^2$ を与えることになる．それから 4 本の初期条件の式 $G^{\nu 0} = 8\pi T^{\nu 0}$ があり，これらがコーシー超曲面上で初期値 g_{ij} とその時間微分 $\partial g_{ij}/\partial t$ が満たすべき条件を与えることになる．

さて，4 本の拘束条件式を時間微分し，時間発展方程式を用いて $\partial^2 g_{ij}/\partial t^2$ の項を消去する．この式は初期値に関する新たな関係式を与える（$\partial G^{\nu 0}/\partial t = 8\pi \partial T^{\nu 0}/\partial t$ であり，$\partial T^{\nu 0}/\partial t$ は先に考慮した拘束条件式とは独立に決められるものなので，これらの 4 本の式はもとの 4 本の式とは独立になる）．

こうして，初期値として決めなければならない g_{ij} および $\partial g_{ij}/\partial t$ の 12 個の関数に対して 8 本の拘束条件式があることがわかった．したがって，コーシー超曲面において独立に決められる関数が 4 つある．

この 4 つの初期値関数が，コーシー超曲面における 2 つの場の変数とそれらの時間微分であると考えれば，重力場の時間発展をこれら 2 つの場のダイナミクスと捉えることができる．このため，重力場には 2 つの動的な自由度がある，と表現される．

問題 13.11 ランダウ－リフシッツの擬テンソル

「ほとんどニュートン的な」計量

$$ds^2 = -(1+2\Phi)dt^2 + (1-2\Phi)\delta_{jk}dx^j dx^k$$

に対して，Φ が現れる最低次のオーダーで，ランダウ－リフシッツのエネルギー運動量擬テンソル (Landau–Lifshitz pseudotensor) $t^{\alpha\beta}_{\mathrm{LL}}$ を計算せよ（Landau and Lifshitz, p. 306 を参照せよ）．場の時間変動はゆるやかで，Φ の時間微分は空間微分に比べて無視できるとしてよい．

[解] ランダウ－リフシッツ擬テンソルの成分は，いくぶん複雑な形で与えられる．

13

すなわち，

$$\mathfrak{g}^{\alpha\beta} \equiv \sqrt{-g}\, g^{\alpha\beta}$$

と定義された量を用いて，

$$\begin{aligned}(-g)t_{\mathrm{LL}}^{\alpha\beta} = \frac{1}{16\pi}\Big[&\mathfrak{g}^{\alpha\beta}{}_{,\lambda}\,\mathfrak{g}^{\lambda\mu}{}_{,\mu} - \mathfrak{g}^{\alpha\lambda}{}_{,\lambda}\,\mathfrak{g}^{\beta\mu}{}_{,\mu} + \frac{1}{2}g^{\alpha\beta}\,g_{\lambda\mu}\,\mathfrak{g}^{\lambda\nu}{}_{,\rho}\,\mathfrak{g}^{\rho\mu}{}_{,\nu} \\ &- g^{\alpha\lambda}\,g_{\mu\nu}\,\mathfrak{g}^{\beta\nu}{}_{,\rho}\,\mathfrak{g}^{\mu\rho}{}_{,\lambda} - g^{\beta\lambda}\,g_{\mu\nu}\,\mathfrak{g}^{\alpha\nu}{}_{,\rho}\,\mathfrak{g}^{\mu\rho}{}_{,\lambda} + \underline{g_{\lambda\mu}\,g^{\nu\rho}\,\mathfrak{g}^{\alpha\lambda}{}_{,\nu}\,\mathfrak{g}^{\beta\mu}{}_{,\rho}} \\ &\underline{+\frac{1}{8}(2g^{\alpha\lambda}\,g^{\beta\mu} - g^{\alpha\beta}\,g^{\lambda\mu})(2g_{\nu\rho}\,g_{\sigma\tau} - g_{\sigma\rho}\,g_{\nu\tau})\mathfrak{g}^{\nu\tau}{}_{,\lambda}\,\mathfrak{g}^{\rho\sigma}{}_{,\mu}}\Big]\end{aligned}$$

である．問題で与えられた計量に対しては，

$$\mathfrak{g}^{00} = -\sqrt{\frac{(1-2\Phi)^3}{1+2\Phi}}, \qquad \mathfrak{g}^{ij} = \sqrt{1-4\Phi^2}\delta^{ij}, \qquad \mathfrak{g}^{0i} = 0$$

である．

この $t_{\mathrm{LL}}^{\alpha\beta}$ の定義で，すべての項が $\mathfrak{g}$ の微分の積を含んでいることから，$t_{\mathrm{LL}}^{\alpha\beta}$ の最低次は Φ の 1 階微分の積を含んでいる．そのため，$\mathfrak{g}$ の微分を計算するときには，$\Phi_{,i}$ に比例する項のみを残して計算すればよく，

$$\mathfrak{g}^{00}{}_{,i} \approx 4\Phi_{,i}, \qquad \mathfrak{g}^{ij}{}_{,k} \approx -4\Phi\,\Phi_{,k}\delta^{ij} \approx 0$$

となる．ここで，$\mathfrak{g}^{00}{}_{,i}$ の項のみを残すと，$t_{\mathrm{LL}}^{\alpha\beta}$ の表式で下線を引いた項だけが残ることになり，

$$t_{\mathrm{LL}}^{\alpha\beta} = \frac{1}{16\pi}\left[-g^{ij}\,\mathfrak{g}^{\alpha 0}{}_{,i}\,\mathfrak{g}^{\beta 0}{}_{,j} + \frac{1}{8}(2g^{\alpha\ell}g^{\beta m} - g^{\alpha\beta}g^{\ell m})\mathfrak{g}^{00}{}_{,\ell}\,\mathfrak{g}^{00}{}_{,m}\right]$$

となる．これより，$g^{\alpha\beta} \approx \eta^{\alpha\beta}$ および $\mathfrak{g}^{00}{}_{,i} = 4\phi_{,i}$ を用いると，簡単に

$$\begin{aligned}t_{\mathrm{LL}}^{00} &= \frac{1}{16\pi}\left[-\delta^{ij}\,\mathfrak{g}^{00}{}_{,i}\,\mathfrak{g}^{00}{}_{,j} + \frac{1}{8}\delta^{\ell m}\mathfrak{g}^{00}{}_{,\ell}\,\mathfrak{g}^{00}{}_{,m}\right] = -\frac{7}{8\pi}\delta^{ij}\Phi_{,i}\Phi_{,j} \\ t_{\mathrm{LL}}^{0i} &= 0 \\ t_{\mathrm{LL}}^{ij} &= \frac{1}{16\pi}\left[\frac{1}{8}(2\delta^{i\ell}\delta^{jm} - \delta^{ij}\delta^{\ell m})\mathfrak{g}^{00}{}_{,\ell}\,\mathfrak{g}^{00}{}_{,m}\right] = \frac{1}{4\pi}\left(\Phi^{,i}\Phi^{,j} - \frac{1}{2}\delta^{ij}\Phi_{,m}\Phi^{,m}\right)\end{aligned}$$

が得られる．空間成分 t_{LL}^{ij} は，問題 12.8 で与えられたエネルギー運動量テンソルと一致する．

問題 13.12　ゲージ変換 (1)

ゲージ変換 (gauge transformation) とは，点 P の座標値を

$$x^{\mu}_{\rm new}(\mathrm{P}) = x^{\mu}_{\rm old}(\mathrm{P}) + \xi^{\mu}(\mathrm{P})$$

のように変換する無限小変換で，この変換では，$\boldsymbol{\xi}$ の 1 次のオーダーでテンソルの関数形が変化する．スカラー量，ベクトルの成分，2 階テンソルの成分に関するゲージ変換則を示せ．とくに，計量の摂動 $g_{\mu\nu} = \eta_{\mu\nu} + h_{\mu\nu}$ に対して，

$$h^{\rm new}_{\mu\nu}(\boldsymbol{x}) = h^{\rm old}_{\mu\nu}(\boldsymbol{x}) - 2\xi_{(\mu,\nu)}$$

となることを示せ．

[解] 任意の点でスカラー量は不変なので，

$$\phi^{\rm new}(\boldsymbol{x}^{\rm new}(\mathrm{P})) = \phi^{\rm old}(\boldsymbol{x}^{\rm old}(\mathrm{P})) = \phi^{\rm old}(\boldsymbol{x}^{\rm new}(\mathrm{P}) - \boldsymbol{\xi}(\mathrm{P}))$$
$$\phi^{\rm new}(\boldsymbol{x}^{\rm new}) \approx \phi^{\rm old}(\boldsymbol{x}^{\rm new}) - \xi^{\alpha}\phi_{,\alpha}$$

となる．

ベクトル場に対しては，次のようになる．

$$\begin{aligned} V^{\rm new}_{\mu}(\boldsymbol{x}^{\rm new}) &= \frac{\partial(\boldsymbol{x}^{\rm old})^{\nu}}{\partial(\boldsymbol{x}^{\rm new})^{\mu}} V^{\rm old}_{\nu}(\boldsymbol{x}^{\rm old}) \\ &= (\delta^{\nu}{}_{\mu} - \xi^{\nu}{}_{,\mu})(V^{\rm old}_{\nu}(\boldsymbol{x}^{\rm new}) - V_{\nu,\sigma}\xi^{\sigma}) \\ &\approx V^{\rm old}_{\mu}(\boldsymbol{x}^{\rm new}) - V_{\nu}\,\xi^{\nu}{}_{,\mu} - V_{\mu,\sigma}\,\xi^{\sigma} \end{aligned}$$

テンソル場に対しても同様に

$$\begin{aligned} T^{\rm new}_{\mu\nu}(\boldsymbol{x}^{\rm new}) &= \frac{\partial(\boldsymbol{x}^{\rm old})^{\alpha}}{\partial(\boldsymbol{x}^{\rm new})^{\mu}} \frac{\partial(\boldsymbol{x}^{\rm old})^{\beta}}{\partial(\boldsymbol{x}^{\rm new})^{\nu}} T^{\rm old}_{\alpha\beta}(\boldsymbol{x}^{\rm old}) \\ &= (\delta^{\alpha}{}_{\mu} - \xi^{\alpha}{}_{,\mu})(\delta^{\beta}{}_{\nu} - \xi^{\beta}{}_{,\nu})(T^{\rm old}_{\alpha\beta}(\boldsymbol{x}^{\rm new}) - T_{\alpha\beta,\sigma}\xi^{\sigma}) \\ &\approx T^{\rm old}_{\mu\nu}(\boldsymbol{x}^{\rm new}) - T_{\mu\beta}\xi^{\beta}{}_{,\nu} - T_{\beta\nu}\xi^{\beta}{}_{,\mu} - T_{\mu\nu,\sigma}\xi^{\sigma} \end{aligned}$$

となる．ここで，

$$\xi_{\mu;\nu} = g_{\mu\sigma}\xi^{\sigma}{}_{;\nu} = g_{\mu\sigma}(\xi^{\sigma}{}_{,\nu} + \xi^{\alpha}\Gamma^{\sigma}{}_{\alpha\nu}) = g_{\mu\sigma}\xi^{\sigma}{}_{,\nu} + \xi^{\alpha}\Gamma_{\mu\alpha\nu}$$

および

$$\xi_{(\mu;\nu)} = g_{\sigma(\mu}\xi^{\sigma}{}_{,\nu)} + \xi^{\alpha}\left(\frac{1}{2}g_{\mu\nu,\alpha}\right)$$

が成り立つ．したがって，計量テンソルに対しては，

$$g^{\rm new}_{\mu\nu}(\boldsymbol{x}^{\rm new}) = g^{\rm old}_{\mu\nu}(\boldsymbol{x}^{\rm new}) - g_{\mu\nu,\sigma}\xi^{\sigma} - 2g_{\sigma(\mu}\xi^{\sigma}{}_{,\nu)}$$

$$= g^{\mathrm{old}}_{\mu\nu}(\boldsymbol{x}^{\mathrm{new}}) - 2\xi_{(\mu;\nu)}$$
$$= \eta_{\mu\nu} + h^{\mathrm{old}}_{\mu\nu}(\boldsymbol{x}^{\mathrm{new}}) - 2\xi_{(\mu;\nu)}$$

であり，これより

$$h^{\mathrm{new}}_{\mu\nu}(\boldsymbol{x}^{\mathrm{new}}) = h^{\mathrm{old}}_{\mu\nu}(\boldsymbol{x}^{\mathrm{new}}) - 2\xi_{(\mu;\nu)}$$

が得られる．

最低次のオーダーでは，時空はミンコフスキー計量になるので，

$$\xi_{(\mu;\nu)} = \xi_{(\mu,\nu)} + \mathcal{O}(\xi h)$$

となる．

問題 13.13　ゲージ変換 (2)

線形理論において，リーマン曲率テンソルの成分が

$$R_{\alpha\mu\beta\nu} = \frac{1}{2}(h_{\alpha\nu,\mu\beta} + h_{\mu\beta,\nu\alpha} - h_{\mu\nu,\alpha\beta} - h_{\alpha\beta,\mu\nu})$$

となることを示せ．また，このリーマン曲率テンソルがゲージ変換のもとで不変であることを計算して示せ．

[解]　クリストッフェル記号 $\Gamma_{\alpha\mu\beta} = (1/2)(h_{\alpha\beta,\mu} + h_{\alpha\mu,\beta} - h_{\beta\mu,\alpha})$ は h のオーダーなので，リーマン曲率テンソルの表式に出てくるクリストッフェル記号どうしの積の項は無視することができる．そのため，考えるべき式は

$$R_{\alpha\mu\beta\nu} \approx g_{\alpha\lambda}({\Gamma^{\lambda}}_{\mu\nu,\beta} - {\Gamma^{\lambda}}_{\mu\beta,\nu}) \approx 2\Gamma_{\alpha\mu[\nu,\beta]} = h_{\alpha[\nu,\beta]\mu} - h_{\mu[\nu,\beta]\alpha}$$

となり，問題で与えられた式が正しいことがわかる．

ゲージ変換のもとでは $h_{\mu\nu} \to h_{\mu\nu} - 2\xi_{(\mu,\nu)}$ なので，

$$R_{\alpha\mu\beta\nu} \to R_{\alpha\mu\beta\nu} - \xi_{\alpha,[\nu\beta]\mu} + \xi_{\mu,[\nu\beta]\alpha} - \xi_{\nu,[\alpha\beta]\mu} + \xi_{\nu,[\mu\beta]\alpha}$$

となる．偏微分は交換するので，加えられた項は相殺し，リーマン曲率テンソルの形は不変になる．

問題 13.14　ローレンツゲージ

線形理論では，しばしば「トレース反転」(trace reversed) した線形計量

$$\overline{h}_{\alpha\beta} \equiv h_{\alpha\beta} - \frac{1}{2}\eta_{\alpha\beta}{h_{\sigma}}^{\sigma}$$

が使われる．$\overline{h}_{\alpha\beta}$ の発散がゼロになる座標を**ローレンツゲージ** (Lorenz gauge) という．そのようなゲージ変換が常に存在することを示せ．このようなゲージ変換は一意か．

[解]　ゲージ変換（問題 13.12 を見よ）のもとで，線形計量は

$$h'_{\alpha\beta} = h_{\alpha\beta} - 2\xi_{(\alpha,\beta)}$$

となる．この式の縮約をとると，トレース ($h \equiv h_\sigma{}^\sigma \equiv \eta^{\sigma\lambda} h_{\sigma\lambda}$) の変換は $h' = h - 2\xi^\sigma{}_{,\sigma}$ となる ($\xi^\sigma \equiv \eta^{\sigma\lambda}\xi_\lambda$ である)．これより，$\overline{h}_{\alpha\beta}$ に対する変換則は，

$$\begin{aligned}\overline{h}'_{\alpha\beta} &= h'_{\alpha\beta} - \frac{1}{2}\eta_{\alpha\beta}h' = h_{\alpha\beta} - 2\xi_{(\alpha,\beta)} - \frac{1}{2}\eta_{\alpha\beta}(h - 2\xi^\sigma{}_{,\sigma}) \\ &= \overline{h}_{\alpha\beta} - \xi_{\alpha,\beta} - \xi_{\beta,\alpha} + \eta_{\alpha\beta}\,\xi^\sigma{}_{,\sigma}\end{aligned}$$

および

$$\begin{aligned}\overline{h}'_{\alpha\beta}{}^{,\beta} &= \eta^{\lambda\beta}\overline{h}'_{\alpha\beta,\lambda} = \overline{h}_{\alpha\beta}{}^{,\beta} - \xi_{\alpha,\beta}{}^{,\beta} - \xi_{\beta,\alpha}{}^{,\beta} + \xi_\sigma{}^{,\sigma}{}_{,\alpha} \\ &= \overline{h}_{\alpha\beta}{}^{,\beta} - \xi_{\alpha,\beta}{}^{,\beta} = \overline{h}_{\alpha\beta}{}^{,\beta} - \Box\xi_\alpha\end{aligned}$$

となる．これより，ξ_α の 4 つの関数を，よく知られた波動方程式 $\Box\xi_\alpha = \overline{h}_{\alpha\beta}{}^{,\beta}$ を満たすように選べばよい．

このような解はいつでも見つけることができる（たとえば，古典電磁気学での波動の遅延積分と同じである）．もちろん，この解は一意ではない．$\Box\zeta_\alpha = 0$ を満たす解を ξ_α に加えることができるからである．

問題 13.15　線形化された場の方程式

ローレンツゲージ（問題 13.14 を見よ）において，線形化された場の方程式が

$$\Box\overline{h}_{\mu\nu} \equiv \overline{h}_{\mu\nu,\alpha}{}^{,\alpha} = -16\pi T_{\mu\nu}$$

となることを示せ．ここで，$\overline{h}_{\mu\nu}$ は，$h_{\mu\nu}$ のトレース反転された線形計量である．

[解]　問題 13.13 で，線形理論でのリーマン曲率テンソルの表式を得た．この式の縮約をとることにより，線形理論でのリッチ曲率テンソル

$$R_{\mu\nu} = \frac{1}{2}\left(h_{\nu\alpha}{}^{,\alpha}{}_{,\mu} + h_{\mu\alpha}{}^{,\alpha}{}_{,\nu} - \Box h_{\mu\nu} - h_{,\mu\nu}\right)$$

が得られる．ここで，$h \equiv h_\sigma{}^\sigma$ である．ローレンツゲージ ($\overline{h}_{\alpha\beta}{}^{,\beta} = 0$) では

$h_{\alpha\beta}{}^{,\beta} = (1/2)h_{,\alpha}$ となるので,

$$R_{\mu\nu} = \frac{1}{2}\left(h_{,\mu\nu} - \Box h_{\mu\nu} - h_{,\mu\nu}\right) = -\frac{1}{2}\Box h_{\mu\nu}$$

であり，この式で再び縮約をとると $R = -(1/2)\Box h$ となる．これらより，場の方程式は

$$R_{\mu\nu} - \frac{1}{2}g_{\mu\nu}R = -\frac{1}{2}\left(\Box h_{\mu\nu} - \frac{1}{2}\eta_{\mu\nu}\Box h\right) = -\frac{1}{2}\Box \overline{h}_{\mu\nu}$$

となり,

$$\Box \overline{h}_{\mu\nu} = -16\pi T_{\mu\nu}$$

が得られる．

問題 13.16　トランスバース・トレースレスゲージ

線形理論において，真空中を伝播する平面重力波は，複素数表示の実成分

$$\overline{h}_{\mu\nu} = \mathrm{Re}(A_{\mu\nu}e^{ik_\alpha x^\alpha})$$

として表される．ここで，$A_{\mu\nu}$ は定数テンソルである．このとき，$\boldsymbol{k}$ はヌルベクトルであり，$\boldsymbol{A}$ に直交することを示せ．

4 元速度 $\boldsymbol{u}$ の観測者に対して，（ローレンツゲージをさらに特殊にした）**トランスバース・トレースレスゲージ** (transverse-traceless gauge: TT gauge) が，観測者の非摂動静止系 ($u^0 = 1,\ u^i = 0$) で

$$\overline{h}_{\mu 0} = 0, \qquad \overline{h}_\mu{}^\mu = 0$$

として定義される．この条件を満たすゲージ変換を示せ．そのとき，$\boldsymbol{A}$ は $\boldsymbol{k}$ に直交する，という性質は保たれるか．

[解]　$\overline{h}_{\mu\nu}$ が，ローレンツゲージ条件（問題 13.14 を見よ）と，線形化された場の方程式を満たすためには,

$$0 = \overline{h}_{\mu\nu}{}^{,\nu} = \mathrm{Re}(ik^\nu A_{\mu\nu}e^{ik_\alpha x^\alpha})$$
$$0 = \overline{h}_{\mu\nu,\sigma}{}^{,\sigma} = \mathrm{Re}\left(-k_\sigma k^\sigma A_{\mu\nu}e^{ik_\alpha x^\alpha}\right)$$

が成り立たなくてはならない．したがって，4 元ベクトル $\boldsymbol{k}$ はヌルベクトルであり，$\boldsymbol{A}$ に直交する．

問題 13.14 で，$\overline{h}_{\mu\nu}$ のゲージ変換は

$$\overline{h}^{\mathrm{new}}_{\mu\nu} = \overline{h}^{\mathrm{old}}_{\mu\nu} - 2\xi_{(\mu,\nu)} + \eta_{\mu\nu}\xi^\sigma{}_{,\sigma}$$

で与えられた．ゲージ変換は明らかに平面波 $e^{ik_\alpha x^\alpha}$ の形で与えられなければならない．$\xi_\mu = -iC_\mu e^{ik_\alpha x^\alpha}$ とすると，

$$A^{\rm new}_{\mu\nu} = A^{\rm old}_{\mu\nu} - (C_\mu k_\nu + C_\nu k_\mu) + \eta_{\mu\nu} C^\alpha k_\alpha$$

となる．この式と k^μ の内積をとると，

$$A^{\rm new}_{\mu\nu} k^\mu = -k_\nu C_\mu k^\mu + k_\nu C^\alpha k_\alpha = 0$$

となるので，$\boldsymbol{A}$ は $\boldsymbol{k}$ と直交したままである．最後に，C_μ を求める．トランスバース・トレースレス条件 $(A^{\rm new})_\mu{}^\mu = 0$ および $A^{\rm new}_{\mu 0} = 0$ を適用すると，これらの式から

$$\begin{aligned} 0 &= (A^{\rm old})_\mu{}^\mu + 2C^\alpha k_\alpha \\ 0 &= A^{\rm old}_{\mu 0} - (C_\mu k_0 + C_0 k_\mu) + \eta_{\mu 0} C^\alpha k_\alpha \end{aligned}$$

が得られる．あわせると

$$0 = A^{\rm old}_{\mu 0} - (C_\mu k_0 + C_0 k_\mu) - \frac{1}{2}\eta_{\mu 0}(A^{\rm old})_\nu{}^\nu$$

となり，$\mu = 0$ とすれば，$C_0 = [A^{\rm old}_{00} + (1/2)(A^{\rm old})_\nu{}^\nu]/2k_0$ となる．空間成分は，$\mu = i$ として

$$0 = A^{\rm old}_{i0} - (C_i k_0 + C_0 k_i)$$

より簡単に求められる．

問題 13.17　線形理論における光線

線形理論においては，平行に進む 2 本の光線間に重力がはたらかないことを示せ．

[解]　x 方向に進む光線に対して，エネルギー運動量テンソルの非ゼロ成分は，$T_{00} = T_{xx} = -T_{0x}$ である．線形化された場の方程式

$$\Box \overline{h}_{\alpha\beta} \equiv \overline{h}_{\alpha\beta,\gamma}{}^{,\gamma} = -16\pi T_{\alpha\beta}$$

と，$h_{\alpha\beta}$ のすべての成分は重力源からの遅延積分でなくてはならないことから，解も重力源と同じ形として

$$\overline{h}_{00} = \overline{h}_{xx} = -\overline{h}_{0x} \qquad \text{（ほかの成分はゼロ）}$$

となる．$\overline{h}_{\alpha\beta}$ のトレースはゼロなので，$\overline{h}_{\alpha\beta} = h_{\alpha\beta}$ であり，上の関係式は変換された計量 $h_{\alpha\beta}$ についても成り立つ．

x 軸方向に進む光子について，アフィンパラメータを λ とすると，

$$\frac{d^2y}{d\lambda^2} = -\frac{dx^\alpha}{d\lambda}\frac{dx^\beta}{d\lambda}\Gamma^y{}_{\alpha\beta} = -\left(\frac{dt}{d\lambda}\right)^2\left(\Gamma^y{}_{00} + \Gamma^y{}_{xx} + 2\Gamma^y{}_{0x}\right)$$

となるが，

$$\Gamma^y{}_{00} + \Gamma^y{}_{xx} + 2\Gamma^y{}_{0x} = -\frac{1}{2}(h_{00,y} + h_{xx,y} - 2h_{0x,y}) = 0$$

なので $d^2y/d\lambda^2 = 0$ であり，同様に $d^2z/d\lambda^2 = 0$ である．こうして最低次では光子は光線と平行に動き続け，2 つの光線がはじめに平行であれば重力によって互いに接近していくことはない（実際には，高次の効果を含めても互いに重力ははたらかない）．

問題 13.18　球殻内部時空の引きずり

半径 R，全質量 M の硬い球殻がある．厚さは無視できるほど薄く（物質は一様に広がっていて），無限遠の慣性系に対して一定の角速度 Ω でゆっくりと回転している．球殻内部の慣性系の引きずりの角速度を ω とする．線形化された場の方程式を用いて，$\Omega R \ll 1$ の 1 次のオーダーで，

$$\omega \equiv -\frac{g_{0\phi}}{g_{\phi\phi}} = \frac{4}{3}\frac{M\Omega}{R} + \mathcal{O}(\Omega^2R^2)$$

を示せ．球殻の内側で ω は一定値になる（空洞内で ω が定数になるということは，アインシュタイン方程式が**マッハの原理** (Mach's principle) をある程度満たす，という解釈もされている）．

[解]　線形理論では，ローレンツゲージのもとで場の方程式は

$$\Box\overline{h}_{\alpha\beta} = -16\pi T_{\alpha\beta}$$

となる．重力源（したがって，重力場）が定常なので，この式はポアソン方程式 $\nabla^2\overline{h}_{\alpha\beta} = -16\pi T_{\alpha\beta}$ になる．$\overline{h}_{0y}$ を計算するには，T_{0y} が必要となる．

質量密度 $\rho(r)$ で球対称分布している物体が角速度 Ω で回転しているとき（z 軸に関して正の向きとする），$T_{0y} = r\Omega\rho\sin\theta\cos\phi$ となる．T_{0y} が球面調和関数 $Y_{11}(\theta,\phi)$ の実部に比例することから，$\overline{h}_{0y}$ も同様の性質をもつことになる．そのため，$\overline{h}_{0y} = f(r)\sin\theta\cos\phi$ と書くことができ，ポアソン方程式は

$$\frac{1}{r^2}\frac{d}{dr}\left[r^2\frac{d}{dr}f(r)\right] - \frac{2f(r)}{r^2} = 16\pi r\Omega\rho$$

となる．

重力源が質量 M，半径 R の球殻のとき，$\rho(r) = (M/4\pi R^2)\cdot\delta(r-R)$ であるか

ら，この方程式は簡単に積分できて，

$$f(r) = -\frac{4}{3}M\Omega \times \begin{cases} \dfrac{r}{R} & (r < R) \\ \left(\dfrac{R}{r}\right)^2 & (r > R) \end{cases}$$

となる．したがって，球殻の内側では

$$g_{0y} \approx h_{0y} = \overline{h}_{0y} = -\frac{4}{3}M\Omega\frac{r}{R}\sin\theta\cos\phi$$

となる．対称性によって

$$g_{\hat{0}\hat{\phi}} = g_{0y}|_{\phi=0} = -\frac{4}{3}M\Omega\frac{r}{R}\sin\theta$$

より，

$$\omega = -\frac{g_{0\phi}}{g_{\phi\phi}} = -\frac{g_{\hat{0}\hat{\phi}}}{\sqrt{g_{\phi\phi}}} = -\frac{g_{\hat{0}\hat{\phi}}}{r\sin\theta} = \frac{4}{3}\frac{M\Omega}{R}$$

となる．

これより，球殻の内側では，局所的な慣性系は遠方の慣性系に対して回転することがわかる．マッハの原理によれば，時空の慣性は離れた物質の運動に依存する．慣性系の引きずり効果は，物質が時空の慣性に対する影響を与える確かな例である．ω が一定になることは，離れた物質が慣性系に与える影響が $1/r$ の法則に従うことを示している．そのため，慣性は近傍の物質によってのみ決まるのではなく，宇宙にあるすべての物質が影響を与えるものと考えなければならない（しかし，この問題のように理想化されたごく少数の例を除き，一般相対性理論の場の方程式からマッハの原理を「導出すること」に成功してはいない）．

問題 13.19　線形理論とエネルギー保存則

線形理論では，物質のエネルギー保存則 $T^{\mu\nu}{}_{;\nu} = 0$ が，線形計量 $h^{\mu\nu}$ に対する場の方程式と「矛盾する」ことを示せ．この矛盾は計量摂動の 2 次のオーダーなので，線形のオーダーでは無視できることも示せ．

[解]　保存則 $T^{\mu\nu}{}_{;\nu} = 0$ は明らかにゲージ不変であるが，ローレンツゲージでは（問題 13.15 を見よ）$T^{\mu\nu}{}_{;\nu} = 0$ とはならずに

$$T^{\mu\nu}{}_{,\nu} = -\frac{1}{16\pi}\Box\overline{h}^{\mu\nu}{}_{,\nu} = 0$$

となる．$T^{\mu\nu}{}_{;\nu}$ と $T^{\mu\nu}{}_{,\nu}$ の差は $T\Gamma$ のオーダーである．しかし，T も Γ も $h_{\alpha\beta}$ のオーダーなので，この不一致は平坦時空からの線形計量の 2 次のオーダーでしかない．

問題 13.20　正と負の質量をもつ 2 つの粒子の運動

それぞれ正の重力質量 $+M$ と負の重力質量 $-M$ をもつ仮想的な粒子が，互いに距離 $\ell \gg M$ 離れたところから初速度ゼロで動き始めた．静的な観測者から見て，それぞれの粒子に生じる加速度の大きさと方向を求めよ．必要であれば適当な近似を用いて，粒子の運動を調べよ．

[解]　等価原理により，重力による物体の加速度はそれ自身の質量の大きさによらず，重力を引き起こすほかの物体の質量によってのみ決まる．そのため，正の質量の物体があればその周囲の正や負の質量に引力を及ぼし，負の質量の物体は周囲の物体に斥力を及ぼす．

この問題では，負の質量粒子に生じる加速度はもう一方の正の質量粒子に向き，その大きさは GM/ℓ^2 である（$\ell \gg M$ よりニュートン極限で考える）．正の質量粒子の加速度は同じ向きで同じ大きさになる．つまり，2 つの粒子は互いに「追いかけっこ」をすることになる．

この問題は，粒子がひとたび動き始めるととても複雑になる．各粒子がほかの粒子から受ける作用は遅延場になるからである．

$\ell \gg M$ であるから，線形理論を用いて問題を解くことにする．一方の共動座標系において粒子間距離が M よりも大きく保たれていれば，この仮定は問題ない．線形化された場の方程式

$$\Box \bar{h}_{\mu\nu} = -16\pi T_{\mu\nu} \tag{1}$$

は，遅延積分解

$$\bar{h}_{\mu\nu}(t, \mathbb{x}) = 4 \int \frac{T_{\mu\nu}(t', \mathbb{x}')}{|\mathbb{x} - \mathbb{x}'|} \delta(t' + |\mathbb{x} - \mathbb{x}'| - t)\, d^3x'\, dt' \tag{2}$$

をもつ．線形理論では，それぞれの粒子の $T_{\mu\nu}$ を（すなわち $h_{\mu\nu}$ も）重ね合わせることができる．質量 m の粒子が世界線

$$x^\mu = z^\mu(\tau) \tag{3}$$

に沿って動いているとき，

$$T_{\mu\nu}(t, \mathbb{x}) = m \int u_\mu u_\nu \delta^4(\boldsymbol{x} - \boldsymbol{z}(\tau))\, d\tau = m \frac{u_\mu u_\nu}{u^0} \delta^3(\mathbb{x} - \mathbb{z}(t)) \tag{4}$$

となる．後半の積分では $d\tau = dt/u^0$ を用いた．式 (4) を式 (2) に代入すると，

$$\bar{h}_{\mu\nu}(t, \mathbb{x}) = 4m \int \frac{u_\mu u_\nu}{u^0 |\mathbb{x} - \mathbb{x}'|} \delta^3(\mathbb{x}' - \mathbb{z}(t'))\, \delta(t' + |\mathbb{x} - \mathbb{x}'| - t)\, d^3x'\, dt'$$

$$= 4m \int \frac{u_\mu(t')u_\nu(t')}{u^0(t')|\mathbb{x} - \mathbb{z}(t')|}\delta(t' + |\mathbb{x} - \mathbb{z}(t')| - t)\,dt' \tag{5}$$

となる．対称性により，すべての量は 1 つの座標（x とする）にしかよらないので，

$$R(t') = |x - z(t')| = \epsilon[x - z(t')] \tag{6}$$

とする．ϵ は，$x > z$ のとき $\epsilon = +1$，$x < z$ のとき $\epsilon = -1$ とする．こうすると，

$$\overline{h}_{\mu\nu}(t, \mathbb{x}) = 4m \int \frac{u_\mu u_\nu}{u^0 R}\delta(t' + R - t)dt' \tag{7}$$

となる．4 元速度 $\boldsymbol{u}$ は運動方程式

$$\frac{du^\mu}{d\tau} = -\Gamma^\mu{}_{\alpha\beta}u^\alpha u^\beta$$

すなわち

$$\frac{du^\mu}{d\tau} + \frac{1}{2}\eta^{\mu\nu}u^\alpha u^\beta(h_{\nu\alpha,\beta} + h_{\nu\beta,\alpha} - h_{\alpha\beta,\nu}) = 0 \tag{8}$$

から決定される．ここで，粒子 1 の位置で評価された粒子 2 の $h_{\alpha\beta}$ が，粒子 1 の u^μ を計算することに使われる．粒子 2 に対しても同様である．対称性により，どちらの粒子も $u^y = u^z = 0$ である．式 (8) を $\mu = 0$ と $\mu = x$ について書き下し，$h_{00} = h_{xx}$（これは式 (7) より簡単に導かれる）を用いると，

$$\frac{du^0}{d\tau} = \frac{1}{2}h_{00,0}\left[(u^0)^2 - (u^x)^2\right] + h_{00,x}u^0u^x + h_{0x,x}(u^x)^2 \tag{9}$$

$$\frac{du^x}{d\tau} = \frac{1}{2}h_{00,x}\left[(u^0)^2 - (u^x)^2\right] - h_{0x,0}(u^0)^2 - h_{00,0}u^0u^x \tag{10}$$

となる．

さて，式 (7) より $h_{\alpha\beta}$ の微分をとると，

$$\overline{h}_{00,0} = 4m\frac{\partial}{\partial t}\int \frac{u^0(t')}{R(t')}\delta(t' + R(t') - t)dt' = -4m\int \frac{u^0}{R}\delta'(t' + R - t)dt'$$

となる．ただし，デルタ関数の微分 δ' はその引数での微分を表す．ここで，

$$f(t') = t' + R(t'), \qquad \frac{df}{dt'} = 1 - \epsilon v(t'), \qquad v = \frac{dz}{dt'}$$

とすると，

$$\begin{aligned}\overline{h}_{00,0} &= -4m\int \frac{u^0}{R}\left[\frac{d}{df}\delta(f - t)\right]\frac{dt'}{df}df = 4m\int \frac{d}{df}\left(\frac{u^0}{R}\frac{dt'}{df}\right)\delta(f - t)\,df \\ &= 4m\left[\frac{dt'}{df}\frac{d}{dt'}\left(\frac{u^0}{R}\frac{dt'}{df}\right)\right]_{f=t} = 4m\left\{\frac{1}{1 - \epsilon v}\frac{d}{dt'}\left[\frac{u^0}{(1 - \epsilon v)R}\right]\right\}_{t'=t-R(t')}\end{aligned} \tag{11}$$

となる．

$du^0/dt \sim m$ なので，m の 1 次のオーダーまででは，式 (11) の u^0 と v を微分する必要はない．そのため，

$$\overline{h}_{00,0} = 4m\left[\frac{\epsilon v u^0}{(1-\epsilon v)^2 R^2}\right]_{\mathrm{ret}} \tag{12}$$

となる．ここで，ret は，遅延時間 $t' = t - R(t')$ で評価することを表す．すると，

$$v(t') = v(t) + \frac{dv}{dt}(t'-t) + \cdots = v(t) + \mathcal{O}(m)$$

であり，$u^0 = 1/\sqrt{1-v^2}$ に対しても同様である．また，

$$\begin{aligned} R(t') = \epsilon[x - z(t')] &= \epsilon[x - z(t) - v(t)(t'-t)] + \mathcal{O}(m) \\ &= \epsilon[x - z(t) + v(t)R(t')] \end{aligned}$$

から

$$R(t')\,(1-\epsilon v) = \epsilon[x - z(t)]$$

となる．$\overline{h}_{00,0}$ は，ほかの粒子の位置で評価されるので，

$$\overline{h}_{00,0} = 4m\frac{\epsilon v u^0}{(z_1 - z_2)^2} \tag{13}$$

が得られる．ここで，各量は時刻 t における値である．同様に，

$$\overline{h}_{0x,0} = -\frac{u^x}{u^0}\overline{h}_{00,0} \tag{14}$$

$$\overline{h}_{xx,0} = \left(\frac{u^x}{u^0}\right)^2\overline{h}_{00,0} \tag{15}$$

がいえる．

空間微分は，式 (7) で R だけに x 依存性があることに注意して，

$$\begin{aligned} \overline{h}_{00,x} &= \epsilon\frac{\partial}{\partial R}4m\int\frac{u^0\delta(t'+R-t)}{R}dt' \\ &= 4m\epsilon\left[-\int\frac{u^0\delta(t'+R-t)}{R^2}dt' + \int\frac{u^0\delta'(t'+R-t)}{R}dt'\right] \\ &= 4m\epsilon\left[-\int\frac{u^0}{R^2}\delta(f-t)\frac{dt'}{df}\,df + \int\frac{u^0}{R}\frac{dt'}{df}\frac{d}{df}\delta(f-t)\,df\right] \\ &= -4m\epsilon\left[\frac{u^0}{(1-\epsilon v)R^2} + \frac{1}{(1-\epsilon v)}\frac{d}{dt'}\left\{\frac{u^0}{(1-\epsilon v)R}\right\}\right]_{\mathrm{ret}} \\ &= -4m\epsilon\left[\frac{u^0}{(1-\epsilon v)R^2} + \frac{u^0\epsilon v}{(1-\epsilon v)^2R^2}\right]_{\mathrm{ret}} \end{aligned}$$

$$= -\frac{4m\epsilon u^0}{(z_1 - z_2)^2} \tag{16}$$

となる．同様に

$$\overline{h}_{0x,x} = -\frac{u^x}{u^0}\overline{h}_{00,x} \tag{17}$$

$$\overline{h}_{xx,x} = \left(\frac{u^x}{u^0}\right)^2 \overline{h}_{00,x} \tag{18}$$

である．

式 (13)〜(18) より，ゲージ条件 $h_\mu{}^\alpha{}_{,\alpha} = 0$ が満たされる．粒子 1 に対して運動方程式 (9), (10) を書き下す．$u^0 = \gamma$, $u^x = \gamma v$, $g = m/(z_1 - z_2)^2$ とする．粒子 1 は正の質量とし，$z_1 > z_2$ とすれば $\epsilon = +1$ であり，方程式 (13)〜(18) の重力源の質量は負になる．これらより，

$$\frac{d\gamma_1}{d\tau_1} = -g\gamma_2 v_2(1 + v_2^2) + 2g\gamma_2(1 + v_2^2)\gamma_1^2 v_1 - 4g\gamma_2 v_2 \gamma_1^2 v_1^2 \tag{19}$$

$$\frac{d(\gamma_1 v_1)}{d\tau_1} = g\gamma_2(1 + v_2^2) - 4g\gamma_2 v_2^2 \gamma_1^2 + 2g\gamma_2 v_2(1 + v_2^2)\gamma_1^2 v_1 \tag{20}$$

となる．$d\gamma_2/d\tau_2$ と $d(\gamma_2 v_2)/d\tau_2$ の式は，式 (19), (20) の右辺で $v_2 \leftrightarrow v_1$ としたものになる（ϵm の符号は同じである）．$t = 0$ で $v_1 = v_2$ であるから，任意の t で $v_1 = v_2$ である．そのため，$z_1 - z_2$ は任意の t で一定であり，$z_1 - z_2 = \ell$ となる．こうして，式 (19), (20) の添え字 1 と 2 を省略することができ，簡単にまとめると，

$$\frac{d\gamma}{d\tau} = \frac{gv}{\gamma} \tag{21}$$

$$\frac{d(\gamma v)}{d\tau} = \frac{g}{\gamma} \tag{22}$$

となる．$\gamma = 1/\sqrt{1 - v^2}$ の関係から，これらの方程式は独立ではない．運動を決定する微分方程式は

$$\frac{dv}{d\tau} = g(1 - v^2)^2 \tag{23}$$

となり，これは

$$2g\tau = \frac{v}{1 - v^2} + \tanh^{-1} v \tag{24}$$

と解ける（$\tau = 0$ にて $v = 0$ とした）．こうして

$$\frac{dz}{dv} = \frac{dz}{dt}\frac{dt}{d\tau}\frac{d\tau}{dv} = \frac{v}{g}(1 - v^2)^{-5/2}$$

が得られ，積分すると

$$z_2 = \frac{1}{3g}[(1-v^2)^{-3/2} - 1] \tag{25}$$

$$z_1 = z_2 + \ell \tag{26}$$

となる．また，同様に

$$\frac{dt}{dv} = \frac{dt}{d\tau}\frac{d\tau}{dv} = \frac{1}{g}(1-v^2)^{-5/2} \tag{27}$$

が得られ，

$$t = \frac{v}{g}\left[(1-v^2)^{-1/2} + \frac{v^2}{3}(1-v^2)^{-3/2}\right] \tag{28}$$

となる．

式 (25), (26), (28) は，v をパラメータとして時刻 t における粒子の位置を表すパラメータ表示である．2 つの粒子の座標距離は一定だが，一方の粒子と共動の座標系にいる観測者が測る固有距離は増加していき，$\gamma\ell$ と近似できる．最後に，このことを証明しよう．

証明　粒子 1 がある時刻 t_1 で位置 $z_1(t_1)$ にあり，その速度を v とする．局所的な共動慣性座標系へのローレンツ変換は

$$x' = \gamma[x - z_1(t_1) - v(t - t_1)], \qquad t' = \gamma[t - t_1 - v\{x - z_1(t_1)\}]$$

となる．この座標系での粒子 2 の軌跡 $z_2'(t_2')$ は，

$$z_2' = \gamma[z_2(t_2) - z_1(t_1) - v(t_2 - t_1)], \qquad t_2' = \gamma[t_2 - t_1 - v\{z_2(t_2) - z_1(t_1)\}]$$

と書ける．粒子 2 までの距離は $-z_2'(t_2' = 0)$ である．

$$\beta = z_2(t_2) - z_1(t_1)$$

とおくと，$t_2' = 0$ は

$$t_2 = t_1 + v\beta$$

となるので，

$$\begin{aligned}
\beta &= z_2(t_1 + v\beta) - z_1(t_1) \\
&\approx z_2(t_1) + v\beta \left.\frac{dz_2}{dt}\right|_{t=t_1} + \frac{v^2\beta^2}{2}\left.\frac{d^2z_2}{dt^2}\right|_{t=t_1} - z_1(t_1) \\
&= -\ell + v^2\beta + \mathcal{O}\left(\frac{m}{\ell}\right)
\end{aligned}$$

と近似できる．これを β について解くと

$$\beta = -\frac{\ell}{1-v^2}$$

となり，これより，

$$-z_2'(t_2'=0) = -\gamma(\beta - v^2\beta) \approx \gamma\ell$$

が得られる．

第 14 章

曲がった時空での物理

Physics in Curved Spacetime

本章では，特殊相対論的な物理法則（流体力学，電磁気学など）を曲がった時空へ一般化し，それに関係した問題を扱う．この一般化は，多くの場合，偏微分を共変微分に変えるだけで済む（「コンマをセミコロンに」の規則である）．たとえば，エネルギー保存則 $T^{\mu\nu}{}_{,\nu} = 0$ は $T^{\mu\nu}{}_{;\nu} = 0$ となる．セミコロンで書かれた後者は，重力の効果を含んだ方程式になる．

問題 14.1　自由粒子の測地線方程式

1 個の自由粒子に対するエネルギー運動量テンソルを記し，その測地線運動の方程式が $T^{\mu\nu}{}_{;\nu} = 0$ から導かれることを示せ．

［解］　まず，質量が m の点粒子に対して，どのような $T^{\mu\nu}$ が適しているのかを決定する．粒子の瞬間的な共動慣性系では，T^{00} の成分のみが非ゼロの値をもち，位置についてはデルタ関数として表される．そこで，時空中での粒子の軌跡を $x^\alpha(\tau)$ として固有時間 τ の関数とすると，

$$T^{\mu\nu} \propto \int \delta^4(x^\alpha - x^\alpha(\tau))\, u^\mu u^\nu\, d\tau$$

となる．次に，$T^{\mu\nu}$ がテンソルとして変換されることを要請する．積 $u^\mu u^\nu$ はすでにテンソルとして振る舞うが，$\delta^4(x^\alpha - x^\alpha(\tau))$ はスカラー量ではない．しかしながら，因子 $\sqrt{-g}$ がつけば，

$$1 = (\text{スカラー量}) = \int \delta^4(x^\alpha - x^\alpha(\tau))\, d^4x = \int \frac{\delta^4(x^\alpha - x^\alpha(\tau))}{\sqrt{-g}} \sqrt{-g}\, d^4x \quad (1)$$

のようにスカラー量になる．そこで，質量が m になるように規格化して

$$T^{\mu\nu} = m \int \frac{\delta^4(x^\alpha - x^\alpha(\tau))}{\sqrt{-g}} u^\mu u^\nu\, d\tau \equiv \int \rho u^\mu u^\nu\, d\tau \quad (2)$$

とする．ρ は u 以外の部分をすべて含めたものとする．さて，

$$0 = T^{\mu\nu}{}_{;\nu} = \int \left[(\rho u^\nu)_{;\nu} u^\mu + (\rho u^\nu) u^\mu{}_{;\nu} \right] d\tau \tag{3}$$

に u^μ で内積をとると，

$$0 = \int \left[-(\rho u^\nu)_{;\nu} + \rho (\nabla_{\boldsymbol{u}} \boldsymbol{u}) \cdot \boldsymbol{u} \right] d\tau \tag{4}$$

となる．4 元加速度 $\nabla_{\boldsymbol{u}} \boldsymbol{u}$ が 4 元速度 $\boldsymbol{u}$ に直交することから，第 2 項は消える．そのため第 1 項もゼロになり，式 (3) から

$$0 = \int (\rho u^\nu) u^\mu{}_{;\nu} \, d\tau$$

が得られる．この式は，（デルタ関数的な）ρ がゼロではないところ，すなわち粒子があるところ（！）では，$u^\nu u^\mu{}_{;\nu} = 0$ を意味している．そして，$u^\nu u^\mu{}_{;\nu} = 0$ は測地線方程式にほかならない．

問題 14.2　相対論的熱平衡条件

静的な系の熱平衡条件は，ニュートン物理では $T =$ (定数) であるのに対し，一般相対性理論では

$$T\sqrt{-g_{00}} = (\text{定数})$$

となることを示せ（ここで，T は局所的に静止している観測者が測った温度である）．

[解]　異なる 2 点 A と B の間でエネルギーの流れが許されている場合でも，系が熱平衡状態になっていれば，AB 間にはエネルギーの正味の流れは存在しない．ここでは，図のように 2 点を結び，光子の熱流を伝える「光のパイプ」を考える．パイプも系も静的とし，パイプの内部で光子が反射したとしても光子のエネルギーには変化はないとする．あるのは，AB 間の重力赤方偏移によるエネルギー変化

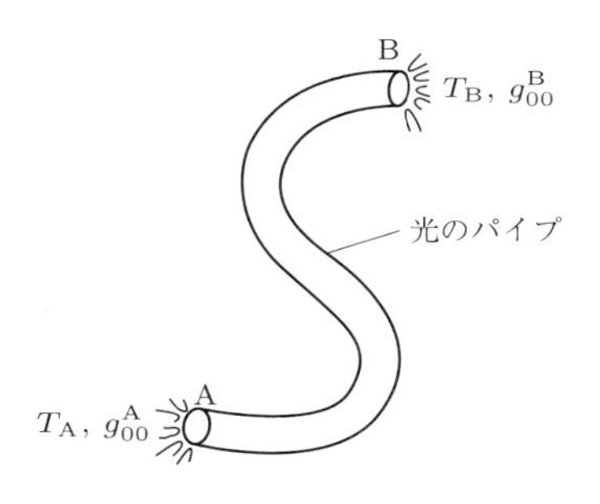

$$\frac{(h\nu)_A}{(h\nu)_B} = \frac{\sqrt{-g_{00}^B}}{\sqrt{-g_{00}^A}}$$

である．

ここで，A での黒体放射の強度 $B_\nu(T_A)$ は，赤方偏移の種類に関係なく，B では温

度 $T_{\rm B}=[(h\nu)_{\rm B}/(h\nu)_{\rm A}]\,T_{\rm A}$ の黒体スペクトルに変化するという事実を用いる．熱平衡が保たれれば，これは，B での周囲の温度に等しいはずであり，パイプの上向きと下向きのエネルギー流は等しいことになる．そこで，$T_{\rm B}=(\sqrt{-g^{\rm A}_{00}}/\sqrt{-g^{\rm B}_{00}})\,T_{\rm A}$ が成り立ち，結果として，系全体で

$$T\sqrt{-g_{00}}=（定数）$$

が成立することになる．

問題 14.3　相対論的オイラー方程式

$T^{\mu\nu}{}_{;\nu}=0$ より，相対論的なオイラー方程式 (Euler equation)

$$(\rho+p)\nabla_{\boldsymbol{u}}\boldsymbol{u}=-[\nabla p+(\nabla_{\boldsymbol{u}}p)\boldsymbol{u}]$$

を導け．また，この方程式がニュートン力学への正しい極限をもつことを示せ．

[解]　完全流体のエネルギー運動量テンソルは $T^{\mu\nu}=(\rho+p)u^\mu u^\nu+p\,g^{\mu\nu}$ であるから，エネルギー保存則は

$$0=T^{\mu\nu}{}_{;\nu}=(\rho+p)_{;\nu}u^\mu u^\nu+(\rho+p)(u^\mu{}_{;\nu}u^\nu+u^\mu u^\nu{}_{;\nu})+p_{,\nu}g^{\mu\nu}$$

となる．オイラー方程式を得るには，射影テンソル

$$P_{\alpha\beta}=u_\alpha u_\beta+g_{\alpha\beta}$$

を用いて，この式を，$\boldsymbol{u}$ に垂直な方向へ射影すればよい．結果は

$$\begin{aligned}0=P_{\alpha\mu}T^{\mu\nu}{}_{;\nu}&=0+P_{\alpha\mu}(\rho+p)u^\mu{}_{;\nu}u^\nu+0+p_{,\nu}g^{\mu\nu}P_{\alpha\mu}\\&=(\rho+p)u_{\alpha;\nu}u^\nu+p_{,\alpha}+p_{,\nu}u^\nu u_\alpha\end{aligned}$$

となり，これはオイラー方程式である．

ニュートン極限（問題 14.8 を見よ）を考えるために，オイラー方程式を

$$\rho_0\left(1+\pi+\frac{p}{\rho_0}\right)(u_{j,\nu}u^\nu-\Gamma^\alpha{}_{\nu j}u_\alpha u^\nu)=-p_{,j}-u_j\frac{dp}{d\tau}$$

と書き直す（ただし，$\rho=\rho_0(1+\pi)$ とおいた[†]）．$u^0=1$, $u_0=-1$, $u_j=v_j$ とすると，

$$\rho_0\left(\frac{dv_j}{d\tau}+\Gamma^0{}_{0j}\right)\approx-p_{,j}$$

† 訳者注：π は比内部エネルギー（問題 14.8 参照）．

となる．ここで，

$$\Gamma^0{}_{0j} \approx -\Gamma_{00j} = -\frac{1}{2}g_{00,j} \approx \phi_{,j}$$

であるから，

$$\frac{dv_j}{d\tau} = -\phi_{,j} - \frac{1}{\rho_0}p_{,j}$$

が得られる．

問題 14.4　相対論的な静水圧平衡の式

一般相対性理論における静水圧平衡の方程式

$$-\frac{\partial p}{\partial x^\nu} = (\rho + p)\frac{\partial}{\partial x^\nu}\log\sqrt{-g_{00}}$$

を導き，ニュートン力学の式と比較せよ．

[解]　完全流体に対するオイラー方程式は

$$(\rho + p)\nabla_{\boldsymbol{u}}\boldsymbol{u} = -\nabla p - \boldsymbol{u}\nabla_{\boldsymbol{u}}p$$

である．静水圧平衡ならば，時間方向のキリングベクトル $\boldsymbol{\xi}$ が存在する．流体の 4 元速度は，問題 13.9 により，このキリングベクトルに平行でなければならないので，

$$\boldsymbol{u} = \frac{\boldsymbol{\xi}}{|\boldsymbol{\xi}|}$$

である（$\boldsymbol{\xi} = \partial/\partial t$ とすると，この式は，成分では $u^i = 0$ であることだけを示している）．問題 10.14 より，

$$\nabla_{\boldsymbol{u}}\boldsymbol{u} = \frac{1}{2}\nabla\log|\boldsymbol{\xi}\cdot\boldsymbol{\xi}|$$

である．また，$\partial p/\partial t = 0$，つまり $\nabla_{\boldsymbol{u}}p \propto \nabla_{\boldsymbol{\xi}}p = 0$ なので，

$$\nabla p = -(\rho + p)\nabla\log\sqrt{|\boldsymbol{\xi}\cdot\boldsymbol{\xi}|}$$

となる．ここで，$\boldsymbol{\xi}\cdot\boldsymbol{\xi} = (\partial/\partial t)\cdot(\partial/\partial t) = g_{00}$ であるから，$\sqrt{|\boldsymbol{\xi}\cdot\boldsymbol{\xi}|} = \sqrt{-g_{00}}$ となり，目的の式が得られる．

$p \ll \rho$，および $g_{00} \approx -(1 + 2\Phi)$ としてニュートン極限 $(\Phi \ll 1)$ をとると，

$$\frac{\partial p}{\partial x^\nu} \approx -\rho\frac{\partial}{\partial x^\nu}\frac{1}{2}\log(1 + 2\Phi) \approx -\rho\frac{\partial\Phi}{\partial x^\nu}$$

が得られる．

問題 14.5　相対論的流体の静水圧平衡

重力場中で静水圧平衡にある相対論的な流体 ($p = \rho/3$) は，自由表面（$\rho \to 0$ となる表面）をもちえないことを示せ．

［解］　静水圧平衡の式（問題 14.4）$p_{,\lambda} = (\rho + p)(\log\sqrt{-g_{00}})_{,\lambda}$ において，$p = \rho/3$ を用いると，

$$-\log\sqrt{-g_{00}} = \frac{1}{4}\int\frac{d\rho}{\rho}$$

となる．この積分から，$\rho =$（定数）$\times(-g_{00})^{-2}$ となる．g_{00} が有限値であれば ρ はゼロになることはなく，したがって自由表面をもちえない．

問題 14.6　重量に対する圧力の影響

2 つの同一な容器が静的一様重力場に置かれてあり，中には異なる物質が入っている．2 つの容器とその内容物の質量エネルギー密度は時間的に一定で等しいが，圧力（や応力）は異なっている（非等方でもよい）．同じはかりで重量を測ると，2 つの容器は同じ値を示すだろうか．

［解］　静的で一様な重力場は，計量

$$ds^2 = g_{tt}dt^2 + g_{zz}dz^2 + dx^2 + dy^2 \tag{1}$$

で表される．ここで，g_{tt}, g_{zz} は z のみの関数である．クリストッフェル記号の非ゼロの成分は簡単に計算できる（問題 7.6）．$z = 0$ で測る重量を $W(0)$ とする．ここで，W は

$$W(z) = \int T^{\hat{z}\hat{z}}\,dx\,dy = \int g_{zz}T^{zz}\,dx\,dy \tag{2}$$

である．以下で，$W(0)$ が $T^{\hat{t}\hat{t}} = g_{tt}T^{tt}$ のみに依存し，その他の $T^{\hat{\alpha}\hat{\beta}}$ にはよらないことを示す．$T^{\hat{\alpha}\hat{\beta}}$ の発散は，

$$0 = T^{\alpha\beta}{}_{;\beta} = \frac{1}{\sqrt{|g|}}\left(\sqrt{|g|}T^{\alpha\beta}\right)_{,\beta} + \Gamma^{\alpha}{}_{\beta\gamma}T^{\beta\gamma} \tag{3}$$

となる．$\alpha = t$ として，x, y に関して積分する．$g_{\alpha\beta}$ が x, y, t によらないことから，

$$\begin{aligned}0 = &\int T^{tt}{}_{,t}\,dx\,dy + \int T^{tx}{}_{,x}\,dx\,dy + \int T^{ty}{}_{,y}\,dx\,dy \\ &+ \frac{1}{\sqrt{|g|}}\left(\sqrt{|g|}\int T^{tz}\,dx\,dy\right)_{,z} + 2\Gamma^{t}{}_{tz}\int T^{tz}\,dx\,dy\end{aligned} \tag{4}$$

となる．第 1 項は，T^{tt} が t によらないことからゼロとなる．第 2 項と第 3 項は，積分の境界で，T^{tx} と T^{ty} に比例する項を出す．これらは，容器の外側の境界条件で消える項である．結局，式 (4) は，

$$0 = \frac{1}{\sqrt{|g|}g_{tt}}\left(\sqrt{|g|}g_{tt}\int T^{tz}\,dx\,dy\right)_{,z} \tag{5}$$

のようにまとめられる．これより，$\sqrt{|g|}g_{tt}\int T^{tz}\,dx\,dy$ の値は z にはよらないことがわかる．そして，容器の上側ではこの項がゼロとなるので，この式はいたるところでゼロとなる．

14

さて，式 (3) で $\alpha = z$ として，x, y で積分すると，

$$\begin{aligned} 0 = &\int T^{zt}{}_{,t}\,dx\,dy + \int T^{zx}{}_{,x}\,dx\,dy + \int T^{zy}{}_{,y}\,dx\,dy \\ &+ \frac{1}{\sqrt{|g|}}\left(\sqrt{|g|}\int T^{zz}\,dx\,dy\right)_{,z} + \Gamma^{z}{}_{tt}\int T^{tt}\,dx\,dy + \Gamma^{z}{}_{zz}\int T^{zz}\,dx\,dy \end{aligned} \tag{6}$$

となる．第 1 項は，上記と同じく消える．第 2 項と第 3 項は境界からの寄与になるが，これらもゼロになる．したがって，式 (2) を用いると，

$$(\sqrt{|g_{tt}|}W)_{,z} = (\sqrt{|g_{tt}|})_{,z}\int T^{\hat{t}\hat{t}}\,dx\,dy \tag{7}$$

となる．式 (7) を $z = 0$ から容器の上端まで積分し，$W(\mathrm{top}) = 0$ であることを用いると，

$$W(0) = \left.\frac{1}{\sqrt{|g_{tt}|}}\right|_{z=0}\int_0^{\mathrm{top}} dz\int dx\,dy\,(\sqrt{|g_{tt}|})_{,z}T^{\hat{t}\hat{t}} \tag{8}$$

となり，この値は，$T^{\hat{t}\hat{t}}$ によってのみ決まる．（この解法は，W. Unruh による．）

問題 14.7　相対論的ベルヌーイの定理

定常重力場において，4 元速度 $\boldsymbol{u}$ をもつ完全流体が，断熱的かつ定常に流れている．このとき，流線に沿って

$$u_0 = (\text{定数}) \times \frac{n}{\rho + p}$$

が成り立つこと（相対論的ベルヌーイの定理）を示せ．ここで，n はバリオン数密度である．

[解]　重力場が定常なので，時間方向のキリングベクトル $\boldsymbol{\xi} = \partial/\partial t$ が存在する．このキリングベクトルと，完全流体の流れについてのオイラー方程式（問題 14.3）と

で内積をとると，

$$(\rho + p)\boldsymbol{\xi} \cdot \nabla_{\boldsymbol{u}} \boldsymbol{u} = -\boldsymbol{\xi} \cdot \nabla p - \boldsymbol{\xi} \cdot \boldsymbol{u} \nabla_{\boldsymbol{u}} p \tag{1}$$

となる．ここで，キリング方程式より $\nabla \boldsymbol{\xi}$ が反対称であるから，左辺は

$$\boldsymbol{\xi} \cdot \nabla_{\boldsymbol{u}} \boldsymbol{u} = \nabla_{\boldsymbol{u}}(\boldsymbol{\xi} \cdot \boldsymbol{u}) - (\nabla_{\boldsymbol{u}} \boldsymbol{\xi}) \cdot \boldsymbol{u} = \nabla_{\boldsymbol{u}}(\boldsymbol{\xi} \cdot \boldsymbol{u})$$

である．また，定常流に対しては $\boldsymbol{\xi} \cdot \nabla p = \partial p/\partial t = 0$ が成り立つ．$u_0 = \boldsymbol{u} \cdot \boldsymbol{\xi}$ とすると，式 (1) は

$$(\rho + p)\frac{du_0}{d\tau} = -u_0 \frac{dp}{d\tau} \tag{2}$$

となる．完全流体の断熱的な流れに対しては，熱力学の第 1 法則（問題 5.19）より，

$$d\rho = (\rho + p)\frac{dn}{n} \tag{3}$$

が成り立つ．式 (2), (3) より，

$$\frac{du_0}{u_0} = \frac{dn}{n} - \frac{d(\rho + p)}{\rho + p}$$

となり，これより，$u_0 =$（定数）$\times n/(\rho + p)$ が得られる．

問題 14.8　相対論的ベルヌーイの定理のニュートン極限

問題 14.7 の相対論的ベルヌーイの定理において，速度が小さく重力場が弱い場合には正しいニュートン極限が存在することを示せ．

[解]　相対論的な流体力学のニュートン極限は，

$$\rho = \rho_0(1 + \pi), \qquad \pi \ll 1$$
$$g_{00} = -(1 + 2\phi), \qquad |\phi| \ll 1$$
$$\frac{p}{\rho_0} \ll 1, \qquad v^2 \ll 1$$

を満たす，グローバルな（ほぼ）ローレンツ系とみなせる系をとることで得られる．ここで，$\rho_0 = nm_{\mathrm{B}}$ は静止質量密度であり（m_{B} はバリオンの平均静止質量），π は比内部エネルギー (specific internal energy)，ϕ はニュートンの重力ポテンシャルであり，v は流体の 3 元速度の大きさである．ここで，

$$u^{\hat{0}} = \frac{1}{\sqrt{1 - v^2}} \approx 1 + \frac{1}{2}v^2$$

および

$$u_0 = \sqrt{-g_{00}}\,u^{\hat{0}} \approx 1 + \frac{1}{2}v^2 + \phi$$

より，ベルヌーイの定理は，

$$\left(1 + \frac{1}{2}v^2 + \phi\right) = \frac{(\text{定数}) \times n}{\rho_0\left(1 + \pi + \dfrac{p}{\rho_0}\right)}$$

となり，これは，

$$\left(1 + \frac{1}{2}v^2 + \phi\right)\left(1 + \pi + \frac{p}{\rho_0}\right) = (\text{定数})$$

となる．最終的にはニュートン力学でのベルヌーイの定理

$$\frac{1}{2}v^2 + \phi + \pi + \frac{p}{\rho_0} = (\text{定数})$$

が得られる．

問題 14.9　相対論的な剛体運動

4 元速度 $\boldsymbol{u}(\boldsymbol{x})$ で運動している物体がある．近接している粒子 A と B を考える．A の世界線に沿った各事象において，A から B への 4 元連結ベクトル $\boldsymbol{\xi}$ を次のように定義する．

(i) $\boldsymbol{\xi}$ は A の世界線上の事象から B の世界線上の事象への無限小ベクトルである．

(ii) A における正規直交四脚場（テトラド）を基底にしたとき，$\boldsymbol{\xi}$ の時間成分はゼロである（$\xi^{\hat{0}} = 0$）．

以下の問いに答えよ．

(a) 任意の 2 つの近傍粒子（たとえば上の粒子 A と B）間の距離 $\sqrt{\boldsymbol{\xi}\cdot\boldsymbol{\xi}}$ が任意の時刻で一定としたとき，またそのときのみ，その物体の運動を剛体運動と定義する．問題 5.18 で定義した $\sigma_{\alpha\beta}$ と θ が $\sigma_{\alpha\beta} = 0$ と $\theta = 0$ を満たすとき，またそのときのみ，物体が剛体運動することを示せ．

(b) この条件はいくつの独立な方程式を与えるか．また，相対論的な剛体運動では，いくつの自由度があるか．

［解］　(a) $\boldsymbol{\xi}$ が近接する 2 つの粒子の世界線を結ぶベクトルであるための条件は，α をスカラー関数として

$$\mathcal{L}_{\boldsymbol{u}}\boldsymbol{\xi} = \alpha\boldsymbol{u} \tag{1}$$

となる．問題 8.14 では $\boldsymbol{\xi}$ は等しい固有時間の事象を結ぶので，$\alpha = 0$ であった．こ

ここでは，世界線に沿って $\xi^{\hat{0}} = \boldsymbol{\xi} \cdot \boldsymbol{u} = 0$ の条件から α を求める．まず，

$$0 = \nabla_{\boldsymbol{u}}(\boldsymbol{\xi} \cdot \boldsymbol{u}) = \boldsymbol{\xi} \cdot \boldsymbol{a} + \boldsymbol{u} \cdot \nabla_{\boldsymbol{u}}\boldsymbol{\xi} \tag{2}$$

である．式 (1) と $\boldsymbol{u}$ で内積をとった式

$$\boldsymbol{u} \cdot (\nabla_{\boldsymbol{u}}\boldsymbol{\xi} - \nabla_{\boldsymbol{\xi}}\boldsymbol{u}) = -\alpha$$

を用意し，式 (2) と比較すると，$\alpha = \boldsymbol{\xi} \cdot \boldsymbol{a}$ が得られる（ここで，$\boldsymbol{u} \cdot \nabla_{\boldsymbol{\xi}}\boldsymbol{u} = (1/2)\nabla_{\boldsymbol{\xi}}(\boldsymbol{u} \cdot \boldsymbol{u})$ を用いた）．これより，

$$\nabla_{\boldsymbol{u}}\boldsymbol{\xi} = \nabla_{\boldsymbol{\xi}}\boldsymbol{u} + (\boldsymbol{\xi} \cdot \boldsymbol{a})\boldsymbol{u} \tag{3}$$

となる．剛体運動の条件 $\nabla_{\boldsymbol{u}}(\boldsymbol{\xi} \cdot \boldsymbol{\xi}) = 0$ は $\boldsymbol{\xi} \cdot \nabla_{\boldsymbol{u}}\boldsymbol{\xi} = 0$ と等価なので，式 (3) より

$$\xi^\alpha \xi^\beta (u_{\alpha;\beta} + u_\alpha a_\beta) = 0$$

となる．この式は任意の $\boldsymbol{\xi}$ に対して成り立つことから，

$$u_{(\alpha;\beta)} + u_{(\alpha}a_{\beta)} = 0$$

であり，（問題 5.18 で定義された量を用いると）

$$\sigma_{\alpha\beta} + \frac{1}{3}\theta P_{\alpha\beta} = u_{(\alpha;\beta)} + u_{(\alpha}a_{\beta)} = 0$$

となる．したがって，剛体運動の必要十分条件は，$\sigma_{\alpha\beta} = \theta = 0$ となる．

(b) $\sigma^{\alpha\beta} = \sigma^{\beta\alpha}$ の対称性より，$\sigma^{\alpha\beta} = 0$ の条件は 10 本の式を表す．5 つの恒等式 $u^\alpha \sigma_{\alpha\beta} = 0$, $P^{\alpha\beta}\sigma_{\alpha\beta} = \sigma^\alpha{}_\alpha = 0$ により，独立な式は 5 つになる．そして，$\theta = 0$ の条件から，独立な拘束条件式は 6 本になる．

剛体の条件は a^α や $\omega^{\alpha\beta}$ には制限をつけない．これら 2 つは，それぞれ 3 つの独立な成分をもつ ($a^\alpha u_\alpha = 0$, $\omega^{\alpha\beta} = -\omega^{\beta\alpha}$)．そのため，非相対論的な剛体運動と同じく，6 つの自由度をもつことになる．

問題 14.10　レイチャウデューリ方程式

流体の体膨張率を θ とするとき，**レイチャウデューリ方程式** (Reychaudhuri equation)

$$\frac{d\theta}{d\tau} = a^\alpha{}_{;\alpha} + 2\omega^2 - 2\sigma^2 - \frac{1}{3}\theta^2 - R_{\alpha\beta}u^\alpha u^\beta$$

を示せ．ここで，$\omega^2 = (1/2)\omega_{\alpha\beta}\omega^{\alpha\beta}$, $\sigma^2 = (1/2)\sigma_{\alpha\beta}\sigma^{\alpha\beta}$ であり，ほかの記号は問題 5.18 と同じである．

[解] 体膨張率の定義 $\theta = \nabla \cdot \boldsymbol{u}$ より,

$$\frac{d\theta}{d\tau} = u^{\beta}(u^{\alpha}{}_{;\alpha})_{;\beta} = u^{\beta}u^{\alpha}{}_{;\alpha\beta}$$
$$= u^{\beta}(u^{\alpha}{}_{;\beta\alpha} - R^{\alpha}{}_{\beta\alpha\gamma}u^{\gamma}) = u^{\beta}u^{\alpha}{}_{;\beta\alpha} - R_{\beta\gamma}u^{\beta}u^{\gamma} \tag{1}$$

となる. ここで, 問題 5.18 を用いると,

$$u^{\alpha}{}_{;\beta\alpha}u^{\beta} = (u^{\alpha}{}_{;\beta}u^{\beta})_{;\alpha} - u^{\alpha}{}_{;\beta}u^{\beta}{}_{;\alpha}$$
$$= a^{\alpha}{}_{;\alpha} - \left(\omega^{\alpha}{}_{\beta} + \sigma^{\alpha}{}_{\beta} + \frac{1}{3}\theta P^{\alpha}{}_{\beta} - a^{\alpha}u_{\beta}\right)$$
$$\times \left(\omega^{\beta}{}_{\alpha} + \sigma^{\beta}{}_{\alpha} + \frac{1}{3}\theta P^{\beta}{}_{\alpha} - a^{\beta}u_{\alpha}\right) \tag{2}$$

である. $\omega_{\alpha\beta}$, $\sigma_{\alpha\beta}$, $P_{\alpha\beta}$ の対称性と, これらが $\boldsymbol{u}$ に直交することを用いると, 式 (1), (2) より,

$$\frac{d\theta}{d\tau} = a^{\alpha}{}_{;\alpha} - \omega^{\alpha}{}_{\beta}\omega^{\beta}{}_{\alpha} - \sigma^{\alpha}{}_{\beta}\sigma^{\beta}{}_{\alpha} - \frac{1}{3}\theta^2 - R_{\alpha\beta}u^{\alpha}u^{\beta}$$
$$= a^{\alpha}{}_{;\alpha} + 2\omega^2 - 2\sigma^2 - \frac{1}{3}\theta^2 - R_{\alpha\beta}u^{\alpha}u^{\beta}$$

が得られる.

問題 14.11 流体の運動とキリングベクトル

ある時空において流体が測地線に沿って運動していて, そのずりと体膨張はゼロであった (ずりテンソル $\sigma_{\alpha\beta}$ と体膨張率 θ の定義は問題 5.18 を見よ). このとき, 時空は時間的なキリングベクトルをもつことを示せ.

[解] 流体が測地線 $a_{\alpha} \equiv u^{\beta}u_{\alpha;\beta} = 0$ に沿って運動し, 流体のずりも体膨張もゼロ $\sigma_{\alpha\beta} = \theta = 0$ とすると, 問題 5.18 にある $\nabla\boldsymbol{u}$ の分解により,

$$u_{\alpha;\beta} = \omega_{\alpha\beta}$$

となる. ここで, $\omega_{\alpha\beta}$ は反対称なので $u_{(\alpha;\beta)} = 0$ となり, $\boldsymbol{u}$ はキリング方程式を満たす.

問題 14.12 「非慣性系」における粒子の運動方程式

閉じた箱の内部にいる観測者 (自由落下しているとは限らない) が, 定規と時計を用いて箱内の位置と時間を測定する. 粒子の運動方程式が

$$\frac{dv^j}{dt} = -a^j(1 + \mathbb{a} \cdot \mathbb{x}) - R^j{}_{0k0}x^k$$

$$+\left(\mathbb{x}\times\frac{d\omega}{dt}\right)^j-\left[(\mathbb{x}\times\omega)\times\omega\right]^j+2(\mathbb{v}\times\omega)^j$$

となることを示せ．ここで，$\mathbb{a}$ は箱の加速度，ω は箱の角速度，$R^j{}_{0k0}$ は座標原点で測られたリーマン曲率テンソルである．また，粒子に対して測定した速さを $v=|\mathbb{v}|\ll 1$ として，v と位置 x^j の 1 次まで考える．

[解]　幾何学的な言葉では，観測者は自身の局所座標系 x^α を次のように設定する．$\boldsymbol{u}$ を箱の中心の 4 元速度として，$\boldsymbol{e}_0=\boldsymbol{u}$，および $\boldsymbol{e}_\alpha\cdot\boldsymbol{e}_\beta=\eta_{\alpha\beta}$ を観測者の世界線に沿って定義する．τ を固有時間として，その世界線上における各点 $\mathrm{P}(\tau)$ から，観測者は $\boldsymbol{u}$ に直交する空間的な測地線を発して，そのアフィンパラメータを固有長さ s に等しいとする．そして，世界線近傍で点 P を通り空間的に伸ばされた測地線の接ベクトルを $\boldsymbol{n}$ として，P を基準にして座標を $x^0=\tau$, $x^k=sn^k$ と設定する．

運動方程式は，λ を粒子の固有時間として，

$$\frac{d^2x^\alpha}{d\lambda^2}+\Gamma^\alpha{}_{\beta\gamma}\frac{dx^\beta}{d\lambda}\frac{dx^\gamma}{d\lambda}=0 \tag{1}$$

となる．粒子の 4 元速度は，$\gamma=1/\sqrt{1-v^2}$ として，$dx^\alpha/d\lambda=(\gamma,\gamma\mathbb{v})$ である．式 (1) で $d/d\lambda$ を d/dt に置き換え，$d/d\lambda=\gamma d/dt$ より，

$$\frac{d^2x^\alpha}{dt^2}+\frac{1}{\gamma}\frac{d\gamma}{dt}\frac{dx^\alpha}{dt}+\Gamma^\alpha{}_{\beta\gamma}\frac{dx^\beta}{dt}\frac{dx^\gamma}{dt}=0 \tag{2}$$

となる．$\alpha=0$ の成分は，

$$\frac{1}{\gamma}\frac{d\gamma}{dt}+\Gamma^0{}_{\beta\gamma}\frac{dx^\beta}{dt}\frac{dx^\gamma}{dt}=0$$

となり，これを式 (2) を代入すると，$\alpha=j$ について，

$$\frac{dv^j}{dt}+(-v^j\Gamma^0{}_{\beta\gamma}+\Gamma^j{}_{\beta\gamma})\frac{dx^\beta}{dt}\frac{dx^\gamma}{dt}=0 \tag{3}$$

となる．v の 1 次の項までを考えると，式 (3) は，

$$\frac{dv^j}{dt}-v^j\Gamma^0{}_{00}+\Gamma^j{}_{00}+2\Gamma^j{}_{k0}v^k=0 \tag{4}$$

となる．こうして，$\mathbb{x}$ と $\mathbb{v}$ の 1 次のオーダーでは，

$$\frac{dv^j}{dt}=v^j\Gamma^0{}_{00}\Big|_{\mathbb{x}=0}-\Gamma^j{}_{00}\Big|_{\mathbb{x}=0}-x^k\Gamma^j{}_{00,k}\Big|_{\mathbb{x}=0}-2v^k\Gamma^j{}_{k0}\Big|_{\mathbb{x}=0} \tag{5}$$

が得られる．$\mathbb{x}=0$ でのクリストッフェル記号は，問題 7.17 の結果を用いて

$$\Gamma^\beta{}_{\alpha0}\boldsymbol{e}_\beta=\nabla_{\boldsymbol{u}}\boldsymbol{e}_\alpha=-\Omega^\beta{}_\alpha\boldsymbol{e}_\beta$$

$$\Gamma_{\beta\alpha 0} = -\Omega_{\beta\alpha} \equiv a_\alpha u_\beta - a_\beta u_\alpha + \varepsilon_{\alpha\beta\lambda\sigma} u^\lambda \omega^\sigma$$

である．ここで，$u^\alpha = (1, \mathbb{0})$, $u_\alpha = (-1, \mathbb{0})$, $a_\alpha = (0, \mathbb{a})$, $\omega^\sigma = (0, \mathbb{\omega})$ であるので，

$$\begin{aligned} \Gamma_{\beta\alpha 0} &= 0 \qquad (\beta = \alpha) \\ \Gamma_{0j0} &= -\Gamma_{j00} = -a_j \\ \Gamma_{kj0} &= -\Gamma_{jk0} = \varepsilon_{jk0m}\omega^m = \varepsilon_{jkm}\omega^m \end{aligned} \tag{6}$$

が得られる．クリストッフェル記号のうち，0 の添え字をもたないものは，座標線 $x^\alpha = (\tau, sn^k)$ が測地線であるという条件から求められる．ここで，τ と n^k は s によらない．つまり，

$$0 = \frac{d^2 x^\alpha}{ds^2} + \Gamma^\alpha{}_{\beta\gamma}\frac{dx^\beta}{ds}\frac{dx^\gamma}{ds} = 0 + \Gamma^\alpha{}_{jk} n^j n^k$$

となり，この式は $\mathbb{x} = \mathbb{0}$ において任意の $\mathbb{n}$ について成り立つので，

$$\Gamma_{\alpha jk} = 0$$

となる．

$\Gamma^j{}_{00,k}$ については，リーマン曲率テンソルの定義式

$$R^\alpha{}_{\beta\gamma\delta} \equiv \Gamma^\alpha{}_{\beta\delta,\gamma} - \Gamma^\alpha{}_{\beta\gamma,\delta} + \Gamma^\alpha{}_{\mu\gamma}\Gamma^\mu{}_{\beta\delta} - \Gamma^\alpha{}_{\mu\delta}\Gamma^\mu{}_{\beta\gamma}$$

より，

$$\Gamma^j{}_{00,k} = R^j{}_{0k0} + \Gamma^j{}_{0k,0} + \Gamma^j{}_{\mu 0}\Gamma^\mu{}_{0k} - \Gamma^j{}_{\mu k}\Gamma^\mu{}_{00}$$

である．$\mathbb{x} = \mathbb{0}$ においては，

$$\begin{aligned} \Gamma^j{}_{0k,0} &= -\varepsilon_{jkm}\omega^m{}_{,0} \\ \Gamma^j{}_{\mu 0}\Gamma^\mu{}_{0k} &= \Gamma^j{}_{00}\Gamma^0{}_{0k} + \Gamma^j{}_{m0}\Gamma^m{}_{0k} = a^j a_k + \varepsilon_{mjn}\omega^n \varepsilon_{km\ell}\omega^\ell \\ \Gamma^j{}_{\mu k}\Gamma^\mu{}_{00} &= 0 \end{aligned}$$

なので，

$$\begin{aligned} \frac{dv^j}{dt} &= -a^j - x^k(R^j{}_{0k0} - \varepsilon_{jkm}\omega^m{}_{,0} + a^j a_k + \varepsilon_{mjn}\omega^n\varepsilon_{km\ell}\omega^\ell) + 2\varepsilon_{jkm}\omega^m v^k \\ &= -a^j(1 + \mathbb{a}\cdot\mathbb{x}) - R^j{}_{0k0}x^k + (\mathbb{x}\times\mathbb{\omega}_{,0})^j - [(\mathbb{x}\times\mathbb{\omega})\times\mathbb{\omega}]^j + 2(\mathbb{v}\times\mathbb{\omega})^j \end{aligned}$$

が得られる．第 1 項は基準系の加速度に由来する慣性力である．$(1 + \mathbb{a}\cdot\mathbb{x})$ は相対論的な補正因子である（MTW の演習 37.4 を参照せよ）．第 2 項は真の重力である．弱い場の極限では，ニュートン的な物理学者は $\mathbb{a}$ を局所的な重力加速度 $\nabla\Phi$ と，「純粋

な」加速度 $\mathbb{a}_{\mathrm{abs}}$ との和として理解することになる．つまり，

$$a_j + R^j{}_{0k0}x^k = (a_{\mathrm{abs}})_j + \left.\frac{\partial\Phi}{\partial x^j}\right|_{\mathbb{x}=0} + \left.\frac{\partial^2\Phi}{\partial x^j\partial x^k}\right|_{\mathbb{x}=0} x^k$$
$$= (a_{\mathrm{abs}})_j + \left.\frac{\partial\Phi}{\partial x^j}\right|_{\mathbb{x}=\mathbb{x}_{\mathrm{particle}}}$$

となる．ω を含む項は非相対論的力学と同様である．第 4 項と第 5 項はそれぞれ遠心力とコリオリ力である．

問題 14.13　ゼロ質量スカラー場の運動方程式

ゼロ質量のスカラー場に対するエネルギー運動量テンソルを

$$T_{\mu\nu} = \frac{1}{4\pi}\left(\Phi_{,\mu}\Phi_{,\nu} - \frac{1}{2}g_{\mu\nu}\Phi_{,\alpha}\Phi^{,\alpha}\right)$$

とする．スカラー場の運動方程式を $T^{\mu\nu}{}_{;\nu} = 0$ より導け．

[解]　エネルギー運動量テンソルの発散をゼロとすると，

$$0 = 4\pi T_\mu{}^\nu{}_{;\nu} = \Phi_{,\mu;\nu}\Phi^{,\nu} + \Phi_{,\mu}\Phi^{,\nu}{}_{;\nu} - \frac{1}{2}\delta_\mu{}^\nu(2\Phi_{,\alpha;\nu}\Phi^{,\alpha})$$
$$= (\Phi_{,\mu;\nu} - \Phi_{,\nu;\mu})\Phi^{,\nu} + \Phi_{,\mu}\Phi^{,\nu}{}_{;\nu}$$

となる．ここで，スカラー量の 2 階の共変微分は交換する ($\Phi_{[,\mu;\nu]} = \Phi_{[,\mu,\nu]} + \Phi_{,\sigma}\Gamma^\sigma{}_{[\mu\nu]} = 0$) ので，上の式で最後の項だけが残る．したがって，運動方程式

$$\Box\Phi \equiv \Phi^{,\nu}{}_{;\nu} = 0$$

が得られる．

問題 14.14　共形スカラー場の運動方程式

平坦な時空におけるスカラー場の運動方程式は，$\Phi_{,\nu}{}^{,\nu} = \rho_{\mathrm{s}}$ である．ここで，ρ_{s} はスカラー荷 (scalar charge) の密度である．そこで，曲がった時空での運動方程式を

$$\Phi_{;\nu}{}^{;\nu} = \rho_{\mathrm{s}} \tag{1}$$

としたい誘惑に駆られるが，別の一般化として，R をスカラー曲率として

$$\Phi_{;\nu}{}^{;\nu} - \frac{1}{6}R\Phi = \rho_{\mathrm{s}} \tag{2}$$

の可能性もある（式 (2) は**共形不変**であるが，式 (1) はそうではない）．式 (2) は原理的に強い等価原理を破るか調べよ．R の項があることによって，スカラー荷をもつ 2 つの粒子間にはたらく力 ($\sim \nabla\Phi$) がどのように変わるか，実験室スケールでは $R = 1/a^2$ がゆるやかに変化するとして答えよ．実際の実験室での計測において，通常のスカラー場の力に比べて R の項が及ぼす特異な力はどのくらいの大きさになるか．

[解]　提案された方程式 (2) の $(1/6)R\Phi$ の項は，ρ_{s} の項と同じく実験室の大きさには無関係である．そこで原理的には，Φ の場を測定することで，スカラー曲率項を測ることができる．したがって，共形不変な式 (2) は強い等価原理の考え（精神）を破ることになる．

R の項が 2 つの粒子間に引き起こす特異な力を調べるために，1 つの粒子が静止している局所ローレンツ系を考える．スカラー場 Φ は，静止している粒子のスカラー荷 μ_1 によって

$$\Phi_{,j}{}^{,j} - \frac{1}{6}R\Phi = \mu_1\delta(\boldsymbol{r})$$

を満たす．この式を作る過程で，大域的な（あるいは少なくとも実験室サイズの）慣性座標系を仮定している．すなわち，スカラー曲率以外の曲率からの寄与を無視している．おそらく（実際にそうなのだが），これらのほかの曲率は強い等価原理を破らない．

Φ の方程式の解は

$$\Phi = -\frac{\mu_1}{r}\exp\left(-\frac{r}{\sqrt{6}a}\right), \qquad a = \frac{1}{\sqrt{R}}$$

となるので，スカラー荷 μ_2 の粒子に加わる力は

$$\begin{aligned} F^r = \mu_2\Phi_{,r} &= \frac{\mu_1\mu_2}{r^2}\left(1 + \frac{r}{\sqrt{6}a}\right)\exp\left(-\frac{r}{\sqrt{6}a}\right) \\ &\approx \frac{\mu_1\mu_2}{r^2}\left[1 - \frac{r^2}{12a^2} + \mathcal{O}\left(\frac{r^3}{a^3}\right)\right] \end{aligned}$$

となる．R の項が引き起こす特異な力 $\approx \mu_1\mu_2/12a^2$ は粒子間の距離によらないので，明らかに強い等価原理を破っている．

アインシュタイン方程式より，スカラー曲率の大きさは質量エネルギー密度と同じオーダーになることは明らかである．そのため，「通常の」スカラー力に対する特異な力の割合は

$$\frac{r^2}{12a^2} \sim r^2\rho_{\text{mass-energy}} \sim (r\,[\text{cm}])^2\left(\frac{\rho}{\rho_{\text{nuclear}}}\right)\cdot 10^{-14}\,[\text{g/cm}^3]$$

となる．これより，たとえ核密度 $\rho_{\mathrm{nuclear}} = 10^{14}\,\mathrm{g/cm^3}$ の物質中でスカラー力が測定されたとしても，R 項由来の特異な力が重要になるためには，物質に満たされた非常に大きな ($r \sim 100\,\mathrm{km}$)「実験室」が必要になる．したがって，実際の実験では，R の項が及ぼす特異な力はとても小さい．

問題 14.15　マクスウェル方程式と電荷保存則

マクスウェル方程式 $F^{\mu\nu}{}_{;\nu} = 4\pi J^\mu$ が，電荷保存則 $J^\mu{}_{;\mu} = 0$ を含んでいることを示せ．

[解]　問題 7.7(i) とマクスウェル方程式より，

$$4\pi J^\mu = F^{\mu\nu}{}_{;\nu} = \frac{1}{\sqrt{|g|}}(\sqrt{|g|}F^{\mu\nu})_{,\nu}$$

$$4\pi J^\mu{}_{;\mu} = 4\pi\frac{1}{\sqrt{|g|}}(\sqrt{|g|}J^\mu)_{,\mu} = \frac{1}{\sqrt{|g|}}(\sqrt{|g|}F^{\mu\nu})_{,\nu\mu}$$

となる．$F^{\mu\nu}$ は反対称なので，最後の項はゼロになる．

問題 14.16　相対論的マクスウェル方程式

「コンマをセミコロンに」の規則によって（あるいは等価原理によって）マクスウェル方程式を曲がった時空へ一般化する方法には，曖昧さが残る．この規則を電磁ポテンシャル A^μ に適用すると，2 つの異なる相対論的方程式が得られることを示せ．

[解]　平坦な時空ではマクスウェル方程式は

$$F^{\mu\nu}{}_{,\nu} = 4\pi J^\mu, \qquad F_{\mu\nu} = A_{\nu,\mu} - A_{\mu,\nu}$$

であるから，

$$-A^{\mu,\nu}{}_{,\nu} + A^{\nu,\mu}{}_{,\nu} = 4\pi J^\mu \tag{1}$$

となる．第 2 項の μ と ν の微分の順序を入れ替え（平坦時空では交換できる），「コンマをセミコロンに」の規則を使うと，

$$-A^{\mu;\nu}{}_{;\nu} + A^{\nu}{}_{;\nu}{}^{;\mu} = 4\pi J^\mu \tag{2}$$

となる．一方，この規則を式 (1) に直接適用したとすれば，

$$-A^{\mu;\nu}{}_{;\nu} + A^{\nu;\mu}{}_{;\nu} = 4\pi J^\mu$$

となる．この第 2 項の 2 階微分は，曲率項（問題 9.8）を用いて次のように入れ替えることができる．

$$-A^{\mu;\nu}{}_{;\nu} + A^{\nu}{}_{;\nu}{}^{;\mu} + R^{\mu}{}_{\sigma}A^{\sigma} = 4\pi J^{\mu} \tag{3}$$

式 (2), (3) より，異なる結論が得られることになる．しかし，1975 年現在，どちらが正しいかという実験的な結論は出ていない．

14

問題 14.17　マクスウェル方程式と曲率結合項

問題 14.16 のように，マクスウェル方程式において本来は曲率と相互作用する項が必要だとする．（地球上での周波数 ν で大きさ ℓ の現象に応用したときに）この曲率結合項を無視したことで生じる誤差の割合がどのくらいになるか見積もれ．

[解]　問題 14.16 の曲率結合項が影響するのであれば，（ローレンツゲージ $A^{\mu}{}_{;\mu} = 0$ において）

$$\Box A^{\mu} + R^{\mu}{}_{\nu}A^{\nu} = 4\pi J^{\mu}$$

が A^{μ} を決める式になる．この式の左辺第 2 項が存在するかどうかの違いを調べる．真空ではリッチ曲率テンソルはゼロになるので，この項による違いを検出できるのは（ガラスなど）物質中での実験である．第 1 項は，$A^{\mu} \times (\min[c/\nu, \ell])^{-2}$ のオーダーである．アインシュタイン方程式から決まるリッチ曲率テンソルの大きさは，$G\rho/c^2 \sim 0.74 \times 10^{-28}\,\mathrm{cm}^{-2} \times [\rho/(\mathrm{g}\cdot\mathrm{cm}^{-3})]$ のオーダーである．そのため，第 2 項による補正の割合は，

$$\frac{\delta A^{\mu}}{A^{\mu}} \sim \left\{ \frac{\min[c/\nu, \ell][\rho/(\mathrm{g}\cdot\mathrm{cm}^{-3})]^{1/2}}{1.16 \times 10^{14}\,\mathrm{cm}} \right\}^2$$

である．地球上での現象は，地球のスケール $\sim 6 \times 10^8\,\mathrm{cm}$ より大きくはならないので，この割合は，$\rho = 1\,\mathrm{g/cm^3}$ として，$\delta A^{\mu}/A^{\mu} \le (5 \times 10^{-6})^2$ である．

より複雑な，$KR^{\alpha\beta\gamma\delta}R_{\alpha\beta\gamma\delta}A^{\mu}$（$K$ は次元をもった定数）のような組み合わせの曲率項を考えることも可能である．この場合，K について妥当な値を仮定する原理がないので，この項による影響の大きさを推定することはできない．方程式がプロカ (Proca) 方程式 $\Box A^{\mu} + mA^{\mu} = 0$ と似た形になることから，光子の静止質量の測定によって K の大きさに制限を加えることができるが，これまでのところ有効なものはない†．

† 訳者注：現在，光子の質量に対する上限は，実験から $\sim 10^{-54}$ kg，銀河磁場の観測から $\sim 10^{-64}$ kg となっている．

問題 14.18　マクスウェル方程式とエネルギー運動量テンソル

$\mathbb{E}\cdot\mathbb{B}=0$ が成り立つとき以外は，真空のマクスウェル方程式 $F^{\mu\nu}{}_{;\nu}=0$ は $F^{\mu\nu}$ が電磁ポテンシャルから求められること，および $T^{\mu\nu}{}_{;\nu}=0$ という条件のもとで導かれることを示せ．ここで，$T^{\mu\nu}$ は電磁場のエネルギー運動量テンソルである．

[解]　電磁場のエネルギー運動量テンソルから

$$4\pi T^{\mu\nu}=-\left(F^{\mu}{}_{\alpha}F^{\alpha\nu}+\frac{1}{4}g^{\mu\nu}F_{\alpha\beta}F^{\alpha\beta}\right) \tag{1}$$

$$4\pi T^{\mu\nu}{}_{;\nu}=-\left(F^{\mu}{}_{\alpha;\nu}F^{\alpha\nu}+F^{\mu}{}_{\alpha}F^{\alpha\nu}{}_{;\nu}+\frac{1}{2}F_{\alpha\beta}F^{\alpha\beta;\mu}\right)=0 \tag{2}$$

である．ここで，第 1 項と最後の項は，

$$\begin{aligned}-F^{\alpha\beta}g^{\mu\tau}\left(\frac{1}{2}F_{\alpha\beta;\tau}+F_{\tau\alpha;\beta}\right)&=-\frac{1}{2}F^{\alpha\beta}g^{\mu\tau}(F_{\alpha\beta;\tau}+F_{\tau\alpha;\beta}-F_{\tau\beta;\alpha})\\&=-\frac{1}{2}F^{\alpha\beta}g^{\mu\tau}(F_{\alpha\beta;\tau}+F_{\tau\alpha;\beta}+F_{\beta\tau;\alpha})\\&\propto F^{\alpha\beta}g^{\mu\tau}F_{[\alpha\beta;\tau]}\end{aligned}$$

となる．通常のように，$\boldsymbol{F}$ が電磁ポテンシャル $\boldsymbol{A}$ から導出されるとすると，$F_{[\alpha\beta;\tau]}=0$ となり，残る式は，

$$0=4\pi T^{\mu\nu}{}_{;\nu}=-F^{\mu}{}_{\alpha}F^{\alpha\nu}{}_{;\nu}$$

である．係数 $F^{\mu}{}_{\alpha}$ の行列式は，

$$\det[F^{\mu}{}_{\alpha}]=-(\mathbb{E}\cdot\mathbb{B})^2$$

であり，これは仮定よりゼロでないので，上の式より $F^{\alpha\nu}{}_{;\nu}=0$ が示される．

問題 14.19　荷電粒子のハミルトニアン

電荷 e をもつテスト粒子を考える．運動方程式を与えるハミルトニアンは

$$H=\frac{1}{2}g^{\mu\nu}(\pi_\mu-eA_\mu)(\pi_\nu-eA_\nu)$$

であることを示せ．ここで，π_μ は正準運動量である（正準運動量 π_μ は，4 元ポテンシャル A^μ がゼロでない限り，粒子の 4 元運動量 p_μ と等しくならない）．

[解]　まず，H が（質量）^{2} の次元をもつように規格化されていることに注意する．このとき，ハミルトン方程式は，

$$\frac{dx^\mu}{d\lambda} = \frac{\partial H}{\partial \pi_\mu} \tag{1}$$

$$\frac{d\pi_\mu}{d\lambda} = -\frac{\partial H}{\partial x^\mu} \tag{2}$$

となる．λ はアフィンパラメータ（粒子の質量を m，固有時間を τ とすれば，$\lambda = \tau/m$）である．H が m で割られている場合，式 (1), (2) において，$d/d\lambda$ を $d/d\tau$ で置き換える．しかし，$d/d\lambda$ を用いたほうが，ゼロ質量の粒子についても同様に議論できる利点がある．

問題文の H を式 (1), (2) へ代入して，運動方程式が正しく得られることを示そう．粒子の 4 元運動量は $p^\mu = dx^\mu/d\lambda$ であり，$g^{\mu\nu}$ と A_μ は π_α によらず，x^α のみの関数である．したがって，式 (1) は

$$p^\mu = g^{\mu\nu}(\pi_\nu - eA_\nu) \tag{3}$$

となる．また，式 (2) は，

$$\frac{d\pi_\alpha}{d\lambda} = -\frac{1}{2}g^{\mu\nu}{}_{,\alpha}(\pi_\mu - eA_\mu)(\pi_\nu - eA_\nu) + g^{\mu\nu}eA_{\mu,\alpha}(\pi_\nu - eA_\nu)$$

となる．一方，式 (3) より，

$$\frac{d\pi_\alpha}{d\lambda} = \frac{d}{d\lambda}(g_{\alpha\mu}p^\mu + eA_\alpha) = g_{\alpha\mu}\frac{dp^\mu}{d\lambda} + g_{\alpha\mu,\beta}p^\beta p^\mu + eA_{\alpha,\beta}p^\beta$$

である（ここで，$d/d\lambda = p^\beta \partial/\partial x^\beta$ を用いた）．上の 2 式に $g^{\alpha\gamma}$ を乗じて等しくおくと，

$$\frac{dp^\gamma}{d\lambda} + g^{\alpha\gamma}g_{\alpha\mu,\beta}\,p^\beta p^\mu + \frac{1}{2}g^{\alpha\gamma}g^{\mu\nu}{}_{,\alpha}\,p_\mu p_\nu = g^{\alpha\gamma}e(A_{\mu,\alpha} - A_{\alpha,\mu})p^\mu$$

が得られる．

さて，$g_{\alpha\beta}$ の微分を接続形式に書き直す．

$$0 = (g^{\mu\beta}g_{\beta\gamma})_{,\alpha} = g^{\mu\beta}{}_{,\alpha}g_{\beta\gamma} + g^{\mu\beta}g_{\beta\gamma,\alpha}$$

の式に $g^{\gamma\nu}$ を乗じると

$$g^{\mu\nu}{}_{,\alpha} = -g^{\gamma\nu}g^{\mu\beta}g_{\beta\gamma,\alpha}$$

となる．これより，

$$\frac{dp^\gamma}{d\lambda} + g^{\alpha\gamma}\left(g_{\alpha\mu,\beta} - \frac{1}{2}g_{\beta\mu,\alpha}\right)p^\beta p^\mu = g^{\alpha\gamma}eF_{\alpha\mu}p^\mu$$

となり，さらに，

$$g_{\alpha\mu,\beta}p^\beta p^\mu = \frac{1}{2}(g_{\alpha\mu,\beta} + g_{\alpha\beta,\mu})p^\beta p^\mu$$

なので，最終的に運動方程式

$$\frac{dp^\gamma}{d\lambda} + \Gamma^\gamma{}_{\beta\mu} p^\beta p^\mu = eF^\gamma{}_\mu p^\mu$$

が得られる．

問題 14.20　荷電粒子の運動の積分

$\boldsymbol{\xi}$ をアインシュタイン－マクスウェル方程式の解におけるキリングベクトルとする．電荷をもつテスト粒子の運動の定数を求めよ（4 元ポテンシャル $\boldsymbol{A}$ に対して，$\mathcal{L}_{\boldsymbol{\xi}} \boldsymbol{A} = \boldsymbol{0}$ を仮定せよ）．

[解]　中性のテスト粒子では，$\boldsymbol{p} \cdot \boldsymbol{\xi}$ は保存する．電荷をもつテスト粒子に対しては，正準運動量 $\boldsymbol{\pi} = \boldsymbol{p} + e\boldsymbol{A}$（問題 14.19 を見よ）を用いた $\boldsymbol{\pi} \cdot \boldsymbol{\xi}$ が保存すると予想される．このことを示す方法の 1 つは，$\boldsymbol{\xi}$ に対して循環座標が存在することを用いる，つまり，ハミルトニアン H がある座標によらないように座標系をとることができるというものである．そうすれば，その座標に共役な正準運動量は保存量となる．

そのほかに，運動方程式

$$\nabla_{\boldsymbol{p}} \boldsymbol{p} = e\boldsymbol{F} \cdot \boldsymbol{p}$$

から直接導出する方法がある．これより，

$$\begin{aligned}
\nabla_{\boldsymbol{p}}(\boldsymbol{\pi} \cdot \boldsymbol{\xi}) &= (\nabla_{\boldsymbol{p}} \boldsymbol{p}) \cdot \boldsymbol{\xi} + \boldsymbol{p} \cdot \nabla_{\boldsymbol{p}} \boldsymbol{\xi} + e(\nabla_{\boldsymbol{p}} \boldsymbol{A}) \cdot \boldsymbol{\xi} + e\boldsymbol{A} \cdot \nabla_{\boldsymbol{p}} \boldsymbol{\xi} \\
&= e\boldsymbol{\xi} \cdot \boldsymbol{F} \cdot \boldsymbol{p} + 0 + e(\nabla_{\boldsymbol{p}} \boldsymbol{A}) \cdot \boldsymbol{\xi} - e\boldsymbol{p} \cdot \nabla_{\boldsymbol{A}} \boldsymbol{\xi}
\end{aligned}$$

が得られる．ここで，第 2 項が消えたのと，最後の項の書き換えにキリング方程式を用いた．2 行目右辺第 1 項のベクトルの内積は順によらないが，$\boldsymbol{F}$ は添え字の「スロット」が 2 つあるのでベクトルを正しい順に配置しなければならない．さて，電磁場が循環座標をもつことは，

$$0 = \mathcal{L}_{\boldsymbol{\xi}} \boldsymbol{A} = \nabla_{\boldsymbol{\xi}} \boldsymbol{A} - \nabla_{\boldsymbol{A}} \boldsymbol{\xi}$$

の関係式で表される．この関係を最後の項に用いると，

$$\begin{aligned}
\nabla_{\boldsymbol{p}}(\boldsymbol{\pi} \cdot \boldsymbol{\xi}) &= e\boldsymbol{\xi} \cdot \boldsymbol{F} \cdot \boldsymbol{p} + e\boldsymbol{\xi} \cdot (\nabla \boldsymbol{A}) \cdot \boldsymbol{p} - e\boldsymbol{p} \cdot (\nabla \boldsymbol{A}) \cdot \boldsymbol{\xi} \\
&= e\boldsymbol{\xi} \cdot \boldsymbol{F} \cdot \boldsymbol{p} - e\boldsymbol{\xi} \cdot \boldsymbol{F} \cdot \boldsymbol{p} = 0
\end{aligned}$$

となる．ここで，$\boldsymbol{F}$ が $\nabla \boldsymbol{A}$ を反対称化したものであることを用いた．こうして，$\boldsymbol{\pi} \cdot \boldsymbol{\xi}$ が粒子の軌跡に沿って保存することが示された．

問題 14.21　共形変換

マクスウェル方程式は，**共形変換** (conformal transformation)

$$g_{\alpha\beta} \to \tilde{g}_{\alpha\beta} = f g_{\alpha\beta}, \qquad F_{\alpha\beta} \to \tilde{F}_{\alpha\beta} = F_{\alpha\beta}, \qquad J_\mu \to \tilde{J}_\mu = f^{-1} J_\mu$$

のもとで不変であることを示せ[†]．ここで，f は位置 x^μ を変数とする任意関数である．

[解]　4 本のマクスウェル方程式

$$F_{[\alpha\beta,\nu]} = 0 = \tilde{F}_{[\alpha\beta,\nu]}$$

は，共形変換のもとで明らかに不変である．残りの 4 本は，

$$F^{\mu\nu}{}_{;\nu} = \frac{1}{\sqrt{|g|}}\left(\sqrt{|g|}F^{\mu\nu}\right)_{,\nu} = 4\pi J^\mu$$

である．ここで，

$$F^{\mu\nu} = g^{\mu\alpha}g^{\nu\beta}F_{\alpha\beta} = f^2\tilde{g}^{\mu\alpha}\tilde{g}^{\nu\beta}\tilde{F}_{\alpha\beta} = f^2\tilde{F}^{\mu\nu}$$
$$\tilde{g} \equiv \det[\tilde{g}_{\alpha\beta}] = \det[f g_{\alpha\beta}] = f^4 g$$

であるから，$\sqrt{|g|}F^{\mu\nu} = \sqrt{|\tilde{g}|}\tilde{F}^{\mu\nu}$ が成り立ち，

$$F^{\mu\nu}{}_{;\nu} = \frac{f^2}{\sqrt{|\tilde{g}|}}\left(\sqrt{|\tilde{g}|}\tilde{F}^{\mu\nu}\right)_{,\nu} = 4\pi J^\mu = 4\pi g^{\mu\alpha}J_\alpha = 4\pi(f\tilde{g}^{\mu\alpha})f\tilde{J}_\alpha = 4\pi f^2\tilde{J}^\mu$$

となる．したがって，

$$\tilde{F}^{\mu\nu}{}_{;\nu} = 4\pi\tilde{J}^\mu$$

が得られる．

† 訳者注：マクスウェル方程式は，4 次元以外の次元では共形不変にならない．

第 15 章

シュヴァルツシルト時空

The Schwarzschild Geometry

アインシュタイン方程式の静的で球対称な真空解 ($T^{\mu\nu} = 0$) を**シュヴァルツシルト解** (Schwarzschild solution) という．**円周半径** (circumference radius)（2 次元球の固有円周長を $2\pi r$ として定義した半径）[†1] を動径とする座標では，シュヴァルツシルト計量は

$$ds^2 = -\Big(1 - \frac{2M}{r}\Big)dt^2 + \Big(1 - \frac{2M}{r}\Big)^{-1} dr^2 + r^2(d\theta^2 + \sin^2\theta\, d\phi^2)$$

と表される[†2]（$d\Omega^2 = d\theta^2 + \sin^2\theta\, d\phi^2$ の省略形もよく用いられる）．定数 M は重力源の質量である．球対称な星の外部解はシュヴァルツシルト計量であり，星の表面で内部の計量と接続される．

問題 15.1　角運動量

シュヴァルツシルト時空中を運動する粒子に対して，全角運動量の 2 乗

$$L^2 = p_\theta^2 + \frac{p_\phi^2}{\sin^2\theta}$$

は運動の定数であることを示せ．

[解]　粒子が赤道面上を運動しているときは，$L^2 = p_\phi^2$ となる．p_ϕ は定数なので（$\boldsymbol{\xi} = \partial/\partial\phi$ はキリングベクトルで，$\boldsymbol{\xi}\cdot\boldsymbol{p}$ が保存する．問題 10.10 を見よ），L^2 は明らかに保存することがわかる．また，球対称性より，座標系を回転させて，常に運動をその座標系での赤道面にすることができる．そこで，$\tilde{p}_\phi^2$ が（回転に対して）不変な形で書けて，それをもとの座標系で表せば解答となる．

ある瞬間に粒子が半径 r にあるとき，その 4 元運動量 $\tilde{\boldsymbol{p}}$ は成分 $(\tilde{p}_t, \tilde{p}_r, \tilde{p}_\theta, \tilde{p}_\phi)$ をもつとする．いま，$\tilde{p}_\alpha$ から換算 4 元運動量 (reduced 4-momentum) $\tilde{p}_\alpha^{\rm red} = (0, 0, rp_\theta, rp_\phi)$

---

†1 訳者注：面積半径 (area radius)（2 次元球の固有面積が $4\pi r^2$ となるように定義した半径）という場合もある．原著では曲率半径 (curvature radius) という言い方が使われている．

†2 訳者注：c と G を省略しないで計量を表すと，$-g_{00} = g_{rr}^{-1} = 1 - 2GM/c^2r$ となる．

を θ と ϕ には依存しない方法で（たとえば，射影で）構成する．運動が赤道面上にあるとき，$\theta = \pi/2$ で $p_\theta = 0$ であるから，

$$L^2 = g^{\alpha\beta}\tilde{p}^{\mathrm{red}}_\alpha \tilde{p}^{\mathrm{red}}_\beta = g^{\phi\phi}r^2 p_\phi^2 = p_\phi^2 = (\text{定数})$$

となる．また，この量は一般には，

$$L^2 = g^{\theta\theta}r^2 p_\theta^2 + g^{\phi\phi}r^2 p_\phi^2 = p_\theta^2 + \frac{p_\phi^2}{\sin^2\theta}$$

である．したがって，これは一般にも保存されなくてはならない．

問題 15.2　自由粒子の運動

(a) シュヴァルツシルト時空における自由粒子の軌道は，1 つの平面内にあることを示せ．

(b) 自由粒子の軌道は，その平面に直交する方向の摂動に対して安定であることを示せ．

[解]　(a) 球対称性を用いて，$\tau = 0$ における粒子の位置が $\theta = \pi/2$ で $\dot{\theta} = 0$ となるように座標軸を選ぶ．このとき，測地線方程式

$$\frac{d}{d\tau}(r^2\dot{\theta}) = r^2 \sin\theta\cos\theta\,\dot{\phi}^2$$

の唯一の解は，任意の τ に対して $\theta = \pi/2$ となる．

(b) 問題 15.1 の運動の定数 L^2 を用いると，

$$\left(\frac{d\theta}{d\lambda}\right)^2 = (g^{\theta\theta}p_\theta)^2 = \frac{1}{r^4}\left(L^2 - \frac{p_\phi^2}{\sin^2\theta}\right) \tag{1}$$

となる．非摂動の軌道を $\theta = \pi/2$，$L = p_\phi = K$ とする．いま，粒子が軌道面から少しだけずらされて，$\theta = \pi/2 + \delta\theta$，$L = K + \delta L$，$p_\phi = K + \delta p_\phi$ になったとする．δL と δp_ϕ の 1 次と，$\delta\theta$ の 2 次までとると，式 (1) は

$$\left[\frac{d(\delta\theta)}{d\lambda}\right]^2 = \frac{1}{r^4}\left[2K\delta L - 2K\delta p_\phi - K^2(\delta\theta)^2\right]$$

となり，したがって，

$$\frac{d^2(\delta\theta)}{d\lambda^2} = -\frac{K^2}{r^4}\delta\theta$$

が得られる．これは $\delta\theta$ が $\theta = \pi/2$ のまわりで振動し，時間とともに成長しないことを表している．したがって，軌道の平面構造は安定である．

問題 15.3　座標速度と局所的速度

シュヴァルツシルト時空で，粒子が動径方向に落下していく．無限遠の固有時間で測定したとき，（円周）半径 r における粒子の内向きの座標速度 dr/dt を求めよ．また，同じ半径にいる定常な観測者が測定した（局所的な）速度はどうなるか調べよ．

[解]　動径方向の落下の場合，$\boldsymbol{u}\cdot\boldsymbol{u}=-1$ と $\boldsymbol{u}\cdot\partial/\partial t=u_0=-(1-2M/r)u^0$ の 2 つの定数がある．これらより，

$$
\begin{aligned}
\boldsymbol{u}\cdot\boldsymbol{u}=-1&=-\left(1-\frac{2M}{r}\right)(u^0)^2+\left(1-\frac{2M}{r}\right)^{-1}(u^r)^2\\
&=\left[-\left(1-\frac{2M}{r}\right)+\left(1-\frac{2M}{r}\right)^{-1}\left(\frac{dr}{dt}\right)^2\right](u^0)^2\\
&=\left[-\left(1-\frac{2M}{r}\right)+\left(1-\frac{2M}{r}\right)^{-1}\left(\frac{dr}{dt}\right)^2\right](u_0)^2\left(1-\frac{2M}{r}\right)^{-2}
\end{aligned}
$$

となる．$(dr/dt)^2$ について解くと，

$$
\left(\frac{dr}{dt}\right)^2=\left(1-\frac{2M}{r}\right)^2\left[1-\left(1-\frac{2M}{r}\right)\frac{1}{(u_0)^2}\right]
$$

となる．一方，定常な観測者は時間 $d\hat{t}=\sqrt{1-2M/r}\,dt$ に動径方向の落下距離 $d\hat{r}=(1/\sqrt{1-2M/r})\,dr$ を測定するので，観測者は落下速度

$$
\frac{d\hat{r}}{d\hat{t}}=\left(1-\frac{2M}{r}\right)^{-1}\frac{dr}{dt}
$$

を観測する．u_0 の値にかかわらず，（局所的に測定された）速度は r が $2M$ に近づくにつれて，光速になることがわかる．

問題 15.4　動径方向の落下運動

シュヴァルツシルト時空において，動径方向に落下していく粒子の軌道の式（t, r, τ の関係式）を導出せよ．次の 3 つの場合について考えよ．

(i) $r=R$ で静止した状態から落下した．

(ii) 無限遠で静止した状態から落下した．

(iii) 無限遠から内向きの初速度 v_∞ で落下した．

[解]　測地線方程式の第 1 積分より（問題 15.3 を見よ），

$$
u_0=-\tilde{E}=\text{（定数）}
$$

$$g^{00}(u_0)^2 + g_{rr}(u^r)^2 = -1$$

となるので，

$$u^0 = \frac{dt}{d\tau} = \frac{\tilde{E}}{1-2M/r} \tag{1}$$

$$u^r = \frac{dr}{d\tau} = -\sqrt{\tilde{E}^2 - 1 + \frac{2M}{r}} \tag{2}$$

が得られる．式 (2) のマイナス符号は，粒子が落下していることを表している．

(i) この場合は半径 $r = R$ で $dr/d\tau = 0$ なので，$2M/R = 1 - \tilde{E}^2$，つまり $\tilde{E} < 1$ となる．これより，式 (2) は

$$d\tau = \frac{dr}{\sqrt{2M/r - 2M/R}} \tag{3}$$

と書ける．これは積分できて，

$$\tau = \sqrt{\frac{R^3}{8M}}\left[2\sqrt{\frac{r}{R} - \frac{r^2}{R^2}} + \cos^{-1}\left(\frac{2r}{R} - 1\right)\right] \tag{4}$$

となる．ここで，積分定数は $\tau = 0$ で $r = R$ となるように選んだ．式 (4) を**サイクロイドパラメータ** (cycloid parameter)

$$\eta = \cos^{-1}\left(\frac{2r}{R} - 1\right) \qquad (r = R \text{ において } \eta = 0)$$

を用いて書き換えておくと便利である．計算すると，

$$r = \frac{1}{2}R(1 + \cos\eta) \tag{5}$$

$$\tau = \sqrt{\frac{R^3}{8M}}(\eta + \sin\eta) \tag{6}$$

となる．式 (1) は

$$\begin{aligned} t &= \int \frac{\tilde{E}d\tau}{1-2M/r} = \tilde{E}\int \frac{d\tau}{d\eta}\frac{1}{1-2M/r}d\eta \\ &= \sqrt{1 - \frac{2M}{r}}\int \frac{\sqrt{R^3/8M}(1+\cos\eta)d\eta}{1 - 4M\left[R(1+\cos\eta)\right]^{-1}} \end{aligned}$$

と計算できて，積分公式を用いると，

$$\frac{t}{2M} = \log\left|\frac{\sqrt{R/2M - 1} + \tan(\eta/2)}{\sqrt{R/2M - 1} - \tan(\eta/2)}\right| + \sqrt{\frac{R}{2M} - 1}\left[\eta + \frac{R}{4M}(\eta + \sin\eta)\right] \tag{7}$$

が得られる．ここで，積分定数は $\eta = 0$ で $t = 0$，つまり $r = R$ になるように選ん

だ．$\tan(\eta/2) \to \sqrt{R/2M-1}$ のとき，すなわち，$r \to 2M$ の極限で $t \to \infty$ になることがわかる．

(ii) この場合は $\tilde{E}=1$ であり，式 (2) は

$$\tau = -\frac{2}{3}\sqrt{\frac{r^3}{2M}} + (\text{定数}) \tag{8}$$

となる．次に，

$$\frac{dt}{dr} = \frac{dt/d\tau}{dr/d\tau}$$

なので，

$$t = -\frac{2}{3}\sqrt{\frac{r^3}{2M}} - 4M\sqrt{\frac{r}{2M}} + 2M\log\left|\frac{\sqrt{r/2M}+1}{\sqrt{r/2M}-1}\right| + (\text{定数}) \tag{9}$$

が得られる．

(iii) (i) の場合から類推して，次のように R を選ぶ．

$$\frac{2M}{R} = \tilde{E}^2 - 1 = \frac{1}{1-v_\infty^2} - 1 = \frac{v_\infty^2}{1-v_\infty^2}$$

また，式 (4) の R の符号を変えて，

$$\tau = -\sqrt{\frac{R^3}{8M}}\left[2\sqrt{\frac{r}{R}+\frac{r^2}{R^2}} - \cosh^{-1}\left(\frac{2r}{R}+1\right)\right] \tag{10}$$

となる．$r=0$ で $\tau=0$，$r=\infty$ で $\tau=-\infty$ である．パラメータ

$$\eta = \cosh^{-1}\left(\frac{2r}{R}+1\right) \qquad (r=0 \text{ において } \eta=0)$$

を導入すると，

$$r = \frac{1}{2}R(\cosh\eta - 1) \tag{11}$$

$$\tau = -\sqrt{\frac{R^3}{8M}}(\sinh\eta - \eta) \tag{12}$$

と書ける．式 (7) に対応する式は，

$$\frac{t}{2M} = \log\left|\frac{\sqrt{R/2M+1}+\coth(\eta/2)}{\sqrt{R/2M+1}-\coth(\eta/2)}\right| - \sqrt{\frac{R}{2M}+1}\left[\eta + \frac{R}{4M}(\sinh\eta - \eta)\right] \tag{13}$$

である．r が ∞ から $2M$ になるとき，t は $-\infty$ から $+\infty$ になることに注意せよ．

問題 15.5　赤道面上の運動

シュヴァルツシルト時空において，自由粒子の赤道面上の軌道（$r = r(\phi)$ とする）に対する 1 階の微分方程式を求めよ．

[解]　赤道面を $\theta = \pi/2$ と選ぶと，$u^\theta = 0$ となる．運動の第 1 積分は 4 元速度の規格化で，

$$g^{00}(u_0)^2 + g^{\phi\phi}(u_\phi)^2 + g_{rr}(u^r)^2 = -1 \tag{1}$$

である．キリングベクトル $\partial/\partial t$ と $\partial/\partial\phi$ より，あと 2 つの積分

$$u_\phi = \tilde{L} = (\text{定数}), \qquad u_0 = -\tilde{E} = (\text{定数})$$

が得られる．ここで，$\tilde{L}$ と $\tilde{E}$ は，それぞれ単位静止質量あたりの角運動量とエネルギーを表す．これらを用いると，式 (1) は，

$$\left(\frac{dr}{d\tau}\right)^2 = \frac{-1 - g^{00}\tilde{E}^2 - g^{\phi\phi}\tilde{L}^2}{g_{rr}} \tag{2}$$

または，計量関数を具体的に代入して，

$$\frac{dr}{d\tau} = \pm\sqrt{\tilde{E}^2 - \left(1 - \frac{2M}{r}\right)\left(1 + \frac{\tilde{L}^2}{r^2}\right)} \tag{3}$$

となる．$u^\phi = g^{\phi\phi}\tilde{L}$ より $d\phi/d\tau = \tilde{L}/r^2$ となるので，これと式 (3) をあわせて，最終的に

$$\frac{dr}{d\phi} = \pm\frac{r^2}{\tilde{L}}\sqrt{\tilde{E}^2 - \left(1 - \frac{2M}{r}\right)\left(1 + \frac{\tilde{L}^2}{r^2}\right)}$$

が得られる．

問題 15.6　光子の軌道と散乱角

シュヴァルツシルト時空における光子の軌道を表す式が

$$\frac{d^2u}{d\phi^2} + u = 3u^2$$

となることを示せ．ここで，$u \equiv M/r$，r はシュヴァルツシルトの動径座標（円周半径）である．軌道上の r の最小値を，**衝突パラメータ** (impact parameter) b を用いて表せ．$M/b \ll 1$ の場合，光子が球対称な重力源を通り過ぎる際に，軌道はどれくらい曲げられるか，M/b の最低次で，散乱角の公式を与えよ．

[解]　$\theta = \pi/2$ とすると $p^\theta = 0$ である．アフィンパラメータ λ を，$p^r = dr/d\lambda$ および $p^\phi = d\phi/d\lambda = p_\phi/r^2$ となるように選べば，

$$\frac{dr}{d\phi} = \frac{p^r}{p^\phi}$$

となる．$\boldsymbol{p}\cdot\boldsymbol{p} = 0$ より p^r，p^ϕ，p^0 の関係式が得られ，それを $dr/d\phi$ について解くと，

$$\left(\frac{dr}{d\phi}\right)^2 = r^4\left(1 - \frac{2M}{r}\right)\left[\gamma\left(1 - \frac{2M}{r}\right)^{-1} - \frac{1}{r^2}\right] \tag{1}$$

となる．ここで，$\gamma \equiv p_0^2/p_\phi^2 =$（定数）である．いま，変数 $u \equiv M/r$ を導入すると，式 (1) は

$$(u')^2 = (1-2u)\left(\frac{\gamma M^2}{1-2u} - u^2\right) = \gamma M^2 - u^2 + 2u^3 \tag{2}$$

のように書き直せる．プライム記号 ($'$) は $d/d\phi$ を表している．この式を微分すると，

$$u'' + u = 3u^2 \tag{3}$$

のように簡単な 2 階微分方程式になることがわかる．

$M/b \ll 1$ の極限では，0 次解は「直線解」$r\sin\phi = b$，または

$$u_0 = \frac{M}{b}\sin\phi$$

となる．いま，$u = u_0 + u_1 + \cdots$ と展開し，$u_1 \ll 1$ とすると，式 (3) は近似的に

$$u_1'' + u_1 \approx 3u_0^2 = 3\left(\frac{M}{b}\right)^2\sin^2\phi = \frac{3}{2}\left(\frac{M}{b}\right)^2(1 - \cos 2\phi)$$

となる．これは解くことができて，

$$u \approx \frac{M}{b}\sin\phi + \frac{1}{2}\left(\frac{M}{b}\right)^2(3 + \cos 2\phi)$$

が得られる．散乱される前後の $r = \infty$ $(u = 0)$ での 2 つの角度を計算することにより，全散乱角を求めることができる．実際に，これらの角度は

$$2\sin\phi \approx -\frac{M}{b}(3 + \cos 2\phi)$$

を満たさなければならない．これより，

$$\phi \approx -\frac{2M}{b}, \qquad \phi \approx \pi + \frac{2M}{b}$$

となる．したがって，全散乱角は $4M/b$ となる．

問題 15.7　惑星の近星点移動

(a) ニュートン重力理論の近似がよい惑星軌道 $(M/r \ll 1)$ について，一般相対性理論が予言する近星点移動を，M/r の最低次で計算せよ．1 公転あたりどれくらいの大きさの移動になるか求めよ．

(b) 中心の恒星がいくらか扁平または扁長であるとすると，古典的なニュートンポテンシャルの形は $\Phi(r) = -M/r - aM/r^3$ となる．ここで，a は扁平度，または扁長度を表す量である．（扁平としたとき）1 公転あたりの近星点移動を a/r^2 の最低次で計算せよ（これは純粋にニュートン重力での計算である）．

(c) 太陽の扁平度が大きく，扁平による水星の近日点移動の割合と一般相対性理論による近日点移動の割合が等しいとする．太陽から近い 4 つの惑星に対して，それぞれの効果による近日点移動の割合（1 世紀あたりの秒角）を計算せよ．[注意：計算を簡単にするために，それぞれの軌道はほぼ円軌道，つまり，各軌道の離心率は無視できるとする.]

15

[解]　(a) 軌道方程式は問題 15.5 で導出した．変数 $u \equiv M/r$，および $\tilde{E}$，$\tilde{L}$ の代わりに，新たなパラメータ u_0，ϵ を用いると，軌道方程式は

$$\left(\frac{du}{d\phi}\right)^2 + (u-u_0)^2 - \epsilon^2 u_0^2 = 6u_0(u-u_0)^2 + 2(u-u_0)^3$$

となる（MTW の式 (25.47)，または，Weinberg の式 (8.4.29) も参考にせよ）．右辺は一般相対性理論に由来する項で，ニュートン重力ではゼロになる．

最低次の解は，ニュートン重力の解で，

$$u = u_0(1+\epsilon\cos\phi)$$

となる．ここで，ϵ は離心率 (eccentricity) を表す．右辺第 1 項の補正項は，

$$6u_0(u-u_0)^2 = \mathcal{O}(\epsilon^2 u_0^3) = \mathcal{O}\left(\epsilon^2\frac{M^3}{r_0^3}\right)$$

であり，一方，第 2 項は $(u-u_0)^3 = \mathcal{O}(\epsilon^3 M^3/r_0^3)$ となるので，こちらは無視できる！　したがって，1 次の補正については

$$\left(\frac{du}{d\phi}\right)^2 + (1-6u_0)(u-u_0)^2 = \epsilon^2 u_0^2$$

を解けばよい．ここで，$\psi \equiv \sqrt{1-6u_0}\,\phi$ を定義し，$\mu = u - u_0$ とすると，

$$\left(\frac{d\mu}{d\psi}\right)^2 + \mu^2 = \frac{\epsilon^2 u_0^2}{1-6u_0}$$

となる．解は ψ について周期性があるので，r もまた ψ に関して周期的になっている．したがって，1 公転軌道は $\psi = 2\pi$，つまり，$\phi = 2\pi/\sqrt{1-6u_0}$ に相当し，近星点移動の大きさは

$$\left.\frac{\delta\phi}{2\pi}\right|_{\text{per orbit}} = \frac{3M}{r_0}$$

で与えられる（大きな離心率の場合により適した別の解法は A. S. Eddington, *The Mathematical Theory of Relativity* (Cambridge University Press, 1922), 40 節を見よ）．

(b) ニュートン重力における軌道方程式は†，

$$\left(\frac{du}{d\phi}\right)^2 + u^2 + \frac{2\Phi(u)}{L^2} = \frac{2E_\infty}{L^2}$$

となる．$\Phi = -M/r - aM/r^3$ を用いると，

$$\left(\frac{du}{d\phi}\right)^2 + u^2 - \frac{2Mu}{L^2} - \frac{2aMu^3}{L^2} = \frac{2E_\infty}{L^2}$$

となり，これを

$$\left(\frac{du}{d\phi}\right)^2 + (1-c)(u-u_0)^2 - \frac{2aM}{L^2}(u-u_0)^3 = (\text{定数})$$

の形に書き換える．2 つの式で u^2 のオーダーを比較すると，$c = 6au_0M/L^2$ とわかる．ほぼ円軌道 $L^2 \approx Mr$ の場合には，$c = 6a/r_0^2$ となる．(a) で見たように，解は $\sqrt{1-c}\,\phi$ について周期的であるので，近星点から次の近星点までの角度は，

$$\Delta\phi = \frac{2\pi}{\sqrt{1-c}} = \frac{2\pi}{\sqrt{1-6a/r_0^2}}$$

となり，

$$\left.\frac{\delta\phi}{2\pi}\right|_{\text{per orbit}} = \frac{3a}{r_0^2}$$

が得られる（$a > 0$（扁平）のとき近星点は前に進み，$a < 0$（扁長）のとき近星点は後退する）．

(c) $c = G = 1$ の単位系では，$M_\odot = 1.5\,\text{km}$，水星に対しては $r_0 = 0.58 \times 10^8\,\text{km}$ となる．したがって，公転周期が 0.241 年であることを考慮すると，一般相対性理論による移動は，

$$\delta\phi = 0.105\ \text{秒角}/1\ \text{公転} = 42\ \text{秒角}/1\ \text{世紀}$$

となる．この移動が太陽の扁平性によるものとすると，ほかの惑星に対して，

† 訳者注：$u = 1/r$ としている．

$$\begin{aligned}\delta\phi &= 42\,\text{秒角}/1\,\text{世紀}\left(\frac{r_{\text{水星}}}{r_{\text{惑星}}}\right)^2\left(\frac{\text{水星の公転周期}}{\text{惑星の公転周期}}\right)\\ &= 42\,\text{秒角}/1\,\text{世紀}\left(\frac{r_{\text{水星}}}{r_{\text{惑星}}}\right)^{7/2}\end{aligned}$$

が得られる．具体的な数値で求めると，次のようになる．

	$r_{\text{水星}}/r_{\text{惑星}}$	一般相対論的効果〔秒角/世紀〕	扁平性による効果〔秒角/世紀〕
水星	1	42	42
金星	0.536	8.8	4.7
地球	0.386	3.9	1.51
火星	0.245	1.25	0.3

※水星に対して，一般相対論的効果と扁平性による効果が等しいとした場合

問題 15.8　レーザーの振動数

質量 M の星のまわりで，円周 $2\pi r$ の円軌道上を周回する宇宙船が（静止振動数 ν_0 の）レーザー銃を発射した．銃は軌道面上に向けられ，レーザー光線は運動の接線方向から外向きに（宇宙船の静止系から見て）角度 α で発射された．無限遠方にいる定常な観測者が観測するレーザー光線の振動数を求めよ．

［解］　2 段階でこの問題を解く．まず，r にいる静的な観測者（この静的な観測者が測定する量の添え字を「S」，宇宙船にいる観測者の添え字を「R」，無限遠方の観測者の添え字を「∞」とする）が測定する振動数を計算する．次に，この観測者と無限遠方にいる観測者の間の赤方偏移を計算する．

宇宙船の 4 元速度を $\boldsymbol{u}_{\mathrm{R}}$，$r$ での光子の運動量を $\boldsymbol{p}_{\mathrm{R}}$ とすると，

$$\frac{\nu_{\mathrm{S}}}{\nu_0} = \frac{\boldsymbol{u}_{\mathrm{S}}\cdot\boldsymbol{p}_{\mathrm{R}}}{\boldsymbol{u}_{\mathrm{R}}\cdot\boldsymbol{p}_{\mathrm{R}}} \tag{1}$$

となる．宇宙船と静的な観測者の固有相対速度の大きさを v とすると，宇宙船の静止系では式 (1) は

$$\frac{\nu_{\mathrm{S}}}{\nu_0} = \frac{\gamma\nu_0(1+v\cos\alpha)}{\nu_0}$$

つまり，

$$\nu_{\mathrm{S}} = \gamma\nu_0(1+v\cos\alpha) \tag{2}$$

となる．ここで，$\gamma = 1/\sqrt{1-v^2}$ である．円軌道の角速度

$$\Omega \equiv \frac{d\phi}{dt}$$

は，ニュートン重力におけるケプラーの第 3 法則のものと厳密に等しくなるので，

$$\Omega = \sqrt{\frac{M}{r^3}} \tag{3}$$

である（問題 17.4 を見よ）．こうして，

$$v = \frac{d\hat{\phi}}{d\hat{t}} = \frac{rd\phi}{\sqrt{1-2M/r}dt} = \sqrt{\frac{M}{r(1-2M/r)}} \tag{4}$$

が得られる．

こうして，無限遠方の観測者が測定する振動数は，

$$\nu_\infty = \frac{\nu_\mathrm{S}}{u^0_\mathrm{S}} = \nu_\mathrm{S}\sqrt{1-\frac{2M}{r}} = \gamma\nu_0(1+v\cos\alpha)\sqrt{1-\frac{2M}{r}}$$

となる．ここで，v は式 (4) で与えられる．

問題 15.9　衝突パラメータ：重力 vs 電磁気力

(a) 速さ v の相対論的なテスト粒子が質量 M の物体の近くを通り過ぎた．衝突パラメータ b が大きかったので，散乱角 θ_grav は微小であった．θ_grav を計算せよ．

(b) 平坦な時空において，速さ v のテスト電荷 e が電荷 Ze の核子の近くを通り過ぎた．衝突パラメータ b が大きかったので，散乱角 θ_EM は微小であった．θ_EM を計算せよ．なぜ，θ_grav の公式は θ_EM の式と異なるのか説明せよ．

[解]　(a) 運動方程式を 1 回積分すると，

$$\left(\frac{dr}{dt}\right)^2 + V^2(r) = \tilde{E}^2 \tag{1}$$

が得られる．ここで，V は問題 15.11 で定義される．また，

$$\frac{d\phi}{d\tau} = \tilde{p}^\phi = \frac{\tilde{L}}{r^2} \tag{2}$$

を用い，$u \equiv M/r$ を定義すると，u と ϕ の関係式

$$\left(\frac{du}{d\phi}\right)^2 = \frac{\tilde{E}^2 - (1-2u)(1+\overline{L}^2u^2)}{\overline{L}^2} \tag{3}$$

が得られる．ここで，$\overline{L} = \tilde{L}/M$ である．式 (3) を ϕ について微分すると，

$$2u'u'' = -\frac{(2u\overline{L}^2 - 2 - 6\overline{L}^2u^2)u'}{\overline{L}^2}$$

すなわち，

$$u'' + u = \frac{1}{\overline{L}^2} + 3u^2 \tag{4}$$

となる．衝突パラメータが大きいときは，式 (4) の右辺は微小である．$u = u_0 + \epsilon v$ とおき，式 (4) に代入すると，ϵ の 0 次の解は，

$$u_0 = A\cos\phi, \qquad A = (\text{定数}) \tag{5}$$

となる．座標軸は適切に選んだとする．

式 (5) を 1 次の式に代入すると，

$$v'' + v = \frac{1}{\overline{L}^2} + 3A^2\cos^2\phi = \frac{1}{\overline{L}^2} + \frac{3}{2}A^2(1 + \cos 2\phi) \tag{6}$$

となる．式 (6) の解は，

$$v = \frac{1}{\overline{L}^2} + \frac{3}{2}A^2 - \frac{1}{2}A^2\cos 2\phi = \frac{1}{\overline{L}^2} + 2A^2 - A^2\cos^2\phi$$

となるので，

$$u = A\cos\phi - A^2\cos^2\phi + \frac{1}{\overline{L}^2} + 2A^2 \tag{7}$$

が得られる．軌跡の漸近的な振る舞いは $u = 0$ で与えられ，

$$A^2\cos^2\phi - A\cos\phi - B = 0, \qquad B \equiv \frac{1}{\overline{L}^2} + 2A^2$$

$$\cos\phi = \frac{A - \sqrt{A^2 + 4A^2B}}{2A^2} \approx -\frac{B}{A} \tag{8}$$

と求められる．B/A は小さな量なので，式 (8) の解は

$$\phi \approx \frac{\pi}{2} - \frac{B}{A} \tag{9}$$

と近似できる．散乱される前とされた後の 2 つの遠方 ($\phi \approx \pi/2,\ -\pi/2$) で等しい分だけ角度がずれるので，全体の散乱角は

$$\Delta\phi = \frac{2B}{A} \tag{10}$$

となる．テスト粒子が物体に最も近づいたときの距離を b とすると，式 (5) の A の定義より，

$$A = \frac{M}{b} \tag{11}$$

となる．これより，

$$\overline{L}^2 = \frac{L^2}{M^2m^2} = \frac{b^2(E^2 - m^2)}{M^2m^2} = \frac{b^2v^2}{M^2(1-v^2)}$$
$$B = \frac{M^2(1-v^2)}{b^2v^2} + \frac{2M^2}{b^2} = \frac{M^2(1+v^2)}{b^2v^2} \tag{12}$$

が求められる．式 (10)〜(12) をあわせると，最終的に

$$\Delta\phi_{\mathrm{grav}} = \frac{2M(1+v^2)}{bv^2} \tag{13}$$

が得られる．

(b) 軌道を表す方程式は，

$$\frac{d}{dt}(\gamma m\dot{r}) = \gamma mr\omega^2 - \frac{Ze^2}{r^2} \tag{14a}$$

$$\gamma mr^2\omega \equiv L = (\text{定数}) \tag{14b}$$

$$\gamma m - \frac{Ze^2}{r} \equiv E = (\text{定数}) \tag{14c}$$

である．式 (14b) より $d/dt = (L/\gamma mr^2)d/d\phi$ なので，式 (14a) は

$$\frac{d^2}{d\phi^2}u + \left(1 - \frac{Z^2e^4}{L^2}\right)u = \frac{Ze^2E}{L^2} \tag{15}$$

となる．ここで，$u \equiv 1/r$ である．式 (15) を解くと，

$$u = \frac{1}{b}\cos\tau\phi + \frac{Ze^2E}{L^2 - Z^2e^4} \tag{16a}$$

$$\tau \equiv \sqrt{1 - \frac{Z^2e^4}{L^2}} \tag{16b}$$

となり，大きな L に対しては，

$$u = \frac{1}{b}\cos\phi + \frac{Ze^2E}{L^2} \tag{17}$$

と書ける．さて，漸近的な振る舞いは

$$0 = \frac{1}{b}\cos\phi + \frac{Ze^2E}{L^2}$$

すなわち，$\phi \approx \pm\pi/2 \pm bZe^2E/L^2$ となるので，全散乱角は

$$\Delta\phi_{\mathrm{EM}} = \frac{2bZe^2E}{L} \tag{18}$$

である．関係式

$$E = \frac{m}{\sqrt{1-v^2}}, \qquad L^2 = \frac{b^2m^2v^2}{1-v^2}$$

を式 (18) に代入すると，最終的に

$$\Delta\phi_{\mathrm{EM}} = \frac{2Ze^2\sqrt{1-v^2}}{mbv^2} \tag{19}$$

が得られる．

式 (13) と式 (19) の違いは，テンソル量としての重力とベクトル量としての電磁気力との違いからもたらされる．場によってローレンツ変換のされ方が異なり，v が小さくないときには散乱角の v 依存性が異なって現れるのである．

問題 15.10　ブラックホールに落ちるコメンテータ

自分自身がシュヴァルツシルト・ブラックホールの中心に向かって真っ直ぐに落ちていく状況を，ラジオのコメンテータが解説している．シュヴァルツシルト半径を横切る直前に，電波の周波数は $\exp(-t/(\text{定数}))$ の時間依存性で激しく赤方偏移を受けた．ここで，t は無限遠での固有時間である．この定数からブラックホールの質量を評価せよ．

[解]　外向きの**エディントン – フィンケルシュタイン座標** (Eddington–Finkelstein coordinate) r^* を用いるのが便利である．

$$\frac{dr^*}{dr} = \left(1 - \frac{2M}{r}\right)^{-1}$$

で r^* を定義する．これを解くと，

$$r^* = r + 2M\log\left(\frac{r}{2M} - 1\right) + (\text{定数})$$

となる．また，遅延時間座標 (retarded time coordinate) を

$$u = t - r^*$$

で定義する．これらの座標を用いると，シュヴァルツシルト計量は

$$ds^2 = -\left(1 - \frac{2M}{r}\right)du^2 - 2\,du\,dr + r^2 d\Omega^2 \tag{1}$$

と書ける．$ds = 0$ を代入すると，動径方向外向きに進む電波は $u = (\text{定数})$ の線に沿って運動することがわかる．電波を発信 (emit) したときと遠方 (∞) で受信したときのそれぞれの時間間隔を比較すれば，次のように光子の赤方偏移が計算できる．

$$\frac{\lambda_\infty}{\lambda_{\mathrm{emit}}} = \frac{(\Delta t)_\infty}{(\Delta\tau)_{\mathrm{emit}}} = \frac{(\Delta u)_\infty}{(\Delta\tau)_{\mathrm{emit}}} = \frac{(\Delta u)_{\mathrm{emit}}}{(\Delta\tau)_{\mathrm{emit}}} = \left.\frac{du}{d\tau}\right|_{\mathrm{emit}} \tag{2}$$

τ はコメンテータの固有時間である．ここで，無限遠での時間と発信したときの時間

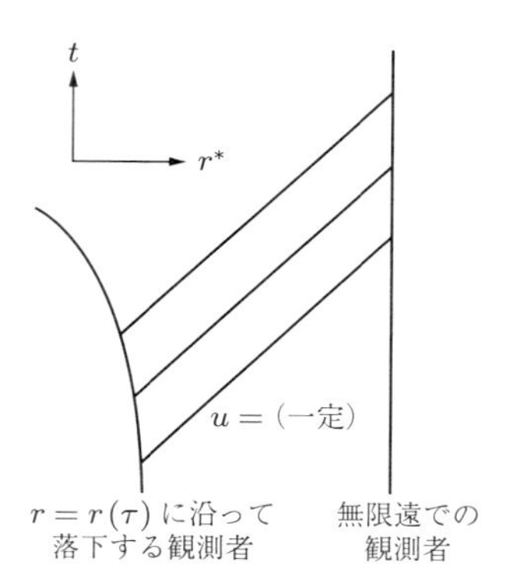

を $u=$（定数）の光線を用いて関係付けている．そのために，コメンテータの 4 元速度 $\boldsymbol{U}$ の成分 $du/d\tau = U^u$ を t の関数として表さなくてならない．

u, t はともに循環座標であり，

$$U_t = U_u = (\text{定数}) = -\tilde{E} \tag{3}$$

と，$\boldsymbol{U}\cdot\boldsymbol{U} = -1$ より，

$$U_r = \frac{-\tilde{E} - \sqrt{\tilde{E}^2 - 1 + 2M/r}}{1-2M/r} \tag{4}$$

となる．したがって，

$$U^u = g^{uu}U_u + g^{ur}U_r = 0 + \frac{\tilde{E} + \sqrt{\tilde{E}^2 - 1 + 2M/r}}{1-2M/r} \tag{5}$$

$$U^r = g^{ur}U_u + g^{rr}U_r = \tilde{E} + \left(-\tilde{E} - \sqrt{\tilde{E}^2 - 1 + \frac{2M}{r}}\right) = -\sqrt{\tilde{E}^2 - 1 + \frac{2M}{r}} \tag{6}$$

となる．こうして，

$$\frac{dr}{du} = \frac{U^r}{U^u} = \frac{-\sqrt{\tilde{E}^2 - 1 + 2M/r}\,(1-2M/r)}{\tilde{E} + \sqrt{\tilde{E}^2 - 1 + 2M/r}} \tag{7}$$

が求められる．$r = 2M$ の近くでは，式 (7) から

$$du \approx -\frac{2}{1-2M/r}dr \approx -\frac{2}{r/2M-1}dr$$

$$u \approx -4M \log\left(\frac{r}{2M} - 1\right) + (\text{定数})$$

$$1 - \frac{2M}{r} \sim e^{-u/4M}$$

の関係が得られる．こうして，式 (5) は $r \to 2M$ の極限で，

$$U^u \sim e^{+u/4M}$$

となる．また，遠方で静止している観測者に対しては $u = t + (\text{定数})$ なので，最終的に，

$$\frac{\lambda_{\text{emit}}}{\lambda_\infty} \sim e^{-t/4M}$$

が求められる．つまり，ブラックホールの質量は問題の定数の 1/4 倍である．

問題 15.11　粒子の捕獲断面積

質量 M のシュヴァルツシルト・ブラックホールによる粒子の捕獲断面積を考える．粒子の速度が (a) 高速の極限 ($v \to 1\,(=c)$)，(b) 非常に遅い場合 ($v \ll 1$) に分けて計算せよ．

[解]　粒子の運動について，$u_t \equiv \tilde{E}$ と $u_\phi \equiv \tilde{L}$ はともに運動の定数であり，$\boldsymbol{u}\cdot\boldsymbol{u} = -1$ より，

$$\left(\frac{dr}{d\tau}\right)^2 + V^2(r) = \tilde{E}^2 \tag{1a}$$

$$V(r) \equiv \sqrt{\left(1 - \frac{2M}{r}\right)\left(1 + \frac{\tilde{L}^2}{r^2}\right)} \tag{1b}$$

となる（MTW の式 (25.15)，Weinberg の式 (8.4.13) を見よ）．$\partial V^2/\partial r = 0$ とおくと，V^2 の最大値

$$V^2_{\max} = \frac{\overline{L}^2 + 36 + (\overline{L}^2 - 12)\sqrt{1 - 12/\overline{L}^2}}{54} \tag{2a}$$

$$\overline{L} \equiv \frac{\tilde{L}}{M} \tag{2b}$$

が求められる．粒子のエネルギーが $\tilde{E} > V_{\max}$ のとき，粒子は捕獲される．したがって，粒子捕獲の限界の $\overline{L}$ は，条件

$$\tilde{E}^2 = V^2_{\max} \tag{3}$$

より求められる．

(a) E が大きい（$\overline{L}$ も大きい）場合，式 (2a) は

$$V_{\max}^2 \approx \frac{\overline{L}^2 + 36 + (\overline{L}^2 - 12)(1 - 6/\overline{L}^2)}{54} = \frac{\overline{L}^2 + 9}{27}$$

となり，式 (3) を満たす角運動量は

$$\overline{L}_{\text{crit}}^2 = 27\tilde{E}^2 - 9 \tag{4}$$

と書ける．ここで，L_{crit} に対応するのが臨界衝突パラメータ b_{crit} で，

$$b_{\text{crit}} = \frac{L_{\text{crit}}}{p} = \frac{L_{\text{crit}}}{\sqrt{E^2 - m^2}}$$

で与えられる．m は粒子の質量である．$b < b_{\text{crit}}$ のときに粒子捕獲が起こる．したがって，捕獲断面積は，

$$\sigma_{\text{cap}} = \pi b_{\text{crit}}^2 = \frac{\pi L_{\text{crit}}^2}{E^2 - m^2} = \frac{\pi M^2 \overline{L}_{\text{crit}}^2}{\tilde{E}^2 - 1} \approx \frac{\pi M^2}{\tilde{E}^2}\left(1 + \frac{1}{\tilde{E}^2}\right)(27\tilde{E}^2 - 9)$$

となる．または，$\tilde{E}^{-1}$ の 2 次までをとると，

$$\sigma_{\text{cap}} \approx 27\pi M^2 \left(1 + \frac{2}{3\tilde{E}^2}\right) \tag{5}$$

となる．

(b) $\tilde{E} \approx 1$（つまり，v が小さい）の場合，$\tilde{E}^2 \approx 1 + v^2$ となり，式 (2a), (3) より

$$18 + 54v^2 \approx \overline{L}^2 + \frac{(\overline{L}^2 - 12)^{3/2}}{\overline{L}}$$

のように近似できる．v^2 の 1 次のオーダーで $\overline{L}^2$ について解くことができて，

$$\overline{L}_{\text{crit}}^2 = 16(1 + 2v^2) + \mathcal{O}(v^4)$$

となり，

$$\sigma_{\text{cap}} = \pi b_{\text{crit}}^2 = \frac{\pi M^2 \overline{L}_{\text{crit}}^2}{\tilde{E}^2 - 1} \approx \frac{16\pi M^2}{v^2} \tag{6}$$

が得られる．

問題 15.12　人間大砲と時間のずれ

ポールは中性子星のまわりで座標半径 $r = 4M$ の軌道を周回していた．同僚のピーターは，中性子星の表面から人間大砲で動径方向に向けて脱出速度未満で打ち上げられた．ピーターは外向きに飛んでいき，ちょうどポールとすれ違って，そのまま最高点（最大半径）に到達し，中性子星に戻るときに再びポールと出会った．2 回すれ違う間に，ポールは中性子星のまわりを 10 回転した．ポールとピー

ターは常々，会うときはお互いの時計を比べることにしていた．ピーターが外向きに飛んでいって，1 度目に出会ったときに，彼らは 2 人の時計を合わせていた．2 回目にすれ違ったとき，彼らの時計はどれくらいずれていたか計算せよ．

[解]　ポールの軌道は常に $\theta = \pi/2$ の面内にあるとする．軌道は円軌道なので $u^r = 0$ であり，測地線方程式の r 成分 $Du^r/d\tau = 0$ より，

$$\Gamma^r{}_{tt}(u^t)^2 + \Gamma^r{}_{\phi\phi}(u^\phi)^2 = 0$$

となる．したがって，ポールの軌道に対して

$$\omega^2 \equiv \left(\frac{d\phi}{dt}\right)^2 = \left(\frac{u^\phi}{u^t}\right)^2 = -\frac{\Gamma^r{}_{tt}}{\Gamma^r{}_{\phi\phi}} = \frac{M}{r^3} = \frac{1}{64M^2}$$

が得られる．2 人が再び出会うまでにポールは 20π rad だけ周回するので，$d\phi/dt = 1/8M$ を用いると，この間に経過した座標時間は，

$$\Delta t = 160\pi M$$

となる．ポールの軌道に対して，$g_{tt}(u^t)^2 + g_{\phi\phi}(u^\phi)^2 = -1$ より，

$$u^t \equiv \frac{dt}{d\tau} = \frac{1}{\sqrt{1 - 3M/r}} = 2$$

となる．したがって，ポールが観測する固有経過時間は

$$\Delta\tau_{\text{Paul}} = \frac{1}{2}\Delta t = 80\pi M \approx 251.5M$$

と計算できる．

ピーターの軌道については，動径方向の落下運動に対する方程式（問題 15.4）を利用する．ピーターが最大半径 R から $r = 4M$ に落下するのにかかる時間は，$\Delta t/2 = 80\pi M$ である．次に，R の値と $t = 80\pi M$ の経過に対応する η の値とを求めなければならない．問題 15.4 の式 (6) より，ピーターの固有時間は

$$\Delta\tau_{\text{Peter}} = 2\sqrt{\frac{R^3}{8M}}(\eta + \sin\eta) \tag{1}$$

となる．R と η に関する方程式は問題 15.4 の式 (5), (7) で，

$$4 = X(1 + \cos\eta) \tag{2}$$

$$40\pi = \log\left[\frac{\sqrt{X-1} + \tan(\eta/2)}{\sqrt{X-1} - \tan(\eta/2)}\right] + \sqrt{X-1}\left[\eta + \frac{1}{2}X(\eta + \sin\eta)\right] \tag{3}$$

となる．$X \equiv R/2M$ である．

ここで，物理的な直観を用いてみる．ピーターはポールが周回しているときにかなりの時間，外向きに運動する．したがって，X はだいぶ大きく，式 (2) より $\eta \approx \pi$ となるだろう．また，対数関数はゆっくりと変化するので，式 (3) で対数項を無視し，

$$40\pi \approx \sqrt{X}\Big(\pi + \frac{1}{2}X\pi\Big)$$

と近似する．これより，$X^{3/2} \approx 80\pi$ となり，$X \approx 18.5$ と求められる．したがって，式 (2) より $1 + \cos\eta \approx 0.216$ で，$\eta \approx 2.47$ となる．より正確に計算すると，

$$\eta = 2.46029, \qquad X = \frac{R}{2M} = 17.91737, \qquad \Delta\tau_{\text{Peter}} = 468.72M$$

となる．

ポールはピーターよりずいぶん短い（およそ半分の）固有時間を測定する．これは，ポールが重力ポテンシャルの深くで，かつきわめて相対論的な状態にいたので，両方の効果が彼の時計を「ゆっくりと進ませた」のである．一方，ピーターはかなり多くの時間を比較的小さな速度で，かつ重力ポテンシャルのそれほど深くない場所 ($R/2M \sim 18$) で過ごしたため，このような結果になったと解釈できる．

問題 15.13　シュヴァルツシルト座標と等方座標

シュヴァルツシルト座標

$$ds^2 = -e^{2\phi}dt^2 + e^{2\Lambda}dr^2 + r^2 d\Omega^2$$

から，**等方座標** (isotropic coordinate)

$$ds^2 = -e^{2\phi}dt^2 + e^{2\mu}(d\bar{r}^2 + \bar{r}^2 d\Omega^2)$$

への座標変換を求めよ．真空のシュヴァルツシルト解に限り，(t, r) 座標と $(t, \bar{r})$ 座標の関係を示す図を描け．$\bar{r} =$（定数），$t =$（定数）が表す面の面積は $A = 4\pi\bar{r}^2$ で与えられるか調べよ．$t = 0$, $0 < \bar{r} < \infty$ の空間的超曲面に対する**埋め込み図** (embedding diagram) を描け（MTW, p. 613 を見よ）．

[解]　まず，明らかに次の変換をする必要がある．

$$r^2 = e^{2\mu}\bar{r}^2 \tag{1a}$$

$$e^{2\Lambda}dr^2 = e^{2\mu}d\bar{r}^2 \tag{1b}$$

これらを組み合わせると，与えられた関数 Λ を用いて表した変換 $\bar{r} = \bar{r}(r)$ に対する

微分方程式

$$\frac{d\bar{r}}{\bar{r}} = e^{\Lambda} \frac{dr}{r}$$

が得られる．これはすぐに積分できて，解は，

$$\bar{r} = (\text{定数}) \times \exp\left(\int \frac{e^{\Lambda}}{r} dr\right) \tag{2a}$$

$$e^{2\mu} = \frac{r^2}{\bar{r}^2} \tag{2b}$$

となる．

シュヴァルツシルト計量 $e^{\Lambda} = 1/\sqrt{1 - 2M/r}$ を式 (2a) に代入すると，

$$\bar{r} = (\text{定数}) \times \exp\left(\int \frac{dr}{\sqrt{r^2 - 2Mr}}\right)$$

となり，

$$r = \bar{r}\left(1 + \frac{M}{2\bar{r}}\right)^2 \tag{3}$$

が得られる．積分定数は $r \to \infty$ で $r \to \bar{r}$ となるように選んだ．式 (3) を逆に解くと，

$$\bar{r} = \frac{1}{2}\left[r - M \pm \sqrt{r(r - 2M)}\right] \tag{4}$$

のように表される．この関係を図 (a) に示す．式 (2b) より，

$$e^{2\mu} = \left(1 + \frac{M}{2\bar{r}}\right)^4 \tag{5}$$

が求められる．

これより，r と t が一定の球面の面積は

$$A = \left(1 + \frac{M}{2\bar{r}}\right)^4 \bar{r}^2 \iint d\theta \, \sin\theta \, d\phi = 4\pi\bar{r}^2\left(1 + \frac{M}{2\bar{r}}\right)^4 \tag{6}$$

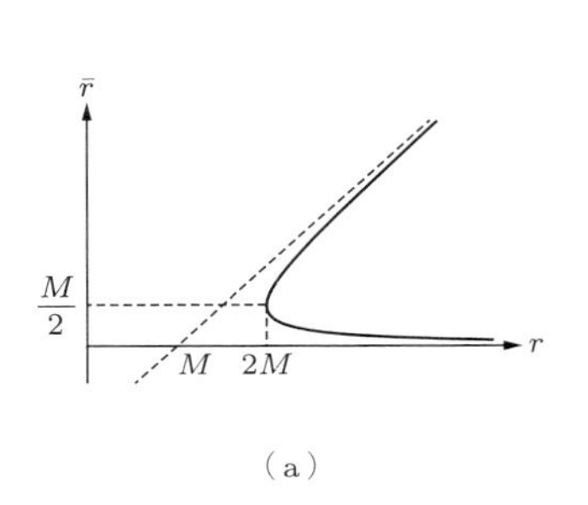

（a）

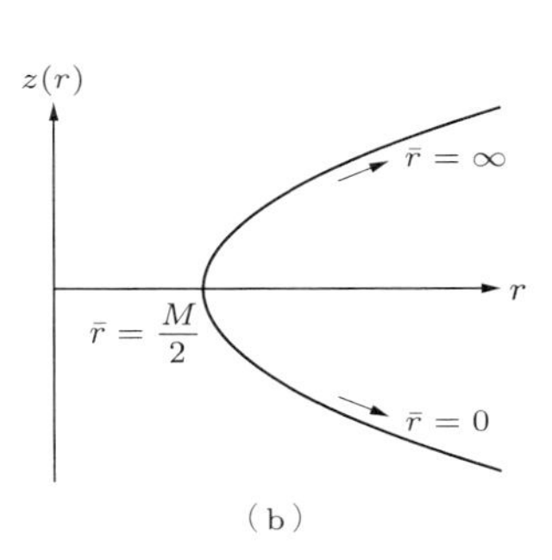

（b）

となり，$4\pi\bar{r}^2$ でないことがわかる．

埋め込み図を描く際には，次のことに注意する．

(i) 式 (4) より，r から $\bar{r}$ への写像が2価になっていること

(ii) 座標 $\bar{r}$ はシュヴァルツシルト計量の $r \geq 2M$ の領域だけを覆っている（式 (4) より，$r < 2M$ では $\bar{r}$ は複素数になる）こと

t，r が一定の面に対する埋め込み図を描くには，次式を満たす関数 $z(r)$ が必要になる[†1]．

$$ds^2 = dz^2 + dr^2 + r^2 d\phi^2 = \left[1 + \left(\frac{dz}{dr}\right)^2\right] dr^2 + r^2 d\phi^2$$
$$= \left(1 - \frac{2M}{r}\right)^{-1} dr^2 + r^2 d\phi^2$$

これを解くと，

$$z = \sqrt{8M(r - 2M)} \tag{7}$$

が求められる．

この放物線を図 (b) に示す．実際の埋め込み図は，この曲線を z 軸に関して回転させた放物面になる．

問題 15.14　ブーストとリーマン曲率テンソル

(a) 一般に，空間方向 $\boldsymbol{e}_{\hat{j}}$ へのブーストは，それに平行なリーマン曲率テンソルの物理的な成分[†2] $R_{\hat{t}\hat{j}\hat{t}\hat{j}}$ を不変に保つことを示せ．これは，$\boldsymbol{e}_{\hat{j}}$ 方向へのブーストに対して $E_{\hat{j}}$ と $B_{\hat{j}}$ が不変になるのと類似している．

(b) シュヴァルツシルト計量において，r 方向のブーストに対してはリーマン曲率テンソルのすべての物理的成分が不変であり，θ 方向や ϕ 方向のブーストに対してはそうでないことを示せ．

［解］　(a) 一般性を失うことなく，$\boldsymbol{e}_{\hat{x}}$ 方向へのブーストとできる．高速率パラメータ $\psi = \tanh^{-1} v$ に対して，変換は，

$$\Lambda^{\hat{t}}{}_{\hat{t}'} = \Lambda^{\hat{x}}{}_{\hat{x}'} = \cosh\psi, \qquad \Lambda^{\hat{t}}{}_{\hat{x}'} = \Lambda^{\hat{x}}{}_{\hat{t}'} = \sinh\psi$$

で与えられる．したがって，

$$R_{\hat{t}'\hat{x}'\hat{t}'\hat{x}'} = \Lambda^{\alpha}{}_{\hat{t}'}\Lambda^{\beta}{}_{\hat{x}'}\Lambda^{\gamma}{}_{\hat{t}'}\Lambda^{\delta}{}_{\hat{x}'}R_{\hat{\alpha}\hat{\beta}\hat{\gamma}\hat{\delta}}$$

---

†1 訳者注：空間の曲がる様子を，1次元高い平坦な空間の中で関数 $z(r)$ を用いて表現する方法が埋め込み図である．

†2 訳者注：正規直交基底系での成分のことを指す．

$$
\begin{aligned}
&= \cosh^4\psi\, R_{\hat{t}\hat{x}\hat{t}\hat{x}} + \cosh^2\psi\sinh^2\psi\, R_{\hat{t}\hat{x}\hat{x}\hat{t}} \\
&\quad + \sinh^2\psi\cosh^2\psi\, R_{\hat{x}\hat{t}\hat{t}\hat{x}} + \sinh^4\psi\, R_{\hat{x}\hat{t}\hat{x}\hat{t}} \\
&= (\cosh^4\psi - 2\sinh^2\psi\cosh^2\psi + \sinh^4\psi) R_{\hat{t}\hat{x}\hat{t}\hat{x}} \\
&= (\cosh^2\psi - \sinh^2\psi)^2 R_{\hat{t}\hat{x}\hat{t}\hat{x}} \\
&= R_{\hat{t}\hat{x}\hat{t}\hat{x}}
\end{aligned}
$$

となり，$R_{\hat{t}\hat{j}\hat{t}\hat{j}}$ は不変であることがわかる．

(b) シュヴァルツシルト計量でゼロでないリーマン曲率テンソルの成分は，

$$
R_{\hat{t}\hat{r}\hat{t}\hat{r}} = -R_{\hat{\theta}\hat{\phi}\hat{\theta}\hat{\phi}} = -\frac{2M}{r^3}
$$

$$
R_{\hat{t}\hat{\theta}\hat{t}\hat{\theta}} = R_{\hat{t}\hat{\phi}\hat{t}\hat{\phi}} = -R_{\hat{r}\hat{\theta}\hat{r}\hat{\theta}} = -R_{\hat{r}\hat{\phi}\hat{r}\hat{\phi}} = \frac{M}{r^3}
$$

である．これは時空の対称性と関係している．すべての物理的な成分が動径方向のブーストに対して不変であることを証明するには，20 個全部の成分を具体的に計算すればよい．しかし，これはいささか面倒である．別の方法としては，シュヴァルツシルト計量において，ベクトル

$$
\boldsymbol{\ell} \equiv \boldsymbol{e}_{\hat{t}} + \boldsymbol{e}_{\hat{r}}, \qquad \boldsymbol{n} \equiv \boldsymbol{e}_{\hat{t}} - \boldsymbol{e}_{\hat{r}}, \qquad \boldsymbol{m} \equiv \boldsymbol{e}_{\hat{\theta}} + i\boldsymbol{e}_{\hat{\phi}}
$$

を用いる方法がある．リーマン曲率テンソルはこれらのベクトルの積の和を用いて，次のように書くことができる．

$$
\begin{aligned}
\boldsymbol{R} = \frac{M}{2r^3}\big\{&-(\boldsymbol{n}\wedge\boldsymbol{\ell})(\boldsymbol{n}\wedge\boldsymbol{\ell}) + (\boldsymbol{m}\wedge\boldsymbol{m}^*)(\boldsymbol{m}\wedge\boldsymbol{m}^*) \\
&+ \mathrm{Re}[(\boldsymbol{n}\wedge\boldsymbol{m})(\boldsymbol{\ell}\wedge\boldsymbol{m}^*) + (\boldsymbol{\ell}\wedge\boldsymbol{m}^*)(\boldsymbol{n}\wedge\boldsymbol{m})]\big\}
\end{aligned}
$$

高速率パラメータ ψ の r 方向のブーストに対して，$\boldsymbol{m}$ 成分は明らかに不変である．また，$\boldsymbol{e}_{\hat{t}} = \cosh\psi\,\boldsymbol{e}_{\hat{t}'} - \sinh\psi\,\boldsymbol{e}_{\hat{r}'}$ と $\boldsymbol{e}_{\hat{r}} = -\sinh\psi\,\boldsymbol{e}_{\hat{t}'}\cosh\psi\,\boldsymbol{e}_{\hat{r}'}$ より，

$$
\boldsymbol{\ell} = \boldsymbol{e}_{\hat{t}} + \boldsymbol{e}_{\hat{r}} = e^{-\psi}(\boldsymbol{e}_{\hat{t}'} + \boldsymbol{e}_{\hat{r}'}), \qquad \boldsymbol{n} = \boldsymbol{e}_{\hat{t}} - \boldsymbol{e}_{\hat{r}} = e^{\psi}(\boldsymbol{e}_{\hat{t}'} + \boldsymbol{e}_{\hat{r}'})
$$

となるので，

$$
\ell_{\hat{\mu}'} n_{\hat{\nu}'} = \ell_{\hat{\mu}} n_{\hat{\nu}}
$$

である．したがって，$\boldsymbol{R}$ の形から，すべての成分が不変であることは明らかである．

一方，ほかの方向へのブーストに対しては同じ結論にはならない．実際，高速率パラメータ ψ の ϕ 方向のブーストでは，

$$
R_{\hat{r}'\hat{t}'\hat{r}'\hat{\phi}'} = \Lambda^{\alpha}{}_{\hat{t}'}\Lambda^{\beta}{}_{\hat{\phi}'} R_{\hat{r}\alpha\hat{r}\beta} = \sinh\psi\cosh\psi\,(R_{\hat{r}\hat{t}\hat{r}\hat{t}} + R_{\hat{r}\hat{\phi}\hat{r}\hat{\phi}})
$$

$$= -\frac{M}{r^3}\sinh\psi\cosh\psi \neq R_{\hat{r}\hat{t}\hat{r}\hat{\phi}}$$

となり，不変でないことが示せる．

問題 15.15　クルスカル座標と埋め込み

クルスカル座標 (Kruskal coordinate) u, v で表したシュヴァルツシルト時空において，$v =$（定数）($|v| > 1$) の空間的超曲面は 3 次元ユークリッド空間に埋め込みができないことを示せ．空間的超曲面の傾き dv/du がどのようなときに，3 次元ユークリッド空間への埋め込みが可能なのか，一般的条件を求めよ．

[解]　クルスカル座標では，シュヴァルツシルト計量は

$$ds^2 = \frac{32M^3}{r}e^{-r/2M}(-dv^2 + du^2) + r^2 d\Omega^2 \tag{1a}$$

で与えられる．ここで，

$$\left(\frac{r}{2M} - 1\right)e^{r/2M} = u^2 - v^2 \tag{1b}$$

である．式 (1a) において，$v =$（定数），$\theta = \pi/2$ とし，関数 $z(r)$ を導入して，線素をユークリッド空間のものに等しいとすると，

$$\frac{32M^3}{r}e^{-r/2M}du^2 + r^2 d\phi^2 = \left[1 + \left(\frac{dz}{dr}\right)^2\right]dr^2 + r^2 d\phi^2 \tag{2}$$

すなわち，

$$1 + \left(\frac{dz}{dr}\right)^2 = \frac{32M^3}{r}e^{-r/2M}\left(\frac{du}{dr}\right)^2$$

が得られる．さらに，式 (1b) から du/dr が計算できるので，

$$1 + \left(\frac{dz}{dr}\right)^2 = \frac{r}{2M}\frac{e^{r/2M}}{(r/2M - 1)e^{r/2M} + v^2} \tag{3}$$

となる．埋め込みでは，z は実関数でなければならないので，

$$\frac{r}{2M}\cdot\frac{e^{r/2M}}{(r/2M - 1)e^{r/2M} + v^2} \geq 1 \tag{4}$$

の条件がつき，これから，

$$\frac{r}{2M} \geq \log v^2 \tag{5}$$

となる．こうして，$|v| > 1$ に対して r の最小値が存在し，その内側では埋め込みが破綻してしまう．

埋め込みの必要条件は，幾何学的には

$$\frac{d\,(\text{円周})}{d\,(\text{固有半径})} \leq 2\pi$$

と表せる．ここでは，ユークリッド的な埋め込みが可能になる条件を，dv/du に対して考える．いま，$v(u)$ で表される超曲面に対して，

$$\begin{aligned} ds^2 &= \frac{32M^3}{r}e^{-r/2M}\left[1-\left(\frac{dv}{du}\right)^2\right]du^2 + r^2 d\phi^2 \\ &= \frac{32M^3}{r}e^{-r/2M}\left[1-\left(\frac{dv}{du}\right)^2\right]\left(\frac{\dfrac{r}{8M^2}e^{r/2M}}{u - v\dfrac{dv}{du}}\right)^2 dr^2 + r^2 d\phi^2 \end{aligned} \tag{6}$$

となる．これより，任意の r に対して，

$$\frac{r}{2M}e^{r/2M}\left[1-\left(\frac{dv}{du}\right)^2\right] \geq \left(u - v\frac{dv}{du}\right)^2 \tag{7}$$

が条件となる．

問題 15.16　ルメートル座標

次の計量

$$ds^2 = -dt^2 + \frac{4}{9}\left[\frac{9M}{2(r-t)}\right]^{2/3} dr^2 + \left[\frac{9M(r-t)^2}{2}\right]^{2/3} d\Omega^2$$

は，（係数に t 依存性があるので，動的に見えるが）実際には静的であることを示せ．また，この計量がシュヴァルツシルト時空を表していることを示せ．

[解]　この計量に使われている座標の文字 t, r に先入観をもつといけないので，$t \to w$, $r \to z$ と書くことにする．そうすると計量は

$$ds^2 = -dw^2 + \frac{4}{9}\left[\frac{9M}{2(z-w)}\right]^{2/3} dz^2 + \left[\frac{9M(z-w)^2}{2}\right]^{2/3} d\Omega^2 \tag{1}$$

と書ける．いま，新しい座標 r を

$$r = \left[\frac{9M(z-w)^2}{2}\right]^{1/3} \tag{2}$$

で定義する（式 (1) は明らかに球対称で，したがって，$d\Omega^2$ の係数が幾何学的に円周半径となるから，この座標の文字は自然な選択といえる）．この r を用いると，

$$-\sqrt{\frac{2r^3}{9M}} + z = w \tag{3a}$$

$$dw = dz - \sqrt{\frac{r}{2M}}dr \tag{3b}$$

の関係が得られる．式 (2), (3) を用いて式 (1) を書き換えると，

$$ds^2 = -\Big(1-\frac{2M}{r}\Big)dz^2 + 2\sqrt{\frac{r}{2M}}\,dz\,dr - \frac{r}{2M}dr^2 + r^2 d\Omega^2 \tag{4}$$

となる．次に，dz^2, $dz\,dr$, dr^2 の項を対角化する．座標 t と関数 $F(r)$ を

$$z = t + F(r) \tag{5}$$

で定義し，式 (4) に代入すると，

$$\begin{aligned} ds^2 = &-\Big(1-\frac{2M}{r}\Big)(dt^2 + 2F'\,dt\,dr + F'^2 dr^2) \\ &+ 2\sqrt{\frac{r}{2M}}dr(dt + F'dr) - \frac{r}{2M}dr^2 + r^2 d\Omega^2 \end{aligned} \tag{6}$$

となる．計量が対角になるように，関数 F を次のように選ぶ．

$$\Big(1-\frac{2M}{r}\Big)F' = \sqrt{\frac{r}{2M}} \tag{7}$$

こうして決定した F' を用いると，式 (6) は

$$\begin{aligned} ds^2 = &-\Big(1-\frac{2M}{r}\Big)dt^2 - \Big(1-\frac{2M}{r}\Big)^{-1}\frac{r}{2M}dr^2 \\ &+ 2\frac{r}{2M}\Big(1-\frac{2M}{r}\Big)^{-1}dr^2 - \frac{r}{2M}dr^2 + r^2 d\Omega^2 \end{aligned}$$

となり，最終的に，

$$ds^2 = -\Big(1-\frac{2M}{r}\Big)dt^2 + \Big(1-\frac{2M}{r}\Big)^{-1}dr^2 + r^2 d\Omega^2 \tag{8}$$

と変形される．これは円周半径座標を用いたシュヴァルツシルト計量であり，もちろん静的である．元々の式 (1) での座標を**ルメートル座標** (Lemaitre coordinates) という．その時間座標 w は，$z =$（定数）の線に沿って自由落下する観測者が測る固有時間になっている．

問題 15.17　ルメートル座標に固定された観測者

問題 15.16 において，ルメートル座標に固定された任意の観測者は全エネルギーがゼロで自由落下している（つまり，彼らは無限遠から初速度ゼロで落下してきた）ことを示せ．

[解]　問題 15.16 で座標に固定された観測者は $z =$ (定数) を満たす．このとき，問題 15.16 の式 (5) を微分して式 (7) を用いると，

$$dt = -F'dr = -\sqrt{\frac{r}{2M}}\left(1 - \frac{2M}{r}\right)^{-1} dr \tag{1}$$

となる．これより，

$$\left(\frac{dr}{dt}\right)^2 = \frac{2M}{r}\left(1 - \frac{2M}{r}\right)^2 \tag{2}$$

が得られる．式 (2) を問題 15.4 の式 (1), (2) と比較すると，$\tilde{E} = 1$（無限遠から初速度ゼロ）で，動径方向に落下する粒子（観測者）を表していることがわかる．

問題 15.18　超音速降着流

状態方程式が $p = Kn^\gamma$（γ は定数で，$4/3 \leq \gamma \leq 5/3$）の断熱的な理想気体が，質量 M のシュヴァルツシルト・ブラックホールに向かって球対称に降着している．無限遠での気体の音速は a_∞ である．内向きの降着流が音速を超える半径を求めよ（a_∞/c の最低次で答えを導け）．

[解]　相対論的ベルヌーイの定理（問題 14.7）

$$u_0 = \frac{n}{\rho + p}\left(\frac{n_\infty}{\rho_\infty + p_\infty}\right)^{-1} \tag{1}$$

を，流体の固有動径速度 $v = (1 - 2M/r)dr/dt$ を用いて書き換える．u_0 と dr/dt の関係

$$g_{00}(u^0)^2 + g_{rr}(u^r)^2 = -1$$

を用いると，

$$v^2 = 1 - \frac{(1 - 2M/r)[(\rho + p)/n]^2}{[(\rho_\infty + p_\infty)/n_\infty]^2} \tag{2}$$

となる．静止質量の保存則 $(u^\alpha n\sqrt{|g|})_{,\alpha} = 0$ より（ここでも u^r を v で置き換えると），

$$\frac{v\sqrt{1 - 2M/r}\, nr^2}{\sqrt{1 - v^2}} = (\text{定数}) \equiv \frac{\dot{M}}{4\pi} \tag{3}$$

が得られる．注意しておくと，この解 n は数密度ではなく静止質量密度である．つまり，ここでの n は $n_{\text{rest mass density}} \equiv m_{\text{p}} n_{\text{number density}}$ である．

次に，$p = Kn^\gamma$ を用いて（問題 5.25 の解と比較せよ），n を音速 a を用いて書き表す．音速 a は

$$a^2 = \frac{dp}{d\rho} = \frac{\gamma K n^{\gamma-1}}{1 + \gamma K n^{\gamma-1}/(\gamma - 1)}$$

となるので，

$$\gamma K n^{\gamma-1} = \frac{a^2}{1 - a^2/(\gamma - 1)} = \frac{a^2(\rho + p)}{n} \tag{4}$$

となり，したがって，

$$n = \left\{ \frac{a^2}{\gamma K \left[1 - a^2/(\gamma - 1) \right]} \right\}^{1/(\gamma-1)} \tag{5}$$

である．定数 $\dot{M}$ と $v(r)$ に対して矛盾がない解を求めるために，式 (2), (3), (5) は $\dot{M}$ を r と v の関数として表す式と考える．降着流が超音速になる半径は，$v = a$, $d\dot{M} = 0$ とおけば求められる．まず，式 (3), (4)（$v = a$ を代入）を用いて，r を a で表すと，

$$r_{\mathrm{s}} = \frac{2M}{1 - \left[1 - a^2/(\gamma - 1) \right]^2 (1 - a^2) r_\infty} \tag{6}$$

となる．ここで，

$$r_\infty \equiv \frac{\rho_\infty + p_\infty}{\rho_\infty}$$

である．式 (5), (6) を式 (3) に代入すると，

$$\frac{\dot{M}}{4\pi} = \frac{4M^2 a [1 - a^2/(\gamma - 1)] \left\{ \dfrac{a^2}{\gamma K \left[1 - a^2/(\gamma - 1) \right]} \right\}^{1/(\gamma-1)}}{\{1 - (1 - a^2) \left[1 - a^2/(\gamma - 1) \right]^2 r_\infty\}^2} \tag{7}$$

が求められる．式 (4) を

$$r_\infty \approx 1 + \frac{a_\infty^2}{\gamma - 1}$$

のように展開して，a の最低次で計算する．$d \log \dot{M}/da = 0$ より，

$$a^2 = \frac{2a_\infty^2}{5 - 3\gamma} \qquad \left(\gamma \neq \frac{5}{3} \right) \tag{8a}$$

$$a^2 = \frac{2a_\infty}{\sqrt{3}} \qquad \left(\gamma = \frac{5}{3} \right) \tag{8b}$$

となる．式 (6) と式 (8) を用いると，降着流が超音速になる半径は，最終的に

$$r_{\mathrm{s}} = \left(\frac{5 - 3\gamma}{8} \right) \frac{2M}{a_\infty^2} \qquad \left(\gamma \neq \frac{5}{3} \right) \tag{9a}$$

$$r_{\mathrm{s}} = \frac{\sqrt{3} M}{4 a_\infty} \qquad \left(\gamma = \frac{5}{3} \right) \tag{9b}$$

と求められる．

問題 15.19 自由スカラー場の解

質量をもたない自由なスカラー場 Φ は，場の方程式 $\Box\Phi = 0$ を満たす．シュヴァルツシルト時空では，Φ は次のように球面調和関数 $Y_{\ell m}$ の成分に分解できることを示せ．

$$\Phi = \frac{1}{r}\psi(r,t)Y_{\ell m}(\theta,\phi)$$

ここで，ψ は

$$\psi_{,00} - \left(1 - \frac{2M}{r}\right)\left[\left(1 - \frac{2M}{r}\right)\psi_{,r}\right]_{,r} + V_\ell(r)\psi = 0$$

$$V_\ell(r) \equiv \left(1 - \frac{2M}{r}\right)\left[\frac{2M}{r^3} + \frac{\ell(\ell+1)}{r^2}\right]$$

を満たす†.

15

[解] 対角的な計量を用いて $\Box\Phi$ を表すと，

$$\begin{aligned}\Box\Phi = \nabla\cdot(\nabla\Phi) &= \frac{1}{\sqrt{-g}}\left(\sqrt{-g}g^{\alpha\beta}\Phi_{,\beta}\right)_{,\alpha} \\ &= \frac{1}{\sqrt{-g}}\Big[\left(\sqrt{-g}g^{00}\Phi_{,0}\right)_{,0} + \left(\sqrt{-g}g^{rr}\Phi_{,r}\right)_{,r} \\ &\qquad + \left(\sqrt{-g}g^{\theta\theta}\Phi_{,\theta}\right)_{,\theta} + \left(\sqrt{-g}g^{\phi\phi}\Phi_{,\phi}\right)_{,\phi}\Big]\end{aligned} \tag{1}$$

となる．円周半径座標のシュヴァルツシルト計量は

$$g^{00} = -\left(1 - \frac{2M}{r}\right)^{-1}, \qquad g^{rr} = 1 - \frac{2M}{r} \tag{2}$$

で，$g^{\theta\theta}$ と $g^{\phi\phi}$ は平坦な空間と同じである．式 (1) の第 3 項と第 4 項は（角運動量演算子 L^2 をもつ）平坦空間と同じ形になっているので，

$$\Box\Phi = -\left(1 - \frac{2M}{r}\right)^{-1}\Phi_{,00} + \frac{1}{r^2}\left[r^2\left(1 - \frac{2M}{r}\right)\Phi_{,r}\right]_{,r} + \frac{L^2}{r^2}\Phi \tag{3}$$

と書くことができる．したがって，場の方程式 $\Box\Phi = 0$ は，

$$0 = \Phi_{,00} - \frac{1}{r^2}\left(1 - \frac{2M}{r}\right)\left[r^2\left(1 - \frac{2M}{r}\right)\Phi_{,r}\right]_{,r} - \left(1 - \frac{2M}{r}\right)\frac{L^2}{r^2}\Phi \tag{4}$$

となる．Φ が

† 訳者注：自由スカラー場の方程式は線形なので，Φ の重ね合わせ $\displaystyle\sum_{\ell,m}(1/r)\psi_{\ell m}Y_{\ell m}$ も解である．

$$\Phi = \frac{1}{r}\psi(r,t)Y_{\ell m}(\theta,\phi) \tag{5}$$

であるとして，式 (4) に代入すると，

$$\psi_{,00} - \left(1 - \frac{2M}{r}\right)\left[\left(1 - \frac{2M}{r}\right)\psi_{,r}\right]_{,r} + V_\ell(r)\psi = 0 \tag{6a}$$

が得られる．ここで，ポテンシャル項 $V_\ell(r)$ は

$$V_\ell(r) = \left(1 - \frac{2M}{r}\right)\left[\frac{2M}{r^3} + \frac{\ell(\ell+1)}{r^2}\right] \tag{6b}$$

である．

問題 15.20　ブランス－ディッケ重力理論とシュヴァルツシルト解

シュヴァルツシルト計量はブランス－ディッケ重力理論 (Brans–Dicke theory of gravity) の解になっていることを示せ（ブランス－ディッケ方程式については，たとえば MTW の p. 1070 を参照．問題 21.7 も見よ）．

［解］　問題 21.7 の解よりブランス－ディッケ方程式は

$$G^{\mu\nu} + F^{\mu\nu}(\Phi_{;\alpha}, \Phi_{;\alpha\beta}) = T^{\mu\nu} \tag{1a}$$

$$\Box\Phi = T^{\mu}{}_{\mu} \tag{1b}$$

の形に書き表される．ここで，$F^{\mu\nu}$ の各項はスカラー場 Φ の微分に比例した項である．真空における式 (1b) の解は，

$$\Phi = （定数） \tag{2}$$

である．これを式 (1a) に代入すると，

$$G^{\mu\nu} = 0$$

となる．これは真空のアインシュタイン方程式である．したがって，シュヴァルツシルト計量は真空のブランス－ディッケ方程式の解になっていることがわかる．（ブランス－ディッケ理論における最も一般的な静的球対称の真空解は，質量とスカラー荷に対応する 2 つの任意パラメータをもつ．球対称なブラックホール解はスカラー荷がゼロでシュヴァルツシルト解として表される．）

第 16 章

球対称時空と相対論的星の構造

Spherical Symmetry and Relativistic Stellar Structure

完全流体で構成された回転しない星が作り出す重力場は球対称になる．星が動的（動径方向に振動，または崩壊）であっても，その外部はシュヴァルツシルト計量で表される．星が静的な場合には，内部の計量は，

$$ds^2 = -e^{2\Phi}dt^2 + \left(1 - \frac{2m}{r}\right)^{-1} dr^2 + r^2 d\Omega^2$$

と書ける．ここで，$m(r) = \int_0^r 4\pi r^2 \rho dr$, $d\Omega^2 = d\theta^2 + \sin^2\theta\, d\phi^2$ である．星内部の圧力勾配は静水圧平衡の**オッペンハイマー－ヴォルコフ方程式**（Oppenheimer–Volkoff equation，OV 方程式）

$$\frac{dp}{dr} = -\frac{(\rho + p)(m + 4\pi r^3 p)}{r(r - 2m)}$$

で与えられる．ここで，ρ と p はそれぞれ流体の質量エネルギー密度と圧力で，n を粒子数密度，T を温度として状態方程式

$$p = p(n, T), \qquad \rho = \rho(n, T)$$

を満たす．星の内部でバリオンあたりのエントロピー s が一定の場合，p は ρ のみに依存し，$p = p(\rho)$ となる．計量関数 Φ はアインシュタイン方程式

$$\frac{d\Phi}{dr} = \frac{m + 4\pi r^3 p}{r(r - 2m)} \qquad (r < R)$$

$$e^{2\Phi} = 1 - \frac{2M}{R} \qquad (r = R)$$

によって決定される．ここで，R は星の半径 $p(R) = 0$，$M = m(R)$ は星の全質量（外部のシュヴァルツシルト計量の質量）である．

平衡な星の解は動的不安定になることもあり，重力崩壊したり，爆発を引き起こしたりする．このような動的な状況では，アインシュタイン方程式および（または）$T^{\mu\nu}{}_{;\nu} = 0$ を解くことになる．

定常に回転している星は球対称ではないが，軸対称性をもっている．軸対称な星の

構造方程式は非常に複雑である．しかしながら，いくつかの一般的な性質は (i) 対称性から，あるいは (ii) **剛体回転** (rigid rotation) している場合については求めることができる．

問題 16.1　定常観測者の固有基準座標系

球対称時空で正規直交四脚場に対する基底ベクトル（および 1-形式の双対基底）を求めよ．四脚場の脚は，次の計量をもつ等方座標系の座標 t, r, θ, ϕ とする．

$$ds^2 = -e^{2\Phi}dt^2 + e^{2\Lambda}(dr^2 + r^2 d\Omega^2)$$

［解］　観測者の時間軸はその 4 元速度方向を向いているので，観測者が座標系 (t, r, θ, ϕ) で定常な場合，時間軸は $\partial/\partial t$ に沿って（適切に規格化もされて）いなければならない．したがって，$\boldsymbol{e}_{\hat{0}} = f\partial/\partial t$ とし，f を規格化条件

$$-1 = \boldsymbol{e}_{\hat{0}} \cdot \boldsymbol{e}_{\hat{0}} = f^2 \frac{\partial}{\partial t} \cdot \frac{\partial}{\partial t} = f^2 g_{00} = -f^2 e^{2\Phi}$$

より決定する．これより，$f = e^{-\Phi}$ となり，

$$\boldsymbol{e}_{\hat{0}} = e^{-\Phi}\frac{\partial}{\partial t} \tag{1}$$

が求められる．3 つの方向 $\partial/\partial r$, $\partial/\partial\theta$, $\partial/\partial\phi$ はすべて $\partial/\partial t$ に直交しており，その向きに沿って基底ベクトルを選び，正規化する．その結果，

$$\boldsymbol{e}_{\hat{r}} = e^{-\Lambda}\frac{\partial}{\partial r}, \qquad \boldsymbol{e}_{\hat{\theta}} = \frac{e^{-\Lambda}}{r}\frac{\partial}{\partial\theta}, \qquad \boldsymbol{e}_{\hat{\phi}} = \frac{e^{-\Lambda}}{r\sin\theta}\frac{\partial}{\partial\phi} \tag{2}$$

が得られる．式 (1), (2) の基底ベクトルは，定常な観測者の**固有基準座標系** (proper reference frame) を構成する．双対 1-形式 $\tilde{\boldsymbol{\omega}}^{\hat{\alpha}}$ は，

$$\langle\tilde{\boldsymbol{\omega}}^{\hat{\alpha}}, \boldsymbol{e}_{\hat{\beta}}\rangle = \delta^{\alpha}{}_{\beta} \tag{3}$$

より求めることができて，

$$\tilde{\boldsymbol{\omega}}^{\hat{0}} = e^{\Phi}\,\widetilde{dt}, \qquad \tilde{\boldsymbol{\omega}}^{\hat{r}} = e^{\Lambda}\,\widetilde{dr}, \qquad \tilde{\boldsymbol{\omega}}^{\hat{\theta}} = e^{\Lambda} r\,\widetilde{d\theta}, \qquad \tilde{\boldsymbol{\omega}}^{\hat{\phi}} = e^{\Lambda} r\sin\theta\,\widetilde{d\phi} \tag{4}$$

となる．

問題 16.2　球対称星内部の浮力と重力

球対称な相対論的星の内部で静止している観測者を考える．この観測者が通常の実験室での手法を用いて，微小体積 V にかかる浮力 (buoyant force) の動径成

分 F_{buoy} を測定する．F_{buoy} を ρ, p, m, V, dp/dr を用いて表せ．この浮力が重力 F_{grav} と向きが反対で大きさが等しいとして，F_{grav} を ρ, p, m, V, r で表せ．これらの結果とニュートン重力の場合との違いを考えよ．

[解]　観測者は局所正規直交基底系

$$\boldsymbol{e}_{\hat{t}} = e^{-\Phi}\boldsymbol{e}_t, \qquad \boldsymbol{e}_{\hat{r}} = e^{-\lambda}\boldsymbol{e}_r, \qquad \boldsymbol{e}_{\hat{\theta}} = \frac{1}{r}\boldsymbol{e}_\theta, \qquad \boldsymbol{e}_{\hat{\phi}} = \frac{1}{r\sin\theta}\boldsymbol{e}_\phi$$
$$\tilde{\boldsymbol{\omega}}^{\hat{t}} = e^{\Phi}\,\widetilde{dt}, \qquad \tilde{\boldsymbol{\omega}}^{\hat{r}} = e^{\lambda}\,\widetilde{dr}, \qquad \tilde{\boldsymbol{\omega}}^{\hat{\theta}} = r\,\widetilde{d\theta}, \qquad \tilde{\boldsymbol{\omega}}^{\hat{\phi}} = r\sin\theta\,\widetilde{d\phi}$$

で測定を行う．ここで，球対称時空の計量は，$e^{2\lambda} \equiv (1-2m/r)^{-1}$ 以外はこの章のまえがきで与えてある．観測者が測定する流体の体積要素は，

$$V = \tilde{\boldsymbol{\omega}}^{\hat{r}} \wedge \tilde{\boldsymbol{\omega}}^{\hat{\theta}} \wedge \tilde{\boldsymbol{\omega}}^{\hat{\phi}} = e^{\lambda}r^2\sin\theta\;\widetilde{dr}\wedge\widetilde{d\theta}\wedge\widetilde{d\phi} = e^{\lambda}r^2\sin\theta\,dr\,d\theta\,d\phi$$

である．流体要素の鉛直な面で反対側にあるものどうしでは圧力が等しくなるが，圧力勾配のために上側と下側の面の圧力は，

$$|p_{\text{top}} - p_{\text{bottom}}| = |p_{,\hat{r}}\,\tilde{\boldsymbol{\omega}}^{\hat{r}}| = |p_{,r}\,e^{-\lambda}\tilde{\boldsymbol{\omega}}^{\hat{r}}|$$

の分だけ異なっている．こうして，

$$|\boldsymbol{F}_{\text{buoy}}| = |(p_{\text{top}} - p_{\text{bottom}}) \times (\text{面積})| = |p_{,r}e^{-\lambda}\omega^{\hat{r}}\omega^{\hat{\theta}}\omega^{\hat{\phi}}| = |p_{,r}e^{-\lambda}V|$$

が得られる．浮力は動径方向を向いているので，

$$\boldsymbol{F}_{\text{buoy}} = e^{-\lambda}p_{,r}V\boldsymbol{e}_{\hat{r}} = \sqrt{1-\frac{2m}{r}}\,p_{,r}V\boldsymbol{e}_{\hat{r}}$$

と書ける．$p_{,r}$ に対する OV 方程式を用いると，

$$\boldsymbol{F}_{\text{grav}} = -\boldsymbol{F}_{\text{buoy}} = -\frac{(\rho+p)(m+4\pi r^3 p)V}{r^2\sqrt{1-2m/r}}\boldsymbol{e}_{\hat{r}}$$

が得られる．ニュートン重力の場合は，

$$p_{,r}V\boldsymbol{e}_{\hat{r}} = -\frac{\rho m V}{r^2}\boldsymbol{e}_{\hat{r}}$$

である．

問題 16.3　バーコフの定理

球対称真空の重力場は常に静的で，シュヴァルツシルト解で表される．これを**バーコフの定理** (Birkoff's theorem) という．バーコフの定理を証明せよ．

16

[解]　一般的に球対称計量は t, r のみに依存し,

$$ds^2 = -A(t,r)dt^2 + B(t,r)dr^2 + 2C(t,r)\,dt\,dr + D(t,r)(d\theta^2 + \sin^2\theta\, d\phi^2)$$

のように書ける．新たな動径変数 $r' = \sqrt{D(t,r)}$ を選んで，円周半径座標を導入する．プライム記号 $(')$ を落として表記すると，計量は

$$ds^2 = -E(t,r)dt^2 + F(t,r)\,dr^2 + 2G(t,r)\,dt\,dr + r^2(d\theta^2 + \sin^2\theta\, d\phi^2)$$

となる．次に，新しい時間変数を

$$dt' = H(t,r)\big[E(t,r)dt - G(t,r)dr\big]$$

して，G を消去する．ここで，H は右辺を完全微分型にするための積分因子である．こうして，計量は標準的な表式（プライム記号 $(')$ は省略する）

$$ds^2 = -e^{2\Phi(t,r)}dt^2 + e^{2\lambda(t,r)}dr^2 + r^2(d\theta^2 + \sin^2\theta\, d\phi^2)$$

となる．問題 9.20 より，アインシュタインテンソルで非自明な成分は

$$G_{\hat{t}\hat{t}} = \frac{2}{r}e^{-2\lambda}\lambda_{,r} + \frac{1}{r^2}(1 - e^{-2\lambda}) \tag{1}$$

$$G_{\hat{t}\hat{r}} = \frac{2}{r}e^{-(\Phi+\lambda)}\lambda_{,t} \tag{2}$$

$$G_{\hat{r}\hat{r}} = \frac{1}{r^2}(e^{-2\lambda} - 1) + \frac{2}{r}e^{-2\lambda}\Phi_{,r} \tag{3}$$

$$\begin{aligned} G_{\hat{\theta}\hat{\theta}} = G_{\hat{\phi}\hat{\phi}} &= e^{-2\lambda}\left(\Phi_{,rr} + \Phi_{,r}^2 - \Phi_{,r}\lambda_{,r} + \frac{\Phi_{,r}}{r} - \frac{\lambda_{,r}}{r}\right) \\ &\quad - e^{-2\Phi}\big(\lambda_{,tt} + \lambda_{,t}^2 - \Phi_{,t}\lambda_{,t}\big) \end{aligned} \tag{4}$$

となる．真空の場の方程式 $G_{\hat{\alpha}\hat{\beta}} = 0$ を用いると，式 (2) より λ が t に依存しないことがわかり，式 (1) より,

$$\frac{2d\lambda}{1 - e^{2\lambda}} = \frac{dr}{r}$$

となる．これから

$$e^{2\lambda} = \left(1 - \frac{2M}{r}\right)^{-1} \tag{5}$$

が得られる．積分定数は便宜上 $2M$ とした．式 (3), (4) は等価な方程式になり，Φ を決定する（恒等式 $G^{\hat{\beta}}{}_{\hat{\alpha};\hat{\beta}} = 0$ より，これらは等価になる）．Φ を求める最も早い方法は，式 (1) と式 (3) を加えることである．これより $\Phi_{,r} = -\lambda_{,r}$ となり，$r^{2\Phi} = f(t)e^{-2\lambda}$ が求められる．新たな時間座標 $dt' = \sqrt{f(t)}dt$ を定義して f を消去すると，最終的な

計量の形は,

$$ds^2 = -\left(1 - \frac{2M}{r}\right)dt^2 + \left(1 - \frac{2M}{r}\right)^{-1} dr^2 + r^2(d\theta^2 + \sin^2\theta\, d\phi^2)$$

となる. これは静的なシュヴァルツシルト計量である.

ここで, r 座標は球対称性を用いて $4\pi r^2 =$ (表面積) となるように定められている. 仮に r が単調な関数でないとすると, これは座標としては採用できない. しかしながら, いまの場合を詳細に調べると (MTW, p. 845), ほかの解はないことがわかる.

問題 16.4 球面内部の重力

自己重力がある中空の球面内部では, テスト粒子に重力がはたらかない (すべて打ち消し合う) ことを示せ.

[解] バーコフの定理 (問題 16.3 を見よ) より, 真空で球対称な計量はシュヴァルツシルト解になる. したがって, 中空の球面の内部はシュヴァルツシルト解で表される. ただし, 中心 $r = 0$ は特異点ではないために, 質量 M (これは実際にはアインシュタイン方程式の解の積分定数) は, 計量の M/r の項が発散しないように, ゼロでなければならない. こうして, 球面の内部は平坦な計量で表され, 結果として, テスト粒子は重力を感じることはない.

問題 16.5 ブランス－ディッケ重力理論

ブランス－ディッケ重力理論† (MTW, p. 1070, または Weinberg, p. 160 を見よ) において, 静的球対称真空解で中心が正則なものは, 平坦な時空計量 $\boldsymbol{\eta}$ でスカラー場 Φ が一定の解のみであることを示せ.

[解] ブランス－ディッケ理論でスカラー場 Φ と計量 $g_{\mu\nu}$ に対する真空の方程式は,

$$R_{\alpha\beta} - \frac{1}{2}g_{\alpha\beta}R = \frac{\omega}{\Phi^2}\left(\Phi_{,\alpha}\Phi_{,\beta} - \frac{1}{2}g_{\alpha\beta}\Phi_{,\gamma}\Phi^{,\gamma}\right) + \frac{1}{\Phi}(\Phi_{,\alpha;\beta} - g_{\alpha\beta}\Box\Phi) \tag{1}$$

$$\Box\Phi = 0 \tag{2}$$

である. 標準的な静的球対称計量 $ds^2 = -e^{2U}dt^2 + e^{2\lambda}dr^2 + r^2 d\Omega^2$ を用いると, $\Box\Phi = 0$ は

$$(e^{U-\lambda}r^2\Phi_{,r})_{,r} = 0 \tag{3}$$

となる. この式の一般解は,

† 訳者注: ブランス－ディッケ重力理論については, 問題 13.3, 21.7 に関連問題がある.

$$\Phi = a\int_r^\infty \frac{e^{\lambda-U}}{r^2}dr + b \tag{4}$$

である．$r=0$ 付近では計量関数 e^{2U} と $e^{2\lambda}$ は 1 に漸近する（計量は $r=0$ でローレンツ的である）．したがって，式 (4) の積分は $r=0$ 付近で発散し，

$$\Phi \approx \frac{a}{r} + b \tag{5}$$

のように振る舞う．ここで，a がゼロでなければ，式 (1) の右辺は a^2/r^2 のオーダーになる（これは座標系によるのではなく，右辺のトレースが a^2/r^2 のオーダーであり，そのために式 (1) より，スカラー曲率も a^2/r^2 で発散する）．そのために，解が原点で正則になるためには，a はゼロでなくてはならず，つまり Φ は一定になる．また，Φ が一定のとき，式 (1) は一般相対性理論における真空で静的球対称な式になる．したがって，バーコフの定理より，これらの方程式の解で $r=0$ で振る舞いのよい唯一のものは $g_{\mu\nu}=\eta_{\mu\nu}$ となる．

問題 16.6　$T^{\mu\nu}$ の独立成分

球対称な形状を考えるとき，$T^{\mu\nu}$ の中で代数的に独立な成分は何個あるか．

［解］　正規直交四脚場 $\{\boldsymbol{e}_{\hat{t}}, \boldsymbol{e}_{\hat{r}}, \boldsymbol{e}_{\hat{\theta}}, \boldsymbol{e}_{\hat{\phi}}\}$ を用いて，任意の点でその成分を調べる．球対称性より，成分は回転

$$\boldsymbol{e}_{\hat{\theta}} \to \cos\alpha\,\boldsymbol{e}_{\hat{\theta}} + \sin\alpha\,\boldsymbol{e}_{\hat{\phi}}, \qquad \boldsymbol{e}_{\hat{\phi}} \to -\sin\alpha\,\boldsymbol{e}_{\hat{\theta}} + \cos\alpha\,\boldsymbol{e}_{\hat{\phi}}$$

のもとで不変でなければならない．成分 $T_{\hat{t}\hat{t}}, T_{\hat{t}\hat{r}}, T_{\hat{r}\hat{r}}$ は回転に対して不変である．$(T_{\hat{t}\hat{\theta}}, T_{\hat{t}\hat{\phi}})$ の組は回転のもとで 2 次元ベクトルのように振る舞うので，不変ではない．こうして $T_{\hat{t}\hat{\theta}} = T_{\hat{t}\hat{\phi}} = 0$ となり，同様に $T_{\hat{r}\hat{\theta}} = T_{\hat{r}\hat{\phi}} = 0$ である．回転に対して唯一不変な 2 次元行列は単位行列の定数倍なので，

$$\begin{bmatrix} T_{\hat{\theta}\hat{\theta}} & T_{\hat{\theta}\hat{\phi}} \\ T_{\hat{\phi}\hat{\theta}} & T_{\hat{\phi}\hat{\phi}} \end{bmatrix} = T_{\hat{\theta}\hat{\theta}} \begin{bmatrix} 1 & 0 \\ 0 & 1 \end{bmatrix}$$

が不変になる．こうして，4 つの独立な成分 $T_{\hat{t}\hat{t}}, T_{\hat{t}\hat{r}}, T_{\hat{r}\hat{r}}, T_{\hat{\theta}\hat{\theta}} = T_{\hat{\phi}\hat{\phi}}$ が存在することがわかる．

問題 16.7　完全流体の静的球対称星

完全流体で構成された静的球対称な星を表すエネルギー運動量テンソル† を考える．方程式 $T^{\alpha\beta}{}_{;\beta} = 0$ の 4 つの成分を調べよ．

[解]　静的球対称な星に対して標準的な計量の形は

$$ds^2 = -e^{2\Phi}dt^2 + e^{2\lambda}dr^2 + r^2 d\Omega^2 \tag{1}$$

である．式 $T^{\alpha\beta}{}_{;\beta} = 0$ を最も簡単に調べるには，それが熱力学第 1 法則（問題 5.19 を見よ）

$$\frac{d\rho}{d\tau} = \frac{\rho + p}{n}\frac{dn}{d\tau} \tag{2}$$

およびオイラー方程式（問題 14.3 を見よ）

$$(\rho + p)u_{\alpha;\beta}u^\beta = -p_{,\alpha} - p_{,\beta}u^\beta u_\alpha \tag{3}$$

と等価であることを思い出せばよい．静的な星では式 (2) の両辺は恒等的にゼロになる．$\boldsymbol{u}$ で唯一ゼロでない成分は u^t で，$\boldsymbol{u}\cdot\boldsymbol{u} = -1$ より $u^t = e^{-\Phi}$ となる．また，$p_{,r}$ だけがゼロでないので，式 (3) で非ゼロの成分は

$$\begin{aligned} -p_{,r} &= (\rho + p)u_{r;\beta}u^\beta = -(\rho + p)\Gamma^\alpha{}_{r\beta}u_\alpha u^\beta \\ &= -(\rho + p)\Gamma^t{}_{rt}u_t u^t = (\rho + p)\Phi_{,r} \end{aligned}$$

となる．

問題 16.8　ポリトロープ星と安定性

ポリトロープ星（状態方程式 $p = K\rho^\gamma$ の流体でできた星）は，ニュートン重力理論では $\gamma < 4/3$ のときに不安定になる．一般相対性理論の効果をわずかに加えたとき，この不安定条件に対してどのような影響が生じるか考察せよ．結果として，この効果が不安定領域を $\gamma < 4/3 + \varepsilon$ に拡大することを示せ．ここで，ε は星の質量，半径，および構造に依存する．

[解]　$m(r)$ を，ポリトロープ星に対するニュートン方程式

$$\frac{dm}{dr} = 4\pi r^2 \rho \tag{1}$$

$$\frac{dp}{dr} = -\frac{Gm\rho}{r^2} \tag{2}$$

$$p = K\rho^\gamma \tag{3}$$

の解とする．$\gamma = 4/3$ のとき星は中立安定で，実際に

$$\tilde{m}(r) = m(\alpha r), \qquad \tilde{\rho}(r) = \alpha^3\rho(\alpha r), \qquad \tilde{p}(r) = \alpha^4 p(\alpha r)$$

† 訳者注：完全流体のエネルギー運動量テンソルは問題 5.3 を参照.

16

も式 (1)〜(3) の解であり，同じ全質量 $m(\infty)$ と断熱係数 K をもつことから，これが確かめられる．

式 (1) は一般相対性理論でも変わらず，また，仮定より状態方程式 (3) も変わらない．式 (2) の相対論的な形（Weinberg の式 (11.1.13)，または MTW の式 (23.22)）は

$$\frac{dp}{dr} = -\frac{Gm\rho}{r^2}\left(1+\frac{p}{\rho}\right)\left(1+\frac{4\pi r^3 p}{m}\right)\left(1-\frac{m}{r}\right)^{-1} \tag{4}$$

となる．いま考えている星はほぼニュートン的なので，それぞれの括弧の中の値はすべて 1 に近い．したがって，式 (2) のニュートンの解とよく似た式 (4) の有効な解を求めることができる（たとえば，p の補正を求めるために式 (4) に代入して，反復法 (iteration method) を用いる）．これらの解を $\hat{m}(r)$，$\hat{\rho}(r)$，$\hat{p}(r)$ とし，これらから

$$\tilde{m}(r) = \hat{m}(\alpha r), \qquad \tilde{\rho}(r) = \alpha^3 \hat{\rho}(\alpha r), \qquad \tilde{p}(r) = \alpha^4 \hat{p}(\alpha r)$$

を作る．式 (1) と式 (3) は等式が成り立つが，式 (4) は，右辺と左辺の比が最低次で

$$\frac{(\text{右辺})}{(\text{左辺})} = 1 + (\alpha - 1)\left[\frac{\hat{p}}{\hat{\rho}} + 4\pi(\alpha r)^3 \frac{\hat{p}}{\hat{m}} + \frac{2\hat{m}}{\alpha r}\right] \tag{5}$$

となる．$\alpha > 1$（星の半径が小さくなる）に対して，（右辺）は（左辺）よりも大きく，圧力勾配が星を支えるのにいたるところで十分ではなくなり，より小さな半径へと変化しなければならない．今考えている状況はほぼニュートン的であり，同様の議論が成り立つので，これは平衡状態ではない．したがって，$\gamma = 4/3$ は不安定で，安定の範囲は $4/3 + \varepsilon$ より大きくなくてはならない．

問題 16.9　白色矮星と中性子星の臨界質量

（白色矮星と中性子星それぞれに対する）チャンドラセカール (Chandrasekhar) およびオッペンハイマー−ヴォルコフの臨界質量（質量の上限）を，基本物理定数と，核子と電子の質量の次元の組み合わせとして表せ．同様に，これらの臨界質量に対応する臨界半径を求めよ．

[解]　縮退した星の質量が大きくなると，星はよりコンパクトになり，星の構成物質である気体（白色矮星の場合は電子気体，中性子星の場合は核子気体）のフェルミエネルギーが相対論的レベルにまで上がる．星のバリオン数を A，半径を R とすると，フェルミエネルギーは近似的に（相対論的に）

$$E_{\mathrm{F}} \sim \frac{\hbar c}{R} A^{1/3} \tag{1}$$

と書ける（この式には，フェルミ粒子を支えるバリオン 1 個あたりの圧力が中性子星

の場合は白色矮星の 2 倍になるなどの詳細は含まれていない）．フェルミ粒子 1 個あたりの重力エネルギーは近似的に

$$E_{\mathrm{G}} \sim -G\frac{Am_{\mathrm{B}}^2}{R} \tag{2}$$

となる．ここで，m_{B} はバリオンの質量である．

圧力と重力のエネルギーは同じように R^{-1} に比例していることに注意する．したがって，大事な点は R^{-1} の全係数の符号である．もしそれが正の場合，R は増加してフェルミエネルギーは非相対論的になり，圧力のエネルギーは R^{-1} よりも速く落ちて，ある有限の半径 R で安定平衡に落ち着く．もし係数が負であれば，重力崩壊が始まり，ほかのメカニズムがはたらかない限り崩壊し続ける．星が不安定になる臨界バリオン数は，E_{G} と E_{F} を等しくおくことで次のように得られる．

$$A_{\mathrm{crit}} = \left(\frac{\hbar c}{Gm_{\mathrm{B}}^2}\right)^{3/2} \approx 10^{57} \tag{3}$$

式 (3) より臨界質量

$$M_{\mathrm{crit}} = m_{\mathrm{B}}A_{\mathrm{crit}} \approx 2M_{\odot} \tag{4}$$

および臨界半径

$$\begin{aligned} R_{\mathrm{crit}} &\sim \hbar c A_{\mathrm{crit}}^{1/3} \times \begin{cases} (m_{\mathrm{e}}c^2)^{-1} & (\text{白色矮星}) \\ (m_{\mathrm{B}}c^2)^{-1} & (\text{中性子星}) \end{cases} \\ &\approx \begin{cases} 4.8 \times 10^8\ \mathrm{cm} & (\text{白色矮星}) \\ 2.6 \times 10^5\ \mathrm{cm} & (\text{中性子星}) \end{cases} \end{aligned}$$

が計算できる．

問題 16.10　質量関数

球対称星の計量

$$ds^2 = -e^{2\Phi}dt^2 + \left[1 - \frac{2m(r)}{r}\right]^{-1}dr^2 + r^2d\Omega^2$$

には，g_{rr} に半径 r 内の質量 $m(r)$ が現れる．この質量関数 $m(r)$ を，座標に依存しない方法で，球面の表面積と表面積の変化率を用いて表せ．

[解]　ある点 P で，P を通る球面 S を作り，S 上の任意の点で計量が同じになるようにする．このとき，球面の面積は，計量より

$$A(r) = 4\pi r^2 \tag{1}$$

16

となる．スカラー関数 $A(r)$ の勾配は 1-形式で，

$$\nabla A(r) \equiv \widetilde{dA} = 8\pi r \widetilde{dr} \tag{2}$$

と書ける．こうして

$$\widetilde{dA} \cdot \widetilde{dA} = 16\pi^2 r^2 \widetilde{dr} \cdot \widetilde{dr} = 16\pi^2 r^2 \left(1 - \frac{2m}{r}\right) \tag{3}$$

となるので，

$$m(r) = \frac{\sqrt{A/\pi}}{4}\left(1 - \frac{\widetilde{dA} \cdot \widetilde{dA}}{16\pi A}\right) \tag{4}$$

が得られる．

問題 16.11　ヴァイジャ計量

(a) 外向きのエディントン－フィンケルシュタイン座標は，円周半径座標から座標変換

$$dt = du + \left(1 - \frac{2M}{r}\right)^{-1} dr$$

より得られる．エディントン－フィンケルシュタイン座標を用いてシュヴァルツシルト計量を表せ．

(b) M を (a) のヌル座標 u の関数とする．このとき時空は真空ではないことを示せ．また，対応する $T^{\alpha\beta}$ を求めよ．物理的な解釈も考察せよ（これを**ヴァイジャ計量** (Vaidya metric) という）．

[解]　(a) 円周半径を用いた計量

$$ds^2 = -\left(1 - \frac{2M}{r}\right)dt^2 + \left(1 - \frac{2M}{r}\right)^{-1} dr^2 + r^2 d\Omega^2 \tag{1}$$

を座標変換すると，

$$ds^2 = -\left(1 - \frac{2M}{r}\right)du^2 - 2du\,dr + r^2 d\Omega^2 \tag{2}$$

となる．

(b) $M = M(u)$ のとき，アインシュタインテンソル $G_{\alpha\beta}$ を計算する．測地線に対するラグランジアン

$$L = -\left(1 - \frac{2M}{r}\right)\dot{u}^2 - 2\dot{u}\dot{r} + r^2\dot{\theta}^2 + r^2 \sin^2\theta\,\dot{\phi}^2 \tag{3}$$

を利用すると，クリストッフェル記号を簡単に求めることができる（問題 7.25 を見よ）．オイラー－ラグランジュ方程式

$$\frac{d}{ds}\left(\frac{\partial L}{\partial \dot{r}}\right) - \frac{\partial L}{\partial r} = 0 \tag{4}$$

より，測地線方程式

$$\ddot{u} - \frac{M}{r^2}\dot{u}^2 + r\dot{\theta}^2 + r\sin^2\theta\,\dot{\phi}^2 = 0 \tag{5}$$

が得られ，これからゼロでないクリストッフェル記号を読み取ると，

$$\Gamma^u{}_{uu} = -\frac{M}{r^2}, \qquad \Gamma^u{}_{\theta\theta} = r, \qquad \Gamma^u{}_{\phi\phi} = r\sin^2\theta$$

となる．同様に，式 (4) の r を θ, ϕ に置き換えると，残りのクリストッフェル記号は

$$\begin{aligned}
&\Gamma^r{}_{uu} = \frac{M}{r^2}\left(1 - \frac{2M}{r}\right) - \frac{M'}{r^2}, \qquad \Gamma^r{}_{\theta\theta} = -r\left(1 - \frac{2M}{r}\right) \\
&\Gamma^r{}_{\phi\phi} = -r\left(1 - \frac{2M}{r}\right)\sin^2\theta, \qquad \Gamma^r{}_{ur} = \frac{M}{r^2}, \qquad \Gamma^\theta{}_{r\theta} = \frac{1}{r} \\
&\Gamma^\theta{}_{\phi\phi} = -\sin\theta\cos\theta, \qquad \Gamma^\phi{}_{r\phi} = \frac{1}{r}, \qquad \Gamma^\phi{}_{\theta\phi} = \cot\theta
\end{aligned}$$

となる．これらは，$\Gamma^r{}_{uu}$ を除いて，シュヴァルツシルト計量で得られる式と同じである．リッチ曲率テンソルに対する表式（MTW の式 (8.51b)）

$$R_{\alpha\beta} = -(\log\sqrt{|g|})_{,\alpha\beta} + \Gamma^\gamma{}_{\alpha\beta,\gamma} + (\log\sqrt{|g|})_{,\gamma}\Gamma^\gamma{}_{\alpha\beta} - \Gamma^\gamma{}_{\beta\delta}\Gamma^\delta{}_{\alpha\gamma}$$

より，$R_{\alpha\beta}$ はシュヴァルツシルト計量と同じ式（つまり，ゼロ）となるが，1 つだけ，

$$R_{uu} = -\frac{2M'}{r^2}$$

が異なる値をとる．スカラー曲率は

$$R = g^{uu}R_{uu} = 0$$

となるので，アインシュタインテンソルのうち非ゼロ成分は

$$G_{uu} = -\frac{2M'}{r^2}$$

だけになり，これより，

$$T_{uu} = -\frac{M'}{4\pi r^2}$$

であり，$\boldsymbol{T}$ のほかの成分はすべてゼロになる．ベクトル $\boldsymbol{k} = \nabla u = (1, 0, 0, 0)$ はヌルなので，エネルギー運動量テンソル

$$\boldsymbol{T} = -\frac{M'}{4\pi r^2}\boldsymbol{k}\otimes\boldsymbol{k}$$

は純粋な放射場に相当する．こうして，この解（ヴァイジャ計量）の物理的解釈は，放射によって持ち去られるエネルギーのために質量を失っていく球対称星の外部計量を

表している，となる．

問題 16.12　一様密度星の構造方程式

静的球対称な一様密度の星について，その相対論的な星の構造方程式を解け．星の質量と半径が $R/2M > 9/8$ を満たすことを示せ．優勢エネルギー条件（問題 13.7 を見よ）が満たされるとき，$R/2M$ の最小値を求めよ．

[解]　星の構造方程式は（MTW の式 (23.5)，Weinberg の 11.1 節を見よ），

$$ds^2 = -e^{2\Phi}dt^2 + \left(1 - \frac{2M}{r}\right)^{-1} dr^2 + r^2 d\Omega^2 \tag{1}$$

$$m = \int_0^r 4\pi r^2 \rho\, dr \tag{2}$$

$$\frac{dp}{dr} = -\frac{(\rho + p)(m + 4\pi r^3 p)}{r(r - 2m)} \tag{3}$$

$$\frac{d\Phi}{dr} = \frac{m + 4\pi r^3 p}{r(r - 2m)} \tag{4}$$

である．$\rho = \rho_0 =$（定数）なので，式 (2) は

$$m = \frac{4\pi r^3}{3}\rho_0 \tag{5}$$

となり，

$$M = \frac{4\pi R^3}{3}\rho_0 \tag{6}$$

を与える．ここで，R は星の半径，M は星の全質量である．式 (5) を式 (3) に代入すると，

$$\frac{dp}{4\pi(\rho_0 + p)(\rho_0/3 + p)} = -\frac{r dr}{1 - (8\pi/3) r^2 \rho_0}$$

となる．これを積分して，p について解くと，

$$\frac{p}{\rho_0} = \frac{\sqrt{1 - 2Mr^2/R^3} - \sqrt{1 - 2M/R}}{3\sqrt{1 - 2M/R} - \sqrt{1 - 2Mr^2/R^3}} \tag{7}$$

となる．積分定数は $r = R$ で $p = 0$ となるように決めた．計量関数 Φ は

$$\frac{d\Phi}{dp} = \frac{d\Phi/dr}{dp/dr} = -\frac{1}{\rho_0 + p}$$

から簡単に求められ，積分すると，

$$e^{\Phi} = \frac{（定数）}{\rho_0 + p} = \frac{3}{2}\sqrt{1 - \frac{2M}{R}} - \frac{1}{2}\sqrt{1 - \frac{2Mr^2}{R^3}} \tag{8}$$

が得られる．ここで，積分定数を決定するために式 (7) を用い，

$$e^{\Phi}\Big|_{r=R} = \sqrt{1 - \frac{2M}{R}}$$

となるようにした（すなわち，星の外部解であるシュヴァルツシルト計量に連続につなぐ）．

こうして，1 個のパラメータをもつ星のモデルが得られた[†1]．便宜上，このモデルのパラメータを中心での圧力

$$\frac{p_c}{\rho_0} = \frac{1 - \sqrt{1 - 2M/R}}{3\sqrt{1 - 2M/R} - 1} \tag{9}$$

とする．中心圧力は

$$3\sqrt{1 - \frac{2M}{R}} - 1 = 0$$

のときに発散する．これより，$R/2M$ の極限値は 9/8 となる[†2]．

優勢エネルギー条件は $p_c \leq \rho_0$ と表されるので，式 (9) の右辺は 1 以下でなければならない．これより，$R/2M \geq 4/3$ となる．

問題 16.13　フェルミ気体の星の構造方程式

フェルミ気体で構成される静的球対称な星がある．フェルミ気体は，粒子の静止質量よりも非常に大きなフェルミエネルギーをもち，ゼロ温度とする．星の構造方程式（問題 16.12 を見よ）は解 $m(r) = (3/14)r$ をもつことを示せ．$\rho(r)$, $p(r)$, $n(r)$ を求めよ．$r = 0$ で n は発散するが，任意の半径の内部に存在する粒子数は有限であることを示せ．$t =$（定数）の 3 次元面を表す埋め込み図を描き，$r = 0$ はどのような種類の特異点になっているか調べよ．

[解]　相対論的なゼロ温度のフェルミ気体では状態方程式は $p = \rho/3$ であり，構造方程式は

$$\frac{d\rho}{dr} = -\frac{4\rho(m + 4\pi r^3\rho/3)}{r(r - 2m)} \tag{1}$$

$$\frac{dm}{dr} = 4\pi r^2 \rho \tag{2}$$

となる．$m(r) = (3/14)r$ を式 (2) に代入すると，$\rho(r) = (3/14)(4\pi r^2)^{-1}$ が得られる．この ρ と m を式 (1) に代入すれば，これらが解であることが確かめられる．ま

---

†1 訳者注：この内部解をシュヴァルツシルトの内部解という．

†2 訳者注：これをブハダールの定理 (Buchdahl's theorem) という．任意の星のモデルで成立する．

た，状態方程式より，$p(r) = (1/14)(4\pi r^2)^{-1}$ である．$n(r)$ を求めるには，相対論的フェルミ気体に対する関係式（問題 5.24 を見よ）

$$n = \int_0^{p_F} \left(\frac{2}{h^3}\right) 4\pi p^2 dp = \frac{8\pi}{3h^3} p_F^3 \tag{3}$$

$$\rho = \int_0^{p_F} p\left(\frac{2}{h^3}\right) 4\pi p^2 dp = \frac{8\pi}{4h^3} p_F^4 \tag{4}$$

を利用する．式 (3), (4) から p_F（フェルミ運動量）を消去すると，

$$n(r) = \frac{8\pi}{3h^3}\left(\frac{4h^3\rho}{8\pi}\right)^{3/4}$$

となり，これに $\rho(r)$ を代入すると，

$$n(r) = \frac{K}{r^{3/2}}, \qquad K = \frac{8\pi}{3h^3}\left(\frac{4h^3}{8\pi}\cdot\frac{3}{14}\cdot\frac{1}{4\pi}\right)^{3/4} \tag{5}$$

が得られる．半径 r の内側にある全粒子数は

$$N(r) = \int_0^r n(r)\, d(\text{固有体積}) = \int_0^r n(r) e^{\lambda} 4\pi r^2 dr = \frac{14\pi}{3} K r^{3/2} \tag{6}$$

となり，任意の r に対して有限であることがわかる．[注意：式 (6) を導出する際に，

$$e^{2\lambda} \equiv g_{rr} = \left[1 - \frac{2m(r)}{r}\right]^{-1} = \frac{7}{4}$$

を用いた.]

$t =$（定数）の 3 次元超曲面は計量

$$^{(3)}ds^2 = g_{rr}dr^2 + r^2 d\Omega^2 = \frac{7}{4}dr^2 + r^2 d\Omega^2$$

をもつ．これは 2 次元球面の円周 $2\pi r$ に対する半径が $\sqrt{7/4}\,r$ となって，r よりも大きいので，明らかに原点に**円錐特異点** (conical singularity) をもつ．

動径方向の切断に対する埋め込みの方程式† は

$$^{(3)}ds^2 = \frac{7}{4}dr^2 = dr^2 + dz^2$$

であり，これより，

$$z = \pm\sqrt{\frac{3}{4}}r$$

となる．

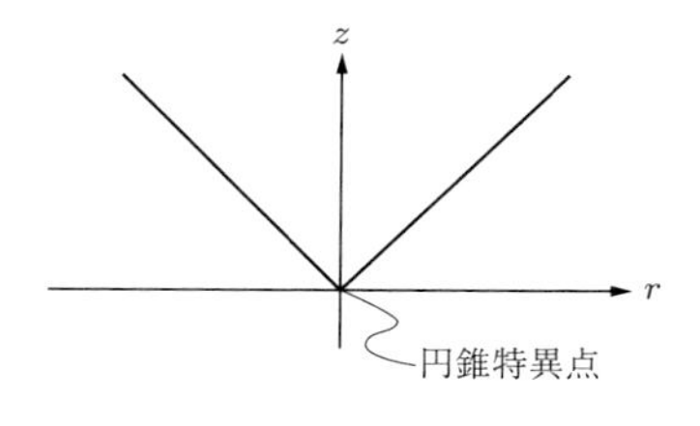

† 訳者注：埋め込みの方法は問題 15.15 を参照.

問題 16.14　球殻の表面応力

質量 M，円周 $2\pi R$ の自己重力をもつ静的な球殻について，その表面応力 (surface stress) を求めよ．球殻の固有面密度を計算せよ．また，ニュートン極限 ($R \gg M$) の場合の応力を求めよ．

[解]　円周半径座標では $g_{rr} = [1 - 2m(r)/r]^{-1}$ で，$m(r)$ は球殻を横切る際に不連続に変化するので，計量は連続にならない．そこで，計量が連続になるように等方座標系

$$ds^2 = -e^\gamma dt^2 + e^\alpha(dr^2 + r^2 d\Omega^2) \tag{1}$$

$$e^\gamma = \begin{cases} \left(1 - \dfrac{M}{2r}\right)^2 \left(1 + \dfrac{M}{2r}\right)^{-2} & (r > R) \\ \left(1 - \dfrac{M}{2R}\right)^2 \left(1 + \dfrac{M}{2R}\right)^{-2} & (r < R) \end{cases} \tag{2a}$$

$$e^\alpha = \begin{cases} \left(1 + \dfrac{M}{2r}\right)^4 & (r > R) \\ \left(1 + \dfrac{M}{2R}\right)^4 & (r < R) \end{cases} \tag{2b}$$

を用いることにする．式 (1), (2) で実際に球殻の外部はシュヴァルツシルト時空で，内部が平坦な時空（バーコフの定理，問題 16.3 を見よ）になるようにした．また，球殻は $r = R$（等方座標の動径座標距離）に位置するとした．

次に，積分応力 $\Lambda^{\hat{\alpha}}{}_{\hat{\beta}}$ を次のように不変な表式で定義する．

$$\Lambda^{\hat{\alpha}}{}_{\hat{\beta}} \equiv \lim_{\epsilon\to 0} \int_{R-\epsilon}^{R+\epsilon} T^{\hat{\alpha}}{}_{\hat{\beta}} d\hat{r} = \lim_{\epsilon\to 0} \int_{R-\epsilon}^{R+\epsilon} T^{\hat{\alpha}}{}_{\hat{\beta}} e^{\alpha/2} dr \tag{3}$$

$\mathbf{\Lambda}$ の成分は，アインシュタイン方程式を利用し，さらに式 (2), (3) からわかるように $G^\mu{}_\nu$ に含まれる計量関数の 2 階微分項のみが寄与することに気づけば，求めることができる．

計量 (1) に対する $G^\mu{}_\nu$ の成分は（問題 9.20 を見よ），

$$G^0{}_0 \sim \alpha'' e^{-\alpha} \sim -\frac{d^2}{dr^2}(e^{-\alpha}) \tag{4a}$$

$$G^r{}_r \sim 0 \tag{4b}$$

$$G^\theta{}_\theta = G^\phi{}_\phi \sim \frac{1}{2} e^{-\alpha}(\alpha'' + \gamma'') \sim -\frac{1}{2}\left[\frac{d^2}{dr^2}(e^{-\alpha}) - \frac{d}{dr}(e^{-\alpha}\gamma')\right] \tag{4c}$$

となる．ここで，波線 ($\sim$) は 2 階微分を含まない項を無視したことを表している．式 (3), (4) とアインシュタイン方程式を用いると，

$$\Lambda^{\hat{0}}{}_{\hat{0}} = \Lambda^0{}_0 = -\frac{1}{8\pi}\lim_{\epsilon\to 0}\int_{R-\epsilon}^{R+\epsilon} e^{\alpha/2}\frac{d^2}{dr^2}(e^{-\alpha})dr \sim -\frac{1}{8\pi}\lim_{\epsilon\to 0} e^{\alpha/2}\frac{d}{dr}(e^{-\alpha})\Big|_{R-\epsilon}^{R+\epsilon}$$

すなわち，

$$\Lambda^{\hat{0}}{}_{\hat{0}} = -\frac{M}{4\pi R^2(1+M/2R)^3} \tag{5}$$

および，

$$\Lambda^{\hat{r}}{}_{\hat{r}} = \Lambda^r{}_r = 0 \tag{6}$$

$$\Lambda^{\hat{\theta}}{}_{\hat{\theta}} = \Lambda^{\hat{\phi}}{}_{\hat{\phi}} = -\frac{1}{8\pi}\lim_{\epsilon\to 0}\int_{R-\epsilon}^{R+\epsilon}\frac{1}{2}e^{\alpha/2}\left[\frac{d^2}{dr^2}(e^{-\alpha}) - \frac{d}{dr}(e^{-\alpha}\gamma')\right]dr$$

$$= -\frac{1}{8\pi}\lim_{\epsilon\to 0}\frac{1}{2}e^{\alpha/2}\left[\frac{d}{dr}(e^{-\alpha}) - e^{-\alpha}\gamma'\right]\Big|_{R-\epsilon}^{R+\epsilon}$$

すなわち

$$\Lambda^{\hat{\theta}}{}_{\hat{\theta}} = \frac{M}{8\pi R^2}\left(\frac{M/2R}{1-M/2R}\right)\left(1+\frac{M}{2R}\right)^{-3} \tag{7}$$

が得られる．式 (5)∼(7) の物理的な解釈をするためには，R が等方座標系における球殻の半径であることに注意する．円周半径座標を用いると，半径 $\mathcal{R}$ は

$$\mathcal{R} = R\left(1+\frac{M}{2R}\right)^2 \tag{8}$$

となる．また，固有表面密度は，

$$\frac{M}{4\pi\mathcal{R}^2} = \frac{M}{4\pi R^2(1+M/2R)^4} \tag{9}$$

となる．

式 (5)∼(7) でニュートン極限をとると，

$$\Lambda^{\hat{0}}{}_{\hat{0}} \to -\frac{M}{4\pi R^2}, \qquad \Lambda^{\hat{r}}{}_{\hat{r}} = 0, \qquad \Lambda^{\hat{\theta}}{}_{\hat{\theta}} = \Lambda^{\hat{\phi}}{}_{\hat{\phi}} \to \frac{M^2}{16\pi R^3}$$

になる．

問題 16.15　球殻の最小固有円周長

自己重力を考慮した質量 M の球殻について，その固有円周長をどこまで小さくすることができるか計算せよ．構成物質は優勢エネルギー条件を満たすとする．

[解]　優勢エネルギー条件は

$$|T^{\hat{0}\hat{0}}| \geq |T^{\hat{k}\hat{k}}| \tag{1}$$

と表せる．問題 16.14 の結果を利用し，球殻を横切って式 (1) の積分をとると，不等式

$$\left(1+\frac{M}{2R}\right)^{-3} \geq \frac{M/2R}{2(1-M/2R)}\left(1+\frac{M}{2R}\right)^{-3} \tag{2}$$

が得られる．ここで，R は等方座標系での動径座標である．$x = M/2R$ とおくと，$x \leq 2/3$ が得られ，$R \geq 3M/4$ となる．これを円周半径座標 $\mathcal{R}$ で書き換えると，

$$\mathcal{R} = R\left(1+\frac{M}{2R}\right)^2 \geq \frac{25}{12}M \tag{3}$$

となり，シュヴァルツシルト半径のおよそ 1.04 倍になる．

問題 16.16　球殻による赤方偏移

静的で平衡な薄い球殻から無限遠までの赤方偏移を，その固有面密度 $\Lambda^{\hat{0}}{}_{\hat{0}}$ と固有応力 $\Lambda^{\hat{\theta}}{}_{\hat{\theta}}$ を用いて表せ．優勢エネルギー条件を満たすとき，赤方偏移の最大値を求めよ．

[解]　等方座標系（問題 16.14 を見よ）において，球殻 (shell) から無限遠方 (∞) までの赤方偏移は

$$z = \frac{\lambda_\infty}{\lambda_{\text{shell}}} - 1 = \frac{\sqrt{-(g_{00})_\infty}}{\sqrt{-(g_{00})_{\text{shell}}}} - 1 = (e^{-\gamma/2})_{\text{shell}} - 1$$
$$= \frac{1+M/2R}{1-M/2R} - 1 = \frac{M/R}{1-M/2R}$$

となる．また，積分エネルギー密度と積分横方向圧力は，それぞれ，

$$-\Lambda^{\hat{0}}{}_{\hat{0}} = \frac{M}{4\pi R^2}\left(1+\frac{M}{2R}\right)^{-3}$$
$$\Lambda^{\hat{\theta}}{}_{\hat{\theta}} = \Lambda^{\hat{\phi}}{}_{\hat{\phi}} = \frac{M}{8\pi R^2}\left(\frac{M/2R}{1-M/2R}\right)\left(1+\frac{M}{2R}\right)^{-3}$$

となる．これらの比は

$$\frac{\Lambda^{\hat{\theta}}{}_{\hat{\theta}}}{-\Lambda^{\hat{0}}{}_{\hat{0}}} = \frac{M/4R}{1-M/2R} = \frac{1}{4}z$$

であり，したがって，無限遠での赤方偏移は，

$$z = -\frac{4\Lambda^{\hat{\theta}}{}_{\hat{\theta}}}{\Lambda^{\hat{0}}{}_{\hat{0}}}$$

で与えられる．優勢エネルギー条件が満たされる場合は，$|\Lambda^{\hat{\theta}}{}_{\hat{\theta}}| \leq |\Lambda^{\hat{0}}{}_{\hat{0}}|$ より，$z \leq 4$ となる．

問題 16.17　剛体回転星 (1)

完全流体で構成され，自己重力がある剛体回転星に対して，

$$\nabla p = (\rho + p)\nabla \log u^t$$

を示せ．ここで，時間座標 t はキリングベクトル ($\boldsymbol{\xi}_{(t)} = \partial/\partial t$, $\boldsymbol{\xi}_{(\phi)} = \partial/\partial \phi$) 方向の正準座標であり，$u^t$ は流体の 4 元速度成分である．

［解］　流体の 4 元速度の非ゼロ成分は u^t と $u^\phi = \Omega u^t$ のみで，すなわち，

$$\boldsymbol{u} = u^t\left(\frac{\partial}{\partial t} + \Omega \frac{\partial}{\partial \phi}\right)$$

である．ここで，

$$\boldsymbol{\xi} = \frac{\partial}{\partial t} + \Omega \frac{\partial}{\partial \phi} = \boldsymbol{\xi}_{(t)} + \Omega\, \boldsymbol{\xi}_{(\phi)}$$

とする．このとき，Ω は定数なので，$\boldsymbol{\xi}$ もキリングベクトルである．ここで問題 10.14 より，

$$\nabla_{\boldsymbol{u}} \boldsymbol{u} = \nabla \log \sqrt{|\boldsymbol{\xi} \cdot \boldsymbol{\xi}|}$$

であり，$\boldsymbol{u} \cdot \boldsymbol{u} = -1$ より，$\sqrt{|\boldsymbol{\xi} \cdot \boldsymbol{\xi}|} = 1/u^t$ となる．こうして，流体に対するオイラー方程式（問題 14.3 を見よ）は

$$(\rho + p)\nabla \log (u^t)^{-1} = -\nabla p - \boldsymbol{u}(\nabla_{(u^t\,\boldsymbol{\xi})} p)$$

と書ける．最後に，p は t と ϕ に依存しないので，$\nabla_{\boldsymbol{\xi}} p = 0$ となり，以上より，

$$(\rho + p)\nabla \log u^t = \nabla p$$

が得られる．

問題 16.18　剛体回転星 (2)

完全流体で構成され，自己重力がある剛体回転星に対して，p と ρ がそれぞれ一定になる面が一致することを示せ．

［解］　まず，$dp = (\rho + p) d \log u^t$ であることに注意する（静水圧平衡，問題 16.17 を見よ）．次に，この式の外微分をとり，$ddp = 0$ を用いると，

$$0 = d(\rho + p) \wedge d \log u^t = d(\rho + p) \wedge \frac{1}{\rho + p} dp$$

が得られる．これは

$$d\rho \wedge dp = 0$$

を意味し，したがって，$\rho =$（定数）の面は $p =$（定数）の面と一致することがわかる．

問題 16.19　剛体回転星の表面

無限遠から見て角速度 Ω で剛体回転している星の表面は

$$g_{tt} + 2g_{t\phi}\Omega + g_{\phi\phi}\Omega^2 = (\text{定数})$$

で与えられることを示せ．

[解]　星の表面は p が一定 $(p = 0)$ の面である．問題 16.18 より，表面は，さらに，

$$dp \propto du^t$$

なので，u^t が一定の面でもある．一方，問題 16.17 の表式で，

$$(u^t)^{-1} = \sqrt{|\boldsymbol{\xi} \cdot \boldsymbol{\xi}|} = \sqrt{\left|g_{tt} + 2g_{t\phi}\Omega + g_{\phi\phi}\Omega^2\right|}$$

より，表面上では

$$g_{tt} + 2g_{t\phi}\Omega + g_{\phi\phi}\Omega^2 = (\text{定数})$$

となることがわかる．

問題 16.20　剛体回転星によるドップラー幅

剛体回転星からの放射光を，回転軸方向の無限遠方にいる観測者が測定したとき，スペクトル線に対するドップラー幅 (Doppler broadening) を求めよ（ここでのドップラー幅とは，光子が放射された位置の違いによって生じるドップラー偏移

$$z = \frac{\nu_{\text{emit}}}{\nu_\infty} - 1$$

の変化幅 Δz のことである）．

[解]　$\boldsymbol{p}$ を光子の 4 元運動量，$\boldsymbol{u}_{\text{emit}}$，$\boldsymbol{u}_\infty$ をそれぞれ星上の放射点と無限遠の観測者の 4 元速度とすると，放射点と観測点における光の振動数の比は，

$$\frac{\nu_{\text{emit}}}{\nu_\infty} = \frac{\boldsymbol{p} \cdot \boldsymbol{u}_{\text{emit}}}{\boldsymbol{p} \cdot \boldsymbol{u}_\infty}$$

となる．$\boldsymbol{u}_{\text{emit}}$ は t 成分と ϕ 成分しかないので，

$$\boldsymbol{p} \cdot \boldsymbol{u}_{\text{emit}} = p_t u^t + p_\phi u^\phi = p_t u^t (1 + \Omega \ell)$$

16

となる．ここで，$\Omega \equiv u^\phi/u^t$ は星の角速度で，$\ell \equiv p_\phi/p_t$ は回転軸を基準にした光子の衝突パラメータである．p_ϕ と p_t は光子の軌道に沿って保存されることに注意する．また，無限遠の観測者に対しては $u^t = 1$ なので，$\boldsymbol{p} \cdot \boldsymbol{u}_\infty = p_t$ である．こうして，

$$z = u^t(1 + \Omega\ell) - 1 = \frac{1 + \Omega\ell}{\sqrt{\left|g_{tt} + 2g_{t\phi}\Omega + g_{\phi\phi}\Omega^2\right|_{\mathrm{emit}}}} - 1$$

が得られる．剛体回転星の表面では $g_{tt} + 2g_{t\phi}\Omega + g_{\phi\phi}\Omega^2$ は一定なので（問題 16.19 を見よ），星での放射位置の違いによる z の変化は，

$$\Delta z = \frac{\Omega\Delta\ell}{\sqrt{\left|g_{tt} + 2g_{t\phi}\Omega + g_{\phi\phi}\Omega^2\right|_{\mathrm{surface}}}}$$

となる．回転軸上の観測者に到達する光子は，すべて $p_\phi = 0$，つまり $\ell = 0$ で $\Delta\ell = 0$ である．以上より，この観測者に対しては $\Delta z = 0$ となる．

問題 16.21　静的平衡形状と対流安定性

完全流体からなる星の静的平衡形状について，対流安定性に対する一般相対論的な判定基準を求めよ．

［解］　完全流体の形状は，バリオンの分布変化のもとでその質量（静止質量＋エネルギー）が変わらなければ対流的に安定である．まず，無限遠から δA のバリオンを加えたことによる質量の変化 δM を計算する．

遠方の宇宙物理学者が全質量エネルギー $\mu_{\mathrm{B}}\delta A + W_0$ を星に落下させる．ここで，μ_{B} はバリオンの平均静止質量，W_0 はバリオンを星に注入するために必要な付加的なエネルギーである．半径 r にいる静的な観測者がこのバリオンとエネルギーを測定すると，その全質量エネルギーは

$$W = u^0 p_0 = e^{-\Phi}(\mu_{\mathrm{B}}\delta A + W_0) \tag{1}$$

となる．ここで，$e^{-\Phi}$ は赤方偏移因子で，計量

$$ds^2 = -e^{2\Phi}dt^2 + \left(1 - \frac{2m}{r}\right)^{-1} dr^2 + r^2 d\Omega^2 \tag{2}$$

に由来する．観測者は局所的な熱力学的条件に合うように注入されたバリオンを温め，圧縮し，星の中にそれらのための場所を用意する．そのために必要なエネルギーは，

$$W_{\delta A\,(\mathrm{local\,condition})} = \frac{\rho}{n}\delta A \tag{3a}$$

$$W_{\mathrm{open}} = p\,\delta V = \frac{p}{n}\delta A \tag{3b}$$

となる．ここで，n はバリオン数密度である（星はすでに全質量エネルギーの極値にあったと仮定しているので，δA のバリオンのために流体が移動して星の構造を再調整することによるエネルギー変化は無視できることに注意する）．余ったエネルギーは，

$$W_{\mathrm{ex}}(r) = W - (W_{\delta A} + W_{\mathrm{open}}) = e^{-\Phi}(\mu_{\mathrm{B}}\delta A + W_0) - \frac{\rho + p}{n}\delta A \tag{4}$$

となり，そこで静的な観測者は $W_{\mathrm{ex}}(r)$ のうち，$1 - e^{\Phi}$ の割合分を運動エネルギーに変換して，それを用いて残りを無限遠の宇宙物理学者に送り返す．遠方にいる宇宙物理学者はエネルギー

$$W_{\mathrm{ex}}(\infty) = W_{\mathrm{ex}}(r)e^{\Phi} = \mu_{\mathrm{B}}\delta A + W_0 - \frac{e^{\Phi}(\rho + p)}{n}\delta A \tag{5}$$

を受け取り，結果的に星の質量が

$$\delta M = \frac{e^{\Phi}(\rho + p)}{n}\delta A = e^{\Phi}\left(\frac{\partial \rho}{\partial n}\right)_s \delta A \tag{6}$$

だけ増加したことを観測する．ここで，2 つ目の等号は熱力学第 1 法則による．

次に，対流的安定のためには，δM が r に依存してはいけない．つまり，

$$\frac{e^{\Phi}(\rho + p)}{n} = (\text{定数}) \tag{7}$$

が条件である．オイラー方程式

$$\frac{dp}{dr} = -(\rho + p)\frac{d\Phi}{dr} \tag{8}$$

を用いると，式 (7) は，熱力学量が等エントロピー変化することと等価であることが示せる．式 (7) を r で微分すると，

$$-\frac{\rho + p}{n}\frac{dn}{dr} + \frac{d\rho}{dr} + \frac{dp}{dr} + (\rho + p)\frac{d\Phi}{dr} = 0 \tag{9}$$

となる．これに式 (8) を用いると式 (9) は，

$$\frac{d\rho}{dr} = \frac{\rho + p}{n}\frac{dn}{dr} = \left(\frac{\partial \rho}{\partial n}\right)_s \frac{dn}{dr} \tag{10}$$

の形になる．この式より，対流的安定のためには流体が等エントロピー的であることが条件になっている．

問題 16.22　剛体回転形状のエネルギー流入

剛体回転形状に対して，一定のエネルギー注入 $(\rho+p)/(nu^0)$ は等エントロピー過程であることを示せ．

[解]　剛体回転星に対するオイラー方程式

$$\frac{1}{\rho+p}\frac{\partial p}{\partial x^\mu}=\frac{\partial \log u^0}{\partial x^\mu} \tag{1}$$

と，一定のエネルギー注入の式

$$\frac{\rho+p}{nu^0}=（定数） \tag{2}$$

を比較する．式 (2) の対数をとって微分し，それを式 (1) に代入すると，

$$\frac{1}{\rho+p}\frac{\partial \rho}{\partial x^\mu}=\frac{1}{n}\frac{\partial n}{\partial x^\mu} \tag{3}$$

が得られる．式 (3) は等エントロピー過程における熱力学第 1 法則である．

問題 16.23　星の質量と角運動量

定常軸対称な星を考える．このとき，2 つのキリングベクトル $\boldsymbol{\xi}_{(t)}$, $\boldsymbol{\xi}_{(\phi)}$ が存在する．無限遠から観測される星の質量が

$$M=-\int(2T^\mu{}_\nu-\delta^\mu{}_\nu T)\,\xi^\nu_{(t)}\,d^3\Sigma_\mu$$

で表されることを示せ．ここで，$d^3\Sigma_\mu$ はある時刻 t（時間座標 t は $\boldsymbol{\xi}_{(t)}=\partial/\partial t$ のように選んである）における星の体積要素である．同様に，無限遠から観測される星の角運動量が

$$J=\int T^\mu{}_\nu\,\xi^\nu_{(\phi)}\,d^3\Sigma_\mu$$

で表されることを示せ．

[解]　星の外部では $T^\mu{}_\nu$ はゼロなので，体積積分を時刻 t における全空間でとることができる．場の方程式

$$8\pi\Big(T^\mu{}_\nu-\frac{1}{2}\delta^\mu{}_\nu T\Big)=R^\mu{}_\nu$$

を用いて，質量積分は

$$\begin{aligned}I&=-\int(2T^\mu{}_\nu-\delta^\mu{}_\nu T)\xi^\nu d^3\Sigma_\mu=-\frac{1}{4\pi}\int R^\mu{}_\nu\xi^\nu d^3\Sigma_\mu\\&=\frac{1}{4\pi}\int\xi^{\mu;\nu}{}_{;\nu}d^3\Sigma_\mu=\frac{1}{8\pi}\oint\xi^{\mu;\nu}d^2\Sigma_{\mu\nu}\end{aligned}$$

となる（3 つ目の等式は問題 10.6 による．最後の等式はストークスの定理による．問題 8.10(c) を見よ）．無限遠で球面極座標になる座標系 (t,r,θ,ϕ) を選ぶと，

$$d^2\Sigma_{\mu\nu} = \frac{1}{2!}\varepsilon_{\mu\nu\alpha\beta}\frac{\partial(x^\alpha, x^\beta)}{\partial(\theta,\phi)}d\theta\,d\phi = r^2\sin\theta\,d\theta\,d\phi$$

なので,

$$\xi^{\mu;\nu}d^2\Sigma_{\mu\nu} = 2\xi^{t;r}r^2\sin\theta\,d\theta\,d\phi$$

となる．計量の漸近系は

$$ds^2 = -\Big(1-\frac{2M}{r}\Big)dt^2 - \frac{4J\sin^2\theta}{r}dt\,d\phi + \Big(1+\frac{2M}{r}\Big)(dr^2 + r^2d\theta^2 + r^2\sin^2\theta\,d\phi^2)$$

である．$\boldsymbol{\xi}_{(t)}$ の非ゼロ成分は $\xi^t = 1$ のみで,

$$\xi^{t;r} \approx \xi^t{}_{;r} = \xi^t{}_{,r} + \Gamma^t{}_{\alpha r}\xi^\alpha = 0 + \Gamma^t{}_{tr} \approx -\frac{1}{2}g_{tt,r} = \frac{M}{r^2}$$

となる．したがって，質量積分は

$$I = \frac{1}{8\pi}\int\frac{2M}{r^2}r^2\sin\theta\,d\theta d\phi = M$$

となることがわかる．

同様に,

$$S = \int T^\mu{}_\nu\xi^\nu_{(\phi)}d^3\Sigma_\mu = \frac{1}{8\pi}\int R^\mu{}_\nu\xi^\nu_{(\phi)}d^3\Sigma_\mu - \frac{1}{16\pi}\int R\xi^\mu_{(\phi)}d^3\Sigma_\mu$$

と書ける．$d^3\Sigma_\phi = 0$ より第 2 項は消えて,

$$S = -\frac{1}{8\pi}\int\xi^{\mu;\nu}{}_{;\nu}d^3\Sigma_\mu - 0 = -\frac{1}{16\pi}\oint\xi^{\mu;\nu}d^2\Sigma_{\mu\nu} = -\frac{1}{16\pi}\oint 2\xi^{t;r}r^2\sin\theta\,d\theta\,d\phi$$

となる．また，$\boldsymbol{\xi}_{(\phi)}$ の非ゼロ成分は $\xi^\phi = 1$ のみで,

$$\xi^{t;r} \approx \xi^t{}_{,r} + \Gamma^t{}_{\alpha r}\xi^\alpha = 0 + \Gamma^t{}_{\phi r} = g^{tt}\Gamma_{t\phi r} + g^{t\phi}\Gamma_{\phi\phi r} \approx -\frac{1}{2}g_{t\phi,r} + \frac{-2J}{r^3}\frac{1}{2}g_{\phi\phi,r} = -\frac{3J\sin^2\theta}{r^2}$$

となるので，したがって,

$$S = \frac{1}{16\pi}\int 6J\sin^3\theta\,d\theta\,d\phi = J$$

が得られる．

問題 16.24　球対称星の質量積分

完全流体の静的球対称星では，問題 16.23 で与えられた質量積分が

$$M = \int_0^R (\rho + 3p) e^{\Phi+\lambda} 4\pi r^2 \, dr$$

になることを示せ．ここで，円周半径座標 ($g_{00} = e^{2\Phi}$, $g_{rr} = e^{2\lambda}$) を用いた．また，これが星の構造方程式で与えられる

$$M = \int_0^R 4\pi r^2 \rho \, dr$$

と等しいことを示せ．

[解]　円周半径座標では $\xi^\nu_{(t)} = \delta^\nu{}_t$, $d^3\Sigma_\mu = \delta^t{}_\mu \sqrt{|g|} dr \, d\theta \, d\phi$ となるので，積分は

$$\begin{aligned} I &= -\int (2T^\mu{}_\nu - \delta^\mu{}_\nu T) \xi^\nu_{(t)} d^3\Sigma_\mu \\ &= -\int (2T^t{}_t - T) e^{\Phi+\lambda} r^2 \sin\theta \, dr \, d\theta \, d\phi \end{aligned}$$

となる．また，

$$\begin{aligned} T^t{}_t &= (\rho + p) u^t u_t + p \delta^t{}_t = -\rho \\ T &= -(\rho + p) + 4p = 3p - \rho \end{aligned}$$

である．どの項も θ と ϕ には依存しないので，角部分の積分は 4π を与え，したがって，

$$I = \int_0^R (\rho + 3p) e^{\Phi+\lambda} 4\pi r^2 dr \tag{1}$$

が得られる．

質量関数

$$m(r) = \int_0^r 4\pi r^2 \rho dr \tag{2}$$

を定義して，式 (1) の ρ の項を部分積分すると，

$$\int_0^R \rho \, e^{\Phi+\lambda} 4\pi r^2 dr = \left[m e^{\Phi+\lambda} \right]_0^R - \int_0^R m (e^{\Phi+\lambda})' dr \tag{3}$$

が得られる．ここで，プライム記号 ($'$) は d/dr である．一方，p の項は

$$\int_0^R 3p \, e^{\Phi+\lambda} 4\pi r^2 dr = \left[p e^{\Phi+\lambda} 4\pi r^3 \right]_0^R - \int_0^R 4\pi r^3 (p e^{\Phi+\lambda})' dr \tag{4}$$

となる．式 (3) の右辺第 1 項は，$r = 0$ で $m = 0$ と $r = R$ で $\Phi = -\lambda$ より，

$m(R)=M$ を与える．式 (4) の右辺第 1 項は，$r=R$ で $p=0$ よりゼロになる．そのため，式 (3), (4) の残りの項の和がゼロになると $I=M$ が得られる．この和は

$$\int_0^R m(e^{\Phi+\lambda})'dr+\int_0^R 4\pi r^3(pe^{\Phi+\lambda})'dr$$
$$=\int_0^R e^{\Phi+\lambda}\left\{m(\Phi'+\lambda')+4\pi r^3\left[p'+p(\Phi'+\lambda')\right]\right\}dr \tag{5}$$

と書ける．いま，

$$e^{2\lambda}=\left(1-\frac{2m}{r}\right)^{-1}$$

より

$$\lambda'=\frac{4\pi r^3\rho-m}{r(r-2m)}$$

であり，また，星の構造方程式

$$\Phi'=\frac{m+4\pi r^3 p}{r(r-2m)},\qquad p'=\frac{-(\rho+p)(m+4\pi r^3 p)}{r(r-2m)}$$

を式 (5) に代入すると，すべてが打ち消し合うことが確かめられる．

問題 16.25　球対称星の重力崩壊 (1)

重力崩壊する球対称星に対して，一般に，次の好ましい 3 つの性質が同時には満たされないことを示せ．

(i) 流体と共動の動径座標がとれる．

(ii) 流体の固有時間を時間座標にとれる．

(iii) 計量が対角的になる．

さらに，圧力がない場合，またその場合に限り，上の 3 つを同時に実現できることを示せ．

[解]　動径座標 R と θ,ϕ を星の流体要素と共動の座標とする．すると，計量は次のように書ける，

$$ds^2=g_{tt}dt^2+g_{tR}\,dt\,dR+g_{RR}dR^2+g_{ti}\,dt\,dx^i$$
$$+g_{Ri}\,dR\,dx^i+g_{ij}\,dx^i\,dx^j\qquad (i,j=\theta,\phi)$$

計量が球対称の場合は，$dt=dR=0$ に対して，

$$ds^2=g_{ij}\,dx^i\,dx^j=r^2(R,t)(d\theta^2+\sin^2\theta\,d\phi^2)$$

となる．さらに，g_{ti} と g_{Ri} は 2 次元 θ-ϕ 空間におけるベクトルを定義するので，θ-ϕ

空間の等方性 (isotropy) より g_{ti} と g_{Ri} はゼロでなくてはならない．最後に，g_{tR} を消去するために新しい時間座標 $T = T(t, R)$ を選ぶ．この際，動径座標の共動性に影響を与えないようにする．以上より，計量は

$$ds^2 = g_{TT}dT^2 + g_{RR}dR^2 + r^2(R, T)\,d\Omega^2$$

となる．こうして共動座標において対角な計量を実現することができる．

さて，流体要素の運動を考える．流体の 4 元速度

$$\boldsymbol{u} = \frac{1}{\sqrt{-g_{TT}}}\boldsymbol{e}_T$$

より，流体の加速度は

$$\nabla_{\boldsymbol{u}}\boldsymbol{u} = \boldsymbol{e}_R\left[\frac{du^R}{d\tau} + (u^T)^2\Gamma^R{}_{TT}\right] = -\frac{1}{2}\boldsymbol{e}_R(u^T)^2 g^{RR}g_{TT,R}$$

となる．これより，加速度がゼロ（したがって，圧力勾配がない）になるのは，g_{TT} が T のみの関数の場合，また，その場合に限られる．もしそうならば，流体の固有時間を表す新たな時間座標 $\tau(T)$ を

$$\frac{d\tau}{dT} = \sqrt{-g_{TT}}$$

より定義できる．こうして，3 つの好ましい性質は圧力勾配がゼロの場合に，また，その場合に限り満たされることがわかる．最後に，星の表面では圧力はゼロなので，圧力勾配がないことは圧力がいたるところでゼロであることを意味している．

問題 16.26　球対称星の重力崩壊 (2)

R を共動座標とすると，崩壊する球対称星の計量は

$$ds^2 = -e^{2\Phi}dt^2 + e^{2\Lambda}dR^2 + r^2(t, R)d\Omega^2$$

と書ける（問題 16.25 を見よ）．ここで，Φ, Λ は t, R の関数である．星が完全流体でできている場合は，

$$m \equiv \int_0^R 4\pi r^2 \rho r' dR, \qquad U \equiv e^{-\Phi}\dot{r}, \qquad \Gamma^2 \equiv e^{-2\Lambda}(r')^2$$

という関数を定義すると便利である．ここで，プライム記号 ($'$) は R に関する偏微分，ドット記号 ($\dot{}$) は t に関する偏微分を表す．関数 m は半径 R の球面内部にある質量，U は共動観測者の固有時間に対して流体の球殻が移動する速度を表している．

次の関係式を示せ.

(a) $\dot{m} = -4\pi p r^2 \dot{r}$

[ヒント：熱力学第 1 法則（問題 5.19），バリオン数保存則，エネルギー保存の式，$G^t{}_R = 0$（問題 9.20）を用いよ.]

(b) $\Gamma^2 = 1 + U^2 - \dfrac{2m}{r}$

[ヒント：$G^t{}_t = -8\pi\rho$ と $G^t{}_R = 0$（問題 9.20）を用いよ.]

[解]　(a) 共動座標系における熱力学第 1 法則より（問題 5.19 を見よ），

$$\frac{\dot{\rho}}{\rho + p} = \frac{\dot{n}}{n}$$

である．ここで，n はバリオン数密度である．厚さ dR の球殻に含まれるバリオンの数は $4\pi n r^2 e^{\Lambda} dR$ であり，この球殻におけるバリオン数の保存則より，

$$\frac{\partial(nr^2 e^{\Lambda})}{\partial t} = 0$$

となるので，

$$\frac{\dot{\rho}}{\rho + p} = -\frac{2\dot{r}}{r} - \dot{\Lambda}$$

が成り立つ．これを，

$$G^{\hat{t}}{}_{\hat{R}} = 0 = \frac{2}{r} e^{-\Phi-\Lambda}(\dot{r}' - \dot{r}\Phi' - r'\dot{\Lambda})$$

と組み合わせ（問題 9.20 を見よ），さらに，エネルギー保存の式

$$T^{\beta}{}_{R;\beta} = 0 = p' + (p + \rho)\Phi'$$

を考慮すると，

$$-\dot{\rho} = (\rho + p)\left(\frac{2\dot{r}}{r} + \frac{\dot{r}'}{r'}\right) + \frac{\dot{r}p'}{r'}$$

が得られる．この関係式を $\dot{m}$ の表式に代入すると，

$$\begin{aligned}
\dot{m} &= 4\pi \int_0^R (2r\dot{r}r'\rho + r^2\dot{r}'\rho + r^2 r'\dot{\rho})dR \\
&= -4\pi \int_0^R (2rr'\dot{r}p + r^2\dot{r}'p + r^2\dot{r}p')dR = -4\pi \int_0^R (r^2\dot{r}p)' dR
\end{aligned}$$

となる．$R = 0$ では $r^2\dot{r}p = 0$ なので，最終的に，

$$\dot{m} = -4\pi r^2 p\dot{r}$$

が成立する．

(b) $G^{\hat{t}}{}_{\hat{t}} = -8\pi\rho$ より（問題 9.20 を見よ），

$$8\pi\rho r^2 = 1 - (r')^2 e^{-2\Lambda} + \dot{r}^2 e^{-2\Phi} + 2r\dot{r}e^{-2\Phi}\dot{\Lambda} + 2re^{-2\Lambda}(r'\Lambda' - r'')$$

である．ここで，$\dot{\Lambda}$ を消去するために $G^{\hat{t}}{}_{\hat{R}}$ を使い，$8\pi\rho r^2 r'$ が R に関して完全微分であることに注意すると，

$$\begin{aligned} 8\pi\rho r^2 r' &= r' - (r')^3 e^{-2\Lambda} + \dot{r}^2 r' e^{-2\Phi} + 2r\dot{r}e^{-2\Phi}(\dot{r}' - \dot{r}\Phi') \\ &\quad + 2rr'e^{-2\Lambda}(r'\Lambda' - r'') \\ &= \left[r - r(r')^2 e^{-2\Lambda} + r\dot{r}^2 e^{-2\Phi}\right]' \end{aligned}$$

となる．これを積分すると，求めるべき式

$$2m = r\left[1 - (r')^2 e^{-2\Lambda} + \dot{r}^2 e^{-2\Phi}\right] = r(1 - \Gamma^2 + U^2)$$

が得られる．

問題 16.27　球対称星の重力崩壊 (3)

崩壊する球対称星において，共動座標半径 R の球殻が十分に崩壊して，$2m(R,t)/r(R,t) > 1$ となると，球殻は有限固有時間で $r = 0$ まで崩壊することを示せ．

[解]　問題 16.26 より，

$$\frac{dr}{d\tau} = U \tag{1}$$

$$\frac{dm}{d\tau} = -4\pi r^2 pU \tag{2}$$

$$U = \frac{dr}{d\tau} = \pm\sqrt{\Gamma^2 + \left(\frac{2m}{r} - 1\right)} \tag{3}$$

が得られる．最初の 2 式は $dr/d\tau$ と $dm/d\tau$ が逆符号をもつことを表しているので，球殻が $2m/r < 1$ から $2m/r > 1$ へ通過するときに，$r = 2m$ では

$$\frac{dr}{d\tau} \le 0, \qquad \frac{dm}{d\tau} \ge 0$$

でなくてはならない．したがって，式 (3) より，

$$\frac{dr}{d\tau} = -\sqrt{\Gamma^2 + \left(\frac{2m}{r} - 1\right)}$$

である．これより，球殻は $\Gamma^2 + (2m/r - 1) > 0$ が成り立つ限り半径が小さくなり，

そして，半径が小さくなる限り質量は増えて，因子 $2m/r-1$ も増加し続け，崩壊は止まらなくなる．

ここで，球殻が $2m/r-1=\epsilon>0$ の点に達したとしよう．この因子は増大し続けるので，

$$\frac{dr}{d\tau} \le -\sqrt{\epsilon}$$

となり，球殻は（固有時間）$\le 2m/\sqrt{\epsilon}$ で $r=0$ に到達することがわかる．（この解法は J. M. Bardeen による．）

問題 16.28　ダストの球対称重力崩壊 (1)

シュヴァルツシルト時空における粒子の鉛直落下は，

$$\frac{d^2r}{d\tau^2} = -\frac{M}{r^2}$$

で表され，シュヴァルツシルト質量 M によって決定される．これと同様に，圧力がゼロの球対称な崩壊では，球殻の落下がその内部に含まれる質量 m によって決まることを示せ．

[解]　問題 16.25 で調べたように，圧力ゼロの崩壊に対しては $\Phi=0$ と選ぶことができる．これと $G^R{}_R=0$ より（問題 9.20 を見よ），

$$0 = 2r\ddot{r} + 1 - (r')^2 e^{-2\Lambda} + \dot{r}^2 = 2r\ddot{r} + 1 - \Gamma^2 + U^2$$

となる．したがって，

$$\ddot{r} = \frac{d^2r}{d\tau^2} = -\frac{m}{r^2}$$

である（問題 16.26 を見よ）．

問題 16.29　ダストの球対称重力崩壊 (2)

圧力がゼロの球対称崩壊（問題 16.26 を見よ）に対して，m と Γ がともに時間に依存しないことを示せ．また，動的方程式

$$\left(\frac{dr}{d\tau}\right)^2 - \frac{2m(R)}{r} = \Gamma^2(R) - 1$$

を Γ^2-1 がゼロより大きい，小さい，ゼロに等しい 3 つの異なる場合について解け．

[解]　質量関数に対する動的方程式（問題 16.26 を見よ）

$$\dot{m} = -4\pi p r^2 \dot{r} = 0$$

より，物理的にも明らかなように，質量は時間に依存しない．問題 16.26 の Γ^2 に関する式を微分すると，

$$2\Gamma\dot{\Gamma} = 2U\dot{U} + \frac{2m}{r^2}\dot{r} = 2\dot{r}\left(\ddot{r} + \frac{m}{r^2}\right)$$

となり，問題 16.28 の結果を用いると，Γ もまた，時間に依存しないことがわかる．

$r(R, \tau)$ の動的方程式は単純な 1 階微分方程式になり，パラメータ表示を用いて以下のように解くことができる．

(i) $\Gamma^2 - 1 < 0$ の場合

$$r = \frac{m(R)}{1-\Gamma^2}(1 + \cos\eta) \tag{1a}$$

$$\tau = \frac{m(R)}{(1-\Gamma^2)^{3/2}}(\eta + \sin\eta) + F(R) \tag{1b}$$

ここで，$F(R)$ は任意関数である．

(ii) $\Gamma^2 - 1 = 0$ の場合

$$r = \left\{\frac{3}{2}\sqrt{m(R)}\big[G(R) - \tau\big]\right\}^{2/3} \tag{2}$$

ここで，$g(R)$ は任意関数である．

(iii) $\Gamma^2 - 1 > 0$ の場合

$$r = \frac{m(R)}{\Gamma^2 - 1}(\cosh\eta - 1) \tag{3a}$$

$$\tau = \frac{m(R)}{(\Gamma^2-1)^{3/2}}(\sinh\eta - \eta) + H(R) \tag{3b}$$

ここで，$H(R)$ は任意関数である．

自由に選べる 3 つの関数があることに注意する．これらの関数は物理的な条件によって決めなくてはならない．$m(R)$ を選ぶことによって，ある初期時刻および，その後の質量分布を決定することになる．積分「定数」の $F(R)$，$G(R)$，$H(R)$ は初期超曲面における各流体要素の r の値，すなわち $r(R, t=0)$ に対応する．

$\Gamma^2(R)$ は初期超曲面における各流体要素の速度を決めることに相当する．動径方向の測地線方程式と比較すると，$\Gamma^2 - 1$ は保存量である流体殻の「無限遠でのエネルギー」とみなすことができる．したがって，解に次の 3 つの場合があることはそう驚くべきことではない．流体殻の速度が

(a) 脱出速度よりも小さい場合，

(b) 脱出速度に等しい場合，

(c) 脱出速度よりも大きい場合．

これらの解では，t の符号を逆にできることに注意する．たとえば，解 (c) は t の符号を逆にすると内向きに落ちる球殻を表している．また，3 つの自由な関数がいい加減に選ばれたとすると，一般に球殻が互いに横切る現象 (shell crossing) が生じることにも注意する．

問題 16.30　重力崩壊する球対称星の内部解・外部解

重力崩壊する完全流体の球対称星を考える．圧力をゼロ，密度を一様（流体と共動の観測者にとって星全体にわたって一様）とする．

(i) 有限半径の星が，初速度ゼロで崩壊した場合，星の内部計量は局所的に $k = +1$ のフリードマン宇宙解[†] になることを示せ．同様に，無限大の大きさから初速度ゼロで崩壊した場合と，無限大の大きさから内向きの有限の速度をもって崩壊し始めた場合は，それぞれ $k = 0, -1$ のフリードマン宇宙解になることを示せ．

(ii) バーコフの定理（問題 16.3 を見よ）より，外部計量はシュヴァルツシルト解で表される．星の表面の各点はシュヴァルツシルト解の動径方向の測地線に沿って運動することを示せ．

(iii) 星の表面でフリードマン宇宙解とシュヴァルツシルト解がなめらかに接続されることを示せ（表面の 3 次元内部計量と外的曲率が外部，および内部で等しく測定されることを示せば必要十分である）．

[解]　(i) エネルギー運動量テンソルは $T_{\alpha\beta} = \rho u_\alpha u_\beta$ である．球対称性と一様密度の仮定は，等方性と一様性の仮定と等価なので，解は次のロバートソン – ウォーカー計量で書ける．

$$ds^2 = -d\tau^2 + a^2(\tau)\left[d\chi^2 + \Sigma^2(\chi)(d\theta^2 + \sin^2\theta\, d\phi^2)\right] \tag{1}$$

ここで，

$$\Sigma(\chi) = \begin{cases} \sin\chi & (k = +1) \\ \chi & (k = 0) \\ \sinh\chi & (k = -1) \end{cases}$$

である．「動径」座標 χ のある一定値のところに星の表面があり，そこを $\chi = \chi_0$ とする．式 (1) より，星の固有円周半径は $R = a(\tau)\Sigma(\chi_0)$ となる．圧力がゼロのアインシュタイン方程式は（問題 19.16, 19.18 を見よ），

† 訳者注：フリードマン宇宙解とロバートソン – ウォーカー計量については第 19 章を参照．

$$\left(\frac{a_{,\tau}}{a}\right)^2 = -\frac{k}{a^2} + \frac{8\pi\rho}{3} \tag{2}$$

$$\rho a^3 = （定数） \tag{3}$$

となる．式 (2) は

$$\rho = \frac{3}{8\pi}\left[\left(\frac{R_{,\tau}}{R}\right)^2 + \frac{k\Sigma^2(\chi_0)}{R^2}\right] \tag{4}$$

と書き換えられる．ρ は正なので，ある有限の R の値に対して $R_{,\tau} = 0$ ならば，必ず $k = +1$ となる．逆に $k = -1$ ならば，$R_{,\tau}$ が決してゼロにならない．$k = 0$ の場合は $R \to \infty$ で $R_{,\tau} \to 0$ に対応する．

(ii) 圧力なしのオイラー方程式は $\nabla_{\boldsymbol{u}}\boldsymbol{u} = \boldsymbol{0}$ なので，各流体要素は測地線に沿って運動する．球対称性より，この測地線は動径方向となる．

(iii) $k = +1$ の場合に接続を行う．$k = 0, -1$ の場合も同様である．$k = +1$ に対して，式 (2), (3) は

$$(a_{,\tau})^2 = \frac{a_{\mathrm{m}}}{a} - 1 \tag{5}$$

となる．ここで，式 (3) の定数は，$a_{,\tau} = 0$ のとき $a = a_{\mathrm{m}} =$ (a の最大値) になるようにした．式 (5) はそのまま積分できるが，新たな時間パラメータを

$$d\tau = a\,d\eta \tag{6}$$

により導入すると便利である．こうすると，式 (5), (6) は

$$a = \frac{1}{2}a_{\mathrm{m}}(1 + \cos\eta) \tag{7}$$

$$\tau = \frac{1}{2}a_{\mathrm{m}}(\eta + \sin\eta) \tag{8}$$

となる．積分定数は，$\eta = 0$ で $a = a_{\mathrm{m}}$ と $\tau = 0$，$\eta = \pi$ で $a = 0$ と $\tau = (\pi/2)a_{\mathrm{m}}$ より決めた．星の表面の内的計量は，内部では式 (1) に $\chi = \chi_0$ を代入して，

$$^{(3)}ds^2 = -d\tau^2 + a^2(\tau)\sin^2\chi_0\,d\Omega^2 = a^2(\eta)(-d\eta^2 + \sin^2\chi_0\,d\Omega^2) \tag{9}$$

と求められる．外部計量は

$$ds^2 = -\left(1 - \frac{2M}{r}\right)dt^2 + \left(1 - \frac{2M}{r}\right)^{-1}dr^2 + r^2\,d\Omega^2 \tag{10}$$

である．星の表面は $r = R(\tau)$ にあり，動径方向の測地線方程式（問題 15.4 を見よ）より，$R(\tau)$ は，

$$R = \frac{1}{2}R_{\mathrm{i}}(1 + \cos\eta) \tag{11}$$

$$\tau = \sqrt{\frac{R_{\rm i}^3}{8M}}(\eta + \sin\eta) \tag{12}$$

$$u^t = \frac{dt}{d\tau} = \frac{\sqrt{1 - 2M/R_{\rm i}}}{1 - 2M/R} \tag{13}$$

で与えられる（$\eta = 0$ で $R = R_{\rm i}$ とした）．したがって，表面の計量は，

$$\begin{aligned}{}^{(3)}ds_+^2 &= -d\tau^2 + R(\tau)^2 d\Omega^2 \\ &= -\left(\frac{R_{\rm i}^3}{8M}\right)(1 + \cos\eta)^2 d\eta^2 + \frac{R_{\rm i}^2}{4}(1 + \cos\eta)^2 d\Omega^2 \end{aligned} \tag{14}$$

となる．これを式 (9) と比較すると，

$$R_{\rm i} = a_{\rm m} \sin\chi_0, \qquad 2M = a_{\rm m} \sin^3\chi_0 \tag{15}$$

とおくことで，3 次元内的計量は内部と外部で等しくなる．

次に，内部での外的曲率 $K_{ij}^{(-)}$ を計算する．表面の法線ベクトルは，

$$\boldsymbol{n} = \frac{1}{a}\frac{\partial}{\partial\chi} \tag{16}$$

であり（$\boldsymbol{n}\cdot\boldsymbol{n} = 1$ に注意），一方，ベクトル $\boldsymbol{u} = \partial/\partial\tau$, $\partial/\partial\theta$, $\partial/\partial\phi$ は面内にある．添え字 i, j は τ, θ, ϕ を動くとすると，

$$\begin{aligned} K_{ij} &\equiv -\boldsymbol{e}_i \cdot \nabla_j \boldsymbol{n} = -\boldsymbol{e}_i \cdot (\Gamma^\alpha{}_{nj}\boldsymbol{e}_\alpha) = -g_{i\alpha}\Gamma^\alpha{}_{nj} \\ &= -\Gamma_{inj} = -\frac{1}{2}(g_{in,j} + g_{ij,n} - g_{nj,i}) = -\frac{1}{2}g_{ij,n} \end{aligned} \tag{17}$$

となる．最後の等式は $g_{in} = g_{i\chi}/a = 0$ を用いた．また，計量より，

$$K_{\tau\tau}^{(-)} = K_{\tau\theta}^{(-)} = K_{\tau\phi}^{(-)} = K_{\theta\phi}^{(-)} = 0 \tag{18}$$

$$K_{\theta\theta}^{(-)} = \frac{K_{\phi\phi}^{(-)}}{\sin^2\theta} = -\frac{1}{2}a_{\rm m}(1 + \cos\eta)\sin\chi_0\cos\chi_0 \tag{19}$$

が得られる．外部計量では，4 元速度は

$$\boldsymbol{u} = u^t \boldsymbol{e}_t + u^r \boldsymbol{e}_r$$

である．法線ベクトルは

$$\boldsymbol{n} = n^t \boldsymbol{e}_t + n^r \boldsymbol{e}_r$$

で，

$$\boldsymbol{n}\cdot\boldsymbol{n} = 1 = g_{tt}(n^t)^2 + g_{rr}(n^r)^2 \tag{20}$$

$$\boldsymbol{n} \cdot \boldsymbol{u} = 0 = n^t u_t + n^r u_r \tag{21}$$

を満たす．また，

$$\boldsymbol{u} \cdot \boldsymbol{u} = -1 = g^{tt}(u_t)^2 + g^{rr}(u_r)^2 \tag{22}$$

$$g^{rr} = (g_{rr})^{-1} = -(g^{tt})^{-1} = -g_{tt} = 1 - \frac{2M}{r}$$

より，上の式は

$$n^t = u_r, \qquad n^r = -u_t \tag{23}$$

を意味する．前と同じように，添え字 i, j は τ, θ, ϕ を動くとする．このとき，$g_{in} = \boldsymbol{n} \cdot \boldsymbol{e}_i = 0$ なので，式 (17) は外部計量に対しても成立する．$\boldsymbol{e}_\tau \cdot \boldsymbol{e}_\tau = \boldsymbol{u} \cdot \boldsymbol{u} = -1$, $\boldsymbol{e}_\tau \cdot \boldsymbol{e}_\theta = \boldsymbol{e}_\tau \cdot \boldsymbol{e}_\phi = \boldsymbol{e}_\theta \cdot \boldsymbol{e}_\phi = 0$ より，式 (18) も外部計量に対して成立する．また，

$$\begin{aligned}
K_{\theta\theta}^{(+)} = \frac{K_{\phi\phi}^{(+)}}{\sin^2\theta} &= -\frac{1}{2}(r^2)_{,n} = -\frac{1}{2}(r^2)_{,r} n^r = r u_t \\
&= -R\sqrt{1 - \frac{2M}{R_{\mathrm{i}}}} = -\frac{1}{2}R_{\mathrm{i}}(1 + \cos\eta)\sqrt{1 - \frac{2M}{R_{\mathrm{i}}}} \\
&= -\frac{1}{2}a_{\mathrm{m}} \sin\chi_0 \cos\chi_0\,(1 + \cos\eta)
\end{aligned}$$

が得られる．ここで，式 (23), (13), (11), (15) を用いた．こうして $K_{ij}^{(+)} = K_{ij}^{(-)}$ も成立し，証明が完了する．

第 17 章

ブラックホール

Black Holes

カー－ニューマン・ブラックホール (Kerr–Newman black hole) はアインシュタイン方程式の厳密解で，特徴付ける物理量として，質量，角運動量，そして，（宇宙物理的な場合はゼロだが原理的には）電荷の 3 つをもつ．

この解の計量は（**ボイヤー－リンキスト座標** (Boyer–Lindquist coordinates) で），

$$ds^2 = -\left(1 - \frac{2Mr - Q^2}{\Sigma}\right)dt^2 - \frac{(2Mr - Q^2)2a\sin^2\theta}{\Sigma}dtd\phi$$
$$+ \frac{\Sigma}{\Delta}dr^2 + \Sigma\, d\theta^2 + \left[r^2 + a^2 + \frac{(2Mr - Q^2)a^2\sin^2\theta}{\Sigma}\right]\sin^2\theta\, d\phi^2$$

と表される．ここで，

$$M \equiv (\text{質量}), \qquad Q \equiv (\text{電荷}), \qquad a \equiv (\text{単位質量あたりの角運動量})^{\dagger}$$
$$\Delta \equiv r^2 - 2Mr + a^2 + Q^2, \qquad \Sigma \equiv r^2 + a^2\cos^2\theta$$

である．また，

$$a^2 + Q^2 \le M^2$$

を満たす．

計量関数は t, ϕ には依存しないので，キリングベクトル $\boldsymbol{\xi}_{(t)} = \partial/\partial t$, $\boldsymbol{\xi}_{(\phi)} = \partial/\partial\phi$ が存在する．この解がもつ特徴のうち，テスト粒子の軌道に関する方程式が計量から次のように得られる．

$$\Sigma\dot{r} = \pm\sqrt{V_r}, \qquad \Sigma\dot{\theta} = \pm\sqrt{V_\theta}$$
$$\Sigma\dot{\phi} = -\left(aE - \frac{L_z}{\sin^2\theta}\right) + \frac{a}{\Delta}P, \qquad \Sigma\dot{t} = -a(aE\sin^2\theta - L_z) + \frac{r^2 + a^2}{\Delta}P$$

ここで，ドット記号 ($\dot{}$) は固有時間またはアフィンパラメータに関する微分を表す．また，

† 訳者注：比角運動量 (specific angular momentum) ともいう．

$$P \equiv E(r^2 + a^2) - L_z a - eQr$$
$$V_r \equiv P^2 - \Delta\left[\mu^2 r^2 + (L_z - aE)^2 + \mathcal{Q}\right]$$
$$V_\theta \equiv \mathcal{Q} - \cos^2\theta\left[a^2(\mu^2 - E^2) + \frac{L_z^2}{\sin^2\theta}\right]$$
$E \equiv$（全エネルギー：保存量），　$L_z \equiv$（角運動量の z 成分：保存量）

$\mathcal{Q} \equiv$（全角運動量に関係した量：保存量[†1]），　$\mu \equiv$（粒子の静止質量）

$e \equiv$（粒子の電荷）

である．

$a = Q = 0$ の場合，計量は**シュヴァルツシルト・ブラックホール** (Schwarzschild black hole) を表す．$a = 0,\ Q \neq 0$ の場合，計量は**ライスナー－ノルドストロム・ブラックホール** (Reissner–Nordström black hole) を表す．これらは球対称である．$a \neq 0,\ Q = 0$ の場合，計量は**カー・ブラックホール** (Kerr black hole) を表す．これらのブラックホールを定義するのは**事象の地平面** (event horizon) の存在である．事象の地平面では，外側にある物体はその面を通過して落ちていけるが，内側からはいかなる物体も情報も無限遠まで到達することはできない．カー・ブラックホールでは，事象の地平面は方程式 $\Delta = 0$ の大きいほうの解 r_+ に位置する．回転しているブラックホールには**定常限界面** (stationary limit) が存在し，その内側ではすべての観測者がブラックホールに引きずられて定常状態を保てなくなる．カー・ブラックホールの定常限界面は，$g_{tt} = 0$ の大きいほうの解 r_0 に位置する．事象の地平面と定常限界面の間にある領域を，**エルゴ球** (ergosphere) という[†2]．

問題 17.1　カー・ブラックホールの質量と角運動量

カー計量の定数 M は系の質量を表すことを示せ．また，定数 a が単位質量あたりの角運動量を表すことを示せ．

[解]　漸近的に平坦な時空において計量が次の形をとる座標系

$$g_{00} = -\left[1 - \frac{2\tilde{M}}{r} + \mathcal{O}(r^{-2})\right] \tag{1}$$
$$g_{0j} = -\left[4\varepsilon_{jk\ell}\tilde{S}^k\frac{x^\ell}{r^3} + \mathcal{O}(r^{-3})\right] \tag{2}$$

---

†1 訳者注：カーター定数 (Carter constant) という．

†2 訳者注：定常限界面をエルゴ面 (ergosurface)，エルゴ球をエルゴ領域 (ergoregion) ともいう．問題 17.12 参照．

を見つけることで，質量と角運動量を求めることができる．この展開で現れる定数 $\tilde{M}$ と $\tilde{S}^k$ が，質量と固有角運動量である（Weinberg の 9.4 節，MTW の 19.3 節を見よ）．

ボイヤー – リンキスト座標でカー計量を r^{-1} で展開すると，最低次は，

$$ds^2 = -\Big(1 - \frac{2M}{r} + \cdots\Big)dt^2 - \Big(\frac{4aM}{r}\sin^2\theta + \cdots\Big)dtd\phi$$
$$+ (1 + \cdots)\big[dr^2 + r^2(d\theta^2 + \sin^2\theta\, d\phi^2)\big]$$

となる．$x \equiv r\sin\theta\cos\phi$，$y \equiv r\sin\theta\sin\phi$，$z \equiv r\cos\theta$ でデカルト座標系に変換すると，

$$ds^2 = -\Big(1 - \frac{2M}{r} + \cdots\Big)dt^2 - \Big(\frac{4aM}{r^3} + \cdots\Big)(x\,dy - y\,dx)\,dt$$
$$+ (1 + \cdots)(dx^2 + dy^2 + dz^2) \tag{3}$$

となり，式 (1), (2) と比較するとすぐに，

$$\tilde{M} = M, \qquad \tilde{\boldsymbol{S}} = aM\boldsymbol{e}_{\hat{z}}$$

が得られる．

17

問題 17.2　ポンコツ車を押し潰せ

小さなブラックホール ($\ll M_\oplus$) があり，その利用法として，ポンコツ車を近づけて車を押し潰してつるんとした球にしてしまうことが提案された．地球を周回するブラックホールで，この利用法に適している質量を評価せよ．1 時間に何台の車を潰せるか．

[解]　図のように，車は潰される前に質量 m，長さ L をもち，潰された後は長さが L' で「凸凹さ」（凸凹の高さ）が h になったとする．また，ブラックホールの質量を M とする．鉄鋼が支えられる単位質量あたりの内部応力の大きさを ϵ（核子質量あたり $\sim 0.1\,\mathrm{eV}$．問題 5.6 を見よ）とする．重力による圧力と内部応力を比べると，車が

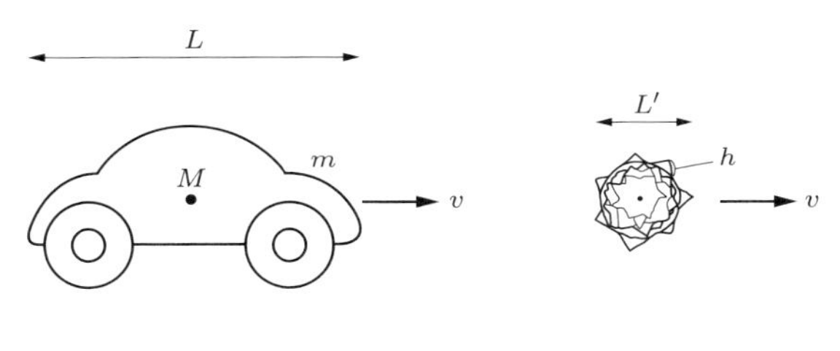

潰れる条件は，

$$\frac{GM}{L^2}\cdot L > \epsilon \qquad \text{（圧縮が始まる条件）} \tag{1}$$

$$\frac{GM}{L'^2}\cdot h > \epsilon \qquad \text{（圧縮終了後に凸凹さが } h \text{ よりも小さい条件）} \tag{2}$$

である．車は典型的にはその元々の大きさの 0.1 倍くらいに潰れるので，上の 2 つの不等式は $h/L' = 0.1$ で等価になる．これはもっともらしい値といえる．$L' \sim 100\,\mathrm{cm}$，$\epsilon \sim 10^9\,\mathrm{erg/g}$ とすると，$M \geq 10^{18}\,\mathrm{g}$ を与える．

時間に関しては，自由落下時間で潰れるとすると，$\sqrt{L^3/GM} \sim 10^{-5}\,\mathrm{s}$ なので，1 時間に 10^8 のオーダーの車を処理できる．

問題 17.3　事象の地平面の中で

宇宙船がシュヴァルツシルト・ブラックホールの重力半径（事象の地平面）をひとたび横切ってしまうと，どれだけエンジンの推進力を上げても，固有時間 $\tau \leq \pi M$ のうちに $r = 0$ に達してしまうことを示せ．

［解］　時間的世界線に沿って航行している宇宙船では，その 4 元速度は（シュヴァルツシルト計量で），

$$\begin{aligned}1 &= -\boldsymbol{u}\cdot\boldsymbol{u}\\ &= \left(1-\frac{2M}{r}\right)\left(\frac{dt}{d\tau}\right)^2 - \left(1-\frac{2M}{r}\right)^{-1}\left(\frac{dr}{d\tau}\right)^2 - r^2\left(\frac{d\theta}{d\tau}\right)^2 - r^2\sin^2\theta\left(\frac{d\phi}{d\tau}\right)^2\end{aligned}$$

を満たさなければならない．事象の地平面の内部では，$(dr/d\tau)^2$ 以外の項はすべて負になるので，

$$\left(\frac{2M}{r}-1\right)^{-1}\left(\frac{dr}{d\tau}\right)^2 > 1$$

である．また，「未来向き」の（つまり物理的な）観測者に対して，$dr/d\tau$ は負でなくてはならない（たとえば，エディントン–フィンケルシュタイン座標系，またはクルスカル座標系より）ので，

$$dr < -\sqrt{\frac{2M}{r}-1}\,d\tau$$

である．したがって，

$$\begin{aligned}\tau_{\max} &= -\int_{2M}^{0}\frac{1}{\sqrt{2M/r-1}}\,dr\\ &= \left[\sqrt{r(2M-r)} + M\cos^{-1}\left(\frac{r}{M}-1\right)\right]_{2M}^{0} = \pi M\end{aligned}$$

となる．

問題 17.4　ブラックホールとケプラーの法則

シュヴァルツシルト・ブラックホールまわりの円軌道では，ケプラーの法則

$$\Omega^2 = \frac{M}{r^3}$$

が厳密に成立することを示せ．ここで，r は円周半径，Ω は無限遠から見た角速度である．比角運動量 a をもつカー・ブラックホールまわりの赤道面軌道に対して，同様の法則を導け．

[解]　カー・ブラックホールの場合を計算して，それに $a=0$ を代入してシュヴァルツシルト・ブラックホールの場合を示す．カー計量は（通常のボイヤー－リンキスト座標系で），

$$ds^2 = -\left(1 - \frac{2Mr}{\Sigma}\right)dt^2 - \frac{4Mar\sin^2\theta}{\Sigma}dt\,d\phi + \frac{\Sigma}{\Delta}dr^2 + \Sigma d\theta^2 + \left(r^2 + a^2 + \frac{2Ma^2 r\sin^2\theta}{\Sigma}\right)\sin^2\theta\,d\phi^2 \tag{1}$$

と書ける．ここで，

$$\Delta \equiv r^2 - 2Mr + a^2, \qquad \Sigma \equiv r^2 + a^2\cos^2\theta$$

である．測地線方程式は

$$\frac{d^2x^\mu}{d\tau^2} + \Gamma^\mu{}_{\alpha\beta}u^\alpha u^\beta = 0 \tag{2}$$

だが，円運動の場合，$\boldsymbol{u}$ の非ゼロ成分である u^t と u^ϕ はともに定数なので，第 1 項は消える．式 (2) の r 成分は，

$$0 = \Gamma_{r\alpha\beta}u^\alpha u^\beta = \Gamma_{rtt}\left(\frac{dt}{d\tau}\right)^2 + 2\Gamma_{rt\phi}\frac{dt}{d\tau}\frac{d\phi}{d\tau} + \Gamma_{r\phi\phi}\left(\frac{d\phi}{d\tau}\right)^2 \tag{3}$$

となる．計量の係数は r と ϕ にしかよらないので，赤道面上 $(\theta = \pi/2)$ で関係してくるクリストッフェル記号の成分は，

$$\begin{aligned}\Gamma_{rtt} &= -\frac{1}{2}g_{tt,r} = \frac{M}{r^2} \\ 2\Gamma_{rt\phi} &= -g_{t\phi,r} = -\frac{2Ma}{r^2} \\ \Gamma_{r\phi\phi} &= -\frac{1}{2}g_{\phi\phi,r} = \frac{Ma^2}{r^2} - r\end{aligned} \tag{4}$$

となる．$\Omega \equiv d\phi/dt$ とすると，式 (3), (4) より，

17

$$0 = \Omega^2\left(\frac{Ma^2}{r^2} - r\right) - \frac{2Ma}{r^2}\Omega + \frac{M}{r^2} \tag{5}$$

が得られ，これから（順回転と逆回転の）2 つの解

$$\Omega = \frac{\sqrt{M}}{\pm\sqrt{r^3} + a\sqrt{M}} \tag{6}$$

が求められる．$a = 0$ とすると，この式は $\Omega^2 = M/r^3$ となり，これは（偶然にこの座標系で）ニュートン重力におけるケプラーの法則に一致する．

問題 17.5　ライスナー – ノルドストロム・ブラックホールの電磁場

質量 M，電荷 Q をもつ球対称ブラックホール（ライスナー – ノルドストロム・ブラックホール）のまわりで，円周 $2\pi r$ の円軌道を周回する観測者が電場と磁場を測定する．それらの強さと向きを求めよ．

[解]　ライスナー – ノルドストロム計量は

$$ds^2 = -Adt^2 + \frac{1}{A}dr^2 + r^2(d\theta^2 + \sin^2\theta\, d\phi^2)$$

である．ここで，$A \equiv 1 - 2M/r + Q^2/r^2$ とした．まず，問題 17.4 と同じ手法でケプラー回転角速度 $\Omega \equiv d\phi/dt$ を計算する．この場合は，

$$\Gamma_{rtt} = -\frac{1}{2}g_{tt,r} = \frac{M}{r^2} - \frac{Q^2}{r^3}$$

$$2\Gamma_{rt\phi} = -g_{t\phi,r} = 0, \qquad \Gamma_{r\phi\phi} = -\frac{1}{2}g_{\phi\phi,r} = -r$$

となるので，Ω に関する 2 次方程式は，

$$\Omega^2 r - \left(\frac{M}{r^2} - \frac{Q^2}{r^3}\right) = 0$$

であり，回転角速度は

$$\Omega = \pm\sqrt{\frac{M}{r^3} - \frac{Q^2}{r^4}}$$

となる．静的な座標に固定された観測者を基準にしたとき，周回している観測者の固有速度は

$$\hat{v} = \frac{d\hat{\phi}}{d\hat{t}} = \frac{r}{\sqrt{A}}\frac{d\phi}{dt} = \sqrt{\frac{Mr - Q^2}{r^2 - 2Mr + Q^2}}$$

である（カレット記号 (ˆ) は，定常な座標系における正規直交成分を表している）．定常な座標系では，電磁場の非ゼロの成分はただ 1 つで，

$$E_{\hat{r}} = \frac{Q}{r^2}$$

だけになる．電磁場に対するローレンツ変換の関係を用いて回転する座標系に変換すると，ほとんどの成分はゼロになり，

$$E_{\hat{r}} = \frac{1}{\sqrt{1-\hat{v}^2}}\frac{Q}{r^2} = \frac{Q}{r^2}\sqrt{\frac{r^2-2Mr+Q^2}{r^2-3Mr+2Q^2}}$$

$$B_{\hat{\theta}} = \frac{\hat{v}}{\sqrt{1-\hat{v}^2}}\frac{Q}{r^2} = \frac{Q}{r^2}\sqrt{\frac{Mr-Q^2}{r^2-3Mr+2Q^2}}$$

が得られる．

問題 17.6　電子はブラックホール？

「古典的な」電子の質量と電荷，角運動量を調べることにより，それがカー－ニューマン・ブラックホールではありえないことを示せ．

[解]　カー－ニューマン・ブラックホールの比角運動量 a と電荷 Q はいくらでも大きくできるわけではなく，次の不等式

$$\frac{a^2}{c^2} + \frac{GQ^2}{c^4} \leq \frac{G^2M^2}{c^4} \tag{1}$$

を満たさなければならない（ここでは，明解にするために G と c を入れた）．式 (1) は事象の地平面が存在するという条件から導かれ，その場合，事象の地平面は，

$$r_{\mathrm{H}} = M + \sqrt{M^2 - Q^2 - a^2}$$

に位置する．式 (1) の条件が満たされないと，**裸の特異点** (naked singularity) が現れ，時空は非因果的になる†．電子のスピンと電荷，質量を測定すると，a^2 の項は $10^{-22}\,\mathrm{cm}^2$，Q^2 の項は $10^{-68}\,\mathrm{cm}^2$，m^2 の項は $10^{-110}\,\mathrm{cm}^2$ のオーダーになる．これより，不等式は明らかに成立せず，したがって，電子はブラックホールではないことがわかる．

---

† 訳者注：これはもちろん電磁真空 (electrovacuum) の場合であり，物質が分布していれば時空は裸の特異点をもつとは限らない．この問題の結果としては，裸の特異点が現れるわけではなく，ただ電子が r_{H} よりもずっと大きく広がっていることを表している．

問題 17.7　カー・ブラックホールの限界安定軌道

カー・ブラックホールの赤道面上にある円軌道に対して，限界安定軌道† は最小のエネルギー E と最小の角運動量 L をもつことを示せ．

[解]　4 元運動量の成分に対して 3 個の関係式 ($\boldsymbol{p}\cdot\boldsymbol{p}=-m^2$, $p_t=E$, $p_\phi=L$) があるので，軌道方程式は，

$$\left(\frac{dr}{d\lambda}\right)^2 = V(E,L,r)$$

の形になる．ここで，λ はアフィンパラメータ，V は有効ポテンシャルである．円軌道にある条件は，$dr/d\lambda$ が常にゼロであることで，

$$V(E,L,r)=0 \tag{1}$$

$$V'(E,L,r)=0 \tag{2}$$

が満たされればよい．ここで，$V'\equiv\partial V/\partial r$ である．陰関数定理により，式 (1), (2) は

$$\begin{vmatrix} \dfrac{\partial V}{\partial E} & \dfrac{\partial V}{\partial L} \\ \dfrac{\partial V'}{\partial E} & \dfrac{\partial V'}{\partial L} \end{vmatrix} \neq 0 \tag{3}$$

ならば（実際にこの条件は満たされる），

$$E=E(r), \qquad L=L(r)$$

のように解ける．dE/dr, dL/dr は式 (1), (2) を微分して，

$$0=\frac{dV}{dr}=\frac{\partial V}{\partial E}\frac{dE}{dr}+\frac{\partial V}{\partial L}\frac{dL}{dr}+V' \tag{4}$$

$$0=\frac{dV'}{dr}=\frac{\partial V'}{\partial E}\frac{dE}{dr}+\frac{\partial V'}{\partial L}\frac{dL}{dr}+V'' \tag{5}$$

より得られる．ここで，半径 $r=r_0$ の軌道に摂動を加えて，$r=r_0+\epsilon$ にしたとする．摂動された軌道方程式は

$$\left(\frac{dr}{d\lambda}\right)^2 = V(r_0)+\epsilon V'(r_0)+\frac{1}{2}\epsilon^2 V''(r_0)+\cdots$$

となる．非摂動円軌道の条件より，$V(r_0)=0$，かつ $V'(r_0)=0$ である．$V''=0$ の項が安定性を担っており，軌道が安定なら V'' は負になる．限界安定軌道の場合は，

† 訳者注：最も内側にある安定円軌道のことである．最近ではこの軌道を最内安定円軌道 (innermost stable circular orbit) とよび，省略して ISCO という．

$V=0,\ V'=0$ の条件に加えて $V''=0$ も必要になり，式 (4), (5) の唯一の解より $dE/dr=0$ と $dL/dr=0$ がいえる．E, L の極値が最小であることは物理的に明らか である．

問題 17.8　カー・ブラックホールと観測者

観測者（自由落下していなくてもよい）が赤道面内 ($\theta=\pi/2$) でカー・ブラックホールを周回している．

(a) 半径 r が一定の円軌道とする．$\Omega=d\phi/dt$ を定義し，遠方の定常な観測者に対するこの観測者の角速度とする．Ω, r, M, a を用いて u^0, u^ϕ, u_0, u_ϕ を表せ．

(b) 円軌道がエルゴ球（軌道半径が事象の地平面 r_+ より外側で，定常限界面 r_0 より内側）にあるとする．観測者は遠方の観測者に対して静止した状態でいられないこと，つまり，Ω がゼロにならないことを示せ．

(c) 観測者が $r_- < r < r_+$ の領域にいる場合は，一定の半径に留まっていられないことを示せ†．

17

［解］　(a) $\boldsymbol{u}\cdot\boldsymbol{u}=-1$ と $\Omega\equiv u^\phi/u^0$ より，

$$-1=g_{00}(u^0)^2+2g_{0\phi}u^0u^\phi+g_{\phi\phi}(u^\phi)^2=(u^0)^2(g_{00}+2\Omega g_{0\phi}+\Omega^2 g_{\phi\phi}) \tag{1}$$

となり，したがって，

$$u^0=\frac{1}{\sqrt{-g_{00}-2\Omega g_{0\phi}-\Omega^2 g_{\phi\phi}}}$$

である．ここで，$\theta=\pi/2$ の面上では，

$$-g_{00}=1-\frac{2M}{r},\qquad -g_{0\phi}=\frac{2Ma}{r},\qquad -g_{\phi\phi}=-\frac{r^3+a^2r+2Ma^2}{r}$$

である．ほかの成分は u^0 を用いて簡単に求められ，

$$\begin{aligned}u^\phi&=\Omega u^0\\ u_0&=g_{00}u^0+g_{0\phi}u^\phi=u^0(g_{00}+\Omega g_{0\phi})\\ u_\phi&=g_{\phi 0}u^0+g_{\phi\phi}u^\phi=u^0(g_{0\phi}+\Omega g_{\phi\phi})\end{aligned}$$

となる．

† 訳者注：まえがきにある方程式 $\Delta=0$ の 2 つの解を r_+, r_- ($r_+>r_-$) とする．r_+ は事象の地平面であり，一方 r_- は**内部地平面** (inner horizon) とよばれる．

(b) 式 (1) より,

$$Y \equiv g_{00} + 2\Omega g_{0\phi} + \Omega^2 g_{\phi\phi} < 0 \tag{2}$$

である．これより，観測者が座標定常 ($\Omega = 0$) でいられるのは $g_{00} < 0$ のときのみ，すなわち，赤道面上では $r > r_0 = 2M$ になる．

(c) 式 (2) で定義された Y の判別式は

$$(g_{0\phi})^2 - g_{00}g_{\phi\phi} = r^2 - 2Mr + a^2 = (r - r_+)(r - r_-)$$

であり，$r_- < r < r_+$ では負になる．Y の判別式が負の場合，Y は任意の Ω に対して同じ符号，つまり，$g_{\phi\phi}$ と同じ符号なので正になる．これは半径 r が一定の時間的運動を仮定した式 (2) を破っている．したがって，観測者は一定の r には留まることはできない．

$r \to r_+$ のとき，Ω は $-g_{0\phi}/g_{00} = a/2Mr_+$ になることに注意する．

問題 17.9　エルゴ球とペンローズ過程

カー・ブラックホールのエルゴ球（事象の地平面の外側！）に負のエネルギーをもつ粒子軌道が存在することを示せ．また，宇宙船は，エルゴ球を通過しているときに砲弾をブラックホールに打ち込むことで，全エネルギーを増やせることを示せ．

[解]　粒子の保存エネルギーは，4 元運動量とキリングベクトル $\boldsymbol{\xi}_{(t)} = \partial/\partial t$ との内積

$$E = -\boldsymbol{p} \cdot \left(\frac{\partial}{\partial t}\right) = -p_t \tag{1}$$

である．カー計量を

$$ds^2 = -e^{2\nu}dt^2 + e^{2\psi}(d\phi - \omega dt)^2 + e^{2\mu_1}dr^2 + e^{2\mu_2}d\theta^2 \tag{2}$$

の形で表す．反変成分 $g^{\alpha\beta}$ は

$$\begin{aligned} &g^{tt} = -e^{-2\nu}, \qquad g^{t\phi} = -e^{-2\nu}\omega, \qquad g^{\phi\phi} = e^{-2\psi} - e^{-2\nu}\omega^2 \\ &g^{rr} = e^{-2\mu_1}, \qquad g^{\theta\theta} = e^{-2\mu_2} \end{aligned} \tag{3}$$

となる．粒子の質量を μ とすると，

$$\begin{aligned} -\mu^2 &= \boldsymbol{p} \cdot \boldsymbol{p} \\ &= -e^{2\nu}p_t^2 - 2e^{2\nu}\omega\, p_t\, p_\phi + (e^{-2\psi} - e^{-2\nu}\omega^2)p_\phi^2 + e^{-2\mu_1}p_r^2 + e^{-2\mu_2}p_\theta^2 \end{aligned} \tag{4}$$

なので，$E = p_t$ に対する 2 次方程式を解くと，

$$E = \omega p_\phi + \sqrt{e^{2\nu-2\psi} p_\phi^2 + e^{2\nu}(e^{-2\mu_1} p_r^2 + e^{-2\mu_2} p_\theta^2 + \mu^2)} \tag{5}$$

が得られる．無限遠で静止した粒子に対して $E = +\mu$ になるように，式 (5) の根号の符号を正とした．ここで，E を負とすると，p_ϕ は負で，かつ，

$$\sqrt{e^{2\nu-2\psi} p_\phi^2 + e^{2\nu}(e^{-2\mu_1} p_r^2 + e^{-2\mu_2} p_\theta^2 + \mu^2)} < -\omega p_\phi \tag{6}$$

となる．E が負になる境界は $p_r = p_\theta = 0$ と $\mu \to 0$（つまりきわめて相対論的な粒子）にすることで得られる．これより，$e^{2\nu-2\psi} < \omega^2$ となり，これは $g_{tt} > 0$ と等価である．すなわち，軌道はエルゴ球の内部でなくてはならない（問題 10.15 からもこの結果が得られる）．

宇宙船が砲弾を発射すると，4 元運動量の保存より，

$$\boldsymbol{p}_{\text{before}} = \boldsymbol{p}_{\text{after}} + \boldsymbol{p}_{\text{ball}} \tag{7}$$

である．これとキリングベクトル $\boldsymbol{\xi}_{(t)}$ との内積より

$$E_{\text{before}} = E_{\text{after}} + E_{\text{ball}} \tag{8}$$

となる．宇宙船は無限遠からエルゴ球内に来たとすると，$E_{\text{before}} > \mu$ である．エルゴ球内で十分高速で負の p_ϕ をもつ砲弾を発射すれば，$E_{\text{ball}} < 0$ になる．こうして，式 (8) より，$E_{\text{after}} > E_{\text{before}}$ となり，宇宙船はより多くの全エネルギーをもって無限遠へと飛び去ることができる．宇宙船の軌道も負のエネルギーをもった砲弾の軌道もともに時間的なので，砲弾は光速よりも遅い（局所的な）速さで宇宙船から発射されうる．

問題 17.10　テスト粒子の角速度

テスト粒子はカー・ブラックホールの事象の地平面 $r = r_+$ に近づくにつれて，無限遠から見た角速度が

$$\Omega \equiv \frac{d\phi}{dt} = \frac{a}{2Mr_+}$$

になることを示せ．

[解]　問題 17.8 で，$\theta = \pi/2$ のとき，$\Omega \to a/2Mr_+$ になることがわかった．これを任意の θ で示すために，問題 17.9 の記法で，

$$\Omega = \frac{p^\phi}{p^t} = \frac{g^{\phi\phi} p_\phi + g^{\phi t} p_t}{g^{tt} p_t + g^{\phi t} p_\phi} = \omega - e^{2\nu} \frac{e^{-2\psi} p_\phi}{p_t + \omega p_\phi}$$

とする．$\Delta = 0$（つまり事象の地平面上）では $e^{-2\psi}$ は有限だが $e^{2\nu}$ はゼロになるので，$\Omega = \omega$ である．最後に，$\Delta = 0$ では

$$\omega = \frac{-g_{\phi t}}{g_{\phi\phi}} = \frac{a}{2Mr_+}$$

であり，求めるべき Ω が得られる．

問題 17.11　カー時空の準円形極軌道

カー時空に「準円形極軌道」，すなわち，北極と南極の上空を交互に通過し座標半径が一定の軌道が存在することを示せ．これらの軌道のうち，最小の極半径をもつ軌道の極半径を求めよ．

[解]　カー時空における軌道方程式の r, θ 成分（たとえば MTW の式 (33.32) を見よ）から考える†．これらは，

$$(r^2 + a^2 \cos\theta)\frac{dr}{d\tau} = \pm\sqrt{V_r} \tag{1}$$

$$(r^2 + a^2 \cos\theta)\frac{d\theta}{d\tau} = \pm\sqrt{V_\theta} \tag{2}$$

と書ける．ここで，

$$V_r = \left[E(r^2 + a^2) - \tilde{L}a\right]^2 - \Delta\left[\mu^2 r^2 + (\tilde{L} - a\tilde{E})^2 + \tilde{\mathcal{Q}}\right] \tag{3}$$

$$V_\theta = \tilde{\mathcal{Q}} - \cos^2\theta\left[a^2(\mu^2 - E^2) + \frac{L^2}{\sin^2\theta}\right] \tag{4}$$

$$\Delta \equiv r^2 - 2Mr + a^2$$

であり，$E, L, \tilde{\mathcal{Q}}$ は運動の定数である．$\theta = 0$ と $\theta = \pi$ を通過するには，$\theta = 0, \theta = \pi$ の両点で V_θ が正でなくてはならない．これは式 (4) より $L = 0$ かつ $\tilde{\mathcal{Q}} > a^2(1 - E^2)$ となる．したがって，式 (3) は，

$$V_r = E^2(r^2 + a^2)^2 - \Delta(r^2 + a^2 + I) \tag{5}$$

と書ける．ここで，

$$I \equiv \tilde{\mathcal{Q}} - a^2(1 - E^2) > 0$$

である．軌道が一定の座標値 r をとる条件は $V_r = 0$（転回点であること），かつ $dV_r/dr = 0$（常に転回点であること）である．微分に対する条件式は

† 訳者注：本章のまえがきも参照．ここにある式では，$E, L, \mathcal{Q}$ は粒子の質量 μ で規格化されていることに注意する．

$$0 = 2E^2 r(r^2 + a^2) - \frac{(r - M)E^2(r^2 + a^2)^2}{\Delta} - r\Delta \tag{6}$$

となる．ここで，定数 I を消去するために $V_r = 0$ と式 (5) を用いた．これは，

$$E^2 = \frac{r\Delta^2}{(r^2 + a^2)(r^3 - 3Mr^2 + a^2 r + a^2 M)} \tag{7}$$

のように変形できる．大きな r では $E \approx 1 - M/2r + \cdots$ となり，ニュートン重力における円軌道の束縛エネルギーが得られる．式 (7) は，r が小さくなったときに E がどのように変化するかを与える．分子は明らかに正なので，式 (7) が解なしになるのは分母がゼロに近づくときである（事象の地平面の外側のある有限の r で分母が無限大になるのは明らかに不可能である）．こうして，準円形極軌道は半径 r が

$$r^3 - 3Mr^2 + a^2 r + a^2 M = 0 \tag{8}$$

になるところまで存在する．最小の半径は，3 次方程式の解の公式を用いて，

$$r = M\left\{1 + 2\sqrt{\frac{3 - \tilde{a}^2}{3}} \cos\left[\frac{1}{3}\cos^{-1}\left(\frac{\sqrt{27}(1 - \tilde{a}^2)}{\sqrt{(3 - \tilde{a}^2)^3}}\right)\right]\right\}$$

と求められる．ここで，$\tilde{a} \equiv a/M$ である．この極限の場合は $E^2 \to \infty$ になり，これは光子の軌道に相当している．その軌道半径は，$a = 0$ のときの $r = 3M$ から，$a = M$ のときの $r = (1 + \sqrt{2})M$ まで小さくなる．

問題 17.12　キリングホライズンとエルゴ面

キリングホライズン (Killing horizon) とは，キリングベクトルによって生成されるヌル超曲面である．**エルゴ面**（ergosurface，定常限界面）は静的な観測者に対して赤方偏移が無限大になる面である．静的なブラックホールでは，エルゴ面はキリングホライズンであることを示せ．

[解]　ブラックホールが静的なので，時間的キリングベクトル $\boldsymbol{\xi}$ が存在する．キリング方程式より

$$\xi_{\alpha;\beta} = -\xi_{\beta;\alpha} \tag{1}$$

であり，静的な時空に対する条件（問題 10.8 を見よ）より，

$$\xi_{[\alpha;\beta}\xi_{\gamma]} = 0 \tag{2}$$

が成り立つ．静的な観測者は $\boldsymbol{\xi}$ に平行な 4 元速度をもち，

$$\boldsymbol{u} = \frac{\boldsymbol{\xi}}{\sqrt{v}} \tag{3}$$

$$v = -\xi^\alpha \xi_\alpha \tag{4}$$

となる．光子の運動量を $\boldsymbol{p}$ とすると，赤方偏移が無限大になる面は

$$0 = \frac{(\boldsymbol{p} \cdot \boldsymbol{u})_\infty}{(\boldsymbol{p} \cdot \boldsymbol{u})_{\text{emit}}} = \sqrt{v_{\text{emit}}}$$

に現れる．ここで，$\boldsymbol{p} \cdot \boldsymbol{\xi}$ が光子の測地線に沿って一定であり，v が無限遠で 1 に規格化されていることを用いた．こうして，エルゴ面は $\boldsymbol{\xi}$ がヌルになる面であることが示された．次に，$v = 0$ であるエルゴ面がヌル超曲面であること，すなわち，その法線ベクトルがヌルであることを示す．式 (1) を用いて式 (2) を

$$\xi_{\alpha;\beta}\xi_\gamma + \xi_{\gamma;\alpha}\xi_\beta + \xi_{\gamma;\beta}\xi_\alpha = 0 \tag{5}$$

のように書き換え，ξ^γ との内積をとると，

$$v\xi_{\alpha;\beta} + v_{,[\alpha}\xi_{\beta]} = 0 \tag{6}$$

が得られる．式 (6) は，$v = 0$ では常に $v_{,\alpha}$ が ξ_α に平行であることを表している．$v_{,\alpha}$ は $v = 0$ の面の法線なので，法線ベクトルがヌルであることが示せた．

$v_{,\alpha} = 0$ で縮退している場合には，超曲面上ではなく有限の領域で $v = 0$ となることが可能なので，証明に変更が必要となる．しかし，詳細な解析により，そのようなことは起こらないことが示されている [B. Carter, J. Math. Phys. 10 (1969) 70]．

ここで証明したことはシュヴァルツシルト・ブラックホールに相当し，$r = 2M$ が事象の地平面であり，同時に静的な観測者（実際にはすべての観測者）に対して赤方偏移が無限大になる面でもある．カー・ブラックホールは，エルゴ面と事象の地平面が一致しない例である．

問題 17.13　カー－ニューマン・ブラックホールの表面積

カー－ニューマン・ブラックホールにおいて，事象の地平面の面積（ボイヤー－リンキスト座標で $r = r_+$, $t =$（定数）の面の面積）が

$$4\pi\left[(M + \sqrt{M^2 - Q^2 - a^2})^2 + a^2\right]$$

であることを示せ．

[解]　事象の地平面 $(r = r_+)$ において $dt = dr = 0$ とした計量は，

$$ds^2 = (r_+^2 + a^2\cos^2\theta)d\theta^2 + \frac{(r_+^2 + a^2)^2 \sin^2\theta}{r_+^2 + a^2\cos^2\theta}d\phi^2$$

となる．これより，地平面の面積は，

$$A = \iint \sqrt{g}\, d\theta\, d\phi = \iint (r_+^2 + a^2) \sin^2\theta\, d\theta\, d\phi = 4\pi(r_+^2 + a^2)$$

と計算できる．ここで，r_+ は $\Delta = 0$ の大きいほうの解なので，$r_+ = M + \sqrt{M^2 - Q^2 - a^2}$ である．これより，求める結果が得られる．

問題 17.14　ホーキングの面積定理

等しい質量 M_1 で逆向きの比角運動量（a と $-a$）をもつ 2 個のカー・ブラックホールが合体してできた質量 M_2 のシュヴァルツシルト・ブラックホールについて，最小の質量をホーキングの面積定理（2 つのブラックホールの合体では全表面積は減少しない）より求めよ．ただし，$|a| \approx M_1$ を仮定せよ．元々の質量のうちどれだけが放射して逃げ去るか．ほかの中性のブラックホールの合体で，これより多くのエネルギーを放出するものは存在するか．

[解]　合体前のブラックホールは同じ面積をもつので，初期の全表面積（問題 17.13 で $Q = 0$ とする）は，

$$A_{\mathrm{i}} = 16\pi M_1(M_1 + \sqrt{M_1^2 - a^2})$$

である．終状態のブラックホールはシュヴァルツシルト・ブラックホールなので，

$$A_{\mathrm{f}} = 4\pi(2M_2)^2 = 16\pi M_2^2$$

である．したがって，不等式 $A_{\mathrm{f}} \geq A_{\mathrm{i}}$ は

$$M_2^2 \geq M_1^2 + M_1\sqrt{M_1^2 - a^2}$$

となる．もし，$a = M_1$ の場合，この不等式は $M_2 \geq M_1$ となる．初期全質量は $2M_1$ であり，最終的な質量は，少なくともこれの半分でなければならない．したがって，ホーキングの面積定理に従えば，元々の質量の 50%までは放射してしまうことができる．

電荷がない場合では，これが最も効率的に重力エネルギーを放出する合体である．それぞれの質量が M_1 と M_2，比角運動量パラメータが a_1 と a_2 の 2 個のブラックホールが合体して，質量が M_3，比角運動量が a_3 のブラックホールができたとする．このとき，$A_{\mathrm{f}} \geq A_{\mathrm{i}}$ は，

$$M_1(M_1 + \sqrt{M_1^2 - a_1^2}) + M_2(M_2 + \sqrt{M_2^2 - a_2^2}) \leq M_3(M_3 + \sqrt{M_3^2 - a_3^2})$$

となる．この式で等号が成立するときが，最も多くのエネルギーを放出するときで

ある．さらに，与えられた M_1, M_2, a_1, a_2 に対して，$a_3 = 0$ のときに M_3 が最小（つまり最大の放射エネルギー）になる．同様に与えられた M_3 $(a_3 = 0)$ に対して，$M_1 = M_2 = |a_1| = |a_2|$ の場合に $M_1 + M_2$ が最大（つまり最大の放射エネルギー）になる．いま，$a_3 = 0$ なので，角運動量保存則より $a_1 = -a_2$ である．これは，前半部分で調べた設定である．したがって，2 個のカー・ブラックホールが合体した場合，元々の質量の 50%までは放出することができる，というのが結論である[†1]．

問題 17.15 超放射現象 (1)

ブラックホールの面積が減少しないという定理（問題 17.14 を参照）を用いて，カー・ブラックホールに向けて入射した放射場のうち，ある特定のモードは（吸収されるのではなく）増幅されることを示せ．このような現象を超放射現象 (superradiance) という．

[解] カー・ブラックホールの面積を A とし，「換算面積」$\tilde{A}$ を

$$A \equiv 8\pi\tilde{A} = 8\pi(M^2 + \sqrt{M^4 - J^2}) \tag{1}$$

で定義する．ここで，$J = aM$ である．また，同じことであるが，

$$\tilde{A}^2 - 2\tilde{A}M^2 + J^2 = 0 \tag{2}$$

である．この式の変分をとると，

$$(\tilde{A} - M^2)\delta\tilde{A} = 2\tilde{A}M\delta M - J\delta J \tag{3}$$

となる．左辺は第 2 法則[†2]より非負である．個別の波のモードが t，ϕ に対して $\exp(-i\omega t + im\phi)$ の依存性をもつとする．スカラー波や電磁波，重力波はすべて

$$\delta M = \frac{\omega}{m}\delta J \tag{4}$$

を満たすので，

$$\left(2\tilde{A}M - J\frac{m}{\omega}\right)\delta M \geq 0 \tag{5}$$

が成り立つ．波が増幅する場合，エネルギーの保存よりブラックホールの質量は減少し，$\delta M < 0$ となる．そのために式 (5) の括弧内の項は負でなくてはならない．この

†1 訳者注：回転がないブラックホールどうしの合体の場合 $(a_1 = a_2 = 0)$，放射エネルギーの最大値は初期の質量の 29% $(= 1 - 1/\sqrt{2})$ になる．

†2 訳者注：ブラックホール熱力学第 2 法則のことで，$S = A_{\mathrm{H}}/4$ としてブラックホールのエントロピーを定義すると，面積定理はエントロピー増大則と等価になる．

条件は

$$\frac{2Mr_+}{a} - \frac{m}{\omega} < 0 \tag{6}$$

と書き換えられる．r_+ は事象の地平面の座標半径である．これより，（m と ω が正負どちらでもとりうることを考慮すると）条件は，

$$0 \lesseqgtr \omega \lesseqgtr \frac{ma}{2Mr_+} \tag{7}$$

となる．ここで，$\lesseqgtr$ は複号同順とする．$a/2Mr_+$ はブラックホールの「角速度」Ω である（問題 17.10 を見よ）．

17

問題 17.16　超放射現象 (2)

(a) カー時空におけるスカラー場 Φ の波動方程式 $\Box\Phi = 0$ をボイヤー－リンキスト座標で書き下せ．

(b) 変数分離によって方程式が常微分方程式になることを示せ．

(c) $r \to \infty$ での，Φ の漸近形を求めよ．

(d) $r \to r_+$ での，Φ の漸近形を求めよ．

(e) 事象の地平面上の観測者に対して，内向きの波に相当する Φ の境界条件を記せ．

(f) $\Phi = \exp(-i\omega t + im\phi) f(r, \theta)$ で表される波に対して，$0 < \omega/m < a/(2Mr_+)$ のとき，ブラックホールから出てくる外向きのエネルギー流が存在することを示せ．問題 17.15 と比較せよ．

[解]　(a) 問題 7.7 の結果を用いると，

$$\Box\Phi = \frac{1}{\sqrt{-g}}\left(\sqrt{-g}g^{\alpha\beta}\Phi_{,\alpha}\right)_{,\beta}$$

であり，$\sqrt{-g} = (r^2 + a^2\cos^2\theta)\sin\theta$ なので，

$$\begin{aligned} 0 = &\left[-\frac{(r^2+a^2)^2}{\Delta} + a^2\sin^2\theta\right]\frac{\partial^2\Phi}{\partial t^2} + \frac{Mar}{\Delta}\frac{\partial^2\Phi}{\partial t\partial\phi} \\ &+ \left(\frac{1}{\sin^2\theta} - \frac{a^2}{\Delta}\right)\frac{\partial^2\Phi}{\partial\phi^2} + \frac{\partial}{\partial r}\left(\Delta\frac{\partial\Phi}{\partial r}\right) + \frac{1}{\sin\theta}\frac{\partial}{\partial\theta}\left(\sin\theta\frac{\partial\Phi}{\partial\theta}\right) \end{aligned} \tag{1}$$

が得られる．

(b) 式 (1) において，t と ϕ に対する依存性が，

$$\Phi(t, r, \theta, \phi) = e^{-i\omega t}e^{im\phi}R(r)S(\theta)$$

であるとし，代入して Φ で割ると，

$$\frac{1}{R}\frac{d}{dr}\left(\Delta\frac{dR}{dr}\right)+\omega^2\frac{(r^2+a^2)^2}{\Delta}-\frac{4Mar\omega m}{\Delta}+\frac{a^2m^2}{\Delta}$$
$$=-\frac{1}{S\sin\theta}\frac{d}{d\theta}\left(\sin\theta\frac{dS}{d\theta}\right)+a^2\omega^2\sin^2\theta+\frac{m^2}{\sin^2\theta} \tag{2}$$

となる．式 (2) の左辺は r のみの関数で，一方，右辺は θ のみの関数である．したがって，両辺は定数となり，それを A とおくと，

$$\frac{1}{\sin\theta}\frac{d}{d\theta}\left(\sin\theta\frac{dS}{d\theta}\right)-\left(a^2\omega^2\sin^2\theta+\frac{m^2}{\sin^2\theta}-A\right)S=0 \tag{3}$$
$$\frac{d}{dr}\left(\Delta\frac{dR}{dr}\right)+\left[\frac{\omega^2(r^2+a^2)^2-4Mar\omega m+a^2m^2}{\Delta}-A\right]R=0 \tag{4}$$

となる．S は $\theta=0,\pi$ で正則でなくてはならないので，式 (3) は A に関する固有方程式になっている．実際には S は**回転楕円体波動関数** (spheroidal wave function) であり，最も単純な $a\omega=0$ の場合は $S=P_{\ell m}(\cos\theta)$ で，$A=\ell(\ell+1)$ となる．

(c) ここでは**亀座標** (tortoise coordinate) r^* を用いるのが（本質的ではないが）便利である．亀座標は $dr^*/dr=(r^2+a^2)/\Delta$ で定義される．r 座標での区間 (r_+,∞) が，r^* 座標では $(-\infty,\infty)$ に引き伸ばされる．r^* を用いると，式 (4) は

$$\frac{d^2R}{dr^{*2}}+\frac{2r\Delta}{(r^2+a^2)^2}\frac{dR}{dr^*}+\left[\omega^2+\frac{a^2m^2-4Mar\omega m-\Delta A}{(r^2+a^2)^2}\right]R=0 \tag{5}$$

と書き換えられる．$r\to\infty$ では

$$\frac{d^2R}{dr^{*2}}+\frac{2}{r}\frac{dR}{dr^*}+\omega^2R\approx 0$$

となり，この式の解

$$R\sim\frac{e^{\pm i\omega r^*}}{r}$$

が得られる．これは内向き波と外向き波に対応している．

(d) $\Delta\to 0$ の極限をとると，式 (5) は

$$\frac{d^2R}{dr^{*2}}+\left[\omega^2-\frac{2am\omega}{2Mr_+}+\frac{a^2m^2}{(2Mr_+)^2}\right]R\approx 0$$

となり，したがって，漸近形は

$$R\sim e^{\pm i(\omega-m\omega_+)r^*}$$

となる．ここで，

$$\omega_+\equiv\frac{a}{2Mr_+}$$

である．

(e) 事象の地平面上にいるすべての物理的な観測者どうしはローレンツ変換で関係付けられているので，ある波に対してそれが内向き波か外向き波であるかは一致する．したがって，わかりやすい観測者に対して調べればよい．そこで，地平面のすぐ外にいる，r が一定の観測者を選ぶことにする．この観測者はエルゴ球内に位置するので，ϕ の正の向きに $\Omega = d\phi/dt > 0$ で引きずられる．ここで，問題 17.10 より $\Omega = \omega_+$ である．この観測者にとって，解の局所的な (t, r) 依存性は

$$\Phi = e^{-i\omega t} e^{im\phi} e^{\pm i(\omega - m\omega_+)r^*} S(\theta)$$

となり，これを書き換えると，

$$\Phi = e^{-i(\omega - m\omega_+)t} e^{\pm i(\omega - m\omega_+)r^*} e^{im\tilde{\phi}} S(\theta)$$

が得られる．ここで，$\tilde{\phi} = \phi - \omega_+ t$ とした．したがって，$e^{-i(\omega - m\omega_+)r^*}$ が内向き波に相当する．

(f) スカラー場のエネルギー運動量テンソルは

$$4\pi T_{\alpha\beta} = \Phi_{,(\alpha}\Phi^*_{,\beta)} - \frac{1}{2} g_{\alpha\beta} |\Phi_{,\gamma}\Phi^{\gamma}|$$

である（Φ を複素数で表現しているので，複素共役が必要である）．エネルギー流束密度ベクトルは $J_\beta = -T_{\alpha\beta}\xi^\alpha$ である．ここで，$\boldsymbol{\xi}$ は時間方向のキリングベクトル $\partial/\partial t$ である（問題 10.11 を見よ）．地平面内へのエネルギー流束は，$\boldsymbol{J}$ の動径成分を 2 次元面 $r = r_+$ にわたって積分することにより得られる．

$$\frac{dE}{dt} = \int T_t{}^r \sqrt{g}\, d\theta\, d\phi$$

ここで，

$$4\pi T_t{}^r = \mathrm{Re}(\Phi_{,t}\Phi^{*,r}) = \mathrm{Re}\left(\Phi_{,t}\Phi^*_{,r^*} \frac{r^2 + a^2}{\Sigma}\right) = \omega(\omega - m\omega_+) S^2(\theta) \frac{2Mr_+}{\Sigma}$$

より，

$$\frac{dE}{dt} = \omega(\omega - m\omega_+) \frac{2Mr_+}{4\pi} \int S^2(\theta) 2Mr_+ \sin\theta\, d\theta\, d\phi$$

が得られる．$\omega - m\omega_+ < 0$ の場合，つまり，$0 < \omega/m < \omega_+$ の場合，dE/dt が負になる（問題 17.15 と一致する）ので，事象の地平面からエネルギーが出てくることがわかる．

問題 17.17　ブラックホール熱力学の第 3 法則

$Q^2 < M^2$ のライスナー－ノルドストロム・ブラックホールに荷電粒子を動径向きに落としていく．どれだけ多くの荷電粒子を落としても，決して $Q^2 > M^2$（この場合はブラックホールではなく裸の特異点になる）にできないことを示せ．

[解]　電荷 δQ とエネルギー δE がブラックホールに落ちたとする．すると，

$$\delta(Q^2 - M^2) = 2Q\delta Q - 2M\delta E \tag{1}$$

である．しかしながら，δQ と δE は任意の値が許されるわけではない．ライスナー－ノルドストロム時空における荷電粒子の動径方向の「有効ポテンシャル」方程式（MTW の式 (33.32) を見よ）は，

$$r^2 \frac{dr}{d\tau} = -\sqrt{(r^2\delta E - rQ\delta Q)^2 - \Delta(\mu_0^2 r^2 + L_z^2 + \mathcal{Q})} \tag{2}$$

である．ここで，E, L_z, $\mathcal{Q}$ は保存量で，μ_0 は粒子の質量である．事象の地平面を横切ってブラックホールに落ちていく粒子に対して，地平面 $r = r_+$ では $dr/d\tau \le 0$ なので，根号の前の符号をマイナスとした．$r = r_+$ では $\Delta = 0$ なので，式 (2) は，

$$r^2 \frac{dr}{d\tau} = -(r_+^2\delta E - r_+ Q\delta Q) \le 0 \tag{3}$$

となり，したがって，$\delta E > (Q/r_+)\delta Q$ である．これを式 (1) とあわせると，

$$\delta(Q^2 - M^2) \le 2\delta E(r_+ - M) = 2\delta E\sqrt{M^2 - Q^2} \tag{4}$$

が得られる．$Q^2 \to M^2$ につれて，右辺は 1/2 乗でゼロに近づくので，どのように δE を加えていっても，左辺の積分を正にすることはできない．

問題 17.18　ゼロ角運動量の観測者

カー時空において，ゼロ角運動量の観測者 (Zero Angular Momentum Observer: ZAMO) は次の基底 1-形式

$$\tilde{\boldsymbol{\omega}}^{\hat{t}} = \sqrt{|g_{tt} - \omega^2 g_{\phi\phi}|}\,\widetilde{dt}, \qquad \tilde{\boldsymbol{\omega}}^{\hat{\phi}} = \sqrt{g_{\phi\phi}}\,(\widetilde{d\phi} - \omega\widetilde{dt})$$

$$\tilde{\boldsymbol{\omega}}^{\hat{r}} = \sqrt{\frac{\Sigma}{\Delta}}\,\widetilde{dr}, \qquad \tilde{\boldsymbol{\omega}}^{\hat{\theta}} = \sqrt{\Sigma}\,\widetilde{d\theta}$$

をもつ．ここで，$\omega \equiv -g_{t\phi}/g_{\phi\phi}$ である．

(a) これらの基底 1-形式が正規直交であることを示せ．

(b) 双対基底ベクトルを求めよ．

(c) ZAMO の 4 元速度は $\boldsymbol{u} = \boldsymbol{e}_{\hat{t}}$ である．$\boldsymbol{u}$ の回転はゼロであることを示せ．

(d) ZAMO の系は慣性系ではない．ZAMO の加速度が

$$\boldsymbol{a} = \frac{1}{2}\nabla \log|g_{tt} - \omega^2 g_{\phi\phi}|$$

であることを示せ．

［解］　(a) $\tilde{\boldsymbol{\omega}}^{\hat{t}}$ 自身の内積をとると，

$$\tilde{\boldsymbol{\omega}}^{\hat{t}} \cdot \tilde{\boldsymbol{\omega}}^{\hat{t}} = \sqrt{|g_{tt} - \omega^2 g_{\phi\phi}|}\widetilde{dt} \cdot \sqrt{|g_{tt} - \omega^2 g_{\phi\phi}|}\widetilde{dt} = -(g_{tt} - \omega^2 g_{\phi\phi})g^{tt}$$

となる（$g_{tt} - \omega^2 g_{\phi\phi} < 0$ なので，マイナス符号を選んだ）．カー計量の非対角成分でゼロでないものは $g_{t\phi}$ のみである．$g_{\alpha\beta}$ の添え字を上げると，$g^{tt} = (g_{tt} - \omega^2 g_{\phi\phi})^{-1}$ となるので，$\tilde{\boldsymbol{\omega}}^{\hat{t}} \cdot \tilde{\boldsymbol{\omega}}^{\hat{t}} = -1$ となる．同様にほかの内積も計算すると，$\tilde{\boldsymbol{\omega}}^{\hat{\alpha}} \cdot \tilde{\boldsymbol{\omega}}^{\hat{\beta}} = \eta^{\alpha\beta}$ が確かめられる．

(b) 双対基底 $\boldsymbol{e}_{\hat{\alpha}}$ は $\langle \tilde{\boldsymbol{\omega}}^{\hat{\alpha}}, \boldsymbol{e}_{\hat{\beta}} \rangle = \delta^{\alpha}{}_{\beta}$ で定義される．$\tilde{\boldsymbol{\omega}}^{\hat{\alpha}} = A^{\hat{\alpha}}{}_{\beta}\tilde{\boldsymbol{\omega}}^{\beta}$, $\boldsymbol{e}_{\hat{\beta}} = B_{\hat{\beta}}{}^{\gamma}\boldsymbol{e}_{\gamma}$ とすると，$B_{\hat{\beta}}{}^{\gamma}$ は $A^{\hat{\alpha}}{}_{\beta}$ の逆行列を転置した行列になっている．$\boldsymbol{A}$ から $\boldsymbol{B}$ を計算するために，（対角になる）r-θ の部分と（非対角になる）t-ϕ の部分を分離する．t-ϕ 部分は，

$$\begin{bmatrix} \tilde{\boldsymbol{\omega}}^{\hat{t}} \\ \tilde{\boldsymbol{\omega}}^{\hat{\phi}} \end{bmatrix} = \begin{bmatrix} \sqrt{|g_{tt} - \omega^2 g_{\phi\phi}|} & 0 \\ -\omega\sqrt{g_{\phi\phi}} & \sqrt{g_{\phi\phi}} \end{bmatrix} \begin{bmatrix} \widetilde{dt} \\ \widetilde{d\phi} \end{bmatrix}$$

となり，これから，

$$\begin{bmatrix} \boldsymbol{e}_{\hat{t}} \\ \boldsymbol{e}_{\hat{\phi}} \end{bmatrix} = \begin{bmatrix} \dfrac{1}{\sqrt{|g_{tt} - \omega^2 g_{\phi\phi}|}} & \dfrac{\omega}{\sqrt{|g_{tt} - \omega^2 g_{\phi\phi}|}} \\ 0 & \dfrac{1}{\sqrt{g_{\phi\phi}}} \end{bmatrix} \begin{bmatrix} \boldsymbol{e}_t \\ \boldsymbol{e}_\phi \end{bmatrix}$$

がわかる．r-θ 部分は対角なので，ほぼ自明に，

$$\boldsymbol{e}_{\hat{r}} = \sqrt{\frac{\Delta}{\Sigma}}\,\boldsymbol{e}_r, \qquad \boldsymbol{e}_{\hat{\theta}} = \frac{1}{\sqrt{\Sigma}}\,\boldsymbol{e}_\theta$$

が求められる．

(c) $\omega_{\alpha\beta} = 0$ ならば 4 元速度の回転はゼロになる（問題 5.18 を見よ）．これは，$\boldsymbol{u}$ が超曲面直交

$$u_{[\alpha;\beta}u_{\gamma]} = 0$$

であることと同値である（問題 7.23 を見よ）．この条件を調べるには，$u_{[\hat{\alpha};\hat{\beta}]}$ と $d\tilde{\boldsymbol{\omega}}^{\hat{t}}$ が等しいことを用いて，微分形式で計算するのが最も早い．このとき，条件 $u_{[\hat{\alpha};\hat{\beta}}u_{\hat{\gamma}]} = 0$ は $d\tilde{\boldsymbol{\omega}}^{\hat{t}} \wedge \tilde{\boldsymbol{\omega}}^{\hat{t}} = 0$ と同値になる．$\alpha = \alpha(r,\theta) = \sqrt{g_{tt} - \omega^2 g_{\phi\phi}}$ とおくと $\tilde{\boldsymbol{\omega}}^{\hat{t}} = \alpha\widetilde{dt}$ な

ので,

$$d\tilde{\boldsymbol{\omega}}^{\hat{t}} = a_{,r}\tilde{d}r \wedge \tilde{d}t + a_{,\theta}\tilde{d}\theta \wedge \tilde{d}t$$

となる．したがって，$\tilde{d}t \wedge \tilde{d}t = 0$ より $d\tilde{\boldsymbol{\omega}}^{\hat{t}} \wedge \tilde{\boldsymbol{\omega}}^{\hat{t}} = 0$ が得られる．

(d) ZAMO の 4 元速度は,

$$\boldsymbol{u} = \boldsymbol{e}_{\hat{t}} = \frac{1}{\sqrt{|g_{tt} - \omega^2 g_{\phi\phi}|}}(\boldsymbol{e}_t + \omega \boldsymbol{e}_\phi)$$

である．$\boldsymbol{e}_t$ と $\boldsymbol{e}_\phi$ はキリングベクトルだが，ω は定数でないので，$\boldsymbol{e}_t + \omega\boldsymbol{e}_\phi$ はキリングベクトルではない．しかしながら，任意の ZAMO はそれぞれキリングベクトル $\boldsymbol{\xi} = \boldsymbol{e}_t + \omega_0 \boldsymbol{e}_\phi$ に沿って運動している（ω_0 は定数で，個々の ZAMO のいる半径における ω の値に決められている）．したがって，問題 10.14 の結果を適用すると,

$$\boldsymbol{a} = \frac{1}{2}\nabla \log|\boldsymbol{\xi}\cdot\boldsymbol{\xi}| = \frac{1}{2}\nabla \log|g_{tt} + 2\omega_0 g_{t\phi} + \omega_0^2 g_{\phi\phi}|$$

が得られる．ここで，$g_{t\phi} = -\omega g_{\phi\phi}$ とおき，$\omega = \omega_0$ で評価すると,

$$\boldsymbol{a} = \frac{1}{2}\nabla \log|g_{tt} - \omega^2 g_{\phi\phi}|$$

となる．

問題 17.19　事象の地平面のトポロジー定理

カー・ブラックホールにおいて事象の地平面のガウス曲率を計算し，$a > (\sqrt{3}/2)M$ の場合はそれが負になることを示せ（これは，$a > (\sqrt{3}/2)M$ の場合は事象の地平面が 3 次元ユークリッド空間に大域的に埋め込めないことを表している）．事象の地平面がトポロジー的に 2 次元球面であることを，ガウス–ボンネの定理を用いて確かめよ．

[解]　カー計量をボイヤー–リンキスト座標系で表し，$t =$（定数）で $r = r_+$ とすると，事象の地平面の計量

$$ds^2 = (r_+^2 + a^2\cos^2\theta)d\theta^2 + \frac{(2Mr_+)^2\sin^2\theta}{r_+^2 + a^2\cos^2\theta}d\phi^2 \tag{1}$$

が得られる（$g_{\phi\phi}$ に $r_+^2 + a^2 = 2Mr_+$ の関係を用いた）．2 次元面のガウス曲率 K は問題 9.23 のリーマン曲率と同じであり，2 次元計量から計算できる．計算には正規直交基底の二脚場 (orthonomal basis dyad) を用いるのが便利である．次の形の計量

$$ds^2 = e^{2\alpha_1}(dx^1)^2 + e^{2\alpha_2}(dx^2)^2 \tag{2}$$

に対して,

$$\tilde{\boldsymbol{\omega}}^{\hat{1}} = e^{\alpha_1}\widetilde{dx^1}, \qquad \tilde{\boldsymbol{\omega}}^{\hat{2}} = e^{\alpha_2}\widetilde{dx^2} \tag{3}$$

とすると，

$$K = R_{\hat{1}\hat{2}\hat{1}\hat{2}} = R_{1212}\, e^{-2(\alpha_1+\alpha_2)} \tag{4}$$

となる．リーマン曲率テンソルを求めるときに最も早いのは，問題 8.27, 9.20 にあるように，微分形式を用いる方法である．

$$d\tilde{\boldsymbol{\omega}}^{\hat{1}} = e^{\alpha_1}\widetilde{d\alpha_1}\wedge\widetilde{dx^1} = e^{\alpha_1}\alpha_{1,2}\widetilde{dx^2}\wedge\widetilde{dx^1} = \alpha_{1,2}e^{-\alpha_2}\tilde{\boldsymbol{\omega}}^{\hat{2}}\wedge\tilde{\boldsymbol{\omega}}^{\hat{1}}$$

であり，これと，1 と 2 を入れ替えた同様の式を用いると，

$$\tilde{\boldsymbol{\omega}}^{\hat{1}}{}_{\hat{2}} = e^{-\alpha_2}\alpha_{1,2}\tilde{\boldsymbol{\omega}}^{\hat{1}} - e^{-\alpha_1}\alpha_{2,1}\tilde{\boldsymbol{\omega}}^{\hat{2}} \tag{5}$$

が得られる（$d\tilde{\boldsymbol{\omega}}^{\hat{\alpha}} = -\tilde{\boldsymbol{\omega}}^{\hat{\alpha}}{}_{\hat{\beta}}\wedge\tilde{\boldsymbol{\omega}}^{\hat{\beta}}$ と $\tilde{\boldsymbol{\omega}}_{\hat{\alpha}\hat{\beta}} = -\tilde{\boldsymbol{\omega}}_{\hat{\beta}\hat{\alpha}}$ を思い出そう）．唯一の非自明な曲率形式は，

$$\begin{aligned}
\mathcal{R}^{\hat{1}}{}_{\hat{2}} &= d\tilde{\boldsymbol{\omega}}^{\hat{1}}{}_{\hat{2}} + \tilde{\boldsymbol{\omega}}^{\hat{1}}{}_{\hat{\alpha}}\wedge\tilde{\boldsymbol{\omega}}^{\hat{\alpha}}{}_{\hat{2}} \\
&= d(\alpha_{1,2}\, e^{\alpha_1-\alpha_2}\widetilde{dx^1} - \alpha_{2,1}\, e^{\alpha_2-\alpha_1}\widetilde{dx^2}) + 0 \\
&= (\alpha_{1,2}\, e^{\alpha_1-\alpha_2})_{,2}\,\widetilde{dx^2}\wedge\widetilde{dx^1} - (\alpha_{2,1}\, e^{\alpha_2-\alpha_1})_{,1}\,\widetilde{dx^1}\wedge\widetilde{dx^2} \\
&= -e^{-(\alpha_1+\alpha_2)}\big[(e^{\alpha_2}{}_{,1}\, e^{-\alpha_1})_{,1} + (e^{\alpha_1}{}_{,2}\, e^{-\alpha_2})_{,2}\big]\tilde{\boldsymbol{\omega}}^{\hat{1}}\wedge\tilde{\boldsymbol{\omega}}^{\hat{2}}
\end{aligned}$$

である．$\mathcal{R}_{\hat{1}\hat{2}} = R_{\hat{1}\hat{2}\hat{1}\hat{2}}\,\tilde{\boldsymbol{\omega}}^{\hat{1}}\wedge\tilde{\boldsymbol{\omega}}^{\hat{2}}$ なので，

$$K = R_{\hat{1}\hat{2}\hat{1}\hat{2}} = -e^{-(\alpha_1+\alpha_2)}\big[(e^{\alpha_2}{}_{,1}\, e^{-\alpha_1})_{,1} + (e^{\alpha_1}{}_{,2}\, e^{-\alpha_2})_{,2}\big] \tag{6}$$

となる．$\theta = x^1$ と $\phi = x^2$ とおいて，式 (1) の具体的な計量の形を用いれば，式 (6) は

$$K = 2Mr_+\frac{r_+^2 - 3a^2\cos^2\theta}{(r_+^2 + a^2\cos^2\theta)^3} \tag{7}$$

のようになる．$r_+^2 - 3a^2 < 0$ ならば，極 $(\theta = 0, \pi)$ 付近で K は負になる．しかし，K が負の場合は曲面は 3 次元ユークリッド空間に大域的に埋め込むことができない．$r_+ = M + \sqrt{M^2 - a^2}$ より，$r_+^2 - 3a^2 < 0$ になる条件は $a > (\sqrt{3}/2)M$ と同値である．

ガウス－ボンネの定理より，

$$\int K d^2S = 2\pi\chi$$

である．ここで，χ は面の**オイラー標数** (Euler characteristic) である（球面は $\chi = 2$，トーラスは $\chi = 0$ など）．いまの問題では，

$$d^2S = \sqrt{g}\, d\theta\, d\phi = 2Mr_+ \sin\theta\, d\theta\, d\phi$$

なので,

$$\begin{aligned}\chi &= \frac{1}{2\pi}\int_0^{2\pi} d\phi \int_0^{\pi} (2Mr_+)^2 \frac{r_+^2 - 3a^2\cos^2\theta}{(r_+^2 + a^2\cos^2\theta)^3} \sin\theta\, d\theta \\ &= (2Mr_+)^2\, 2\int_0^1 \frac{r_+^2 - 3a^2x^2}{(r_+^2 + a^2x^2)^3}\, dx = (2Mr_+)^2\, 2\left[\frac{x}{(r_+^2 + a^2x^2)^2}\right]_0^1 \\ &= 2\end{aligned}$$

となる. したがって, 面はトポロジー的に 2 次元球面である（より詳しい解析は, L. Smarr, Phys. Rev. D 7 (1973) 289 を見よ).

問題 17.20　自発放射による角運動量損失

質量が 10^{15} g 以下の回転している原始ブラックホール（$\sim 10^{10}$ 年程度たっている）は, 光子や重力子の自発放射によりそのほとんどの角運動量を失っていることを示せ. $1M_\odot$ ($\sim 10^{33}$ g) の回転ブラックホールでは同じ時間にどれくらいの割合の角運動量を失うか計算せよ.

[解]　問題 17.15, 17.16 で調べた超放射現象によるエネルギー増幅は, 量子力学的な言葉では誘導放射 (stimulated emission) に相当する. 誘導放射の割合がわかれば, 自発放射の割合は以下のように求められる.

単位位相空間あたりの量子の自発放射の確率を p とする. N 個の量子（重力子や光子）を入れた場合, 量子はボース粒子なので, 誘導放射によって $N+1$ 個の量子が出てくる確率は $(N+1)p$ である. 議論を簡単にするために $p \ll 1$ として, 余分な量子が 2 個以上出てくる場合を考えなくてよいとする. この仮定をしても, 次元的に考えて答えは変わらないはずである. 放射で余分に出てくる量子の数の期待値は,

$$\langle \Delta N \rangle = (\text{余分な数}) \times (\text{その数の量子が出てくる確率}) = 1 \times (N+1)p$$

となる. したがって, 古典極限 $(N \to \infty)$ での増幅率は

$$A \equiv \frac{\langle \Delta N \rangle}{N} = \left(1 + \frac{1}{N}\right)p \approx p \tag{1}$$

となる. フェルミの黄金律より, 自発放射の割合は

$$\frac{dN}{dt} \sim \int_{\text{phase space}} p \tag{2}$$

である. 式 (2) で p を A に置き換え, 古典的な効果が量子数 ℓ と m, そして角振動

数 ω で特徴付けられるモードで記述されていることを思い起こすと，

$$\frac{dN}{dt} \sim \sum_{\ell,m} \int A\, d\omega \tag{3}$$

と書ける．さて，ポテンシャル問題と同じで，A は大きな ℓ や m に対して急激にゼロに落ちる．また，M をブラックホールの質量とすると問題 17.15, 17.16 より，$\omega \sim 1/M$ に対して，$\Delta\omega \sim 1/M$ の範囲にわたって A は非ゼロになる．ここで，小さな ℓ や m に対しては $A \sim 1$ となるので，式 (3) の A を 1 として，和の記号を落とす．すると，

$$\frac{dN}{dt} \sim \Delta\omega \sim \frac{1}{M}$$

となる．ブラックホールは，

$$\frac{dE}{dt} \sim \hbar\omega \frac{dN}{dt} \sim \frac{\hbar}{M^2}$$

の割合でエネルギーを失っていく．これは，角運動量喪失の割合

$$\frac{dJ}{dt} \sim \frac{m}{\omega}\frac{dE}{dt} \sim \frac{\hbar}{M}$$

を意味している．こうして，角運動量喪失の時間スケールを，

$$\tau \sim \frac{J}{dJ/dt} \sim \frac{M^2}{\hbar/M} \sim \frac{M^3}{\hbar} \sim \left(\frac{M}{10^{15}\,\mathrm{g}}\right)^3 10^{10}\,\mathrm{yr}$$

と見積もることができる．

$M \leq 10^{15}\,\mathrm{g}$ のブラックホールでは，J はこの過程によって実質的にゼロになっている．$M \sim 10^{33}\,\mathrm{g}$ のブラックホールでは，10^{10} 年間で失った J の割合は $\sim 10^{-54}$ と計算できる．

問題 17.21　ライトマン－リー重力理論

次の真空の計量を考えよ．

$$ds^2 = -\frac{\left(1-\dfrac{m}{2\rho}\right)^2}{\left(1+\dfrac{m}{2\rho}\right)^2}dt^2 + \frac{\left(1-\dfrac{m}{2\rho}\right)^2}{\left(1-\dfrac{3m}{2\rho}\right)^2}(d\rho^2 + \rho^2 d\theta^2 + \rho^2 \sin^2\theta\, d\phi^2)$$

（これはライトマン－リー重力理論 (Lightman–Lee theory of gravity) の静的球対称解である．）この計量はブラックホールを表しているか．もしそうであれば，一般相対性理論のブラックホールとどのような違いがあるか．

［解］　すべての静的時空に対して，「赤方偏移が無限大になる面」$g_{00} = 0$ は事象

の地平面と一致する（問題 17.12）．したがって，問題の計量がブラックホールを表していれば，その面は $g_{00}=0$，つまり $\bar{\rho}\equiv\rho/m=1/2$ である．ここでは，実際には $\bar{\rho}=1/2$ の面は漸近的に平坦 $(\bar{\rho}\to\infty)$ となる多様体には含まれず，我々の宇宙の物体はそこに到達しえないことを示していく．

計量の $g_{\rho\rho}$ の部分を見ると，$\bar{\rho}=3/2$ の点は，$\bar{\rho}>3/2$ の任意の点から動径方向の固有距離が無限大になっているように見える．また，動径方向のヌル測地線を次のように調べれば，$\bar{\rho}=3/2$ の点に到達するまでの固有時間も無限大になっていて，多様体から取り除くことができることがわかる（非動径，または時間的測地線でも確かめられるが，だいぶややこしくなる）．動径方向のヌル測地線では，

$$g_{\rho\rho}(p^{\rho})^2+g^{00}(p_0)^2=0$$

であり，

$$\frac{d\rho}{d\lambda}=(\bar{\rho}-3/2)\frac{\bar{\rho}+1/2}{(\bar{\rho}-1/2)^2}\,p_0$$

となる．ここで，λ はアフィンパラメータである．p_0 が運動の定数（定常計量）であることを思い出せば，上の式は，

$$\frac{1}{p_0}\int_{\bar{\rho}}^{\bar{\rho}=3/2}\frac{(\bar{\rho}-1/2)^2}{(\bar{\rho}-3/2)(\bar{\rho}+1/2)}\,d\rho=\int_{\lambda}^{\lambda_0}d\lambda$$

と書ける．左辺の積分は $\bar{\rho}=3/2$ で発散するので，$\bar{\rho}=3/2$ の面はアフィン距離が無限に離れている．$\bar{\rho}\geq 3/2$ には特異点は存在せず，動径方向に落ちていく光子や粒子に対して $\bar{\rho}$ は単調に減少する座標である．したがって，$\bar{\rho}=3/2$ と同様に $\bar{\rho}=1/2$ も物理的な多様体には含まれていない．

この結論は，星が崩壊して問題にある真空の計量になるときに，その星の表面は決して $\bar{\rho}=3/2$ に到達できないことを表している．したがって，現実的な物理系ではこの計量は $\bar{\rho}>3/2$ に対してのみ実現される．

第 18 章

重　力　波

Gravitational Radiation

弱い重力波は線形化された理論で記述できる（第 13 章参照）[†]．$g_{\mu\nu}$ を時空の計量，$\eta_{\mu\nu}$ を平坦な時空の計量として，

$$g_{\mu\nu} = \eta_{\mu\nu} + h_{\mu\nu} \qquad (|h_{\mu\nu}| \ll 1)$$

とする．線形計量 $h_{\mu\nu}$ は平坦な時空からの微小な「ずれ」で，$h_{\mu\nu}$ のトレースレスの成分

$$\overline{h}_{\mu\nu} \equiv h_{\mu\nu} - \frac{1}{2} h^{\alpha}{}_{\alpha} \eta_{\mu\nu}$$

が重力波に相当する．$\overline{h}_{\mu\nu}$ が**ローレンツゲージ**

$$\overline{h}^{\mu\alpha}{}_{;\alpha} = 0$$

を満たす座標条件のもとでは，真空中での重力波伝播の方程式は

$$\Box \overline{h}_{\mu\nu} \equiv \overline{h}_{\mu\nu}{}^{;\alpha}{}_{;\alpha} = 0$$

となる．真空の重力波は，上のローレンツゲージ条件と

$$h_{\mu 0} = 0, \qquad h^{\alpha}{}_{\alpha} = 0$$

という**トランスバース・トレースレス条件（TT ゲージ条件）**を満たす計量で表される．

重力波の実効的なエネルギー運動量テンソルは，

$$T^{(\mathrm{GW})}_{\mu\nu} = \frac{1}{32\pi} \langle h_{jk,\mu}\, h^{jk}{}_{,\nu} \rangle$$

である．ここで，h_{jk} は TT ゲージ条件を満たし，$\langle \ \rangle$ は，数波長における平均を表す（たとえば，MTW の教科書の 36.7 節を参照せよ）．

光速に比べてゆっくりと動く（$v \ll 1$），ほぼニュートン力学に近い波源の場合には，重力波のエネルギー放射率 L_{GW} は，

---

† 訳者注：この章のまえがきは，原著に言葉を加えている．

$$L_{\mathrm{GW}} = \frac{1}{5}\frac{G}{c^5}\langle \dddot{I\!\!\!-}_{jk}\dddot{I\!\!\!-}^{jk}\rangle$$

となる．ここで，$I\!\!\!-_{ij}$ は，重力波源の質量の**換算四重極モーメントテンソル** (reduced quadrupole moment tensor) であり，

$$I\!\!\!-_{jk} \equiv \int \rho \left(x_j x_k - \frac{1}{3}\delta_{jk} x_i x^i \right) d^3x$$

で与えられる．

問題 18.1　マサチューセッツのバイク野郎

マサチューセッツでバイクに乗っている男が，もう1人のバイクの男に怒って握りこぶしを振り回した．どのくらいのエネルギーの重力波が放射されただろうか．

[解]　重力波の放射率は，四重極モーメントを3回時間微分し，その2乗になるという四重極公式を用いれば，質量 M の物体が距離 L を周期 T で往復するときには，

$$(\text{放射率}) = \frac{1}{5}\frac{G}{c^5}(\dddot{I\!\!\!-})^2 \sim \frac{G}{5c^5}\left(\frac{ML^2}{T^3}\right)^2$$

となる．マサチューセッツでバイクに乗る男の平均的な値として，握りこぶしと前腕の質量 M が $\sim 2\times 10^3\,\mathrm{g}$，腕の長さ L が $\sim 50\,\mathrm{cm}$，腕を振る周期 T が $\sim 0.2\,\mathrm{s}$ とすると，cgs 単位系での値として，重力波放射率は，$2\times 10^{-43}\,\mathrm{erg/s}$ になる．

次に，彼が費やした全エネルギーに対する比を求める．筋肉の運動がエネルギー保存則を満たすものではないことを考慮して，毎回の振り回しに必要なエネルギーが腕の運動エネルギーの最大値にほぼ等しいとすれば，

$$(\text{仕事率}) = \frac{1}{2}M\frac{L^2}{T^2}\cdot\frac{1}{T} \approx 3\times 10^8\,\mathrm{erg/s}$$

となる．したがって，重力波放射の「効率」はおよそ $\sim 10^{-51}$ となる．

問題 18.2　連星からの重力波放射

連星のように，重力的に束縛されている力学系があり，その質量 M と大きさ R がおおまかな値で与えられているとする．重力波放射による反作用がこの系の運動に実質的な影響を及ぼし始めるまでの時間を見積もれ．そして，この時間と系の典型的な力学的時間スケールとを比較せよ．

[解]　この系の重力による束縛エネルギーはおよそ M^2/R のオーダーであり，運動エネルギーはおよそ MR^2/T_{dyn}^2 のオーダーである．ここで，T_{dyn} は系の典型的な

力学的時間スケールである．この系が平衡状態にあれば，ビリアル定理により，

$$T_{\rm dyn}^2 \sim \frac{R^3}{M}$$

となる．重力波によるエネルギー放射率は四重極公式で与えられるので，おおざっぱに

$$P^{\rm GW} \sim \left(\frac{MR^2}{T_{\rm dyn}^3}\right)^2 = \frac{M^2R^4}{T_{\rm dyn}^6}$$

である．

放射による反作用がこの系の運動に及ぼす時間とは，系のエネルギーのうち，かなりの割合を重力波が持ち去るまでの時間である．その時間を T とすると，

$$T = \frac{(\text{運動エネルギー})}{P^{\rm GW}} \sim \frac{T_{\rm dyn}^4}{MR^2} \sim \frac{RT_{\rm dyn}^2}{M^2}$$

となる．この時間と系の典型的な力学的時間スケール $T_{\rm dyn}$ との比は，

$$\frac{T}{T_{\rm dyn}} \sim \frac{RT_{\rm dyn}}{M^2} \sim \left(\frac{R}{M}\right)^{5/2}$$

となる．このように，重力波放射による反作用が重要になってくるのは，相対論的な効果が顕著になるコンパクトな系においてのみである．

18

問題 18.3 トレースレス四重極テンソルの独立な成分

電気双極子から放出される電磁波のパターンには，双極子の向きに対応して，3つの独立な向きが存在する†．トレースレスの四重極モーメントテンソルに対しては，独立な向きはいくつあるか．

[解] 双極子の 3 つの独立な向きは，3 次元ベクトルの 3 つの成分に対応する．四重極モーメントは 2 階の 3 次元テンソルであり，9 成分のうち，対称性（3 つの条件）とトレースレス（1 つの条件）の条件を課すと，残り 5 つの独立な「向き」をもつ．たとえば，5 つの独立な四重極モーメントテンソルとして，次に示す 5 つのテンソル

(i) $I_{zz} = -\frac{1}{2}I_{xx} = -\frac{1}{2}I_{yy} = 1$ （ほかの成分はゼロ）

(ii) $I_{yy} = -\frac{1}{2}I_{xx} = -\frac{1}{2}I_{zz} = 1$ （ほかの成分はゼロ）

(iii) $I_{xy} = I_{yx}$ （ほかの成分はゼロ）

(iv) $I_{xz} = I_{zx}$ （ほかの成分はゼロ）

---

† 訳者注：質量ゼロの条件（トランスバース条件）を加えると独立な成分は 2 つになる．

$$\text{(v)} \qquad I_{yz} = I_{zy} \qquad \text{（ほかの成分はゼロ）}$$

を構成できる.

問題 18.4　回転する金属棒からの重力波と電磁波

質量 M, 長さ ℓ の細い金属棒があり, その中央を通り棒に垂直な軸のまわりに, 角速度 ω で回転している. このとき放射される重力波のエネルギー放射率を計算せよ. また, 遠心力により電子が棒の両端に若干蓄積するが, そのことにより発生する電磁波の放射率を見積もれ. この棒が現実的な密度 $(10\,\mathrm{g/cm^3})$ をもち, 現実的な周波数 $(1\,\mathrm{kHz})$ で回転するとき, 重力波と電磁波による反作用のうちどちらの効果がより回転を遅くするだろうか.

[解]　棒は x-y 平面にあり, z 軸を回転軸とする. 金属棒の単位長さあたりの質量を $\mu = M/\ell$ とすると, 換算四重極モーメントで時間に依存する部分は

$$\rlap{-}I_{xx} = \mu\cos^2\omega t\cdot 2\int_0^{\ell/2} x^2\,dx = \frac{\mu\ell^3}{12}\cos^2\omega t + \text{（定数）}$$
$$= \frac{M\ell^2}{24}\cos 2\omega t + \text{（定数）}$$
$$\rlap{-}I_{yy} = -\frac{M\ell^2}{24}\cos 2\omega t + \text{（定数）}, \qquad \rlap{-}I_{xy} = \rlap{-}I_{yx} = \frac{M\ell^2}{24}\sin 2\omega t$$

となるので, $G = c = 1$ の単位系を用いると,

$$L_{\mathrm{GW}} = \frac{1}{5}\langle \dddot{\rlap{-}I}_{jk}\dddot{\rlap{-}I}^{jk}\rangle = \frac{(2\omega)^6}{5}\left(\frac{M\ell^2}{24}\right)^2\langle 2\cos^2 2\omega t + 2\sin^2 2\omega t\rangle = \frac{2}{45}\omega^6 M^2\ell^4$$

となる.

遠心力によって棒の両端に蓄積する電子は, それにはたらく静電気力と遠心力がつりあうことから,

$$|e\nabla\Phi| = mr\omega^2$$

となる. ただし, Φ は静電ポテンシャル, $-e$ と m は電子の電荷と質量である. これより, 生じる電荷密度は

$$\rho \sim -\nabla^2\Phi \sim -\frac{m}{e}\omega^2$$

のオーダーとなる. 棒の中心部での電子の減少は, 当然ながら両端に移動した電子になっている. 両端の電荷の大きさは, 棒の断面積を A として, $(m/e)\omega^2 A\ell$ となる. 金属棒には四重極の電場が生じ, その四重極モーメントの大きさは $(m/e)\omega^2 A\ell^3$ のオーダーになる. このモーメントによる電磁波の四重極放射の放射率 L_{EM} は, およそ四

重極モーメントの 2 乗に ω^6 を乗じたものになるので，$L_{\rm EM} \sim \omega^{10}(m/e)^2 A^2 \ell^6$ になる．このため，電磁波放射によるエネルギー減少と重力波放射によるエネルギー減少の比率は

$$\frac{L_{\rm EM}}{L_{\rm GW}} \sim \frac{\omega^{10}(m/e)^2 A^2 \ell^6}{\omega^6 \rho^2 A^2 \ell^6} = \left[\frac{(m/e)\omega^2}{\rho}\right]^2$$

となる．$G = c = 1$ の単位系では，$m/e \approx 0.5 \times 10^{-21}$，$\rho\,(10\,{\rm g/cm^3}) \approx 10^{-27}$，および $\omega\,(1\,{\rm kHz}) \approx 0.3 \times 10^{-7}$ であるから，

$$\frac{L_{\rm EM}}{L_{\rm GW}} \sim 10^{-18}$$

となる．すなわち，重力波放射の反作用のほうが大きい．

問題 18.5　重力波放射の反作用

ゆっくりと動く弱い重力源に対する重力波放射の反作用は，ニュートンの重力ポテンシャルに

$$\Phi = \frac{1}{5}\not{I}^{(5)}_{jk} x^j x^k$$

を加えることによって導出される（W. Burke, J. Math. Phys. 12 (1971) 402, MTW の p. 993 を参照せよ）．ここで，$\not{I}_{jk}$ は重力波源の換算四重極モーメントテンソルで，与えられた時刻で

$$\not{I}_{jk} \equiv \int \rho\left(x_j x_k - \frac{1}{3}\delta_{jk} x_i x^i\right) d^3x$$

として計算される量である．添え字の (5) は，時間の 5 階微分を意味している．このポテンシャルを用いて，重力波源がエネルギーと角運動量を失っていく平均時間変化率を，$\not{I}_{jk}$ の微分を用いて表せ．

［解］　重力波源の体積要素に対する重力波放射の反作用は，

$$dF_i = -\Phi_{,i}\rho\, d^3x$$

である．この重力波源要素がエネルギーを失う割合は，反作用が重力波源要素にする仕事率と等しくなる．後者は，重力波源要素の速度を $\mathbf{v}$ として $v^i\, dF_i$ として表される．したがって，重力波源全体では，

$$\frac{dE}{dt} = -\int \Phi_{,i} v^i \rho\, d^3x = \int \Phi(v^i\rho)_{,i}\, d^3x$$

となる．ここで，2 番目の等式では，ガウスの発散定理を用いて，表面項を重力波源

の外側で評価した．連続の式から $\nabla\cdot(\rho\mathbb{v}) = -\partial\rho/\partial t$ が成り立つので，

$$
\begin{aligned}
\frac{dE}{dt} &= -\int \Phi\frac{\partial\rho}{\partial t}\,d^3x = -\frac{1}{5}{\rlap{-}I}^{(5)}_{jk}\frac{d}{dt}\int \rho x^j x^k\,d^3x \\
&= -\frac{1}{5}{\rlap{-}I}^{(5)}_{jk}\frac{d}{dt}\left({\rlap{-}I}^{jk} + \frac{1}{3}\delta^{jk}\int \rho x^i x_i\,d^3x\right)
\end{aligned}
$$

となる．ここで，${\rlap{-}I}_{jk}\delta^{jk} = 0$ より最後の項はゼロとなり，

$$
\frac{dE}{dt} = -\frac{1}{5}{\rlap{-}I}^{(5)}_{jk}\dot{\rlap{-}I}^{jk}
$$

が得られる．

さて，数周期にわたって時間平均をとる．重力波源のパラメータが，この数周期の間にほとんど変化しないと仮定すれば，

$$
\frac{1}{T}\int_0^T {\rlap{-}I}^{(5)}_{jk}\dot{\rlap{-}I}^{jk}\,dt \approx \frac{1}{T}\int_0^T \dddot{\rlap{-}I}_{jk}\dddot{\rlap{-}I}^{jk}\,dt
$$

となる．したがって，

$$
\frac{dE}{dt} = -\frac{1}{5}\langle \dddot{\rlap{-}I}_{jk}\dddot{\rlap{-}I}^{jk}\rangle
$$

が得られる．

角運動量の放出率を得るためには，重力波源要素に対して

$$
\frac{d\mathbb{J}}{dt} = (\text{重力波放射による反作用のトルク}) = \mathbb{r}\times d\mathbb{F} = -\mathbb{r}\times\nabla\Phi\rho\,d^3x
$$

が成り立ち，したがって波源全体で

$$
\begin{aligned}
\frac{dJ^i}{dt} &= -\varepsilon^{ijk}\int x_j\Phi_{,k}\rho\,d^3x = -\varepsilon^{ijk}\int x_j\left(\frac{2}{5}{\rlap{-}I}^{(5)}_{km}x^m\right)\rho\,d^3x \\
&= -\frac{2}{5}\varepsilon^{ijk}{\rlap{-}I}^{(5)}_{km}\int x_j x^m\rho\,d^3x = -\frac{2}{5}\varepsilon^{ijk}{\rlap{-}I}^{(5)}_{km}{\rlap{-}I}_j{}^m
\end{aligned}
$$

となることを用いる．時間平均を行い，（時間で）部分積分を行うことにより，

$$
\frac{dJ^i}{dt} = -\frac{2}{5}\varepsilon^{ijk}\langle \dddot{\rlap{-}I}_{km}\ddot{\rlap{-}I}_{j\ell}\delta^{\ell}{}_m\rangle
$$

が得られる．

問題 18.6　連星間距離の時間変化

距離 R だけ離れた 2 つの星（質量 m_1 と m_2）が互いのまわりを円軌道を描いて非相対論的に運動している．重力波放射の反作用によって，R は時間とともに変化する．$R(t)$ を求めよ．

[解]　m_1, m_2 と r_1, r_2 をそれぞれの星の質量および質量中心からの距離とする．2 つの星は質量中心のまわりを角速度 ω で運動しているとする．ニュートン力学より，$m_1 r_1 = m_2 r_2 = \mu R$ となる．ここで，$R = r_1 + r_2$, μ は換算質量，$\mu = m_1 m_2/(m_1 + m_2)$ である．2 つの星の全エネルギーは，ケプラーの法則を適用することにより，$M = m_1 + m_2$, R, μ で表すことができて，

$$E = \left(\frac{1}{2}m_1 r_1^2 + \frac{1}{2}m_2 r_2^2\right)\omega^2 - \frac{m_1 m_2}{R} = \frac{1}{2}\mu\omega^2 R^2 - \frac{\mu M}{R} = -\frac{1}{2}\frac{\mu M}{R}$$

となる．

重力波によって失われるエネルギーは，換算四重極モーメントテンソル

$${I\!\!\!-}_{jk} \equiv \int \rho\left(x_j x_k - \frac{1}{3}r^2\delta_{jk}\right)d^3x$$

が計算されれば，簡単に求めることができる．ここで，減じられている項 $\int (1/3)\rho r^2 \delta_{jk}$ d^3x は，時間に関して一定なので無視できる．z 軸を連星運動の回転軸，ϕ を連星を結ぶ直線の x 軸からの方位角とすれば（時間に依存しない項を除いて），

$$I_{xx} = (m_1 r_1^2 + m_2 r_2^2)\cos^2\phi = \frac{1}{2}\mu R^2\cos 2\phi + (\text{定数})$$
$$I_{yy} = -\frac{1}{2}\mu R^2\cos 2\phi + (\text{定数}), \qquad I_{xy} = I_{yx} = \frac{1}{2}\mu R^2 \sin 2\phi$$

が得られる．$\phi = \omega t$ であるから，時間についての 3 階微分を計算し，$\dddot{I\!\!\!-}_{jk}\dddot{I\!\!\!-}^{jk}$ の和をとって時間平均すると，

$$\begin{aligned}\frac{1}{5}\langle\dddot{I\!\!\!-}_{jk}\dddot{I\!\!\!-}^{jk}\rangle &= \frac{1}{5}(2\omega)^6\left(\frac{1}{2}\mu R^2\right)^2\langle\sin^2 2\omega t + \sin^2 2\omega t + 2\cos^2 2\omega t\rangle \\ &= \frac{32}{5}\mu^2\omega^6 R^4 = \frac{32}{5}\frac{\mu^2 M^3}{R^5} = P_{\mathrm{GW}}\end{aligned}$$

となる．

これだけのエネルギーが軌道エネルギーから失われることになるので，

$$\frac{dE}{dt} = \frac{1}{2}\frac{\mu M}{R^2}\frac{dR}{dt} = -P_{\mathrm{GW}} = -\frac{32}{5}\frac{\mu^2 M^3}{R^5}$$

となる．微分方程式として

$$R^3\frac{dR}{dt} = -\frac{64}{5}\mu M^2$$

の形になるので，これを積分して

$$R^4 = -\frac{256}{5}\mu M^2 t + (\text{定数})$$

18

が得られる．この公式で，連星間の距離がゼロになる時刻を t_0 とすれば，

$$R^4 = \frac{256}{5}\mu M^2(t_0 - t)$$

となる．$t=0$ で連星間の距離が $R_{\rm now}$ であるとすれば，そこから合体までに要する時間は

$$t_0 = \frac{5}{256}\frac{R_{\rm now}^4}{\mu M^2}$$

となる．

問題 18.7　重力波放射による円軌道化

2つの質点（質量 m_1 と m_2）が，ニュートン力学に従って互いに楕円軌道を描いて運動している．軌道長半径を a，離心率を e とする．重力波放射の反作用による da/dt と de/dt を計算せよ．楕円軌道が次第に円軌道になっていくことを示せ．

[解]　全軌道エネルギーを E，全角運動量を L とすると，長半径と離心率は

$$a = -\frac{m_1 m_2}{2E} \tag{1}$$

$$e^2 = 1 + 2EL^2\frac{m_1+m_2}{m_1^3 m_2^3} \tag{2}$$

となるので，時間微分すると

$$\frac{da}{dt} = \frac{m_1 m_2}{2E^2}\frac{dE}{dt} \tag{3}$$

$$\frac{de}{dt} = \frac{m_1+m_2}{m_1^3 m_2^3 e}\left(L^2\frac{dE}{dt} + 2EL\frac{dL}{dt}\right) \tag{4}$$

となる．2つの質点間の距離を r とすると，

$$r = \frac{a(1-e^2)}{1+e\cos\theta} \tag{5}$$

となるので（図参照），質量中心 O からそれぞれの質点までの距離を r_1, r_2 とすると，

$$r_1 = \frac{m_2}{m_1+m_2}r, \qquad r_2 = \frac{m_1}{m_1+m_2}r$$

となる．これより，四重極モーメントテンソルの各成分は

$$I_{xx} = m_1 x_1^2 + m_2 x_2^2 = \frac{m_1 m_2}{m_1+m_2}r^2\cos^2\theta$$

$$I_{yy} = \frac{m_1 m_2}{m_1+m_2}r^2\sin^2\theta, \qquad I_{xy} = \frac{m_1 m_2}{m_1+m_2}r^2\sin\theta\cos\theta$$

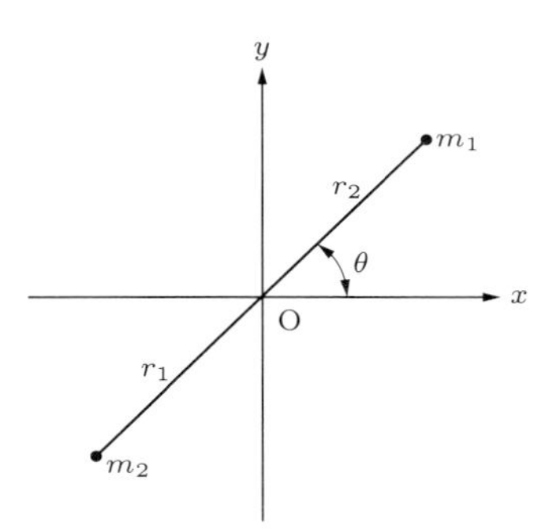

$$I \equiv I_{xx} + I_{yy} = \frac{m_1 m_2}{m_1 + m_2} r^2 \tag{6}$$

となる．ニュートン力学における運動方程式から

$$\dot{\theta} = \frac{\sqrt{(m_1 + m_2) a (1 - e^2)}}{r^2} \tag{7}$$

であり，式 (5) より

$$\dot{r} = e \sin\theta \sqrt{\frac{m_1 + m_2}{a(1 - e^2)}} \tag{8}$$

が得られる．

I_{ij} の各成分について時間微分をとっていく．その際，式 (5), (7), (8) を用いて式を整理していく．そうすると，

$$\dot{I}_{xx} = -2 \frac{m_1 m_2}{\sqrt{(m_1 + m_2) a (1 - e^2)}} r \cos\theta \, \sin\theta \tag{9}$$

$$\ddot{I}_{xx} = -2 \frac{m_1 m_2}{a(1 - e^2)} (\cos 2\theta + e \cos^3\theta) \tag{10}$$

$$\dddot{I}_{xx} = 2 \frac{m_1 m_2}{a(1 - e^2)} (2 \sin 2\theta + 3e \cos^2\theta \, \sin\theta) \dot{\theta} \tag{11}$$

$$\dot{I}_{yy} = 2 \frac{m_1 m_2}{\sqrt{(m_1 + m_2) a (1 - e^2)}} r (\sin\theta \, \cos\theta + e \sin\theta) \tag{12}$$

$$\ddot{I}_{yy} = 2 \frac{m_1 m_2}{a(1 - e^2)} (\cos 2\theta + e \cos\theta + e \cos^3\theta + e^2) \tag{13}$$

$$\dddot{I}_{yy} = -2 \frac{m_1 m_2}{a(1 - e^2)} (2 \sin 2\theta + e \sin\theta + 3e \cos^2\theta \, \sin\theta) \dot{\theta} \tag{14}$$

$$\dot{I}_{xy} = \frac{m_1 m_2}{\sqrt{(m_1 + m_2) a (1 - e^2)}} r (\cos^2\theta - \sin^2\theta + e \cos\theta) \tag{15}$$

$$\ddot{I}_{xy} = -2 \frac{m_1 m_2}{a(1 - e^2)} (\sin 2\theta + e \sin\theta + e \sin\theta \, \cos^2\theta) \tag{16}$$

$$\dddot{I}_{xy} = -2 \frac{m_1 m_2}{a(1 - e^2)} (2 \cos 2\theta - e \cos\theta + 3e \cos^3\theta) \dot{\theta} \tag{17}$$

$$\dddot{I} = \dddot{I}_{xx} + \dddot{I}_{yy} = -2\frac{m_1 m_2}{a}\frac{e}{1-e^2}\sin\theta\,\dot{\theta} \tag{18}$$

が得られる．

式 (9)～(18) を用いて直接代数計算をすることにより，エネルギー放射率は，

$$\begin{aligned}
\frac{dE}{dt} = -\frac{1}{5}\dddot{\rlap{\,-}I}_{jk}\dddot{\rlap{\,-}I}^{jk} &= -\frac{1}{5}\left(\dddot{I}_{jk}\dddot{I}^{jk} - \frac{1}{3}\dddot{I}^2\right) \\
&= -\frac{1}{5}\left(\dddot{I}^2_{xx} + 2\dddot{I}^2_{xy} + \dddot{I}^2_{yy} - \frac{1}{3}\dddot{I}^2\right) \\
&= -\frac{8}{15}\frac{m_1^2 m_2^2}{a^2(1-e^2)^2}[12(1+e\cos\theta)^2 + e^2\sin^2\theta]\dot{\theta}^2
\end{aligned}$$

と求められる．これを 1 軌道あたりで平均をとる．軌道周期は（ケプラーの第 3 法則より）

$$T = \int_0^{2\pi}\frac{1}{\dot{\theta}}d\theta = \frac{2\pi a^{3/2}}{\sqrt{m_1+m_2}}$$

であるから，

$$\begin{aligned}
\left\langle\frac{dE}{dt}\right\rangle = \frac{1}{T}\int_0^T\frac{dE}{dt}\,dt &= \frac{1}{T}\int_0^{2\pi}\frac{dE}{dt}\,\frac{1}{\dot{\theta}}d\theta \\
&= -\frac{32}{5}\frac{m_1^2 m_2^2(m_1+m_2)}{a^5(1-e^2)^{7/2}}\left(1+\frac{73}{24}e^2+\frac{37}{96}e^4\right)
\end{aligned} \tag{19}$$

となる．同様に，角運動量の放出率は

$$\begin{aligned}
\frac{dL}{dt} &= -\frac{2}{5}\varepsilon_{zij}\ddot{\rlap{\,-}I}_{ik}\dddot{\rlap{\,-}I}_{kj} = -\frac{2}{5}\epsilon_{zij}\ddot{I}_{ik}\dddot{I}_{kj} \\
&= -\frac{2}{5}\left[\ddot{\rlap{\,-}I}_{xy}(\dddot{I}_{yy} - \dddot{I}_{xx}) + \dddot{I}_{xy}(\ddot{I}_{xx} - \ddot{I}_{yy})\right] \\
&= -\frac{8}{5}\frac{m_1^2 m_2^2}{a^2(1-e^2)^2}[4 + 10e\cos\theta + e^2(9\cos^2\theta - 1) \\
&\qquad\qquad + e^3(3\cos^3\theta - \cos\theta)]\dot{\theta}
\end{aligned}$$

より，これを時間平均して

$$\left\langle\frac{dL}{dt}\right\rangle = \frac{1}{T}\int_0^{2\pi}\frac{dL}{dt}\,dt = \frac{1}{T}\int_0^{2\pi}\frac{dL}{dt}\frac{1}{\dot{\theta}}d\theta = -\frac{32}{5}\frac{m_1^2 m_2^2\sqrt{m_1+m_2}}{a^{7/2}(1-e^2)^2}\left(1+\frac{7}{8}e^2\right) \tag{20}$$

となる．式 (3), (4) を用いると，最終的に

$$\left\langle\frac{da}{dt}\right\rangle = \frac{2a^2}{m_1 m_2}\left\langle\frac{dE}{dt}\right\rangle = -\frac{64}{5}\frac{m_1 m_2(m_1+m_2)}{a^3(1-e^2)^{7/2}}\left(1+\frac{73}{24}e^2+\frac{37}{96}e^4\right) \tag{21}$$

$$\left\langle \frac{de}{dt} \right\rangle = \frac{m_1+m_2}{m_1 m_2 e}\left[\frac{a(1-e^2)}{m_1+m_2}\left\langle \frac{dE}{dt} \right\rangle - \sqrt{\frac{1-e^2}{a(m_1+m_2)}}\left\langle \frac{dL}{dt} \right\rangle\right]$$
$$= -\frac{304}{15}\frac{m_1 m_2(m_1+m_2)}{a^4}\frac{e}{(1-e^2)^{5/2}}\left(1+\frac{121}{304}e^2\right) \qquad (22)$$

が得られる．式 (22) より，$de/dt < 0$ である．すなわち，離心率は重力波放射の反作用によって小さくなっていく．式 (21) で $e = 0$ とすると，問題 18.6 の解になる．$e \neq 0$ の場合の式 (21), (22) の積分については，P. C. Peters, Phys. Rev. 136 (1964) 1224 を参照せよ．

問題 18.8　平面重力波と TT ゲージ

平面重力波がほとんど平坦な真空時空中を x^1 方向に進んでいる（すなわち，計量の摂動量 $h_{\alpha\beta}$ が $u = t - x^1$ のみの関数となっている）．$h_{\alpha\beta}$ の非ゼロ成分が $h_{23} = h_{32}$ と $h_{22} = -h_{33}$ のみとなるような座標変換を陽に示せ．そして，トランスバースかつトレースレスなゲージに射影しても同じ成分が得られることを直接示せ．

18

[解]　重力波に対するリッチ曲率テンソルはゼロでなければならない．そのため，問題 13.13 の結果から，

$$0 = 2R_{\mu\nu} = h^{\alpha}{}_{\nu,\alpha\mu} + h^{\alpha}{}_{\mu;\alpha\nu} - h_{\mu\nu}{}^{,\alpha}{}_{,\alpha} - h_{,\mu\nu}$$

が得られる．摂動計量は $u = t - x^1$ の関数なので，第 3 項 $\Box h_{\mu\nu}$ は自動的にゼロになる．そのため，R_{22}, R_{23}, R_{33} の成分はゼロである．$(\mu,\nu) = (0,2)$ に対しては，

$$\frac{d^2}{du^2}(h^0{}_2 - h^1{}_2) = 0$$

が成り立つので，$h^0{}_2 = h^1{}_2$ であることがわかる（ここでは積分定数の違いは意味をもたない．定数項は波ではなく，エネルギーを運ばないからである．また，定数項はリーマン曲率テンソルの値に影響せず，ゲージ変換によって取り除くことができる）．

同様にして，

$$h^0{}_3 = h^1{}_3 \qquad ((\mu,\nu) = (0,3))$$
$$h^0{}_0 - h^1{}_0 = \frac{1}{2}h \qquad ((\mu,\nu) = (0,0))$$
$$h^2{}_2 + h^3{}_3 = 0 \qquad ((\mu,\nu) = (1,0))$$

が得られる．ほかの μ,ν の値では，これらの式以外の独立なものにならない．

これらの 4 つの条件より，$h_{\alpha\beta}$ の独立な成分は 6 つになる．$\xi_\mu(t - x^1)$ の形のゲー

ジ変換は，$h_{\alpha\beta}$ を $t-x^1$ だけの関数のままにするので，上の 4 条件と矛盾しない．そこで，この形のゲージ変換を行うと，$h_{00}, h_{11}, h_{02}, h_{03}$ がゼロになり，$h_{23}=h_{32}$ と $h_{22}+h_{33}$ の成分のみが残る変換を行う．この 2 成分は変換で不変な量である．

具体的なゲージ変換を記しておくと，

$$\xi_0(u) = \frac{1}{2}\int^u h_{00}(\tilde{u})\,d\tilde{u}, \qquad \xi_1(u) = -\frac{1}{2}\int^u h_{11}(\tilde{u})\,d\tilde{u}$$
$$\xi_2(u) = \int^u h_{02}(\tilde{u})\,d\tilde{u}, \qquad \xi_3(u) = \int^u h_{03}(\tilde{u})\,d\tilde{u}$$

である．

さて，残された 2 成分が，摂動のトランスバース・トレースレス (TT) 部分に射影して得られるものと同じになることを示そう．$h = h^0{}_0 + h^1{}_1$ となることから，トランスバース部分に射影することは，TT 部分に射影することと同義である．しかし，トランスバース部分への射影は，ゲージ変換を行ったときのように，h_{22}, h_{23}, h_{33} に対して不変である．そのため，確かにどちらの操作によっても同じものが得られることになる．

問題 18.9　軸対称系からの重力波

軸対称な系から放射される重力波は，正味の角運動量を運び去らないことを示せ（重力波源の重力場が弱いという仮定はしない）．

[解]　対称軸を z 軸とし，z 軸まわりの回転角成分を ϕ とする．時刻一定面（$t=$（定数））において，重力波源から十分離れた漸近的平坦な領域で重力波が伝播していると，$r=r_1$ の 2 次元閉曲面の内側での角運動量は（対称性より軸成分のみで）

$$J_1 = -\frac{1}{16\pi}\oint_{r=r_1} \xi^{\mu;\nu}\, d^2\Sigma_{\mu\nu} \tag{1}$$

と表される．ここで，$\boldsymbol{\xi} = \partial/\partial\phi$ である（問題 16.23 を見よ．そこでの証明は，時間方向のキリングベクトルが存在していないときでも，さらに波が存在しているときでも成立する．なぜなら，波は計量の空間・空間成分のみを変化させるだけだからである．MTW の式 (19.5) を参照せよ）．同様に，$r=r_2$ の 2 次元閉曲面 ($r_2 > r_1$) の内側の角運動量は

$$J_2 = -\frac{1}{16\pi}\oint_{r=r_2} \xi^{\mu;\nu}\, d^2\Sigma_{\mu\nu} \tag{2}$$

であり，r_1 と r_2 の間に含まれる角運動量は，

$$J_2 - J_1 = -\frac{1}{16\pi}\oint_{r=r_2} \xi^{\mu;\nu}\, d^2\Sigma_{\mu\nu} + \frac{1}{16\pi}\oint_{r=r_1} \xi^{\mu;\nu}\, d^2\Sigma_{\mu\nu}$$

$$= \int_{r_1 \le r \le r_2} T^{\mu}{}_{\nu} \xi^{\nu} \, d^3\Sigma_{\mu}$$

となる．ここで，問題 16.23 の解答にあるストークスの定理を用いた．$T^{\mu}{}_{\nu}$ は $r_1 \le r \le r_2$ でゼロであるから，$J_2 - J_1$ はゼロである．したがって，重力波による角運動量流束はゼロである．

問題 18.10 ストークスパラメータ

平面重力波に対してストークスパラメータを定義し，3 つのストークスパラメータから，円偏極や直線偏極の割合，および直線偏極の最大値を与える向きをどのように求めるのか，計算方法を示せ．

[解] z 方向に伝播する平面重力波は，検出器の位置において

$$h_{xx} = -h_{yy} = \mathrm{Re}(A_{+} e^{-i\omega t}), \qquad h_{xy} = h_{yx} = \mathrm{Re}(A_{\times} e^{-i\omega t})$$

のように表される．平面波が単色波（したがって，100%偏極している）であれば，A_{+}，$A_{\times}$ は定数である．より一般的に，波の振動数 ω が狭い領域に限られているとすれば，A_{+}，$A_{\times}$ は時間に対して（波の振動に比べて）ゆっくりと変化する関数になる．波の強度は，A_{+}，$A_{\times}$ の 2 乗に比例するので，電磁気学の類推より，偏極テンソルを

$$\rho_{ab} \equiv \frac{\langle A_a A_b^{*} \rangle}{|A_{+}|^2 + |A_{\times}|^2}$$

のように定義することができる（たとえば，Landau and Lifchitz の p. 122 以降を参照せよ）．さらに，この行列はエルミート行列で，トレースは 1 になる．そこで，

$$\rho_{ab} = \frac{1}{2} \begin{bmatrix} 1 + \xi_3 & \xi_1 - i\xi_2 \\ \xi_1 + i\xi_2 & 1 - \xi_3 \end{bmatrix}$$

のように表せる．電磁気学と同様に，ξ_1, ξ_2, ξ_3 を平面重力波の**ストークスパラメータ** (Stokes parameters) という（教科書によっては，規格化されたストークスパラメータとよんでいる）．

これらのパラメータは波の偏極状態を表している．パラメータの意味を考えるために，(1) 無偏極の波，(2) 円偏極の波，(3) それぞれ x, y 軸から角度 ψ の方向に直線偏極している波，の 3 つが混合している状態を考えよう．数学的には，これらは

(1) $A_{+} = G_1(t)$, $A_{\times} = G_2(t)$．ただし，$\langle |G_1(t)|^2 \rangle = \langle |G_2(t)|^2 \rangle \equiv \langle |G(t)|^2 \rangle$ および $\langle G_1(t) G_2^{*}(t) \rangle = 0$ が成立する．

(2) $A_{+} = H(t)$, $A_{\times} = \pm i H(t)$.

(3) $A_{+} = F(t) \cos 2\psi$, $A_{\times} = F(t) \sin 2\psi$.

の重ね合わせとして表される．もちろん，G_1, G_2, H, F は互いに独立なものとしよう．そうすると，偏極テンソルは

$$\rho_{ab} = \frac{1}{I}\begin{bmatrix} \langle|F|^2\rangle\cos^2 2\psi + \langle|G|^2\rangle + \langle|H|^2\rangle & \langle|F|^2\rangle\sin 2\psi\cos 2\psi \mp i\langle|H|^2\rangle \\ \langle|F|^2\rangle\sin 2\psi\cos 2\psi \pm i\langle|H|^2\rangle & \langle|F|^2\rangle\sin^2 2\psi + \langle|G|^2\rangle + \langle|H|^2\rangle \end{bmatrix}$$

$$I \equiv \langle|F|^2\rangle + 2\langle|G|^2\rangle + 2\langle|H|^2\rangle$$

となるので，

$$\xi_3 = \frac{1}{I}\langle|F|^2\rangle\cos 4\psi, \qquad \xi_1 = \frac{1}{I}\langle|F|^2\rangle\sin 4\psi, \qquad \xi_2 = \pm\frac{2}{I}\langle|H|^2\rangle$$

と対応することがわかる．

これより，電磁気学のときと同様に，重力波の偏極状態をストークスパラメータを用いて次のように記すことができる．

- 直線偏極した重力波の割合 $= \sqrt{\xi_3^2 + \xi_1^2}$
- 直線偏極の向き：$\tan 4\psi = \xi_1/\xi_3$
- 円偏極した重力波の割合 $= |\xi_2|$　（$\xi_2 > 0$ は右円偏極）
- 偏極した重力波の割合 $= \sqrt{\xi_1^2 + \xi_2^2 + \xi_3^2}$

問題 18.11　重力波による物体の運動

静止していた物体が，激しく動いて重力波を放射し，その後，有限時間で再び静止した．離れたところにいる観測者が，自由に動ける 2 つの粒子の運動を測定することで，この重力波を検出した．はじめは 2 つの粒子は互いに静止していたが，重力波によって動き始めた．しかし，重力波の通過後は再びもとの位置に戻って互いに静止することを，重力波の振幅の 1 次のオーダーで示せ．

[解]　運動はほとんどニュートン力学を用いて簡単に解析できる．粒子（と観測者）の運動は，

$$\ddot{x} \sim Rx \sim \ddot{h}x$$

で表される．ここで，R は重力波のリーマン曲率テンソルの大きさを表し，h は重力波に対する（無次元量の）線形計量の大きさを表す．重力波の振動は小さいので，位置はほとんど一定となり，運動方程式を積分すると，

$$x(t) - x_0 = x_0 h(t) + \alpha t + \beta + \mathcal{O}(h^2), \qquad x_0 = （初期の位置）$$

となる．高次の項を無視すれば，重力波の到達前には 2 つの粒子は静止していたため，α と β はゼロである．波の通過後は $h = 0$ となるので，2 つの粒子は再びはじめの位

置で静止する．

問題 18.12　弾性棒による重力波の観測

弾性のある棒を用いると，棒の基本角振動数（最低次の固有角振動数）ω_0 だけではなく，その倍音に相当する $\omega_n \equiv n\omega_0$ も観測することができる．この場合，n 番目の固有角振動数の感度は，基本角振動数の感度に比べてどのくらいか．すなわち，観測する棒の変位についての最大 2 乗振幅に対して，重力波のエネルギー流束がどれだけの大きさになるのか，その比を n 依存性として表せ（弾性棒の振動が力学的に減衰する時間はすべての固有振動で同じとせよ）．

[解]　棒に励起される固有振動モードは，（棒の向きを x 軸として）方程式

$$\frac{\partial^2 \xi}{\partial t^2} + \frac{1}{\tau}\frac{\partial \xi}{\partial t} - a^2 \frac{\partial^2 \xi}{\partial x^2} = 0 \tag{1}$$

の解として与えられる．ここで，$\xi(x,t)$ は棒の要素の変位，τ は振動の減衰時間，a は音速を表す．この解は

$$\xi = e^{-i\omega t} e^{-t/2\tau} u(x) \tag{2}$$

の関数形になり，$u(x)$ は

$$a^2 \frac{d^2 u}{dx^2} + \left(\omega^2 + \frac{1}{4\tau^2}\right) u = 0 \tag{3}$$

によって与えられる．

棒の両端は自由端なので，棒の長さを L とすれば，境界条件は

$$\left.\frac{\partial \xi}{\partial x}\right|_{x=\pm L/2} = 0 \tag{4}$$

と書ける．式 (3) の解で，式 (4) を満たすものは，$\omega = \omega_n = n\pi a/L$ として，

$$u_n = \begin{cases} \sin \dfrac{n\pi x}{L} & (n：奇数) \\ \cos \dfrac{n\pi x}{L} & (n：偶数) \end{cases} \tag{5}$$

となる．ただし，$\omega_n \gg 1/\tau$ と仮定した．

z 方向へ伝播する重力波を考えよう．このとき重力波が誘発する力は，

$$F_j = -x^k R_{j0k0}(t - z) \tag{6}$$

と表される．棒の位置を $z = 0$ とすると，解くべき振動モードの式は，式 (1) の右辺に

$$F(t, x) = -xR_{x0x0}(t) \tag{7}$$

を加えたものになる．解として得られる棒の要素の変位は，基本モードの重ね合わせ

$$\xi = \sum_n B_n(t) u_n(x) \tag{8}$$

として記述できる．ここで，u_n の直交性より，式 (1) は

$$\ddot{B}_n + \frac{1}{\tau}\dot{B}_n + \omega_n^2 B_n = \frac{\displaystyle\int_{-L/2}^{L/2} F u_n \, dx}{\displaystyle\int_{-L/2}^{L/2} u_n^2 \, dx} \tag{9}$$

となる．

F は $x = 0$ に関して反対称であるから，n が奇数のモードのみ寄与することになる．n が奇数のとき，式 (9) の右辺は

$$-\frac{R_{x0x0}(t)\, L}{2\pi^2 n^2}$$

となる．棒が共振状態，つまり $R_{x0x0} \sim e^{-i\omega_n t}$ のとき，式 (9) で $B_n \sim e^{-i\omega_n t}$ とすることにより，

$$|B_n| \propto \left|\frac{\tau}{\omega_n n^2}\right| \propto \frac{1}{n^3} \tag{10}$$

が得られる．重力波のエネルギー流束 F は，$|R_{x0x0}/\omega_n|^2 \propto 1/n^2$ であるから，

$$(\text{重力波の感度}) \propto \frac{|B_n|^2}{1/n^2} \propto \frac{1}{n^4} \tag{11}$$

となる．

問題 18.13　重力波の板への衝突 (1)

x 軸方向に進む（弱い）平面重力波がセメントの厚板に垂直にぶつかった．セメント板は平面重力波からエネルギー E を吸収する．（たとえば，$T^{\mu\nu}{}_{;\nu} = 0$ の結果として）板は x 方向の運動量成分 E も吸収しなければならないことを示せ．また，エネルギーが吸収される割合とこの運動量成分が吸収されていく割合の関係式を示せ．

[解]　単位体積あたりに重力波が外力として作用する仕事率を F^0 とすると，物質の内側では，

$$T^{0\mu}_{\text{GW},\mu} = T^{0i}_{\text{GW},i} = F^0$$

となる．セメントを小さく区切って孤立したものと考え，その断面積を A とする．3 次元のガウスの定理により，3 次元体積積分は表面積分になるので，

$$\int T^{0i}_{\mathrm{GW}}\, d\Sigma_i = \int T^{0i}_{\mathrm{GW},i}\, d\mathrm{Vol}$$

となり，

$$\left(T^{0x}_{\mathrm{GW}}\Big|_{\mathrm{out}} - T^{0x}_{\mathrm{GW}}\Big|_{\mathrm{in}} \right) A = \int F^0\, d\mathrm{Vol}$$

$$= (\text{内側でエネルギーが増加する率})$$

$$= -(\text{セメントによって重力波のエネルギーが吸収される率})$$

が得られる．これより，

$$(\text{単位時間・単位面積あたりに吸収される運動量})$$
$$= (\text{単位時間・単位面積あたりに吸収されるエネルギー})$$

となる．

問題 18.14　重力波の板への衝突 (2)

前問の結果から，物質は重力波の進行方向の運動量を吸収できるに違いないことが示された．しかし，これは重力波が横波であるという描像と矛盾するようにも思える．この点を調べるために，前問のセメント板を構成する分子は平衡点のまわりで調和振動し，内部摩擦によって減衰すると理想化しよう．重力波は 1 つの周波数だけで構成され，直線偏極とする．測地線偏差の式を用いて，分子にはたらく力の時間平均を求め，重力波の進行方向に対する運動量の単位時間あたりの吸収量を求めよ．そして，この運動量の吸収率が，分子のエネルギー吸収率と等しくなることを示せ．

[解]　波の進行方向を z 軸とし，分子の移動方向を x 軸とする．分子の変位を ξ とすれば，測地線偏差の式から，分子の運動方程式が得られる．ω を重力波の角周波数，Γ を減衰時間の逆数（つまり分子振動の減衰率），X_0 を分子の平衡点（質量中心）からの x 方向の変位とする．運動方程式は複素数表示の式

$$\ddot{\xi} + \Gamma\dot{\xi} + \omega_0^2\xi = -R^x{}_{0x0}X_0 = \frac{1}{2}\ddot{h}_{xx}X_0$$

もしくは

$$\xi(-\omega^2 - i\omega\Gamma + \omega_0^2) = -\frac{\omega^2}{2}h_{xx}X_0 = -\frac{\omega^2}{2}A_+X_0e^{-i\omega t}$$

の実部となる．これより，ξ について簡単に解くことができ，

$$\xi = \frac{1}{2}\omega^2 A_+ X_0 e^{-i\omega t}\frac{(\omega^2-\omega_0^2)-i\omega\Gamma}{\Delta}$$
$$\Delta \equiv (\omega^2-\omega_0^2)^2+\omega^2\Gamma^2$$

となる．時間微分をとると，

$$\dot{\xi} = -\frac{1}{2}\omega^3 A_+ X_0 e^{-i\omega t}\frac{\omega\Gamma+i(\omega^2-\omega_0^2)}{\Delta}$$

となる．これより簡単に，質量 m の分子によるエネルギー吸収率を

$$\begin{aligned}\langle \dot{x}F^x\rangle &= \frac{1}{2}\,\mathrm{Re}[\dot{\xi}(F^x)^*]\\ &= \frac{1}{2}\,\mathrm{Re}\left[\dot{\xi}\left(-\frac{1}{2}m\omega^2 A_+^* X_0 e^{i\omega t}\right)\right] = \frac{m\omega^6}{8}\Gamma|A_+|^2X_0^2\end{aligned}$$

のように評価することができる．

運動量の吸収率を求めるには，波の進行方向 (longitudinal) の測地線偏差も存在することに注意しなければならない．v/c の因子だけ小さくなり，

$$F^z = -mR^z{}_{xx0}X_0\dot{\xi} = \frac{1}{2}m\ddot{h}_{xx}X_0\dot{\xi} = -\frac{1}{2}m\omega^2X_0\,\mathrm{Re}(A_+e^{-i\omega t})\,\mathrm{Re}(\dot{\xi})$$

となる．これの時間平均をとると，

$$\langle F^z\rangle = \frac{1}{4}m\omega^6X_0^2\Gamma\langle\,\mathrm{Re}(A_+e^{-i\omega t})\cdot\mathrm{Re}(A_+e^{-i\omega t})\rangle = \frac{1}{8}m\omega^6\Gamma|A_+|^2X_0^2$$

となる．これは，問題 18.13 で得た結論を微視的に説明する式になっている．

問題 18.15　重力波による気体の温度上昇

角周波数が ω で，無次元の振幅 h をもつ弱い平面重力波が，温度 T の「硬くて球状の」気体を通過した．気体中の分子の平均自由行程を ℓ とし，気体は十分希薄で，$\ell \gg c/\omega$ とする．有限時間で，気体中の分子が相対論的な温度にまで上昇することを示せ．この典型的な時間を見積もれ．また，重力波の振幅が $1/e$ に減衰する距離を見積もれ．

[解]　2 つの粒子があり，距離 d だけ離れているとする．これらの相対的な速度は，重力波の通過によって $\Delta v \approx h\omega d$ だけゆらぐ．重力波のこの 1 振動の間に 2 つの粒子が衝突するならば，2 粒子間の距離は $d \sim v/\omega$ のオーダーとなるので，$\Delta v \sim hv$ となる．平均すると，粒子は重力波がないときに比べて，$(\Delta v/v)^2$ の割合だけ大きなエネルギーをもって衝突する．衝突によって粒子の運動方向はランダムになるので，半

周期後に重力波が逆向きに振動してもこのエネルギーが引き去られることは**ない**．また，粒子の速さが $v + \Delta v$ であれば，$v - \Delta v$ で動く粒子よりも多く衝突が生じるので，$(\Delta v/v)^2$ のオーダーのエネルギーが衝突ごとに加算されていく効果もある．結果として，温度 T のとき，平均すると，それぞれの衝突で $(\Delta v/v)^2 kT \sim h^2 kT$ のオーダーでエネルギーが増加する．単位時間・単位体積あたりの衝突数は，粒子の数密度を n_0，粒子の質量を m とすると，$n_0 v/\ell \sim (n_0/\ell)(kT/m)^{1/2}$ である．したがって，単位時間・単位体積あたりに内部エネルギーとして吸収されるエネルギーは，およそ

$$\frac{dE_{\rm int}}{dt} \sim \frac{h^2}{(n_0 m)^{1/2}\ell}(n_0 kT)^{3/2} \sim \frac{h^2}{(n_0 m)^{1/2}\ell} E_{\rm int}^{3/2} \tag{1}$$

となる．積分すると，$t_0 \sim (\ell/h^2)(m/kT)^{1/2}$ として

$$E_{\rm int}(t) \sim \left(\frac{t_0}{t_0 - t}\right)^2 E_{\rm int}(t = 0) \tag{2}$$

となる．こうして，有限時間 t_0 に $E_{\rm int} \to \infty$ となる．もちろん現実にはこのようなことは生じない．$t \sim t_0$ にガスの運動が相対論的になって，ニュートン力学的な扱いができなくなるからである．

重力波の「波面」が失うエネルギーは式 (1) で与えられる．内部エネルギー密度は，$\omega^2 h^2 c^2/G$ のオーダーなので，距離にして

$$\begin{aligned}\ell_{\rm damping} \sim c\tau_{\rm damping} &\sim \frac{\omega^2 h^2 c^3/G}{h^2 (n_0 kT)^{3/2}/(n_0^{1/2} m^{1/2} \ell)} \\ &\sim \ell \left(\frac{c}{v_{\rm thermal}}\right)^3 \left(\frac{\omega^2}{G m n_0}\right)\end{aligned}$$

で減衰する（最後の式のはじめの括弧内は，相対論的なガスになると 1 に近づいていく．2 つ目の括弧内はガスが「重力的なプラズマ振動数」になると 1 に近づいていく）．

問題 18.16　爆発による重力子の放出

エネルギーが E の非対称な爆発によって放出する重力子の数を見積もれ．

[解]　M, v, T をそれぞれ系の質量，速さ，時間とすると，この物理的プロセスにおける特徴的な重力波四重極エネルギー放射率は

$$P_{\rm GW} \sim \frac{G}{c^5}|\dddot{I}|^2 \sim \frac{G}{c^5}\left(\frac{Mv^2}{T}\right)^2 \sim \frac{P^2}{3 \times 10^{59}\,{\rm erg/s}}$$

と表すことができる．ここで，$P \sim Mv^2/T$ は内部エネルギーの特徴的な「放出率」である．

エネルギー E，特徴的な時間 τ の爆発において，内部エネルギー放出率は E/τ となる．内部エネルギーの放出が重力波と効率的に相互作用しているとすれば，$c=G=1$ の単位系において

$$P_{\mathrm{GW}} \sim \left(\frac{E}{\tau}\right)^2$$

および

$$E_{\mathrm{GW}} \sim P_{\mathrm{GW}}\tau \sim \frac{E^2}{\tau}$$

となる．この爆発で発生する典型的な重力子は，エネルギー $\hbar\omega \sim \hbar/\tau$ をもつ．したがって，重力子の放出数は

$$N \sim \frac{E^2/\tau}{\hbar/\tau} = \frac{E^2}{\hbar} \sim \left(\frac{E}{10^{16}\,\mathrm{erg}}\right)^2$$

のオーダーとなる．

問題 18.17　電球からの重力子放出

100 W の電球は，規格寿命の 1000 時間のうちに，およそいくつの熱的重力子を放出するか．また，この電球がセメントの床に落ちて壊れたとき，放出される重力子のおよその数と波長を求めよ．

[解]　重力波を生成する波源質量の運動は，フィラメント内における電子と格子点との衝突や光子の散乱などである．電子の熱運動の速度は，それらの移動速度に比べて格段に大きいので，衝突におけるエネルギーは kT のオーダーである．問題 18.16 の解析によれば，1 つの電子による重力波エネルギーの生成率は，τ を分子格子点との電子の平均衝突時間間隔として $(kT/\tau)^2$ になる．電球の寿命までに放出される重力波の全エネルギーは，

$$N = (\text{フィラメント内の伝導電子の数})$$
$$T_L = (\text{電球の寿命}) \sim 4\times 10^6\ \mathrm{s}$$

として，

$$E_{\mathrm{GW}} \sim N\left(\frac{kT}{\tau}\right)^2 \frac{T_L}{10^{59}\,\mathrm{erg/s}}$$

となる．

放出される典型的な重力子は，およそ τ^{-1} の振動数をもつので，重力子の数は，

$$n \sim \frac{E_{\mathrm{GW}}\tau}{\hbar} \sim \frac{N}{\tau\hbar}\frac{(kT)^2 T_L}{10^{59}\ \mathrm{erg/s}}$$

のオーダーと見積もられる．

熱放射が目に入るような通常の電球では，kT は電子ボルトのオーダーで，N と τ のおよその値は，それぞれ 10^{17} 個，10^{-13} s である．これらの値を代入すると，電球の寿命の間に放出される重力子の数は，10^{-19} のオーダーになる．

電球を落下させたときに放出される重力子の数を見積もるために，落下する電球のエネルギーが破壊の運動エネルギーに変換されたとしよう．問題 18.16 で得られた公式によって，放出される重力波の放射率を計算することができる．電球の質量が 20 g で，1 m の高さから落下したとすれば，$\sim 10^6$ erg のエネルギーになる．壊れるのにかかる時間が 0.1 s とすれば，破壊によって生じるエネルギー放出率は，10^7 erg/s である．このうちの 10%が四重極放射に変換されたとすれば，

$$P_{\mathrm{GW}} \sim \frac{(10^6\,\mathrm{erg/s})^2}{10^{59}\,\mathrm{erg/s}} \approx 10^{-47}\,\mathrm{erg/s}$$

$$E_{\mathrm{GW}} \sim P_{\mathrm{GW}} \times 0.1\,\mathrm{s} \approx 10^{-48}\,\mathrm{erg}$$

となる．$\hbar\omega \sim \hbar/0.1\,\mathrm{s} \sim 10^{-26}$ erg の重力子の数にすると 10^{-22} 個分である．

18

問題 18.18　重力波放射による電子の軌道遷移

3d 状態にある水素原子が重力波放射によって 1s 状態に遷移するとき，その寿命を詳細に見積もれ．

[解]　重力場の摂動の 1 次のオーダーにおいて，エネルギー運動量テンソル $T_{\mu\nu}$ をもつ系との相互作用を表すハミルトニアンは

$$H = \sqrt{8\pi G}\, T_{\mu\nu} h^{\mu\nu} \tag{1}$$

である．この問題では，$c = \hbar = 1$ の単位系を用いると，$\sqrt{G} = 1.616 \times 10^{-33}$ cm となる．水素原子内の電子では

$$T_{\mu\nu} = m_{\mathrm{e}} u_\mu u_\nu = \frac{p_\mu p_\nu}{m_{\mathrm{e}}} \tag{2}$$

であり，$h^{\mu\nu}$ のトランスバース・トレースレスゲージで計算することにすれば，

$$h_{0\mu} = 0, \qquad h^{ij}{}_{,j} = 0 \tag{3}$$

となることから，

$$H = \sqrt{8\pi G}\, \frac{p_i p_j h^{ij}}{m_{\mathrm{e}}} \tag{4}$$

となる．

重力子のスピンは2であるから，電子は必ずs状態へと遷移する．3d状態から1s状態への遷移行列の要素は，放出される重力子の波数ベクトルを $\mathbb{k}$，偏極を λ（右円偏極を $\lambda=1$，左円偏極を $\lambda=-1$）とすると，

$$T=\langle 1\mathrm{s};\ \mathbb{k},\lambda\,|\,H\,|\,3\mathrm{d};\ \mathbb{0}\rangle \tag{5}$$

となる．h^{ij} を展開すると，

$$h^{ij}=\frac{1}{(2\pi)^{3/2}}\int\frac{d^3k}{(2\omega)^{1/2}}\sum_{\lambda}\left(e^{-i\mathbb{k}\cdot\mathbb{r}}e^{ij}_{\mathbb{k},\lambda}a_{\mathbb{k},\lambda}+e^{i\mathbb{k}\cdot\mathbb{r}}e^{ij*}_{\mathbb{k},\lambda}a^{\dagger}_{\mathbb{k},\lambda}\right) \tag{6}$$

となる．ここで，ω は重力波の角周波数を示し，e^{ij} は偏極テンソルである．生成・消滅演算子は同時刻交換関係

$$[a_{\mathbb{k},\lambda},a^{\dagger}_{\mathbb{k}',\lambda'}]=\delta^3(\mathbb{k}-\mathbb{k}')\,\delta_{\lambda\lambda'}$$

および

$$a_{\mathbb{k},\lambda}\,|0\rangle=0$$
$$\langle\mathbb{k},\lambda\,|\,a^{\dagger}_{\mathbb{k}',\lambda'}\,|\,0\rangle=\delta^3(\mathbb{k}-\mathbb{k}')\,\delta_{\lambda\lambda'} \tag{7}$$

を満たす．式(4), (6), (7)を式(5)に代入すると，

$$T=\frac{(8\pi G)^{1/2}}{m_{\mathrm{e}}}\frac{1}{(2\pi)^{3/2}}\frac{1}{(2\omega)^{1/2}}\langle 1\mathrm{s}\,|\,e^{i\mathbb{k}\cdot\mathbb{r}}p_ip_je^{ij*}_{\mathbb{k},\lambda}\,|\,3\mathrm{d}\rangle \tag{8}$$

が得られる．

$kr\sim(1\,\mathrm{eV})\times10^{-8}\,\mathrm{cm}\sim10^{-4}$ であるから，およそ $e^{i\mathbb{k}\cdot\mathbb{r}}=1$ と近似することができる（電磁遷移の双極子近似を参照せよ）．遷移確率は，$d\Omega$ を重力子が放出される立体角とすれば，

$$d\Gamma=2\pi\,|T|^2\times(\text{重力子の終状態の密度})=2\pi\,|T|^2\,\omega^2\,d\Omega \tag{9}$$

となる．これより，

$$\frac{d\Gamma}{d\Omega}=\frac{G\omega}{\pi m_e^2}\,\left|\langle 1\mathrm{s}\,|\,p_ip_je^{ij*}_{\mathbb{k},\lambda}\,|\,3\mathrm{d}\rangle\right|^2 \tag{10}$$

となる．波動関数の具体的な形を用いれば，この式の行列要素を評価することができる．原子の始状態や終状態のスピンを観測しないことから，終状態におけるスピンを積分し，はじめのスピン状態は平均することにする．この計算は，次のスピン2演算子

$$Q_{ij}=p_ip_j-\frac{1}{3}\delta_{ij}p^2 \tag{11}$$

を導入すると簡単になる．$e^i{}_i=0$ であるから，式(10)の p_ip_j を Q_{ij} で置き換える

ことができる．Q_{ij} の球面成分は

$$
\begin{aligned}
Q_2 &\equiv \frac{1}{2}(Q_{xx} - Q_{yy} + 2iQ_{xy}) \\
Q_1 &\equiv Q_{zx} + iQ_{zy} \\
Q_0 &\equiv \sqrt{\frac{2}{3}}\left(Q_{zz} - \frac{1}{2}Q_{xx} - \frac{1}{2}Q_{yy}\right) \\
Q_{-1} &\equiv Q_{zx} - iQ_{zy} \\
Q_{-2} &\equiv \frac{1}{2}(Q_{xx} - Q_{yy} - 2iQ_{xy})
\end{aligned}
\tag{12}
$$

である．e_λ^{ij} は，（$\lambda = \pm 1$ のときに）x-y 成分

$$
\frac{1}{\sqrt{2}}\begin{bmatrix} 1 & \pm i \\ \pm i & -1 \end{bmatrix}
$$

をもつので，

$$
Q_{ij}e_\lambda^{ij*} = \sqrt{2}Q_{-2\lambda} \tag{13}
$$

が成り立つ．

Q_σ はスピン 2 なので，ウィグナー－エッカルトの定理 (Wigner–Eckart theorem) により

$$
\langle j_j m_j \,|\, Q_\sigma \,|\, j_i m_i\rangle = \langle j_j \,||Q||\, j_i\rangle \, \langle 2\,\sigma\, j_i m_i \,|\, j_j m_j\rangle \tag{14}
$$

が成り立つ．ここで，「換算」行列は

$$
\langle j_j \,||Q||\, j_i\rangle = \sum_{m_i m_j \sigma} \frac{1}{2j_j + 1} \langle 2\,\sigma\, j_i m_i \,|\, j_j m_j\rangle \, \langle j_j m_j \,|\, Q_\sigma \,|\, j_i m_i\rangle \tag{15}
$$

で定義される．ここに登場した $\langle jm\, j_i m_i \,|\, j_j m_j\rangle$ はクレブシュ－ゴルダン係数 (Clebsch–Gordan coefficients) である．これより，式 (13), (14) は，（量子数 n を加えて）

$$
\left|\langle n_j j_j m_j \,|\, Q_{ij}e^{ij*} \,|\, n_i j_i m_i\rangle\right|^2 = 2\, |\langle n_j j_j \,||Q||\, n_i j_i\rangle|^2 \, |\langle 2\; -2\lambda\, j_i m_i \,|\, j_j m_j\rangle|^2
$$

となる．

さて，

$$
\begin{aligned}
&\frac{1}{2j_i + 1} \sum_{m_i m_j} |\langle 2\; -2\lambda\, j_i m_i \,|\, j_j m_j\rangle|^2 \\
&\qquad = \frac{1}{2j_i + 1} \sum_{m_i m_j} \frac{2j_j + 1}{5} |\langle j_j\; -m_j\, j_i m_i \,|\, 2\; -2\lambda\rangle|^2 = \frac{1}{5} \cdot \frac{2j_j + 1}{2j_i + 1}
\end{aligned}
$$

を用いて，m_j について和をとり，m_i について平均すると，

$$\frac{d\Gamma}{d\Omega} = \frac{G\omega}{\pi m_\mathrm{e}^2} \cdot \frac{2}{5} \cdot \frac{2j_j + 1}{2j_i + 1} \left| \langle n_j j_j \,||Q||\, n_i j_i \rangle \right|^2 \tag{16}$$

が得られる．

この結果は，重力子の偏極や放出される角度に依存しない．この結果を2倍（2つの偏極状態に対応）して，さらに立体角 4π を乗じると，

$$\Gamma = \frac{G\omega}{m_\mathrm{e}^2} \cdot \frac{16}{5} \cdot \frac{2j_j + 1}{2j_i + 1} \left| \langle n_j j_j \,||Q||\, n_i j_i \rangle \right|^2 \tag{17}$$

となる．

換算行列要素は，適当な m_i, m_j について，式 (14) を用いて計算される．たとえば，

$$\langle 1\mathrm{s} \,||Q||\, 3\mathrm{d} \rangle = \frac{\langle 100 \,|\, Q_0 \,|\, 320 \rangle}{\langle 20\ 20 \,|\, 00 \rangle} \tag{18}$$

となる．式 (18) のクレブシュ－ゴルダン係数は1である．式 (11), (12) より

$$Q_0 = \sqrt{\frac{3}{2}} \left(p_z p_z - \frac{1}{3} p^2 \right)$$

となる．p^2 の項は，$j = 0$ から $j = 2$ への遷移と作用しないので，式 (18) の行列要素に影響しない．こうして

$$\langle 1\mathrm{s} \,||Q||\, 3\mathrm{d} \rangle = \sqrt{\frac{3}{2}} \langle 100 \,|\, p_z p_z \,|\, 320 \rangle \tag{19}$$

が得られる．一般に，式 (19) の行列要素を評価するには，$\langle 100 \,|\, p_z \,|\, n \rangle \langle n \,|\, p_z \,|\, 320 \rangle$ のように状態 n について和をとるので，すべての状態を用意する必要がある．しかし，ここでは $|100\rangle$ の波動関数が単純なので，

$$p_z \to -i \frac{\partial}{\partial z}$$

を用いて，球対称な $|100\rangle$ 状態に対して

$$\begin{aligned} p_z^2 \to -\frac{\partial^2}{\partial z^2} &= -\left(\cos\theta \frac{\partial}{\partial r} - \frac{\sin\theta}{r} \frac{\partial}{\partial \theta} \right) \left(\cos\theta \frac{\partial}{\partial r} - \frac{\sin\theta}{r} \frac{\partial}{\partial \theta} \right) \\ &= -\left(\cos^2\theta \frac{\partial^2}{\partial r^2} + \frac{\sin^2\theta}{r} \frac{\partial}{\partial r} \right) \end{aligned}$$

を作用させればよい．こうして，

$$\begin{aligned} &\langle 320 \,|\, p_z p_z \,|\, 100 \rangle \\ &\quad = -\int_0^\infty r^2\, dr \int_0^\pi \sin\theta\, d\theta \int_0^{2\pi} d\phi \sqrt{\frac{5}{16\pi}} \frac{(3\cos^2\theta - 1)}{a^{3/2}} \cdot \frac{2\sqrt{30}}{955} \left(\frac{r}{a} \right)^3 \end{aligned}$$

$$
\times e^{-r/3a}\left(\cos^2\theta\frac{\partial^2}{\partial r^2}+\frac{\sin^2\theta}{r}\frac{\partial}{\partial r}\right)\frac{1}{\sqrt{4\pi}}\frac{2}{a^{3/2}}e^{-r/a}
$$

$$
=-\frac{\sqrt{6}}{191a^6}\int_0^\infty dr\,r^5e^{-4r/3a}\int_0^\pi d\theta\,\sin\theta\,(3\cos^2\theta-1)\left(\frac{\cos^2\theta}{a^2}-\frac{\sin^2\theta}{ra}\right)
$$

$$
=\frac{\sqrt{6}}{191a^6}\frac{8}{15}\int_0^\infty dr\,e^{-4r/3a}\left(\frac{r^5}{a^2}+\frac{r^4}{a}\right)
$$

$$
=-\frac{1}{a^2}\frac{\sqrt{6}\times 8\times 243\times 57}{191\times 15\times 2\times 256}=-\frac{0.19}{a^2}
$$

となる．ただし，$\alpha=1/137$ は微細構造定数，$a=(m_\mathrm{e}\alpha)^{-1}$ はボーア半径である．これより，

$$
\Gamma=\frac{G\omega}{m_\mathrm{e}^2}\cdot\frac{16}{5}\cdot\frac{1}{5}\cdot\left(\sqrt{\frac{3}{2}}\frac{0.19}{a^2}\right)^2=0.36\,Gm_\mathrm{e}^2\omega\alpha^4
$$

となる．最後に $Gm_\mathrm{e}^2=1.75\times 10^{-45}$，3d $\to$ 1s のときに $\omega=12\,\mathrm{eV}$ であるから，寿命は $\Gamma^{-1}=1.9\times 10^{38}\,\mathrm{s}$ となる．

18

問題 18.19　重力波の多重極性

バーコフの定理から推測されるように，球対称の星から放出される熱的な重力子流束は，対称性により等方的になる．太陽のような普通の星に対して，流束の多重極性 (multipolarity) 2^ℓ（例：$\ell=1$ は双極子を表す）はどのようになるか．

[解]　星やそこから放出される熱的な重力子流束が球対称になるというのは，時間平均をしたときの話である．星の内部は原子を構成する粒子が飛び交う状態にあるので，天文学者にとっては球対称であるとしても，対称性について厳密な数学者にとっては星は明らかに（原子レベルの）細かな構造をもつ．そのため，対称性に関するすべての定理は成り立たなくなってしまう．これらの微小スケールでの粒子は非一様で，もちろん時間変動を伴う．これによって重力波放射（および電磁波の放射も！）が引き起こされる．

流束の多重極性は，流束の角度方向の非対称性に関係する（このことと，重力波の発生が局所的に四重極であることとを混同してはいけない．また，時間平均された流束が単極，すなわち等方的であることとも混同してはいけない）．太陽のような星では，重力子流束のほとんどは，高温 (10^7 K) で高密度 ($50\,\mathrm{g/cm^3}$) な核で生成される．この核の特徴的な半径を太陽半径の 1/4 程度 ($\sim 2\times 10^{10}$ cm) として，粒子間の距離を密度から 10^{-8} cm とすれば，非対称性の角度スケールは，$\sim 10^{-18}$ rad になる．この角度スケールの非一様性に対応する球面調和関数展開は，ℓ の値として 10^{18} のオー

ダーになる．したがって，この微小構造に対し，流束は，$2^{10^{18}}$ の多重極性をもつことになる．

問題 18.20　重力波の偏極モード (1)

z 方向に進む重力波を表す「重力波モード」を次式のように定義する．

$$\Psi_2 = -\frac{1}{6}R_{z0z0} \qquad \Psi_4 = R_{y0y0} - R_{x0x0} + 2iR_{x0y0}$$

$$\Psi_3 = \frac{1}{2}(-R_{x0z0} + iR_{y0z0}) \qquad \overline{\Psi}_4 = R_{y0y0} - R_{x0x0} - 2iR_{x0y0}$$

$$\overline{\Psi}_3 = \frac{1}{2}(-R_{x0z0} - iR_{y0z0}) \qquad \Phi_{22} = -(R_{x0x0} + R_{y0y0})$$

これらのうち，進行方向に対して直交 (transverse) するものはどれか．

波の**スピン** (spin) は，（ほかの要素もあるが，とりわけ）偏極状態の向きと関係する．スピン 0 の（スカラー）波では，波の形状は進行方向に対して対称となる．スピン 1 の（ベクトル）波（たとえば，電磁波）では，独立する偏極状態は互いに 90° 異なる方向を向いている．そして，180° 回転すると，もとの偏極状態の符号を変えたものに一致する．一般に，スピン s の波は π/s 回転させると，もとの偏極状態に戻る．上記のモードのうち，スピン 0 のものはどれか．また，スピン 1，スピン 2 のものはどれか．そして，一般相対性理論で存在するものはどれか．

[解]　質量中心を原点とするほぼ慣性系の座標系では，測地線偏差方程式より，リーマン曲率テンソルの効果のため自由粒子は次のように加速される．

$$\frac{d^2x^j}{dt^2} = -R^j{}_{0k0}x^k$$

ここでは，速度依存する「磁場」的な効果は v/c の因子分だけ小さいので無視する（問題 18.14 の解答を見よ）．この式から，R_{j0k0} の添え字 j, k のうちの 1 つが重力波の伝播方向である z のときに限り，リーマン曲率テンソルが進行方向 (longitudinal) の影響をもたらすことは明らかである．これは，$\Psi_2, \Psi_3, \overline{\Psi}_3$ が縦成分をもち，$\Psi_4, \overline{\Psi}_4, \Phi_{22}$ が純粋に直交成分であることを意味する．

重力波のスピンを調べるために，x-y 座標を z 軸を中心に角度 $\phi\ (>0)$ 回転した新しい x'-y' 座標へ変換する．この変換により，リーマン曲率テンソルの成分は，たとえば

$$R_{x'0'z'0'} = R_{x0z0}\cos\phi + R_{y0z0}\sin\phi$$

$$R_{x'0'x'0'} = R_{x0x0}\cos^2\phi + R_{y0y0}\sin^2\phi + 2R_{x0y0}\sin\phi\cos\phi$$

のように変換される．

リーマン曲率テンソルの成分の変換から，問題で定義された各量の変換則は

$$
\begin{aligned}
\Psi_{2'} &\equiv -\frac{1}{6}R_{z'0'z'0'} = -\frac{1}{6}R_{z0z0} = \Psi_2 \\
\Psi_{3'} &= e^{i\phi}\Psi_3, \qquad \overline{\Psi}_{3'} = e^{-i\phi}\Psi_3 \\
\Psi_{4'} &= e^{2i\phi}\Psi_4, \qquad \overline{\Psi}_{4'} = e^{-2i\phi}\overline{\Psi}_4 \\
\Phi_{2'2'} &= \Phi_{22}
\end{aligned}
$$

となる．Ψ_2 と Φ_{22} は，z 軸に関する回転に対して不変なので，これらの波はスカラー波（スピン 0）である．Ψ_3 と $\overline{\Psi}_3$ は 180° の回転で同じ偏極状態（たとえば純実数）に戻るので，これらの量はスピン 1 の波に対応する．Ψ_4 と $\overline{\Psi}_4$ は 90° 回転するだけでもとの偏極状態に戻るので，スピン 2 の波に対応する．これらは実際に一般相対性理論における重力波の円偏極状態と関係している．

問題 18.21　重力波の偏極モード (2)

前問で，それぞれの偏極モードについて，力場の図を描け．

[解]　一般的な重力の計量理論において許される，真空中を伝わる弱い平面重力波の 6 つの偏極モードを示す．

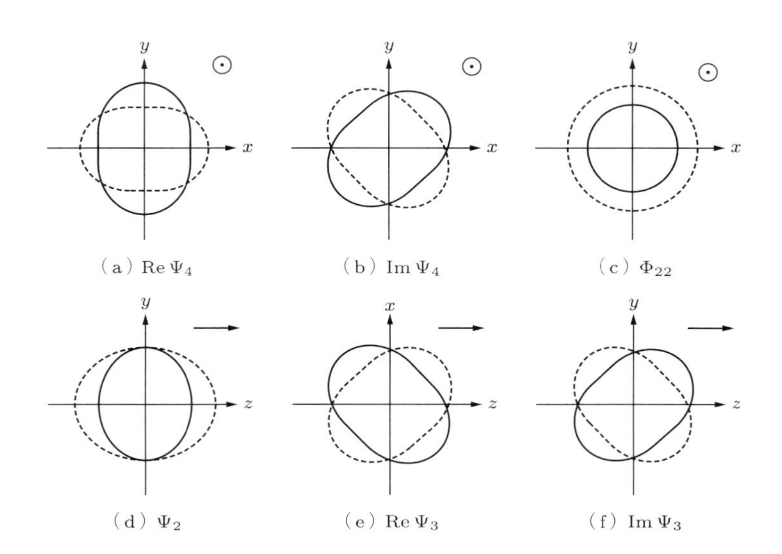

これらの図は，テスト粒子が球面状に置かれていたとき，それぞれの偏極モードによって粒子がどのように変位するかを表している．重力波は $+z$ 方向へ（各図の右上に示した矢印の向きに）伝播するものとし，時間依存性は $\cos\omega t$ である．実線は $\omega t = 0$ での様子，破線は $\omega t = \pi$ での様子を示している．紙面に対して垂直方向には変位はない．これらのモードは測地線偏差の方程式

$$\frac{d^2x^i}{dt^2} \approx -R^i{}_{0k0}x^k$$

を用いて描かれる．

問題 18.22　強い重力波による時空のゆがみ

計量

$$ds^2 = dx^2 + dy^2 - du\,dv + 2H(x,y,u)du^2$$

を考える．これが真空中を伝播する（強い）重力波を表すときには，H の関数形はどういう形に制限されるか．

[解]　H の関数形は，真空での場の方程式 $R_{\alpha\beta} = 0$ によって決定される．まず，測地線に対するラグランジアン

$$L = \dot{x}^2 + \dot{y}^2 - \dot{u}\dot{v} + 2H\dot{u}^2$$

からクリストッフェル記号を求める（問題 7.25 を見よ）．オイラー–ラグランジュ方程式

$$\frac{d}{ds}\left(\frac{\partial L}{\partial \dot{x}}\right) - \frac{\partial L}{\partial x} = 0$$

より，

$$\ddot{x} + H_{,x}\dot{u}^2 = 0$$

が得られ，これより，$\Gamma^x{}_{uu} = H_{,x}$ となる．同様に，$\ddot{y} + H_{,y}\dot{u}^2 = 0$ から $\Gamma^y{}_{uu} = H_{,y}$，および $\ddot{u} = 0$ から $\Gamma^u{}_{\alpha\beta} = 0$ が示される．また，

$$\ddot{v} - 2H_{,u}\dot{u}^2 - 4H_{,x}\dot{x}\dot{u} - 4H_{,y}\dot{y}\dot{u} = 0$$

より，

$$\Gamma^v{}_{uu} = -2H_{,u}, \qquad \Gamma^v{}_{xu} = -2H_{,x}, \qquad \Gamma^v{}_{yu} = -2H_{,y}$$

が得られる．このほかのクリストッフェル記号はゼロである．リーマン曲率テンソルの表式

$$R_{\alpha\beta} = \Gamma^{\mu}{}_{\alpha\beta,\mu} - (\log\sqrt{-g})_{,\alpha\beta} + (\log\sqrt{-g})_{,\mu}\Gamma^{\mu}{}_{\alpha\beta} - \Gamma^{\mu}{}_{\sigma\beta}\Gamma^{\sigma}{}_{\alpha\mu}$$

では（MTW の式 (8.51b) を参照せよ），第 1 項のみ影響することがわかる（$\sqrt{-g} = 1/2$ である）．計算すると，非自明な式は

$$R_{uu} = H_{,xx} + H_{,yy} = 0$$

のみとなる．

これより，x と y に関する任意の調和関数は場の方程式を満たす．平面波ではリーマン曲率テンソルが u のみの関数となり，x-y 平面に特異性がないように，H は x, y の 2 次関数になる（練習問題とする！）．

18

第 19 章

宇　宙　論

Cosmology

宇宙が一様かつ等方的ならば，その時空は**ロバートソン－ウォーカー計量**[†]

$$ds^2 = -dt^2 + R^2(t)\left(\frac{dr^2}{1-kr^2} + r^2 d\Omega^2\right)$$

で表される．ここで，$k = +1, 0, -1$ のとき，それぞれ，閉じた宇宙，平坦な宇宙，開いた宇宙という．アインシュタイン方程式を解くと**スケール因子** (scale factor) $R(t)$ の時間発展が決まり，その時空を**フリードマン宇宙モデル**という（とくに宇宙定数が正で $k = +1$ の場合には，ルメートル宇宙モデルともよばれる）．現在における $R(t)$ の 1 階微分と 2 階微分の値（0 の添え字をつける）を用いて，**ハッブル定数** (Hubble constant)

$$H_0 \equiv \left[\frac{1}{R}\frac{dR}{dt}\right]\bigg|_{R=R_0}$$

と**減速パラメータ** (deceleration parameter)

$$q_0 \equiv -\left[R\left(\frac{dR}{dt}\right)^{-2}\frac{d^2R}{dt^2}\right]\bigg|_{R=R_0}$$

が定義される．

一般に宇宙は膨張または収縮し，物質はその運動に乗っているので，物質と観測者との距離は常に変化している．そのため，観測者に届く光は光源に対して一般的に赤方，または青方偏移している．この偏移を

$$1 + z \equiv \frac{\nu_{\rm emit}}{\nu_{\rm obs}} = \frac{\lambda_{\rm obs}}{\lambda_{\rm emit}}$$

で定義される**赤方偏移パラメータ** (redshift parameter) z で表す．z の値は多くの場合，観測者からの距離に単調に変化するので，よく「赤方偏移 z にある天体」などという．

---

† 訳者注：最近では，A. フリードマンと G. H. ルメートルの名も冠して FLRW 計量とよぶことが多い．

宇宙の質量やエネルギー密度などを一様化して密度 ρ と圧力 p としたとき，$\rho \gg p$ を満たすとき**物質優勢**，$p \approx \rho/3$ のとき**放射優勢**という．

3 K の**宇宙マイクロ波背景放射** (cosmic microwave background radiation: CMBR)[†1] の存在は，時間を遡ったときに初期の宇宙が「高温」（**ビッグバン**）であったことを意味している．しかし，この放射が表すバリオンあたりの大きなエントロピーは，宇宙の進化における散逸過程によって作られたと考えることも可能である[†2]．

問題 19.1 ニュートン重力理論と宇宙モデル

ニュートン重力理論と流体力学では，一様等方かつ静的な宇宙モデル（つまり，一様な完全流体で満たされた時間変化しない宇宙）が作れないことを示せ．

[解] ニュートン重力理論と流体力学の基礎方程式は次のようになる．

$$\nabla^2\Phi = 4\pi G\rho \qquad \text{（重力ポテンシャルの式）} \tag{1}$$

$$\frac{\partial\rho}{\partial t} + \nabla\cdot(\rho\mathbb{v}) = 0 \qquad \text{（連続の式）} \tag{2}$$

$$\frac{\partial\mathbb{v}}{\partial t} + (\mathbb{v}\cdot\nabla)\mathbb{v} = -\frac{\nabla p}{\rho} - \nabla\Phi \qquad \text{（運動方程式）} \tag{3}$$

宇宙が静的で一様の場合，$\mathbb{v} = \mathbb{0}$ で ρ と p は時間と位置に関して定数になる．このとき，式 (1) の解は

$$\Phi = \frac{2}{3}\pi G\rho(\mathbb{r}\cdot\mathbb{r}) + \mathbb{C}\cdot\mathbb{r} + K \tag{4}$$

となる．ここで，$\mathbb{C}$ と K は積分定数で，$\mathbb{r}$ は（任意の）原点からの位置ベクトルである．式 (2) は恒等的にゼロになる．しかし，式 (3) は，$\mathbb{v} = 0$ なので左辺はゼロ，右辺の ∇p は一様なのでゼロになるが，式 (4) より $\nabla\Phi$ は $\mathbb{C}$ と K をどのように選んでも恒等的にゼロにはならない．したがって，これらの方程式を満たす解は存在しない．

問題 19.2 ミンコフスキー空間

物質が存在せず（つまり，真空で），かついたるところで等方な時空はミンコフスキー空間になることを示せ．

[解] 時空はいたるところで等方的なので，ある任意の正則な観測者に対して時空

---

†1 訳者注：最近の観測値は 2.72584 ± 0.00057 K（Planck 衛星，2015）．付録 A.2 節参照．

†2 訳者注：この部分は，宇宙マイクロ波背景放射の存在をビッグバンを原因とせずに解釈しようとした，定常宇宙論の立場からの見方である．

は球対称になる．バーコフの定理（問題 16.3）によって，真空解はシュヴァルツシルト計量に一意に決まり，正則な観測者，つまり，原点が正則な解は $M = 0$ の場合となる．したがって，時空はミンコフスキー空間となる．

問題 19.3　赤方偏移

赤方偏移 z にある天体がその静止系で温度 T の黒体放射を発した．観測したときの物体の立体角を Ω とすると，天体からの放射流束はどのように測定されるか．また，赤方偏移が宇宙膨張によるものでなく，天体の局所的な運動によるドップラー効果だとするとどうか．

[解]　リウヴィルの定理 (Liouville's theorem) により，位相空間における光子の数密度 I_ν/ν^3 は光線に沿って一定で，かつローレンツ不変である（問題 5.10）．$\nu_{\mathrm{emit}}/\nu_{\mathrm{obs}} = 1 + z$ を用いると，

$$
\begin{aligned}
(\text{観測される流束}) &= \Omega \int I_\nu^{\mathrm{obs}} d\nu_{\mathrm{obs}} = \Omega \int \frac{I_\nu^{\mathrm{obs}}}{\nu_{\mathrm{obs}}^3} \nu_{\mathrm{obs}}^3\, d\nu_{\mathrm{obs}} \\
&= \Omega \int \frac{I_\nu^{\mathrm{emit}}}{\nu_{\mathrm{emit}}^3} \frac{\nu_{\mathrm{emit}}^3}{(1+z)^4} d\nu_{\mathrm{emit}} = \frac{\Omega}{(1+z)^4} \int I_\nu^{\mathrm{emit}} d\nu_{\mathrm{emit}} \\
&= \frac{\Omega}{(1+z)^4} \frac{1}{\pi} \sigma T^4
\end{aligned}
$$

となる．ここで，σ はステファン－ボルツマン定数である．赤方偏移しても黒体放射はプランク分布のままなので，観測される流束とスペクトルは，立体角 Ω と温度 $T/(1+z)$ をもつ近くの定常な天体から届くものと等しくなる．

リウヴィルの定理は一般的に成立するので，以上のことは，赤方偏移が運動によるドップラー効果か，重力によるものか，宇宙膨張によるものかなどとは関係がない．

問題 19.4　一様等方空間の線素

一様かつ等方な空間的超曲面の線素は，（球対称性より）

$$
d\sigma^2 = a^2\left[f^2(r)dr^2 + r^2 d\Omega^2\right], \qquad a = (\text{定数})
$$

と書ける．$f^2(r) = (1 - kr^2)^{-1}$ となることを示せ．ここで，$k = 0,\ \pm 1$ である．

[解]　一様性より，超曲面のスカラー曲率 R は定数になる．R は問題 9.20 の特別な場合として与えられる．あるいは公式†

† 訳者注：問題 9.19 を参照．

$$R_{ij} = \Gamma^k{}_{ij,k} - (\log\sqrt{g})_{,ij} + \Gamma^k{}_{ij}(\log\sqrt{g})_{,k} - \Gamma^k{}_{im}\Gamma^m{}_{jk}$$

を用いて計算できる．ここで，$\sqrt{g} = a^3 f r^2 \sin\theta$ である．クリストッフェル記号 $\Gamma^k{}_{ij}$ は測地線に対するラグランジアンから，または問題 7.6 のように与えられる．これより，

$$\begin{aligned}
R_{\theta\theta} &= \Gamma^r{}_{\theta\theta,r} - [\log(\sin\theta)]_{,\theta\theta} + \Gamma^r{}_{\theta\theta}[\log(fr^2)]_{,r} - \Gamma^\phi{}_{\theta\phi}\Gamma^\phi{}_{\theta\phi} - 2\Gamma^\theta{}_{\theta r}\Gamma^r{}_{\theta\theta} \\
&= -\left(\frac{r}{f^2}\right)_{,r} + \operatorname{cosec}^2\theta - \frac{(r^2 f)_{,r}}{rf^3} - \cot^2\theta + \frac{2}{f^2} \\
&= \frac{1}{2r}\left[r^2\left(1 - \frac{1}{f^2}\right)\right]_{,r}
\end{aligned}$$

となる．また，等方性より

$$R_{\hat{r}\hat{r}} = R_{\hat{\theta}\hat{\theta}} = R_{\hat{\phi}\hat{\phi}}, \qquad R_{\hat{\theta}\hat{\theta}} = \frac{1}{a^2 r^2} R_{\theta\theta}$$

を利用して，

$$R = R_{\hat{r}\hat{r}} + R_{\hat{\theta}\hat{\theta}} + R_{\hat{\phi}\hat{\phi}} = \frac{3}{2a^2 r^3}\left[r^2\left(1 - \frac{1}{f^2}\right)\right]_{,r} \equiv A \quad （定数）$$

となり，

$$r^2\left(1 - \frac{1}{f^2}\right) = Br^4 + C$$

が得られる．$r \to 0$ で $f \to 1$ なので，$C = 0$ である．こうして

$$f^2 = \frac{1}{1 - Br^2}$$

となる．$B \neq 0$ のときは $r' = \sqrt{|B|}\,r$ とスケールできる．こうして動径座標 r' を用いると線素は問題に示された形になる．

問題 19.5　ロバートソン－ウォーカー計量 (1)

ロバートソン－ウォーカー計量

$$ds^2 = -dt^2 + R^2(t)\left[\frac{dr^2}{1 - kr^2} + r^2(d\theta^2 + \sin^2\theta\, d\phi^2)\right]$$

は，座標変換により

$$ds^2 = -dt^2 + R^2(t)\left[d\chi^2 + \Sigma^2(\chi)(d\theta^2 + \sin^2\theta\, d\phi^2)\right]$$

および

$$ds^2 = \tilde{R}^2(\eta)\left[-d\eta^2 + d\chi^2 + \Sigma^2(\chi)(d\theta^2 + \sin^2\theta\, d\phi^2)\right]$$

のように表されることを示せ．ここで，$\Sigma^2(\chi)$ は $k=+1,\ 0,\ -1$ に対して，それぞれ $\sin^2\chi,\ \chi^2,\ \sinh^2\chi$ である．

［解］　r 座標を次のように変換する．

$$r=\begin{cases}\sin\chi & (k=+1)\\ \chi & (k=0)\\ \sinh\chi & (k=-1)\end{cases}$$

このとき，

$$dr=\begin{cases}\cos\chi\,d\chi & (k=+1)\\ d\chi & (k=0)\\ \cosh\chi\,d\chi & (k=-1)\end{cases}$$

となるので，k の値によらず，

$$\frac{dr^2}{1-kr^2}+r^2d\Omega^2=d\chi^2+\Sigma^2(\chi)d\Omega^2$$

が得られる．

t から η への変換を $dt=\tilde{R}(\eta)d\eta$ とすると，

$$ds^2=-dt^2+R^2(t)(d\chi^2+\Sigma^2d\Omega^2)=\tilde{R}^2(\eta)(-d\eta^2+d\chi^2+\Sigma^2d\Omega^2)$$

となる†．

問題 19.6　一様等方閉空間の並進対称性

一様等方で閉じた宇宙における空間的な 3 次元超曲面は，固定点のない（並進）対称性をもつことを示せ（これは 2 次元球面では成立しない）．

［解］　ロバートソン－ウォーカー計量（三角関数を用いた表式）で，3 次元空間部分は

$$d\sigma^2=a^2\left[d\chi^2+\sin^2\chi\,(d\theta^2+\sin^2\theta d\phi^2)\right]$$

である．2 次元球面と同様に，この計量が 4 次元ユークリッド空間に埋め込まれた 3 次元球面を表していることは容易に想像がつく．とくに，4 次元ユークリッド空間におけるデカルト座標を

† 訳者注：η を共形時間 (conformal time) という．

$$W = a\cos\chi, \qquad\qquad Z = a\sin\chi\cos\theta$$
$$X = a\sin\chi\sin\theta\cos\phi, \qquad Y = a\sin\chi\sin\theta\sin\phi$$

（これらは $W^2 + Z^2 + X^2 + Y^2 = a^2$ を満たす）で定義すると，計量は

$$d\sigma^2 = dW^2 + dZ^2 + dX^2 + dY^2$$

となる．

4 次元ユークリッド空間では，原点 $(a = 0)$ だけで交わる 2 つの平面（たとえば X-Y 平面と W-Z 平面）が存在する．X-Y 平面の回転は W-Z 平面を固定したまま，原点を除くすべての点の X 座標と Y 座標を変える†．また，W-Z 平面の回転に関しても同じことがいえる．したがって，これら 2 つの回転は原点以外に固定点をもたず，（非ゼロの a に対して）3 次元球面上のすべての点を異なる点に移すことになる．

問題 19.7　宇宙膨張と弾丸

膨張する一様等方宇宙の中で弾丸が（膨張宇宙の共動座標系で観測して (cosmological observer)）速度 V_1 で打ち出された．宇宙がスケール因子で $(1+z)^{-1}$ だけ膨張した後に，共動座標系の観測者に対して弾丸は異なる速度 V_2 になった．z と V_1 を用いて V_2 を表せ．また，$V_1 \to 1\,(= c)$ の極限で光子に対する赤方偏移の式が得られることを示せ．

[解]　ある共動の観測者が，弾丸が固有速度 V で通過するのを観測する．弾丸が固有距離 dr だけ進んだとき，最初の観測者に対して相対速度

$$\delta V = H dr = HV dt = \frac{\dot{R}}{R} V dt = V\frac{dR}{R}$$

で運動する（共動座標系に乗った）観測者の近傍を通過したとする．この観測者にとって弾丸の速度 V' は，（速度合成則に従って）

$$V' = \frac{V - \delta V}{1 - V\delta V} = V - (1 - V^2)\delta V + \mathcal{O}(\delta V^2)$$
$$= V - (1 - V^2)V\frac{dR}{R} + \mathcal{O}(\delta V^2)$$

である．こうして，$dV/dR = -(1 - V^2)V/R$ となり，これを積分すると，

$$\gamma V \equiv \frac{V}{\sqrt{1 - V^2}} = \frac{(\text{定数})}{R} = (\text{定数}) \times (1 + z)$$

† 訳者注：3 次元空間の回転における回転軸のように，W-Z 平面が「回転面」となっている．

となる．これより，V_1 と V_2 は

$$\frac{\gamma_2 V_2}{\gamma_1 V_1} = \frac{1}{1+z}$$

の関係が成り立つ．静止質量がゼロでない粒子にとっては，この式は宇宙が膨張するにつれて相対論的運動量が $(1+z)^{-1}$ 倍の割合で小さくなることを意味している．光子では $V \to 1$ の極限で $\gamma V \to h\nu$ であり，通常の赤方偏移の式が得られる．（ここでは，共動座標系で静止している物質の重力による弾丸の減速は考慮していない．これは $dV \propto (dR^2)$ で，より高次の効果になり，dV/dR の微分方程式に影響しないことが確かめられる．）

問題 19.8　ロバートソン－ウォーカー計量 (2)

ロバートソン－ウォーカー計量は座標変換で共形平坦な計量に変換される．具体的な変換を求め，また $R_{\mu\nu\rho\sigma}$ を $g_{\mu\nu}$，ρ，p，および物質の 4 元速度 u^μ で表せ．

[解]　共形時間 η を用いたロバートソン－ウォーカー計量の表式（問題 19.5 を見よ）

$$ds^2 = R^2(\eta)\left[-d\eta^2 + d\chi^2 + \Sigma^2(\chi)\,d\Omega^2\right] \tag{1}$$

から始める．$k = +1,\ 0,\ -1$ に対してそれぞれ $\Sigma(\chi) = \sin\chi,\ \chi,\ \sinh\chi$ である．共形変換のもとで光円錐は保存されるので，まず，次のようなヌル座標

$$u = \frac{1}{2}(\eta+\chi), \qquad v = \frac{1}{2}(\eta-\chi) \tag{2}$$

へと変換する．計量は

$$ds^2 = R^2(u+v)\left[-4\,du\,dv + \Sigma^2(u-v)\,d\Omega^2\right] \tag{3}$$

となる．次に，「ヌル性」を保ちつつ，u と v との対称性も保存する変換

$$\begin{aligned} \alpha &= g(u), \qquad \beta = g(v) \\ u &= f(\alpha), \qquad v = f(\beta) \end{aligned} \tag{4}$$

を行う．f は g の逆関数である．この変換により，式 (3) は

$$\begin{aligned} ds^2 &= R^2(u+v)\left[-4f'(\alpha)f'(\beta)\,d\alpha\,d\beta + \Sigma^2(u-v)\,d\Omega^2\right] \\ &= R^2(u+v)f'(\alpha)f'(\beta)\left[-4\,d\alpha\,d\beta + \frac{\Sigma^2(u-v)}{f'(\alpha)f'(\beta)}\,d\Omega^2\right] \end{aligned} \tag{5}$$

となる．この計量が共形平坦ならば，括弧の中の項は平坦な計量 $-4\,d\alpha\,d\beta + (\alpha-\beta)^2\,d\Omega^2$

で表されなければならない．$f'(\alpha) = du/d\alpha = (d\alpha/du)^{-1} = [g'(u)]^{-1}$ を用いると，条件

$$g'(u)g'(v)\big[\Sigma(u-v)\big]^2 = \big[g(u)-g(v)\big]^2 \tag{6}$$

が得られる．$k=0$ の場合，$\Sigma(u-v)=u-v$ なので，$g(x)=x$ が確かめられる．ほかの場合では，まず u に近い v の解を見つけることによって式 (6) を解くことができる．つまり，$v=u+\epsilon$ として式 (6) のテイラー級数を求めると

$$\begin{aligned}(g')^2\left(1+\frac{g''}{g'}\epsilon+\frac{g'''}{2g'}\epsilon^2+\cdots\right)\epsilon^2\left(1-\frac{k}{6}\epsilon^2+\cdots\right)^2 \\ = \epsilon^2(g')^2\left(1+\frac{g''}{2g'}\epsilon+\frac{g'''}{6g'}\epsilon^2+\cdots\right)^2\end{aligned}$$

となるので，$p=g'$, $q=p'$ とおくと，$k=1$ の場合は

$$2q\frac{dq}{dp}-4p=\frac{3q^2}{p}$$

を解けばよい．これはベルヌーイ型の微分方程式なので，

$$q=p\sqrt{Ap-4} \qquad (A\ \text{は定数})$$

となり，2 回積分すると，

$$u+B=\tan^{-1}\sqrt{\frac{Ap}{4}-1}, \qquad g(u)=C\tan(u+B)+D$$

が得られる．これが式 (6) の一般解であることは，代入すれば確かめられる．一般性を失わずに，$g=\tan u$ とすることができる．$k=-1$ の場合も，同様に $g=\tanh u$ となる．これらの解を用いると，式 (6) は次のような三角関数および双曲線関数の恒等式

$$\sec u\sec v\sin(u-v)=\tan u-\tan v$$
$$\operatorname{sech} u\operatorname{sech} v\sinh(u-v)=\tanh u-\tanh v$$

になる．これより式 (5) の計量は

$$ds^2=\frac{R^2\left(\tan^{-1}\alpha+\tan^{-1}\beta\right)}{(1+\alpha^2)(1+\beta^2)}\left[-4\,d\alpha\,d\beta+(\alpha-\beta)^2\,d\Omega^2\right]$$

または，

$$ds^2=\frac{R^2\left(\tanh^{-1}\alpha+\tanh^{-1}\beta\right)}{(1-\alpha^2)(1-\beta^2)}\left[-4\,d\alpha\,d\beta+(\alpha-\beta)^2\,d\Omega^2\right]$$

となる．これらは明らかに共形平坦である．

共形平坦な計量ではワイルテンソルがゼロになるので，リーマン曲率テンソルは次のようにリッチ曲率テンソルとスカラー曲率だけから作られる（第 9 章のまえがきを見よ）．

$$R^{\alpha\beta}{}_{\gamma\delta} = 2\delta^{[\alpha}{}_{[\gamma}R^{\beta]}{}_{\delta]} - \frac{1}{3}\delta^{[\alpha}{}_{[\gamma}\delta^{\beta]}{}_{\delta]}R$$

この式とアインシュタイン方程式

$$R^{\alpha}{}_{\beta} = 8\pi\Big(T^{\alpha}{}_{\beta} - \frac{1}{2}g^{\alpha}{}_{\beta}T\Big)$$

とエネルギー運動量テンソル

$$T^{\alpha}{}_{\beta} = (\rho + p)u^{\alpha}u_{\beta} + pg^{\alpha}{}_{\beta}$$

より，$R^{\alpha\beta}{}_{\gamma\delta}$ を $g_{\mu\nu}$，u^{μ}，ρ，p で表すことができる．

問題 19.9　天体までの距離

ロバートソン－ウォーカー計量において，角径距離 (angular diameter distance) d_{A}，光度距離 (luminosity distance) d_{L}，固有運動距離 (proper motion distance) d_{M} の間には次の関係があることを示せ．

$$(1+z)^2 d_{\mathrm{A}} = (1+z)d_{\mathrm{M}} = d_{\mathrm{L}}$$

[解]　天体の実際の大きさを D，それに対する角度を δ とすると，

$$d_{\mathrm{A}} \equiv \frac{D}{\delta}$$

である．図とロバートソン－ウォーカー計量より，$D = R(t_1)r_1\delta$ なので，

$$d_{\mathrm{A}} = r_1 R(t_1)$$

である．

天体が固有速度 V で（視線方向に対して）横方向に運動し，その見かけの角度の変化を $d\delta/dt$ とすると，

$$d_{\mathrm{M}} \equiv V\Big(\frac{d\delta}{dt}\Big)^{-1}$$

である．光子が放射されたときの時間 dt' が現在の時間 dt に対応するとすると，$V = d(R(t_1)r_1\delta)/dt'$ であり，赤方偏移より $dt'/dt = R(t_1)/R_0$ である．これらと $R(t_1)$ が変化しても横方向の運動には関係しないので，$R(t_1)$ は定数と考えてよいことに注意すると，

$$d_{\mathrm{M}} = R_0 r_1$$

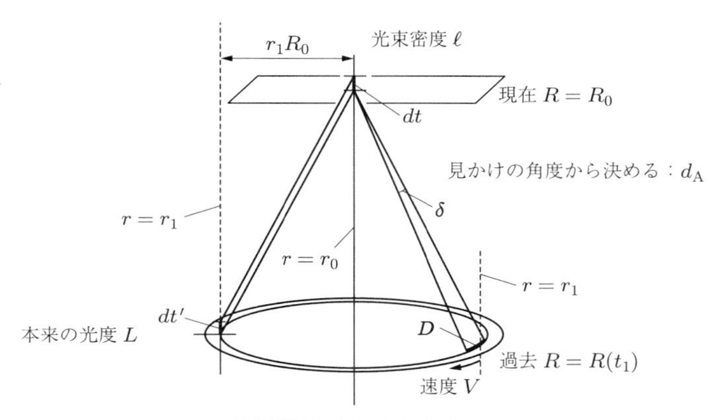

となる．

天体の本来の光度を L，観測する光束密度を ℓ とすると，

$$d_{\mathrm{L}} \equiv \sqrt{L/4\pi\ell}$$

である．時間 dt' にエネルギー Ldt' を放射したとする．このエネルギーは光が届く現在までに $R(t_1)/R_0$ だけ赤方偏移し，さらに固有面積が $4\pi(r_1R_0)^2$ の球面に広がっている（図を見よ）．したがって，

$$\ell = Ldt'\frac{R}{R_0}\frac{1}{4\pi(r_1R_0)^2}\frac{1}{dt}$$

で，

$$d_{\mathrm{L}} = \frac{R_0^2 r_1}{R(t_1)}$$

となり，$R_0/R(t_1) = 1+z$ を用いると，$(1+z)^2 d_{\mathrm{A}} = (1+z)d_{\mathrm{M}} = d_{\mathrm{L}}$ が得られる．

問題 19.10　絶対光度と見かけの光度の関係

絶対光度 L をもつ天体がある．その天体の見かけの明るさ（輝度）ℓ（または同じことであるが光度距離 d_{L}）と赤方偏移 z が観測できたとする．ここで $z \ll 1$ とする．ロバートソン－ウォーカー計量を用いて，ℓ（または d_{L}）を L, z, H_0, q_0 の関数として表せ．

[解]　問題 19.9 の解答より $d_{\mathrm{L}} = R_0^2 r_1/R(t_1)$ である．ここで，r_1 は天体の動径座

標値，$R(t_1)$ は光が放射された時刻 t_1 におけるスケール因子である．$H_0 \equiv \dot{R}/R$ と $q_0 \equiv -R\ddot{R}/\dot{R}^2$ より，R のテイラー展開の低次の項は

$$R(t) = R_0\left[1 + H_0(t - t_0) - \frac{1}{2}q_0 H_0^2(t - t_0)^2 + \cdots\right] \tag{1}$$

と書ける．$R_0/R(t_1) = 1 + z$ を用いて d_{L} から因子 $R(t_1)$ は消去できるが，まだ，R_0 と r_1 を与えられた変数で表さなければならない．ロバートソン－ウォーカー計量における光の経路を得るために $ds^2 = 0$ とおくと，

$$\int_{t_1}^{t_0} \frac{dt}{R(t)} = \int_0^{r_1} \frac{dr}{\sqrt{1 - kr^2}} \tag{2}$$

となる．式 (1) を用いて式 (2) を $t_0 - t_1$ と r_1 の 2 次までの項を用いて積分すると，

$$r_1 = \frac{1}{R_0}\left[(t_0 - t_1) + \frac{1}{2}H_0(t_0 - t_1)^2 + \cdots\right] \tag{3}$$

となり，また式 (1) を $t - t_0$ について解き，$1 + z = R_0/R(t_1)$ を再び用いると，

$$R_0 r_1 = \frac{1}{H_0}\left[z - \frac{1}{2}(1 + q_0)z^2 + \cdots\right]$$

となる．したがって，これらより，

$$d_{\mathrm{L}} = (1 + z)R_0 r_1 = \frac{1}{H_0}\left[z + \frac{1}{2}(1 - q_0)z^2 + \cdots\right]$$

もしくは，

$$\ell = \frac{L}{4\pi d_{\mathrm{L}}^2} = \frac{LH_0^2}{4\pi z^2}\left[1 + (q_0 - 1)z + \cdots\right]$$

が得られる．

問題 19.11　ナンバーカウント

同一の光源や電波源が宇宙に一様に分布しているとして，現在のそれらの数密度を $n(t_0)$ とする．

(a) 現在，地球から見て z 以下の赤方偏移をもつ光源の数が

$$N(z) = \frac{4\pi}{3}\frac{n(t_0)}{{H_0}^3}z^3\left[1 - \frac{3}{2}z(1 + q_0) + \cdots\right]$$

となることを示せ．ここで，時間発展の効果を無視（つまり，単位共動座標体積中にある光源の数は一定と）する．

(b) すべての光源が同じ光度 L をもつとすると，現在，地球から見て光束密度が S [erg·s^{-1}·cm^{-2}] 以上の光源の数が

$$N(S) = \frac{4\pi}{3} n(t_0) \Big(\frac{L}{4\pi S} \Big)^{3/2} \Big[1 - 3H_0 \Big(\frac{L}{4\pi S} \Big)^{1/2} + \cdots \Big]$$

となることを示せ．

[解]　(a) 時刻 t_1 における単位体積あたりの光源の数を $n(t_1)$ とする．体積要素は

$$\sqrt{{}^{(3)}g}\, dr_1\, d\theta_1\, d\phi_1 = \frac{R^3(t_1)}{\sqrt{1 - kr_1^2}} r_1^2 dr_1 \, \sin\theta_1\, d\theta_1\, d\phi_1$$

である．これより，時刻 t_1 において r_1 から $r_1 + dr_1$ の間にある光源の数は

$$dN = \frac{4\pi R^3(t_1) r_1^2 n(t_1)}{\sqrt{1 - kr_1^2}}\, dr_1$$

と書ける．2 つの量 r_1 と t_1 はロバートソン－ウォーカー計量におけるヌル測地線方程式（問題 19.10 の式 (2)）で関係付けられている．つまり，

$$dr_1 = \frac{\sqrt{1 - kr_1^2}}{R(t_1)}\, dt_1$$

である．したがって，

$$dN = 4\pi R^2(t_1) r^2(t_1) n(t_1) dt_1$$

であり，

$$N(z) = \int_{t_z}^{t_0} 4\pi R^2(t_1) r^2(t_1) n(t_1)\, dt_1$$

となる．ここで，t_z は赤方偏移 z に対応する宇宙時間（固有時間）のことで，

$$\frac{R(t_z)}{R(t_0)} = \frac{1}{1+z} \tag{1}$$

で陰に与えられる．光源の数密度は保存されるので，

$$n(t) R^3(t) = (\text{定数})$$

であり（これは $(nu^\mu)_{;\mu} = 0$ から得られる），したがって，

$$N(z) = 4\pi n(t_0) R^3(t_0) \int_{t_z}^{t_0} \frac{r^2(t_1)}{R(t_1)}\, dt_1$$

となる．ここで，z が小さいとすると，$t_0 \approx t_z$ で次のように展開できる（問題 19.10 の式 (1), (3)）．

$$R(t_1) = R(t_0) \big[1 - H_0 (t_0 - t_1) + \cdots \big] \tag{2}$$

19

$$r(t_1) = \frac{t_0 - t_1}{R(t_0)}\left[1 + \frac{1}{2}H_0(t_0 - t_1) + \cdots\right]$$

こうして，小さい z に対しては

$$\begin{aligned} N(z) &= 4\pi n(t_0)\int_{t_z}^{t_0}(t_0 - t_1)^2\left[1 + 2H_0(t_0 - t_1) + \cdots\right]dt_1 \\ &= \frac{4\pi}{3}n(t_0)(t_0 - t_z)^3\left[1 + \frac{3}{2}H_0(t_0 - t_z) + \cdots\right] \end{aligned}$$

が得られる．式 (1) を用いて $\mathcal{O}(z^2)$ のオーダーまで $t_0 - t_1$ を評価するために，式 (2) の次のオーダーの項までとると，

$$R(t_z) = R(t_0)\left[1 - H_0(t_0 - t_z) - \frac{1}{2}q_0 H_0^2(t_0 - t_z)^2 + \cdots\right]$$

となり，これより，

$$H_0(t_0 - t_z) = z\left[1 - z\left(1 + \frac{q_0}{2}\right) + \cdots\right]$$

となる．したがって，最終的に

$$N(z) = \frac{4\pi}{3}\frac{n(t_0)}{H_0^3}z^3\left[1 - \frac{3}{2}z(1 + q_0) + \cdots\right]$$

が得られる．z のこのオーダーでは，場の方程式は用いていないことを注意しておく．

(b) 地球で観測する光束密度は

$$S = \frac{LR^2(t_1)}{4\pi r_1^2 R^4(t_0)} \tag{3}$$

である（問題 19.9 では S の代わりに ℓ としている）．(a) のように，

$$N(S) = \int_{t_S}^{t_0} 4\pi R^2(t_1)r^2(t_1)n(t_1)\,dt_1 \tag{4}$$

であり，また式 (3) より，

$$\frac{r^2(t_S)}{R^2(t_S)} = \frac{L}{4\pi S R^4(t_0)} \tag{5}$$

となる．S が十分大きいと，$t_0 - t_S$ は小さくなり，式 (4) の積分を展開できて，

$$N(S) = \frac{4\pi}{3}n(t_0)(t_0 - t_S)^3\left[1 + \frac{3}{2}H_0(t_0 - t_S) + \cdots\right]$$

となる．式 (5) に $r(t_S)$ と $R(t_S)$ の展開を代入すると，

$$t_0 - t_S = \left(\frac{L}{4\pi S}\right)^{1/2}\left[1 - \frac{3}{2}H_0\left(\frac{L}{4\pi S}\right)^{1/2} + \cdots\right]$$

となるので，結局，

$$N(S) = \frac{4\pi}{3} n(t_0) \left(\frac{L}{4\pi S} \right)^{3/2} \left[1 - 3H_0 \left(\frac{L}{4\pi S} \right)^{1/2} + \cdots \right]$$

が得られる．

問題 19.12　動径座標とアフィンパラメータ

ロバートソン－ウォーカー計量

$$ds^2 = -dt^2 + R^2(t) \left(\frac{dr^2}{1 - kr^2} + r^2 d\Omega^2 \right)$$

において動径方向に光線が伝わっている．光線に沿って座標 r とアフィンパラメータ λ の関係，つまり，$dr/d\lambda$ を求めよ．

［解］　新しい動径座標 χ を $d\chi^2 = dr^2/(1 - kr^2)$ とする．動径方向に運動する光子では $d\theta = d\phi = 0$ なので，光線に沿って計量係数は χ に依存しない．したがって，χ は循環座標になり，光線に沿って $p_\chi =$（定数）となる（問題 7.13 を見よ）．添え字を上げると，

$$p^\chi = \frac{C}{R^2(t)}$$

となる．ここで，C は定数である．一方で，$p^\chi = d\chi/d\lambda$ なので，

$$d\lambda = \frac{R^2(t)}{C} d\chi = \frac{R^2(t)}{C\sqrt{1 - kr^2}} dr$$

つまり

$$\frac{dr}{d\lambda} = \frac{C\sqrt{1 - kr^2}}{R^2(t)}$$

となる．R は t の関数なので，光線に沿っていく場合は r の関数になっていることに注意する．

問題 19.13　フリードマン方程式 (1)

ロバートソン－ウォーカー計量を仮定してアインシュタイン方程式を書き下し，完全流体のフリードマン宇宙に対する次の発展方程式を導け．

$$3\ddot{R} + 4\pi G(\rho + 3p)R = 0 \tag{1}$$

$$R\ddot{R} + 2\dot{R}^2 + 2k - 4\pi G(\rho - p)R^2 = 0 \tag{2}$$

ここで，ドット記号 ($\dot{}$) は時間座標 t に関する微分である．

19

[解]　共動正規直交基底系では $T^{\hat{0}}{}_{\hat{0}} = -\rho$, $T^{\hat{r}}{}_{\hat{r}} = T^{\hat{\theta}}{}_{\hat{\theta}} = T^{\hat{\phi}}{}_{\hat{\phi}} = p$ である．これらより，トレース反転させたエネルギー運動量テンソル $\bar{T}$ の成分† は，$\bar{T}^{\hat{0}}{}_{\hat{0}} = -(\rho+3p)/2$, $\bar{T}^{\hat{i}}{}_{\hat{i}} = (\rho-p)/2$ となる．これらをリッチ曲率テンソルの $1/8\pi G$ 倍と等しいとおく．リッチ曲率テンソルは，たとえば問題 9.20（一般的な球対称計量）のように計算され，

$$R^{\hat{0}}{}_{\hat{0}} = 3\frac{\ddot{R}}{R}, \qquad R^{\hat{i}}{}_{\hat{i}} = \frac{1}{R^2}(R\ddot{R} + 2\dot{R}^2 + 2k)$$

となる．これらより問題の方程式はすぐに求められる．同様であるが，アインシュタインテンソル $G_{\mu\nu}$（トレース反転したリッチ曲率テンソル）と $8\pi T_{\mu\nu}$ を等しくおくと，これらの方程式の線形結合が求められる．

問題 19.14　フリードマン方程式 (2)

問題 19.13 の 2 本の 2 階微分方程式は，次の 1 階の微分方程式と等価であることを示せ．

$$\dot{R}^2 + k = \frac{8\pi G}{3}\rho R^2 \tag{1}$$

$$\frac{d}{dR}(\rho R^3) = -3pR^2 \tag{2}$$

[解]　問題 19.13 の連立方程式から $\ddot{R}$ を消去すると，式 (1) が得られる．式 (2) は，式 (1) を R で微分し，問題 19.13 の式 (1) を用いる．

$$\frac{1}{2}\frac{d}{dR}\Big(\frac{8\pi G}{3}\rho R^2\Big) = \frac{1}{2}\frac{d}{dR}(\dot{R})^2 = \ddot{R} = -\frac{4}{3}\pi G(\rho+3p)R$$

$$\frac{d}{dR}(\rho R^2) = -(\rho+3p)R$$

$$\frac{d}{dR}(\rho R^3) = -3pR^2$$

問題 19.15　フリードマン方程式と物質・放射優勢期

フリードマン宇宙に対して次の関係式を導け．ただし，$H \equiv \dot{R}/R$ である．

$$\frac{8\pi G}{3}\rho = \frac{k}{R^2} + H^2 \tag{1}$$

$$-8\pi Gp = \frac{k}{R^2} + H^2(1-2q) \tag{2}$$

宇宙が物質優勢期 $(\rho \gg p)$ ならば

† 訳者注：$T_{\mu\nu} - (1/2)Tg_{\mu\nu}$ のこと．問題 13.15 参照．

$$\frac{k}{R^2} = (2q-1)H^2 \tag{3}$$

$$\frac{8\pi G}{3}\rho = 2qH^2 \tag{4}$$

放射優勢期 $(p \approx \rho/3)$ ならば

$$\frac{k}{R^2} = (q-1)H^2 \tag{5}$$

$$\frac{8\pi G}{3}\rho = qH^2 \tag{6}$$

となることを示せ．

[解]　式 (1) は，1 階のフリードマン方程式（問題 19.14）

$$\dot{R}^2 + k = \frac{8\pi G}{3}\rho R^2$$

からただちに求められる．この式に d/dR を作用させ，恒等式 $(1/2)[d(\dot{R})^2/dR] = \ddot{R}$ ともう 1 つの 1 階微分方程式 $d(\rho R^3)/dR = -3pR^2$，および，定義 $q = -\ddot{R}R/\dot{R}^2$ を用いると式 (2) が得られる．

$\rho \gg p$ とすると，式 (2) の左辺は右辺に対して無視でき，式 (3) になる．式 (4) は式 (3) を式 (1) に代入すると，ただちに得られる．

$p = \rho/3$ のとき，式 (1), (2) より ρ を消去すると式 (5) が得られ，k/R^2 の項を消去すると，式 (6) が得られる．

問題 19.16　フリードマン方程式とエネルギー保存則

フリードマン宇宙において，エネルギー保存則 $T_\mu{}^\nu{}_{;\nu} = 0$ から p，ρ，$R(t)$ の関係式を導け．

[解]　$T_0{}^0 = -\rho$, $T_j{}^j = p$（和はとらない），$p_{,j} = 0$（一様性）を用いると，$\mu = j$ の成分は

$$\begin{aligned} 0 = T_j{}^\nu{}_{;\nu} &= T_j{}^\nu{}_{,\nu} - T_\alpha{}^\nu \Gamma^\alpha{}_{j\nu} + T_j{}^\alpha \Gamma^\nu{}_{\alpha\nu} \\ &= p_{,j} + \rho\Gamma^0{}_{j0} - p\Gamma^k{}_{jk} + p\Gamma^\nu{}_{j\nu} = (\rho+p)\Gamma^0{}_{j0} = 0 \end{aligned}$$

となり，自明になる．$\mu = 0$ の成分は

$$\begin{aligned} 0 = T_0{}^\nu{}_{;\nu} &= T_0{}^\nu{}_{,\nu} - T_\alpha{}^\nu \Gamma^\alpha{}_{0\nu} + T_0{}^\alpha \Gamma^\nu{}_{\alpha\nu} \\ &= -\frac{d\rho}{dt} + \rho\Gamma^0{}_{00} - (\rho+p)(\log\sqrt{-g})_{,0} \end{aligned}$$

となる．ここで，$\Gamma^{\alpha}{}_{\alpha\beta} = (\log\sqrt{-g})_{,\beta}$ を用いた（問題 7.7 を見よ）．こうして，

$$\frac{d\rho}{dt} = -\frac{\rho + p}{R^3}\frac{d}{dt}(R^3)$$

となり，

$$d(\rho R^3) = -3pR^2 dR$$

が得られる．これは 1 階のフリードマン方程式の 1 つになっている（問題 19.14 を見よ）．

問題 19.17　真空の宇宙モデル

$k = -1$ のフリードマン宇宙において，$\rho = p = 0$ のとき，計量が

$$ds^2 = -dt^2 + t^2\left[d\chi^2 + \sinh^2\chi\,(d\theta^2 + \sin^2\theta\,d\phi^2)\right]$$

と書けることを示せ．また，この計量がミンコフスキー空間を表すことを，具体的な座標変換を表して示せ．

[解]　1 階のフリードマン方程式

$$\dot{R}^2 + k = \frac{8\pi G}{3}\rho R^2$$

に $p = \rho = 0$ と $k = -1$ を代入すると $\dot{R} = 1$ となり，これは $R = t$ を意味する．したがって，与えられた計量になる．この計量は球対称なので，動径座標（円周半径座標）は

$$r = t\sinh\chi$$

である．時間座標が

$$T = t\cosh\chi$$

であることは容易に想像される．こうして変換された計量は

$$ds^2 = -dT^2 + dr^2 + r^2(d\theta^2 + \sin^2\theta\,d\phi^2)$$

となり，ミンコフスキー空間であることがわかる．

問題 19.18　スケール因子の時間発展

宇宙が (a) 物質優勢期，および (b) 放射優勢期のとき，1 階のフリードマン方程式

$$\left(\frac{\dot{R}}{R}\right)^2 = \frac{8\pi G}{3}\rho - \frac{k}{R^2}$$

を解いて $R(t)$ を求めよ．パラメータの現在の値を H_0，q_0 のように記すこと．

[解]　(a) 物質優勢期では，圧力は無視でき，質量エネルギー密度は

$$\rho = \rho_0\left(\frac{R_0}{R}\right)^3 \tag{1}$$

のように，宇宙の体積に反比例する．新たな時間座標（**発展角** (development angle)）を $d\eta = dt/R$ で定義する†．フリードマン方程式は

$$\left(\frac{\dot{R}}{R}\right)^2 = \left(\frac{dR/d\eta}{R^2}\right)^2 = \frac{8\pi G\rho_0}{3}\left(\frac{R_0}{R}\right)^3 - \frac{k}{R^2} \tag{2}$$

または

$$\frac{1}{\sqrt{R}}\frac{dR}{d\eta} = \frac{2d\sqrt{R}}{d\eta} = \sqrt{\frac{8\pi G\rho_0 R_0^3}{3} - kR}$$

と書き換えられる．これは積分できて，

$$\frac{1}{2}\eta = \int_0^{\sqrt{R}} \frac{d\sqrt{R}}{\sqrt{\dfrac{8\pi G\rho_0 R_0^3}{3} - kR}} = \begin{cases} \sin^{-1}\sqrt{\dfrac{3R}{8\pi G\rho_0 R_0^3}} & (k=+1) \\ \sqrt{\dfrac{3R}{8\pi G\rho_0 R_0^3}} & (k=0) \\ \sinh^{-1}\sqrt{\dfrac{3R}{8\pi G\rho_0 R_0^3}} & (k=-1) \end{cases} \tag{3}$$

が得られる．問題 19.15 より，

$$q_0 = \frac{4\pi G}{3}\frac{\rho_0}{H_0^2} \tag{4}$$

および

$$R_0^2 = \frac{k}{(2q_0 - 1)H_0^2} \qquad (k = \pm 1) \tag{5}$$

である．式 (5) の左辺は正なので，$k = \mathrm{sign}(2q_0 - 1)$ である．これらより

$$\frac{8\pi G}{3}\rho_0 R_0^3 = \frac{2q_0}{H_0|2q_0 - 1|^{3/2}} \qquad (k = \pm 1)$$

と書くことができる．これを式 (3) に代入し，逆に解くと，

---

† 訳者注：本来は，η は共形時間（問題 19.5 を参照）である．発展角 ψ は共形時間 η と $\psi = \sqrt{k}\eta$ の関係があり，$k = 1$ の場合は一致する．

$$R = \begin{cases} \dfrac{q_0}{H_0(2q_0-1)^{3/2}}(1-\cos\eta) & (k=+1) \\ \dfrac{1}{4}H_0^2R_0^3\eta^2 & (k=0) \\ \dfrac{q_0}{H_0(1-2q_0)^{3/2}}(\cosh\eta-1) & (k=-1) \end{cases}$$

となる．最後に，$dt = Rd\eta$ の積分を実行すると，

$$t = \begin{cases} \dfrac{q_0}{H_0(2q_0-1)^{3/2}}(\eta-\sin\eta) & (k=+1) \\ \dfrac{1}{12}H_0^2R_0^3\eta^3 & (k=0) \\ \dfrac{q_0}{H_0(1-2q_0)^{3/2}}(\sinh\eta-\eta) & (k=-1) \end{cases}$$

が得られる．$k=0$ の場合に R_0 を消去できないのは，単に宇宙の大きさにスケーリングの自由度があり，幾何学的にはどの時刻でも同様に見えるからである．物理的な観測量を計算する場合には，R_0 は現れない．

(b) 放射優勢期には，共動体積内における質量エネルギー密度は一定ではない．光子の赤方偏移のために密度は余分に減衰し，

$$\rho = \rho_0\left(\frac{R_0}{R}\right)^4$$

で表される．式 (2) と同様に

$$\left(\frac{\dot{R}}{R}\right)^2 = \left(\frac{dR/d\eta}{R^2}\right)^2 = \frac{8\pi G\rho_0}{3}\left(\frac{R_0}{R}\right)^4 - \frac{k}{R^2}$$

つまり

$$\frac{dR}{\sqrt{\dfrac{8\pi G}{3}\rho_0 R_0^4 - kR^2}} = d\eta$$

となり，これは次の解をもつ．

$$R = \sqrt{\frac{8\pi G}{3}\rho_0 R_0^4} \times \begin{cases} \sin\eta & (k=+1) \\ \eta & (k=0) \\ \sinh\eta & (k=-1) \end{cases} \tag{6}$$

(a) のときとは異なり今回は，式 (4) の代わりに（問題 19.15），

$$q_0 = \frac{8\pi G}{3}\frac{\rho_0}{H_0^2}$$

式 (5) の代わりに

$$R_0^2 = \frac{k}{H_0^2(q_0-1)} \qquad (k=\pm 1)$$

である．したがって，式 (6) の根号の中は

$$\frac{8\pi G}{3}\rho_0 R_0^4 = \begin{cases} \dfrac{q_0}{H_0^2(q_0-1)^2} & (k=\pm 1) \\ H_0^2 R_0^4 & (k=0) \end{cases}$$

となり，η で積分して t を求めると

$$t = \begin{cases} \dfrac{\sqrt{q_0}}{H_0(q_0-1)}(1-\cos\eta) & (k=+1) \\ \dfrac{1}{2}H_0 R_0^2 \eta^2 & (k=0) \\ \dfrac{\sqrt{q_0}}{H_0(1-q_0)}(\cosh\eta - 1) & (k=-1) \end{cases}$$

が得られる．

問題 19.19　フリードマン宇宙と弾丸

膨張するフリードマン宇宙で弾丸が発射された．$k=0$ の場合，弾丸は宇宙共動座標にいるある観測者と同じ速度に近づくが，$t \to \infty$ で弾丸と観測者の固有距離はいくらでも大きくなることを示せ．また，$k=-1$ の場合は，弾丸は同様に共動座標の観測者と同じ速度に近づき，その位置，つまり観測者との固有距離は一定になることを示せ．

[解]　弾丸が非相対論的な速度になったとき，r をロバートソン－ウォーカー計量の座標とすると，固有間隔 dr_{p} と，$dr_{\mathrm{p}} = Rdr$ の関係がある（問題 19.7）．これより

$$\frac{(\text{定数})}{R} = \frac{dr_{\mathrm{p}}}{dt} = \frac{dr_{\mathrm{p}}}{dr}\frac{dr}{dR}\frac{dR}{dt} = \frac{dr}{dR}\dot{R}R \tag{1}$$

となる．

$k=0$ のフリードマン宇宙では $R \propto t^{2/3}$ なので，$\dot{R} \propto R^{-1/2}$ で，式 (1) を用いると $dr/dR \propto R^{-3/2}$ となる．したがって，

$$r = A + \frac{B}{\sqrt{R}} \qquad (A, B : \text{定数})$$

となる．ここで $t \to \infty$ とすると，r_{bullet} は $r=A$ に近づく．$r=A$ にいる観測者と弾丸との固有距離は $R\Delta r = BR^{1/2}$ である．こうして，（式 (1) に従って）速度は互いに同じになっていくが，固有距離は無限大になっていく．

$k=-1$ の場合は，時間がたつと $\dot{R}$ は一定になる．式 (1) より，$dr/dR \propto R^{-2}$ となるので，

19

$$r = A + \frac{B}{R} \qquad (A, B : \text{定数})$$

である．ここで $t \to \infty$ とすると，r_{bullet} は $r = A$ に近づくが，$r = A$ にいる観測者と弾丸との固有距離は $R\Delta r = B$ で一定になる．

問題 19.20　閉じたフリードマン宇宙

閉じた $(k = 1)$ フリードマン宇宙において，放射優勢期が宇宙の歴史の中で無視できるくらい短い期間だったとすると，宇宙が誕生してから死ぬまでに光子は宇宙を何回周回することができるか．

[解]　発展角 η を $d\eta = dt/R(t)$ で定義すると，フリードマン宇宙で動径方向に飛ぶ光子 $(d\theta = d\phi = 0)$ に対して，

$$0 = ds^2 = R^2(\eta)(-d\eta^2 + d\chi^2)$$

となる．ここで，$d\chi^2 = dr^2/(1 - r^2)$ は三角関数を用いた表式での 3 次元球面上の動径座標である（問題 19.5 を見よ）．問題 19.18 より，宇宙は $\Delta\eta = 2\pi$ の間（R がゼロになる 2 つの時刻の間）だけ存在し，したがって，この間に光子は $\Delta\chi = 2\pi$ だけ伝播できる．つまり，宇宙をちょうど 1 周できることになる．

問題 19.21　オルバースのパラドックス

$k = 0$ で放射優勢のフリードマン宇宙（ハッブル定数を H_0 とする）において，一定光度 L の光源が一様に分布し，それらの現在の局所的な数密度を n とするとき，夜空の輝度 B（単位時間・単位立体角あたりのエネルギー流束）を求めよ（仮に宇宙が静的で限りなく古くから存在したとすると，夜空は無限に明るくなる．これをオルバースのパラドックス (Olbers' paradox) という）．

[解]　$k = 0$ のフリードマン宇宙では，スケール因子は

$$\frac{R(t)}{R_0} = \left(\frac{3}{2} H_0 t\right)^{2/3}$$

のように振る舞う．光源 1 個に対して単位固有時間あたりに放出されるエネルギーが L である．これは $R(t)/R_0$ の因子だけ赤方偏移されるので，現在存在する光源 1 個がこれまでに放出した全エネルギーは

$$\mathcal{E} = \int_0^{t_0} L \frac{R(t)}{R_0} dt = \frac{3L}{5} \left(\frac{3}{2} H_0\right)^{2/3} t_0^{5/3}$$

もしくは，$t_0 = 2/3H_0$ なので，$\mathcal{E} = 2L/5H_0$ となる．これより，単位体積あたりのエネルギー u は $2Ln/5H_0$ である．エネルギーは宇宙を等方的に満たしているので，その流束は

$$B = \frac{c}{4\pi}u = \frac{cLn}{10\pi H_0}$$

となる．

比較として星々が $t_0 = 2/3H_0$ だけ昔に「点灯」したニュートン的宇宙を求めると，

$$\mathcal{E} = \int_0^{t_0} Ldt = \frac{2L}{3H_0}$$

なので

$$B = \frac{cLn}{6\pi H_0}$$

となる．

問題 19.22　再結合期と減速パラメータ

水素が再結合 (recombination) したとき（$z_{\rm rec} = 1500$ とする[†]）の減速パラメータを $q_{\rm rec} = 0.5002$ とする．現在の減速パラメータ q_0 を求めよ．また，$q_{\rm rec} = 0.4998$ のときはどうか（物質優勢な宇宙とする）．

19

[解]　問題 19.18 の解答より，$q_0 > 0.5$ の場合は宇宙は $k = +1$ であり，

$$\frac{R(t)}{R_0} = \frac{q_0}{2q_0 - 1}(1 - \cos\eta) \tag{1}$$

となる．$R(t) = R_0$, $\eta = \eta_0$ とすると，現在の q_0 と η_0 の関係式を得ることができる．しかしながら，その基準となる時刻 t_0（つまり，R_0 と q_0）は任意にとれるので，任意の時刻の q と η の関係式と考えてもよい．その時刻として再結合時をとり，$q_{\rm rec} = 0.5002$ とすると，$z_{\rm rec} = 1500$ では $1 - \cos\eta_{\rm rec} = 0.0008$ となる．これを式 (1) に代入し，$R_0/R(t_{\rm rec}) = 1 + z_{\rm rec} = 1501$ とおくと，q_0 について解くことができて，

$$q_0 = \frac{1}{2 - (1 + z_{\rm rec})(1 - \cos\eta_{\rm rec})} = 1.25$$

となる．

$q_0 < 0.5$ の場合は宇宙は $k = -1$ であり，式 (1) の代わりに

† 訳者注：最近の観測では $z_{\rm rec} = 1089.90 \pm 0.23$（Planck 衛星，2015）である．ちなみに日本では再結合を**晴れ上がり**ともいう．

$$\frac{R(t)}{R_0} = \frac{q_0}{1-2q_0}(\cosh\eta - 1) \tag{2}$$

となる．$q_{\rm rec} = 0.4998$ とすると，$z_{\rm rec} = 1500$ では $\cosh\eta_{\rm rec} - 1 = 0.0008$ となる．したがって，

$$q_0 = \frac{1}{2 + (1+z_{\rm rec})(\cosh\eta_{\rm rec} - 1)} = 0.312$$

となる．

問題 19.23　閉じたフリードマン宇宙の「大きさ」

ハッブル定数 H_0，減速パラメータ q_0 の閉じたフリードマン宇宙 $(k=1)$ を考える．宇宙は常に物質優勢とする．

(a) 現在における宇宙の全固有体積を求めよ．

(b) 全天を見たときに，我々に見える全固有体積を求めよ．

(c) 全天を見たときに，我々に見える物質が現在占めている空間の全固有体積を求めよ．

[解]　(a) 現在の時刻 $t = t_0$ における空間的 3 次元超曲面の計量は

$$d\sigma^2 = R_0^2\left[\frac{dr^2}{1-r^2} + r^2(d\theta^2 + \sin^2\theta\, d\phi^2)\right]$$

と表される．$0 \le r \le 1$ が 3 次元球面の半分を覆うことに注意すると，固有体積は

$$V = \int \sqrt{{}^{(3)}g}\, d^3x = 2\int_0^1 dr \int_{-1}^1 d(\cos\theta) \int_0^{2\pi} d\phi \frac{R_0^3 r^2}{(1-r^2)^{1/2}} = 2\pi^2 R_0^3$$

となる．物質優勢の宇宙では（問題 19.15 を見よ），

$$R_0 = \frac{1}{H_0(2q_0-1)^{1/2}} \tag{1}$$

であり，

$$V = \frac{2\pi^2}{H_0^3(2q_0-1)^{3/2}} \tag{2}$$

となる．

(b) 過去の光円錐は（図のように）時間 dt に固有動径距離 cdt だけ外向きに広がっていく．計量より，2 次元球面の固有面積は $4\pi r^2 R^2$ である．ここで，r と R はともに光円錐に沿って t の関数である．こうして，観測できる体積は（$c=1$ として）

$$V = \int_0^{t_0} 4\pi r^2(t) R^2(t)\, dt \tag{3}$$

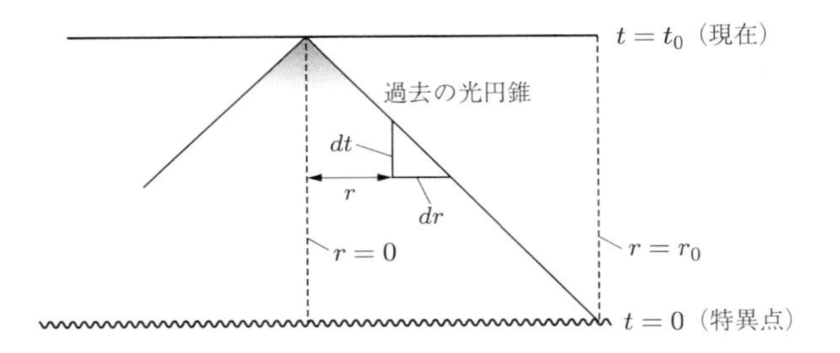

となる．$r(t)$ に関する微分方程式は，光円錐の定義から

$$-dt = \frac{R(t)}{(1-r^2)^{1/2}} dr \tag{4}$$

のように得られる．$t = t_0$ で $r = 0$ である．式 (4) を解き，式 (3) の積分を計算するために，発展角 η によってパラメータ化された $R(t)$ の解（問題 19.18 を見よ）

$$R = A(1 - \cos\eta), \qquad t = A(\eta - \sin\eta) \tag{5}$$

を用いる．ここで

$$A = \frac{q_0}{H_0(2q_0 - 1)^{3/2}} \tag{6}$$

であり，η の現在の値は

$$\eta_0 = \cos^{-1}\left(\frac{1-q_0}{q_0}\right) \tag{7}$$

である．式 (4) は $d(\sin^{-1} r) = d\eta$ となるので，

$$r = \sin(\eta_0 - \eta) \tag{8}$$

であり，式 (3) は

$$V = \int_0^{\eta_0} 4\pi \sin^2(\eta_0 - \eta)\, A^2(1-\cos\eta)^2 A(1-\cos\eta) d\eta$$

となる．この積分を実行すると，

$$V = 4\pi A^3 \left(\frac{61}{80}\sin 2\eta_0 + \frac{5}{4}\eta_0 - \frac{5}{2}\sin\eta_0 - \frac{3}{8}\eta_0\cos 2\eta_0 + \frac{1}{30}\sin 3\eta_0\right)$$

となる．式 (6) と式 (7) を用いると，q_0 と H_0 の関数に書き直すことができる．

(c) 我々が見ることができる最も遠くの座標半径は，式 (8) より，

$$r_0 = \sin\eta_0 = \frac{(2q_0 - 1)^{1/2}}{q_0}$$

となる．ここで，式 (7) を用いた．これより，現在におけるこの座標半径までの体積

は ((a) と同じように),

$$V = 4\pi \int_0^{r_0} \frac{R_0^3 r^2}{(1-r^2)^{1/2}} dr = 2\pi R_0^3 \left[\sin^{-1} r_0 - r_0(1-r_0^2)^{1/2}\right]$$
$$= \frac{2\pi}{H_0^3 (2q_0-1)^{3/2}} \left[\cos^{-1}\left(\frac{1-q_0}{q_0}\right) - \frac{(1-q_0)(2q_0-1)^{1/2}}{q_0^2}\right]$$

となる.

問題 19.24　天体の見かけの角度

現在の宇宙パラメータを H_0 と q_0 として，物質優勢期のフリードマン宇宙を考える．我々から赤方偏移 z の距離に固有直径 ℓ をもつ天体があるとき，この天体の見かけの角度を求めよ（見かけの固有運動や見かけの光度に対する同様の結果が，問題 19.9 から得られる）.

[解]　ロバートソン–ウォーカー計量と図より，$\ell = [r_1 R(t_1)]\delta$ である．$R(t_1) = R_0/(1+z)$ となるので，あとは r_1 を計算すればよい．問題 19.5 の共形時間 η で表した計量を考える．このとき，$r_1 = \Sigma(\chi_1)$ である．光子の経路は $0 = R^2(d\chi^2 - d\eta^2)$ なので，$\chi_1 = \eta(t_0) - \eta(t_1)$ となり，$\sin(A-B)$ と $\sinh(A-B)$ の加法定理の表式を用いると，

$$r_1 = \Sigma(\eta_0)C(\eta_1) - \Sigma(\eta_1)C(\eta_0) \tag{1}$$

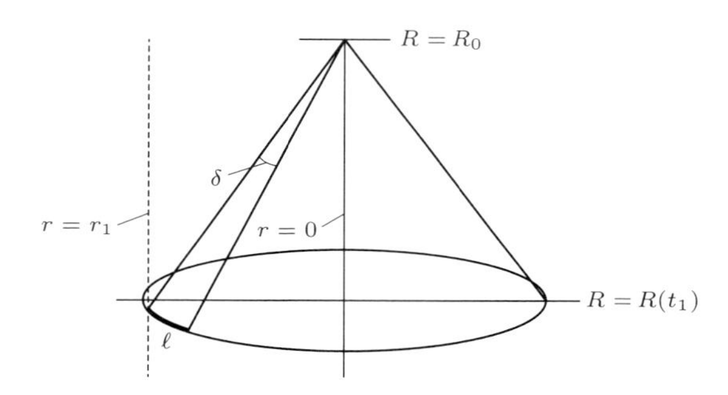

が得られる（ここで，$C(\eta)$ は $k = +1,\ 0,\ -1$ に対してそれぞれ $\cos\eta,\ 1,\ \cosh\eta$ を表す）．η と赤方偏移 z，および現在の q の値との関係は（問題 19.18），

$$1 - C(\eta) = \frac{2q_0 - 1}{q_0} \frac{1}{1+z}$$
$$C(\eta) = \frac{q_0 z - q_0 + 1}{q_0(1+z)}$$

となる（これはすべての k について成り立つ）．この結果を用いると，

$$\Sigma(\eta) = \frac{\sqrt{|2q_0 - 1|(1 + 2q_0 z)}}{q_0(1+z)}$$

$$r_1 = \frac{\sqrt{|2q_0 - 1|}}{q_0^2(1+z)}\left[1 - q_0 + q_0 z - (1 - q_0)\sqrt{1 + 2q_0 z}\right]$$

となる．見かけの角は

$$\delta = \frac{\ell}{r_1 R(t_1)} = \frac{\ell(1+z)}{r_1 R_0}$$

なので，問題 19.15 の式 (3) を用いて R_0 を消去すると，最終的に，

$$\delta = \frac{\ell H_0 (1+z)^2 q_0^2}{1 - q_0 + q_0 z - (1 - q_0)\sqrt{1 + 2q_0 z}}$$

が得られる．

問題 19.25　宇宙のエントロピー

「熱い」フリードマン宇宙において，互いに無関係ではあるが重要な 2 つの時期がある．1 つは物質が放射に対して優勢になり始めた（$\rho_{\mathrm{matter}} \approx \rho_{\mathrm{radiation}}$）時期，もう 1 つは陽子と電子が再結合して水素を形成した時期である．これら 2 つの時期が宇宙でほぼ同時であったとして，バリオン 1 個あたりのエントロピー $s \equiv 4aT^3/3n$ の値を求めよ（ここで，T は温度，a は放射定数，n はバリオンの数密度である）．

19

[解]　$c = k = 1$ の単位系で考える．物質の密度は（m_{p} をバリオンの平均質量とすると）$\rho_{\mathrm{matter}} = m_{\mathrm{p}} n$，放射のエネルギー密度は $\rho_{\mathrm{rad}} = KaT^4$ である．ここで，$a = 8\pi^5/15h^3$ は放射密度定数†，$K = 1$（光子のみを考えた場合）または $K = 1 + (7/4)(4/11)^{4/3} = 1.454$（光子とニュートリノを考えた場合．Weinberg の p. 537 を見よ）である．これらを等しいとおくと，

$$1 = \frac{\rho_{\mathrm{rad}}}{\rho_{\mathrm{matter}}} = \frac{KaT^4}{m_{\mathrm{p}} n} \tag{1}$$

である．水素の電離度（イオン化率）x に関するサハの電離公式は

$$\frac{x^2}{1-x} = \frac{(2\pi m_{\mathrm{e}} kT)^{3/2} \exp(-\alpha^2 m_{\mathrm{e}}/2kT)}{nh^3}$$

（m_{e} は電子質量，$\alpha = 1/137$）である．再結合の時期を，この式の左辺がおよそ 1 に

† 訳者注：ステファン－ボルツマン定数を σ とすると $a = (4/c)\sigma$ であることに注意する．

なるときで定義すると，式 (1) より，

$$\exp\left(\frac{\alpha^2 m_\mathrm{e}}{2T}\right) = \frac{15(2\pi m_\mathrm{e}T)^{3/2}m_\mathrm{p}}{8\pi^5 KT^4}$$

となる．明らかに指数部分が解のスケールを決めていて，$T \sim \alpha^2 m_\mathrm{e}$ である．係数を仮定し，右辺を計算してもう少し詳しく評価すると，$T \approx \alpha^2 m_\mathrm{e}/80$ が得られる（問題 19.26 と比較せよ）．そこで，最終的に物質優勢になる時期と再結合の時期の温度が等しいとすると，

$$\begin{aligned} s &= \frac{4}{3}\frac{aT^3}{n} = \frac{4}{3}\frac{m_\mathrm{p}}{TK}\frac{KaT^4}{m_\mathrm{p}n} \\ &= \frac{4}{3}\frac{m_\mathrm{p}}{\alpha^2 m_\mathrm{e}K/80} = \frac{320}{3K} \times 137^2 \times 1836 \approx 4 \times 10^9 \end{aligned}$$

となる．

問題 19.26　再結合期の温度

ビッグバン宇宙で，水素が再結合したとみなせる温度（つまり，平衡なイオンの割合が 0.5 のときの温度）をバリオン 1 個あたりのエントロピー s を用いて表せ．また，$s = 10^8, 10^9$ として結果を評価せよ．

[解]　水素の電離度 x に関するサハの電離公式は（$c = k = 1$ の単位系で）

$$\frac{x^2}{1-x} = \frac{(2\pi m_\mathrm{e}T)^{3/2}e^{-B/T}}{nh^3} \tag{1}$$

である．ここで，$B = (1/2)\alpha^2 m_\mathrm{e}$ $(\alpha = 1/137)$ はイオン化エネルギー，n は陽子と原子をあわせた数密度である．n はバリオン 1 個あたりのエントロピー s と

$$s = \frac{4}{3}\frac{aT^3}{n}$$

で関係しているので，$x = 0.5$, $a = 8\pi^5/15h^3$ を用いると，式 (1) は

$$\frac{2^{1/2}4\pi^{7/2}}{45}\frac{1}{s}\left(\frac{T}{m_\mathrm{e}}\right)^{3/2} = \exp\left[-\frac{m_\mathrm{e}/T}{2(137)^2}\right]$$

となる．これは，

$$\frac{m_\mathrm{e}}{T} = 2(137)^2\left(\log\frac{s}{6.908} + \frac{3}{2}\log\frac{m_\mathrm{e}}{T}\right)$$

となるので，逐次的に近似解を求められる．たとえば，2 回反復すると，

$$T \approx \frac{m_\mathrm{e}}{2(137)^2}\left[\log\frac{s}{6.908} + \frac{3}{2}\left(10.53 + \log\log\frac{s}{6.908}\right)\right]^{-1}$$

$$= \begin{cases} 4330\,\mathrm{K} & (s = 10^8) \\ 4050\,\mathrm{K} & (s = 10^9) \end{cases}$$

となる．

問題 19.27　初期宇宙の温度

ビッグバン特異点（初期特異点）近くの放射優勢なフリードマン宇宙において，宇宙の温度 T を（固有宇宙）時間 t の関数として求めよ．ただし，エネルギー密度 ρ への寄与は光子，電子，陽電子だけとせよ．それらにニュートリノと反ニュートリノが加わると，結果はどう変わるか．

[解]　問題 19.18 より，特異点付近の放射優勢期では

$$R = \left(\frac{8\pi}{3}\rho_0 R_0^4\right)^{1/2} \eta, \qquad t = \left(\frac{8\pi}{3}\rho_0 R_0^4\right)^{1/2} \frac{\eta^2}{2} \tag{1}$$

と近似できる（この式は $\eta \to 0$ の極限で任意の k について成立する）．したがって，

$$t^2 = \frac{3R^4}{32\pi\rho_0 R_0^4} = \frac{3}{32\pi\rho} \tag{2}$$

となる．ここで，放射優勢期の関係式 $\rho \propto R^{-4}$ を用いた．光子のエネルギー密度は

$$\rho_\gamma = \frac{8\pi}{h^3}\int_0^\infty \frac{q^3 dq}{\exp(q/kT) - 1} = aT^4$$

である．ここで，$a = 8\pi^5 k^4/15h^3$ は放射密度定数である．相対論的な電子と陽電子（これらはフェルミ－ディラック統計に従う）では，

$$\rho_{\mathrm{e}^-} = \rho_{\mathrm{e}^+} = \frac{8\pi}{h^3}\int_0^\infty \frac{q^3 dq}{\exp(q/kT) + 1} = \frac{7}{8}aT^4$$

となる．こうして，全質量エネルギー密度は

$$\rho = \rho_\gamma + \rho_{\mathrm{e}^+} + \rho_{\mathrm{e}^-} = \frac{11}{4}aT^4$$

となるので，

$$T = \left(\frac{4}{11}\cdot\frac{3}{32\pi a}\right)^{1/4} t^{-1/2}$$

となる．

ニュートリノを考慮した場合は，それらの化学ポテンシャルをゼロとすると（Weinberg の 15.6 節を見よ），それらは 1 個のスピン状態だけもつので，

$$\rho_{\nu_{\mathrm{e}}} = \rho_{\bar{\nu}_{\mathrm{e}}} = \rho_{\nu_\mu} = \rho_{\bar{\nu}_\mu} = \frac{7}{16}aT^4$$

19

$$\rho = \frac{11}{4}aT^4 + \frac{7}{4}aT^4 = \frac{9}{2}aT^4$$

$$T = \left(\frac{2}{9}\cdot\frac{3}{32\pi a}\right)^{1/4} t^{-1/2}$$

となる．

問題 19.28　対消滅と宇宙の温度

温度 T_1，スケール因子 R_1 のフリードマン宇宙で，相対論的な電子と陽電子，ミューオン，光子，ニュートリノが熱平衡状態にあった．その後，温度が T_2，スケール因子が R_2 になり，ミューオン対は消滅したが，ほかの粒子はまだ相対論的で熱平衡状態にあった．温度 T_2 を T_1，R_1，R_2 を用いて表せ．

［解］　温度 T で熱平衡状態にある相対論的粒子 $E \approx p$ の密度は，

$$\rho(T) = \int En(p)dp = \begin{cases} aT^4 & （光子） \\ \dfrac{7}{16}aT^4 & （ニュートリノ 1 種類あたり） \\ \dfrac{7}{8}aT^4 & （電子やミューオン 1 種類あたり） \end{cases}$$

である（問題 19.27 を見よ）．ここで，$a = 8\pi^5 k^4/15h^3$ は放射密度定数である．したがって，この問題では

$$\rho(T) = K_i aT^4 = \begin{cases} \left(1 + 4\cdot\dfrac{7}{16} + 4\cdot\dfrac{7}{8}\right)aT^4 & \left(R = R_1, K_1 = \dfrac{25}{4}\right) \\ \left(1 + 4\cdot\dfrac{7}{16} + 2\cdot\dfrac{7}{8}\right)aT^4 & \left(R = R_2, K_2 = \dfrac{18}{4}\right) \end{cases}$$

となる．ここで，宇宙が等エントロピー的に膨張しているとした．これら相対論的粒子の単位体積あたりのエントロピーは，熱力学の第 1 法則から

$$\frac{S}{V} = \frac{4}{3}K_i aT^3$$

と求められる．体積 V はスケール因子の 3 乗で変化するので

$$（定数）= S \propto \frac{4}{3}K_i a(RT)^3$$

となり，等エントロピー膨張では

$$K_1 R_1^3 T_1^3 = K_2 R_2^3 T_2^3$$

つまり，

$$T_2 = \left(\frac{25}{18}\right)^{1/3} \frac{R_1}{R_2} \cdot T_1$$

が得られる．物理的には次のように解釈できる．温度 T は R に反比例して下がっていく．ミューオンは消滅の際にエネルギー（実際にはエントロピー）を残りの粒子に与え，そのために膨張による温度の低下に対して温度を $(25/18)^{1/3}$ 倍だけ増加させている．

問題 19.29　元素合成

次の仮定のうち，ビッグバン元素合成 (big-bang nucleosynthesis) で生じる ^{4}He が「標準的な」モデルよりも少なくなるものはどれか．また，d（重水素 ^{2}H）が少なくなる仮定はどれか．

(i) 現在のバリオン数密度が予想よりも高い．

(ii) 弱い相互作用の結合定数が予想よりも小さい．

(iii) 現在，宇宙に存在する背景ニュートリノが反ニュートリノや光子よりもずっと多い．

(iv) 現在，宇宙に存在する背景反ニュートリノがニュートリノや光子よりもずっと多い．

(v) 重力定数 G が宇宙時間とともに変化し，昔の値が現在よりも少しだけ大きい．

19

[解]　標準的なモデルでは，（大まかにいうと）以下のようにしてヘリウムと重水素が生成される．

(1) n → p をもたらす弱い相互作用の反応率が宇宙膨張の時間スケールより小さくなり，非平衡状態になって中性子・陽子の個数比が凍結される．

(2) 多くの自由中性子が崩壊しないうちに，$\mathrm{n} + \mathrm{p} \to \mathrm{d} + \gamma$ の反応により重水素が合成される．

(3) ほぼすべての重水素を使って，$\mathrm{d} + \mathrm{d} \to {}^3\mathrm{He} + \mathrm{n}$ や $\mathrm{d} + \mathrm{d} \to {}^3\mathrm{H} + \mathrm{p}$，${}^3\mathrm{He} + \mathrm{d} \to {}^4\mathrm{He} + \mathrm{p}$ や ${}^3\mathrm{H} + \mathrm{d} \to {}^4\mathrm{He} + \mathrm{n}$ などの反応が起こる．

以上を用いると，

(i) 凍結の際の個数比に変化はない．しかし，ある与えられた温度でバリオン数密度が高いということは，より反応が進んでいるということなので，^{4}He は多くなり，d は少なくなる．

(ii) n → p の反応が遅くなり，凍結の際により多くの中性子が残る．ほかの反応率は変わらないので，^{4}He も d も，ともに多くなる．

(iii) $\mathrm{n} + \nu \leftrightarrow \mathrm{p} + \mathrm{e}^-$ の反応はニュートリノの縮退（フェルミ）エネルギーによっ

て右方向に進むので，ニュートリノが少ないと，^{4}He も d も，ともに少なくなる．

(iv) (iii) と同様に $\bar{\nu} + \mathrm{p} \leftrightarrow \mathrm{n} + \mathrm{e}^+$ の反応で考えればよく，^{4}He も d も，ともに多くなる．

(v) 膨張時間 t と密度 ρ は

$$t = \sqrt{\frac{3}{32\pi G\rho}} + (\text{定数})$$

で関係しているので，G が大きくなると，各密度の値に留まる時間が短くなる．よって，n/p 比は大きくなる．また，G の値が少し変わっても，中性子の崩壊時間はずっと長いので，ほぼすべての中性子が d の生成に使われることに変わりはない．したがって，^{4}He も d も，ともに多くなる．

問題 19.30　ド・ジッター宇宙

一様等方の宇宙で，物質は存在せず**真空偏極** (vacuum polarization) のみが存在し，エネルギー運動量テンソルは $8\pi T_{\mu\nu} = \Lambda g_{\mu\nu}$ $(\Lambda > 0)$ と書けるとする（古い言い方では正の宇宙定数項 (cosmological constant term)† が存在するという）．$k = 0$ の宇宙を表す解を求めよ．また，それが静的になる座標系を見つけよ（これを**ド・ジッター宇宙** (de Sitter universe) という）．

[解]　実効的に，宇宙定数は次のような密度と圧力をもった完全流体と等価である．

$$\rho_{\text{eff}} = \frac{\Lambda}{8\pi}, \qquad p_{\text{eff}} = -\frac{\Lambda}{8\pi}$$

問題 19.14 の運動方程式は

$$\dot{R}^2 = \frac{1}{3}\Lambda R^2$$

となり，解

$$R = R_0 e^{t/T_0}, \qquad T_0^{-1} = \sqrt{\frac{\Lambda}{3}}$$

をもつ．したがって，計量は

$$ds^2 = -dt^2 + R_0^2 e^{2t/T_0}(dr^2 + r^2 d\Omega^2)$$

となる．これを静的な座標系で表すために，円周半径座標

$$r' = R_0 e^{t/T_0} r$$

† 訳者注：問題 13.4 も参照せよ．

を導入する．こうすると，計量は

$$ds^2 = -dt^2 + \left(dr' - \frac{r'}{T_0}dt\right)^2 + r'^2 d\Omega^2$$

と書ける．$g_{tr'}$ を消去するために，変換

$$t = t' + \frac{1}{2}T_0 \log\left(\frac{r'^2}{T_0^2} - 1\right)$$

をすると，

$$ds^2 = -\left(1 - \frac{r'^2}{T_0^2}\right)dt'^2 + \left(1 - \frac{r'^2}{T_0^2}\right)^{-1} dr'^2 + r'^2 d\Omega^2 \tag{1}$$

が得られる．動的な宇宙モデルでも銀河と共動する座標系を用いているので，密度は動的な方程式には影響を与えず，式 (1) のような静的な形に表せる．

問題 19.31　アインシュタイン宇宙

宇宙が一様等方で，真空偏極（宇宙定数）とダストのみ存在するとする．ダストの 4 元速度を u_μ で表すと $T_{\mu\nu} = -\rho_0 u_\mu u_\nu - (\Lambda/8\pi)g_{\mu\nu}$ となる．このとき，不安定な静的解が存在することを示せ（これを**アインシュタイン宇宙** (Einstein's static universe) という）．

[解]　一様等方宇宙の方程式は（問題 19.13，問題 19.14 を見よ），

$$\left(\frac{\dot{R}}{R}\right)^2 = -\frac{k}{R^2} + \frac{8\pi\rho}{3} \tag{1a}$$

$$\frac{2\ddot{R}}{R} = -\left(\frac{\dot{R}}{R}\right)^2 - \frac{k}{R^2} - 8\pi p \tag{1b}$$

である．宇宙はダストのエネルギー ρ_0 と「真空の偏極」Λ しか存在しないので，

$$\rho = \rho_0 + \frac{\Lambda}{8\pi} \tag{2a}$$

$$p = -\frac{\Lambda}{8\pi} \tag{2b}$$

となる．式 (1) によって，R に関する 2 階よりも高階の時間微分はすべて $\dot{R}$ と $\ddot{R}$ の線形結合で表されるので，静的な解が存在する必要十分条件は

$$\dot{R} = \ddot{R} = 0 \tag{3}$$

である．この条件と式 (2) を用いると，式 (1) は

$$\frac{k}{R^2} = \frac{1}{3}(8\pi\rho_0 + \Lambda) \tag{4a}$$

$$\frac{k}{R^2} = \Lambda \tag{4b}$$

となり，これから，

$$\rho_0 = \frac{\Lambda}{4\pi} \tag{5a}$$

となる．$\rho_0 > 0$ なので，式 (4b) から $k = +1$ とわかり，

$$R = \frac{1}{\sqrt{\Lambda}} \tag{5b}$$

が得られる．

アインシュタイン宇宙の安定性を調べるには，まず，式 (1a) と式 (1b) をあわせて

$$\frac{2\ddot{R}}{R} = -\frac{8\pi\rho}{3} - 8\pi p = -\frac{8\pi\rho_0}{3} + \frac{2\Lambda}{3} \tag{6}$$

としておいて，摂動を加えた量

$$R = \frac{1}{\sqrt{\Lambda}} + \delta R \tag{7a}$$

$$\rho_0 = \frac{\Lambda}{4\pi} + \delta\rho_0 \tag{7b}$$

を代入する．式 (6) で摂動の 1 次の式は

$$2\sqrt{\Lambda}(\delta R)^{\cdot\cdot} = -\frac{8\pi}{3}\delta\rho_0 \tag{8}$$

となる．ここで，ダストの量は保存するので，エネルギー密度 ρ_0 は

$$\rho_0 R^3 = (\text{定数})$$

$$\frac{\delta\rho_0}{\rho_0} = -3\frac{\delta R}{R} \tag{9}$$

に従う．これより，式 (8) は

$$(\delta R)^{\cdot\cdot} - \Lambda\delta R = 0 \tag{10}$$

となる．つまり，摂動 δR は時間とともに指数的に成長する．したがって，アインシュタイン宇宙は不安定である．

問題 19.32　アインシュタイン宇宙の体積

問題 19.31 のアインシュタイン宇宙の固有体積をダストの質量エネルギー密度 ρ_0 を用いて表せ．

［解］　アインシュタイン宇宙 ($k=+1$) の線素は（問題 19.5 を見よ），

$$ds^2 = R^2\left[d\chi^2 + \sin^2\chi\,(d\theta^2 + \sin^2\theta\,d\phi^2)\right] \tag{1}$$

$$0 \le \chi \le \pi, \qquad 0 \le \theta \le \pi, \qquad 0 \le \phi < 2\pi$$

である．したがって，体積 V は

$$V = \int_0^\pi 4\pi R^3 \sin^2\chi\,d\chi = 2\pi^2 R^3 \tag{2}$$

である．問題 19.31 より，この宇宙では，

$$R = \frac{1}{\sqrt{4\pi\rho_0}} \tag{3}$$

が成立する．ここで，ρ_0 は物質（ダスト）の質量エネルギー密度である．式 (3) を式 (2) に代入すれば

$$V = 2\pi^2\left(\frac{c^2}{4\pi G\rho_0}\right)^{3/2} \tag{4}$$

となる（ここでは c と G を書き入れた）．

19

問題 19.33　クェーサーとアインシュタイン宇宙

ある観測によると，赤方偏移 $z=2$ のあたりにクェーサーが異常に多く見えた．これに対する 1 つの解釈は，宇宙は $k=+1$ のダスト宇宙で，宇宙定数の値が静的なアインシュタイン宇宙（問題 19.31）よりわずかに大きい，というものである．このモデルでは，宇宙膨張が次のように振る舞うことを示せ．宇宙はある半径 R_m まである割合で減速膨張をし，その半径になると非常にゆっくりと膨張しながら長い間その半径に留まり，それから再びある割合で膨張を始めて，最終的には漸近的に $H=\sqrt{\Lambda/3}$ になる．クェーサー生成は，このほぼ一定の宇宙半径のときに生じたとする．このモデルにおける現在の質量エネルギー密度 ρ_{matter} を求めよ（$H_0 = 10^{-28}\ \mathrm{cm}^{-1}$ を用いよ）．

［解］　アインシュタイン宇宙における宇宙定数の値を Λ_{E} とすると，$\rho_0 = \Lambda_{\mathrm{E}}/4\pi$，$R = 1/\sqrt{\Lambda_{\mathrm{E}}}$ となる（問題 19.31 を見よ）．$\Lambda \ne 0$ の場合も含めて，すべてのダスト宇宙では $\rho R^3 =$ (定数) となるので，これを

$$\rho R^3 = \frac{1+\epsilon}{4\pi\sqrt{\Lambda}} \tag{1}$$

とする．これは，$\Lambda = \Lambda_{\mathrm{E}}(1+\epsilon)^2$ としたことと等価である．問題 19.14 の残りの運動方程式は，

$$\dot{R}^2 = V(R) \equiv \frac{\Lambda R^2}{3} - 1 + \frac{2(1+\epsilon)}{3\sqrt{\Lambda}R} \tag{2}$$

となる．R が小さいときには，$\dot{R}^2 \sim 1/R$ より $R \sim t^{2/3}$ となる．膨張率が最小になるのは，$\dot{R}$ が最小のときである．$dV/dR = 0$ とおくと，これは

$$R = R_{\mathrm{m}} = \frac{(1+\epsilon)^{1/3}}{\sqrt{\Lambda}} \tag{3}$$

のときに生じる．R が R_{m} に近い値をとるとき，

$$\begin{aligned}\dot{R}^2 &\approx V(R_{\mathrm{m}}) + \frac{1}{2}(R - R_{\mathrm{m}})^2 V''(R_{\mathrm{m}}) + \cdots \\ &= (1+\epsilon)^{2/3} - 1 + \left[\sqrt{\Lambda}R - (1+\epsilon)^{1/3}\right]^2\end{aligned}$$

と書ける．これを積分すると，

$$R = \frac{(1+\epsilon)^{1/3}}{\sqrt{\Lambda}}\left\{1 + [1 - (1+\epsilon)^{-2/3}]^{1/2} \sinh[\sqrt{\Lambda}(t - t_{\mathrm{m}})]\right\} \tag{4}$$

となる．ここで，$R = R_{\mathrm{m}}$ のとき $t = t_{\mathrm{m}}$ とした．小さな ϵ に対して，この式は

$$R \approx R_{\mathrm{m}}\left\{1 + \frac{\epsilon}{3}\sinh[\sqrt{\Lambda}(t - t_{\mathrm{m}})]\right\}$$

と近似できる．これより，R は R_{m} 付近に

$$\epsilon \sinh[\sqrt{\Lambda}(t - t_{\mathrm{m}})] \approx 1$$

つまり，

$$t - t_{\mathrm{m}} \approx \frac{1}{\sqrt{\Lambda}} \log\left(\frac{1}{\epsilon}\right)$$

の間だけ留まる．このように，ϵ が十分に小さければ，留まる時間はいくらでも長くすることができる．実際には R は膨張し続け，漸近的に

$$H^2 = \frac{\dot{R}^2}{R^2} \to \frac{1}{3}\Lambda$$

のようになる．こうして問題 19.30 のド・ジッター宇宙になる．

$z = 2$ でクェーサー形成が生じたとすると，$z = 2$ で $R = R_{\mathrm{m}}$，つまり，

$$R_0 = R_{\mathrm{m}}(1+z) = 3R_{\mathrm{m}} = \frac{3}{\sqrt{\Lambda}}$$

となる．この場合は（$\epsilon \ll 1$ として），現在の物質の密度は

$$\rho_0 = \frac{1}{4\pi R_0^3 \sqrt{\Lambda}} = \frac{\Lambda}{108\pi}$$

$$H_0 = \left(\frac{\dot{R}}{R_0}\right)_0 = \sqrt{\frac{1}{3}\Lambda - \frac{1}{R_0^2} + \frac{2}{3\sqrt{\Lambda}R_0^3}} = \frac{\sqrt{20\Lambda}}{9}$$

でなければならない．$H_0 = 10^{-28}\,\mathrm{cm}^{-1}$ とすると，$\Lambda = 4 \times 10^{-56}\,\mathrm{cm}^{-2}$，つまり $\rho_0 = 1.2 \times 10^{-58}\,\mathrm{cm}^{-2} = 1.6 \times 10^{-30}\,\mathrm{g \cdot cm^{-3}}$ となる．

問題 19.34　宇宙定数項の有効密度

宇宙定数の値を $\Lambda \sim 10^{-57}\,\mathrm{cm}^{-2}$ とすると，宇宙定数項が太陽系にある天体の運動に及ぼす影響はどれくらいのオーダーになるか求めよ．

[解]　宇宙定数 Λ に相当する有効密度 ρ_Λ は

$$\rho_\Lambda = \frac{\Lambda}{8\pi} = \frac{10^{-57}\,\mathrm{cm}^{-2}}{8\pi} \approx 4 \times 10^{-31}\,\mathrm{g/cm^3}$$

である．一方，太陽系の典型的な密度は

$$\rho_{\mathrm{human}} \sim 1\,\mathrm{g/cm^3}, \qquad \rho_{\mathrm{solar\ system}} \sim 10^{33}\,\mathrm{g}/(10^{15}\,\mathrm{cm})^3 \sim 10^{-12}\,\mathrm{g/cm^3}$$

である．このように，太陽系における Λ の効果はオーダーにして

$$\frac{\rho_\Lambda}{\rho_{\mathrm{solar\ system}}} \sim 10^{-19}$$

となる．

問題 19.35　アインシュタイン最大の失敗

物理的に存在しうる完全流体を考えたとき，アインシュタイン方程式に一様等方かつ**静的**な解が存在しないことを示せ（ハッブルの発見以前には，アインシュタインはこれは理論の間違いと考え，修正として宇宙定数を導入した）．

[解]　フリードマン方程式（問題 19.15）は

$$\ddot{R} = -\frac{4}{3}\pi G(\rho + 3p)R$$

$$R\ddot{R} + 2\dot{R} + 2k = 4\pi G(\rho - p)R^2$$

である．解が静的な場合はすべての時間微分項が消えるので，2 つの条件 $\rho + 3p = 0$，$\rho = 3k/8\pi GR^2$ が得られる．しかし，質量エネルギー密度と圧力が（すべての知られている流体のように）正値だと仮定すると，これらの条件は満たされない．

問題 19.36　ダストの静的解は存在しない

圧力がゼロの流体（すなわちダスト）ではアインシュタイン方程式に静的解が存在しないことを示せ．一様性や等方性を仮定してはいけない．（この問題の難しさは静的の定義による．問題 10.8 の 1 番目の定義のように，時間不変で時間反転対称と定義すれば簡単である．一方，2 番目の定義を採用すると難しい．）

［解］　問題 19.37 とまとめて解く．問題 19.37 の解答を見よ．

問題 19.37　完全流体の静的一様解は存在しない

完全流体ではアインシュタイン方程式に一様かつ静的な解が存在しないことを示せ．等方性を仮定してはいけない．（問題 19.36 と同様に，静的の定義によって簡単な場合と難しい場合がある．）

［解］　まずは「簡単な」場合から．計量は時間不変で，かつ時間反転可能なので，$g_{0i}=0$ が成立して次のような形に書ける．

$$ds^2=-g_{00}(x^k)dt^2+g_{ij}(x^k)dx^i dx^j$$

これが一様ならば（問題 19.37），時計はいたるところで同じ割合で進まなければならない．そこで，g_{00} は定数になる．一様ではないが圧力がなければ（問題 19.36），時間座標の局所的なスケーリングで g_{00} を定数にすることができる（問題 16.25 で示されている）．こうして $\Gamma_{\mu\nu\rho}$ を計算すると，ゼロでない成分は Γ_{ijk} だけになる（0 を含んだ成分はすべて g_{0j} 成分の時間微分か g_{00} 成分の微分になっている）．さて，R_{00} はこれらの Γ_{ijk} から標準的な方法で計算できるが，すべての項に Γ の 0 成分を含んでいるので，$R_{00}=0$ となる．したがって，

$$T^{\hat{0}}{}_{\hat{0}}-\frac{1}{2}T^{\hat{\alpha}}{}_{\hat{\alpha}}=0$$

となり，つまり，$\rho+3p=0$ である．しかし，圧力がゼロの流体や物理的にもっともらしい（質量エネルギー密度や圧力が正値の）完全流体では，この条件は満たされない．

次に「難しい」場合．$\boldsymbol{\xi}$ を時間対称なキリングベクトル，$\boldsymbol{u}$ を流体の 4 元速度とする．$\boldsymbol{u}\propto\boldsymbol{\xi}$（問題 13.9）でかつ，$\boldsymbol{\xi}$ は超曲面直交なので，$\boldsymbol{u}$ も超曲面直交であり，したがって，$\omega_{\alpha\beta}=0$ となる．また，$\boldsymbol{\xi}=\partial/\partial t$ より

$$\frac{d\theta}{d\tau}\propto\frac{\partial\theta}{\partial t}=0$$

である．こうして，レイチャウデューリ方程式（問題 14.10）は

$$0 = a^{\alpha}{}_{;\alpha} - 2\sigma^2 - \frac{1}{3}\theta^2 - 8\pi\Big(T_{\alpha\beta} - \frac{1}{2}g_{\alpha\beta}T\Big)u^{\alpha}u^{\beta} \tag{1}$$

となる．$p = 0$ のとき（問題 19.36），オイラー方程式から $\boldsymbol{a} = \boldsymbol{0}$ となる（問題 14.3）ので，式 (1) は

$$0 = -2\sigma^2 - \frac{1}{3}\theta^2 - 4\pi\rho$$

となる．これは，ρ を正とすると解は存在しない．

圧力があるときは，一般に $\boldsymbol{a}$ はゼロにならない．実際に

$$\boldsymbol{a} = \nabla \log |\boldsymbol{\xi} \cdot \boldsymbol{\xi}|^{1/2}$$

である．しかし，空間に一様性を仮定すると（問題 19.37），$\boldsymbol{a} = \boldsymbol{0}$ となり，

$$0 = -2\sigma^2 - \frac{1}{3}\theta^2 - 4\pi(\rho + 3p)$$

となる．$\rho + 3p > 0$ なので，この場合も解なしである．

問題 19.38　共動座標系

宇宙論では銀河の運動に付随した共動座標系がよく用いられる．(τ, x^i) を共動座標系とし，計量を一般的に

$$ds^2 = -d\tau^2 + 2g_{0i}\,d\tau\,dx^i + g_{ij}\,dx^i\,dx^j$$

とする．ここで，g_{0i}, g_{ij} は τ, x^i の関数である．次を示せ（$\theta, \sigma_{\alpha\beta}, \omega_{\alpha\beta}$ の定義は問題 5.18 を見よ）．

(a) τ は銀河の固有時間である．

(b) g_{ij} は τ が一定の超曲面における固有距離を決める．

(c) g_{0i} と g_{ij} が x^i に依存しないとすると宇宙は一様である．逆は成立しない．

(d) g_{0i} と g_{ij} が τ に依存しないとき，$\sigma_{\alpha\beta} = 0, \theta = 0$ となる（ただし，一般的に $\omega_{\alpha\beta} \neq 0$ である）．

(e) $g_{0i} = 0$ かつ $g_{ij} = f(\tau)\bar{g}_{ij}(x^k)$ のとき，$\sigma_{ij} = 0$ となる．

(f) $g_{0i,0} = 0$ のとき，銀河は測地線に沿って運動する．また，逆も成り立つ．

(g) $\omega_{\alpha\beta} \neq 0$ のとき，いたるところ $g_{0i} = 0$ にはならない．また，このことにより $\omega_{\alpha\beta,0} \neq 0$ は銀河の非測地的な運動を表している．

[解]　(a) 銀河は $x^i =$（定数）で運動するので，$dx^i = 0$ である．したがって，$ds^2 = -d\tau^2$ となる．

(b) $d\tau = 0$ なので，$ds^2 = g_{ij}\,dx^i\,dx^j$ である．

(c) g_{0i} と g_{ij} が x^i に依存しないと，$\tau =$（定数）の超曲面上ではすべての量が x^i に依存しなくなる．つまり，一様である†．一方で，座標系の選び方が悪く，一見ひずんだような超曲面では，一様空間の計量関数であっても位置に依存する．

(d) 問題 14.9 で，近くにある 2 つの測地線を連結する空間的なベクトルが一定の大きさをもつとき，測地線束に対して $\sigma_{\alpha\beta} = \theta = 0$ であることを示した．g_{0i} と g_{ij} が τ に依存しないとすると，この連結ベクトルは一定の大きさをもつ．

(e) $u^0 = +1$，$u^i = 0$ なので，

$$u_{i;j} = -u^\gamma \Gamma_{\gamma ij} = -\Gamma_{0ij} = -\frac{1}{2}(g_{i0,j} + g_{0j,i} - g_{ij,0}) = \frac{1}{2}g_{ij,0} = \frac{1}{2}\dot{f}\bar{g}_{ij} \tag{1}$$

$$\theta \equiv u^\alpha{}_{;\alpha} = \frac{1}{\sqrt{-g}}(\sqrt{-g}u^\alpha)_{,\alpha} = \frac{(f^{3/2})_{,0}}{f^{3/2}} = \frac{3\dot{f}}{2f} \tag{2}$$

となる．式 (1), (2)，およびずりの式（問題 5.18）

$$\sigma_{\alpha\beta} = \frac{1}{2}(u_{\alpha;\mu}P^\mu{}_\beta + u_{\beta;\mu}P^\mu{}_\alpha) - \frac{1}{3}\theta P_{\alpha\beta} \tag{3}$$

を用いると，

$$\sigma_{ij} = \frac{1}{2}(u_{i;j} + u_{j;i}) - \frac{1}{3}\theta g_{ij} = \frac{1}{2}\dot{f}\bar{g}_{ij} - \frac{1}{2}\dot{f}\bar{g}_{ij} = 0 \tag{4}$$

がいえる．

(f) $g_{0i,0} = 0$ とすると

$$a^\alpha = u^\alpha{}_{;\beta}u^\beta = u^\alpha{}_{;0} = \Gamma^\alpha{}_{00}$$

$$a_\alpha = \Gamma_{\alpha 00} = \frac{1}{2}(g_{\alpha 0,0} + g_{\alpha 0,0} - g_{00,\alpha}) = g_{0\alpha,0}$$

である．これより銀河は $g_{0i,0} = 0$ の場合，かつその場合のみ測地線に沿って運動する．

(g) 問題 7.23 で，超曲面が $\boldsymbol{u}$ に直交する必要条件は $\omega_{\alpha\beta} = 0$ であることを示した．$\boldsymbol{u} = \partial/\partial\tau$ で，τ が一定の超曲面は $\partial/\partial x^i$ で張られるので，$\omega_{\alpha\beta} \neq 0$ は $(\partial/\partial\tau)\cdot(\partial/\partial x^i) \neq 0$ を意味する．これより，$g_{0i} \neq 0$ である．もし $\omega_{\alpha\beta,0} \neq 0$ ならば，$g_{\alpha\beta,0} \neq 0$ である．そして，(f) の結果より，銀河は測地線に沿って運動しない．

問題 19.39　宇宙の平均膨張率

近くにある 2 つの銀河の距離を $\delta x^\alpha = Rn^\alpha$ とする．ここで，$\boldsymbol{n}$ は銀河の静止系における純空間的（つまり，時間成分をもたない）単位ベクトルである．この

† 訳者注：空間が一様でも物質場が非一様な解も考えられている．このような物質場をステルス場 (stealth field) という．

とき，

$$\frac{\dot{R}}{R} = \sigma_{\alpha\beta} n^\alpha n^\beta + \frac{1}{3}\theta$$

を示せ（ここで，$\boldsymbol{\sigma}$ はずりテンソル，θ は体膨張率である）．また，すべての空間方向 n^α にわたって平均をとると，

$$\left\langle \frac{\dot{R}}{R} \right\rangle = \frac{1}{3}\theta$$

となることを示せ．

[解]　問題 14.9 の解答より，2 本の世界線を連結する空間的なベクトル $\boldsymbol{\xi}$ は

$$\nabla_{\boldsymbol{u}} \boldsymbol{\xi} = \nabla_{\boldsymbol{\xi}} \boldsymbol{u} + (\boldsymbol{\xi} \cdot \boldsymbol{a}) \boldsymbol{u} \tag{1}$$

に従う．式 (1) で $\boldsymbol{\xi} = R\boldsymbol{n}$ とおくと，

$$R n^\alpha{}_{;\beta} u^\beta + n^\alpha \dot{R} = R n^\beta u^\alpha{}_{;\beta} + R u^\alpha n^\gamma a_\gamma \tag{2}$$

となる．ここで，$\dot{R} \equiv dR/dt = u^\alpha R_{,\alpha}$ である．式 (2) に n^α で内積をとり，$u^\alpha{}_{;\beta}$ の分解の式（問題 5.18 を見よ）

$$u_{\alpha;\beta} = \omega_{\alpha\beta} + \sigma_{\alpha\beta} + \frac{1}{3}\theta(g_{\alpha\beta} + u_\alpha u_\beta) - a_\alpha u_\beta$$

を用いると，

$$\dot{R} = R n^\alpha n^\beta \left[\omega_{\alpha\beta} + \sigma_{\alpha\beta} + \frac{1}{3}\theta(g_{\alpha\beta} + u_\alpha u_\beta) - a_\alpha u_\beta \right] + R u^\alpha n^\gamma n_\alpha a_\gamma \tag{3}$$

が得られる．

さて，テンソル $\omega_{\alpha\beta}$ の反対称性と，n^α が純空間的な単位ベクトル $(n^\alpha u_\alpha = 0)$ ということを用いると，式 (3) は

$$\frac{\dot{R}}{R} = \sigma_{\alpha\beta} n^\alpha n^\beta + \frac{1}{3}\theta$$

となる．$\sigma_{\alpha\beta} n^\alpha n^\beta$ を空間方向にわたって平均化すると，$\sigma_{\alpha\beta}$ のトレースに比例する項になる．しかし，$\sigma_{\alpha\beta}$ はトレースがゼロなので

$$\left\langle \frac{\dot{R}}{R} \right\rangle = \frac{1}{3}\theta$$

が得られる．

問題 19.40　銀河の世界線束

フリードマン宇宙における銀河の世界線束について，θ, $\omega_{\alpha\beta}$, $\sigma_{\alpha\beta}$ を求めよ（定義については問題 5.18 を見よ）．同様に，非等方計量

$$ds^2 = -dt^2 + e^{2a}dx^2 + e^{2b}dy^2 + e^{2c}dz^2$$

に対しても考察せよ．ただし，a, b, c は t の関数，x, y, z は銀河の共動座標である．

[解]　$\boldsymbol{u} = \boldsymbol{e}_0$ なので，

$$u_{\alpha;\beta} = u_{\alpha,\beta} - \Gamma^{\gamma}{}_{\alpha\beta}u_\gamma = 0 + \Gamma^0{}_{\alpha\beta}$$

となり，

$$\theta = u_{\alpha;\beta}g^{\alpha\beta} = \Gamma^0{}_{\alpha\beta}g^{\alpha\beta} = -\frac{1}{\sqrt{-g}}\left(\sqrt{-g}g^{0\alpha}\right)_{,\alpha} \tag{1}$$

と求められる（問題 7.7(f) を見よ）．したがって，フリードマン宇宙では

$$\theta = \frac{(\sqrt{-g})_{,0}}{\sqrt{-g}} = \frac{3\dot{R}}{R}$$

である．回転 2-形式は

$$\omega_{\alpha\beta} = P_\beta{}^\gamma u_{[\alpha;\gamma]} = 0$$

である．ここで，$\Gamma^0{}_{\alpha\beta}$ の対称性を用いた．ずりテンソルは

$$\sigma_{\alpha\beta} = P_\beta{}^\gamma u_{(\alpha;\gamma)} - \frac{1}{3}\theta P_{\alpha\beta}$$
$$\sigma_{0\alpha} = 0$$

より，

$$\begin{aligned}\sigma_{ij} &= u_{(i,j)} - \frac{1}{3}\theta g_{ij} = -\frac{1}{2}(g_{0i,j} + g_{0j,i} - g_{ij,0}) - \frac{\dot{R}}{R}g_{ij}\\ &= \frac{1}{2}g_{ij,0} - \frac{\dot{R}}{R}g_{ij} = 0\end{aligned}$$

となる．

一方，非等方な計量に対しては，式 (1) はそのまま成立し，そこで，

$$\theta = \frac{(\sqrt{-g})_{,0}}{\sqrt{-g}} = \dot{a} + \dot{b} + \dot{c}, \qquad \omega_{\alpha\beta} = 0$$
$$\sigma_{0\alpha} = 0, \qquad \sigma_{ij} = \frac{1}{2}g_{ij,0} - \frac{1}{3}\theta g_{ij} = \frac{1}{3}Ag_{ij}$$

となる．ここで，

$$A = \begin{cases} 2\dot{a} - \dot{b} - \dot{c} & (i = j = x) \\ 2\dot{b} - \dot{c} - \dot{a} & (i = j = y) \\ 2\dot{c} - \dot{a} - \dot{b} & (i = j = z) \end{cases}$$

である．

問題 19.41　一様非等方な宇宙モデル

非等方で一様な宇宙モデルを考える．計量は

$$ds^2 = -dt^2 + g_{ij}(t)dx^i dx^j$$

で表され，$t =$（定数）の超曲面は平坦とする．宇宙が「重力優勢」，すなわち，場の方程式で $T^{\mu\nu} = 0$ としたときの g_{ij} の発展を求めよ．また，$t \to 0$ で宇宙の体積が t に比例してゼロに近づくことを示せ（放射，または物質優勢のフリードマン宇宙では，それぞれ $t^{3/2}$, t^2 で変化する）．

[解]　問題 9.33 の公式を利用すれば，この計量に対するリッチ曲率テンソルを最も早く計算できる．まず，

$$K_{ij} = -\frac{1}{2}\dot{g}_{ij} \tag{1}$$

$$0 = R^t{}_t = K_{ij}K^{ij} - \dot{K} \tag{2}$$

$$0 = R^t{}_j = K^i{}_{j,i} - K_{,j} \tag{3}$$

$$0 = R^i{}_j = K^i{}_j K - \dot{K}^i{}_j \tag{4}$$

となる．ここで，ドット記号 ($\dot{}$) は d/dt を表す．3 次元空間は平坦なので，式 (4) で ${}^{(3)}R_{ij}$ をゼロにした．また，式 (3) では共変微分を偏微分に置き換えた．

式 (4) のトレースをとると $\dot{K} = K^2$ となり，適当な積分定数を選ぶと

$$K = -\frac{1}{t} \tag{5}$$

となる．式 (5) を式 (4) に代入し直すと

$$\dot{K}^i{}_j = -\frac{K^i{}_j}{t}$$

となるので，

$$K^i{}_j = \frac{A^i{}_j}{t} \tag{6}$$

である．ここで，$A^i{}_j$ は定数行列である．いま，ある時刻 $t = t_0$ に $K^i{}_j$ が対角成分の

みをもつように座標系を選ぶ．すると，式 (6) によって $K^i{}_j$ は任意の時刻でも対角的になり，定数 $P_{(j)}$ を用いて，

$$K^i{}_j = -\frac{P_{(j)}}{t}\delta^i{}_j \tag{7}$$

と書ける．この式が式 (5) と矛盾しないためには，

$$\sum_i P_{(i)} = 1 \tag{8}$$

でなくてはならない．式 (3) は自動的に満たされ，式 (2) より，

$$\sum_i P_{(i)}^2 = 1 \tag{9}$$

となる．式 (1) は

$$\dot{g}_{ij} = -2g_{im}K^m{}_j = \frac{2P_{(j)}}{t}g_{ij}$$

となるので，

$$g_{ij} = t^{2P_{(j)}}\delta_{ij}$$

がいえる．こうして，計量（**カスナー計量**という）の最終的な形は

$$ds^2 = -dt^2 + t^{2P_1}dx^2 + t^{2P_2}dy^2 + t^{2P_3}dz^2 \tag{10}$$

となり，式 (8), (9) が $P_{(i)}$ の満たすべき条件式となる．

宇宙の体積は，

$$\sqrt{{}^{(3)}g_{ij}} = \sqrt{t^{2(P_{(1)}+P_{(2)}+P_{(3)})}} = t$$

に比例する．

条件式 (8), (9) の意味をわかりやすく表す便利な方法がある．x-y 平面上で $(x, y) = (0, 1/3)$ を中心に半径 2/3 の円を描き，円に内接するように正三角形を描く．そうすると，三角形の頂点の y 座標は式 (8), (9) を満たす．これより，平坦な空間を表す (1, 0, 0) の特別な場合を除いて，$P_{(i)}$ のうち 2 個は 0 と 1 の間の値をとり，残りの 1 個は $-1/3$ と 0 の間の値をとることがわかる．すなわち，空間は 1 方向には収縮し，別の 2 方向には膨張することになる．

第 20 章

相対性理論の実験的検証

Experimental Tests

この章では，光の曲がりや水星の近日点移動など，重力理論の実験的検証に関する概念的な問題を集めた．本章に関連する問題で，ほかの章にあるものは，問題 11.9, 11.11, 12.2～12.4, 12.6, 12.7, 13.2～13.4, 14.12, 15.6, 15.7 である．

問題 20.1　一様重力場による光の曲がり

一様な重力場で，長さ ℓ の中空のチューブを水平に設置した．たとえば，地球上の海抜 0 m のように $\ell \ll r_{\mathrm{Earth}}$ で，潮汐力のような重力の非一様性は無視できる場所である．レーザー光をチューブの内側に照射すると，一様重力場の影響によって光線が水平面から曲がる．チューブの軸から測った光の曲がり角を計算せよ．答えはチューブの長さ ℓ と重力加速度の大きさ g を用いよ．そして，このような実験が地球上の実験室で実現できるかどうか論ぜよ．

[解]　この問題では，実質的な（すなわち潮汐力的な）重力場は存在していないことに注意する．光はどのような慣性系においても直進するが，チューブ内の加速系では曲がることになる．

2 つの慣性系を考える．1 つは光がチューブに入った瞬間にチューブと共動している系，もう 1 つは光がチューブの他端に到達した瞬間にチューブと共動している系とする．どちらの系でもチューブの長さは ℓ と計測され，また，光の曲がり角 θ はとても小さいために，光がチューブを通り過ぎる時間はともに ℓ/c となる．このとき，2 つの系の相対的な速さは $\beta = v/c = g\ell/c^2$ である（第 2 の系の観測者は，第 1 の系が下向きに β で進むように見る）．光の進む方向の角度は（問題 1.8 および以下の図を見よ）

$$\cos\psi = \sin\theta \approx \theta = \frac{\cos\psi' + \beta}{1 + \beta\cos\psi'} = \beta$$

となる．これより，

$$\theta = \frac{g\ell}{c^2}, \qquad \frac{g}{c^2} = 10^{-16}\,\mathrm{m}^{-1}$$

となるので，チューブの長さを 10 m とすると，$\theta = 10^{-15}\,\mathrm{rad}$ になり，ずれの大き

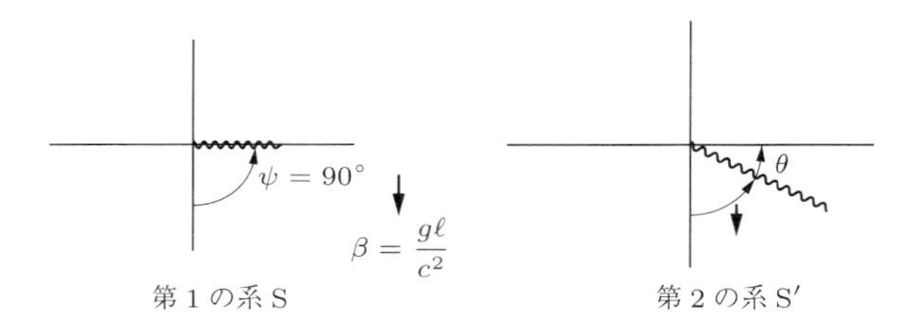

さは $(1/2)(g/c^2)\ell^2 \sim 10^{-14}$ m になる．この長さは光の波長と比べてとても短く，たとえ干渉計のような技術を用いても検証できる長さではない．（たとえばスタンフォード大学の線形加速器のように）レーザー光を調整に使用するのは，地球表面の曲率を補正することが目的である．これは，地球表面に沿った円軌道になるほど光線が重力によって大きく曲げられることはなく，明らかに地球表面の曲率による影響のほうがはるかに大きいためである．

問題 20.2　ニュートン重力と一般相対性理論による光の曲がり

自由落下する局所系では光は直進することと，ニュートン重力とを用いて，太陽近傍を通過する光の曲がり角（偏角）を計算せよ．光は常に弱い重力場を通ってくるので，ニュートン重力で正しい結果が得られるように思われる．しかし，この結果は一般相対性理論が導くものとは異なる．その理由を考えよ．

[解]　微小間隔 $d\ell$ で局所慣性系を敷き詰めて，それぞれの系で自由落下する観測者を考える．n 番目の観測者 S_n は，ある瞬間に太陽に対して相対的に静止しているとし，その瞬間に光子が彼の系に左側から入射し，彼の系から見て角度 θ で動いていったとする（図を参照せよ）．

光子がこの系を出て隣の $n+1$ 番目の系に入ったとき，その観測者 S_{n+1} は同様に瞬間的に静止しているとする．このとき，先の観測者 S_n は，ϕ 方向に速度 $\beta = g\,d\ell = (GM/R^2)d\ell$ で落下している．光子は S_{n+1} 番目の系の中を $\theta + d\theta$ の方向へ動く．このとき，光子の進む角度は（問題 1.8 を見よ）

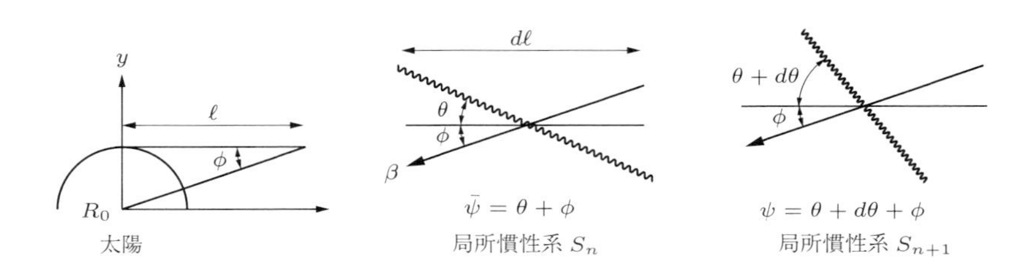

$$\cos\psi = \frac{\cos\overline{\psi} - \beta}{1 - \beta\cos\overline{\psi}} = \cos\overline{\psi} - \beta\sin^2\overline{\psi} + \mathcal{O}(\beta^2)$$

となることから，

$$\cos\psi - \cos\overline{\psi} = -\beta\sin^2\overline{\psi}$$

となり，これより，

$$d\theta = \beta\sin\psi \approx \beta\sin\phi = \frac{GM}{R_0^2 + \ell^2}\frac{R_0}{(R_0^2 + \ell^2)^{1/2}}d\ell$$

が得られる．こうして，全偏角 δ は，

$$\delta = \int d\theta = GMR_0\int_{-\infty}^{\infty}\frac{d\ell}{(R_0^2 + \ell^2)^{3/2}} = \frac{2GM}{R_0}$$

となり，観測値の半分にしかならない！

この計算を行うときには，並べられたものさしが $y = R_0$ の直線上にあり，この直線は $y = 0$ の軸に平行であると仮定していた．そして，n 番目のものさしと $n+1$ 番目のものさしは局所的に平行であると考えて，これらのものさしに対して偏角を計算していた．つまり，太陽のまわりの空間が（潮汐力によって！）ひずむという事実は考慮していなかった．実際には，局所的に平行に置かれたものさしの列は，$y = 0$ の軸に対して曲線を描き，上で計算した偏角の大きさは，この曲線に沿ったものになっている．したがって，遠方の観測者が測定する実際の偏角を論じるときには，局所的に平行に置かれたものさしの列に対する光の曲がり角と，ものさしの列そのものが $y = 0$ の軸に対してもつ曲がりの両方の効果を含めなければならない．

問題 20.3　太陽の重力による光の屈折

ある星があり，その星からの光は地球から見て太陽となす角度が α の方向から地球に到来する．この光が太陽の作る重力場によって曲げられる角度（偏角）の一般的な表現を求めよ．地球と太陽間の距離を R とする．α を小さな角度と制限せずに導出し，α が小さいときの極限がよく知られた公式 $\delta\alpha = 4M/b$（問題 15.6）と一致することを示せ．

[解]　一般性を失うことなく，赤道面上の運動として考えることができる．太陽の重力場の計量を

$$ds^2 \approx -\left(1 - \frac{2M}{r}\right)dt^2 + \left(1 + \frac{2M}{r}\right)(dr^2 + r^2 d\phi^2) \tag{1}$$

と近似することができる．この計量における光の測地線は

$$\frac{b}{r} = \sin\phi + \frac{2M}{r}(1-\cos\phi) \tag{2}$$

のようになる．

地球上の天文学者が観測する，太陽と星とのなす角度 α（図を参照せよ）は，

$$\begin{aligned}\tan\alpha &= \tan(\pi-\phi_{\mathrm{E}}+\delta\alpha) \approx -\tan\phi_{\mathrm{E}} + \frac{\delta\alpha}{\cos^2\phi_{\mathrm{E}}} \\ &= \frac{u^{\hat{\phi}}}{u^{\hat{r}}} = \left.\frac{\left(1+\dfrac{M}{r}\right)r\dfrac{d\phi}{d\lambda}}{\left(1+\dfrac{M}{r}\right)\dfrac{dr}{d\lambda}}\right|_{\mathrm{E}} = \left. r\frac{d\phi}{dr}\right|_{\mathrm{E}}\end{aligned} \tag{3}$$

を満たす．ここで，$u^{\hat{\phi}}$ と $u^{\hat{r}}$ は，光の 4 元速度の正規直交成分であり，角度を定義する際には，式 (1) で等方的な計量を設定した利点を用いている．

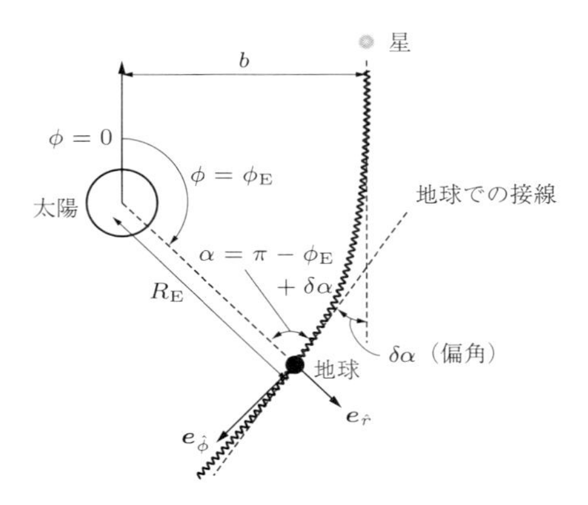

ここで，式 (2) を用いると，式 (3) は，

$$\tan\phi_{\mathrm{E}} - \frac{\delta\alpha}{\cos^2\phi_{\mathrm{E}}} = \frac{\sin\phi_{\mathrm{E}}\cdot\dfrac{2M}{b}(1-\cos\phi_{\mathrm{E}})}{\cos\phi_{\mathrm{E}}+\dfrac{2M}{b}\sin\phi_{\mathrm{E}}} \approx \tan\phi_{\mathrm{E}} - \frac{2M}{b}\frac{1-\cos\phi_{\mathrm{E}}}{\cos^2\phi_{\mathrm{E}}} \tag{4}$$

となり，これより

$$\delta\alpha \approx \frac{2M}{b}(1+\cos\alpha) \approx \frac{2M}{R_{\mathrm{E}}}\sqrt{\frac{1+\cos\alpha}{1-\cos\alpha}} \tag{5}$$

となる．この $\delta\alpha$ が，地球の天文学者が測定する偏角である（MTW の 40.3 節と，そこに引用されている文献を参照せよ）．式 (5) より，$\alpha \ll 1$ のときには，$\delta\alpha \approx 4M/\ell$ となることが確かめられる．

問題 20.4　角運動量による光の屈折の補正

太陽の角運動量 $\mathbb{J}$ によって，光の偏角の公式（問題 20.3，$\delta\phi = 4M/b$）が

$$\delta\phi = \frac{4M}{b}\left(1 - \frac{\mathbb{J}\cdot\mathbb{n}}{Mb}\right)$$

のように修正されることを示せ．ここで，$\mathbb{n}$ は，太陽を中心としたときの光子の角運動量方向の単位ベクトルである．

[解]　$\mathbb{J}$ に関する最低次の屈折の効果を見いだすことが目的なので，$\mathbb{J}$ に対して線形の項を考えることとし，計量で $M = 0$ とする．こうして 1 次の効果として全偏角は，M に関して線形の通常の項と，$\mathbb{J}$ に関して線形な項の和となる．（これらの目的のために）計量を（問題 17.1 を参照せよ）

$$ds^2 = -dt^2 - \frac{4J}{r}\sin^2\theta\, dt\, d\phi + dr^2 + r^2 d\Omega^2 \tag{1}$$

とする．$J = |\mathbb{J}|$ とし，$\mathbb{J}$ は z 軸向きとする．運動方程式は変分原理（問題 7.25 を見よ）を用いて，

$$\delta\int\left(-\dot{t}^2 - \frac{4J}{r}\sin^2\theta\,\dot{t}\dot{\phi} + \dot{r}^2 + r^2\dot{\theta}^2 + r^2\sin^2\theta\,\dot{\phi}^2\right)d\lambda = 0 \tag{2}$$

から導かれる．ここで，$\dot{t} \equiv dt/d\lambda$ などとし，λ はアフィンパラメータである．式 (2) に対するオイラー－ラグランジュ方程式は，$\mathbb{J}$ の 1 次の項までとして

$$\frac{d}{d\lambda}\left(2\dot{t} + \frac{4J}{r}\sin^2\theta\,\dot{\phi}\right) = 0 \tag{3a}$$

$$\frac{d}{d\lambda}\left(2\dot{\phi}r^2\sin^2\theta - \frac{4J}{r}\sin^2\theta\,\dot{t}\right) = 0 \tag{3b}$$

となり，これらは

$$P_0 \equiv \dot{t} + \frac{2J}{r}\sin^2\theta\,\dot{\phi} \tag{3c}$$

$$P_\phi \equiv \dot{\phi}r^2\sin^2\theta - \frac{2J}{r}\sin^2\theta\, P_0 \tag{3d}$$

が定数であることを意味する．また，残りの式は

$$\ddot{r} = r\dot{\theta}^2 + r\sin^2\theta\,\dot{\phi}^2 + \frac{4J}{r^2}\sin^2\theta\,\dot{\phi}P_0 \tag{3e}$$

$$\frac{d}{d\lambda}(r^2\dot{\theta}) = \frac{P_\phi^2\cos\theta}{r^2\sin^3\theta} \tag{3f}$$

となる．式 (3f) より，（P_0，P_ϕ に加えて）第 3 の運動の定数

$$P_\theta^2 + \frac{P_\phi^2}{\sin^2\theta} \equiv L^2 = (\text{定数}) \qquad (P_\theta \equiv r^2\dot{\theta}) \tag{4}$$

が得られる．

ここで，図に示したように，光の軌跡（線形近似では直線と考えてよい）と $\mathbb{J}$ との関係より，光の屈折を 3 つの効果に分けて考察する（線形近似を考えているため，光の全屈折角はこれら 3 つの効果の和と考えてよい）．

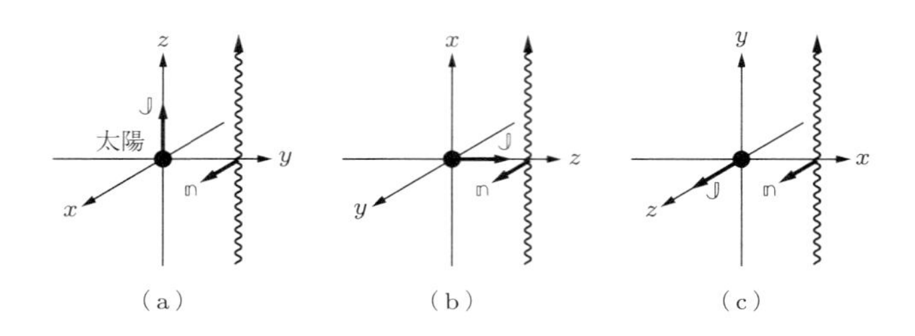

（a）　（b）　（c）

図の (a) と (b) の場合は，どちらも太陽を中心とする光線の角運動量 ($\propto \mathbb{m}$) は $\mathbb{J}$ に射影したときはゼロになっている．(c) の場合は，$\mathbb{J}$ と同じ方向になっている．

まず，(a) と (b) の場合について考える．どちらも（P_ϕ は運動の定数であるから）$P_\phi = 0$ である†．$r(\theta)$ を求めていこう．式 (3d) より

$$\dot{\phi} = \frac{2JP_0}{r^3} = \mathcal{O}(J) \tag{5a}$$

が得られ，式 (4) より

$$P_\theta = r^2\dot{\theta} = L = (\text{定数}) \tag{5b}$$

となる．式 (3e), (5a) から，$\mathcal{O}(J)$ の範囲で，

$$\ddot{r} = r\dot{\theta}^2 \tag{5c}$$

となり，この結果と式 (5b) より，軌跡が直線となることが保証される．そのため，(a) と (b) の場合は $\mathbb{J}$ は光を曲げる効果をもたらさないことがわかる．

次に (c) の場合を考える．$\theta = \pi/2$ とし，また，$\dot{\theta} = 0$（こうすると式 (3f) は常に $\ddot{\theta} = 0$ となることを保証する）とすると，運動方程式を簡単に解くことができる．

$$\frac{d}{d\lambda} = \frac{d\phi}{d\lambda}\frac{d}{d\phi} = \left(\frac{P_\phi}{r^2} + \frac{2JP_0}{r^3}\right)\frac{d}{d\phi}$$

---

† 訳者注：計量 (1) からわかるように，太陽の角運動量 $\mathbb{J}$ の向きを z 軸にとっているため，図 (a)〜(c) の場合をそれにあわせるように座標を回転して考える（図では $\theta = \pi/2$ における ϕ の「向き」を示している）．

を用い，$u \equiv 1/r$, $\ell \equiv P_0/P_\phi$ を定義すると，式 (3e) から

$$u'' + u = -6u^2 J\ell - 2J\ell u'^2 - 4J\ell u u'' \tag{6}$$

が得られる．ここで，$u' \equiv du/d\phi$ である．式 (6) を摂動の方法で解いていく．u を

$$u = u_0 + u_1 \tag{7}$$

のように分けて，u_1 を $\mathcal{O}(J)$ の量であるとする．最低次の式は $u_0'' + u_0 = 0$ となり，これより

$$u_0 = \frac{1}{b}\cos\phi \tag{8}$$

となる．ここで，b は衝突パラメータであり，光が y 軸と平行に進むように座標系を選んだ．次のオーダーの式は

$$u_1'' + u_1 = -\frac{2J\ell}{b^2}(\sin^2\phi + \cos^2\phi) = -\frac{2J\ell}{b^2} \tag{9a}$$

となり，解 u_1 は

$$u_1 = -\frac{2J\ell}{b^2} \tag{9b}$$

を満たす．こうして，式 (7), (8), (9b) から u に対する解は

$$u \approx \frac{1}{b}\cos\phi - \frac{2J\ell}{b^2} \tag{10}$$

となる．それぞれの無限遠で比較した曲がり角 α は，$u = 0$ $(r = \infty)$ とおくことで得られる．一方の無限遠は $\phi \approx \pi/2 + \alpha$，つまり $\cos\phi \approx -\alpha$ なので，

$$\alpha \approx -\frac{2J\ell}{b} \tag{11}$$

となる．もう一方の無限遠でも同じ計算になり，したがって，全体の偏角は

$$\delta\phi = 2\alpha = -\frac{4J}{b^2} \tag{12}$$

となる（ここで，$\ell = P_0/P_\phi \approx b^{-1}$ であることを用いた）．

この結果と (a) と (b) の場合から，$\mathbb{J}$ による光の偏角は

$$\delta\phi = -\frac{4\mathbb{J}\cdot\mathbb{n}}{b^2} \tag{13}$$

となる．ここで，$\mathbb{n}$ は問題文で与えられた太陽を中心としたときの光の角運動量の方向を向いた単位ベクトルである．

なお，この問題で，摂動展開に用いた無次元の微小パラメータは

$$\left(\frac{J}{b^2}\right)_{\rm Sun} = \frac{1.7\times10^{48}\ {\rm g\cdot cm^2/s}}{(7\times10^{10}\ {\rm cm})^2} \approx 10^{-12} \approx 2\times10^{-7}\ {\rm arcsec}$$

である．

問題 20.5　コロナによる電磁波の屈折

電磁波に対して太陽は，重力による一般相対論的な屈折に加えて，コロナによる（周波数に依存する）屈折も生じさせる．観測結果を解釈する際には，後者も考慮しなければならない．周波数 ν の電磁波がコロナによって屈折される偏角と，一般相対論的な偏角が同程度になるような衝突パラメータ b を求めよ．$r \leq 4R_\odot$ のところでは，コロナの電子密度はおよそ

$$\log_{10}\left(\frac{n_\mathrm{e}}{1\,\mathrm{cm}^{-3}}\right) = 8.4 - 6.5\log_{10}\left(\frac{r}{R_\odot}\right)$$

であることを用いよ．太陽半径で規格化し，$\nu = 1000\,\mathrm{MHz}$ の場合について評価せよ．

[解]　プラズマ周波数を $\nu_\mathrm{p} \equiv n_\mathrm{e}e^2/\pi m_\mathrm{e}$ とすると，プラズマの屈折率は $n = \sqrt{1 - \nu_\mathrm{p}^2/\nu^2}$ である．非一様な媒質中を進む光の経路を表すよく知られた式に，

$$\frac{d(n\mathbb{m})}{d\ell} = \nabla n \tag{1}$$

がある（たとえば，B. Rossi, *Optics* (Addison-Wesley, 1957), p. 54 を参照せよ）．ここで，$\mathbb{m}$ は光線方向の単位接ベクトル，ℓ は光線に沿った距離である．求める偏角は小さなものなので，式 (1) を非摂動の軌跡 $y = b,\ -\infty < x < \infty$ に沿って積分することで，$\mathbb{m}$ の 1 次の変化を正確に見積もることができる．n_e に対して与えられた表式を使うと，

$$n \approx 1 - \frac{1}{2}\frac{\nu_\mathrm{p}^2}{\nu^2} \approx 1 - 0.0101\left(\frac{r}{R_\odot}\right)^{-6.5}\left(\frac{\nu}{10^9\,\mathrm{Hz}}\right)^{-2}$$

となり，

$$\nabla n \approx \frac{0.0657}{R_\odot}\left(\frac{r}{R_\odot}\right)^{-7.5}\left(\frac{\nu}{10^9\ \mathrm{Hz}}\right)^{-2}\hat{\mathbb{r}} \tag{2}$$

が得られる．カレット記号 (ˆ) のついたベクトルは単位ベクトルを表す．こうして，$r = \pm\infty$ で $n = 1$, $r = \sqrt{x^2 + y^2}$ を用いると，

$$\mathbb{m}|_{+\infty} - \mathbb{m}|_{-\infty} \approx \frac{0.0657}{R_\odot}\left(\frac{\nu}{10^9\,\mathrm{Hz}}\right)^{-2}\int_{-\infty}^{\infty}\left(\frac{r}{R_\odot}\right)^{-7.5}\left[\hat{\mathbb{x}}\left(\frac{x}{r}\right) + \hat{\mathbb{y}}\left(\frac{y}{r}\right)\right]dx \tag{3}$$

となる．ここで，$\hat{\mathbb{x}}$ の項は $\pm x$ の対称性から消すことができ，$\hat{\mathbb{y}}$ の項は $2\int_0^\infty$ のように書く

ことができる．$\mathbb{m}$ は単位ベクトルであるから，小さな角度に対しては $(\mathbb{m}|_{+\infty} - \mathbb{m}|_{-\infty})\cdot\hat{\mathbb{y}}$ を求める偏角としてよい．そこで，

$$\eta \equiv \frac{b}{R_\odot}, \qquad z \equiv \frac{r}{b}$$

と定義し，

$$y = b, \qquad x^2 = b^2(z^2 - 1), \qquad dx = \frac{bz}{\sqrt{z^2-1}}dz$$

を用いると，

$$\theta_{\text{coronal}} = 0.131\left(\frac{\nu}{10^9\,\text{Hz}}\right)^{-2}\eta^{-6.5}\int_1^\infty \frac{z^{-7.5}}{\sqrt{z^2-1}}\,dz \tag{4}$$

が得られる．さらに，$t = 1/z^2$ とすると，式 (4) の積分はベータ関数になって，$B(3.75, 0.5)/2 = 0.158$ と求められる．したがって，コロナによる偏角の最終的な表式は

$$\theta_{\text{coronal}} \approx 0.021\left(\frac{\nu}{10^9\,\text{Hz}}\right)^{-2}\eta^{-6.5} \tag{5}$$

となる．一方，一般相対論的な偏角 θ_{GR} は，

$$\theta_{\text{GR}} \approx \frac{8.5\times 10^{-6}}{\eta} \tag{6}$$

である（問題 15.6 を見よ）．2 つの偏角が等しいとすると，

$$\frac{8.5\times 10^{-6}}{\eta} \approx 0.021\left(\frac{\nu}{10^9\,\text{Hz}}\right)^{-2}\eta^{-6.5}$$

なので

$$\eta \equiv \frac{b}{R_\odot} \approx 4.1\left(\frac{\nu}{10^9\,\text{Hz}}\right)^{-0.36}$$

が得られる．衝突パラメータ b が小さいと，コロナによる屈折が支配的になる．

問題 20.6　重力レンズ効果の再現レンズ

b を太陽半径で規格化した衝突パラメータとすると，太陽による光の偏角は $\delta = 1.75''/b$ で与えられる．このような屈折を生じさせる薄いレンズを設計せよ（厚さを半径の関数として表せ）．通常の光学ガラスの屈折率を $n = 1.52$ とする．このレンズの中心部分の直径 8 mm を黒く塗り，それを太陽と見立てて腕の長さの先に置くと，それは太陽による光の屈折の実験に相当する．

[解]　図の ϕ と θ の関係は，スネルの法則 (Snell's law)

20

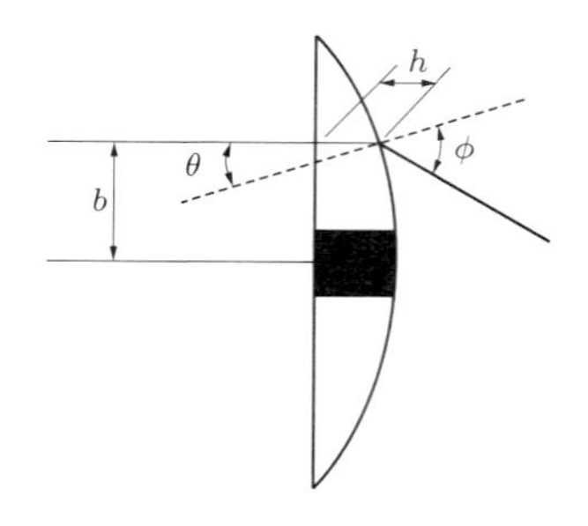

$$n = \frac{\phi}{\theta} \tag{1}$$

によって与えられる（図を参照）．太陽重力による光の屈折を再現するために，（レンズの曲面部分での）偏角を

$$\delta \equiv \phi - \theta = \frac{1.75''}{b} \tag{2}$$

とする．式 (1), (2) から，

$$\theta = \frac{1.75''}{b(n-1)} = \frac{1.6 \times 10^{-5}}{b} \tag{3}$$

でなければならない．図の幾何学的な関係から，$\theta = -dh/db$ であり，式 (3) より

$$\frac{dh}{db} = -\frac{1.6 \times 10^{-5}}{b}, \qquad h = h_0 - 1.6 \times 10^{-5} \log b$$

が得られる．

問題 20.7　水星の近日点移動

水星の近日点移動について，その移動角速度を計算せよ．軌道長半径を a，離心率を e，太陽質量を M とする．

[解]　円周半径を用いたシュヴァルツシルト計量で時空を表すことにすると，非円軌道の運動は次式で表される（問題 15.9 の解答を参照）．

$$u'' + u = \frac{M}{\widetilde{L}^2} + 3Mu^2 \equiv a + bu^2 \tag{1}$$

ただし，$u \equiv 1/r$, $u'' \equiv d^2u/d\phi^2$ であり，$\widetilde{L}$ は周回運動する物体の単位質量あたりの角運動量で定数である．式 (1) を線形化して最低次の解を求めると，A を定数として

$$u_0 = a + A\cos\phi \tag{2}$$

となる．式 (1) の次のオーダーの解 u_1 は，

$$\begin{aligned} u_1'' + u_1 \approx b u_0^2 &= b(a^2 + 2aA\cos A + A^2\cos^2\phi) \\ &= ba^2 + \frac{1}{2}bA^2 + 2abA\cos\phi + \frac{1}{2}bA^2\cos 2\phi \end{aligned} \tag{3}$$

の方程式を満たす．式 (3) の非同次（非斉次）解は

$$u_1 = b\Big(a^2 + \frac{1}{2}A^2\Big) + abA\phi\sin\phi - \frac{bA^2}{6}\cos 2\phi \tag{4}$$

であり，

$$u = \frac{1}{r} \approx u_0 + u_1 \tag{5}$$

となる．u_1 の第 2 項が非周期運動の原因になる．この項を恒等式

$$\epsilon\phi\sin\phi = \cos(\phi - \epsilon\phi) - \cos\phi + \mathcal{O}(\epsilon^2) \tag{6}$$

を用いて見やすい形にする．式 (1) より，ab は微小な量なので，式 (6) を用いると，式 (4) は

$$u_1 \approx b\Big(a^2 + \frac{1}{2}A^2\Big) + A\cos(\phi - ab\phi) - A\cos\phi - \frac{bA^2}{6}\cos 2\phi \tag{7}$$

と書き換えられる．1 周回ごとに生じる近日点の移動角は

$$\delta\phi = 2\pi ab = \frac{6\pi M^2}{\widetilde{L}^2} \tag{8}$$

と求められる．標準的な古典力学より，$\widetilde{L}$ を軌道長半径 a と離心率 e を用いて

$$\widetilde{L}^2 = Ma(1 - e^2) \tag{9}$$

と表すと，式 (8) は

$$\delta\phi = \frac{6\pi M}{a(1 - e^2)} \tag{10}$$

となる．e が小さい極限では，この解は，問題 15.7 の解と一致する．

問題 20.8　共変的な修正ニュートン重力

ニュートンの重力理論は，点粒子にはたらく力を次のように修正すると，共変的な理論になる．

$$dp^\mu = -\eta^{\mu\nu}\Phi_{,\nu}p_\beta dx^\beta + p^\alpha\Phi_{,\alpha}dx^\mu$$

ここで，Φ は重力ポテンシャルで，エネルギー運動量テンソルのトレースと

20

$$\Phi^{;\mu}{}_{;\mu} = 4\pi T^{\mu}{}_{\mu}$$

の関係がある．この理論が次の実験や観測を説明するかどうか考察せよ．

(a) エトベシュ－ディッケ (Eotvös–Dicke) の実験：慣性質量と受動的重力質量が等価であることを示した．

(b) パウンド－レブカ (Pound–Rebka) の実験：地球表面での光子の重力赤方偏移を示した．

(c) 太陽のまわりでの光の屈折の観測

[解]　(a) 説明する．点粒子の質量が一定であることに注目すると，

$$\frac{dm^2}{d\tau} = -\frac{d}{d\tau}(\boldsymbol{p}\cdot\boldsymbol{p}) = -2\boldsymbol{p}\cdot\frac{d\boldsymbol{p}}{d\tau} = 0$$

である．$\boldsymbol{p} = m\boldsymbol{u}$ であり，m が一定であるから，m の定数倍の違いは力の式の各項から取り除かれ，残る項は

$$\frac{du^{\mu}}{d\tau} = -\left(\eta^{\mu\nu}\Phi_{,\nu} + u^{\alpha}\Phi_{,\alpha}u^{\mu}\right)$$

である．この式は，粒子の運動は質量に依存しないことを示している．

(b) 説明する．地球近傍では地球は平坦とみなせる．鉛直上向きに z 座標をとると，$\Phi = \Phi(z)$ であり，Φ に対する「重力源の方程式」は $\partial^2\Phi/\partial z^2 = 0$ となる．これより，地球表面より上空では，ポテンシャルは

$$\Phi = az + b$$

となる．定数 a は質量のある粒子を初速度ゼロで自由落下させ，初期加速度を g とすることで決定される．力の式で，$u^0 = 1$, $u^j = 0$ とすると，

$$-mg = \frac{dp^z}{d\tau} = -m\Phi_{,z} = -ma$$

となる．これより，$a = g$ となる．

ここで，光子が鉛直上向きに動いていく状況を考えよう．$dt = dz$ の間に

$$dp^0 = -p^{\alpha}\Phi_{,\alpha}dx^0 = -p^z\Phi_{,z}dt$$

のエネルギーを失う．光子では $p^z = p^0$ なので，エネルギー損失量は

$$dp^0 = -p^0 g\,dz$$

となる．地球上の実験では，$g\Delta z \ll 1$ であり，

$$\frac{\Delta p^0}{p^0} = \frac{\Delta \nu}{\nu} = -g\Delta z$$

となることから，パウンド－レブカの実験結果を説明することができる．

(c) 説明しない．光子では $p_\beta \, dx^\beta = 0$ であり，その軌跡は

$$dp^\mu = p^\alpha \Phi_{,\alpha} dx^\mu = -p^\mu \Phi_{,\alpha} dx^\alpha$$

によって決まる．こうして，$\boldsymbol{dp}$ は $\boldsymbol{p}$ に比例するので，光子の軌跡は直線になり，曲がることはない．

［注意：これも観測結果と矛盾することであるが，この理論では惑星運動の近日点移動に対して，大きさ $\delta = 2\pi M_\odot^2 / J^2$ の逆行を予言する．ここで，δ は 1 周あたりの移動角であり，J は惑星の単位質量あたりの角運動量である．ほぼ円軌道を描く場合には $\delta = 2\pi M_\odot / r$ となり，水星の軌道に対しては 100 年で約 $13''$ という値になる．］

問題 20.9　原子時計

ある物理学者が，きわめて精度のよい原子時計を用いて特殊相対性理論と一般相対性理論の両方の検証を行おうとしている．彼は地球のあちこちにこの時計を設置し，基準となる時計との時間の進み方がずれていく様子を測定する．地球の回転によって生じるドップラー効果と，地球の重力場による赤方偏移が時間のずれを引き起こす．地球上の任意の位置 (r, θ) に置かれた時計に生じる時間の進み方がずれる割合を計算せよ．地球は剛体回転している完全流体と考え，回転による地球表面の変形を考慮せよ．

20

［解］　すべての時計は，無限遠方にある時計（この時計が測る時刻を t とする）に対して初期調整がされているものとする．位置 (r, θ) に置いた時計に生じる時間間隔のずれは，その時計の 4 元速度を $\boldsymbol{u}$ とすると，無限遠の時計に対して，

$$\frac{d\tau}{dt} = \frac{1}{u^0(r, \theta)} \tag{1}$$

となる．問題 16.19 により，完全流体による平衡形状で，剛体回転している星の表面上では $u^0 =$（定数）になることが示されるので，

$$\frac{d\tau}{dt} = \text{（定数）}$$

となり，地球表面に置かれたすべての時計は，同じ時間間隔を刻むことになる！（ドップラー効果と赤方偏移が完全に相殺しあってゼロになっている．）

第 21 章

その他

Miscellaneous

この章の問題は，変分原理に関するもの，物質の薄膜（あるいは薄殻 (thin shell)）近似，スピノールに関するものである．

問題 21.1　計量の変分公式

次式を示せ．

(a) $\delta\sqrt{-g} = \dfrac{1}{2}\sqrt{-g}\, g^{\mu\nu}\delta g_{\mu\nu}$

(b) $\delta g^{\mu\nu} = -g^{\rho\mu}g^{\sigma\nu}\delta g_{\rho\sigma}$

[解]　(a) 行列式の微分に関する公式を導く方法に，恒等式

$$\det A = e^{\mathrm{Tr}[\log A]}$$

を用いる方法がある．ここで，A は非特異行列（正則行列）であり，$\log A$ は e^A の逆関数である（行列の指数関数 e^A は級数展開で定義されるものとする）．これより，

$$\delta(\det A) = e^{\mathrm{Tr}[\log A]}\delta(\mathrm{Tr}[\log A]) = (\det A)\,\mathrm{Tr}[A^{-1}\delta A]$$

となる．$g \equiv \det[g_{\alpha\beta}]$ に対して，$g_{\alpha\beta}$ の対称性を用いると

$$\delta g = g\, g^{\alpha\beta}\,\delta g_{\alpha\beta}$$

が得られる．これより，次のように求める式がただちに得られる．

$$\delta\sqrt{-g} = -\frac{1}{2\sqrt{-g}}\delta g = \frac{1}{2}\sqrt{-g}\, g^{\alpha\beta}\,\delta g_{\alpha\beta}$$

(b) $g^{\alpha\beta}$ の定義より，

$$g^{\alpha\beta}g_{\beta\gamma} = \delta^{\alpha}{}_{\gamma}$$

であるから，

$$(\delta g^{\alpha\beta})g_{\beta\gamma} + g^{\alpha\beta}(\delta g_{\beta\gamma}) = 0$$

となる．この式に $g^{\gamma\delta}$ を乗じると

$$(\delta g^{\alpha\beta})\delta_\beta{}^\delta + g^{\gamma\delta}g^{\alpha\beta}(\delta g_{\beta\gamma}) = 0$$

となり，これより，求める式が得られる．

$$\delta g^{\alpha\delta} = -g^{\gamma\delta}g^{\alpha\beta}\delta g_{\beta\gamma}$$

問題 21.2　変分原理

物質場が $L = L(\Phi^A, g_{\mu\nu})$ のラグランジアンで表されているとする．ここで，Φ^A は物質場を表す変数，A はテンソルの添え字を集合的に表したものである．作用は，

$$S = \int L\sqrt{-g}\, d^4x$$

となる．Φ^A を $\Phi^A + \delta\Phi^A$ と変分する汎関数微分を $\delta L/\delta\Phi^A$ とすると，作用 S の変分は，

$$\delta S = \int \frac{\delta L}{\delta\Phi^A}\delta\Phi^A\sqrt{-g}\, d^4x$$

となる．L が Φ^A とその偏微分 $\Phi^A{}_{,\alpha}$ の関数のとき，$\delta L/\delta\Phi^A = 0$ は，通常のオイラー－ラグランジュ方程式 (Euler–Lagrange equation) になることを示せ．

[解]　Φ^A に関する L の変分は，

$$\sqrt{-g}\,\delta L(\Phi^A, \Phi^A{}_{,\mu}, g_{\mu\nu}) = \sqrt{-g}\left(\frac{\partial L}{\partial\Phi^A}\delta\Phi^A + \frac{\partial L}{\partial\Phi^A{}_{,\mu}}\delta\Phi^A{}_{,\mu}\right) \tag{1}$$

で与えられる．Φ^A の変分は，偏微分と交換可能なので

$$\delta(\Phi^A{}_{,\mu}) = (\delta\Phi^A)_{,\mu}$$

が成り立ち，式 (1) は，

$$\begin{aligned}\sqrt{-g}\,\delta L &= \sqrt{-g}\frac{\partial L}{\partial\Phi^A}\delta\Phi^A + \sqrt{-g}\left[\frac{\partial L}{\partial\Phi^A{}_{,\mu}}(\delta\Phi^A)_{,\mu}\right] \\ &= \sqrt{-g}\frac{\partial L}{\partial\Phi^A}\delta\Phi^A + \left(\sqrt{-g}\frac{\partial L}{\partial\Phi^A{}_{,\mu}}\delta\Phi^A\right)_{,\mu} - \frac{\partial}{\partial x^\mu}\left(\sqrt{-g}\frac{\partial L}{\partial\Phi^A{}_{,\mu}}\right)\delta\Phi^A\end{aligned}$$

となる．第 2 項は総発散 (perfect divergence/total divergence) であるから，δS の積分において表面項になり，表面で $\delta\Phi^A$ が消えるとすればゼロになる．こうして，オイラー－ラグランジュ方程式

$$0 = \frac{\delta L}{\delta \Phi^A} = \frac{\partial L}{\partial \Phi^A} - \frac{1}{\sqrt{-g}} \frac{\partial}{\partial x^\mu} \left(\sqrt{-g} \frac{\partial L}{\partial \Phi^A{}_{,\mu}} \right)$$

が得られる．

問題 21.3　エネルギー運動量テンソル

L を問題 21.2 に登場したラグランジアンとする．エネルギー運動量テンソルは，S を $g_{\mu\nu}$ で変分することによって定義される．すなわち，

$$\delta S = \int \frac{\delta(\sqrt{-g}L)}{\delta g_{\mu\nu}} \delta g_{\mu\nu}\, d^4x \equiv \frac{1}{2} \int T^{\mu\nu} \delta g_{\mu\nu} \sqrt{-g}\, d^4x$$

である．S がスカラー量であるという事実と，物質場の運動方程式を用いて，$T^{\mu\nu}{}_{;\nu} = 0$ を示せ．

[解]　$\sqrt{-g}\, L\, d^4x$ はスカラー量なので，無限小の座標変換

$$\overline{x}^\mu = x^\mu + \xi^\mu$$

に対して不変である．積分変数の文字を付け替えることで，$d^4\overline{x}$ から d^4x へと戻すことができる．したがって，$\sqrt{-g}\, L$ の正味の変化量は，リー微分（問題 8.17 を見よ）で与えられ，

$$\begin{aligned} 0 = \delta S &= \int \mathcal{L}_{\boldsymbol{\xi}}(\sqrt{-g}L)\, d^4x \\ &= \int \left[\frac{\delta L}{\delta \Phi^A} (\mathcal{L}_{\boldsymbol{\xi}} \Phi^A) \sqrt{-g} + \frac{\delta(\sqrt{-g}L)}{\delta g_{\mu\nu}} \mathcal{L}_{\boldsymbol{\xi}} g_{\mu\nu} \right] d^4x \qquad (1) \end{aligned}$$

となる．被積分関数の第 1 項は，運動方程式によってゼロになる（問題 21.2）ので，

$$0 = \frac{1}{2} \int T^{\mu\nu} \mathcal{L}_{\boldsymbol{\xi}} g_{\mu\nu} \sqrt{-g}\, d^4x$$

となり，これに，

$$\mathcal{L}_{\boldsymbol{\xi}} g_{\mu\nu} = \xi_{\mu;\nu} + \xi_{\nu;\mu}$$

を用いると，

$$0 = \int T^{\mu\nu} \xi_{\mu;\nu} \sqrt{-g}\, d^4x = \int (T^{\mu\nu}\xi_\mu)_{;\nu} \sqrt{-g}\, d^4x - \int T^{\mu\nu}{}_{;\nu} \xi_\mu \sqrt{-g}\, d^4x \qquad (2)$$

となる．第 1 項は

$$\int (T^{\mu\nu}\xi_\mu)_{;\nu} \sqrt{-g}\, d^4x = \int \left(\sqrt{-g}\, T^{\mu\nu} \xi_\mu \right)_{,\nu} d^4x$$

となり，表面積分となって消える．ここで，ξ_μ の選び方は任意なので，式 (2) より

$$T^{\mu\nu}{}_{;\nu} = 0$$

が示せる．

問題 21.4　パラティーニの方法

次の作用を考える．

$$S = \frac{1}{16\pi}\int \sqrt{-g}R\,d^4x + \int \sqrt{-g}L_{\mathrm{matter}}\,d^4x$$

ここで，R はスカラー曲率であり，L_{matter} は計量 $g_{\mu\nu}$ のみで記述され，Γ を陽に含まないとする（すなわち，Γ は R のみに現れるとする）．

(a) $\boldsymbol{g}$ と Γ を独立な場の変数と考えて，$\delta S = 0$ からアインシュタイン方程式と Γ と $\boldsymbol{g}$ の関係式を導け（**パラティーニの方法** (Palatini method)）．ただし，$\Gamma^\alpha{}_{\beta\nu} = \Gamma^\alpha{}_{\nu\beta}$ は仮定する．

(b) 別の方法として，Γ を共変微分を通常の方法で定義するときに用いるクリストッフェル記号と仮定する．$\delta S = 0$ からアインシュタイン方程式が導かれることを示せ．なお，ここでは $\delta\Gamma^\alpha{}_{\beta\nu}$ と $\delta g^{\alpha\beta}$ は独立でないとする．

[解]　(a) 独立な変分

$$g_{\mu\nu} \to g_{\mu\nu} + \delta g_{\mu\nu}, \qquad \Gamma^\alpha{}_{\mu\nu} \to \Gamma^\alpha{}_{\mu\nu} + \delta\Gamma^\alpha{}_{\mu\nu}$$

のもとで，

$$\delta(\sqrt{-g}\,R) = R\,\delta\sqrt{-g} + \sqrt{-g}\,R_{\mu\nu}\,\delta g^{\mu\nu} + \sqrt{-g}\,g^{\mu\nu}\,\delta R_{\mu\nu} \tag{1}$$

となる．ここで，

$$R_{\mu\nu} = \Gamma^\alpha{}_{\mu\nu,\alpha} - \Gamma^\alpha{}_{\mu\alpha,\nu} + \Gamma^\alpha{}_{\alpha\sigma}\Gamma^\sigma{}_{\mu\nu} - \Gamma^\alpha{}_{\nu\sigma}\Gamma^\sigma{}_{\mu\alpha} \tag{2}$$

であるから，式 (1) の右辺第 3 項は

$$\begin{aligned}\sqrt{-g}\,g^{\mu\nu}\delta R_{\mu\nu} &= (\sqrt{-g}\,g^{\mu\nu}\delta\Gamma^\alpha{}_{\mu\nu})_{,\alpha} - (\sqrt{-g}\,g^{\mu\nu}\delta\Gamma^\alpha{}_{\mu\alpha})_{,\nu} \\ &\quad - (\sqrt{-g}\,g^{\mu\nu})_{,\alpha}\delta\Gamma^\alpha{}_{\mu\nu} + (\sqrt{-g}\,g^{\mu\nu})_{,\nu}\delta\Gamma^\alpha{}_{\mu\alpha} \\ &\quad + \sqrt{-g}\,g^{\mu\nu}(\delta\Gamma^\alpha{}_{\alpha\sigma}\Gamma^\sigma{}_{\mu\nu} + \Gamma^\alpha{}_{\alpha\sigma}\delta\Gamma^\sigma{}_{\mu\nu} \\ &\qquad - \delta\Gamma^\alpha{}_{\nu\sigma}\Gamma^\sigma{}_{\mu\alpha} - \Gamma^\alpha{}_{\nu\sigma}\delta\Gamma^\sigma{}_{\mu\alpha})\end{aligned} \tag{3}$$

となる．式 (3) の右辺のはじめの 2 項は総発散なので，変分 δS には寄与しない（総発

散の体積積分は表面積分に置き換えられ，表面積分では $\delta\Gamma = 0$ とするからである）．ダミーの添え字を適当に付け替えることにより，式 (3) は

$$\sqrt{-g}\, g^{\mu\nu}\delta R_{\mu\nu} = \sqrt{-g}\,({A_\sigma}^{\mu\nu} + {\delta_\sigma}^{\nu} B^\mu)\,\delta{\Gamma^\sigma}_{\mu\nu} \tag{4}$$

と書くことができる．ここで，

$$ {A_\sigma}^{\mu\nu} \equiv g^{\mu\nu}{\Gamma^\alpha}_{\alpha\sigma} - \frac{1}{\sqrt{-g}}(\sqrt{-g}\, g^{\mu\nu})_{,\sigma} - g^{\alpha\nu}{\Gamma^\mu}_{\alpha\sigma} - g^{\alpha\mu}{\Gamma^\nu}_{\alpha\sigma} \tag{5}$$

$$ B^\mu \equiv \frac{1}{\sqrt{-g}}(\sqrt{-g}\, g^{\mu\beta})_{,\beta} + g^{\alpha\beta}{\Gamma^\mu}_{\alpha\beta} \tag{6}$$

とした．問題 21.1 より，

$$\delta(\sqrt{-g}) = -\frac{1}{2}\sqrt{-g}\, g_{\mu\nu}\delta g^{\mu\nu} \tag{7}$$

であるから，

$$\begin{aligned} 0 = \delta S = &\frac{1}{16\pi}\int \sqrt{-g}\, d^4x\,({A_\sigma}^{\mu\nu} + {\delta_\sigma}^{\nu} B^\mu)\delta{\Gamma^\sigma}_{\mu\nu} \\ &+ \frac{1}{16\pi}\int \sqrt{-g}\, d^4x\,\left(R_{\mu\nu} - \frac{1}{2}g_{\mu\nu}R\right)\delta g^{\mu\nu} \\ &+ \int \frac{\delta(\sqrt{-g}L_{\mathrm{matter}})}{\delta g^{\mu\nu}}\delta g^{\mu\nu}\, d^4x \end{aligned} \tag{8}$$

となる．$\delta{\Gamma^\sigma}_{\mu\nu}$ は対称なので，式 (8) の第 1 項より

$$ {A_\sigma}^{\mu\nu} + \frac{1}{2}{\delta_\sigma}^{\nu}B^\mu + \frac{1}{2}{\delta_\sigma}^{\mu}B^\nu = 0 \tag{9}$$

がいえる．式 (9) で，σ と ν の縮約をとると，

$$ {A_\sigma}^{\mu\sigma} + 2B^\mu + \frac{1}{2}B^\mu = 0 \tag{10}$$

となる．また，式 (5) の縮約をとったものと式 (6) を比較することにより，

$$ {A_\sigma}^{\mu\sigma} = -B^\mu \tag{11}$$

となる．式 (10), (11) から $B^\mu = 0$ が得られ，式 (9) により

$$ {A_\sigma}^{\mu\nu} = 0 \tag{12}$$

が得られる．式 (5) の具体的な表式を用いると，式 (12) は

$$ g^{\mu\nu}C_\sigma = {g^{\mu\nu}}_{,\sigma} + g^{\alpha\nu}{\Gamma^\mu}_{\alpha\sigma} + g^{\alpha\mu}{\Gamma^\nu}_{\alpha\sigma} \tag{13}$$

と書ける．ここで

$$C_\sigma \equiv \frac{1}{\sqrt{-g}}(\sqrt{-g})_{,\sigma} - \Gamma^\alpha{}_{\alpha\sigma} \tag{14}$$

である．式 (13) に $g_{\mu\nu}$ を乗じると

$$4C_\sigma = g^{\mu\nu}{}_{,\sigma}g_{\mu\nu} + 2\Gamma^\alpha{}_{\alpha\sigma} = -2\frac{1}{\sqrt{-g}}(\sqrt{-g})_{,\sigma} + 2\Gamma^\alpha{}_{\alpha\sigma} = -2C_\sigma$$

となり（2 つ目の等号で問題 21.1 を用いた），$C_\sigma = 0$ が得られる．次に，

$$\Gamma_{\lambda\alpha\sigma} \equiv g_{\lambda\mu}\Gamma^\mu{}_{\alpha\sigma} \tag{15}$$

と定義して，式 (13) に $g_{\lambda\mu}g_{\gamma\nu}$ を乗じると，

$$0 = -g_{\gamma\lambda,\sigma} + \Gamma_{\lambda\gamma\sigma} + \Gamma_{\gamma\lambda\sigma} \tag{16}$$

となる．これより

$$\Gamma_{\gamma\lambda\sigma} = \frac{1}{2}\left(g_{\gamma\lambda,\sigma} + g_{\gamma\sigma,\lambda} - g_{\sigma\lambda,\gamma}\right) \tag{17}$$

となって，求める式の 1 つが得られた．

さて，式 (8) に戻り，問題 21.3 の結果を用いると

$$\begin{aligned}\frac{\delta(\sqrt{-g}\,L_{\mathrm{matter}})}{\delta g_{\mu\nu}}\delta g_{\mu\nu} &= \frac{\delta(\sqrt{-g}\,L_{\mathrm{matter}})}{\delta g^{\mu\nu}}\delta g^{\mu\nu}\\ &= \frac{1}{2}\sqrt{-g}\,T^{\mu\nu}\,\delta g_{\mu\nu} = -\frac{1}{2}\sqrt{-g}\,T_{\mu\nu}\,\delta g^{\mu\nu}\end{aligned} \tag{18}$$

となる．これより，アインシュタイン方程式

$$\frac{1}{16\pi}\left(R_{\mu\nu} - \frac{1}{2}g_{\mu\nu}R\right) - \frac{1}{2}T_{\mu\nu} = 0$$

あるいは

$$G_{\mu\nu} = 8\pi T_{\mu\nu} \tag{19}$$

が得られる．

(b) $\Gamma^\alpha{}_{\mu\nu}$（$g_{\alpha\beta}$ から構成されるクリストッフェル記号とする）はテンソルではないが，$\delta\Gamma^\alpha{}_{\mu\nu}$ はテンソルである（問題 8.26）．そのため，$\delta R_{\mu\nu}$ の計算は Γ がゼロになる局所慣性系で行うことによって簡略化することができる．局所慣性系では，式 (2) は

$$\delta R_{\mu\nu} = \delta\Gamma^\alpha{}_{\mu\nu,\alpha} - \delta\Gamma^\alpha{}_{\mu\alpha,\nu} = \delta\Gamma^\alpha{}_{\mu\nu;\alpha} - \delta\Gamma^\alpha{}_{\mu\alpha;\nu} \tag{20}$$

となる．これはテンソル方程式であるから，任意の座標系で成り立つ．また，Γ はクリストッフェル記号なので，$g_{\mu\nu;\alpha} = 0$ であり，

$$\sqrt{-g}\,g^{\mu\nu}\delta R_{\mu\nu} = \sqrt{-g}\left[(g^{\mu\nu}\delta\Gamma^\alpha{}_{\mu\nu})_{;\alpha} - (\delta\Gamma^\alpha{}_{\mu\alpha}\,g^{\mu\nu})_{;\nu}\right]$$

$$= (\sqrt{-g}\, g^{\mu\nu} \delta\Gamma^{\alpha}{}_{\mu\nu})_{,\alpha} - (\sqrt{-g}\, \delta\Gamma^{\alpha}{}_{\mu\alpha}\, g^{\mu\nu})_{,\nu}$$

となる（2行目では，問題7.7(g)を用いた）．この式は総発散になっているので，δS には寄与しない．式(1)と式(18)の残りの項が，(a)で示したように，アインシュタイン方程式(19)を導くことになる．

問題 21.5　スカラー場のエネルギー運動量テンソル

スカラー場に対するラグランジアンは，

$$L = -\frac{1}{8\pi}(\Phi_{;\alpha}\Phi^{;\alpha} + m^2\Phi^2)$$

である．運動方程式とエネルギー運動量テンソルを求めよ．そして，エネルギー運動量テンソルの発散がゼロになることを示せ．

[解]　作用

$$S = -\frac{1}{8\pi}\int(\Phi_{;\alpha}\Phi^{;\alpha} + m^2\Phi^2)\sqrt{-g}\, d^4x$$

の変分をとると，

$$0 = \frac{\delta(\sqrt{-g}L)}{\delta\Phi} = \left[2m^2\Phi - 2\frac{1}{\sqrt{-g}}(\sqrt{-g}\Phi^{,\alpha})_{,\alpha}\right]\sqrt{-g}$$

すなわち

$$\Box\Phi - m^2\Phi = 0 \tag{1}$$

が得られる．問題21.3より，エネルギー運動量テンソルは

$$\begin{aligned}
T_{\mu\nu} &\equiv -\frac{2}{\sqrt{-g}}\frac{\delta(\sqrt{-g}L)}{\delta g^{\mu\nu}} \\
&= \frac{1}{4\pi\sqrt{-g}}\left[\Phi_{,\mu}\Phi_{,\nu}\sqrt{-g} - \frac{1}{2}(\Phi_{,\alpha}\Phi^{,\alpha} + m^2\Phi^2)\sqrt{-g}g_{\mu\nu}\right] \\
&= \frac{1}{4\pi}\left[\Phi_{,\mu}\Phi_{,\nu} - \frac{1}{2}g_{\mu\nu}(\Phi_{,\alpha}\Phi^{,\alpha} + m^2\Phi^2)\right]
\end{aligned} \tag{2}$$

となる．この発散をとると，

$$T^{\mu\nu}{}_{;\nu} = \frac{1}{4\pi}(\Phi^{,\mu}{}_{;\nu}\,\Phi^{,\nu} + \Phi^{,\mu}\,\Box\Phi - \Phi_{,\alpha}{}^{;\mu}\,\Phi^{,\alpha} - m^2\Phi\,\Phi^{,\mu}) \tag{3}$$

となり，スカラー場 Φ に対しては，

$$\Phi^{,\mu}{}_{;\nu} = \Phi_{,\nu}{}^{;\mu} \tag{4}$$

が成り立つので，式(3)は

$$T^{\mu\nu}{}_{;\nu} = \frac{1}{4\pi}\Phi^{,\mu}(\Box\Phi - m^2\Phi) \tag{5}$$

となる．これは運動方程式 (1) によりゼロとなる．

問題 21.6　電磁場のエネルギー運動量テンソル

電磁場に対するラグランジアンは，

$$L = -\frac{1}{16\pi}F^{\mu\nu}F_{\mu\nu}$$

である．ここで，$F_{\mu\nu} = A_{\nu;\mu} - A_{\mu;\nu}$ である．この作用 $\int L\sqrt{-g}\,d^4x$ の A_μ に関する変分をゼロとすることにより，マクスウェル方程式 $F^{\alpha\beta}{}_{;\beta} = 0$ を導け．また，

$$T_{\mu\nu} = -2\frac{\delta L}{\delta g^{\mu\nu}} + g_{\mu\nu}L$$

の定義式により，エネルギー運動量テンソルを求めよ．また，ラグランジアン密度を

$$L = -\frac{1}{16\pi}F^{\mu\nu}F_{\mu\nu} - \frac{1}{4\pi}F^{\mu\nu}A_{\mu;\nu}$$

としても同様の方程式が得られることを示せ．ただし，$F_{\mu\nu}$ は反対称テンソルであり，$F_{\mu\nu}$ と A_μ は独立に変分をとる．

[解]　作用積分を変分し，問題 7.7(i) を用いると，

$$\begin{aligned}
\frac{\delta(\sqrt{-g}\,L)}{\delta A_\alpha} &= -\frac{1}{4\pi}\frac{\delta(\sqrt{-g}\,A_{[\mu;\nu]}A^{[\mu;\nu]})}{\delta A_\alpha} = -\frac{1}{4\pi}\frac{\delta(\sqrt{-g}\,A_{[\mu,\nu]}A^{[\mu,\nu]})}{\delta A_\alpha} \\
&= -\frac{1}{4\pi}\cdot 2\cdot 2\cdot\frac{\partial}{\partial x^\mu}(\sqrt{-g}\,A^{[\mu,\alpha]}) = -\frac{1}{2\pi}\frac{\partial}{\partial x^\mu}\left(\sqrt{-g}\,F^{\alpha\mu}\right) \\
&= -\frac{\sqrt{-g}}{2\pi}F^{\alpha\mu}{}_{;\mu} = 0
\end{aligned} \tag{1}$$

が得られる．

エネルギー運動量テンソルは，

$$\begin{aligned}
T_{\alpha\beta} &= -2\frac{\delta L}{\delta g^{\alpha\beta}} + L\,g_{\alpha\beta} = \frac{1}{8\pi}\frac{\delta(F_{\mu\nu}F_{\sigma\tau}g^{\mu\sigma}g^{\nu\tau})}{\delta g^{\alpha\beta}} - \frac{1}{16\pi}F_{\mu\nu}F^{\mu\nu}g_{\alpha\beta} \\
&= \frac{1}{4\pi}F_\alpha{}^\nu F_{\beta\nu} - \frac{1}{16\pi}F_{\mu\nu}F^{\mu\nu}g_{\alpha\beta}
\end{aligned} \tag{2}$$

となる．

ラグランジアンが

$$L = \left(-\frac{1}{16\pi} F^{\mu\nu} F_{\mu\nu} - \frac{1}{4\pi} F^{\mu\nu} A_{\mu;\nu} \right) \sqrt{-g} \tag{3}$$

の場合は，L を A_μ で変分すると

$$F^{\mu\nu}{}_{;\nu} = 0 \tag{4}$$

が得られ，L を $F^{\mu\nu}$ で変分すると

$$F^{\mu\nu} = 2A^{[\nu;\mu]} \tag{5}$$

が得られる．

問題 21.7　ブランス–ディッケ重力理論

ブランス–ディッケ重力理論のラグランジアンは，スカラー場を Φ，スカラー曲率を R として，

$$L = \Phi R - \frac{\omega}{\Phi} \Phi_{,\alpha} \Phi^{,\alpha} + 16\pi L_{\text{matter}}$$

である．ω は相互作用の大きさを表す定数である．この作用を $g_{\alpha\beta}$ と Φ について変分をとり，$\delta \int L\sqrt{-g}\, d^4x = 0$ として，場の方程式を求めよ．

[解]　ラグランジアンを Φ で変分をとると，

$$\sqrt{-g} \left(R + \frac{\omega}{\Phi^2} \Phi_{,\alpha} \Phi^{,\alpha} \right) = -2\omega \frac{\partial}{\partial x^\alpha} \left(\frac{\sqrt{-g}\, \Phi^{,\alpha}}{\Phi} \right)$$

となり，

$$\Box \Phi \equiv \Phi_{,\alpha}{}^{;\alpha} = \frac{1}{\sqrt{-g}} \left(\sqrt{-g} \Phi^{,\alpha} \right)_{,\alpha}$$

を用いると，

$$\frac{2\omega}{\Phi} \Box \Phi - \frac{\omega}{\Phi^2} \Phi_{,\alpha} \Phi^{,\alpha} + R = 0 \tag{1}$$

が得られる．

$g_{\alpha\beta}$ で変分をとると，次の3つの項が現れる．

(i)
$$\frac{\delta(-\omega \Phi^{-1} \Phi^{,\mu} \Phi^{,\nu} g_{\mu\nu} \sqrt{-g})}{\delta g_{\alpha\beta}} = -\frac{\omega}{\Phi} \left(\Phi^{,\alpha} \Phi^{,\beta} \sqrt{-g} - \frac{1}{2} \Phi^{,\mu} \Phi_{,\mu} g^{\alpha\beta} \sqrt{-g} \right) \tag{2a}$$

(ii)
$$\delta(\Phi R \sqrt{-g}) = \sqrt{-g} \Phi G^{\alpha\beta} \delta g_{\alpha\beta} + \Phi \sqrt{-g} g^{\alpha\beta} \delta R_{\alpha\beta} \tag{2b}$$

$$\sqrt{-g} g^{\alpha\beta}\, \delta R_{\alpha\beta} = \frac{\partial}{\partial x^\gamma} [\sqrt{-g} (g^{\alpha\beta} \delta \Gamma^\gamma{}_{\alpha\beta} - g^{\alpha\gamma} \delta \Gamma^\beta{}_{\alpha\beta})] \tag{2c}$$

（問題 21.4 を見よ.）また，Γ を $\boldsymbol{g}$ の微分で表す式より，次式が得られる.

$$\begin{aligned}\delta\Gamma^{\lambda}{}_{\mu\nu} &= -g^{\lambda\rho}\,\delta g_{\rho\sigma}\Gamma^{\rho}{}_{\mu\nu} + \frac{1}{2}g^{\lambda\rho}\left[(\delta g_{\rho\mu})_{,\nu} + (\delta g_{\rho\nu})_{,\mu} - (\delta g_{\mu\nu})_{,\rho}\right] \\ &= \frac{1}{2}g^{\lambda\rho}\left[(\delta g_{\rho\mu})_{;\nu} + (\delta g_{\rho\nu})_{;\mu} - (\delta g_{\mu\nu})_{;\rho}\right] \end{aligned} \tag{2d}$$

式 (2c), (2d) を用いると，

$$\Phi\sqrt{-g}g^{\alpha\beta}\,\delta R_{\alpha\beta} \to \delta g^{\alpha\beta}(-\Phi_{,\alpha;\beta} + g_{\alpha\beta}\Box\Phi)\sqrt{-g} \tag{2e}$$

となる. ここで，$\to$ は，総発散を消去したことを示す. 式 (2b), (2e) を組み合わせると，

$$\delta(\Phi R\sqrt{-g}) = \sqrt{-g}\,\delta g^{\alpha\beta}\left(-\Phi_{,\alpha;\beta} + g_{\alpha\beta}\Box\Phi + \Phi G_{\alpha\beta}\right) \tag{2f}$$

が得られる. 最後の項として登場するのは，

$$\text{(iii)} \qquad 16\pi\frac{\delta(\sqrt{-g}L_{\text{matter}})}{\delta g_{\alpha\beta}} = -8\pi\sqrt{-g}\,T^{\alpha\beta} \tag{2g}$$

である. 式 (2a), (2f), (2g) より，$g_{\alpha\beta}$ で変分して場の方程式が

$$\begin{aligned} &G_{\alpha\beta} + \frac{1}{\Phi}(g_{\alpha\beta}\Box\Phi - \Phi_{,\alpha;\beta}) \\ &\qquad - \frac{\omega}{\Phi^2}\left(\Phi_{,\alpha}\Phi_{,\beta} - \frac{1}{2}g_{\alpha\beta}\Phi_{,\mu}\Phi^{,\mu}\right) - \frac{8\pi}{\Phi}T_{\alpha\beta} = 0 \end{aligned} \tag{3}$$

となる.

問題 21.8　薄膜近似の定式化 (1)

時空がなめらかで時間的な 3 次元薄膜（あるいは 3 次元超曲面）によって 2 つに分割されている. 一般相対性理論では，このような 3 次元薄膜の内的幾何学 (intrinsic geometry) は正則 (well-defined) だが，外的曲率は不連続になる場合がある. つまり，薄膜を 4 次元幾何学として見たときに，どちら側から見るかによって，外的曲率テンソル $\boldsymbol{K}$ が異なる値をもち，不連続になりうる. 薄膜上のエネルギー運動量テンソル $S^{\alpha}{}_{\beta}$ は，

$$S^{\alpha}{}_{\beta} = \lim_{\epsilon\to 0}\int_{-\epsilon}^{+\epsilon} T^{\alpha}{}_{\beta}\,dn$$

として定義される. ここで，n は，3 次元薄膜に直交する固有距離を表す. 初期値方程式を用いて，$\boldsymbol{K}$ の不連続性を $S^{\alpha}{}_{\beta}$ を使って表せ.

[解]　計算が簡単になるように，計量の形が $ds^2 = dn^2 + {}^{(3)}g_{ij}dx^i dx^j$ となる座標

系（ガウス正規座標系，問題 8.25 参照）を考える．座標 x^i $(i=1,2,3)$ は，$n=0$ としたとき 3 次元面上を張る座標系である．初期値方程式[†1] から，

$$G^i{}_j = {}^{(3)}G^i{}_j + [K^i{}_j - \delta^i{}_j(\mathrm{Tr}\,\mathbb{K})]_{,n} \\ - (\mathrm{Tr}\,\mathbb{K})K^i{}_j + \frac{1}{2}\delta^i{}_j(\mathrm{Tr}\,\mathbb{K})^2 + \frac{1}{2}\delta^i{}_j\,\mathrm{Tr}(\mathbb{K}^2) = 8\pi T^i{}_j$$

となる[†2]．n が 3 次元薄膜に直交する固有距離であることを用いて，この式を $-\epsilon$ から ϵ まで n で積分し，$\epsilon \to 0$ の極限をとる．薄膜の内部幾何学は正則なので，この極限積分で残される項は，外的曲率の微分を含む項である．すなわち，$K^i{}_j$ の不連続値を $[K^i{}_j]_\pm$ として表すと，

$$[K^i{}_j]_\pm - \delta^i{}_j\,\mathrm{Tr}[\mathbb{K}]_\pm = 8\pi S^i{}_j \tag{1}$$

および

$$\mathrm{Tr}[\mathbb{K}]_\pm = -4\pi S_i{}^i = 4\pi\ {}^{(3)}g_{ij}S^{ij} \tag{2}$$

となる．これらより，

$$[K^i{}_j]_\pm = 8\pi\left(S^i{}_j - \frac{1}{2}\delta^i{}_j S^k{}_k\right) \tag{3}$$

が得られる．

問題 21.9　薄膜近似の定式化 (2)

問題 21.8 の解答にあるように，空間座標 x^i $(i=1,2,3)$ と n からなるガウス正規座標によって表された 3 次元薄膜に対して，その運動方程式が，

$$S^i{}_{j|i} + [T^n{}_j]_\pm = 0$$

となることを導け．ここで，括弧 $[\ \ ]_\pm$ の記号は，3 次元薄膜を横切る前後での差を表し，スラッシュ記号 $(|)$ は，薄膜上の内的時空での共変微分を表す．

[解]　初期値方程式より，

---

†1 訳者注：問題 9.32, 9.33 参照．

†2 訳者注：ここで，

$$\mathrm{Tr}\,\mathbb{K} = {}^{(3)}g^{ij}K_{ij} = K^i{}_i \\ \mathrm{Tr}(\mathbb{K}^2) = (K^2)^i{}_i = K^i{}_jK^j{}_i = {}^{(3)}g^{i\ell}K_{ij}K^j{}_\ell$$

である．ガウス正規座標をとっているので，外的曲率は膜上の成分だけとなる．

$$G^n{}_i = -\left\{K^m{}_{i|m} - (\mathrm{Tr}\,\mathbb{K})_{,i}\right\} = -\left\{K^m{}_i - \delta^m{}_i(\mathrm{Tr}\,\mathbb{K})\right\}_{|m} = 8\pi T^n{}_i$$

となる．この式の 3 次元薄膜における不連続性は，

$$\left\{[K^m{}_i]_\pm - \delta^m{}_i(\mathrm{Tr}[\mathbb{K}]_\pm)\right\}_{|m} = -8\pi[T^n{}_i]_\pm$$

となる．この式を問題 21.8 で得られた式と比較することにより，

$$S^m{}_{i|m} = -\,[T^n{}_i]_\pm$$

が得られる．

問題 21.10　ダストの薄膜近似

真空中に薄膜状のダストがあり，ダストの共動座標系で測られた質量面密度を σ とする．ダストの 4 元速度を $\boldsymbol{u}$ とするとき，次式を示せ．

$$[K_{ij}]_\pm = 8\pi\sigma\left(u_iu_j + \frac{1}{2}{}^{(3)}g_{ij}\right), \qquad \frac{d\sigma}{d\tau} = -\sigma u^i{}_{|i}$$

$$\boldsymbol{a}^+ - \boldsymbol{a}^- = 4\pi\sigma\boldsymbol{n}, \qquad \boldsymbol{a}^+ + \boldsymbol{a}^- = \boldsymbol{0}$$

ただし，$\boldsymbol{a}^+, \boldsymbol{a}^-$ は，それぞれ薄膜の外側と内側で測定された 4 元加速度，$\boldsymbol{n}$ は薄膜の単位法線ベクトルである．

[解]　薄膜ダストの表面エネルギー運動量テンソルは，$S^{\alpha\beta} = \sigma u^\alpha u^\beta$ である．したがって，問題 21.8 の解答より，

$$[K^i{}_j]_\pm = 8\pi\left[\sigma u^i u_j - \frac{1}{2}\delta^i{}_j(-\sigma)\right]$$

すなわち，

$$[K_{ij}]_\pm = 8\pi\sigma\left(u_iu_j + \frac{1}{2}{}^{(3)}g_{ij}\right) \tag{1}$$

となる．薄膜の両側ではエネルギー運動量テンソルがゼロなので $[T^n{}_i]_\pm = 0$ であり，運動方程式（問題 21.9 参照）は

$$\begin{aligned} 0 = S^m{}_{i|m} &= \sigma_{,m}u^m u_i + \sigma u^m{}_{|m}u_i + \sigma u_{i|m}u^m \\ &= \frac{d\sigma}{d\tau}u_i + \sigma u_i u^m{}_{|m} + \sigma u_{i|m}u^m \end{aligned} \tag{2}$$

となる．$\boldsymbol{u}$ で縮約をとると，求めるべき第 2 の式

$$\frac{d\sigma}{d\tau} + \sigma u^m{}_{|m} = 0 \tag{3}$$

が得られる．式 (2), (3) を比較すると，$u_{i|m}u^m = 0$ となる．したがって，

$$\boldsymbol{a} = \nabla_{\boldsymbol{u}}\boldsymbol{u} = u^i\nabla_i(u^j\boldsymbol{e}_j) = u^i(u^j{}_{|i}\boldsymbol{e}_j + u^jK_{ij}\boldsymbol{n}) = u^iu^jK_{ij}\boldsymbol{n} \tag{4}$$

となる（ここで，最後から 2 番目の等号は，問題 9.32 の解答にある式 (2) を用いた）．第 3 の式は，式 (1), (4) より，

$$\boldsymbol{a}^+ - \boldsymbol{a}^- = u^iu^j[K_{ij}]_\pm\boldsymbol{n} = 4\pi\sigma\boldsymbol{n}$$

と得られる．第 4 の式を導くには，

$$(K_{ij}^+ + K_{ij}^-)u^iu^j = 0$$

を示す必要がある．ここでは，初期値を決める拘束条件式 $[G^n{}_n]_\pm = 8\pi[T^n{}_n]_\pm = 0$ を使うことにする．${}^{(3)}R$ は連続なので，これより，

$$\begin{aligned}
0 &= [\mathrm{Tr}(\mathbb{K}^2) - (\mathrm{Tr}\,\mathbb{K})^2]_\pm \\
&= K^i{}_j{}^+K^j{}_i{}^+ - K^i{}_j{}^-K^j{}_i{}^- - (K^i{}_i{}^+)^2 + (K^i{}_i{}^-)^2 \\
&= (K^i{}_j{}^+ + K^i{}_j{}^-)\{K^j{}_i{}^+ - K^j{}_i{}^- - \delta^j{}_i(K^a{}_a{}^+ - K^a{}_a{}^-)\} \\
&= (K^i{}_j{}^+ + K^i{}_j{}^-)\{[K^j{}_i]_\pm - \delta^j{}_i\,\mathrm{Tr}[\mathbb{K}]_\pm\}
\end{aligned}$$

となる．ここで，簡単に示すことができる関係，すなわち $K^i{}_j{}^+$ と $K^i{}_j{}^-$ が交換可能であることを用いた．一方で，

$$[K^j{}_i]_\pm = 8\pi\sigma\left(u^ju_i + \frac{1}{2}\delta^j{}_i\right)$$

より，

$$[\mathrm{Tr}\,\mathbb{K}]_\pm = [K^i{}_i]_\pm = 4\pi\sigma$$

となるので，

$$[K^j{}_i]_\pm - \delta^j{}_i[\mathrm{Tr}\,\mathbb{K}]_\pm = 8\pi\sigma(u^ju_i)$$

と表される．したがって，最終的に

$$(K_{ij}^+ + K_{ij}^-)u^iu^j = 0$$

が示される．

問題 21.11　薄膜ダストの運動

真空中で重力崩壊していく球対称で薄膜状のダストを考える．この時空は，外側はシュヴァルツシルト計量

$$ds^2 = -\left(1 - \frac{2M}{r}\right) dt^2 + \left(1 - \frac{2M}{r}\right)^{-1} dr^2 + r^2 d\Omega^2$$

で表され，内側は平坦時空の計量

$$ds^2 = -dT^2 + dr^2 + r^2 d\Omega^2$$

で表される（明らかにどちらの計量でも，$4\pi r^2$ はある時刻 t あるいは T における，動径座標 r が一定の球面の固有表面積を表す）．

球対称重力崩壊していく薄膜状のダストについて，「薄膜の静止質量」$\mu \equiv 4\pi[R(\tau)]^2\sigma$ が一定になることを示せ．ここで，σ は薄膜の質量面密度であり，薄膜の面積は薄膜の固有時間 τ の関数 $4\pi[R(\tau)]^2$ として与えられる．また，薄膜の運動方程式が，

$$M = \mu\sqrt{1 + \left(\frac{dR}{d\tau}\right)^2} - \frac{\mu^2}{2R}$$

であることを示せ．さらに，$R = \infty$ で $dR/d\tau = 0$ のときに，この式を積分して，$R(\tau)$ を陰関数の形で求めよ（陽には求められない）．

[解]　薄膜と共動の観測者が測る固有時間を τ とすると，薄膜の運動は，薄膜の動径座標 $r(\tau)$ を用いて記述される．ここで，動径座標は外側，内側どちらの計量においても同じとする．薄膜の計量は，

$$ds^2 = -d\tau^2 + R^2(\tau)(d\theta^2 + \sin^2\theta\, d\phi^2)$$

と書ける．ここで，$4\pi R^2$ は τ における薄膜の表面積なので，$R(\tau) = r(\tau)$ となる．問題 21.10 の第 2 の関係式より，

$$0 = \frac{d\sigma}{d\tau} + \sigma u^i{}_{|i} = (\sigma u^i)_{|i} = \frac{1}{\sqrt{|^{(3)}g|}}(\sigma\sqrt{|^{(3)}g|}\, u^i)_{,i}$$

となる．さらに，$u^\tau = 1$ と $|^{(3)}g| = R^4(\tau)$ より $(\sigma R^2)_{,\tau} = 0$ となる．これより $4\pi R^2\sigma = \mu$ を薄膜の静止質量とすると，それが一定であることがわかる．

運動方程式を求めるために，問題 21.10 で与えられた接続条件式

$$[K_{\theta\theta}]_\pm = 8\pi\sigma\left(u_\theta u_\theta + \frac{1}{2}{}^{(3)}g_{\theta\theta}\right) = 4\pi\sigma{}^{(3)}g_{\theta\theta} = \mu$$

を用いる．$K_{\theta\theta}$ を求めると，

$$K_{\theta\theta} = -n_{\theta;\theta} = n_\alpha \Gamma^\alpha{}_{\theta\theta} = -\frac{1}{2} n^r g_{\theta\theta,r} = -rn^r$$

となるので，

$$[K_{\theta\theta}]_\pm = -r(n^{r+} - n^{r-}) = \mu$$

が得られる．ここで，n^{r+}, n^{r-} は，それぞれ外側，内側の計量における薄膜に直交する動径成分である．

ここで，$\boldsymbol{u}\cdot\boldsymbol{n} = 0$, $\boldsymbol{n}\cdot\boldsymbol{n} = -\boldsymbol{u}\cdot\boldsymbol{u} = 1$ を用いると，$\boldsymbol{u}$ と $\boldsymbol{n}$ の成分について解くことができる．薄膜の外側では，

$$\begin{aligned}
1 &= \left(1 - \frac{2M}{r}\right)(u^t)^2 - \left(1 - \frac{2M}{r}\right)^{-1}(u^r)^2 \\
0 &= n_r u^r + n_t u^t \\
1 &= -\left(1 - \frac{2M}{r}\right)^{-1}(n_t)^2 + \left(1 - \frac{2M}{r}\right)(n_r)^2
\end{aligned}$$

となり，u^t, n_t を消去することにより，

$$n_r^+ = \sqrt{\left\{1 + \left(1 - \frac{2M}{r}\right)^{-1}(u^r)^2\right\}\left(1 - \frac{2M}{r}\right)^{-1}}$$

が得られる．薄膜上では $r = R(\tau)$, $u^r = dR/d\tau \equiv \dot{R}$ なので，薄膜では $\boldsymbol{n}$ の反変成分は

$$n^{r+} = \sqrt{1 - \frac{2M}{R} + \dot{R}^2}$$

となる．

n^{r-} の計算も同様で，上の式の M をゼロにしたものが解になる．したがって，

$$\mu = -R(n^{r+} - n^{r-}) = -R\left(\sqrt{1 - \frac{2M}{R} + \dot{R}^2} - \sqrt{1 + \dot{R}^2}\right)$$

となり，これを M について解けば，運動方程式

$$M = \mu\sqrt{1 + \dot{R}^2} - \frac{\mu^2}{2R}$$

が得られる．$R = \infty$ において $\dot{R} = 0$ とすると（すなわち，無限遠において静止状態から運動が始まったならば），$M = \mu$ であり，

$$\dot{R} = -\frac{\mu}{2R}\sqrt{1 + \frac{4R}{\mu}}$$

となる．この式は簡単に積分できて，$\tau = 0$ で $R = 0$ とすれば，

$$\frac{4}{\mu}\tau = -\frac{1}{3}\left(1 + \frac{4R}{\mu}\right)^{3/2} + \left(1 + \frac{4R}{\mu}\right)^{1/2} - \frac{2}{3}$$

となる．

問題 21.12　共形変換の応用

ある瞬間に，時間についての反転対称性があるとき，任意の位置にある N 個の質点が作る，その瞬間の空間計量を求めよ．

[解]　瞬間的な計量を求めるには，時間対称な空間的コーシー超曲面 S の上で計量や場の方程式を考えるだけでよい．アインシュタイン方程式の 10 成分のうち，6 成分が S から離れた計量を決めることになり，これらについては考える必要はない．残りの 4 成分が初期値方程式（拘束条件式）であり，真空を仮定すると，

$$\frac{1}{2}{}^{(3)}R - \frac{1}{2}(K^i{}_i)^2 + \frac{1}{2}K_\ell{}^m K^\ell{}_m = 0 \tag{1a}$$

$$K^m{}_{i|m} - K^m{}_{m|i} = 0 \tag{1b}$$

と書ける（問題 9.33 の式 (6), (7) を見よ）．ここで，${}^{(3)}R$ は S 上のスカラー曲率，$K^m{}_i$ は外的曲率テンソル，スラッシュ記号 $(|)$ は，S 上の 3 次元計量 ${}^{(3)}g_{ij}$ によって決まる共変微分を表す．

S に直交する（時間的な）向きは，時間反転対称な瞬間にそれまでとは逆向きへと変わる．外的曲率はこの向きをもとに計算されるので，$K_{ij} = -K_{ji}$ となり，したがって，S の外的曲率はゼロとなる．S 上で $K_{ij} = 0$ が成り立つならば，式 (1b) は明らかに成立し，式 (1a) は

$${}^{(3)}R = 0 \tag{2}$$

となる．

式 (2) を解くには，

$$g_{ij} = \Phi^4 \eta_{ij} \tag{3}$$

を仮定して[†2]，式 (2)

$${}^{(3)}R = g^{ij}(\Gamma^m{}_{im,j} - \Gamma^m{}_{ij,m} + \Gamma^m{}_{\ell i}\Gamma^\ell{}_{jm} - \Gamma^\ell{}_{m\ell}\Gamma^m{}_{ij}) = 0 \tag{4}$$

を満たす Φ を見つければよい．式 (3) の仮定のもとでは，クリストッフェル記号は，

†2 訳者注：式 (3) のように，計量を 1 つのスカラー関数 $\Phi(x^\mu)$ で伸縮させる変換を**共形変換**という．問題 14.21 参照．

$$\Gamma^m{}_{\ell i} = 2\Phi^{-1}(\Phi_{,\ell}\delta^m{}_i + \Phi_{,\ell}\delta^m{}_i - \Phi^{,m}\eta_{\ell i}) \tag{5a}$$

$$g^{ij}\Gamma^m{}_{im,j} = -6\Phi^{-6}(\nabla\Phi)^2 + 6\Phi^{-5}\nabla^2\Phi \tag{5b}$$

$$g^{ij}\Gamma^m{}_{ij,m} = 2\Phi^{-6}(\nabla\Phi)^2 - 2\Phi^{-5}\nabla^2\Phi \tag{5c}$$

$$g^{ij}\Gamma^m{}_{\ell i}\Gamma^\ell{}_{jm} = -4\Phi^{-6}(\nabla\Phi)^2 \tag{5d}$$

$$g^{ij}\Gamma^\ell{}_{m\ell}\Gamma^m{}_{ij} = -12\Phi^{-6}(\nabla\Phi)^2 \tag{5e}$$

となる．ここで，

$$(\nabla\Phi)^2 \equiv \Phi_{,i}\Phi_{,j}\eta^{ij} \tag{5f}$$

$$\nabla^2\Phi \equiv \Phi_{,ij}\eta^{ij} \tag{5g}$$

とした．これらの式を用いると，式 (2) は

$$^{(3)}R = 0 = 8\Phi^{-5}\nabla^2\Phi \tag{6}$$

となり，Φ がラプラス方程式の解であれば満たされる．そのような解の 1 つとして

$$\Phi = 1 + \sum_a \frac{M_a}{2r_a} \tag{7}$$

があり，計量に代入すると，

$$g_{ij} = \left(1 + \sum_a \frac{M_a}{2r_a}\right)^4 \eta_{ij} \tag{8}$$

となる．

式 (8) の計量で M/r についての最低次のオーダーでは，

$$g_{ij} \sim \left(1 + \sum_a \frac{2M_a}{r_a}\right)\eta_{ij}$$

となり，これは，位置 r_a にある質点 M_a によって生じる計量の空間部分を**ポストニュートン近似** (post-Newtonian approximation) したものになっている．したがって，式 (8) の計量が，時間反転対称の瞬間に，任意の位置にある質点を含む空間計量を表している．

問題 21.13　スピノール表現

4 元ベクトル U^α が，2 階スピノール $U^{AA'}$ と

$$(U^0, U^1, U^2, U^3) \to \frac{1}{\sqrt{2}}\begin{bmatrix} U^0 + U^1 & U^2 + iU^3 \\ U^2 - iU^3 & U^0 - U^1 \end{bmatrix}$$

で対応しているとき，ミンコフスキー計量はスピノール表現でどのように表されるか．すなわち，2つのベクトルの内積を

$$\boldsymbol{U}\cdot\boldsymbol{V}=\eta_{\alpha\beta}U^{\alpha}V^{\beta}=L_{AA'BB'}U^{AA'}V^{BB'}$$

と表現したときの $L_{AA'BB'}$ を求めよ．［ヒント：スピノール

$$\epsilon_{AB}=\epsilon^{AB}=\begin{bmatrix}0 & 1\\ -1 & 0\end{bmatrix}$$

を用いよ．］

また，ローレンツ変換に対応する行列も求めよ．

［注意：この問題と以下の問題でのスピノールの表記方法は，A. Trautman, F. A. E. Pirani, and H. Bondi, *Lectures on General Relativity, Brandeis 1964 Summer Institute on Theoretical Physics* (Prentice-Hall, 1965) の F. A. E. Pirani の章に準拠する[†1]．］

［解］　まず，ローレンツ不変な $U^{\alpha}U_{\alpha}$ が，$U^{AA'}$ の行列式であることに気づくことが大事である．ミンコフスキー計量に対応する行列は，$U^{AA'}$ の行列式を計算するときに添え字を上下させることに相当する[†2]．すなわち，

$$\delta^{C}{}_{D}\det[U^{AB}]=U^{FC}U^{EG}\epsilon_{FE}\epsilon_{DG}$$

において

$$\epsilon_{FE}=\begin{bmatrix}0 & 1\\ -1 & 0\end{bmatrix},\qquad \delta^{C}{}_{D}=\begin{bmatrix}1 & 0\\ 0 & 1\end{bmatrix}$$

である．明らかに，ϵ 行列の組は，ミンコフスキー計量の役割をしている．

ローレンツ変換を表す行列を見つけるために，まず変換を

---

†1 訳者注：現在，スピノールの解説書としては，R. Penrose and W. Rindler, *Spinors and Space-Time* (vol. 1 & 2), (Cambridge University Press, 1987) が定番であるが，R. Wald, *General Relativity* (University of Chicago Press, 1984) の 13 章，J. Stewart, *Advanced General Relativity* (Cambridge University Press, 1993) の 2 章にもコンパクトにまとめられている．

†2 訳者注：スピノールは添え字の交換について反対称 ($\epsilon_{AB}=-\epsilon_{BA}$) である．添え字の上下については，次の規則がある．

$$\xi_{B}=\epsilon_{AB}\xi^{A}=-\epsilon_{BA}\xi^{A}\qquad\text{（はじめの添え字で添え字を下げれば符号プラス）}$$

$$\xi^{C}=\epsilon^{CB}\xi_{B}=-\epsilon^{BC}\xi_{B}\qquad\text{（2 番目の添え字で添え字を上げれば符号プラス）}$$

$$U^{F'C'} = L_{FC}{}^{F'C'} U^{FC}$$

のように表す．$\boldsymbol{U}$ と $\boldsymbol{V}$ の内積が不変であることから，

$$U^{EF} V^{GH} \epsilon_{EG} \epsilon_{FH} = L_{EF}{}^{E'F'} U^{EF} L_{GH}{}^{G'H'} V^{GH} \epsilon_{E'G'} \epsilon_{F'H'}$$

が要求される．これより，

$$\epsilon_{EG} \epsilon_{FH} = L_{EF}{}^{E'F'} L_{GH}{}^{G'H'} \epsilon_{E'G'} \epsilon_{F'H'}$$

が成立しなくてはならない．この式は

$$\delta_E{}^M \delta_H{}^K = L_{EF}{}^{E'F'} L_{GH}{}^{G'H'} \epsilon_{E'G'} \epsilon_{F'H'} \epsilon^{GM} \epsilon^{FK}$$

を表していて，これより

$$\det[L_{EF}{}^{E'F'}] = 1$$

がいえる．こうして，ローレンツ変換は，行列式が 1 (unimodular) の行列になる．

問題 21.14　スピノールの計算

次式を示せ．

(a) $\epsilon_{A[B}\epsilon_{CD]} = 0$

(b) $\xi_{AB} = \xi_{(AB)} + \dfrac{1}{2}\epsilon_{AB}\xi_C{}^C$

ここで，ξ_{AB} は任意の 2 階スピノールである．[注意：この問題と次の 2 題は，T. Sejnowski によって加えられた．]

[解]　(a) 添え字の B, C, D が 2 つの値しかとりえないことから，すべてが異なることができず，ただちにこの式が成立することがわかる．

(b) ϵ_{AB} が反対称であることを用いて，(a) で得られた結果を

$$\epsilon_{AB}\epsilon_{CD} + \epsilon_{AC}\epsilon_{DB} + \epsilon_{AD}\epsilon_{BC} = 0$$

のように書き下す．この式を ξ^{CD} を用いて縮約をとると（符号に気をつけよ！），

$$-\epsilon_{AB}\xi_C{}^C + \xi_{AB} - \xi_{BA} = 0$$

が得られる．したがって，

$$\xi_{AB} = \xi_{(AB)} + \xi_{[AB]} = \xi_{(AB)} + \frac{1}{2}\epsilon_{AB}\xi_C{}^C$$

が得られる．

問題 21.15　双対テンソルのスピノール

$T_{ab} = T_{AA'BB'}$ とする．T_{ab} が反対称テンソルのとき，その双対テンソルに対応するスピノール表現は

$$*T_{ab} = \frac{i}{2}(T_{ABB'A'} - T_{BAA'B'})$$

となることを示せ．

[解]　$\epsilon_{ab}{}^{cd} = i(\delta_A{}^C\delta_B{}^D\delta_{B'}{}^{C'}\delta_{A'}{}^{D'} - \delta_B{}^C\delta_A{}^D\delta_{A'}{}^{C'}\delta_{B'}{}^{D'})$ となること（たとえば，F. A. E. Pirani, *Lectures on General Relativity*, p. 315 を見よ）と，$*T_{ab} = (i/2)\epsilon_{ab}{}^{cd}T_{cd}$ を用いると，与式がただちに得られる．

問題 21.16　スピノール

$T_{ab} = T_{AA'BB'}$ とする．$T_{BA'AB'}$ はどのようなテンソルに対応するか．

[解]　プライム記号 ($'$) のついた添え字とついていない添え字は交換することができるので，

$$\begin{aligned}
T_{(ab)} &= \frac{1}{2}(T_{ABA'B'} + T_{BAB'A'}) \\
&= \frac{1}{4}\left(T_{ABA'B'} - T_{BAA'B'} + T_{BAB'A'} - T_{ABB'A'}\right) + \frac{1}{2}T_{(ab)} \\
&\quad + \frac{1}{4}\left(T_{BAA'B'} + T_{ABB'A'}\right)
\end{aligned}$$

が成り立つ．問題 21.14 の結果から，これを

$$\begin{aligned}
T_{(ab)} &= 2T_{[AB][A'B']} + \frac{1}{2}(T_{BAA'B'} + T_{ABB'A'}) \\
&= \frac{1}{2}\epsilon_{AB}\epsilon_{A'B'}T_C{}^C{}_{C'}{}^{C'} + \frac{1}{2}(T_{BAA'B'} + T_{ABB'A'})
\end{aligned}$$

と書くことができる．最後に問題 21.15 の結果を用いると，

$$\begin{aligned}
T_{BAA'B'} &= T_{(ab)} - \frac{1}{2}\epsilon_{AB}\epsilon_{A'B'}T_C{}^C{}_{C'}{}^{C'} + *T_{ab} \\
&= T_{(ab)} - \frac{1}{2}g_{ab}T_c{}^c + i\ *T_{ab}
\end{aligned}$$

となる．

付　録

最近の一般相対性理論研究の進展

真貝寿明・鳥居隆

本書の出版は 1975 年である．以来，一般相対性理論の唯一の演習書として再版を重ね，多くの学生・研究者に親しまれてきた．本書の扱う問題は，数学的なものが中心となっているので，どの問題も古びることなく，40 年以上たったいまでも十分に通用する．しかし，学習する者にとっては，最近の進展についての概観があるほうが望ましいとも考えられる．そこで，訳者がいくつかのトピックを選び，これまでの進展について補遺の形で若干の解説をすることにする．項目は以下のとおりである．

A.1 ブラックホール研究の進展
A.2 宇宙論研究の進展
A.3 重力波研究の進展
A.4 重力理論の検証の進展
A.5 拡張重力理論の進展

A.1　ブラックホール研究の進展

A.1.1　ブラックホール解の発見と研究の流れ

アインシュタインが一般相対性理論を発表してすぐ後，1915年にシュヴァルツシルト (K. Schwarzschild) はアインシュタイン方程式の最初の厳密解（シュヴァルツシルト解，第15章）を導き出した．静的球対称という単純な仮定をして得られた解は，事象の地平面と中心の時空特異点の存在を表し，今日では通常考えられているブラックホールの特徴を含んでいたが，実際にこの解が何を表しているのかが明らかになるには長い年月がかかった．

その後の，白色矮星の限界質量であるチャンドラセカール極限（問題16.9），中性子星の理論提案とトールマン–オッペンハイマー–ヴォルコフ限界（問題16.9）の研究などを経て，シュヴァルツシルト解は大質量の星が重力崩壊して完全に潰れた天体を表していることがわかり，事象の地平面，つまりシュヴァルツシルト半径の内側からは光でも脱出することができない奇妙な天体であることがわかった．それまで，しっくりくる名称がなかったその天体は，1967年にホイーラー (J. A. Wheeler) によって「ブラックホール」と命名され，名実ともに新たな天体（の候補）の仲間入りをした（観測的に発見されるのはまだ先である）．

本書の原著が出版された1975年より以前にも，ブラックホールに関係した重要な研究が多くなされている．たとえば，特異点定理（1960年代），ブラックホールの唯一性定理（1967, 1971年）などがある．また，ブラックホール熱力学の基礎となるホーキング放射（1975年）については，出版後の発表だったためか，関連する問題は掲載されていない．この付録ではこれらの簡単な解説をするとともに，その後のブラックホール研究の流れを（数学的な厳密性はあまり気にせずに）紹介する．

A.1.2　無毛仮説と唯一性定理

ブラックホールに名前がつく以前，シュヴァルツシルト解のほかにもブラックホール解は発見されている．シュヴァルツシルト解の発表のすぐ後の1916年にライスナー (H. J. Reissner)，1918年にはノルドストロム (G. Nordström) が静的球対称時空で電荷をもつ解（ライスナー–ノルドストロム解）を独立に発見した．1963年にはカー (R. P. Kerr) により，一定の角速度で回転する解（カー解）が発見され，その2年後の1965年に電荷をもつカー解，つまりカー–ニューマン解がニューマン (E. T. Newman) らによって発見された（第17章まえがき）．

これらの解は，質量 M のほかに電荷 Q や角運動量 J をもつことができ，表A.1のように分類される．これらは電磁真空解であり，M, Q, J の物理量が「適切な」値の範囲では事象の地平面が存在し，ブラックホールを表す解になっている．また，漸

表 A.1　カー－ニューマン解系列の分類

	角運動量なし（静的球対称）	角運動量あり（定常軸対称）
電荷なし	シュヴァルツシルト解	カー解
電荷あり	ライスナー－ノルドストロム解	カー－ニューマン解

近的平坦性の仮定を外せば，正（負）の宇宙定数を組み入れることができて，たとえばシュヴァルツシルト－（反）ド・ジッター解などとよばれる．正の宇宙定数をもつ解は，通常のド・ジッター解のように，宇宙論的地平面 (cosmological horizon) をもち，ヌル無限遠は空間的になる．負の宇宙定数の解は無限遠が時間的になり，時空は大域的に双曲的 (globally hyperbolic) ではなくなる．

現在ではさまざまな質量スケールのブラックホールが存在することが観測で確かめられているが，1960～1970 年代には星の進化の最終段階で重力崩壊してブラックホールが形成され，その質量は太陽質量程度と思われていた．輝いている星はさまざまな情報をもっているが，重力崩壊するうちにそれらの情報は失われ，ブラックホールになると，質量，角運動量，電荷の 3 つの物理量しかもたないと考えられている[†1]．1971 年にホイーラーがこれを「ブラックホールは毛がない (black hole has no hair)」と表現したため，**ブラックホール無毛仮説**とよばれる[†2]．

この無毛仮説には数学的な根拠がある．厳密解の研究の中で，1970 年代前半に**ブラックホールの唯一性定理** (uniqueness theorem) が証明された[2]．証明の前段階として，

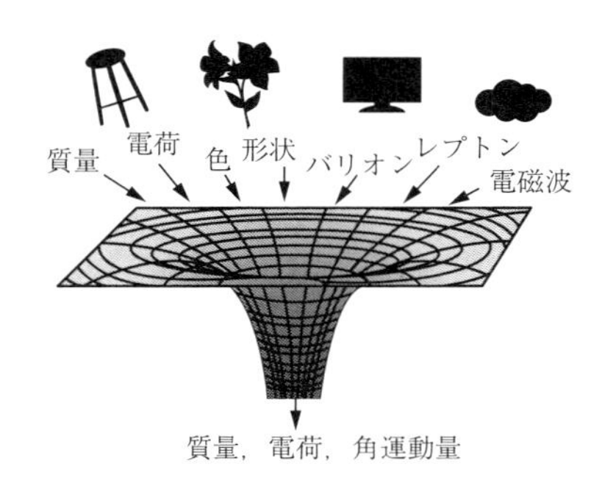

図 A.1　ブラックホール無毛仮説[1]

†1 ここでは漸近的平坦性を仮定し，宇宙定数は考えていない．

†2 3 本以外に「毛」がないという意味である．崩壊段階で情報がなくなっていくことから「脱毛仮説」ともよばれる．また，崩壊前に存在していた情報はどこにいったのか，という**情報喪失パラドックス** (information loss paradox) の問題もある．本当に情報がなくなったとすると，物理現象がユニタリー発展しない（確率が保存しない）ことを意味するので，物理学にとって大問題である．

真空のアインシュタイン方程式または電磁場の源をもたないアインシュタイン–マクスウェル方程式が満たされていれば，漸近的に平坦でかつ時空が漸近的に予測可能な平衡状態の解は (i) 回転がない，または (ii) 軸対称である

という**剛性定理** (rigidity theorem) がある[†]．(i) の場合は，時空は静的であることが証明でき，その結果，静的な場合の唯一性定理として

解はシュヴァルツシルト解，またはライスナー–ノルドストロム解に限られる

ことが証明される．

(ii) の場合は，**ブラックホールの無毛定理**ともよばれる次の命題が証明される．

解の連続的変化は 3 つのパラメータ M, J, Q の連続的変化で完全に決定される．

証明には調和関数のモース理論やエルンスト変数などが用いられる．この定理が主張することは以下のとおりである．アインシュタイン–マクスウェル系の解はいくつかの解系列に分類され，それぞれの解系列は 3 つのパラメータ M, J, Q によって特徴付けられる．これらのパラメータの連続変化によって，その解系列に属する任意の解を再現することができる．しかし，その変化が連続的である限り，ほかの解系列へは移ることはできない．定理が表していることはこれだけで，解系列に関しては何ら規定するものはない．したがって，解系列が，よく知られているカー–ニューマン解系列ただ 1 つだけなのか，それともほかに存在するのかを言及するものではない．

ただし，カー–ニューマン解でない解系列が存在したとすると，それらは物理的に意味のない描像を与えると考えられる．なぜなら，静的な場合の定理から，唯一の静的な解はカー–ニューマン解系列に属しているために，ほかの解系列では，連続的な変化では回転のない球対称な極限や，電気的に中性な極限がとれないからである．こうして，電磁場が存在しない場合では 1971 年，一般的な場合では 1974 年に証明された無毛定理を考慮すると，定常状態に落ち着いたブラックホールはすべてカー–ニューマン解系列に属するだろうと考えられている．

A.1.3　新種のブラックホール

このような状況で，研究は新種のブラックホール発見の方向にも進んでいく．唯一性定理や無毛定理は，時空が真空，もしくは電磁真空の状態のみを考えているので，ほかの場（A.5.2 項）を組み入れて，アインシュタイン方程式のエネルギー運動量テンソルに代入したときに未知の解が存在する可能性がある．そのような試みの中，1990

† 厳密にはさらに物理的にもっとももらしい仮定が必要である．

年の色付きブラックホール解 (colored black hole) の発見[3] は興味深い．これはヤン－ミルズ場を採用して求めた解である．電磁場は U(1) ゲージ対称性をもつのに対して，ヤン－ミルズ場は SU(2) の非可換ゲージ対称性をもつ．「色付き」の名前はもちろん SU(3) のカラー対称性からとったもので，光さえも抜け出せない真っ黒なブラックホールに色をつけたのは，ずいぶんといかしている．この解は静的球対称で，電荷のように無限遠まで届く新たな大域的なチャージはもたない．そのために，無限遠から観測した場合，シュヴァルツシルト解と見分けがつかないことになり，唯一性が破れる．解析の結果，この解は摂動に対して不安定であることがわかったが，非可換場をもつ新種のブラックホール解が存在することを示した．その後，非可換場とヒッグス場を結合したり，質量項を入れたりさまざまな場合が検証され，実効果的に場が質量をもつ場合には安定な解があることも確かめられた[4]．また，静的であるが非球対称な解の存在など，多くのことがわかってきた．

一方で，最も単純な場であるスカラー場を含んだブラックホール解も調べられている．静的球対称な場合では，漸近的平坦性を仮定すると，スカラー場の無毛定理が証明されている[5]．正の宇宙定数を導入して漸近的ド・ジッター的にすると，解は存在するが不安定になる．しかし，負の宇宙定数を考えて漸近的反ド・ジッター的にすると，安定な解が得られる[6]．これは，反ド・ジッター時空ではタキオン的な場でもブライテンローナー－フリードマン限界 (Breitenlohner–Freedman bound) までは安定に存在できることが本質的である．

定常軸対称なブラックホール解には，事象の地平面のすぐ外側にエルゴ球（問題 17.12）が存在する．そこに波を入射し，それから反射波を測定すると，あるパラメータ領域ではエネルギーが増幅され反射される．これを**超放射現象** (superradiance)[7] という（問題 17.15）．反射された波を再び内向きに反射させてエルゴ球に戻すと，さらに大きなエネルギーとなって跳ね返ってくる．これを繰り返すとブラックホールはその反作用で不安定になると考えられる．これを**超放射不安定性**という[8]．このような状況は物理的に作ることが可能で，たとえばスカラー場に質量をもたせる，あるいは負の宇宙定数を導入すればよい．

最近の研究の結果，超放射現象が生じる時空では複素スカラー場がブラックホールの新たな毛として存在しうることがわかってきた[9]．これはボソン星†[10] のブラックホール版である．ほかにもスカラー場を電磁場や曲率高次項のガウス－ボンネ項（A.5.3

† ボソン星は，広い意味ではボーズ粒子が何らかのメカニズムで束縛され，星のように「かたまり」になった状態のことをいう．ただし，多くの場合は複素スカラー場が自己重力によって集まり，それを内部空間の時間依存性で支えている星状の構造を指す．アインシュタイン方程式の解として得られるが，いまのところ観測されておらず，仮説上の天体である．

項）と特殊な形で結合させることで，**自発的スカラー化** (spontaneous scalarization) を引き起こすことにより，新種のブラックホール解が発見されている [11].

A.1.4 時空特異点と宇宙検閲官仮説

1960 年代，ペンローズ (R. Penrose) とホーキング (S. W. Hawking) によって**特異点定理** (singularity theorem) が証明された．これは時空構造，とくに時空特異点に関する命題で，いくつかの表現が存在するが，最初のものは以下のように表される．

> 多様体 $\mathcal{M}$ と計量 $g_{\mu\nu}$ の時空 $(\mathcal{M},\, g_{\mu\nu})$ において，
> (i) ヌルエネルギー条件を満たす，
> (ii) $\mathcal{M}$ に非コンパクトなコーシー超曲面が存在する，
> (iii) $\mathcal{M}$ に閉じた光的捕捉面が存在する，
> の 3 条件がすべて満たされるとき，時空 $(\mathcal{M},\, g_{\mu\nu})$ に有限かつ延長不可能なヌル測地線が存在する．

最後の「有限かつ延長不可能なヌル測地線の存在」は，時空特異点が存在することと等価である．ほかの表現や詳しい証明などは，ホーキングとエリス (G. F. R. Ellis) によるテキスト [12] を参照していただきたい．

時空特異点の存在は非常に困ったものである．「そこ」では一般相対性理論が破綻しているので，それ以降の未来予言性が失われ，物理の基本となる因果律が破れてしまう．そこで登場したのが，1969 年にペンローズによって提唱された**宇宙検閲官仮説** (cosmic censorship hypothesis) である．これには次のように 2 つのバージョンがある．

弱い宇宙検閲官仮説 (weak cosmic censorship hypothesis)
時空特異点は事象の地平面に隠される．したがって，ブラックホールの外にいる観測者は時空特異点の影響を受けない．

強い宇宙検閲官仮説 (strong cosmic censorship hypothesis)
時空特異点は空間的である．したがって，ブラックホールの内部であっても，その特異点に到達するまでは特異点の影響を受けない．

特異点定理は特異点の存在について言及するだけであり，特異点の形状や位置はアインシュタイン方程式を解いて，その解を調べなければわからない．カー－ニューマン解系列に属するすべての解は特異点定理の仮定を満たすので，時空特異点を含んでいる．さらに，それらはすべて事象の地平面内に存在するので，弱い宇宙検閲官仮説は成り立ち，ブラックホールに捕らえられない限り，我々は特異点による被害にあうことはない．しかしながら，シュヴァルツシルト解の時空特異点は空間的なので問題

ないが，ライスナー–ノルドストロム解やカー解では事象の地平面の内側に内部地平面があり，さらにその内側に特異点が存在する．この特異点は時間的であり，強い宇宙検閲官仮説は破れている．

そのために，観測者が存在することによる反作用の影響が調べられた．摂動計算によると，重力崩壊する物体が内部地平面付近で無限に青方偏移されて，ブラックホールの質量パラメータが発散する**質量インフレーション現象** (mass inflation) が生じ，内部地平面が不安定になる [13]．その後の時間発展は非線形領域の解析が必要になるが，そこに特異点が発生し，それより内側にはいけないと考えられ，強い宇宙検閲官仮説が成立すると期待されている．ただし，量子場や弦を用いた解析では，内部地平面を通過できる場合がある．また，特異点の問題を回避するために特異点をもたない正則ブラックホール解も提案されているが，エネルギー条件を破るなど，物理的な正当性については賛否がある．

ダストや完全流体などの重力崩壊シミュレーションによると，事象の地平面の形成前に曲率特異点が現れたり，軸対称重力崩壊では地平面外側の軸上に特異点が現れたりすることが報告されている．このように，さまざまな方面からの研究がなされているが，宇宙検閲官仮説が正しいのかどうかはまだ不明である．

A.1.5　ブラックホール熱力学

ブラックホールは熱力学の法則に対応する性質をもつことが示されている．熱力学は仕事や熱的現象を巨視的な変数を用いて記述して，物質の振る舞いや性質を調べる分野であり，外部領域には物質が存在しない定常で孤立したブラックホールに対して熱力学的な法則が存在するのは奇妙な気がする．一方で，前述のように，ブラックホールは少ない物理量で特徴付けられることを考慮すると，熱平衡状態にある物質が（各分子のミクロな状態に比べて）少数の状態量で記述できることと関連があるようにも考えられる．

端緒となる研究は，1972 年のホーキングによる**面積定理** (area theorem, 問題 17.14) である．ブラックホールは，その定義より，事象の地平面からは（古典的には）何も出てこられない．逆に外部の物質を取り込むことはお構いなしである．したがって，ブラックホールはその質量をどんどん増大させ，地平面の面積 A もますます広くなる．これを数学的に示したのが面積定理である．この性質は，すぐに熱力学の第 2 法則との類似性が指摘できる．そこで，ブラックホールのエントロピーとして，$S_{\rm BH} = A/4$（**ベケンシュタイン–ホーキング公式**）が提案された [14]．しかし，ブラックホールを実際に熱力学的対象として扱うには困難があった．ブラックホールが温度をもつとすると，必ずそれからの熱放射があるはずであるが，なんでも取り込むだけのブラックホールの性質とは相入れなかったためである．

1974 年，ホーキングはブラックホール時空における量子場の考察から，ブラックホールが黒体放射することを示した [15]．異なる真空間のボゴリューボフ変換 (Bogoliubov transformation) を用いると，生成される粒子の期待値が $\langle n \rangle = 1/(e^{2\pi\omega/\kappa} - 1)$ となり，黒体放射スペクトルの式との比較から，ブラックホールが温度 $T_{\mathrm{BH}} = \kappa/2\pi$ をもつ黒体のように振る舞うことがわかる．ここで，κ はブラックホールの表面重力である．これを**ホーキング放射** (Hawking radiation) という．

これでブラックホール熱力学の基礎となる理論が整った．その法則を以下と表 A.2 にまとめておく．ブラックホール時空を平衡系，つまり定常とする．

第 0 法則：事象の地平面上で表面重力 κ は一定である．

第 1 法則：ブラックホールの質量変化は，ほかの変数と表 A.2 に表される関係がある．

第 2 法則：弱いエネルギー条件を仮定すると，漸近的平坦なブラックホールの事象の地平面の面積は時間に対して非減少関数である（面積定理）．

第 3 法則：有限回の物理過程によってブラックホールの表面重力をゼロにすることはできない（問題 17.17）．

表 A.2 通常の熱力学とブラックホール熱力学（ブラックホールの各変数は次のとおりである．M：質量，κ：表面重力，A：事象の地平面の面積，Ω_H：事象の地平面の角速度，J：角運動量，Φ_H：事象の地平面上の静電ポテンシャル，Q：電荷）

	通常の熱力学	ブラックホール熱力学
第 0 法則	$T =$（定数）	$\kappa =$（定数）
第 1 法則	$\Delta E = T\Delta S - P\Delta V$	$\Delta M = \dfrac{\kappa}{8\pi}\Delta A + \Omega_H \Delta J + \Phi_H \Delta Q$
第 2 法則	$\Delta S \geq 0$	$\Delta A \geq 0$
第 3 法則	$T \nrightarrow 0$	$\kappa \nrightarrow 0$

ワルト (R. M. Wald) は重力理論を拡張して，一般座標変換不変な任意の理論におけるエントロピーを定義した [16]．このエントロピーは，第 1 法則を満たすという要請から構成されている．いくつかの拡張理論において，ブラックホールの面積は減少することがあるが，ワルトによって定義されたエントロピーは常に非減少であることが示されている．

ただし，こうしたブラックホール熱力学が通常の熱力学と完全に一致しているわけではない．たとえば，通常の熱力学とは異なり，ブラックホールのエントロピーは相加性をもたない．また，熱力学にはその背景となるミクロな分子の振る舞いが存在し，統計力学が構成され，微視的な状態数からエントロピーが計算される．しかしながら，ブラックホールの微視的な状態が何を記述しているのか明らかになっていない．面積の最小単位を仮定するもの，弦理論における弦や BPS 状態の D ブレインの縮退度を数えるもの，量子場のエンタングルメント状態を利用するもの，情報理論との関係を探るものなどいろいろな試みがあるが，まだ決定的なものはない．

また，熱力学は基本法則を仮定して理論を構築し，実験によって検証していくものであるが，ブラックホール熱力学は重力理論においてその「基本法則」が満たされていることを示す形式になっている．証明や類推から物理的な結論を導き出す過程で，重力理論のより深い理解につながることも大いに期待されるが，理論構築の立ち位置に違いがあることにも注意したい．

A.1.6　高次元ブラックホール：多様化する「黒い」オブジェクト

一般相対性理論は，弱重力場における実験や（間接的ではあるが）強重力場の観測（A.4 節），中性子星のスピンダウンや重力波の検出（A.3 節）を正しく記述している．一方で，量子力学との相性が悪く，重力の量子論は未だ完成していない．量子重力理論の候補としては，ループ重力理論と超弦理論の 2 つがあり，両者はアプローチが全く異なる．いまのところ有力なのは超弦理論であろう．超弦理論は 10 次元，もしくは 11 次元で定式化され，いずれにしても高次元理論である．そこで，一般相対性理論を高次元化した理論において，その解の振る舞いに注目が集まっている[†1]．

シュヴァルツシルト解やカー解を高次元化した解は，それぞれ，タンゲリーニ (F. R. Tangherlini)，マイヤーズ (R. C. Myers) とペリー (M. J. Perry) によって発見された[17][†2]．高次元時空になると，回転軸は 1 つとは限らない．実際に 5 次元のマイヤーズ–ペリー解は 2 つの回転軸（正確には 1 つの回転面）をもち，次元が上がればその数も増える．この 2 つの回転軸まわりの角運動量が等しい場合は対称性がよく，解は単純な形になって，詳しい解析が可能になる．興味深いのは，カー解のように 1 軸まわりだけで回転しているブラックホールである．4 次元では，角運動量が大きくなると，$J = M = A$ で臨界解 (extreme limit) に到達する．しかし，5 次元では臨界解になると表面積がゼロになる．さらに，6 次元以上では角運動量に上限がなくなり，すぐ後で述べるように，安定性を無視すればいくらでも速く回転することが可能になる．

4 次元時空では，空間的超曲面における事象の地平面のトポロジーは S^2（2 次元球

---

†1 超弦理論の有効理論にはディラトン場や曲率高次項なども現れるため，$f(R)$ 理論やホルンデスキー理論，さらに超ホルンデスキー理論などの**拡張重力理論**も盛んに研究され，ブラックホール解に関する研究も進んでいる．拡張重力理論は宇宙定数項（ダークエネルギー）問題の 1 つの解決策としても期待されている．これらの研究についての解説は（A.5 節）に譲ることにして，ここでは一般相対性理論を純粋に高次元化した理論について述べる．

†2 電磁場を含んだカー–ニューマン解の高次元版は見つかっていない．

面に同相）に限られるが（問題 17.19），一般の n 次元時空では S^{n-2} とは限らない．たとえば，タンゲリーニ解は $R^2 \times S^{n-2}$ の構造をしているが，S^{n-2} の部分を任意のアインシュタイン多様体に置き換えても厳密解になっている．したがって，そのような非自明な形状をした地平面をもつブラックホール解が存在する．ほかにも，地平面の形状が，ドーナツのように穴の開いたリング状の解（ブラックリング），2 つのリングをもつ解（ブラックダイリング），土星のようになっている解（ブラックサターン）など，さまざまな厳密解が発見されている．これらは「ホール」ではないので，総称して**ブラックオブジェクト**とよばれる[18]．このように，高次元時空におけるブラックオブジェクトは非常に多様である．

ブラックリングを特徴付けるパラメータは，質量 M と角運動量 J である．しかし，あるパラメータ領域では一組の M と J の値に対して「太い」リング解と「細い」リング解が共存する．さらに，同じパラメータ値をもつマイヤーズ–ペリー解もある．このように，高次元時空ではブラックオブジェクトの唯一性は破れている．

また，漸近的に平坦ではないが，ブラックストリング解やブラックブレイン解も存在する†．これらはホライズンに沿う（いくつかの）方向に並進対称性をもつ．ブラックストリング解に対しては安定性に関して先駆的な解析がある．4 次元時空では，カー解に摂動を加えた場合，その摂動方程式であるテューコルスキー方程式を解けば解が安定であることが確かめられる．しかし，高次元のブラックストリング解については，1993 年にグレゴリー (R. Gregory) とラフラメ (R. Laflamme) によって，その太さが臨界値より小さくなると不安定になることが示されている[19]．その後の数値的な解析により，ブラックストリングには節が生じ，その部分が細くなり，その細くなった部分でさらに不安定性が起こり，そこに節が生じ $\cdots$，とくり返されることが数値計算で示されている．

同様に，タンゲリーニ解の一部をアインシュタイン多様体に置き換えた解や，高速回転するブラックホール解も不安定であることが示されている．このように，高次元ブラックオブジェクトの安定性が保証されないことは重要なポイントである．もはやブラックオブジェクト自体は重力崩壊の最終的な安定形状ではなく，それ自体がほかのタイプの解へと進化していくようである．

このように，高次元時空におけるブラックホールは 4 次元時空のものとは性質が大きく異なっている．高次元ブラックホールを語るとき，多様性・不安定性がキーワー

† 4 次元時空でブラックストリング解がないことは，3 次元時空においてブラックホール解が存在しないことを意味する．これは並進対称な方向をカルツァ–クライン的にコンパクト化すればわかる．しかし，1993 年，3 次元時空に負の宇宙定数を導入すればブラックホール解が存在することが，バナドス (M. Bañados)，タイトルボイム (C. Teitelboim)，ザネリ (J. Zanelli) により示された．彼らの頭文字をとって，この解を BTZ ブラックホールという[20]．

ドとなる．逆にいうと，4 次元時空のブラックホール解はきわめてシンプルで美しいといえる．なぜ我々の宇宙がこのような特別な次元になっているのか，不思議に思えてくる．

A.1.7　ブラックホールの観測的研究：ブラックホールを「見る」

解が発見されてからもそれが何を表しているのか長らくわからず，また解の性質が明らかになってからもその存在が疑われていたブラックホールは，現在では宇宙物理学にとってなくてはならない天体となっている．本書では，ブラックホールの理論的な面に関する問題のみが扱われているが，本節の最後にブラックホールの観測的研究について簡単に紹介する．

ブラックホールの形成過程ではじめに考えられたのは，初期質量が $20M_\odot$ よりも重い恒星の重力崩壊である．この過程で形成されるブラックホールは，質量が恒星程度なので恒星質量ブラックホール (stellar-mass BH) とよばれる．その後の研究で，これ以外にもさまざまな質量スケールでブラックホールが存在することが確かめられている．候補も含めて，典型的な質量とともに表 A.3 にまとめる．

表 A.3　ブラックホールの種類（候補を含む）とその質量スケール

名称	質量スケール
恒星質量ブラックホール	$5M_\odot \sim 80M_\odot$
超大質量ブラックホール	$10^5 M_\odot \sim 10^{10} M_\odot$
中質量ブラックホール	$10^2 M_\odot \sim 10^3 M_\odot$
原始ブラックホール（候補）	$1\,\mathrm{kg} \sim 10^{17} M_\odot$ †

■恒星質量ブラックホール

恒星質量ブラックホールは，恒星の進化で形成される $\sim 10^2 M_\odot$（$M_\odot$ は太陽質量）程度までの質量のブラックホールで，燃え尽きた恒星が中心核の自己重力を中性子の縮退圧でも支えきれなくなり，重力崩壊したものである．はくちょう座にある強い X 線を放つ天体 Cyg X-1 が，ブラックホールの候補天体としてはじめて考えられたことは有名である．重力波の節（A.4 節）で述べるが，2015 年に初検出された重力波は，2 個のブラックホールがお互いのまわりを回転し，衝突・合体したときに発生したもので，ブラックホールが生み出す時空のゆがみ（ブラックホール自体も時空のゆがみ）を観測している．その意味で，天体を電磁波で観測するように，この検出は重力波によってはじめてブラックホールを直接観測したものといってよい．

† 10^{12} kg 以下の原始ブラックホールは，現在までに蒸発して消えている．

■超大質量ブラックホール

超大質量ブラックホール (super-massive BH, SMBH) とは，銀河の中心部分に存在し，$10^5 M_\odot$ 以上の質量をもつブラックホールのことである．$10^{10} M_\odot$ を超えるものでは，シュヴァルツシルト半径は海王星の公転軌道半径の 10 倍にもなる．その分，「平均密度」[†] は低く地球表面の大気くらいになる．また，潮汐力も，事象の地平面付近でさえ，月による地球の潮汐力と比べて小さい．銀河系の中心にある太陽質量の約 420 万倍をもつ天体 Sgr A* も，それを周回する天体の運動から超大質量ブラックホールであると考えられている．

こうした状況の中，この演習書日本語版の校正をしているときに，ビッグニュースが飛び込んできた [21]．地球上にある 8 つの電波望遠鏡を利用したイベント・ホライズン・テレスコープが，おとめ座銀河団にある楕円銀河 M87 の中心に位置する超大質量ブラックホール M87* (の影) の撮像に成功したというのだ．得られた画像では，まわりの輝くガスの中にぽっかりと空いた黒い影を見ることができる．M87* は Sgr A* よりもずっと大きいことや，そのために 8 時間程度の十分な露光時間をとってもガスなどによる時間変動が少ないために，Sgr A* よりも先に M87* の撮像および解析が可能になった．また，今回の観測により，M87* の質量が従来の予測よりも 2 倍大きい ($6.5 \times 10^9 M_\odot$) ことが確実に示され，超長基線電波干渉計 (VLBI) による観測の威力や，新たに応用されたデータ解析手法のスパースモデリングも注目を集めている．

■中間質量ブラックホール

恒星質量ブラックホールよりも質量が大きく，超大質量ブラックホールよりも質量が小さいブラックホールを中間質量ブラックホール (inter-mediate mass BH, IMBH) という．

超大質量ブラックホールの形成メカニズムを解く鍵が中間質量ブラックホールである．1 つのブラックホールがまわりの物質を飲み込んで巨大化した，また，いくつものブラックホールが合体し中間質量ブラックホールを経由して進化した，などのシナリオが考えられている．また，多くの銀河を観測した結果，銀河のバルジ部分の質量と中心にあるブラックホールの質量が比例していることがわかってきた．これは，銀河を形成する星々と銀河中心にあるブラックホールが影響を及ぼし合って共に進化してきたためと考えられている．

■原始ブラックホール

宇宙のごく初期に誕生したブラックホールを原始質量ブラックホール (primordial BH) という (問題 17.20)．速度に上限があるため，宇宙の初期になればなるほど，そ

† 大まかな意味である．

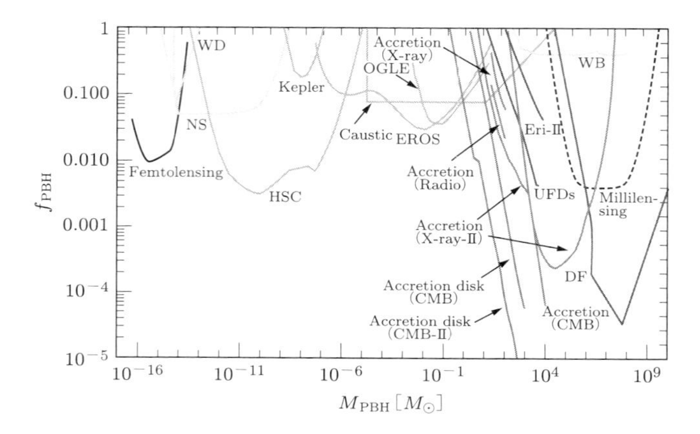

図 A.2　原始ブラックホールの質量存在比についての観測からの制限†

のときまでに情報が伝達できる（重力が及ぶ）範囲が狭くなる．そのために重力崩壊を起こしてブラックホールができたとしても，その範囲内にある少ない量の物質しか取り込むことができない．したがって，初期のものほど質量は小さい．GUT 相転移 ($\sim 10^{-36}$ s)，電弱相転移 ($\sim 10^{-11}$ s)，クォーク・ハドロン相転移 ($\sim 10^{-5}$ s) のときに原始ブラックホールが形成されたとすると，質量はそれぞれ 1 kg，10^{25} kg，$1M_\odot$ 程度となる．

10^{15} g 程度の原始ブラックホールができていたとすれば，ホーキング放射によって質量を失っていき，138 億年たった現在に蒸発しきるところである．反陽子宇宙線の観測や超高エネルギー宇宙線など，理論的に説明ができない宇宙線現象を説明する候補としてこのような原始ブラックホールがあげられるが，逆にそれらが原始ブラックホールの存在量に対する厳しい制限にもなっている．図 A.2 は，原始ブラックホールのダークマターに対する質量存在比に対する観測からの制限である．

（鳥居隆）

参考文献

[1] R. Ruffini and J. A. Wheeler, Physics Today 24 (1971) 30.
[2] レビューとして次がある：*General Relativity, and Einstein Centenary Survey* (edited by S. W. Hawking and W. Israel, Cambridge University Press, Cambridge, 1979). また，調和写像を用いた議論は次を参照されたい：M. Heusler, *Black Hole Uniqueness Theorem* (Cambridge University Press, Cambridge, 1996).

† M. Sasaki *et al.*, Primordial black holes—perspectives in gravitational wave astronomy, Class. Quant. Grav. 35 (2018) 063001 より IOP Publishing 社の許諾を得て転載.

[3] P. Bizon, Phys. Rev. Lett. 64 (1990) 2844.
[4] K. Maeda, T. Tachizawa, T. Torii and T. Maki, Phys. Rev. Lett. 72 (1994) 45, およびその中の参考文献を参照.
[5] J. D. Bekenstein, Phys. Rev. D 51 (1995) R6608; D. Sudarsky, Class. Quant. Grav. 12 (1995) 579.
[6] T. Torii, K. Maeda and M. Narita, Phys. Rev. D 64 (2001) 044007.
[7] Y. B. Zel'dovich, Pis'ma Zh. Eksp. Teor. Fiz. 14 (1971) 270 [JETP Lett. 14 (1971) 180].
[8] W. H. Press and S. A. Teukolsky, Nature 238 (1972) 211.
[9] C. A. R. Herdeiro and E. Radu, Phys. Rev. Lett. 112 (2014) 221101.
[10] 次のレビューがある：P. Jetzer, Phys. Rep. 220 (1992) 163; F. E. Schunck and E. W. Mielke, Class. Quant. Grav. 20 (2003) R301.
[11] H. O. Silva *et al.*, Phys. Rev. Lett. 120 (2018) 131104.
[12] S. W. Hawking and G. F. R. Ellis, *The Large Scale Structure of Space-Time* (Cambridge University Press, Cambridge, 1974).
[13] E. Poisson and W. Israel, Phys. Rev. Lett. 63 (1989) 1663.
[14] J. D. Bekenstein, Lett. Nuovo Cimento 4 (1972) 737; Phys. Rev. D 7 (1973) 2333; Phys. Rev. D 9 (1974) 3292.
[15] S. W. Hawking, Commun. Math. Phys. 43 (1975) 199.
[16] R. M. Wald, Phys. Rev. D 48 (1993) R3427.
[17] F. R. Tangherlini, Il Nuovo Cimento 27 (1963) 636; R. C. Myers and M. J. Perry, Annals Phys. 172 (1986) 304.
[18] R. Emparan and H. S. Reall, Liv. Rev. Rel. 11 (2008) 6.
[19] R. Gregory and R. Laflamme, Phys. Rev. Lett. 70 (1993) 2837.
[20] M. Banados, C. Teitelboim and J. Zanelli, Phys. Rev. Lett. 69 (1992) 1849.
[21] The Event Horizon Telescope Collaboration, Astro. Phys. J. 875 (2019) L1.

A.2　宇宙論研究の進展

本書が出版された当初は，宇宙の歴史を論じるに足る十分な観測はまだなかった．1964 年にペンジアス (A. A. Penzias) とウィルソン (R. W. Wilson) が，宇宙マイクロ波背景放射 (cosmic microwave background radiation, CMB) の存在を，電波に見られる一様なノイズとして偶然に発見[1,2]して以降，ビッグバン宇宙モデルにおける物質形成・構造形成の解明が相対論研究の課題になった．宇宙モデルを確定させることができるようになる観測データが出始めるのは 1990 年代になってからである．

A.2.1　フリードマン宇宙モデル

宇宙論は，宇宙全体が一様・等方な 1 つの計量で記述されると考える，いわゆる**宇宙原理**からスタートする．その結果として，本書第 19 章のまえがきにあるように，ロバートソン－ウォーカー計量で表されるフリードマン（あるいはルメートル）モデルが第 0 近似で宇宙を記述すると考える．この計量には，空間の曲率を表すパラメータ k があり，宇宙全体の大きさを表すスケールファクター（スケール因子）$R(t)$（最近では $a(t)$ と表記されることも多い）を決める運動方程式（問題 19.14）には，物質密度 ρ および状態方程式 $p(\rho)$ の自由度がある．また，アインシュタインが静的な宇宙の解を得るために導入した宇宙定数 Λ（問題 19.33）も入りうる．現代風にまとめると，フリードマン方程式は，ハッブルパラメータを $H = (1/R)(dR/dt)$ として，

$$\text{密度パラメータ} \qquad \Omega_\mathrm{m} \equiv \frac{\rho}{3H^2/8\pi G} \tag{1}$$

$$\text{宇宙項パラメータ} \qquad \Omega_\Lambda \equiv \frac{\Lambda}{3H^2} \tag{2}$$

$$\text{曲率パラメータ} \qquad \Omega_k \equiv -\frac{k}{a^2H^2} \tag{3}$$

を定義し，

$$1 = \Omega_\mathrm{m} + \Omega_\Lambda + \Omega_k \tag{4}$$

となる．宇宙の構成要素は，初期は放射が優勢 ($\rho \sim R^{-4}$) で，その後は物質優勢 ($\rho \sim R^{-3}$) になったと考えられるので，これらの要素を分けて Ω_rad, Ω_matter と表したり，さらにハッブルパラメータに時間依存性を含めて議論したりする．

A.2.2　インフレーション宇宙モデル

CMB の発見により，宇宙の初期が高温・高圧の火の玉であったことが確認されたが，そうなると，次のような問題が発生した．

(A) **地平線問題**：なぜ CMB は全天で一様に近い温度分布を示すのか.

(B) **平坦性問題**：なぜ現在の宇宙は平坦（曲率 $k = 0$）に見えるのか.

(C) **構造形成の種問題**：星や銀河など物質ができるためのゆらぎはどうやって生まれたのか.

(D) **モノポール問題**：宇宙初期の相転移で生じる位相欠陥のうち，とくにモノポールはどのように消滅していくのか.

(E) **バリオン生成の問題**：なぜ宇宙には物質だけ存在して反物質が存在しないのか.

(F) **宇宙の初期特異点問題**：時刻 0 のとき，宇宙は密度が無限大の特異点になる.物理的にどうやって説明するのか.

(G) **時空の次元問題**：私たちの住む時空は，なぜ 4 次元であって 3 次元や 5 次元でないのか.

1980 年，佐藤勝彦は，超新星爆発の研究で用いた相転移現象の解析を宇宙論に応用し，真空のエネルギーが支配的である時空を宇宙の誕生直後（10^{-36} 秒後から 10^{-34} 秒後）に考えることで，上記の (A)〜(D) の問題を解決できることに気づいた[3]．すぐ後にグース[4]が同様のメカニズムを独自に「インフレーション膨張」と表現したことから，**インフレーション宇宙モデル**とよばれている.

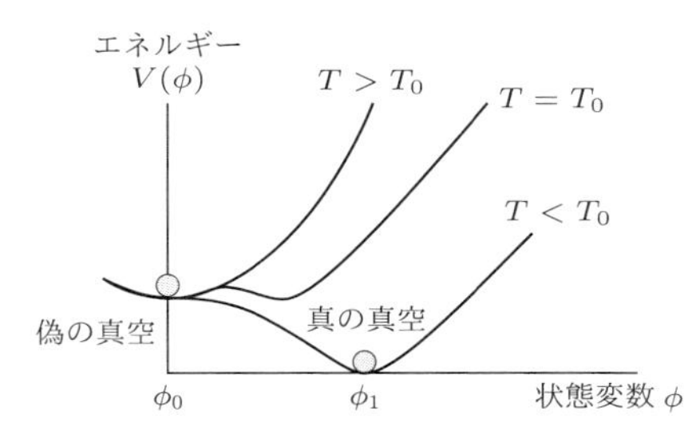

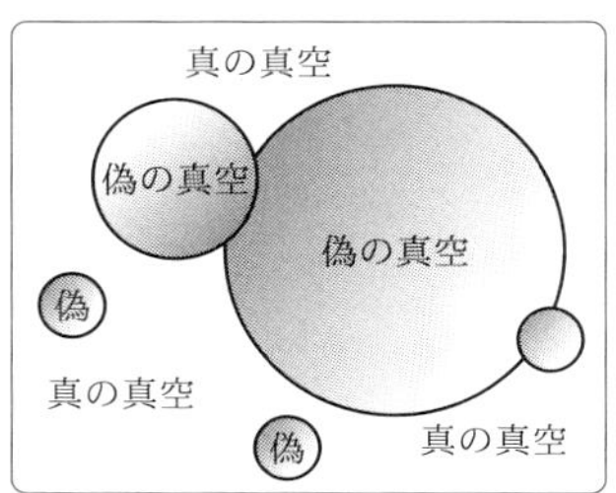

図 A.3　〔左〕相転移を表すエネルギー図．宇宙の温度 T が下がることによって，最小値を与える状態が ϕ_0 から ϕ_1 へ変化する．これまで真空と思われていた ϕ_0 は偽の真空へと立場を変える．〔右〕偽の真空は真の真空よりもエネルギーが高いので，偽の真空領域は急速に膨張する．そして，ほかの膨張している領域と衝突してその運動エネルギーを熱エネルギーに変換すると考えられる.

相転移の過程では，エネルギーの高い真空（偽の真空）とエネルギーの低い真空（真の真空）とが混在するだろう．このエネルギー差は実質的に宇宙定数と等価であり，偽真空部分は指数関数的に急膨張する（図 A.3）．宇宙が急激に，光の速さ以上に膨張を遂げれば，平坦性問題・地平線問題もモノポール問題も解決する．現在私たちが観測できるすべての領域が，1 つの小さな量子的なゆらぎから，一気に作られてしまった，とすればいいからだ（光速を超えて動くことは特殊相対性理論に反するように聞こえるが，ここでは時空全体の動きであり，情報伝達の話ではないので矛盾は生じない）．また，量子ゆらぎが１つ１つ急膨張をするならば，それぞれが泡のように広がっていくはずだ．当然ながら，泡どうしが衝突することもあるだろう．衝突が起これば，運動エネルギーが熱エネルギーに転化され，その再加熱した状態がビッグバンの始まりになったと考えることができる．衝突のような激しい状況では，状態は完全に一様になるはずもなく，**ゆらぎ**をもつことが十分に考えられる．つまり，構造形成の種問題も解決できる．

インフレーション宇宙モデルは，わずかな仮定で多くの原理的な問題を解決することから，ビッグバン宇宙が始まる直前の描像として，もっともなシナリオとして受け入れられている．ただし，具体的にインフレーションを引き起こす物質場やそのポテンシャル（図 A.3〔左〕）は，現在でも特定されていない．将来的に，CMB の観測（A.2.4 項参照）が進めば，許されるモデルに制限がついていくと期待されている．

また，1 つの小さな量子的なゆらぎが大きな宇宙になった，とするシナリオから，宇宙は我々の宇宙だけに限らず，多くの宇宙が存在する可能性も示唆される [5]（図 A.4，ユニバース (universe) に対してマルチベース (multi-verse) という）．これは観測で検証しようもないが，理論的に自然な帰結である．

A.2.3　膜宇宙論

物理学に登場する 4 つの基本的な力（電磁気力，弱い核力，強い核力，重力）は，宇

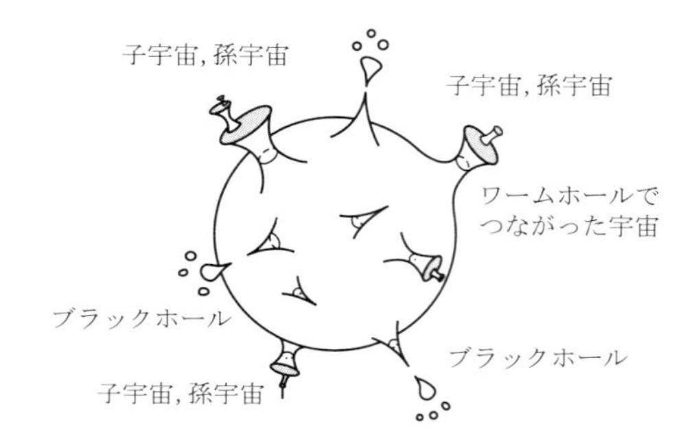

図 A.4　佐藤らの多重宇宙の創成の論文に掲載された図に，筆者が日本語で説明を加えたもの†

† K. Sato, H. Kodama, M. Sasaki, and K. Maeda, Multi-production of universes by first-order phase transition of a vacuum, Phys. Lett. B 108 (1982) 103 より Elsevier 社の許諾を得て転載．

宙の初期では1つにまとめられると期待されている．電磁気力と弱い力は，100 GeV（ギガ電子ボルト）のエネルギーで統一して考えることができ（**電弱統一理論**），これは宇宙誕生後 10^{-11} 秒後に相当する温度になる．そして，さらに強い核力を含めて3つの力が統一されるのは 10^{15} GeV のエネルギーレベル（宇宙誕生後 10^{-36} 秒後），というのが素粒子の標準理論（**力の統一理論**）である．

しかし，重力はほかの3力に比べて極端に弱い．重力を含めて4つの力を統合できるとすれば，とても小さなサイズで（エネルギー的にはとても大きなスケールで）実現できることになる．期待されるスケールは非常に高温の 10^{19} GeV レベル（宇宙誕生後 10^{-44} 秒後）である．

不思議なのは，電弱統一の後，次の力の統一までに，13桁から17桁もエネルギースケールの違いがあるということだ．これが，素粒子理論における**階層性問題** (hierarchy problem) である．とくに，「なぜ重力だけがほかの力と違ってとても弱いのか」という問題を階層性問題ということもある．

相対性理論と量子論を統合しようとする量子重力理論の有力な候補である**超弦理論**から，1990年代半ばに階層性問題に対する新しいアイデアが登場した．10次元時空または11次元時空中を弦が運動すると考える超弦理論では，我々の4次元時空では実質的に観測できない6次元（または7次元）の余剰次元空間は，目に見えないとても小さなスケールに（10^{-33} cm くらいに）何らかのメカニズムで閉じ込められていると考える．**時空のコンパクト化**という考えだ（図 A.5〔左〕）．

超弦理論では，開いた弦と閉じた弦の2種類が主役になる．開いた弦は物質を表し，閉じた弦は重力を表す．1990年代の中頃，ポルチンスキー (J. Polchinski) は，開いた弦の両端に薄膜状の物質がくっついている構造を理論的に導入した．薄膜のことを英語で membrane とよぶため，**ブレイン**とよばれる構造である（正確には，弦のディレクレ境界であることをあわせて **D ブレイン**とよぶ）．

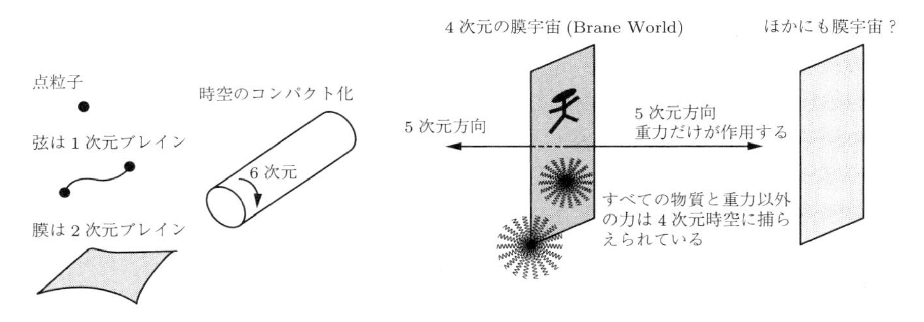

図 **A.5**　〔左〕ブレインと時空のコンパクト化．〔右〕膜宇宙モデルのアイデア．

ブレインに貼り付いた弦は離れることができない．そのため，すべての素粒子はブレイン上にだけ存在することになる．ブレインが4次元時空であるとすれば，「時空のコンパクト化」は不要になり，物質が存在する時空は自然に4次元時空になる．ただし，重力だけは例外になる．閉じた弦はブレインに捕らわれる必要がないからだ．重力だけがブレインの外にも広がることができると考えれば，重力だけがとても弱いことを説明できることになる．そうであれば，「我々の住む宇宙そのものが，高次元の中を漂う薄い膜のような4次元時空だ」という描像はどうだろうか．**ブレインワールド**（膜宇宙）とよばれる考え方だ．1998年に発表されたアルカニハメド (N. Arkani-Hamed) らによるこの膜宇宙モデル [6] は，その後まったく新しいパラダイムを我々に提供することになる（図A.5〔右〕）．

時空の次元が変わると，ニュートンの万有引力の法則も変更される．現在，万有引力の法則は，ミリメートルのスケールから太陽系・銀河系程度まで正しく成り立つことが実験や観測で確かめられているが，実は0.1 mm以下のスケールでは実験が難しく，まだ完全に確かめられているわけではない（A.4.6項）．だから，髪の毛より細いスケールでは，余剰次元が閉じ込められていない可能性を否定できない．そうだとすれば，たとえば，6次元以上の時空で余剰次元空間の広がる大きさLが$L = 0.1\,\mathrm{mm}$程度だとすれば，重力が統一されるエネルギーは$10^{19}\,\mathrm{GeV}$の大きさではなく，ずっと低くなって TeV（テラ電子ボルト）$= 10^3\,\mathrm{GeV}$程度になる．つまり，時空が6次元以上で，かつ微小スケールではニュートンの万有引力の法則が破れている，という仮定を認めれば，階層性問題は自然に解決できることになる．その後，ランドール (L. Randall) らによって，大きな余剰次元モデル [7] も提唱された．このような膜宇宙モデルでは，本書に登場する薄膜近似（問題21.8〜21.10）が適用でき [8]，宇宙論に新たなパラダイムをもたらした．

A.2.4　宇宙マイクロ波背景放射 (CMB) の観測

宇宙誕生後38万年たつと，宇宙の温度が3000 Kに下がり，飛び回っていた電子が，すべて原子核へ捕らえられる．このときまで電子に邪魔されて直進できなかった光は，ようやく自由に進むことができる（伝播できる）ようになる．この現象を**宇宙の晴れ上がり** (recombination) とよぶ．このときの光が，宇宙マイクロ波背景放射 (CMB) である．

1964年にペンジアス (A. A. Penzias) とウィルソン (R. W. Wilson) がCMBを発見したことで，宇宙の初期が高温の火の玉だったことが確認され，定常宇宙論が否定された．このときに報告されたCMBは3.5 Kの温度相当の電磁波である（問題2.2(b) に関連問題がある）．ペンジアスとウィルソンは1978年のノーベル物理学賞を受賞した．その後，CMB の観測は，COBE 衛星 (1989～1993)[9] †1，WMAP 衛星 (2001～2010)[10] †2，Planck 衛星 (2009～2013)[11, 12] †3 によって詳細に調べられ，宇宙論パラメータが精密に決まりつつある．

COBE 衛星は，はじめて宇宙空間で CMB を観測し，その温度が 2.73 K であり，理論から予測されるプランク分布に非常によく合致することを明らかにした．そして，温度ゆらぎが 10 万分の 1 で有意に存在することを報告し，銀河や星などの構造形成の種がこの時期に存在することを明らかにした．COBE プロジェクトを組織したマザー (J. C. Mather) とスムート (G. F. Smoot III) は，2006 年のノーベル物理学賞を受賞した．続く WMAP 衛星や Planck 衛星では，より細かい分解能をもつ観測がなされた（図 A.6）．

図 A.6 CMB で描いた温度ゆらぎの全天図を観測年代ごとに比較したもの．中心の水平軸は天の川銀河面を示す．1964 年のペンジアスとウィルソンの観測では「全天から一様な CMB」，1992 年の COBE 衛星は「10 万分の 1 程度のゆらぎ」が報告された．2003 年の WMAP 衛星，2013 年の Planck 衛星の観測結果は，ゆらぎの観測の角度分解能が格段に上がり，より精密なデータが得られるようになった．［©NASA/JPL-Caltech/ESA, ©ESA, ©ESA and the Planck Collaboration をもとに作成］

細かい角度で CMB 温度ゆらぎを観測し，角度相関を統計的に計算することによって，宇宙論を決めるさまざまなパラメータが決まる（図 A.7）．たとえば，宇宙が開いているのか，平坦なのかといった空間の曲率は，角度相関スペクトルのピークを示す角度から決定することができる．

†1 COBE は Cosmic Background Explorer の頭文字．「コービー衛星」と読む．
†2 Wilkinson Microwave Anisotropy Probe．「ダブリューマップ衛星」と読む．
†3 「プランク衛星」と読む．もちろん物理学者プランク (M. Planck) の名前を冠したものである．

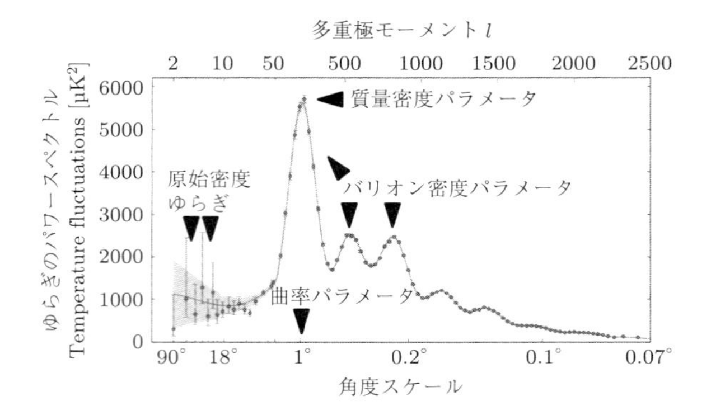

図 A.7　CMB の角度相関図を理論曲線に重ねて示した図．1° スケールにピークがあり，この大きさから質量密度パラメータ，この位置から曲率パラメータがわかる．[©ESA and the Planck Collaboration，日本語による説明を追加]

A.2.5　ダークマター問題

重力によって，星は集まって銀河を作り，銀河どうしは大規模構造を形成していく．宇宙誕生後 10 億年後には銀河ができていたことが観測されている．

銀河を構成する星の回転速度の観測から，光では見えないが重力を及ぼしている物質は確かに存在すると考えられている．本書が執筆された 1975 年の時点では，**失われた質量問題** (missing mass problem) とよばれていた．たとえば，ルービン (V. C. Rubin) は，いくつもの渦巻銀河の観測を行い，それぞれの銀河の回転速度から，光っている星の 6 倍以上の物質が存在している，と報告した (1970 年)．現在では，**ダークマター**（暗黒物質）とよばれている．観測だけではなく理論面でも，ダークマターは必要とされる．たとえば，現在の銀河形成を宇宙年齢以内で行うためには，ダークマターを含めて計算しないと時間が足りないことがシミュレーションで示されている．

ダークマターの正体は現在のところ不明である．太陽系を考えると，惑星自身は光らないので，遠方から観測すれば惑星はダークマターになる．しかし，太陽系の質量は太陽自身が 99.99%を占めているから，惑星の質量は問題にならないくらい小さい．また，銀河系の中心には巨大ブラックホールがあることもわかっているが，それだけでは説明ができないほどの量のダークマターが必要とされる．実際には宇宙に存在するバリオンの量では理論とあわず，非バリオンのダークマターが必要になる．現在，多くの研究者は，未知の素粒子を見つけることがダークマターの検出につながると考えている．直接ダークマターを検出する試みとしては，素粒子加速器を用いて高エネルギーの陽子を衝突させて，これまでに知られていない粒子の痕跡を見つけようとするもの（スイス・CERN 研究所の LHC 加速器実験など）や，宇宙から飛来する未知の粒子を捉えようとするもの（日本が岐阜県神岡の地下施設で行っている XMASS（エックスマス）実験）などがある．

A.2.6 宇宙の加速膨張問題

宇宙膨張の割合が一定なのか，それとも加速あるいは減速しているのかどうかは長い間わからなかった．観測に用いる銀河はそれぞれ構成要素や明るさが異なり，輝きが同じではないためである．そこで注目されたのが，Ia 型超新星である．超新星は恒星の進化の最終段階に，自身の重力を支えきれずに起こる爆発である．1 つの銀河内では爆発はまれにしか生じないが，数週間観測される輝きは，1 つの銀河全体よりも明るい．そして，爆発のメカニズムは物理的に決まっていて，どの Ia 型超新星爆発もほぼ同じ質量の星が起こすことから，放出されるエネルギーも同じになる．そのため，観測される明るさから距離が正確に判定できることになる．さらに，爆発後の減光の仕方も同じである．超新星爆発ではカルシウムや鉄，ニッケルなど，重い元素がどんどん作られるが，その変化の仕方も同じになる．スペクトルから元素の構成比を観測することで，爆発後のどの時期に相当するのかもわかる．このような特徴から，Ia 型超新星爆発は**宇宙の標準光源** (standard candle) とよばれる．

パールムッター (S. Perlmutter) が率いる SCP グループ [13] と，シュミット (B. P. Schmidt) が率いる HZT グループ [14] は，独立に Ia 型超新星爆発の観測を行い，1998 年から 1999 年にかけて，どちらも「平坦な宇宙を仮定するならば，宇宙は加速膨張していると考えられる」と発表した．当初，この観測結果は驚きをもって受け取られたが，その後さまざまな観測と矛盾しないことがわかった．両グループのリーダーと，HZT グループの大学院生（当時）だったリース (A. G. Riess) に，2011 年のノーベル物理学賞が与えられている．

宇宙の加速膨張の原因は不明である．重力と反対の影響を及ぼす謎のエネルギーとして，**ダークエネルギー**（暗黒エネルギー）というよび方が定着しているが，その正体はまったくの謎である．基本的な考えに戻れば，アインシュタインが導入した宇宙定数項がもたらす物理現象であるので，「宇宙定数」の存在を仮定することになる．しかし，現在のところ，宇宙定数項またはそれに相当する場を導く素粒子理論がない．数多くのアイデアが出されているが，観測事実が正しいとするならば，基本的な解決策は (1) ダークエネルギーの存在を認める（新たな物質場），(2) 修正重力理論に根拠を求める（新たな重力理論），(3) 非一様宇宙モデルに根拠を求める（宇宙原理の変更），の 3 つのうちのどれか，ということになる．

A.2.7 宇宙論パラメータ

これまでに述べたように，宇宙にはダークマターが存在している．そして構造形成のシミュレーションから，冷たいダークマター (CDM)† が有力とされている．また，現在の宇宙は加速膨張している．そして加速膨張の説明には斥力を及ぼすダークエネルギーを導入するモデルが最も簡単である．代表的なのは，ダークエネルギーの成分を宇宙定数 Λ と実効的に同じに考え，常に一定の加速膨張を引き起こすとするモデルである．以上を取り入れた宇宙モデルは，**ΛCDM モデル**とよばれている．

Planck 衛星のデータや，超新星爆発の距離測定など，現在入手できるデータから ΛCDM モデルのパラメータで一番よく合うものを計算する [12] と，

- CMB の温度は 2.72548 ± 0.00057 K である．
- CMB は，宇宙誕生後 37 万 7700 年の光である．
- 宇宙の年齢は，$t_0 = 137.87$ 億年 $\pm$ 2000 万年である．
- ハッブル定数は，$H_0 = 67.66 \pm 0.42$ [km/s/Mpc].

となっている．より詳しくは，表 A.4 のようになる．

表 A.4　Planck 衛星による観測チームが発表した宇宙論パラメータ（2018 年）．左欄の P. は ΛCDM モデルを決める基本的な 6 つのパラメータ，C. はモデルを決めると計算されるパラメータ，F. はモデルを決めるために設定したパラメータを示す．

	パラメータ	記号	値
P.	バリオン密度	$\Omega_b h^2$	0.02242 ± 0.00014
P.	ダークマター密度	$\Omega_c h^2$	0.11933 ± 0.00091
P.	曲率ゆらぎ振幅	A_s	$2.105 \pm 0.03 \times 10^{-9}$
P.	宇宙年齢	t_0	137.87 億年 ±2000 万年
P.	CMB 放射の光学的深さ	τ	0.0561 ± 0.0071
P.	スカラースペクトル指数	n_s	0.9665 ± 0.0038
C.	ハッブルパラメータ	H_0	67.66 ± 0.42 [km/s/Mpc]
C.	バリオン (通常の物質)	Ω_b	$4.897 \pm 0.03\%$
C.	冷たいダークマター	$\Omega_{\rm CDM}$	$26.06 \pm 0.20\%$
C.	ダークエネルギー	Ω_Λ	$68.97 \pm 0.57\%$
C.	臨界密度	$\rho_{\rm crit.}$	$(8.62 \pm 0.12) \times 10^{-27}{\rm kg/m^3}$
C.	CMB 放射の赤方偏移	$z_{\rm eq}$	1089.80 ± 0.21
C.	CMB 放射時の宇宙年齢	$t_{\rm eq}$	37 万 7700 年 ±3200 年
C.	再イオン化の赤方偏移	$z_{\rm red}$	7.82 ± 0.71
C.	$8h^{-1}$Mpc でのゆらぎ振幅	σ_8	0.8102 ± 0.0060
F.	状態方程式パラメータ	w	-1.03 ± 0.03（-1 なら宇宙項）
F.	テンソル・スカラー比	r	< 0.07
F.	全密度パラメータ	$\Omega_{\rm tot}$	1

† 宇宙の晴れ上がりのときに，運動エネルギーが質量エネルギーを上回っていたものを**熱いダークマター** (HDM)，そうではないものを**冷たいダークマター** (CDM) とよぶ．

そして，宇宙の構成要素の割合を計算すると，現在の宇宙の構成要素は，69.0%が正体不明の（宇宙を加速膨張させる要因の）ダークエネルギーで，26.1%が正体不明の（物質として存在しているはずの）ダークマターであり，残りの 4.9%が既知の物質となる．つまり，宇宙全体の 95%は正体不明の物質であると報告されている．

（真貝寿明）

参考文献

[1] A. A. Penzias and R. W. Wilson, Astrophys. J. 142 (1965) 419.
[2] R. H. Dicke, P. J. E. Peebles, P. G. Roll, and D. T. Wilkinson, Astrophys. J. 142 (1965) 414.
[3] K. Sato, Mon. Not. Roy. Astron. Soc. 195 (1981) 467.
[4] A. H. Guth, Phys. Rev. D 23 (1981) 347.
[5] K. Sato, H. Kodama, M. Sasaki, and K. Maeda, Phys. Lett. B 108 (1982) 103.
[6] N. Arkani-Hamed, S. Dimopoulos, and G. Dvali, Phys. Lett. B 429 (1998) 263; Phys. Rev. D 59 (1999) 086004.
[7] L. Randall, and R. Sundrum, Phys. Rev. Lett. 83 (1999) 3370; Phys. Rev. Lett. 83 (1999) 4690.
[8] T. Shiromizu, K. Maeda, and M. Sasaki, Phys. Rev. D 62 (2000) 024012.
[9] J. C. Mather *et al.*, Astrophys. J. Lett. 354 (1990) 37; Astrophys. J. 420 (1994) 439.
[10] G. Hinshaw *et al.*, Astrophys. J. Supp. 208 (2013) 19; C. L. Bennett *et al.*, Astrophys. J. Supp. 208 (2013) 20.
[11] Planck Collaboration, Astro. Astrophys. 571 (2014) A1.
[12] Planck Collaboration, arXiv:1807.06205, arXiv:1807.06209.
[13] S. Perlmutter *et al.*, Astrophys. J. 517 (1999) 565.
[14] A. G. Riess *et al.*, Astron. J. 116 (1998) 1009.

A

A.3　重力波研究の進展

重力波（重力放射，本書第 18 章）は，一般相対性理論で予言される時空のゆがみが光速で伝播する現象である．質量をもつ物体が加速度運動することによって生じるが，人工的に作られる重力波の振幅は非常に小さく（問題 18.4），その波源には天体現象を想定せざるをえない．重力波源として考えられるのは，中性子星連星やブラックホール連星の合体，超新星爆発，ブラックホールや中性子星の非軸対称な回転効果などである．波として伝播すると，振幅は距離に反比例して減少する．そのため，天文学的な距離を伝わって到来する重力波の振幅は非常に小さい．観測される典型的な振幅は，空間の長さが 10^{-21} だけ変化する，というものだ（地球・太陽間の距離 1.5×10^{11} m に対してなら，10^{-10} m になり，原子 1 つ分の大きさの変化になる）．

A.3.1　重力波検出の試み

1974 年にハルス (R. A. Hulse) とテイラー (J. H. Taylor) が電波望遠鏡を用いて発見した連星パルサー PSR B1913+16[1] は，重力波放射によってエネルギーを失い，その公転周期が徐々に短くなっていくことが確認されている（図 A.8）．周期の変化は，一般相対性理論（正確には四重極放射を含めたポストニュートン近似）による予測（問題 18.6）と 40 年以上にわたる観測値が見事に一致しており，重力波の存在について，間接的な証拠を与えた．ハルスとテイラーは 1993 年のノーベル物理学賞を受賞した．

重力波を直接検出する試みは，1960 年代後半のウェーバー (J. Weber) による共振型検出器から，1970 年代以降の干渉計による検出計画へと進んでいった．ワイス (R.

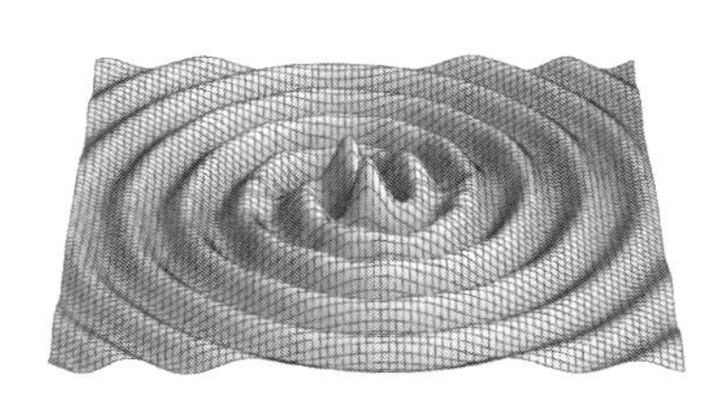

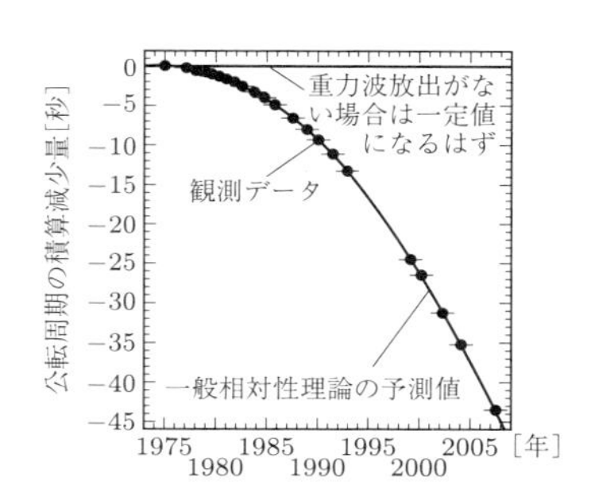

図 A.8　〔左〕連星から放射される重力波のイメージ図．中央の 2 つの大きな山のところに星があり，2 つの星が次第に近づいて合体するまでに，時空にゆがみを引き起こす．ゆがみは波として周囲に伝播する．〔右〕重力波を放射することによって，連星パルサーの公転周期が減少していくことが一般相対性理論から予想される．30 年以上にわたって，その予想曲線にピタリと観測データが一致する [2]．

Weiss) は，巨大なレーザー干渉計を用いて，2 点間の距離を測定し続け，それが有意に変化することを見つけることで，広い周波数帯域での重力波の検出が可能になると考えた．ソーン (K. S. Thorne) は，重力波放射の理論・重力波検出の理論を整え，多くの研究者を育てることになる．1992 年にアメリカが 1 辺が 4 km に及ぶ巨大なレーザー干渉計 LIGO† 計画の予算承認を得たことで，重力波観測計画は本格的にスタートした [3]．

微弱な重力波を捉えるためには，検出器の改良を続けてノイズを除去したり，ノイズに紛れた信号を取り出すデータ解析の手法が必要となる．観測プロジェクトには観測器の振動や量子限界をいかに下げるかの挑戦が課せられることになった．また，ノイズに埋もれた信号から重力波を抽出するためには，あらかじめ波形を計算して，信号とのマッチング解析をすることが有望とされ，重力波の波形計算をあらかじめ行うことが相対論研究の課題となった．

A.3.2 連星合体からの重力波波形の予測

理論研究は，重力波源として，最も確実に波形が予測できそうな連星合体現象を中心に進められた．連星合体の前後で得られる重力波の波形のイメージを図 A.9 に示す．合体前後の波形は，**インスパイラル部分・合体部分・リングダウン部分**の 3 つに分けられる．

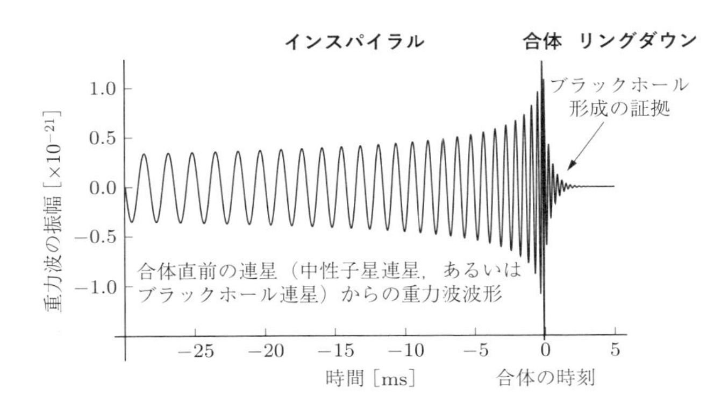

図 A.9 中性子星連星の合体の前後で放出される重力波の波形（予想）．次第に振幅を大きくしながら，1 kHz に近い周波数にまで上がる．合体後にブラックホールが形成される場合では，重力波はブラックホールに飲み込まれてしまい，急速に減衰する．この減衰部分が観測されれば，ブラックホール形成を直接観測したことになる．

† Laser Interferometer Gravitational-wave Observatory．ライゴと読む．

■インスパイラル部分

インスパイラルとは，連星が共通重心のまわりを周回しながら重力波を放射し，互いに近づいていく様子を表す用語である．連星は重力波を放射してエネルギーと角運動量を失いながら距離を縮め，次第に周期が短く，振幅が大きくなる重力波を放射する．この間，互いに円軌道になりながら近づくことも示される（問題 18.6, 18.7）．この段階は，ニュートン力学に相対性理論の補正を加えたポストニュートン近似を用いて計算される [4]．合体直前には，高次の展開式が必要となり，連星の質量比や回転の大きさ・向きなどを含め，さらには重力波放射の反作用（問題 18.5）を含めた運動の解析が必要となる．

ニュートン力学のレベルでは，重力波の振幅 $h(t)$ は，合体時刻を $t_{\rm c}$，万有引力定数を G，光速を c として，

$$h(t) = \frac{GM_{\rm c}}{c^2 D\,(\omega(t))^{1/4}} \cos[-2\,(\omega(t))^{5/8}], \qquad \omega(t) \equiv \frac{c^3(t_{\rm c}-t)}{5GM_{\rm c}} \tag{5}$$

として表される†．ここで，D は波源から地球までの距離，$M_{\rm c}$ はチャープ質量 (chirp mass) とよばれる量で，連星の質量をそれぞれ M_1, M_2 としたときに，

$$M_{\rm c} = \frac{(M_1 M_2)^{3/5}}{(M_1+M_2)^{1/5}} \tag{6}$$

として与えられる．チャープとは鳥のさえずりを表す英語で，周波数が上がっていく様子がこの組み合わせの質量で表されることから命名された．

■合体部分

連星の合体部分の波形を調べるためには重力の非線形効果をきちんと見積もる必要があるので，アインシュタイン方程式を近似せずに数値的に解くことが求められた．コンピュータを用いてアインシュタイン方程式を解くという試みは，**数値相対論** (numerical relativity) とも称される．日本の中村卓史に始まる京都大学のグループは，1980 年代からこの分野を牽引した．

数値シミュレーションの基本となるのは，3 次元空間で用意された初期値を時間方向に積分していく，といういわゆる **3 + 1 形式**にアインシュタイン方程式を分解する方法である．そのためには，4 次元時空中での 3 次元空間の埋め込み方を設定すること，計量とその時間微分に相当する外的曲率（第 9 章参照）を用いて時間方向に 1 階の偏微分方程式の組として全体を定式化することが求められる（問題 9.32, 9.33）．また，初期値を用意する計算には，共形変換（問題 21.12）を用いて 3 次元超曲面内の曲率をスカラー関数の伸縮に置き換えて楕円型偏微分方程式を解く方法が用いられる．

---

† 合体時の位相，連星の傾き角，+ モードと × モードの違いなどは省いた表記である．

このように，方法論は 1980 年代には整ったが，数値相対論は，計算機の能力向上とともに，単に方程式をプログラミングする以上の工夫が必要なことが判明する．ブラックホールの取り扱い，重力波の抽出方法，モデルに適した座標条件の設定，安定な数値計算を行うための基礎方程式の工夫 [5] などさまざまな問題が存在し，連星ブラックホールの合体シミュレーションにはじめて成功したという報告 [6] は，2005 年まで待たなければならなかった．

A

■リングダウン部分

合体後に 1 つの大きなブラックホールが形成される場合では，ブラックホールが周囲の重力波を飲み込んで時空を静かにさせるために，急速な減衰を伴う重力波が発生する．逆に，このような減衰する重力波（リングダウン波）が観測されれば，ブラックホールの存在が確かめられたことになる．

リングダウンの波形は，ブラックホールの摂動論から計算することが可能である [7]．ブラックホールの**準固有振動** (quasi-normal mode) ともよばれるもので，減衰振動の形で初期時刻を t_0，そのときの初期位相を φ_0 として

$$h(t) = Ae^{-(t-t_0)\pi f/Q} \cos[2\pi f(t - t_0) + \varphi_0] \tag{7}$$

と仮定できる．A は振幅である．波形は，振動数 f と減衰率 Q の 2 つのパラメータによって表され，これらは，ブラックホールの質量 M と回転パラメータ a の大きさによって決まる．実際にはさまざまなモードの組み合わせの重力波になると考えられるが，最も強いモードでは，

$$\begin{aligned} f &= \frac{c^3}{2\pi GM}[1.5251 - 1.1568(1-a)^{0.1292}] \\ Q &= 0.7000 + 1.4187(1-a)^{-0.4990} \end{aligned} \tag{8}$$

となる近似公式 [8] が得られている．

A.3.3　重力波のデータ解析

干渉計から取り出される信号は機器や環境によるノイズで満たされている．地球から非常に近いところで強い重力波が発生したならば，時系列信号から重力波の通過が目で見てわかるかもしれないが，その可能性は非常に低い．そこで，ノイズに埋もれた信号を取り出す方法を構築しなければならない．

■ Matched Filtering 解析

代表的な方法に，Matched Filtering 解析がある．これは，理論的にあらかじめ予想される重力波波形を計算しておき，それらをテンプレートとして登録して，実信号

との相関をとる，というアイデアである．

合体する天体の質量や自転の大きさなどさまざまなパラメータが存在するが，それらをテンプレート $h(t)$ として登録しておく．そして，合体推定時刻や地球からの見かけの回転面の傾きをパラメータとして加え，干渉計の信号 $s(t)$ との相関を，シグナル・ノイズ比 (SNR: signal-noise ratio) とよばれる統計量 ρ

$$\rho = 2\int_{-\infty}^{\infty} \frac{\tilde{s}(f)\tilde{h}^*(f)}{S_h(|h|)} df \tag{9}$$

で判定する．ここで，$\tilde{h}(f), \tilde{s}(f)$ はそれぞれテンプレート波形 $h(t)$ と干渉計信号 $s(t)$ をフーリエ変換したもの，$S_h(|f|)$ は干渉計の感度の片側パワースペクトル密度である（図 A.11〔左〕）．ρ に閾値を与え，その値以上の ρ（たとえば $\rho \geq 8$）であれば重力波が含まれていると判断する．

用意するテンプレートの数は，波源天体の質量や自転などのパラメータに応じて用意する必要があり，さらに ρ の変化を 3%以内に収めるようなテンプレートを考えると，$10^5 \sim 10^7$ 個になる．

■バースト重力波解析

連星合体などの既知の重力波信号については，原理的には Matched Filtering 解析が最も優れている．しかし，超新星爆発による重力波放射や，中性子星内部の構造相転移によるグリッチ現象によっても重力波は発生すると考えられているが，これらが生じさせる重力波波形はまだきちんと予測されていない．そこで，フーリエ変換された干渉計信号 $\tilde{s}(f)$ の中で，短い継続時間で限られた周波数にパワースペクトルの強い偏りが見られた場合は，バースト的な重力波が含まれていると判断する方法も併用されている．干渉計では常にランダムなノイズが発生するので，1 台の干渉計データのバースト解析だけでは（インスパイラル波形などの明らかに重力波とわかる場合を除いて）ノイズと重力波を区別できない．2 台以上の干渉計データを重力波の到達時間差を考慮して相関解析を行ってはじめて，意味のある重力波検出になる．

■連続重力波解析

このほかにも，連続的に重力波を放射する天体の存在も考えられている．中性子星パルサーは最も速いもので 10 ms 程度で回転を続けているが，星の形状が完全な球でなければ，非対称性から重力波を放出するはずである．半径 10 km 程度の中性子星が数 cm 程度の「山」をもっていたとしたら，LIGO など，地上のレーザー干渉計で観測される可能性がある．

このような連続波解析では，時系列データを細分化して Matched Filtering などの解析データを蓄積し，長時間でのデータとして足し上げ，検出器が向いている方向などを加味して，天球上での同一天体からの波源であるかどうかを探索することになる．LIGO/Virgo グループは，分散コンピューティングのプラットフォームである BOINC†1 の技術を使って，Einstein@Home†2 を展開して，この連続重力波解析を行っている．現時点では検出に至っていないが，既知のパルサーが出している連続重力波の上限値を与えるという意味での報告がいくつかなされている．

A.3.4 現代のレーザー干渉計

LIGO グループは，1 辺が 4 km の腕（基線長）をもつレーザー干渉計を，ワシントン州のハンフォードと，ルイジアナ州のリビングストンの 2 箇所に設置し，2005 年から観測を開始した．イギリスとドイツは 600 m の腕をもつ干渉計 GEO をドイツ・ハノーバーに設置し，2005 年に稼働させた．フランスとイタリアは 3 km の腕をもつレーザー干渉計 Virgo†3 をイタリア・ピサに設置し，2007 年に観測を開始した．日本は，これらに先立って 2002 年から 3 年間，東京・三鷹の国立天文台に 300 m の腕をもった干渉計 TAMA を運用した実観測を行った．しかし，（予想されていたことだが）2000 年代の干渉計の能力では，どのプロジェクトも重力波を捉えることができなかった．最も感度の高かった LIGO は，20 Mpc（7000 万光年）先の連星中性子星合体を捉える能力をもっていたが，2 年以上の実観測で，1 回も確かな重力波イベントを発見することができなかった．

LIGO/Virgo グループは，レーザー干渉計を数年間停止し，感度を改善して，2015 年 9 月に再び観測を始めた．観測の正式な開始予定日の 2 日前の（最終点検中の）9 月 14 日，連星ブラックホールの合体と考えられる重力波信号を検出した．0.2 秒間に 100 Hz から 250 Hz まで上昇して消える信号だった．GW150914 と命名された重力波イベントを，2016 年 2 月 11 日に論文掲載 [9] とともに記者発表で報告した（図 A.10, A.11）．はじめての直接観測で，しかも，ブラックホール（および連星ブラックホール）が実在していることの直接の証拠が得られ，さらに得られた波形は，一般相対性理論の予言と矛盾しなかった．

†1 `https://boinc.berkeley.edu`． 電波望遠鏡データから知的生命体探しを行う SETI@Home を端緒にして，さまざまなプロジェクトが展開されている．

†2 `http://www.einsteinathome.org`．現在は LIGO/Virgo グループから独立した．

†3 「ヴィルゴ」と読む．

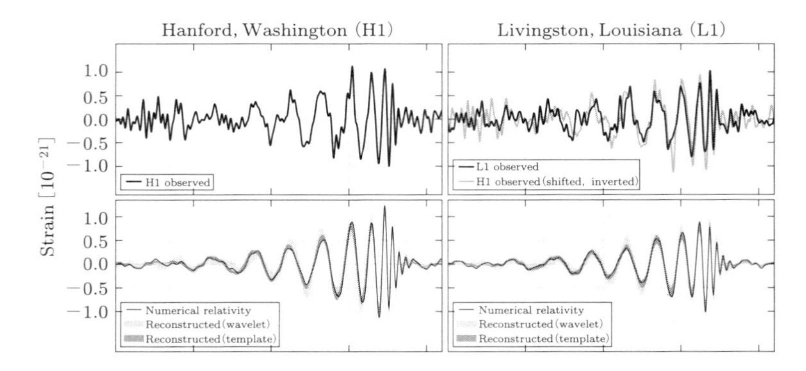

図 A.10　GW150914 の重力波波形 †1．〔上〕LIGO の 2 つの干渉計のデータ．〔右上〕0.69 ms ずらすと 2 つの干渉計からの波形が重なることを示している．〔下〕観測されたデータに合うようにブラックホール合体をシミュレーションして得られた波形を示したもの．

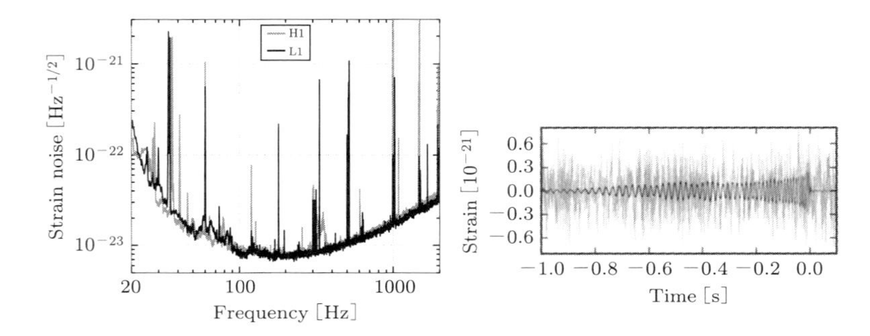

図 A.11　〔左〕初の重力波 GW150914 検出時の LIGO の 2 台の干渉計の感度 †1．式 (9) に登場した干渉計のパワースペクトル密度 $S_h(f)$ である．この曲線より上の領域が観測可能な感度になる．低周波数側は地面振動で制限され，高周波数側は鏡の熱雑音，中間領域はレーザー光源の量子雑音がおもなノイズ源になる．〔右〕2 番目のイベント GW151226 の実データと読み取られた波形をもとに数値シミュレーションされた波形を重ねたもの †2．宝探しであることがおわかりいただけるかと思う．

†1 B. P. Abbott *et al.*, Observation of Gravitational Waves from a Binary Black Hole Merger, Phys. Rev. Lett. 116 (2016) 061102, DOI: 10.1103/PhysRevLett.116.061102 (CC BY 3.0)

†2 B. P. Abbott *et al.*, GW151226: Observation of Gravitational Waves from a 22-Solar-Mass Binary Black Hole Coalescence, Phys. Rev. Lett. 116 (2016) 241103, DOI: 10.1103/PhysRevLett.116.241103 (CC BY 3.0)

A.3.5　報告された重力波イベント

2018 年 12 月現在，LIGO/Virgo グループは，合計 10 個のブラックホール連星合体イベントと 1 個の中性子星連星合体イベントを報告している（表 A.5）．このほかに 14 個の候補イベントも発表している [10]．ブラックホール連星合体によってできたブラックホールの質量は太陽質量の 20 倍から 80 倍であり，これは重力波初観測前には予想もされなかった質量領域である．アメリカの LIGO に続き，欧州の Virgo も 2017 年 7 月末から本格観測を開始した．GW170729 以降，1 ヶ月間に 6 個ものイベントがあるのは，LIGO 2 台と Virgo の計 3 台体制で同時観測することによって，信号把握の確度が増したことも一因であろう．2017 年 8 月 17 日には，連星中性子星の合体と考えられる重力波イベント GW170817 を観測した [11]．1 分以上にわたって観測したインスパイラル部分から，重力波源の位置特定精度が格段によくなり，検出後ただちに，世界の天文台に重力波源の位置情報が送信され，ガンマ線・可視光線・赤外線・電波などでの追観測に成功した．波源の位置する銀河が特定され，距離も確定したことから，数値計算による理論との整合性の研究も進み，鉄以上の元素が（超新星爆発だけではなく）連星中性子星の合体でも合成されている，という予測が確かめられることとなった．ノーベル財団は，2017 年のノーベル物理学賞を，LIGO グループを牽引したワイス，ソーン，バリッシュ (B. C. Barish) に授与した．

表 A.5　これまでに報告された重力波（2018 年 12 月現在）[10]．質量欄は，太陽質量単位で $M_1 + M_2 = M_{\rm final} + M_{\rm GW}$ の形式と $\Delta M \equiv M_{\rm GW}/(M_1 + M_2)$ の値，$a_{\rm final}$ は合体して形成されたブラックホールの回転の大きさ（1.0 が最大回転）．距離欄はメガパーセクと赤方偏移 z，$(\Delta\theta)^2$ は波源特定精度（平方度），SNR はシグナル・ノイズ比（式 (9)）を示す．SNR 以外は誤差のある数字であるが中央値のみ示している．

イベント	質量 ($M_\odot$)	ΔM	$a_{\rm final}$	距離 (Mpc,z)		$(\Delta\theta)^2$	SNR
GW150914	35.6+30.6=63.1+3.1	4.68%	0.69	430 Mpc	0.09	179	24.4
GW151012	23.3+13.6=35.7+1.2	3.25%	0.67	1060 Mpc	0.20	1555	10.0
GW151226	13.7+7.7=20.5+0.9	4.21%	0.74	440 Mpc	0.09	1033	13.1
GW170104	31.0+20.1=49.1+2.0	3.91%	0.66	960 Mpc	0.19	924	13.0
GW170608	10.9+7.6=17.8+0.7	3.78%	0.69	320 Mpc	0.07	396	14.9
GW170729	50.6+34.3=80.3+4.6	5.42%	0.81	2750 Mpc	0.48	1033	10.8
GW170809	35.2+23.8=56.4+2.6	4.40%	0.70	990 Mpc	0.20	340	12.4
GW170814	30.7+25.3=53.4+2.6	4.64%	0.72	580 Mpc	0.12	87	15.9
GW170817（中性子星連星）	1.46+ 1.27 = 2.8 + ?	? %	–	40 Mpc	0.01	39	33.0
GW170818	35.5+26.8=59.8+2.5	4.01%	0.67	1020 Mpc	0.20	39	11.3
GW170823	39.6+29.4=65.6+3.4	4.93%	0.71	1850 Mpc	0.34	1651	11.5

A.3.6　重力波観測の将来

日本では，岐阜県・神岡の山中に，1 辺が 3 km の腕をもつ大型低温重力波望遠鏡 KAGRA（かぐら）† を新たに建設している [12]．ニュートリノ観測でノーベル物理学賞を 2 度日本に導いた（2002 年度小柴昌俊氏，2015 年度梶田隆章氏）スーパーカミオカンデ（小柴氏の時代はカミオカンデ）に隣接する場所である．山中にトンネルを掘って干渉計を造ることで，地面振動を抑えることができ，装置全体を低温に冷却することで熱雑音も抑え，第 2 世代 LIGO と同程度の感度を得る計画である．2016 年春，2018 年春には，それぞれ干渉計の試験運転・低温干渉計の試験運転を行った．2019 年には本格的に稼働させ，LIGO グループとの共同観測を実施する予定である．

感度が 10 倍よくなると，10 倍遠いところの天体からの重力波を捉えることができる．これは，観測領域の体積比で 1000 倍にあたるので，重力波を捉える確率も 1000 倍高くなる．連星中性子星や連星ブラックホールが実際にいくつあるのか，そして地球に向けて強い重力波を放射する確率がどの程度なのかは不確定な要素が多いが，現在の設計感度が達成される近い将来には，おそらく 1 年間に 10 個から 200 個以上の重力波イベントを発見することができるだろうと期待されている．

重力波による天体観測が可能になったことは，可視光線による天体観測から始まった天文学が，赤外線・電波・X 線・ガンマ線と波長領域を広げていったことに，さらに加えて長波長の重力波という目をもつことを意味する．電磁波による観測とあわせて重力波やニュートリノも利用した天体観測を**マルチメッセンジャー天文観測**と称するようになった．これからこのような観測が進めば，波源となる天体のパラメータを決めるだけではなく，中性子星内部の原子核の状態方程式を特定したり，強い重力場での一般相対性理論の検証を行うことが可能になる．

A.3.7　宇宙空間での重力波観測

銀河中心には超巨大ブラックホールが存在し，銀河中心のブラックホールと銀河系の構造は密接に関連していることがわかっているが，その形成過程は謎のままである．いまのところ，超巨大ブラックホールがトップダウン的に作られた（すなわちはじめから大きなブラックホールができたのか），あるいはボトムアップ的に作られた（小さなブラックホールが合体成長してできたのか）という説が両立している．この問題を解決するのも重力波観測である．質量が $2000M_\odot$ 以上のブラックホールだと，地上に設置したレーザー干渉計では地面振動が邪魔をして，リングダウン部分さえも観測することができない．そこで，宇宙空間での重力波観測計画に期待がかかる．

宇宙空間に出れば，腕の長い干渉計を構成して，低周波数の重力波を観測すること

---

† Kamioka Gravitational wave observatory.

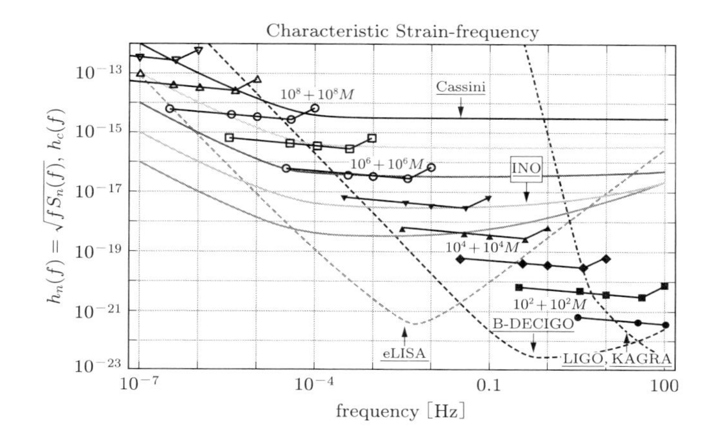

図 A.12　宇宙空間での重力波観測で期待されるブラックホール連星合体の典型的な重力波の信号強度．感度曲線は，欧州で計画承認された LISA 計画，日本で計画されている DECIGO プロジェクト，地上干渉計の感度曲線のほか，Cassini 衛星を使ったドップラー追跡での感度曲線と光格子時計を使う重力波観測提案 INO のものを示す．重力波の信号強度は，等質量のブラックホール連星が，ホライズン半径の 50 倍離れたところから合体するまでのインスパイラル部分の周波数変化を示す．

ができ（図 A.12），星の振動や宇宙論的な背景重力波の観測も可能になる．また，地上での重力波検出の予報ができることにもなる．欧州宇宙機関 (ESA) は，2030 年頃に，250 万 km の基線長をもつレーザー干渉計を 3 機の人工衛星で構成する LISA 計画†1 を推進している [13]．日本も規模を小さくした宇宙空間での低周波数重力波検出 DECIGO†2 計画を提案している [14]．

また，著者らは，最近，光格子時計を宇宙空間に配置して重力波検出を行う方法を提案した [15]．原子時計を 3 桁上回る $\Delta t/t \sim \mathcal{O}(10^{-19})$ の精度を射程範囲にする光格子時計を太陽・地球の 3 つのラグランジュ点に配置すれば，Cassini 衛星が 2001〜2002 年に行ったドップラー追跡法による重力波検出 [16] よりも 3 桁程度感度のよい観測ができる，という提案である．最近この提案に INO (Interplanetary Network of Optical Lattice Clocks) と命名した．江戸時代末期に測量に基づいて精密な日本地図を作成した伊能忠敬 (1745〜1818) に結びつけた名前である．既存の技術で可能な観測提案であり，10^6〜$10^8 M_\odot$ のブラックホールについて，1 Gpc 以内をカバーす

†1 LISA（Laser Interferometer Space Antenna，リサ）計画は，2017 年に予算承認された．`http://sci.esa.int/lisa/`．

†2 DECi-hertz Interferometer Gravitational wave Observatory，デサイゴと読む．

る感度を達成しうる.

（真貝寿明）

参考文献

[1] R. A. Hulse and J. H. Taylor, Astrophys. J. 195 (1975) L51.
[2] J. W. Weisberg *et al.*, Astrophys. J. 722 (2010) 1030.
[3] A. Abramovici *et al.*, Science 256 (1992) 325.
[4] L. Blanchet, Liv. Rev. Rel. 17 (2014) 2.
[5] H. Shinkai and G. Yoneda, arXiv:gr-qc/0209111; H. Shinkai, J. Korean Phys. Soc. 54 (2009) 2513 [arXiv:0805.0068].
[6] F. Pretorius, Phys. Rev. Lett. 95 (2005) 121101; J. G. Baker *et al.*, Phys. Rev. Lett. 96 (2006) 111102.
[7] M. Sasaki and H. Tagoshi, Liv. Rev. Rel. 6 (2003) 6.
[8] E. Berti, V. Cardoso, and C. M. Will, Phys. Rev. D 73 (2006) 064030.
[9] B. P. Abbott *et al.*, Phys. Rev. Lett. 116 (2016) 061102.
[10] B. P. Abbott *et al.*, arXiv:1811.12907.
[11] B. P. Abbott *et al.*, Phys. Rev. Lett. 119 (2017) 161101.
[12] T. Akutsu *et al.* (KAGRA Collaboration), Prog. Theor. Exp. Phys. 2018 (2018) 013F01.
[13] P. Amaro-Seoane *et al.*, arXiv:1702.00786.
[14] N. Seto, S. Kawamura, and T. Nakamura, Phys. Rev. Lett. 87 (2001) 221103.
[15] T. Ebisuzaki *et al.*, Int. J. Mod. Phys. D 28 (2019) 190002.
[16] J. W. Armstrong, Liv. Rev. Rel. 9 (2006) 1.

A.4 重力理論の検証の進展

アインシュタインが一般相対性理論を発表して以降，理論の枠組みおよびアインシュタイン方程式がどこまで正しいのかを検証する試みが続いている．本節では，重力理論の検証とされる項目について紹介する．この分野の基本文献は，ウィル (C. M. Will) による教科書 [1]，レビュー [2]，文献一覧 [3] である．検証するうえで比較として用いられる**修正重力理論**あるいは**拡張重力理論**と呼ばれる理論は，次節にてまとめる．

A.4.1 等価原理の検証

等価原理は一般相対性理論の出発点である（問題 12.14, 14.14）．テンソル計算やリーマン幾何学を用いて重力を記述しようとする原理を与える．

等価原理には，次の 3 つの表現がある．

- **弱い等価原理** (WEP: weak equivalence principle)
  - (i) 『自由落下の普遍性』を満たす．
    十分に小さな物体は，重力場の中で，その組成や質量によらず，同じ加速度で落下する．
  - (ii) 『慣性質量と重力質量の等価性』を満たす．
    慣性質量と重力質量の比はすべての物体に対して一定である．
- **アインシュタインの等価原理** (EEP: Einstein's equivalence principle)
  - (i) WEP を満たす．
  - (ii) 重力の作用しない局所的な実験において，次の 2 つが満たされる．
    『局所ローレンツ不変性 (LLI: Local Lorentz invariance)』
    実験結果は，実験を行う系の速度にはよらない．
    『局所位置不変性 (LPI: Local Position Invariance) 』
    実験結果は，実験を行う場所と時間にはよらない．
- **強い等価原理** (SEP: strong equivalence principle)
  - (i) 重力で相互作用する物体に対しても，WEP が成り立つ．
  - (ii) 重力を含むいかなる局所的な実験結果も LLI と LPI を満たす．

それぞれに検証実験が行われているが，等価原理の検証実験は，あくまでも等価原理の検証実験であり，相対性理論の検証実験ではない．

■ WEP の検証実験

WEP の直接検証のためには，構成要素（物質）の異なる 2 つの物体を自由落下させればよい．WEP が破れていれば，生じる加速度に違いが生じる．すなわち，慣性質量と重力質量が等価かどうかを調べることになる．標準的な検証方法は，2 つの物体に生じる加速度の大きさを比較して，その比を

$$\eta \equiv 2\frac{|a_1 - a_2|}{a_1 + a_2}, \qquad a_X = \frac{m_g}{m_i} \quad (\text{物体 } X \text{ に対して}) \tag{1}$$

で定義されたエトベシュ (L. Eötvös) による比 η を求めるものである．$\eta = 0$ であれば等価となる量である．

- ガリレイ (G. Galilei) は，自由落下・傾斜した坂を転がる球・ふりこを用いた実験で，10^{-3} の精度で確かめた．
- エトベシュは，ねじり秤を用いて，10^{-9} の精度で確かめた．ねじり秤を用いた実験は，太陽を重力源とした実験に応用され，2012 年には，10^{-13} の精度に達している [4]．しかし，地上実験では，この精度が限界といわれている [5]．
- 原子干渉計（^{87}Rb–^{85}Rb 遷移を用いた物質波干渉計）を用いて，WEP の検証を行ったという報告もある．たとえば装置のゆれが $1 \times 10^{-3} g$（g は重力加速度の大きさ）ほどであっても，共通に生じるノイズを除去する技術などにより g の差分精度が $3.9 \times 10^{-8} g$ 以下で得られ，WEP の検証は同位体間に生じる差として $\Delta g/g = (1.2 \pm 3.2) \times 10^{-7}$ 程度に制限されたという報告 [6] がある．

宇宙の加速膨張や，重力理論の修正によるダークマターの説明モデルは，当然ながら，$\eta \lesssim 10^{-13}$ で構築されているが，問題の解決のためには，$10^{-18} \lesssim \eta$ であることが必要で，このレベルまで検証ができることが望まれる [7,8]．

現在，WEP と LLI を宇宙空間で検証するミッションとして，フランス CNES (Centre National d'Etudes Spatiales) の MICROSCOPE ミッションが進められている†．地球実験よりも 100 倍精度よく，等価原理を 10^{-15} の精度で検証するのが目的で，2016 年 6 月に打ち上げられた．2016 年 12 月から測定を開始し，22 ヶ月の測定を行った．最終的な報告の公表が待たれている．

■ EEP の検証実験

WEP により，重力と慣性力による運動は区別できない，という結果が得られるが，アインシュタインはこの論理を逆転させて，「そもそも，一様重力場の存在する系は，等加速度運動する系と等価であるとみなせる」と考え，一般相対性理論を構築するときの指導原理とした．これを出発点とすると，自由落下の一様性は当然の結果となり，自由落下する座標系を慣性系（**局所慣性系**）とみなすことができる．

EEP から帰結される重力理論が満足すべき条件は，次のものになる．

---

† https://microscope.cnes.fr/en/MICROSCOPE/index.htm

(1) 時空は，対称な計量テンソルで記述される．
(2) 自由落下するテスト粒子の軌跡は，その計量の測地線になる．
(3) 自由落下している系では，重力以外の物理法則は特殊相対論で記述される．

EEP から帰結されることになる物理現象としては，重力場で光が曲がること，重力場で光の振動数が変わること（A.4.2 節）などがある．

■ LLI と，その検証実験

LLI を確かめることは，特殊相対性理論を検証することと同じである．現在の素粒子・場の理論の標準理論は，特殊相対性理論を前提としているが，弦理論の一部には，ローレンツ不変性は低エネルギー極限で得られるものとする理論があり，10^{-4} m 以下のスケールで，LLI が破れている可能性もある．また，もし LLI が破れていると，インフレーションや銀河磁場の起源を説明できるとする説や，光の分散関係に影響するためにガンマ線バースト観測でその破れを検証できたり，一般相対性理論が非可換場で置き換えられる可能性も生じる．このような観点については，レビュー[9]がある．

LLI の検証手段としては，宇宙に特別な方向があるかどうか，という視点の実験になる．LLI の検証に用いるパラメータは，実効的な光速 c と，粒子の到達しうる最高速度 c_0 との差を表す

$$\delta = \left| 1 - \frac{c_0^2}{c^2} \right| \tag{2}$$

である．$\delta = 0$ であれば，LLI が成立することになる．次のような制限が得られている．

- マイケルソンとモーリー (Michelson–Morley) の干渉計実験は，結果的に LLI の検証実験になった ($\delta < 10^{-3}$)．現在では，レーザー光線と原子時計を用いて光速を測定することにより，精度が向上 ($\delta < 10^{-9}$) している．
- ゼーマン効果 (Zeeman effect) による四重極分光が地球の公転によってどれだけ変化するかを調べる ($\delta < 3 \times 10^{-22}$)[10].

■ LPI と，その検証実験

LPI の検証は，時間や場所を変えて実験しても同じ結果になることを示すことになる．重力赤方偏移（A.4.2 項）を確かめることは，異なる慣性系における時間スケールの変化を見ることに相当し，それゆえ，LPI の検証実験とみなすことができる．LPI の検証に用いるパラメータは，U を重力ポテンシャルとして，

$$\frac{\Delta\nu}{\nu} = (1 + \alpha)\frac{U}{c^2} \tag{3}$$

で使われる α である．一般相対性理論ならば，$\alpha = 0$ となる．A.4.2 項で紹介する検証実験にて，$\alpha < 2 \times 10^{-4}$ の制限が得られている．

また，LPI は物理法則が時間方向の依存性をもたないことを主張するので，基本物理定数の長期にわたる変動調査も，LPI の検証であるともいえる．微細構造定数の時間変化率は，原子時計の長時間にわたる比較から，1.3×10^{-16} /yr 以下であることが報告[11]されている（[2] の表 1 も参照のこと）．

■ SEP の検証実験

EEP の定義では，「重力の作用しない局所的な実験」に対する条件を与えていて，自己重力のある系や重力を含んだ実験を除いていた．これに対し，「どんな実験に対しても」と強く一般化したのが，強い等価原理である．

SEP から帰結される重力理論が満足すべき条件は，「重力理論は計量のみで記述されなければならない」ということである．スカラー場やベクトル場を用いる重力理論は，この範疇に入らない．一方で高階微分や高次元化による重力理論の修正は，SEP を満たす．したがって，SEP を検証することは，修正重力理論の可能性を制限することになる．

SEP の検証には重力を用いる必要があるため，多くは天体現象の観測が必要となる．

- 地球と太陽間の重力と，月と太陽間の重力を比較することは，SEP の検証になるが，実際には星の組成も異なるために，SEP だけを検証していることにはならない．
- 地球上で，異なる物質を用いたねじり秤の実験による重力の検証は，SEP の検証になる．
- 万有引力定数 G の位置依存性・時間依存性の検証も，SEP の検証になる．現在最も厳しい制限は，火星の位置測定精度からくるもので，$\dot{G}$ は $(0.1 \pm 1.6) \times 10^{-13}$/yr の精度で不変であることが報告[12]されている（[2] の表 5 も参照のこと）．

A.4.2　重力赤方偏移

光が星の重力に逆らって出てくるとき，その振動数が低下する現象を**重力赤方偏移**という．光が重力に抗してエネルギーを失う現象とも解釈できる．振動数の変化は，重力場による時間スケールの変化と同じものとみなせる．

アインシュタインの等価原理によれば，重力場中の実験と等加速度運動する系での実験は区別されない．そのために，重力赤方偏移の検証は，異なる慣性系での実験比較をすることに相当し，LPI の検証になる†.

- パウンド (R. V. Pound) とレブカ (G. A. Rebka) は，1959 年，高度差 22.5 m で，^{57}Co から発生するガンマ線を用いて，重力によるメスバウアー効果を測定した．2.5×10^{-15} の変化を数%の精度（式 (3) の α に対する制限で $\alpha < 10^{-2}$）で計測することに成功した [13]．1965 年には 1%の精度で計測した [14]（問題 13.2, 20.8）.
- 太陽表面からの光に対する赤方偏移は，太陽表面での大気の擾乱も激しいため，2 ppm 精度の検出は難しいとされる．1991 年には，太陽表面にある酸素原子の三重項赤外線スペクトルの観測により，2%の精度での観測に成功した [15].
- ハフェル (J. C. Hafele) とキーティング (R. E. Keating) は，1971 年，民間機に 4 台の Cs 原子時計を搭載して世界 1 周することにより地上に設置した時計との時間差を測定した．高度差および東回り・西回りの違いによって生じた時間差が，一般相対性理論の予言と 10%の精度で計測されたことを報告した（式 (3) の α に対する制限で $\alpha < 2 \times 10^{-4}$）[16].
- 水素メーザーを高度 10000 km のロケットに搭載して，その周波数変化を捉える実験が，Gravity Probe A として 1976 年に行われ，70 ppm の精度で現象を確認している（式 (3) の α に対する制限で $\alpha < 2 \times 10^{-4}$）[17].
- 原子時計を 3 桁上回る精度で時間を測定できる光格子時計の技術を用いて，重力ポテンシャルの差による時間の遅れを比較する実験が最近報告されている．東京スカイツリーの 450 m の高度差で，$\alpha < (1.4 \pm 9.1) \times 10^{-5}$ の制限が得られている [18].

A.4.3　古典的な検証実験

以下の 3 つは，一般相対性理論の古典的な 3 大検証実験と称される．いずれも天体の質量に関係するテストである.

- **水星の近日点移動**
  時空が曲がることによって，力学的な影響が生じる．ニュートン力学では説明できなかった水星の近日点移動（問題 15.7, 20.7）を，1915 年，アインシュタイン自身が，時空のゆがみを考慮することで説明した.
- **太陽のまわりの光線の曲がり**
  時空が曲がることによって，光の軌跡も曲がる（問題 20.1〜20.6）．1919 年，エ

† したがって，重力赤方偏移の検証実験は，等価原理と特殊相対性理論の検証になる．一般相対性理論の検証にはならない.

ディントン (A. Eddington) が南半球に皆既日食観測隊を派遣することによって，確認された．**重力レンズ効果**は，その後も銀河による光線の曲がり，およびその統計を用いた宇宙のダークマター観測，マイクロレンズ効果として太陽系外の惑星探査などに発展している．

- **シャピーロ時間の遅れ**

時空が曲がることによって，光の伝播時間にも影響が出る．惑星探査機や惑星上に設置された反射板から送られる電波信号が，太陽の近くを通過するときに遅れが生じる，という効果である．シャピーロ (I. Shapiro) によって提案され [19] †1，彼自身が検証した実験は，**シャピーロ時間の遅れ**とよばれている．予想される時間の遅れは，地球惑星間の往復の場合，

$$\Delta t = 240 - 20\log\left[\left(\frac{d}{R_\odot}\right)^2\left(\frac{\mathrm{AU}}{r_p}\right)\right]\mathrm{ms} \tag{4}$$

となる．ここで，d は電波が太陽に最も近づいたときの距離，AU は天文単位，r_p は地球から惑星までの距離である．火星の探査衛星マリナーとバイキングにより，0.1%の精度で一般相対性理論と一致していることが報告 [20, 21] されている．最近の Wu *et al.*[22] に，ガンマ線バーストを用いた検証リストが掲載されている．

A.4.4　慣性系の引きずり

一般相対性理論では，天体の回転によっても時空にゆがみが生じる．これは，1918 年にティリング (H. Thirring) とレンズ (J. Lense) によって示されたため，**レンズ－ティリング効果**とよばれている（問題 11.10, 11.11）．厳密には弱い重力場についてのみこの名称が使われ，一般的には**慣性系の引きずり**とよばれる †2．

慣性系の引きずりは，一般相対性理論によって登場する効果である．ポストニュートン展開された運動方程式において，質量 M の天体が角速度 $\mathbb{\omega}$ で自転しているとき，その軸まわりの慣性モーメントを I として，ベクトルポテンシャル

$$\mathbb{A}_g = \frac{2GI}{c^2 r^3}\mathbb{r} \times \mathbb{\omega} \tag{5}$$

が与えられ，この天体から受ける物体の加速度 $\mathbb{a}$ は，

---

†1 シャピーロ自身は，相対性理論の第 4 の検証実験として提案しているが，重力の赤方偏移の実験を加えて数えている．重力の赤方偏移実験は，等価原理の検証でしかなく，一般相対性理論の検証とはなっていない．

†2 重力源が直線的に運動していると，周囲の物体が感じる重力も重力源の中心方向へ向かう引力のほかに，重力源の移動方向への向きにも生じる．しかしこれは座標系の取り方の問題であり，慣性系の引きずりとはいわない．

$$\mathbb{a} = -\nabla\Phi_N + \mathbb{v} \times (\nabla \times \mathbb{A}_g) \tag{6}$$

となる．天体の回転に起因した重力を，重力の磁気 (gravito-magnetism) とよぶ．

■ **Gravity Probe B 衛星：地球自転によるレンズ–ティリング効果**

地球の自転によるレンズ–ティリング効果は，2000 年代になって NASA とスタンフォード大学による重力探査衛星 (GPB: Gravity Probe B) によってようやく観測された．GPB は，完全に球形のジャイロスコープを 2 K に冷却された超流動ヘリウムに収め，ジャイロスコープの自転軸方向に生じる磁気双極子を超伝導量子干渉素子 (SQUID) で測定する仕組みになっている．

GPB は 2004 年に打ち上げられ，高度 642 km の極周回軌道において 1 年間にわたってデータを収集した．解析には 5 年を要し，ジャイロスコープの自転軸のずれは，経度方向と緯度方向に分離され，一般相対性理論の予測に対し，15%の精度でレンズ–ティリング効果を確認した．

A.4.5 GPS 衛星における相対論効果

全地球測位システム GPS (Global Positioning System) は，世界中のどこにいても，上空にある少なくとも 4 機の衛星からの信号を受信することによって，位置と標高を数 m の精度で知ることのできるシステムである．アメリカ国防総省によって運用され，現在 31 機の衛星から構成されている（少なくとも 24 機の衛星を必要とする）．GPS 衛星は高度 20184 km を地表に対し 3.874 km/s の速さで動いている[†1]．

地上の民生用 GPS 受信機では，衛星から，コード周期 1023（1023 チップ）のコードを 1.023 MHz で受信していて，1 ms ごとに時間を刻んでいるとみなすことができる．軍用の P コードは，これよりも 1 桁時間刻みが小さい．一方，GPS 衛星は，1.022999999543 MHz の周波数でこのコードを送信していて[†2]，この差は，特殊相対性理論と一般相対性理論の両方の効果に起因する．

- 単純に特殊相対性理論を使うと，

$$\Delta t_{\mathrm{Earth}} = \frac{\Delta t_{\mathrm{satellite}}}{\sqrt{1 - v^2/c^2}} \tag{7}$$

となり，1 日あたりに換算すると，

$$1\,\mathrm{day}_{\mathrm{satellite}} - 1\,\mathrm{day}_{\mathrm{Earth}} = -7.213\,\mu\mathrm{s}$$

---

†1 2018 年 11 月より，日本上空に長時間滞在できるような準天頂衛星「みちびき」を配置したサブシステムが稼働を始めた．これを用いると，GPS の精度は数 cm にまで改良される．

†2 http://www.gps.gov/technical/ps/1995-SPS-signal-specification.pdf

となる．

- さらに，地球から見た GPS 衛星の時計が重力によってどの程度ずれるかを見積もると，

$$\frac{t_{\mathrm{satellite}} - t_{\mathrm{Earth}}}{t_{\mathrm{Earth}}} = \frac{\Phi_{\mathrm{satellite}} - \Phi_{\mathrm{Earth}}}{c^2} = 5.28917 \times 10^{-10} \tag{8}$$

より，1 日あたりに換算すると，

$$1\,\mathrm{day}_{\mathrm{satellite}} - 1\,\mathrm{day}_{\mathrm{Earth}} = 45.6985\,\mu\mathrm{s}$$

となる．

このように，単純に見積もっても 1 日に 39 μs もずれが生じ，距離に直せば 11.7 km となる．逆にいえば，GPS が正しく動いていることが特殊および一般相対性理論の正しさを示している．

A.4.6　重力の逆 2 乗則の検証

ニュートンの万有引力の考えは，天体の運行をよく記述するが，万有引力定数 G は現在でも 5 桁の精度でしか測定されていない．これは，重力がほかの相互作用に比べて非常に弱いことに起因する．質量 1 kg の 2 つの物体を 10 cm 離したときにはたらく重力は，わずかに，10^{-9} N でしかない．1797 年，キャンベンディッシュ (H. Cavendish) は**ねじり秤**の実験を行い，地球の密度の測定を行った（G を求めた実験として紹介されることがあるが，キャンベンディッシュ自身は G を求めていない）．

■重力の逆 2 乗則の検証

G の値の直接測定は難しいが，万有引力の大きさが距離の 2 乗に反比例しているかどうかを検証することは比較的簡単である．よく使われるのは，重力のポテンシャルがニュートン型の

$$\Phi \propto \frac{1}{r} \tag{9}$$

であることを確かめるために，湯川型ポテンシャル

$$\Phi \propto \frac{e^{-r/\lambda}}{r} \tag{10}$$

を仮定する方法である．湯川が導入したこの考えは，力を媒介する粒子が質量 m をもつならば，そのド・ブロイ波長 $\lambda = h/mc$ が力の到達距離となるだろう，というもので，$\lambda \to \infty$ が $m = 0$ の極限に対応することになる．そこで，重力の逆 2 乗則の検証では，

$$\Phi = -G\frac{m_1 m_2}{r}(1 + \alpha e^{-r/\lambda}) \tag{11}$$

という関数形を仮定して，α がどれだけ 0 に近いのかが報告される．これまでに最も精度のよい計測は，アポロ 11 号が月面にレーザー反射装置を設置してきたことを利用した地球と月の距離測定である．この結果は，10^{-11} の精度であるが，地球と月の距離 $\lambda \sim 10^8$ m 程度のところが最も高い精度で制限できることになる．

■短距離での重力の検証

重力理論が量子化されるスケールはプランクスケールであり，超弦理論に現れる余剰次元は 10^{-35} m 程度にコンパクト化されていると考えられてきたが，1998 年に提唱された「大きな余剰次元モデル」（A.2.3 項）は，プランクスケールとは桁違いの大きさのスケールで統合する斬新なアイデアである．

時空が 4 次元（空間 3 次元）であれば，重力は逆 2 乗則に従うが，大きな余剰次元が存在して空間 n 次元であるとすれば，重力は逆 $n-1$ 乗則に従うことになる．すなわち，

$$\Phi \sim -\frac{1}{r^{n-2}}, \qquad F \sim \frac{1}{r^{n-1}} \tag{12}$$

となる．常に逆 2 乗則が成り立つのであれば，このような高次元時空は否定されるが，0.1 mm 以下のスケールではそれが確かめられていない．そのため，重力のみが余剰次元に逃げるモデルを構築すれば（たとえば膜宇宙論），重力がほかの相互作用に比べて極端に弱いことが自然に説明できる．スイス CERN にある大型ハドロン衝突型加速器 (LHC) での高エネルギー加速器による陽子衝突実験において，もし空間が 5 次元以上であれば，小さなブラックホールが生じ，それらがすぐに蒸発する可能性も指摘された．しかし，2019 年現在，まだそのような現象は報告されていない．

0.1 mm 以下のスケールにおける重力の逆 2 乗則の検証が待たれるが，μm 以下のスケールでは静電気力の遮蔽が現在のところ不可能であり，α の上限が 1 を超える．10^{-5} m 以下のスケールでは重力の存在が確認されたこともない．

■長距離での重力の検証

最近，銀河中心 SgrA* 近傍の星，S0-2 の軌道を 19 年間追跡した結果として，パラメータ $\alpha < 0.016$ の制限を $\lambda = 150$ AU で得た，との報告 [23] があった．

A.4.7 重力波観測を用いた一般相対性理論の検証

■連星中性子星の発見

1974 年，ハルスとテイラーは，電波観測によって連星中性子星を発見した（A.3.1 項）．太陽質量の 1.4 倍の中性子星が 9 時間弱の周期で互いのまわりを回転運動しているこの天体は，重力場の古典的な 3 大検証実験を，この重力の範囲でも可能にした．

また，重力波の放射によって，公転軌道の半径が徐々に減少することが予想され，そ

の予想どおりに公転周期が減少していることが確認されている．重力波の間接的な存在が証明された発見として，長く語られている．

■重力波の直接観測

2015年9月，アメリカのLIGOグループは，腕の長さが4kmのレーザー干渉計2台を用いて，連星ブラックホールの合体によって生じた重力波を直接観測した（A.3.5項）．GW150914と命名されたこのイベントは，太陽の35倍と29倍の質量をもつブラックホールが合体して，太陽の62倍のブラックホールに転じるプロセスであることが，数値計算結果とのマッチング解析によって報告された．一般相対性理論から予測されるインスパイラル波形と合体後のリングダウン波形には，矛盾が認められない[24]．

また，2017年8月，中性子星連星合体によって生じた重力波も観測された(GW170817)．重力波とほぼ同時にガンマ線も観測されたことで，光速と重力波の伝播速度が$\mathcal{O}(10^{-15})$以下の精度で一致していると考えられ，多くの拡張重力理論が制限されることになった（A.5節の最後）．

■将来の重力波の観測計画

地上での干渉計計画に加え，宇宙空間で低周波数(mHz∼Hz)の重力波をねらう計画がある．最近，ESAが，eLISA計画を承認した．この帯域での相対論検証に関するレビューに[25]がある．

（真貝寿明）

参考文献

[1] C. M. Will, *Theory and Experiment in Gravitational Physics* (Cambridge University Press, Cambridge; New York, 1993), 2nd edition (2018).
[2] C. M. Will, Liv. Rev. Rel. 17 (2014) 4.
[3] C. M. Will, Am. J. Phys. 78 (2010) 1240.
[4] T. A. Wagner, S. Schlamminger, J. H. Gundlach, and E. G. Adelberger, Class. Quant. Grav. 29 (2012) 184002.
[5] J. Bergé, P. Touboul, and M. Rodrigues, J. Phys.: Conf. Ser. 610 (2015) 012009 [arXiv:1501.01644].
[6] A. Bonnin, N. Zahzam, Y. Bidel, and A. Bresson, Phys. Rev. A 88 (2013) 043615.
[7] T. Damour, Class. Quant. Grav. 29 (2012) 184001.
[8] J. Overduin, F. Everitt, P. Worden, and J. Mester, Class. Quantum Grav. 29 (2012) 184012.
[9] D. Mattingly, Liv. Rev. Rel. 8 (2005) 5.
[10] T. E. Chupp *et al.*, Phys. Rev. Lett. 63 (1989) 1541.
[11] N. Leefer *et al.*, Phys. Rev. Lett. 111 (2013) 060801.
[12] A. S. Konopliv *et al.*, Icarus 211 (2011) 401.
[13] R. V. Pound and G. A. Rebka, Phys. Rev. Lett. 3 (1959) 439.

[14] R. V. Pound and J. L. Snider, Phys. Rev. 140 (1965) B788.
[15] J. C. LoPresto, C. Schrader, and A. K. Pierce, Astrophys. J. 376 (1991) 757.
[16] R. F. C. Vessot *et al.*, Phys. Rev. Lett. 45 (1980) 2081.
[17] J. C. Hafele and R. E. Keating, Science 177 (1972) 166; Science 177 (1972) 168.
[18] M. Takamoto, I. Ushijima, N. Ohmae, T. Yahagi, K. Kokado, H. Shinkai, and H. Katori, submitted.
[19] I. I. Shapiro, Phys. Rev. Lett. 13 (1964) 789; Phys. Rev. 141 (1964) 1219.
[20] I. I. Shapiro *et al.*, Phys. Rev. Lett. 26 (1971) 27; Phys. Rev. Lett. 26 (1971) 1132; Phys. Rev. Lett. 28 (1972) 1594; Phys. Rev. Lett. 36 (1976) 555.
[21] R. D. Reasenberg *et al.*, Astrophys. J. 234 (1979) L219.
[22] X-F. Wu, J-J. Wei, M-X. Lan, H. Gao, Z-G. Dai, and P. Mészáros, Phys. Rev. D 95 (2017) 103004.
[23] A. Hees *et al.*, Phys. Rev. Lett. 118 (2017) 211101.
[24] B. P. Abbott *et al.* (LIGO Scientific and Virgo Collaborations), Phys. Rev. Lett. 116 (2016) 221101.
[25] J. R. Gair, M. Vallisneri, S. L. Larson, and J. G. Baker, Liv. Rev. Rel. 16 (2013) 7.

A

A.5 拡張重力理論の進展

アインシュタインが一般相対性理論を発表して以降，その枠組みを拡張した**修正重力理論** (modified gravity theory) あるいは**拡張重力理論** (extended gravity theory) とよばれる理論が数多く提唱され，研究されている．しかしながら，A.4 節でも紹介したように，そのほとんどが実験や観測により棄却され [1]，一般相対性理論は 100 年以上にわたって，重力を記述する最適理論としての地位を守っている．ただし，宇宙初期を記述するための量子論との統合理論は未完成であるのも事実であり，究極の重力理論を模索する研究が今後も続けられていくと考えられる．本節では，現在議論されている拡張重力理論をいくつか紹介する．

A.5.1 アインシュタイン方程式を導くラグランジアン

問題 21.2, 21.3 にあるように，アインシュタイン方程式は変分原理によっても導かれる．ここでは，一般的に作用 S を

$$S = S_{\rm G} + S_{\rm M} = \int d^4x\,\sqrt{-g}\left(\frac{1}{2\kappa^2}L_{\rm G} + L_{\rm M}\right) \tag{1}$$

としよう．$g = \det[g_{\mu\nu}]$, κ^2 $(= 8\pi G)$ は定数，$L_{\rm M}$ は物質場のラグランジアンである．重力場のラグランジアン $L_{\rm G}$ として，

$$L_{\rm G} = L_{\rm EH} = R \tag{2}$$

とするとアインシュタイン方程式が導かれる．R はスカラー曲率で，本書の定義どおり，$R = g^{\mu\nu}R_{\mu\nu}$, $R_{\mu\nu} = R^{\lambda}{}_{\mu\lambda\nu}$ とする．$L_{\rm EH}$ を用いた作用をアインシュタイン－ヒルベルト作用という．宇宙定数 Λ を入れた場合は，

$$L_{\rm G} = R - 2\Lambda \tag{3}$$

となる．この場合，作用 $S_{\rm G}$ の変分をとると，

$$\delta S_{\rm G} = \frac{1}{2\kappa^2}\int d^4x\,\sqrt{-g}\left(R_{\mu\nu} - \frac{1}{2}g_{\mu\nu}R + g_{\mu\nu}\Lambda\right)\delta g^{\mu\nu} \tag{4}$$

となる．また，エネルギー運動量テンソル $T_{\mu\nu}$ を

$$T_{\mu\nu} \equiv -\frac{2}{\sqrt{-g}}\frac{\delta(\sqrt{-g}L_{\rm M})}{\delta g^{\mu\nu}} = -2\frac{\delta L_{\rm M}}{\delta g^{\mu\nu}} + g_{\mu\nu}L_{\rm M} \tag{5}$$

と定義すると，物質部分 $S_{\rm M}$ の変分は

$$\delta S_{\rm M} = \int d^4x\,\delta(\sqrt{-g}L_{\rm M}) = -\frac{1}{2}\int d^4x\,\sqrt{-g}T_{\mu\nu}\delta g^{\mu\nu} \tag{6}$$

と書ける．これらを用いると，式 (1) の変分 $\delta S = 0$ より，重力場の方程式（アインシュタイン方程式）

$$R_{\mu\nu} - \frac{1}{2}g_{\mu\nu}R + g_{\mu\nu}\Lambda = \kappa^2 T_{\mu\nu} \tag{7}$$

が導出される．

A.5.2 物質場のいろいろ

A.5.3 項以降で示すように，物質場を重力場と非最小結合 (non-minimal coupling) させる形で重力理論を拡張することも行われる．しかし，ここでは，純粋にアインシュタイン方程式のエネルギー運動量テンソル $T_{\mu\nu}$ を与えるような，（重力場以外の場とも）最小結合する物質場を考える．

■スカラー場：実一重項

問題 21.5 ではスカラー場の問題を取り扱っている．スカラー場 $\phi(x^\mu)$ のポテンシャルを $V(\phi)$ とすると，スカラー場のラグランジアンは

$$L_{\mathrm{M}} = -\left[\frac{1}{2}(\nabla_\mu\phi)(\nabla^\mu\phi) + V(\phi)\right] \tag{8}$$

と書ける．これより，エネルギー運動量テンソルは

$$T_{\mu\nu} = (\nabla_\mu\phi)(\nabla_\nu\phi) - g_{\mu\nu}\left[\frac{1}{2}(\nabla_\alpha\phi)(\nabla^\alpha\phi) + V(\phi)\right] \tag{9}$$

となる．物質部分の作用 S_{M} を ϕ で変分すると，スカラー場の運動方程式（クライン－ゴードン方程式）

$$\Box\phi = \frac{\partial V}{\partial\phi} \tag{10}$$

が得られる．ポテンシャル項は質量項 $(1/2)m^2\phi^2$ や自己相互作用項 $(1/4)\lambda\phi^4$ などがあるが，インフレーション宇宙のモデルなどではより複雑な形のポテンシャルも考えられている．

■スカラー場：内部自由度のある場合

内部自由度のある実スカラー場を考え，添え字 A を用いて $\boldsymbol{\phi} = \phi_A(x^\mu)$ とし，ポテンシャル $V(\boldsymbol{\phi})$ をもつとする．このとき，スカラー場のラグランジアンは

$$L_{\mathrm{M}} = -\left[\frac{1}{2}g^{\mu\nu}(\nabla_\mu\boldsymbol{\phi})\cdot(\nabla_\nu\boldsymbol{\phi}) + V(\boldsymbol{\phi})\right] \tag{11}$$

で与えられる．ここで，運動項の内積はスカラー場の内部自由度に関する積で，内部空間の添え字 A を上下させる計量を G_{AB} として陽に記すと，$(\nabla_\mu\boldsymbol{\phi})\cdot(\nabla_\nu\boldsymbol{\phi}) = G_{AB}(\nabla_\mu\phi^A)(\nabla_\nu\phi^B)$ となる．内部空間は平坦 ($G_{AB} = \delta_{AB}$) な場合を考えることが

多い．

エネルギー運動量テンソルは，

$$T_{\mu\nu} = (\nabla_\mu \boldsymbol{\phi}) \cdot (\nabla_\nu \boldsymbol{\phi}) - g_{\mu\nu} \left[\frac{1}{2} g^{\alpha\beta} (\nabla_\alpha \boldsymbol{\phi}) \cdot (\nabla_\beta \boldsymbol{\phi}) + V(\boldsymbol{\phi}) \right] \tag{12}$$

となる．物質部分の作用 S_{M} を ϕ_A で変分すると，スカラー場の運動方程式が得られ，$G_{AB} = \delta_{AB}$ の場合は，式 (10) で，ϕ を ϕ_A とした式になる．

複素スカラー場の場合は，式 (11) にある $(\nabla_\mu \phi_A)$ を共役項に置き換えて $(\nabla_\mu \phi_A)^\dagger$ とすればよい．ほかの式も同様である．複素一重項は宇宙ひもやボソン星の解，複素二重項は電弱相転移などで用いられる．

G_{AB} が $\boldsymbol{\phi}$ 自身に依存する場合は，シグマ模型といわれる．場の再定義によって正準形 $(G_{AB} = \delta_{AB})$ に変形できる場合は，非自明なポテンシャル項をもつ理論と等価になる．また，通常の運動項の形ではなく，$K = (\nabla_\mu \phi) \cdot (\nabla_\nu \phi)$ の関数 $F(K)$ を含む理論もあり，インフレーション (k-inflation) や暗黒エネルギーの問題 (k-essence) などに用いられている．

■電磁場，ヤン－ミルズ場

本書の第 4 章や問題 21.6 では電磁場の問題を扱っている．電磁ポテンシャル A_μ より，電磁テンソル $F_{\mu\nu}$ を

$$F_{\mu\nu} = A_{\nu;\mu} - A_{\mu;\nu} \tag{13}$$

と作り，ラグランジアンを

$$L_{\mathrm{M}} = -\frac{1}{2} F^{\mu\nu} F_{\mu\nu} + j^\mu A\mu \tag{14}$$

とする．S_{M} を A_μ で変分すると，マクスウェル方程式が得られる．

ヤン (C. N. Yang) とミルズ (R. L. Mills) は，電磁場の U(1) 対称性を非可換群に拡張し，非可換ゲージ理論を考えた．電磁テンソルを

$$F^A_{\mu\nu} = A^A_{\nu,\mu} - A^A_{\mu,\nu} - iq f_{ABC} A^B_\mu A^C_\nu \tag{15}$$

と拡張し，ラグランジアンを

$$L_{\mathrm{M}} = -\frac{1}{2} F^{\mu\nu}_A F^A_{\mu\nu} \tag{16}$$

とする．f_{ABC} は非可換群の構造定数で，T^A を群の生成子とすると，$[T^A, T^B] = if^{ABC} T_C$ である．q は結合定数あるいはヤン－ミルズ荷とよばれる．

これらの場に質量項 $m^2 A^B_\mu A^\mu_B$ がつくことがある．これをプロカ場 (Proca field) という．質量項のためにゲージ対称性は破れる．自発的対称性の破れにより実効的に質量を獲得したゲージ場の有効理論として用いられることがある．また，ゲージ場の

高次の組み合わせ（非線形ゲージ理論）も考えられている．ボルン－インフェルト作用，チャーン－サイモンズ作用などがある．

■ディラック場，ラリタ－シュウィンガー場

宇宙の構造を作るにはフェルミ粒子も必要である．ディラック場 (Dirac field) ψ のラグランジアンは，

$$L_{\rm M} = i\bar{\psi}\gamma^{\mu}\nabla_{\mu}\psi - m\bar{\psi}\psi \tag{17}$$

で与えられる．ここで，$\bar{\psi} = \psi^{\dagger}\gamma^{0}$ はディラック共役，γ^{μ} はガンマ行列，m はディラック場の質量である．場の方程式 (Dirac's equation) は，

$$i\gamma^{\mu}\nabla_{\mu}\psi - m\psi = 0 \tag{18}$$

となる．質量がゼロのときは，2 成分のワイルスピノルに対するワイル方程式 (Weyl's equation) が得られる．

スピン 1/2 の場であるディラック場のほかに，スピン 3/2 のラリタ－シュウィンガー場 (Rarita–Schwinger field) がある．ラリタ－シュウィンガー場 Ψ_{μ} はディラック場と同じ 4 成分に，それぞれ時空の 4 成分がついた 16 成分をもつ場である．ラグランジアンは，

$$L_{\rm M} = i\varepsilon^{\mu\nu\rho\sigma}\overline{\Psi}_{\mu}\gamma^{5}\gamma_{\nu}\nabla_{\rho}\Psi_{\sigma} - m\overline{\Psi}_{\mu}\Psi^{\mu} \tag{19}$$

で与えられ，場の方程式 (Rarita–Schwinger's equation) は

$$i\varepsilon^{\mu\nu\rho\sigma}\gamma^{5}\gamma_{\nu}\nabla_{\rho}\Psi_{\sigma} - m\Psi^{\mu} = 0 \tag{20}$$

となる．

■流体のエネルギー運動量テンソル

宇宙の構造のもととなるのは，ミクロに見ればフェルミ場（フェルミ粒子）だが，実際にはさまざまな場面で流体近似が多く用いられている．完全流体近似を用いたエネルギー運動量テンソルは，

$$T_{\mu\nu} = (\rho + p)u^{\mu}u^{\nu} + g^{\mu\nu}p \tag{21}$$

である．ここで，ρ は質量エネルギー密度，p は圧力，u^{μ} は流体の 4 元速度である．

完全流体の性質は，その状態方程式で特徴付けられる．モデル解析に用いられる簡単な状態方程式には，表 A.6 で挙げるようなものがある．

表 A.6　簡単な状態方程式の例と名称

状態方程式		名称
$p = p(\rho)$		バロトロピック
$p = K\rho^{1+1/n}$		ポリトロープ (n：ポリトロープ指数，K：比例定数)
$p = w\rho$	$(w = 0)$	ダスト（非相対論的物質）
	$(w = 1/3)$	相対論的物質（放射）
	$(w < -1/3)$	ダークエネルギー
	$(w = -1)$	「宇宙定数項」
	$(w < -1)$	ファントム場

A.5.3　重力部分の拡張

■ブランス－ディッケ理論

マッハ (E. Mach) は，絶対空間を前提としたニュートン力学を批判し，実験室規模で直接観測できることがらは相対的な運動だけである，と唱えた．この考えを拡張すると，物体にはたらく慣性力は宇宙にあるほかの物質との相互作用によって生じる，とする原理になる．これは，アインシュタインに多大な影響を与えたが，一般相対性理論は宇宙の物質分布が局所的な時空を決めるという構造にはなっているものの，物体そのものの慣性を決めるわけではないので，マッハの原理を実現するものではない（問題 13.18）．

ブランス (C. H. Brans) とディッケ (R. H. Dicke) は，万有引力定数 G が普遍定数ではなく，宇宙の物質と相互作用するスカラー場 ϕ の平均値で表されると考えれば，マッハの原理が実現できると考えた [2]．そして，弱い等価原理とビアンキ恒等式が成立することを要請すると，作用が

$$S_{\mathrm{BD}} = \int d^4x\,\sqrt{-g}\left\{\frac{1}{2\kappa^2}\left[\phi R - \frac{\omega_{\mathrm{BD}}}{\phi}(\nabla\phi)^2\right] + L_{\mathrm{M}}\right\} \tag{22}$$

となることを示した．スカラー場を導入した最も単純な重力理論として，**ブランス－ディッケ理論**とよばれる†．ここで，ω_{BD} はブランス－ディッケパラメータとよばれ，$\omega_{\mathrm{BD}} \to \infty$ が一般相対性理論の極限になる．この作用から場の方程式を導く問題が問題 21.7 である．

ブランス－ディッケ理論では，ω_{BD} は定数であり，L_{M} には ϕ は含まれない．弱場近似では，万有引力定数 G_{eff} は，

† ジョルダン (P. Jordan) は，5 次元時空を 4 次元時空にコンパクト化したときに現れるスカラー場の自由度を用いれば，ディラックの提唱した重力定数の時間依存性が説明できることを示した [3]．彼の名前を含めて，**ジョルダン－ブランス－ディッケ理論**ともよばれる．

$$G_{\text{eff}} = \frac{2\omega_{\text{BD}} + 4}{2\omega_{\text{BD}} + 3}\frac{G}{\phi} \sim \frac{G}{\phi} \tag{23}$$

となる．1990 年代には，ω_{BD} に対する制限が $\omega_{\text{BD}} > 500$ 程度であったため，一般相対性理論の対抗理論として積極的に解析されたが，現在ではカッシーニ衛星を用いたドップラー追跡の観測から $\omega_{\text{BD}} > 40000$ という制限がつけられている [4,5]．また，宇宙論スケールにおいては，宇宙マイクロ波背景放射の観測から $\omega_{\text{BD}} > 890$ という制限が得られている [6]．

■スカラーテンソル理論

ブランス－ディッケ理論のパラメータ ω_{BD} に ϕ 依存性をもたせ，さらに長距離力のポテンシャル $V(\phi)$ を導入した理論

$$S_{\text{ST}} = \int d^4x \sqrt{-g}\left\{\frac{1}{2\kappa^2}\left[\phi R - \frac{\omega_{\text{BD}}(\phi)}{\phi}(\nabla\phi)^2 - V(\phi)\right] + L_{\text{M}}\right\} \tag{24}$$

は，**スカラーテンソル理論**とよばれる [7]．

■ラブロックの定理

ラブロック (D. Lovelock) は，ラグランジアンが計量のみから作られる場合に強力な定理を示し，可能となる理論を制限した [8,9]．

> **ラブロックの定理**：4 次元時空において，ラグランジアンが計量（とその微分）のみのスカラー関数 $L(g_{\mu\nu})$ のとき，微分の階数が 2 階になるオイラー－ラグランジュ方程式は，
>
> $$\sqrt{-g}\left[\alpha\left(R^{\mu\nu} - \frac{1}{2}g^{\mu\nu}R\right) + \Lambda g^{\mu\nu}\right] = 0 \tag{25}$$
>
> に限られる．ここで，α, Λ は定数である．

この定理から，4 次元時空において，計量とその微分のみから構成される作用を用いて重力理論を作るとき，運動方程式がたかだか 2 階となるのは，アインシュタイン方程式（に宇宙項を加えた式）に限られることがいえる†．

したがって，一般相対性理論と異なる重力理論を作るには，少なくとも次に挙げる

---

† この定理は，ラグランジアンがアインシュタイン－ヒルベルト型の $L = R - 2\Lambda$ に制限されることを示すものではない．たとえば，後に示すように，全発散となって消えることになるチャーン－サイモンズ項やガウス－ボンネ補正を含んだ

$$L = \alpha(R - 2\Lambda) + \beta\frac{1}{2}\varepsilon^{\mu\nu\rho\lambda}R^{\alpha\beta}{}_{\mu\nu}R_{\alpha\beta\rho\lambda} + \gamma(R^2 - 4R^{\mu\nu}R_{\mu\nu} + R^{\mu\nu\lambda\rho}R_{\mu\nu\lambda\rho})$$

（α, β, γ は定数）であっても同じオイラー－ラグランジュ方程式が導出される．

条件を 1 つ認める必要がある．

- 計量テンソル以外の場を導入する．
- 4 次元以外の次元で理論を構成する．
- 運動方程式として 3 階以上の微分項を許容する．
- 物理法則の局所性を諦める．
- 物理法則が作用の変分で導かれることを諦める．

以下では，これらのうち，はじめの 3 つを取り入れた重力理論の例を紹介する．

■ベクトルテンソル理論，アインシュタインエーテル理論

計量以外に，時間変化するベクトル場 u^μ が相互作用している自由度を含めた理論は**アインシュタインエーテル理論** (Einstein-Æther theory) とよばれる [10]．作用は，ベクトル場の伝播速度に $u^\mu u_\mu = -1$ の拘束条件を課し，ラグランジュの未定係数 λ を用いて，

$$S_{\mathrm{EA}} = \int d^4x\sqrt{-g}\left\{\frac{1}{2\kappa^2}[R - K^{\mu\nu}_{\alpha\beta}\nabla_\mu u^\alpha \nabla_\nu u^\beta + \lambda(u^\mu u_\mu + 1)] + L_{\mathrm{M}}\right\} \tag{26}$$

となる．ここで，

$$K^{\mu\nu}_{\alpha\beta} = c_1 g^{\mu\nu} g_{\alpha\beta} + c_2 \delta^\mu{}_\alpha \delta^\nu{}_\beta + c_3 \delta^\nu{}_\alpha \delta^\mu{}_\beta - c_4 u^\mu u^\nu g_{\alpha\beta} \tag{27}$$

で，c_1, c_2, c_3, c_4 は任意の定数である．

■テンソルベクトルスカラー理論，MoND

銀河の回転曲線問題（ダークマター問題）を解決するために，ニュートン理論を修正する試み [11] は，MoND (Modified Newtonian Dynamics) とよばれる．MoND で行われた修正を観測と矛盾しないように相対論的な枠組みに取り入れるためには，スカラー場とベクトル場を導入する必要があり，Tensor-Vector-Scalar (TeVeS) 理論とよばれる [12]．TeVeS 理論は非常に複雑な構成になっており，ベクトル場の時間発展で，ずりテンソルが非ゼロになり，時空特異点が発生する場合もある．そこで，アインシュタインエーテル理論の枠組みで TeVeS 理論を再構築する試みも行われている [13]．

A.5.4　高次曲率項を含む理論

■ $f(R)$ 理論

作用 (1) で，一般相対性理論は，重力場のラグランジアンとして $L_{\mathrm{G}} = L_{\mathrm{EH}}\,(= R)$ を採用すると得られるが，これをスカラー曲率から作られる高次項 $R^2, R^3, \ldots$ へ拡張して，

$$L_{\mathrm{G}} = f(R) \tag{28}$$

としたものを $f(R)$ **重力理論**という．たとえば，スカラー曲率の 2 乗までを含んだ

$$L_{\mathrm{G}} = R + \alpha_2 R^2 \tag{29}$$

の理論で考えられる「R^2 インフレーション」モデル [14] は，宇宙マイクロ波背景放射の観測から得られる現在の制限をパスしている．$f(R)$ 理論のレビューには，[15] がある．

■ガウス－ボンネ重力理論，ラブロック重力理論

超弦理論は高次元で構成され，低エネルギー有効理論では曲率高次項も自然に含み，スカラー曲率だけでなく，曲率テンソルから得られるスカラー量 $R_{\mu\nu}R^{\mu\nu}, R_{\mu\nu\rho\sigma}R^{\mu\nu\rho\sigma}, \ldots$ を含む．場の再定義 (field redefinition) の自由度を利用して，有効理論はいろいろな形で表されるが，その中で曲率の 2 次までで，重力場の方程式が 2 階微分までになるのが，**ガウス－ボンネ重力理論** (Gauss–Bonnet gravity theory) である [8, 16, 17]．

ガウス－ボンネ重力理論の作用は，n 次元での計量 $g_{\mu\nu}$，曲率テンソル $R_{\mu\nu\rho\sigma}$ を用いて

$$S_{\mathrm{GB}} = \int d^n x \sqrt{-g} \left\{ \frac{1}{2\kappa^2} [R + \alpha_{\mathrm{GB}}(R^2 - 4R_{\mu\nu}R^{\mu\nu} + R_{\mu\nu\rho\sigma}R^{\mu\nu\rho\sigma})] + L_{\mathrm{M}} \right\} \tag{30}$$

である．α_{GB} はスロープパラメータとよばれる定数で，弦の張力の逆数を表している．この組み合わせの補正はゴーストを生じさせず，また，$n = 4$ では一般相対性理論との違いは現れない†．

ガウス－ボンネ重力理論に登場する補正項の組み合わせを，より高次に展開していくのが**ラブロック重力理論** (Lovelock gravitational theory) である．作用は

$$S_{\mathrm{L}} = \int d^n x \sqrt{-g} \left[\frac{1}{2\kappa^2} \sum_{m=0}^{n} \alpha_m \left(\frac{m!}{2^m} \delta^{\mu_1}_{[\alpha_1} \delta^{\nu_1}_{\beta_1} \cdots \delta^{\mu_m}_{\alpha_m} \delta^{\nu_m}_{\beta_m]} \prod_{r=1}^{m} R^{\alpha_r \beta_r}{}_{\mu_r \nu_r} \right) + L_{\mathrm{M}} \right] \tag{31}$$

と表される．

■チャーン－サイモンズ重力理論

曲率の 2 次項として，ラグランジアンに（ローレンツ－）チャーン－サイモンズ項とよばれる $*R^{\mu\nu\rho\sigma}R_{\mu\nu\rho\sigma}$（$*R_{\mu\nu\rho\sigma}$ は $R_{\mu\nu\rho\sigma}$ の双対，問題 3.25 参照）を取り入れて

---

† 実際には，ここでは無視したディラトン場やゲージ場なども重力と非最小結合するので，4 次元時空でも一般相対性理論との違いが現れる．

$$S_{\mathrm{CS}} = \int d^4x\sqrt{-g}\left(\frac{1}{2\kappa^2}R + \frac{\theta}{4}*R^{\mu\nu\rho\sigma}R_{\mu\nu\rho\sigma}\right) \tag{32}$$

とする理論[18]がある．素粒子論や弦理論などで特異性を取り除くときに使われ，ループ量子重力理論でも登場することが期待されている．θ を決められた関数と考える場合と，θ をチャーン－サイモンズ項に対するラグランジュの未定定数としてダイナミカルに考える場合とがある．

■ホルンデスキー理論

曲率高次項を含む理論から導かれる重力場の方程式は，一般に2階微分より高階の微分項が現れる．ニュートンの運動方程式のように少なくとも「運動方程式が2階の微分方程式に帰着する」ことを要請した場合，ラグランジアンが曲率の組み合わせのみで構成されている場合はラブロック重力理論になる．4次元時空で，スカラー場を含めた場合に最大限に拡張したのが，**ホルンデスキー理論** (Horndeskii theory) である[19]．再発見した小林ら[20]による表記法では，$X = -g^{\mu\nu}\phi_{;\mu}\phi_{;\nu}/2$ として，

$$L_2 = G_2(\phi, X) \tag{33}$$

$$L_3 = -G_3(\phi, X)\Box\phi \tag{34}$$

$$L_4 = G_4(\phi, X)R + \frac{\partial G_4}{\partial X}[(\Box\phi)^2 - \phi_{;\mu\nu}\phi^{;\mu\nu}] \tag{35}$$

$$L_5 = G_5(\phi, X)G_{\mu\nu}\phi^{;\mu\nu} - \frac{1}{6}\frac{\partial G_5}{\partial X}[(\Box\phi)^3 + 2\phi_{;\mu}{}^{;\nu}\phi_{;\nu}{}^{;\alpha}\phi_{;\alpha}{}^{;\mu} - 3\phi_{;\mu\nu}\phi^{;\mu\nu}\Box\phi] \tag{36}$$

と定義したラグランジアンを用いて，作用は

$$S_{\mathrm{H}} = \int d^4x\,\sqrt{-g}\left[\frac{1}{2\kappa^2}(L_2 + L_3 + L_4 + L_5) + L_{\mathrm{M}}\right] \tag{37}$$

となる．ここで，$G_{\mu\nu}$ はアインシュタインテンソル，G_2, G_3, G_4, G_5 は任意関数である．G_4 を定数としてほかをゼロとすれば，式 (37) はアインシュタイン－ヒルベルト作用になる．

重力波 GW170817 の観測により，重力波の伝播速度と光速の差が $\mathcal{O}(10^{-15})$ 程度以下であることが確かめられた．この事実を認めると，$G_5 = 0$, $G_4 = G_4(\phi)$ と制限される[21,22]．

（真貝寿明，鳥居隆）

参考文献

[1] C. M. Will, Phys. Today 25, 10 (1972) 23.
[2] C. Brans and R. H. Dicke, Phys. Rev. 124 (1961) 925; C. H. Brans, Phys. Rev. 125

(1962) 2194.
[3] P. Jordan, Z. Phys. 157 (1959) 112.
[4] C. Will, Liv. Rev. Rel. 17 (2014) 4.
[5] B. Bertotti, L. Iess and P. Tortora, Nature (London) 425 (2003) 374.
[6] A. Avilez and C. Skordis, Phys. Rev. Lett. 113 (2014) 011101.
[7] レビュー文献として，Y. Fujii and K.-I. Maeda, *The Scalar–Tensor Theory of Gravitation* (Cambridge University Press, Cambridge; New York, 2007).
[8] D. Lovelock, J. Math. Phys. 12 (1971) 498.
[9] D. Lovelock, J. Math. Phys. 13 (1972) 874.
[10] T. Jacobson and D. Mattingly, Phys. Rev. D 64 (2001) 024028.
[11] M. Milgrom, Astrophys. J. 270 (1983) 365.
[12] J. D. Bekenstein, Phys. Rev. D 70 (2004) 083509.
[13] S. Skordis, Phys. Rev. D 77 (2008) 123502.
[14] A. A. Starobinsky, Phys. Lett. B 91 (1980) 99.
[15] レビュー文献として，A. De Felice and S. Tsujikawa, Liv. Rev. Rel. 13 (2010) 3.
[16] D. J. Gross and E. Witten, Nucl. Phys. B 277 (1986) 1; D. J. Gross and J. H. Sloan, Nucl. Phys. B 291 (1987) 41.
[17] R. R. Metsaev and A. A. Tseytlin, Phys. Lett. B 191 (1987) 354; Nucl. Phys. B 293 (1987) 385.
[18] R. Jackiw and S.-Y. Pi, Phys. Rev. D 68 (2003) 104012.
[19] G. W. Horndeski, Int. J. Theor. Phys. 10 (1974) 363.
[20] T. Kobayashi, M. Yamaguchi and J. Yokoyama, Prog. Theor. Phys. 126 (2011) 511.
[21] P. Creminelli and F. Vernizzi, Phys. Rev. Lett. 119 (2017) 251302.
[22] J. Sakstein and B. Jain, Phys. Rev. Lett. 119 (2017) 251303.

A

索　引

Index

問題番号を示す．1.0 は 1 章のまえがき部分を示す．ff. はその後の記載が該当問題から続くことを示す．付録部分は含まない．

■数　字
1-形式　8.0
4 元運動量　1.0, 1.20, 2.0
4 元加速度とキリングベクトル　10.14
4 元速度　1.0, 1.1

■あ　行
アインシュタイン宇宙　19.31, 19.32
アインシュタインテンソル　9.16, 13.0
アインシュタイン方程式　13.0
圧力を加えられた媒質　5.17
アフィン接続（⟹ 接続係数）
アフィンパラメータ　7.0, 7.11
位相空間における密度　3.34, 5.10
一様性　19.16
　等方性　9.26, 19.4, 19.35
因果律　12.13
ヴァイジャ計量　16.11
ウェッジ積　8.0
宇宙
　物質優勢——，放射優勢——　19.0
宇宙定数（宇宙項）　13.4, 19.0, 19.30–19.34
宇宙飛行士
　酔っ払った——　7.22
宇宙マイクロ波背景放射　19.0
宇宙論　19.0ff.
　真空かつ等方な——　19.2
　定常——　19.35–19.37
　ニュートン重力での——　19.1
　非等方な——　19.41
埋め込み　15.15
埋め込み図　15.13
運動エネルギー　2.0
運動学
　粒子の——　2.5
運動方程式　5.0, 13.0, 14.0
運動量
　4 元——　1.0, 1.20, 2.0
　——保存　2.0
　——密度　5.0
　光子の——　1.0
エディントン限界　12.5
エディントン－フィンケルシュタイン座標　16.11
エトベシュ－ディッケの実験　20.8
エネルギー運動量擬テンソル
　ランダウ－リフシッツの——　13.11
エネルギー運動量テンソル　5.0
　1 粒子の——　14.1
　——の固有ベクトル　5.16
　回転する棒の——　5.7
　完全流体の——　5.3
　コンデンサーの——　5.8
　磁場の——　5.4
　真空の——　13.4
　スカラー場の——　14.13
　多粒子の——　5.1
　張力の作用する棒の——　5.5
　電磁場の——　4.15–4.17, 5.9, 5.30
　等方的な気体の——　5.2
　突然非ゼロになる——　13.8
　ニュートン重力の——　12.8
　熱伝導の——　5.28
　熱流束の——　5.26
　粘性流体の——　5.30
エネルギー条件　13.0
　優勢——　13.7
　弱い——　5.6, 13.6
エネルギー注入　16.22
エネルギー保存
　フリードマン宇宙での——　19.16
エネルギー密度　5.0
エネルギー流束　5.16
エルゴ球　17.0
エルゴ面　17.12
エントロピー
　——生成　5.28
　——流束　5.27
　バリオンあたりの——　19.0, 19.25, 19.26
オイラー方程式　14.3
オームの法則　4.18
オッペンハイマー－ヴォルコフ方程式　16.0
オルバースのパラドックス　19.21
音速　5.22, 5.23
　フェルミ気体での——　5.24
温度　5.13, 5.14
　加速されている系での——　5.29
　静的重力場での——　14.2

■か　行
カー計量　17.0ff.
カー－ニューマン・ブラックホール　17.0
カー・ブラックホール
　——の測地線方程式　17.0
外的曲率　9.0, 9.28–9.34
回転
　宇宙論的な——　19.38, 19.40
　流束の——　5.18
回転 2-形式　5.18
回転群　1.25, 10.1, 10.4
回転する星　10.5, 16.0
外微分　8.3, 8.5, 8.6, 8.24
ガウス曲率　9.23, 9.24
ガウス－コダッチ方程式　9.32, 9.33, 9.35
ガウス正規座標系　8.25, 9.32, 9.33
ガウス－ボンネの定理　17.19
カエル　1.24
鏡　1.18, 1.19
角運動量（⟹ スピン 4 元ベクトル）　11.1, 11.3, 11.4, 11.6, 20.4

——テンソル　11.2
球対称計量の——　15.1
カスナー宇宙　19.41
加速する観測者　1.17
加速度　1.0, 1.14–1.16, 2.13, 10.14, 14.12
加速度系
熱平衡な——　5.29
荷電粒子の運動　4.10–4.14, 5.9
——の積分　14.20
ハミルトニアンから——　14.19
殻モデル
自己重力球対称の——　16.14–16.16
換算四重極モーメントテンソル　18.0
慣性系の引きずり　13.18, 20.4
完全流体　5.20, 5.21, 14.3
静的な計量での——　13.9
幾何学単位系　12.17
気体
——の相対論的な分布関数　5.34
基底ベクトル
基底 1-形式　8.1
正規直交——　8.0
逆コンプトン散乱　2.2
球
空洞——　16.4
球対称計量　6.10, 16.0ff.
球対称星　16.0
共形テンソル（ワイルテンソル）　9.0, 9.18
共形不変性
マクスウェル方程式の——　14.21
共形平坦な計量　9.18, 13.2
等方的な——　9.27
リーマン曲率テンソル——　9.19
共形変換
計量の——　6.7
共変成分　1.0
共変微分（⟹ 接続係数）　7.0ff.
共変ベクトル　8.0
行列式
共変微分の——　7.8
計量テンソルの——　3.9
反対称テンソルに関連した——　3.23
曲線座標　3.0
曲線にそった共変微分　7.0
曲率（⟹ リーマン曲率テンソル，ワイルテンソル）　9.0ff.
2 次元球面上の——　9.1
外的——　（⟹ 外的曲率）
主——　9.34
平均——　9.31
距離測定
宇宙論的な——　19.9, 19.24
キリングベクトル　10.0ff., 14.11
2 次元球面の——　10.1
——と 4 元加速度　10.14
——と運動の定数　10.10
——と静的性　10.8
——と保存量　10.11–10.13
——の交換子　10.3, 10.5
——の恒等式　10.6, 10.7
——の線形結合　10.3
ベクトルポテンシャルとしての——　10.16
変分原理　10.6
ミンコフスキー空間の——　10.9
ユークリッド空間の——　10.4
キリング方程式　10.0, 10.2
キリングホライズン　17.12
近日点移動　15.7, 20.7
空間的な間隔　3.1
空間的な面　8.8
空間的ベクトル　1.0, 3.4
空洞球　16.4
クェーサー　19.33
グラビトン（重力子）18.16–18.19
クリストッフェル記号（⟹ 接続係数）　7.0, 8.0
クルスカル座標　15.15
クロネッカーのデルタ　3.19, 3.27, 3.28
形式
微分——　8.0
計量テンソル　3.0, 3.8, 3.9, 6.0ff., 8.1
完全流体の静的な——　13.9
球対称時空の——　6.10
共形平坦な——　9.0
——の解析接続　6.9
——の共変的一定性　7.5
——の次元不定性　6.5
静的時空の——　10.8
速度空間の——　6.8
地球の地図の——　6.3, 6.4
定常時空の——　10.8
同期された——　8.25
平坦な 2 次元空間の——　6.1
ユークリッド超球面の——　6.2
計量の共形変換　6.7
ゲージ変換　13.12, 13.14, 18.8
ケプラーの法則　12.1, 17.4
減速パラメータ　19.0, 19.15, 19.22
高速率パラメータ　1.0
剛体の運動　14.9
光度・赤方偏移関係　19.10
勾配　8.0
コーシー超曲面　13.10
黒体放射　5.13
——の流束の赤方偏移　19.3
固有時間　1.0
コンプトン散乱　2.1, 5.14
逆——　2.2
コンマからセミコロンの規則　14.0

■さ　行

サイクロトロン　2.14
座標基底ベクトル，座標基底 1-形式　8.0
座標変換　3.8, 3.10
散乱　2.8, 2.9, 2.11
——角　2.7, 2.12
潮
大——，小——　12.2
時間対称
瞬間的な——　21.12
時間的な間隔　3.1
時間的ベクトル　1.0, 3.4
磁気モノポール　4.21
軸対称系からの重力放射　18.9
四重極テンソル
換算——　18.0
事象の地平面　17.0
実験検証　20.0ff.
実験室系の角速度　14.12
質量
慣性——　5.17
負の——　13.20
質量中心系　2.11
自動車
ポンコツの——　17.2
磁場
直線電流の——　4.1
流体に凍結された——　4.23
ジャイロスコープ　11.4, 11.10, 11.11
射影テンソル　5.18, 6.6
シューアの定理　9.26
シュヴァルツシルト座標　15.13
シュヴァルツシルト時空　15.0ff., 21.11
——における光の軌跡　15.6
——における粒子の軌道　15.2–15.5, 15.7, 15.11
——の内部解　16.12
——へのガスの降着　15.18
自由落下系　8.0
重量
圧力の影響　14.6
熱せられたボトルの——　12.7
重力子（グラビトン）18.16–18.19
重力波　13.16, 18.0ff.
強い——　18.22
重力ポテンシャル　12.0

重力理論
　一般相対性理論以外の理論
　　13.1–13.3
　ノルドストロムの——　13.2
　ブランス－ディッケ——　13.3, 15.20, 16.5, 21.7
　ライトマン－リーの——　17.21
主曲率　9.34
縮約　3.0
主方向　9.34, 9.35
循環座標　7.13
循環座標の保存運動量　7.13
小群　1.23
衝突するビーム　2.6
初期値問題　13.10, 21.0, 21.12
水素原子
　重力崩壊　18.18
水素の再結合
　宇宙論的な——　19.22, 19.25, 19.26
スカラー積　8.0
スカラー曲率　9.0
　——の符号　13.5
スカラー場　21.5
　カー時空での——　17.16
　曲率項と作用する——　14.14
　シュヴァルツシルト時空での——　15.19
　——の運動方程式　14.13
ストークスの定理　8.10
ストークスパラメータ
　重力波に対する——　18.10
スピノール　21.0, 21.14–21.16
　4 元ベクトルと等価な——　21.13
　ローレンツ群の——表現　1.25, 1.26, 1.28
スピン 4 元ベクトル　11.3, 11.4, 11.6, 11.7
　リーマン曲率テンソルと結合した——　11.8, 11.9
ずり
　宇宙論的な——　19.38–19.40
　光束の——　9.18
　流束の——　5.18
静止質量ゼロの場のスピン　12.15, 12.16, 18.20, 18.21
静水圧平衡　12.9, 12.10, 14.4, 14.5
静的計量　10.8
静的な時空の屈折率　7.21
世界線　1.0
積
　ウェッジ——　8.0
　外——，反対称——　3.24
　スカラー——　8.0
　直——　3.0, 3.11, 3.12
　微分形式の——　8.4
赤方偏移　8.28, 15.10, 19.0, 20.9
石鹸膜　9.31
接続係数　7.0, 7.4
　球座標での——　8.27
　極座標での——　7.2
　——に関する恒等式　7.7
　——の対称性　8.12
　——はテンソルではない　7.1, 8.11
　測地線に対する——　8.26
　対角計量の——　7.6
接ベクトル　7.0
ゼロ角運動量の観測者　17.18
線形理論　13.0, 13.13, 13.14, 13.17, 13.18, 13.20, 18.0
　重力波　13.16
　——の場の方程式　13.15
　——の矛盾　13.19
双対
　テンソルの——　3.25, 3.26, 4.9
双対基底　8.0
添え字のない記法　7.20
測地歳差　11.11
測地線　7.0, 7.4, 7.9
　速度空間の——　7.15
　ヌル——　1.13
　平坦な 2 次元球面での——　7.3
　——上の粒子運動　7.12, 14.1
測地線偏差　9.13, 9.14
測地線方程式　7.0, 7.10–7.12
　カー・ブラックホールでの——　17.0
速度空間
　——の計量　6.8, 7.15
速度の加法則　1.3, 1.4
速度パラメータ（⟹ 高速率パラメータ）

■た　行

対称化　3.14–3.18
体積要素　3.30–3.32
　運動量空間の——　3.33
体膨張率　5.18
　宇宙論的な——　19.38–19.40
太陽
　重力計による——の位置測定　12.4
　——のコロナが光の屈折を変化させる　20.5
　——の扁平率　15.7
太陽による光の屈折を再現するレンズ　20.6
対流安定性　16.21
タキオン　1.6, 12.13
単位系
　幾何学——　12.17
　プランク——　12.18
単位ベクトル　1.10
断熱指数　5.23
　マクスウェル－ボルツマン気体の——　5.32
力の場に対する拘束条件　2.15
地球の歳差　11.9
地球の地図
　円筒形または立体画法による——　6.3
　メルカトル図法による——　6.4
チャンドラセカール限界（白色矮星の質量限界）　16.9
中性子星の質量限界　16.9
超曲面直交ベクトル場　7.23ff., 10.8
　ヌルの——　7.24
潮汐
　地球岩石体の——　12.3
潮汐力　12.0
直積　3.0, 3.11, 3.12
定常限界
　ブラックホールの——　17.0, 17.12
電磁テンソル　4.0, 4.8, 4.9
電磁場
　——の 2-形式　8.7
　——のエネルギー運動量テンソル　4.0
　——のエネルギー密度　4.0
　——のキリングベクトル　10.16
　——のグリーン関数　4.22
　——の双対回転　4.20
　——の測定可能性　9.22
　——の不変量　4.2–4.4
　——の流束密度　4.0, 4.7
電子は閉じた導体内では落下しない　12.6
テンソル　3.0
　完全反対称——　3.20–3.24, 3.28
　電磁——　4.0, 4.8, 4.9
　電磁場のエネルギー運動量——　4.0
　——の双対（デュアル）　3.25, 3.26, 4.9
　——のビリアル定理　5.15
　電流密度——　4.0
　マクスウェルの応力——　4.0
　リーマン曲率——　9.0
　リッチ曲率——　9.0
　ワイル（共形）——　9.0, 9.18
等エントロピー流　5.20
　完全流体の——　14.3
等価原理　12.14, 14.14
同時性　1.24, 3.1
等方座標　15.13

等方性（⟹ 一様性）
トーマス歳差　11.7
時計の同期　1.11, 1.17, 1.24
ド・ジッター宇宙　19.30
ドット積（⟹ 内積）　1.0
ドップラー偏移　1.18, 1.19, 1.21, 1.22, 15.8, 20.9
トランスバース・トレースレス (TT) ゲージ　18.0
トレース反転　13.14

■な　行
内積　1.0
ナビエ－ストークス方程式　5.31
ナンバーカウント　19.11
二重ベクトル　3.29
ニュートン重力　12.0, 12.8, 12.11–12.13
　——での宇宙論　19.1
　——でのエネルギー運動量テンソル　12.8
ヌル曲線　1.13, 6.7
ヌル測地線　1.13
ヌル超曲面直交ベクトル場　7.24
ヌルベクトル　3.2–3.4
ヌル面　8.8
熱伝導
　——のエネルギー運動量テンソル　5.28
熱力学第 1 法則　5.19, 14.3
熱流
　——のエネルギー運動量テンソル　5.26
粘性　5.30, 5.31
ノルドストロムの重力理論　13.2

■は　行
バーコフの定理　16.3
パウンド－レブカの実験　13.2, 20.8
白色矮星の質量限界（チャンドラセカール限界）　16.9
薄膜ダストの崩壊　21.11
薄膜モデル　21.8–21.11
ハッブル定数　19.0
パラティーニの変分法　21.4
反対称化　3.14–3.18
反対称化された直積　3.24
反対称テンソル
　完全——　3.20–3.24, 3.28
反変成分　1.0
ビアンキ恒等式　9.15, 9.16
光
　光線間の重力による引力　13.17
　光束の面積　3.5
光の屈折　13.2, 20.1, 20.3–20.6
光の曲がり，重力の曲がり　12.4
非座標基底　8.2
ビッグバンモデル　19.0
微分
　外——　8.3, 8.5, 8.6, 8.24
　共変——（⟹ 接続係数）
　——の交換　9.8–9.10
　方向——　7.0, 8.0
　リー——　8.13–8.17, 8.21, 9.30
微分形式　8.0
　——の積　8.4
表面
　——での積分　8.9
表面層　21.8–21.11
ビリアル定理　5.15
ブースト　1.0
　リーマン曲率テンソルへの——の影響　15.14
風洞
　相対論的な——　5.25
フェルマーの原理　7.14
フェルミ－ウォーカー移動　7.0, 7.17–7.19, 8.18, 8.20, 11.4, 11.7
フェルミ－ディラック気体　5.24, 5.34
双子のパラドックス　1.11, 15.12
負の質量　13.20
ブラックホール　15.10, 15.11, 17.0ff.
　カー－ニューマン・——　17.0
　ライスナー－ノルドストロム・——　17.0, 17.5, 17.17
ブラックホール地平面　17.0
ブラックホールの定常限界　17.0, 17.12
ブラックホールの量子効果　17.20
プランク単位系　12.18
ブランス－ディッケ重力理論　13.3, 15.20, 16.5, 21.7
フリードマン宇宙　19.0
　物質優勢期の——　19.18
　——での距離　19.24
　——での光子周回　19.20
　——での重水素生成　19.29
　——での弾丸　19.19
　——でのヘリウム生成　19.29
　——での夜空の明るさ　19.21
　——とシュヴァルツシルト時空との接続　16.30
　——の温度　19.27, 19.28
　——の体積　19.23
　放射優勢期の——　19.18
フリードマン方程式　19.13, 19.14, 19.16
浮力　16.2
フロベニウスの定理　7.23
平均曲率　9.31
平行移動　7.0, 7.19, 8.18–8.20
　2 次元球面上の——　7.16
　円周をまわるときの——　9.11
ベクトル
　単位——　1.10
　ヌル——（⟹ ヌルベクトル）
　——の交換演算子　8.0
　——の変換　1.0, 3.0
　保存——　3.35
ベクトル解析（3 次元）8.22, 8.23
ベルヌーイの定理
　相対論的——　14.7, 14.8
変分法　7.25, 21.0–21.7
ボイヤー－リンキスト座標　17.0
ポインティングベクトル　4.0, 4.4
ポインティング－ロバートソン効果　5.12
崩壊（⟹ 星の重力崩壊）
方向微分　7.0, 8.0
放射（輻射，⟹ 重力波の項も参照）　5.11–5.14
　——の強度　5.10
ボーア半径
　重力原子の——　12.19
ホーキングの面積定理　17.14, 17.15
ボース－アインシュタイン気体　5.34
星
　一様密度の——　16.12
　回転する——　16.17–16.19, 16.22, 16.23
　フェルミ気体の——　16.13
　崩壊する——　16.25–16.30
　連——　18.2, 18.6, 18.7
星の構造
　相対論的な——　16.0ff.
保存運動量
　循環座標の——　7.13
ポリトロピック状態方程式　16.8

■ま　行
マクスウェル方程式　4.0, 4.8, 4.9, 14.15, 14.18, 21.6
　——における曲率の作用　14.16, 14.17
　——の共形不変性　14.21
マクスウェル－ボルツマン気体　5.32–5.35
マサチューセッツのバイク野郎　18.1
マッハの原理　13.18
ミンコフスキー計量　1.0
ミンコフスキー空間でのキリングベクトル　10.9
メスバウアー効果　2.10

■ら　行

ライスナー－ノルドストロム・ブラックホール　17.0, 17.5, 17.17
ライトマン－リーの重力理論　17.21
リー移動　8.18–8.20
リー微分　8.13–8.17, 8.21, 9.30
　計量テンソルの――　10.2
リーマン曲率
　2 次元面の――　9.23, 9.24
リーマン曲率テンソル　9.0
　1, 2, 3 次元の――　9.7
　2 次元球面の――　9.4
　2 次元ミンコフスキー空間の――　9.5
　n 次元の――　9.2
　球対称計量の――　9.20
　共形平坦計量の――　9.19
　ゼロ　9.17
　線形理論での――　13.13
　等方的な空間の――　9.25
　トーラスの――　9.6
　平坦な時空の――　9.17
　平面重力波の――　9.21
　――の恒等式　9.15
　――の数値計算プログラム　9.3
　――の測定可能性　9.22
　――の対称性　9.0
　――へのブーストの影響　15.14
理想気体の降着　15.18
リッチ曲率テンソル　9.0
リッチスカラー（⟹ スカラー曲率）
粒子の運動学　2.3, 2.4, 2.6–2.12, 2.14
粒子のエネルギー
　最小値の――　10.15
粒子の崩壊　2.5, 2.10
流束の体膨張率　5.18, 14.10
量子効果
　ブラックホールの――　17.20
ルメートル宇宙（⟹ フリードマン宇宙）
ルメートル座標　15.16
レイチャウデューリ方程式　14.10
レンズ－ティリング効果　11.10, 11.11
ロープの破壊強度　5.6
ローレンツ群　1.25, 1.26, 1.28
ローレンツゲージ　13.14, 13.15, 18.0
ローレンツブースト　1.12, 1.27
ローレンツ変換　1.2, 1.23
　角度の――　1.7, 1.8
　光束の――　3.5
　電磁場の――　4.5, 4.6
　放射流束の――　5.11
　立体角の――　1.9
　――の登場　1.5
ローレンツ力方程式　4.0, 4.10–4.12, 4.19
ロケット（宇宙船）　2.13, 7.15
ロバートソン－ウォーカー計量　19.0, 19.5, 19.6
　共形平坦な形の――　19.8
　――における光線の軌跡　19.12
　――における赤方偏移　19.7

■わ　行

ワイルテンソル（共形テンソル）　9.0, 9.18
和の規約　1.0, 3.6, 3.7

著　者　紹　介

Alan P. Lightman（アラン・P・ライトマン）

マサチューセッツ工科大学教授．著書に『*Einstein's Dreams*』（浅倉久志 訳，『アインシュタインの夢』，早川書房）や『*The Future of Spacetime*』（林一 訳，『時空の歩き方：時間論・宇宙論の最前線』，早川書房）などがある．

William H. Press（ウィリアム・H・プレス）

テキサス大学オースティン校教授．著書に『*Numerical Recipe*』シリーズ（丹慶勝市ほか 訳，『ニューメリカルレシピ・イン・シー：C 言語による数値計算のレシピ』，技術評論社）がある．

Richard H. Price（リチャード・H・プライス）

ユタ大学名誉教授，マサチューセッツ工科大学上級講師．著書に『*The Future of Spacetime*』（林一 訳，『時空の歩き方：時間論・宇宙論の最前線』，早川書房），編著書に『*Black Holes: The Membrane Paradigm*』がある．

Saul A. Teukolsky（ソール・A・テューコルスキー）

コーネル大学教授．著書に『*Numerical Recipe*』シリーズ（丹慶勝市ほか 訳，『ニューメリカルレシピ・イン・シー：C 言語による数値計算のレシピ』，技術評論社）や『*Black Holes, White Dwarfs, and Neutron Star*』がある．

訳 者 紹 介

真貝　寿明（しんかい・ひさあき）

大阪工業大学情報科学部教授．1995 年早稲田大学大学院修了．博士（理学）．早稲田大学理工学部助手，ワシントン大学（米国セントルイス）博士研究員，ペンシルバニア州立大学客員研究員（日本学術振興会海外特別研究員），理化学研究所基礎科学特別研究員などを経て，現職．著書に『日常の「なぜ」に答える物理学』（森北出版），『徹底攻略 微分積分』，『徹底攻略 常微分方程式』，『徹底攻略 確率統計』，『現代物理学が描く宇宙論』（いずれも共立出版），『ブラックホール・膨張宇宙・重力波』（光文社），『図解雑学 タイムマシンと時空の科学』（ナツメ社），訳書に『宇宙のつくり方』（丸善出版，共訳）がある．

鳥居　隆（とりい・たかし）

大阪工業大学ロボティクス&デザイン工学部教授．1996 年早稲田大学大学院修了．博士（理学）．東京工業大学客員研究員（日本学術振興会特別研究員），東京大学ビッグバン宇宙国際研究センター機関研究員，ニューキャッスル・アポン・タイン大学客員研究員，早稲田大学理工学総合研究所講師などを経て，現職．著書に『力学』，『力学問題集』（いずれも学術出版社，共著），訳書に『宇宙のつくり方』（丸善出版，共訳）がある．

編集担当　藤原祐介・大野裕司（森北出版）
編集責任　石田昇司（森北出版）
組　　版　藤原印刷
印　　刷　　同
製　　本　ブックアート

演習 相対性理論・重力理論　　版権取得　*2017*

2019 年 11 月 29 日　第 1 版第 1 刷発行

訳　　者　真貝寿明・鳥居　隆
発 行 者　森北博巳
発 行 所　**森北出版株式会社**
東京都千代田区富士見 1–4–11（〒102–0071）
電話 03–3265–8341 ／ FAX 03–3264–8709
https://www.morikita.co.jp/
日本書籍出版協会・自然科学書協会　会員
JCOPY <（一社）出版者著作権管理機構 委託出版物>

落丁・乱丁本はお取替えいたします．

Printed in Japan ／ ISBN978–4–627–15641–8